[鐵道構造物等設計標準·同解說]에 의한

일본 철도교의 현황과 설계 · 계산 예

공저

채희남 · 신영주 · 임철수 · 김강석
정인철 · 김준구 · 이오규

발 간 사

1899년 9월 18일, 이 땅에 처음으로 노량진~제물포간에 철마가 달리기 시작한지 어느덧 107년이 흘렀고, 이제는 세계에서 다섯 번째로 고속철도를 운행시키는 세계적인 철도기술 보유국으로 거듭나고 있습니다.

90년대 이후의 급속한 발전상을 바탕으로 선진한국, 기술한국으로 거듭나는 과정 속에 우리 기술로 350km/h의 한국형 고속철도 차량을 탄생시켰고, 한편으로 전라선 신리~순천간 이후 꾸준히 이루어져 온 낙후된 철도시설의 현대화와 경부고속철도의 개통을 통해 이제 명실상부하게 21C 철도르네상스 시대의 초입에 들어서고 있습니다. 아울러 이러한 기술발전과 사회의 급속한 변화는 각 분야별로 새로운 형식과 내용을 요구하고 창출해 왔습니다.

그동안 철도분야의 턴키 · 대안공사, 그리고 BTL공사의 설계를 수행하면서, 무한경쟁 시대에 차별화된 경쟁력 확보를 위해서는 전체사업비에 지대한 영향을 미치는 철도교량분야에서 성능이나 외관면에서 우수할 뿐 아니라 보다 경제적인 새로운 형식의 한국형 표준화교가 개발되어야 할 필요성을 절감해 왔습니다.

이에 따라 철도 선진국 중의 하나인 일본의 철도교량에 대한 체계적인 조사와 정리를 시작하게 되었고, 최근에는 일본 철도교량 기술의 총화로 건설된 큐슈신칸센 및 재래선의 신선인 츠쿠바 익스프레스의 철도교량에 대한 조사까지 마무리되어 이렇게 한권의 책으로 선보이게 되었습니다.

끝으로 본서를 발간하기까지 많은 조언과 지도편달을 아끼지 않으신 이철수 사장님, 백영현 사장님, 강기동 고문님을 비롯해 바쁜 와중에도 방대한 양의 자료를 체계적으로 조사, 정리하는데 노고를 아끼지 않으신 임직원 여러분께 필진을 대표해 감사드리며, 향후 본서가 한국 철도교량 발전에 조그만 밑거름이 되기를 기대합니다.

2006년 9월 18일

(주)청석엔지니어링 철도사업본부장 채 희 남

목 차

》 발 간 사

》 목 차

》 일본 철도교 화보

》 본문에 들어가기에 앞서 ; 신형식 한국형 철도교의 개발방향에 대한 소고

제 1 편 일본 철도교의 현황과 전망

머리말 ······ 2

최근 철도 구조물의 설계 및 시공 경향 ······ 2

제1장 일본철도교의 현황과 전망 ······ 4

1.1 철근콘크리트교 ······ 4

(1) 라멘고가교 ······ 5

(2) RC 거더교 ······ 8

(3) PC 단순 T-Beam교 ······ 9

(4) 단순 PC Box교 ······ 12

(5) PC 하로 U형교 ······ 13

(6) PC 랭거교 ······ 17

(7) 연속 PC Box교 ······ 18

(8) 아치교 ······ 22

(9) PC π형 라멘교 ······ 23

(10) PC 사장교 ······ 25

(11) 엑스트라도즈교 ······ 28

(12) PC 사판교 ······ 32

(13) 핀백(Fin Back)교 ······ 37

(14) 파형강판 웨브 PC교 ······ 43

(15) PC 단순 경사현수교 ········· 44
(16) 프리텐션 PC U형교 ········· 47
1.2 강교, 강복합교 ········· 48
(1) 단순합성형(桁) ········· 49
(2) 단순 SRC형(桁) ········· 49
(3) 단순 트러스형(桁) ········· 50
(4) 연속합성형(桁) ········· 51
(5) 연속 SRC형(桁) ········· 52
(6) 연속 트러스교 ········· 53
(7) 아치교 ········· 55
맺 음 말 ········· 56

제2장 큐슈신칸센의 철도교 ········· 62

2.1 신칸센 구조물의 일반 사항 ········· 62
(1) 영업중인 신칸센의 구조연장 ········· 63
(2) 교량 ········· 65
2.2 큐슈신칸센 건설계획 및 노선 개요 ········· 68
(1) 신기술의 도입 ········· 72
(2) 신칸센 · 재래선 동일 홈에서의 환승 ········· 75
(3) 건설의 경과 ········· 76
2.3 큐슈신칸센의 교량 −콘크리트 및 합성구조− ········· 77
(1) 각 교량형식의 개요 ········· 78
(2) 설계조건 ········· 81
(3) 내진설계 ········· 82
(4) 주요 교량 현황 ········· 82

제3장 츠쿠바익스프레스의 철도교 ········· 109

3.1 츠쿠바익스프레스의 개요 ········· 109
3.2 츠쿠바익스프레스의 교량 ········· 113
(1) 각 교량형식의 개요 ········· 114
(2) 주요 교량 현황 ········· 119
3.3 부대시설 ········· 151

제 2편 일본 철도교 설계·계산 예

제 I 부

콘크리트표준시방서[시공편]의 내구성조사를 만족하는 설계매뉴얼

- 내구성 검토를 만족하는 물시멘트와 덮개의 조합 -

제1장 총 칙 ······ 161

1.1 일 반 ······ 161
1.2 적용의 범위 ······ 162
1.3 용어의 정리 ······ 163

제2장 덮개와 물시멘트비의 선정 ······ 164

2.1 일 반 ······ 164
2.2 일반구조세목으로부터 정해지는 최소덮개 ······ 165
2.3 중성화 검토로 정해지는 덮개와 물시멘트비 ······ 167
2.4 염화물이온농도의 검토로 정해지는 덮개와 물시멘트비 ······ 172
2.5 동결융해작용의 검토로 정해지는 물시멘트비 ······ 180
2.6 화학적 침식의 검토에 의해 정해지는 물시멘트비 ······ 181
2.7 수밀성 검토로 정해지는 물시멘트비 ······ 181

부속 자료 1. 중성화검토에 관한 덮개와 물시멘트비 조합의 시산(試算) ······ 182

부속 자료 2. 염화이온농도의 검사에 관한 덮개와 물시멘트비의 조합에 대한 시산(試算) ······ 184

제 II 부

콘크리트표준시방서[시공편]의 내구성조사를 만족하는 설계매뉴얼
– 내구성 검토를 만족하는 물시멘트비와 덮개의 조합 에 기초한 설계 · 계산 예 ; 철도 RC 단순 슬래브보편 –

제1장 개 요 ········ 188

1.1 본 설계 · 계산 예의 개요 ········ 188
1.2 [설계매뉴얼]에 대하여 ········ 188
1.3 본 설계 · 계산 예에서 선정한 조건 ········ 189
1.4 본 계산 예의 조사(照査)방법 ········ 190

제2장 설계의 흐름 ········ 191

제3장 조사 CASE–1(일반환경, W/C=50%) ········ 192

3.1 구조물의 제원(구조형식, 사용재료, 설계내용(耐用)기간, 환경조건) ········ 192
3.2 설계매뉴얼에 기초한 덮개와 물시멘트비의 선정 ········ 195
3.3 구조성능조사편에 기초한 조사 ········ 196

제4장 조사 CASE–2(부식성 환경, W/C=50%) ········ 257

4.1 구조물의 제원(구조형식, 사용재료, 설계내용기간, 환경조건) ········ 257
4.2 설계매뉴얼에 기초한 덮개와 물시멘트비의 선정 ········ 260
4.3 구조성능조사편에 기초한 조사 ········ 261

제5장 조사 CASE–3(부식성환경, W/C=40%) ········ 308

5.1 구조물의 제원(구조형식, 사용재료, 설계내용(耐用)기간, 환경조건) ········ 308
5.2 설계매뉴얼에 기초한 덮개와 물시멘트비의 선정 ········ 311
5.3 구조성능조사편에 기초한 조사 ········ 312

제6장 각 조사 CASE에 대한 고찰 ········ 358

제 III 부

콘크리트표준시방서[시공편]의 내구성조사를 만족하는 설계매뉴얼

– 철근콘크리트 철도 라멘고가교편 –

제1장 총 칙 **367**

1.1 일반사항 367
1.2 적용의 범위 367
1.3 용어의 정리 369
1.4 보유해야 할 내진성능 370

제2장 하 중 **371**

2.1 지진의 영향 371
2.2 지진의 영향 이외의 하중 377

제3장 내진설계 **378**

3.1 일반사항 378
3.2 구조해석 380
3.3 등가고유주기의 산정 381

제4장 상부구조의 설계 **382**

4.1 일반사항 382
4.2 휨모멘트에 대한 안정성 검토 384
4.3 전단력에 대한 안전성 검토 385
4.4 변형성능에 대한 안전성의 검토 387

제5장 기초의 설계 **390**

5.1 직접기초의 설계 390
5.2 말뚝기초의 설계 391

부속 자료 1. 소요항목진도스펙트럼 **396**

부속 자료 2. 비선형스펙트럼법 ········· 403

부속 자료 3. 코어부를 감싸는 스파이럴 RC기둥 ········· 182

부속 자료 4. 말뚝기초설계용단면력 산정시 부재의 강성 저감계수 ··· 406

제 Ⅳ 부

콘크리트표준시방서[내진성능조사편]을 만족하는 설계 매뉴얼 – 철근콘크리트 철도 라멘고가교편 –에 기초한 설계·계산예

제1장 설계흐름 ········· 418

제2장 설계조건 ········· 419

2.1 일반조건 ········· 419
2.2 하 중 ········· 422
2.3 사용재료 ········· 424
2.4 안전계수 ········· 425
2.5 설계 지진동의 설정 ········· 426
2.6 지반조건 ········· 427

제3장 구조해설 모델 ········· 429

3.1 지반의 스프링정수 ········· 429
3.2 지반반력의 상한 값 ········· 438
3.3 구조물의 선형 모델화 ········· 446

제4장 설계수평진도의 산정 ········· 449

4.1 지층종별의 판정 ········· 449
4.2 등가고유주기의 산정 ········· 450

4.3 설계수평진도 ······ 453

제5장 상부구조물의 설계 ······ 455

5.1 해석모델 및 하중조합 ······ 455
5.2 선로방향 라멘의 계산 ······ 456
5.3 선로직각방향 라멘의 계산 ······ 475

제6장 기초구조물의 설계 ······ 491

6.1 해석모델 및 하중조합 ······ 491
6.2 선로방향 라멘의 계산 ······ 493
6.3 선로직각방향 라멘의 계산 ······ 500

[부 록] 일본철도교 논문집

No.1 환경과 경제성을 추구한 아치 슬래브 ······ 514

No.2 공기단축 · 경제성을 추구한 PC U거더 ······ 521

No.3 가파른 계곡을 도하하는 5경간 연속 라멘교 – 쿠마가와교량 – ······ 533

No.4 중부국제공항연결철도 ; 해상교의 계획과 설계 ······ 541

No.5 신칸센 PC 랭거교의 시공 ······ 549

No.6 사까이기와(界川)교의 시공(엑스트라도즈교) ······ 559

No.7 4경간 연속 PC엑스트라도즈드교의 설계 · 시공계획 ··· 577

No.8 경량콘크리트를 사용한 PRC하로사판교의 설계 · 시공 ······ 585

No.9 3경간 연속 PRC사판철도교의 설계 · 시공계획 ······ 604

No.10 핀백형의 웨브를 가진 PC사장형교의 계획 · 설계 ······ 609

No.11 아라카와교량의 가설계획 – 츠쿠바익스프레스 – ·· 622

No.12 신구조를 적용한 강트러스 철도교
– 츠쿠바익스프레스 고카이카와교의 구조와 시공 – ···· 634

No.13 궤간변환장치의 개발 ·· 638

일본 철도교 화보

1. 표준화교량

토호쿠신칸센 : RC 라멘고가교(지간 10m)

"일본 철도교의 표준화 교량은 경제성과 내진성 등 성능상의 이유로 짧은 지간의 연속 RC 라멘교가 수 십 년에 걸쳐 개량되며 사용되어 왔으며, 현재의 신칸센에서와 같은 형태가 되었다. 이 라멘교는 아오나미센에서 아치형태를 부분적으로 도입한 형태를 거쳐 츠쿠바익스프레스와 센다이공항철도의 아치슬래브식 라멘교로 진화하였다."

큐슈신칸센 : RC 라멘고가교(지간 10m)

아오나미센(서나고야항선) : RC 라멘고가교 개량형(지간 10m)

츠쿠바익스프레스 : 아치슬래브식 라멘고가교(지간 15m)

■ 츠쿠바익스프레스 : 프리텐션 PC U거더교 (지간 20m)

■ 센다이공항철도 : 단선, 아치슬래브식 라멘고가교 (지간 15m)

2. PC 하로 U형교

JR 하쿠신센 후쿠시마가타교량(福島潟橋梁)

큐슈신카센

츠쿠바익스프레스

3. PC 랭거교

큐슈신칸센 하라다(原田)가도교

4. 엑스트라도즈드교

나가노신칸센 야시로난보쿠교량(屋代南北橋梁)

JR 토카이도센 사카이가와교량(界川橋梁)

아오나미센 아라코가와교량(荒子川橋梁)

5. PC 사판교

■ 나가노신칸센 야시로난보쿠교량(屋代南北橋梁)

■ 아테라자와센 스가와교량(須川橋梁)

■ 큐슈신칸센 센다이가와교량(川内川橋梁)

6. Fin-Back 교

센세키센 나루세가와교량(鳴瀬川橋梁)

호쿠리쿠신칸센 히메카와교량(姫川橋梁)

7. 사 장 교

나가노신칸센 제2 치쿠마가와교량(千曲川橋梁)

8. 단순 PC 경사현수교

우치보우센 아네가사키교량(姉ケ崎橋梁)

9. 강트러스교

■ 츠쿠바익스프레스 아라카와교량(荒川橋梁)

■ 유메노시마교량(夢の島橋梁) : R=400 곡선트러스

본문에 들어가기에 앞서

신형식 한국형 철도교의 개발방향에 대한 소고

철도건설에 있어서 표준화교의 선정은 전체사업비에 지대한 영향을 미치는 중차대한 문제이다. 전라선 신리~순천간이 국내기술로는 최초의 현대 철도시설로 건설된 이래 교량의 표준화와 지속적 개량 발전은 늘 철도기술자들의 주요 관심사항으로 다루어져왔다. 기술의 발전과 사회의 급속한 발전은 여러 방면에서 항상 새로운 형식과 내용을 요구하고 창출해 왔다는 점에서 신형식 한국형 철도교의 개발에 대한 요구는 이제 자연스럽게 체계적인 공론화를 필요로 하는 단계까지 이르렀음을 느끼게 된다.

현재 진행되고 있는 한국형 철도교의 개발방향에 대한 논의의 초점은 경량화 및 장대화 추세에 순응하면서도 구조적 안전성과 경제성의 확보라는 양립시키기 어려운 여러 측면을 어떻게 동시에 충족시킬 수 있을까 하는 문제이며, 여기에 철도교의 특징인 △ 중량의 열차하중, △ 일정한 간격의 축중의 반복작용에 의한 공진문제, △ 엄격한 처짐 제한 등이 더해져 훨씬 풀기 어려운 고차방정식이 되고 있다.

경부고속철도 건설의 예에서 보듯이 표준화 교량이 25m PSC Beam교에서 40m PSC Box교로 변경되면서 건설비 상승의 직접적 원인이 된 사례는 경제성과 장대화의 문제가 얼마나 상호 대립적인 관계인지를 잘 보여주는 대표적인 실례이다. 1997년 외환위기의 여파, 뒤이은 금융위기와 신용불량자 양산에 따른 가계의 불안정성 등이 총체적으로 우리경제의 발목을 잡고 있는 현실에서 보다 값싸고 성능이나 외관 면에서도 우수한 신형식 철도교의 개발에 대한 필요성은 단순한 필요성의 차원을 넘어서는 시대적 요청이 되고 있다. 부연하자면, 신형식 철도교의 개발은 어려운 경제여건 속에서 제한된 재정의 효율적 집행이라는 정부정책변화에 따른 직접적 결과로서 SOC투자의 심각한 위축이 초래되고 있는 현실에 대한 철도기술자들의 적극적 대응이라는 시대적 의미를 가지게 된다.

이러한 현실은 정부의 2005년~2009년간 주요 분야별 재원분배(안)를 보아도 쉽게 체감할 수 있다.

'05 ~ '09년 주요 분야별 재원배분(안)

(단위 : 조원)

구 분	'05	'06	'07	'08	'09	연평균증가율
• 사회복지 · 보건	49.6	54.7	59.6	64.1	70.5	9.2 %
• 수송 · 교통 · 수자원	**18.3**	**17.8**	**17.8**	**18.2**	**19.2**	1.3 %
• 환경보호	3.6	3.8	4.0	4.4	4.9	7.7 %
• 문화 관광	2.6	2.9	3.0	3.2	3.3	6.0 %
• R&D (연구개발)	7.8	9.0	9.6	10.3	11.1	9.2 %
• 국가균형발전	5.5	5.9	6.7	7.1	7.8	9.1 %

[출처 : 기획예산처 홈페이지]

문제는 골디안의 매듭을 단칼에 끊어버린 알렉산더대왕의 칼과 같은 발상의 전환이다.

우선 경량화와 장대화는 양립하기 어렵다. 경량화와 장대화의 문제를 해결하기 위해 신소재의 개발이나 복합교의 개발 등이 적극적으로 시도되고 있지만, 현재의 기술수준으로는 그 효과를 크게 기대하기 어렵고 무엇보다도 경제성의 문제에 부딪칠 수밖에 없다.

장대화와 경제성의 확보도 양립시키기 어려운 문제이다.

경량화, 장대화는 지형지물을 효과적으로 극복하기 위해 토목기술자에게 부여된 중요한 임무이지만 도심지나 주요 하천 및 계곡 횡단부, 또는 특별히 필요한 지역으로 그 적용범위를 제한할 필요가 있다. 반면에 보다 많은 비중을 차지할 것으로 예상되는 기타지역에는 경간을 줄여서 상부구조를 슬랜더하게 하고 이를 통해 전체 노선의 종단을 낮추면, 철도사업 전체로 보면 경량화, 장대화, 구조적 안전성 및 경제성의 확보라는 이질적인 요소들을 양립시킬 수 있다. 여기서, 신형식 표준화교의 개발 방향은 [장대화의 추구], [경제성의 확보]라는 두 가지 방향으로 전개되어야 하는 당위성이 생긴다. 여기서는 후자의 관점에서 지간 20~25m의 PSC Beam교와 15m의 아치 슬래브식 라멘교를 비교하는 것으로 경제성에 포커스를 맞춘 신형식 표준화교의 개발 방향을 제시하고자 한다.

비교 - 1

전라선의 PSC Beam교(20m), 방음벽 설치

츠쿠바익스프레스(15m), 방음벽 설치

비교 - 2

장항선의 PSC Beam교(25m), 방음벽 미설치

츠쿠바익스프레스(15m), 방음벽 설치

위의 두 예는 교량은 길어야 한다는 생각이 선입관일 수도 있음을 보여준다.

전라선과 장항선의 PSC Beam교는 철도교로서는 비교적 장경간 교량임에도 불구하고, 매쉬브한 교각과 코핑에다, 높은 형고를 고려하지 않고 낮은 종단구간(성토고 약 7~8m)에 적용함으로써 그 장점을 살리지 못하고 있다. 반면에 츠쿠바익스프레스의 아치슬래브식 라멘교는 상대적으로 짧은 경간에도 불구하고 슬랜더한 부재와 적당한 종단고가 어우러져 한결 시원하고 세련된 경관을 연출하고 있다.

비교 - 3

전라선의 PSC Beam교(20m), 방음벽 미설치

센다이공항철도(15m), 방음벽 설치

위의 비교-3은 앞서 비교-1, 비교-2와는 다른 양상을 보여준다. 전라선의 PSC Beam교는 적당히 높은 종단과 어우러져 보기에도 시원한 느낌을 준다. 반면에 센다이공항철도의 아치슬래브식 라멘교는 높은 종단구간에 무리하게 적용되어 썰렁하다 못해 다소 불안한 느낌마저 주고 있다.

비교 - 4

장항선의 PSC Beam교(25m), 방음벽 미설치

츠쿠바익스프레스(15m), 방음벽 설치

비교-4는 25m와 15m의 큰 경간장 차이에도 불구하고, 서로 경간장 대비 적정한 종단구간에 적용되어 양쪽 모두 비교적 우수한 경관을 연출하고 있다.

사실 이것은 그다지 새로운 것은 아니다. 우리 주변에서 쉽게 볼 수 있는 TV, 복사용지, 명함 등은 일정한 가로, 세로 비를 가지고 있다. 소위 황금비라 불리우는 1 : 1.618을 교량의 관점에서 보면 교고−지간비로 볼 수 있다. 물론 교량의 형태미는 교량의 조형미, 시점자 위치 등 다양한 접근이 가능하지만, 비교적 단순한 형태(거더 및 기둥)로 구성된 표준화교에 있어서는 교고-지간비로 단순화 시키는 것도 하나의 방법이다. 즉, 지간 25m의 교량은 시점자의 시각적 효과를 고려하면 20~13m 정도로 투시되고, 이에 대한 적정 교고를 황금비에 대입하면 12.4~8.0m가 산출된다. 15m의 지간장을 가지는 교량은 동일한 방법을 적용하면 적정 교고 8.0~5.0m 정도가 산출된다. 결국, 종단고 8m 정도를 기준으로 그 이상에는 25m PSC Beam교가, 그 이하에서는 15m 아치슬래브식 라멘교가 최적 적용범위임을 알 수 있다.

이렇듯 선형조건, 지형 등과의 조화를 고려하지 않은 교량의 장경간화는 비용 대비 효과의 측면에서 뿐만 아니라 미관측면에서도 불합리한 계획이 될 수 있다. 아치슬래브식 라멘교는 성토고 8m 이내의 낮은 종단구간에서는 다른 어느 형식보다도 우수한 개방감과 세련미를 가진 교량이다. 또한, 연속 부정정 라멘교이므로 지진에 강하고, 처짐이 작아 승차감면에서도 매우 우수하며, 25m PSC Beam교 대비 약 30% 정도 저렴한 경제적인 교량이다.

현재 진행되고 있는 전라선 BTL사업과 앞으로 진행될 호남고속철도는 대표적으로 낮은 종단에 적합한 신형식 표준화교의 개발을 필요로 하는 선구이다. 호남평야를 끝없이 가로지를 교량 또는 성토체의 평균 종단고가 6~7m인 것과 9~10m인 것은 단순 교량비용뿐 아니라 전체 사업비에 엄청난 차이를 가져올 수 있다. 때문에 현재 진행되고 있는 신형식 표준화교의 개발방향의 중요성은 아무리 강조해도 부족함이 있다.

끝으로 전라선에서 표준화교인 PSC Beam교가 부적절하게 적용된 사례(형고에 비해 낮은 종단에 적용된 사례) 몇 가지를 소개하는 것으로 신형식 표준화교의 개발방향에 대한 소고를 맺도록 한다.

PSC Beam교가 부적절하게 적용된 사례

제 1 편

일본철도교의 현황과 전망

(교량과 기초 2004년 8월호 참조)

머 릿 말

일본 최초의 철도교는 1874년에 강교로 건설된 무코가와(武庫川)교이고, 철근콘크리트교는 이보다 늦은 1904년 산인(山陰)선 시마다(島田)천에 암거(RC 아치, 경간 1.83m)로서 처음으로 건설되었다.

또, 프리스트레스트콘크리트 철도교는 오사카역 구내에 지간 5m의 포스트텐션 방식으로 처음 건설되었다.

최근의 철도공사는 신칸센 및 재래선의 신선(츠쿠바익스프레스 등)은 독립행정법인 철도건설·운수시설정비지원기구(약칭: 철도·운수기구)가 시행하고, 복선화공사, 연속입체교차화공사 및 교량교체공사 등은 각 철도사업자가 시행하고 있다.

본문은 [철도·운수기구]에서 헤세이(平成) 시대(원년: 1989년)에 들어서서 시행한 철도교의 주요 설계 및 시공현황에 대해 기술한다.

최근 철도 구조물의 설계 및 시공 경향

설계경향

기본적으로 시공하기 쉬운 구조물이 부실시공이 될 가능성이 적기 때문에, 결과적으로 신뢰성이 높은 구조물이 된다. 설계가 아무리 합리적인 구조라 할지라도, 콘크리트가 충분히 충전되지 않으면 결함구조물이 된다. 예를 들면, I 형 주형의 하플랜지나, 상자형 주형의 경사웨브 아래쪽과 같이, 눈으로 직접 확인할 수 없는 곳에 콘크리트를 확실히 충전하는 것은 매우 어려운 작업이며, 혹서기나 혹한기에 이루어지는 철근조립작업 또한 그러하다. 최근의 설계는 이러한 점을 고려해 콘크리트의 충전이 용이하고 배근을 간단하게 하는 추세에 있다.

시공경향

시공기계의 성능은 지속적으로 발전되어 왔지만 현장작업자의 전문성은 점차 저하되고,

고령화 되고 있어 현장에서의 고난도 시공은 갈수록 어려워지고 있다. 때문에, 최근에 건설되는 신선에는 생력화를 고려한 교량형식의 개선이 눈에 띄게 늘고 있으며, 형식선정에서도 유지보수의 생력화는 주요 아이템이 되고 있다.

이러한 설계 및 시공 경향을 바탕으로 일본철도교의 현황과 전망에 대해 철근콘크리트교와 강(복합)교로 나누어 살펴 본 후, 최근 신설된 큐슈신칸센과 츠쿠바익스프레스에 대해 살펴본다. 큐슈신칸센은 토목시공(土木施工) 2004년 3월호에 츠쿠바익스프레스는 2005년 9월호에서 각각 특집으로 다루어졌으며 그 내용을 기초로 2005년~2006년 사이에 수회에 걸쳐 현지조사를 실시했다.

향후 추가 입수되는 자료나 새로운 선구에 대한 현장조사가 실시될 경우에는 웹하드에 추가로 소개할 예정이다(www.webhard.co.kr, ID : khrail, P/W : khrail).

제 1 장 일본철도교의 현황과 전망

1.1 철근콘크리트교

최근 시공된 100m 이상의 장지간 철근콘크리트교는 다음과 같다.

지간 100m 이상의 콘크리트 철도교 현황

최대지간	교 량 명	선 구(線区)	교 량 형 식	준공년도
133.9m	第二千曲川橋梁 (제2치쿠마가와교량)	北陸新幹線(高崎·長野) (호쿠리쿠신칸센 타카자키~나가노간)	PC사장교(2경간)	1996년
120.0m	北浦港橋梁	本四備讃線	연속 PC Box교(5경간)	1988년
116.0m(아치부)	赤谷川橋梁	上越新幹線	아치교(역랭거)	1979년
110.0m	太田川橋梁	上越新幹線	연속 PC Box교(3경간)	1978년
109.5m	吾妻川橋梁 (아가츠마가와교량)	上越新幹線 (조에쓰신칸센)	PCT라멘교(2경간)	1978년
108.0m	名取川橋梁 (나토리가와교량)	東北本線 (토호쿠혼센)	PC사판교(2경간)	1995년
105.0m	第二阿武隈川橋梁	東北新幹線 (토호쿠신칸센)	연속 PC Box교(5경간)	1975년
105.0m	屋代南橋梁 (야시로미나미교량)	北陸新幹線 (高崎·長野)	엑스트라도즈드교(4경간)	1996년
100.0m	中部空港海上連結橋		연속 PC Box교(3+4+4경간)	2003년

철근콘크리트교는 강교에 비해 품질관리 면에서는 불리하지만, 주기적 재도장의 필요성이 없고 볼트이음개소 등이 없어 유지관리면에서 유리할 뿐 아니라, 특히, 철도차량에 의한 소음·진동 측면에서 유리하다. 이러한 점을 고려해서 인가가 인접한 지역에서는 콘크리트교가 강교에 우선하여 계획되고 있으며, 전체 철도교 연장에서 차지하는 비중도 절대적이다.

최근에는 유지관리의 노력을 경감할 목적으로 PC Box교 등에서는 가급적 받침의 설치를 배제할 수 있도록 기둥과 상부구조를 일체로 하는 라멘교를 적용하는 추세가 확대되고 있다.

지간 20m를 기준으로 그 이하는 RC, 그보다 큰 지간에서는 PC를 적용하는 것이 일반적인 경향이다. 일본에서 사용되는 열차하중인 EA−17(기관차에 의한 표준열차하중), M−18(전차 또는 내연동차에 의한 표준열차하중), H하중 및 NP하중(신칸센하중) 등은 국내 표준열차하중인 L−22에 비해 작으므로 단면크기나 적용지간장 등을 국내 철도교와 비교할 때는 이러한 점을 충분히 고려해야 한다. 신칸센하중의 경우 PC T−Beam교(桁)의 적용범위는 25m~40m 정도이고 그 이상에서는 BOX형을 사용한다.

형태적 측면에서, 거더교는 하플랜지가 없는 T−Beam교가 주종을 이루고 있으며, BOX형이나 하로 U형의 웨브는 수직으로 시공하는 추세이다.

(1) 라멘고가교

철도교로서 가장 일반적으로 사용되고 있는 철근 라멘고가교는 강우, 지진에 강하고 유지보수가 적은 매우 경제적인 구조물로, 성토를 대신해 사용되고 있다. 이 구조는 주빔, 슬래브, 기둥, 기초로 이루어지는 부정정구조물로 지간 6~15m, 경간수 3~6경간 정도로 구성되며 경간장이 짧은 부정정구조이기 때문에 처짐이 작아 고속주행에 뛰어난 구조물이다.

빔슬래브식 라멘고가교

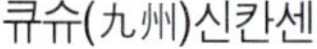
큐슈(九州)신칸센

토호쿠(東北)신칸센 (시공중)

과거에는 사용재료의 절감을 통한 경제화를 추구했기 때문에 주보에 헌치를 설치하거나 철근의 절곡과 단부후크를 많이 사용해 시공에 기술과 많은 노력이 필요한 형상이었다. 호쿠리쿠(北陸)신칸센 이후에는 이러한 점을 개선해 재료가 다소 많이 들어가더라도 거푸집의 가공을 간단하게 하고 철근절곡과 후크를 줄여 시공이 간단해지도록 설계하는 추세이다.

시공은 동바리를 이용한 풀스테이징공법이 주로 사용되지만, 지간이 10m 내외로 짧기 때문에 라멘기둥에 브라켓을 설치한 주형식지보공을 사용할 수도 있다.

한편, 2005년 8월 개업한 츠쿠바익스프레스와 센다이공항철도(2006년 개업 예정)에서는 본 형식을 개선한 지간장 15m의 아치슬래브식 라멘고가교가 개발돼 시공되었다.

PC 방음벽을 설치한 아치슬래브식 라멘고가교 (츠쿠바익스프레스)

2주식교각 Type

벽식교각 Type

- 계 획 : 1991년 6월~1992년 3월 [Yec : 야치요(八千代)엔지니어링주식회사]
- 설 계 : 1993년 8월~1996년 1월 [Yec : 야치요(八千代)엔지니어링주식회사
- 시 공 : 1996년~2005년

센다이(仙台)공항철도의 아치슬래브식 라멘고가교(단선, 공사중)

시공 전경

기존의 빔슬래브식 라멘고가교를 비용과 경관측면에서 개선한 아치슬래브식 라멘고가교는 츠쿠바익스프레스에 처음 도입되었고, 그 후, 센다이공항연결철도의 표준교로도 선정되었다.

센다이공항철도는 JR토호쿠(東北)본선 나토리(名取)역과 센다이공항을 잇는 연장 7.2km의 단선철도로 2006년에 개업할 예정이다.

라멘부 상부공 시공전경

라멘부 완공, 연결부 시공전경

라멘부 상부공 시공상세

완공전경 (방음벽 및 전차선 지주 설치 완료)

(2) RC 거더교

주형식고가교에 사용된 RC T-Beam교

하면전경

RC 거더교는 20m 이하의 작은 지간에서 경제적인 구조이다. 과거엔 Box형도 건설되었지만 내부 거푸집이나 배근의 복잡함 때문에 최근에는 하플랜지가 없는 T-Beam교가 가장 많으며, 슬래브교도 일부 사용되고 있다.

교통량이 적은 도로, 소하천 등에 주로 사용되고 있으며, 균열이 발생하는 구조이므로, 비록 그것이 공학적으로는 문제가 없다 하더라도, 사회적으로 선호되지 않기 때문에 그 발전전망은 밝다고 할 수 없다. 시공은 주로 풀스테이징공법에 의하고 있다.

PC 박스교에 접속한 RC T-Beam교

정거장구간의 RC T-Beam교

슬래브교

RC T-Beam교와 프리캐스트 중공슬래브교

(3) PC 단순 T-Beam교

단순 PC T-Beam교는 과거에는 하플랜지가 있는 I 형이었고, 웨브의 두께도 지간중앙에서 지점(支点)으로 가면서 두꺼워지는 형태였다.

나가노(長野)신칸센 이후 시공성의 향상을 위해 I 형에 비해 하플랜지가 없는 T-Beam교로 변경하고 웨브 폭도 동일하게 함으로써 거푸집 운용이나 스터럽 형상을 단순화 했다. 하플랜지가 없기 때문에 콘크리트 충진을 확실하게 할 수 있고, 나아가 PC강재가 스터럽을 절단하는 개소가 없기 때문에 구조적으로도 바람직하다.

도로횡단부의 PC T－Beam교

하면전경

신칸센 복선의 경우는 지간, 형고제약 등에 따라 4~8주형이 사용되고 있으며, 주로 가도교, 유수가 많은 하천 및 깊은 골짜기 등 풀스테이징공법을 사용할 수 없는 장소에 사용하고 있다.

통상, 주형 부분을 지상에서 제작해 크레인으로 가설 한 후, 그 주형간의 슬래브와 횡빔은 현장타설로 시공한다.

국내 철도교로서는 I형 단면을 가지는 PC Beam이 가장 많이 사용되고 있으므로 I형 단면을 배제하고 T형 단면을 주로 사용하는 일본과는 대조적이다. 이점을 고려하면, 국내에서도 PC T－Beam교의 적용성을 검토할 필요가 있으며, 양국간 철도하중의 차이를 고려할 때 그 대상 경간은 PC Beam교와 같은 약 20~25m 내외가 될 것이다.

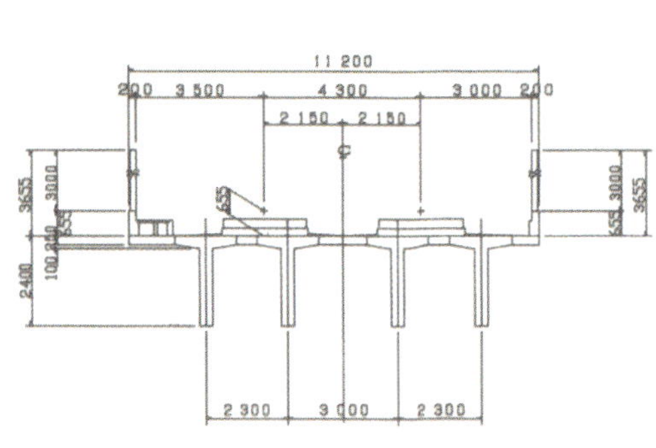

복선 PC T－Beam교(4주형) 단면도

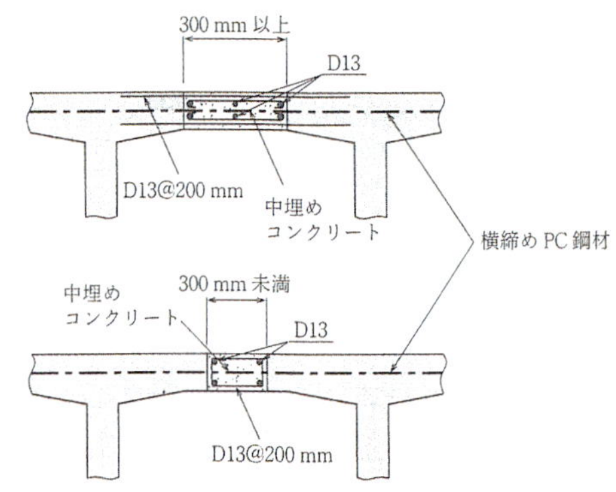

슬래브의 현장타설부 배근 (철도표준)

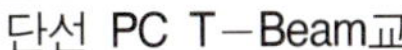
단선 PC T－Beam교

하면전경

PC T-Beam교의 가설 (Lmax = 38.4m , Wmax = 120.0 t)

- 공 사 명 : 츠쿠바익스프레스、모리야 동BL (Cp) 기타공사 (제 6 모리야가도교 상선)
- 공사장소 : 이바라키현(茨城縣) 키타소우마군(北相馬郡) 모리야마치(守谷町)
- 가설일시 : 2003년 5월
- 사용중기 : AC 1600 J 500 t 유압식크레인 2대
  AC 1200 J 400 t 유압식크레인 2대

① 주형제작장에서 만들어진 PC T－Beam교를 특수 트레일러를 사용 가설 야드까지 운반

② 500 t 크레인 2대로 가설 완료된(제6 모리야가도교 하행선) 교면상에 가적치

③ 400 t 크레인 2대로 가적치한 주형을 가설

운 반

인 양

가 적 치

가 설

(4) 단순 PC Box교

모리야역 부근 도시계획도로 횡단교

야시오역 부근 도시계획도로 횡단교

단순 PC Box교는 단순 T-Beam교와 달리 현장타설 시공이 가능한 도시계획도로나 하천용의 교량 등에 사용되고 있고 이동식 지보공을 사용해 가설하는 예가 많다. 지간이 작은 경우 형고를 작게 하면 내부공간이 좁아져 시공성이 매우 나빠지므로 피하고 있다. 철도교의 본선은 교폭이 12m 이하이므로 1실 상자형 단면이 많다.

웨브의 형태는 웨브 아래쪽의 콘크리트 충전을 눈으로 확인할 수 있고, 바이브레이터 사용이 용이하도록 수직으로 하는 추세이다. 또, 상상판(上床板)의 횡긴장 강재에 프리그라우트 강재를 사

재를 사용하고, 주케이블의 상연 정착을 지양하며, 그라우트재를 난브리데잉형으로 하는 등 내구성 향상에 노력하고 있다.

이 형식의 향후 발전 전망은 다음과 같다.

① 외부케이블의 사용 : 경량화, 시공성 개선

② 프리캐스트세그먼트 공법의 채용 : 시공 속도의 향상, 품질 개선

③ 웨브 부분의 복합구조화(파형강판, 강철 truss) : 경량화, PC의 효과적 도입

④ PC 강선의 내구성 향상(도장 강선의 사용, 그라우트의 개량)

정거장구간 하면 전경 (버스주차장으로 활용하기 위해 장경간 PC Box교로 계획)

(5) PC 하로 U형교

단순 PC 하로 U형교

연속 PC 하로 U형교

PC 하로 U형교(사진-10)는 철도교 특유의 U자형의 안쪽을 열차가 주행하는 구조이다. 형장에 관계없이 형고를 작게 할 수 있는 구조이며 전후의 구조물을 전체적으로 낮게 할 수 있지만, 주형 자체는 Box형 보다 비싸다. 통상, 복선 구조까지 사용되고 있으며 일반적으로는 지보공상에서 현장타설로 시공하지만 교통량이 많은 곳 등에서는 압출공법도 사용된다.

이 형식은 선로의 외측에 주형이 있기 때문에 교량폭이 넓어지는 단점이 있고, 주형이 FL보다 높기 때문에 전후 구조물과의 밸런스를 유지하는데 주의가 요구된다.

또, 지간이 60m가 넘는 장지간에서는 주형의 높이가 지나치게 높아져 위압감을 주고, 전후 형고와의 조화를 유지하기가 곤란하므로 후술의 PC 랭거교로의 변경을 검토 할 수 있다.

이 구조의 예로 단순형은 큐슈신칸센, 츠쿠바익스프레스 등에 다수 사용되었고, 연속형으로서는 JR하쿠신센(白新線) 후쿠시마가타(福島潟)교, JR닛포우혼센(日豊本線) 시오미가와(汐見川)교 등이 있다.

단순 PC 하로 U형교

츠쿠바익스프레스 에도가와교 접속교

츠쿠바익스프레스 스미다카와교 접속부

큐슈신칸센 센다이시 하다라가도교 인근

센다이공항철도 공항 진입도로 횡단부

연속 PC 하로 U형교

JR하쿠신선(白新線) 후쿠시마가타(福島潟)교(1997년 설계/2000년 시공)

후쿠시마가타교는 니가타(新潟) 동항에서 유출되는 후쿠시마가타 방수로 신설에 따라 JR하쿠신선 쿠로야마(黑山)~토요사카(豊榮)간의 교차구간에 시공된 교량이다.

- 3경간 연속 PC 하로 U형교(102m)로서,
- 경관면에서 측면의 곡면형상의 부드러움을 강조하는 디자인을 사용하였고, 심플하고 긴 교량상에 문형전철주가 배치된 정경은 주변과 잘 어우러져 아름다운 풍경을 연출하고 있다.
- 발주자 : 큐슈여객철도
- 준 공 : 1998년
- 위 치 : 미야자키현(宮崎縣) 휴가시(日向市) 타카사고쵸(高砂町)

전 경

단 면

중간교각 받침부

교대부 받침

교량 내부

교대부 전경

후쿠시마가타교 전경

JR닛포우혼센(日豊本線) 시오미가와(汐見川)교

(6) PC 랭거교

무사시이츠카이치(武藏五日市)교

하라다(原田)가도교

도시내에서는 과거부터 강재 랭거(혹은 로제)교가 사용되어 왔지만, 이것을 콘크리트교로 적용한 최초의 철도교는 동일본여객철도㈜ 이츠카이치센(五日市線)에 있는 무사시이츠카이치(武藏五日市)교이다. 그 후, 큐슈신칸센 하라다(原田)가도교가 PC 랭거교로 시공되었다.

이 구조의 특징은 다음과 같다.

① 처짐이 작다.

② 미관이 우수하고 Land Mark적 기능을 부여할 수 있다.

③ PC 하로 U형교와 같이 형고를 작게 할 수 있다.

도심지 입체화사업의 PC 랭거교

난부선(南武線) 야노구치(矢野口)역 부근(2005년)

토호쿠본선 나가마치(長町)역 부근 입체화(CG)

가설은 주로 풀스테이징에 의하기 때문에 공기에 지장이 없는 경우는 아치부를 완성하고 나서 지보공을 철거하는 것이 설계적으로 합리적이나 도시내 등에서는 조기에 지보공을 철거해야 할 경우가 많기 때문에 다소, 설계적으로 불리해도 보강형 시공 후, 아치부 완성전에 지보공을 철거할 수 있도록 설계하는 경우도 있다(하라다가도교).

랭거교의 연직재는 인장 부재이기 때문에 강재를 사용할 수도 있다.

(7) 연속 PC Box교

등단면 연속 PC Box교 (큐슈신칸센)

변단면 연속 PC Box교 (큐슈신칸센)

연속 PC Box교는 큰 하천이나 장지간이 필요한 도로상에서 주로 FCM공법에 의해 시공되고, 시공 장소의 높이가 낮고 장애물이 없는 경우는 풀스테이징에 의한 시공을 하고 있다. 또, 휨모멘트와 전단력이 큰 중간 지점(支点) 단면을 크게 하는 변단면을 주로 사용하고 있지만, 지간이 작은 경우에는 등단면도 사용한다.

철도교는 일반적으로 교각의 높이가 낮기 때문에 교각에 슈-스토퍼를 설치하는 구조가 많았지만, 나가노(長野)신칸센 이후에는 가능한 상부구조와 교각을 일체로 강결한 라멘교를 적용하는 추세에 있다. 라멘교는 내진성이 뛰어나고 슈-스토퍼, 슈점검통로, FCM 가설시의 가고정장치가 필요 없기 때문에 경제적이며, 유지보수비용도 경감할 수 있는 장점이 있다.

한편, 철도교에서의 프리캐스트세그먼트공법은 공기단축을 목적으로 중부국제공항철도 해상교에 최초로 도입 건설되었다.

2경간 연속 PC Box교 (큐슈신칸센)

2경간 연속 PC Box교 (츠쿠바익스프레스)

문형교각 2경간 연속 PC Box교 (센다이공항철도)

공사중인 PC Box교 (큐슈신칸센)

중부국제공항연결철도 해상교(PC Box)의 시공

- 형　　식 : 3경간 연속 PC Box 라멘교 1련, 4경간 연속 PC Box 라멘교 2련
- 교　　장 : L=(95m+2@100m)+(4@100m)+(3@100m+81m)=381m
- 준　　공 : 2005년 3월
- 가설공법 : 주두부 현장타설공법, 경간부 프리캐스트세그먼트공법

해상교 완성 전경

유압해머에 의한 강관널말뚝 타설

염해대책으로 사용한 매설형 거푸집의 제작

육상부 세그먼트 제작

바지선을 이용 세그먼트 운반

플로팅크레인을 이용한 인상장비(이렉션노즈) 설치 및 세그먼트 가설

해상부 캔틸레버 가설 및 측경간부 가벤트 가설

크리프, 건조수축에 의한 축력저감을 위한 선행재킹 및 중앙부 폐합

동일재료로 의사교각(유지관리 시험용) 제작

해상에 근접시켜 설치한 의사교각 및 상부구조

(8) 아치교

죠에쓰(上越)신칸센 아카야가와(赤谷川)교

제3 마부치가와(馬渕川)교

콘크리트 아치교는 철도교로서 긴 역사동안 형상적으로는 큰 변화가 없는 구조이다. 아치 리브는 일반적으로 RC 구조이지만, 보강형은 PC구조의 경우가 많고 가설에도 PC 강봉이나 PC 강선을 이용하는 경우가 많다.

철도교의 경우 아치교는 깊은 계곡부에 주로 사용되며 대표적인 것으로는 죠에쓰(上越)신칸센 아카야가와(赤谷川)교와 토호쿠(東北)신칸센 모리오카(盛岡)~하치노헤(八戶)간에 건설된 제3 마부치가와(馬渕川)교가 있다.

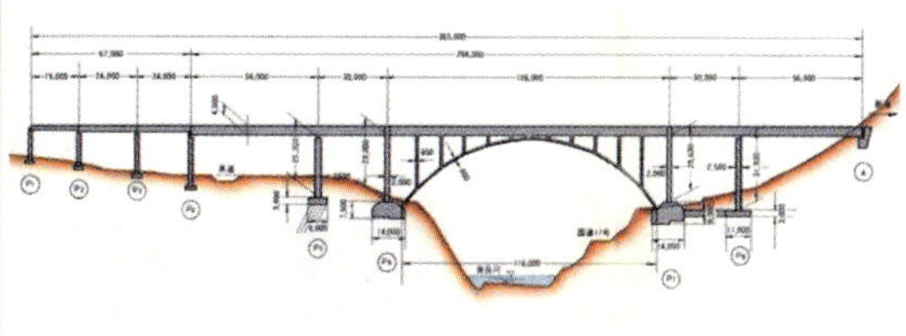

건설중인 아카야가와(赤谷川)교와 일반도

한편, 하로형으로는 토호쿠(東北) 본선에 텐마가와교량(天間川橋梁)이 새로운 구조형식인 3경간 연속 하로 PC 아치교(56.425+66.050+56.425)로 건설되었다. 본 교량의 설계와 시공에 대한 내용은 [교량과 기초] 2006년 5월호에 소개되었다.

텐마가와교량(天間川橋梁) 전경

(9) PC π 형 라멘교

호쿠리쿠(北陸)신칸센 키리세키카와(霧積川)교

키리세키카와(霧積川)교의 모형

아치교와 같은 지형에 유리한 형상으로서 호쿠리쿠(北陸)신칸센 키리세키카와(霧積川)교에 적용된 π형 라멘교가 있다.

↘ 알아두기

일본 최초의 아치교 (메가네바시/안경교)

일본에서 가장 오래된 아치교는 큐슈 나가사키에 있는 메가네바시(眼鏡橋)로 1634년 가설되었으며, 1960년 국가 지정 중요문화재로 지정되었다. 석조형으로 이루어진 이 아치교는 물에 비친 형상이 안경과 흡사해서 메가네(안경)교로 명명 되었다. 사진 아래에 표석에 새겨진 한글 원본을 옮겨놓았다.

원 경

근 경

건너편 전경

안경교(메가네바시) 설명

메가네바시 (眼鏡橋)
[사카에마치(栄町)-스와마치(諏訪町) 국가 지정 중요문화재(1960년 2월 9일 지정)]

우리나라에서 가장 오래 된 석조 아치형 다리로서, 1634년 중국 당나라 시대 고후쿠사의 승려 묵자선사에 의해 가설되었다.
묵자선사는 중국 강서성 건창부 건창현의 사람으로서, 1632년에 일본에 건너왔으며, 석교를 놓는 기술 지도자이기도 한 것 같다. 그러나, 이 메가네교는 1647년 6월 홍수로 손해를 입어, 1648년 히라토 고무(平戸好夢)에 의해 수복되었다. 강물 위에 비치는 그 모습으로부터 예부터 “메가네교”라는 이름으로 나가사키 사람들에게 친밀감을 느끼게 했으며 1882년에 정식으로 메가네교(메가네바시)라고 명명되었다.

(10) PC 사장교

사재를 PC로 한 PC 사장교

산리쿠(三陸)철도 코모토가와(小本川)교

타자와코선(田澤湖線) 제1 타마가와(玉川)교

사재를 PC 강재로 한 PC 사장교

호쿠리쿠(北陸)신칸센 제2 치쿠마가와(千曲川)교

PC 사장교는 PC 주형을 경사재에 매다는 구조이다. 그 때문에 하중을 주형과 경사재가 분담하게 되지만, 그 비율을 자유롭게 할 수 있기 때문에 경사재 간격을 포함해 다양한 설계를 할 수 있다.

PC 사장교의 특징은,

① 경관이 우수하다.

② 형고를 작게 할 수 있다.

③ 중량이 가볍고, 일반적으로 장주기 구조물이기 때문에 내진상 유리하다.

등이다.

철도교의 PC 사장교는 산리쿠(三陸)철도(주)키타(北)리아스(リアス)선 코모토가와(小本川)교나 타자와코센(田澤湖線) 제1 타마가와(玉川)교와 같이 경사재로 PC 부재를 사용해서 피로의 문제를 없애고 주형의 처짐이 작아지도록 설계한 예와 호쿠리쿠신칸센(北陸新幹線) 제2 치쿠마가와(千曲川)교와 같이 경사재를 PC 강재로 한 예가 있다.

제2 치쿠마가와(千曲川)교

- 연　장 : 267.8m (133.9×2)
- 교　폭 : 12.8m
- 주탑고 : 65m (수면에서부터 약 80m), 콘크리트 철도교로서는 일본 최장의 교량

2006년 6월 전경

코모토가와(小本川)교와 같이 경사재를 현장타설하는 방법은 규모가 큰 교량의 경우, 시공이 매우 어렵다. 이 때문에 경사재로 대용량의 PC강재(공장 제작)를 사용한 것이 제2 치쿠마가와(千曲川)교이다. 이 교량에는 고속 주행하는 신칸센의 엄격한 처짐 제한(주로 승객의 승차감을 확보하기 위해)을 만족하기 위해 3m의 형고가 필요하게 되었다. 이것은, 처짐을 줄이기 위해서는 경사재를 크게 하는 것보다 형고를 높게 하는 편이 효과적이기 때문이다.

사장교는 경사재의 인장 성능을 활용하므로 주형은 보강형으로서 강성을 낮게 설정하는 것이 합리적이지만 엄격한 처짐 제한이 있는 신칸센과 같은 경우는 주형의 강성에 의지해야 하므로 구조 특성의 장점을 발휘하기 어렵다. 또, 경사재가 효과적으로 작용하기 위해서는 높은 주탑이 필요하지만 높은 주탑과 주탑에 지지된 경사재는 유지관리상에 문제가 있다.

따라서 처짐과 보수의 문제를 해결하기 위해 고속 주행하는 신칸센에서는 다음에 언급할 엑스트라도즈드교가 보다 적합한 형식이라 할 수 있다.

하천부 전경, 교량 하면을 부드럽게 곡면 처리

접속 가도교(하로 U형교)

주탑부 기둥부 상세

주탑 상세

양측에 각 11본의 케이블을 배치한 콘크리트 사장교 공사중 전경

(11) 엑스트라도즈드교

주탑이 높은 본격적인 PC 사장교는 상술한 대로 경사재의 보수·보강이 곤란한 구조물이다. 이 점에서 엑스트라도즈드교는 철도교의 실적에서 주탑고 20m 이하로 주탑 및 경사재의 위치가 낮아 보수상의 문제가 없는 구조이다. 해석은 PC 사장교와 같지만 경사재의 피로를 고려하는 방법이나 사용하는 정착구가 다르다.

주탑이 낮기 때문에 주형을 매다는 효과보다 주형에 축력과 휨을 가하는 단면 외 케이블적인 기능이 크다.

일본의 엑스트라도즈드 철도교로는 호쿠리쿠(北陸)신칸센의 야시로난보쿠(屋代南北)교(1996년), JR홋카이도삿쇼우센(北海道 札沼線) 신카와(新川)가도교(1999년), JR토카이도센(東海道線)의 사카이가와(界川)교(2003년) 및 서나고야항선[아오나미센(あおなみ線)]의 아라코가와(荒子川)교(2003년)가 있으며, 가장 최근에는 큐슈신칸센에 오오노가와(大野川)교가 4경간 연속 PC 엑스트

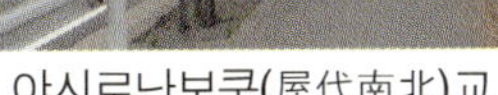
야시로난보쿠(屋代南北)교

사카이가와(界川)교

라도즈드교로 설계(2003년~2005년)되어 공사를 앞두고 있다. 사카이가와교는 교량과 기초 2003년 12월호에 소개되었으며, 사카이가와교와 신카와가도교는 [외국철도교의 설계와 시공사례(이엔지북)]에 소개되었다. 큐슈신칸센의 오오노가와교는 일본철도시설협회 2006년 1월호에 소개되었으며 본서 부록편에 번역 수록하였다.

엑스트라도즈드교는,

① 처짐이 작다.

② 보수상의 문제가 없다.

③ 형고를 비교적 작게 할 수 있다.

④ 주형이 가볍기 때문에 내진상 유리하다.

등의 장점이 있으므로 향후로도 많이 사용될 전망이다.

건설중인 사카이가와(界川)교, (좌 : 면진슈의 설치, 우 : 본체 철근조립)

서나고야항선[아오나미센(あおなみ線)] 아라코가와(荒子川)교

- 발 주 자 : 토카이(東海)여객철도(주)
- 형　　식 : 4경간 연속 하로 엑스트라도즈드교 (복선)
- 교　　장 : L=54.42m+90.0m+56.5m+43.3m=245.9m
- 열차하중 : M−15
- 설계속도 : V=110km/h
- 준　　공 : 2003년 7월
- 가설공법 : 캔틸레버가설공법(하천부)+고정지보공가설공법(기타부)

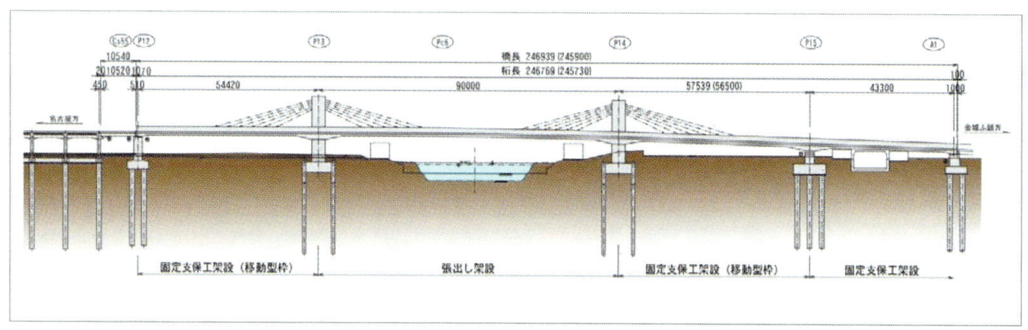

일 반 도

하천부 전경

주탑 전경

조 감 뷰

내부 정면 전경

야시로난보쿠교

야시로난보쿠교+빔슬래브식 라멘고가교+제3 치쿠마가와교(트러스교)

주탑에 전차선 설치, 곡면처리한 하면과 기둥을 강결시킨 라멘구조

야시로난보쿠교와 빔슬래브식 라멘고가교

(12) PC 사판교

센다이가와(川内川)교

하라다(原田)측 제방에서 바라본 전경

큐슈신칸센과 카고시마 본선 (우측)

사판교는 엑스트라도즈드교의 경사재를 콘크리트로 피복한 구조이다. 엑스트라도즈드교 보다도 처짐이 작고, 보수상의 문제도 특별히 없으며, 경사재의 응력 변동도 작기 때문에 내(内)케이블용 정착구를 사용할 수 있다. 다만, 사판 중량이 문제가 될 만한 연약지반에는 적합하지 않을 수 있다.

일본 철도교 최초의 PC 사판교는 동일본여객철도㈜ 토호쿠(東北)본선의 나토리가와(名取川)교(1996년)이고 이후, 단선으로서 아테라자와(佐澤)선 카나이(金井)~우젠야마베(羽前山辺羽)간에 스가와(須川)교(2003년)가 건설되었다. 신칸센으로는 큐슈신칸센에 센다이가와(川内川)교(2002년)가 PC 사판교로 건설되었다.

한편, JR 아가츠마센(吾妻線)의 일부구간 이설공사에 따라 아가츠마가와(吾妻川)를 횡단하는 개소에 제2 아가츠마가와교(第二吾妻川橋)가 중앙경간 167.2m로, PRC사판교로서는 도로교, 철도교를 통틀어 일본 최장의 교량으로서 공사를 앞두고 있다.

제2 아가츠마가와교(第二吾妻川橋)

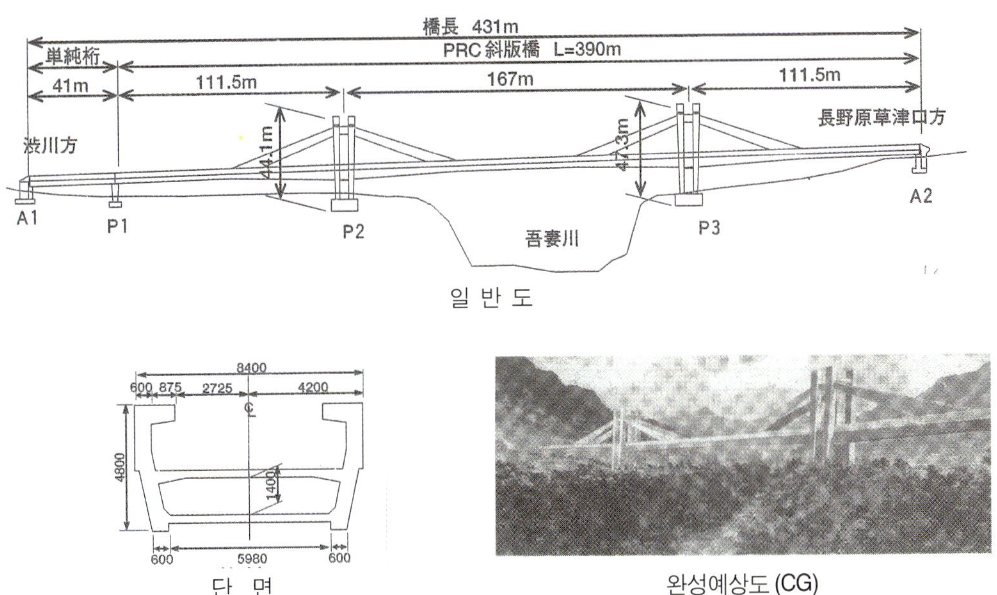

일 반 도

단 면

완성예상도 (CG)

나토리가와(名取川)교

- 연　　장 : (40.9+51.5)+(103.4+108.6)+(51.9+52.0)+(51.9+52.0)=512.2m
- 하　　중 : EA−17
- 가설공법 : 동바리공법 (FSM)

1996년 7월 일본최초의 철도 PRC 사판교로서 완공된 나토리가와(名取川)교는, 1997년 3월

[名取川橋梁の設計・施工]이라는 제목으로 공사보고 되었으며, 국내에는 [외국철도교의 설계와 시공사례(이엔지북)]에 소개되었다.

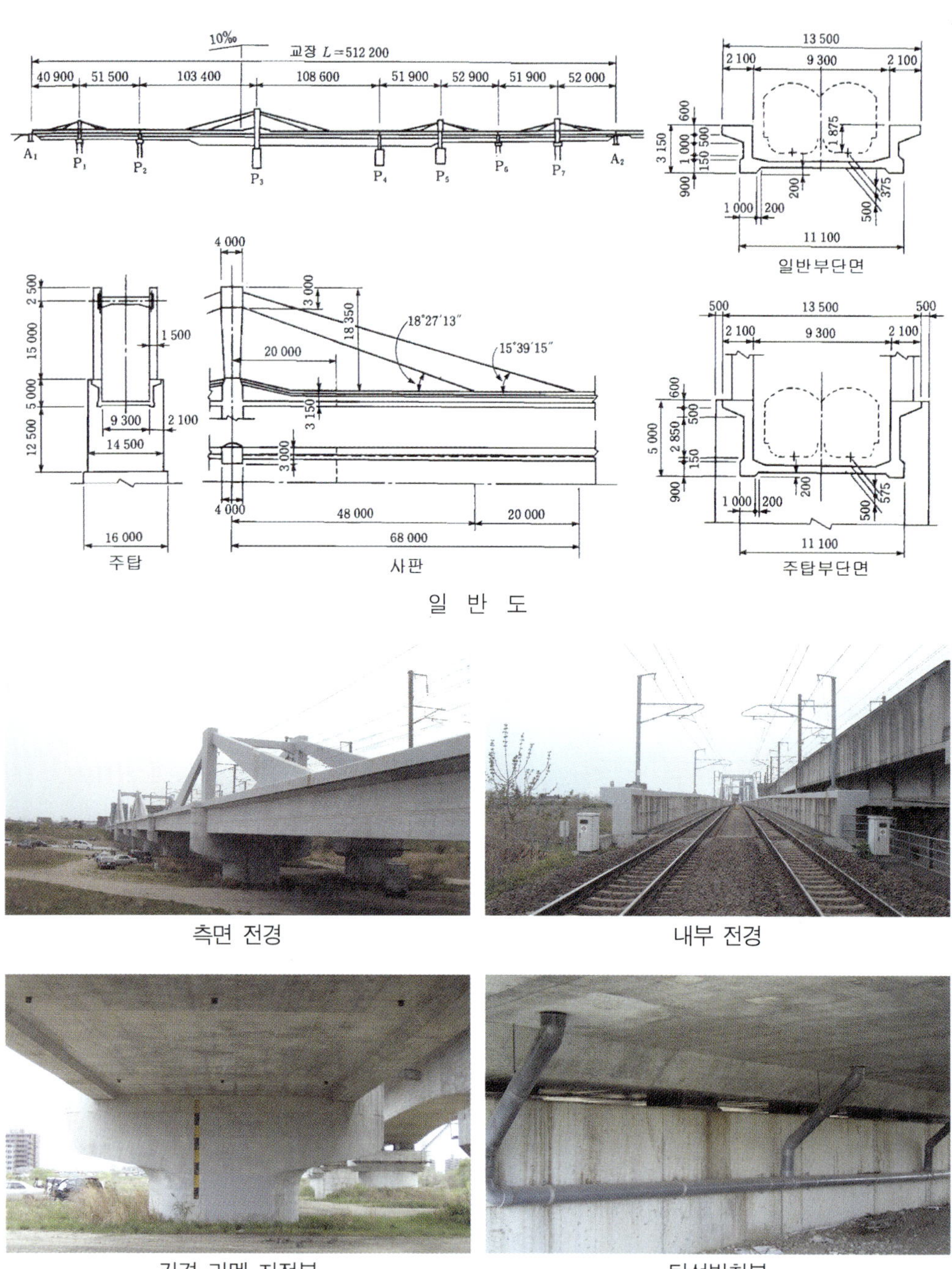

일 반 도

측면 전경

내부 전경

강결 라멘 지점부

탄성받침부

스가와(須川)교

- 연　　장 : (45.1+45.8+45.1)+(71.25+54.0)=264.2m
- 하　　중 : EA-15(단선)
- 가설공법 : 동바리공법 (FSM)+캔틸레버공법(하천부)

스가와(須川)교는 단선 PRC 사판교로 2003년 9월 철건건설(鐵建建設)에 의해 완공되었으며, 교량과 기초 2004년 6월호에 소개되었다. 스가와교의 사판교 부분은 비대칭 2경간연속교로서 자중 차이에 의한 불균형모멘트를 저감하기 위해 장경간 측에 경량콘크리트를 도입하였다(일반도 참조).

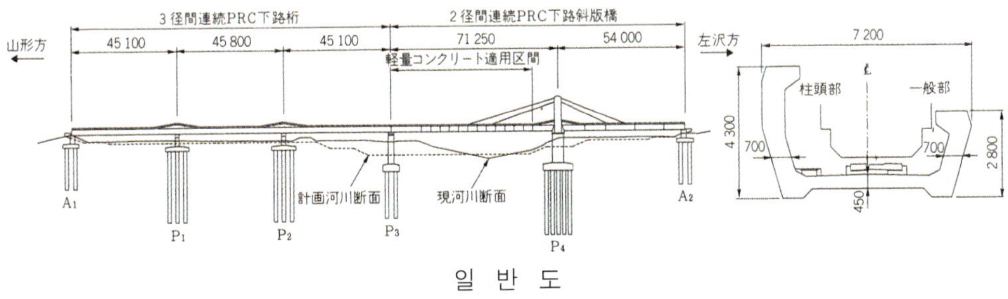

일 반 도

스가와교 전경

사판 전경

사판 내부 전경

단면 전경 (콘크리트와 자갈도상 사이 완충침목 설치)

접속교(하로 U형) 단면

교대부 하면

교각부 하면

주탑 라멘부 상세

접속교 지점부 확대

낙조 속의 스가와교

(13) 핀백(Fin back)교

핀백교는 주형의 휨모멘트에 맞추어 지점부 주형의 일부를 주형 위쪽으로 변화시킨 구조이다. 하로 연속형과 유사한 구조로 주형 하면으로부터 레일레벨까지를 작게 할 수 있는 장점 외에 경관도 우수하다. 해석은 통상의 격자 해석으로 가능하고 시공은 지보공상 현장타설, 압출공법, FCM 등이 가능하다.

일본 최초의 철도 핀백교는 동일본여객철도㈜ 센세키(仙石)선의 나루세가와(鳴瀬川)교(1999년, 6경간 연속)이고 이후 호쿠리쿠신칸센(北陸新幹線)의 히메카와(姬川)교가 7경간 연속 핀백교로 설계되어 2007년 완공 예정으로 현재 공사중이다.

나루세가와교는 교량과 기초 1999년 9월호에, 히메카와교는 2004년 12월호에 소개되었다.

히메카와(姫川)교

- 연　　장 : (57.0+68.981+70.019+70.0+70.0+69.0+57.0)=462.0m
- 하　　중 : P−16
- 설계속도 : V=260km/h
- 평면선형 : 직선
- 종단선형 : 6.0 ‰~level
- 가설공법 : 주형식 지보공에 의한 동바리공법
- 받　　침 : 고무받침
- 스 토 퍼 : 댐퍼−스토퍼 및 강각(鋼角)스토퍼
- 시　　공 : 2003년 10월~2007년 5월 (예정)

완성예상도 (CG)

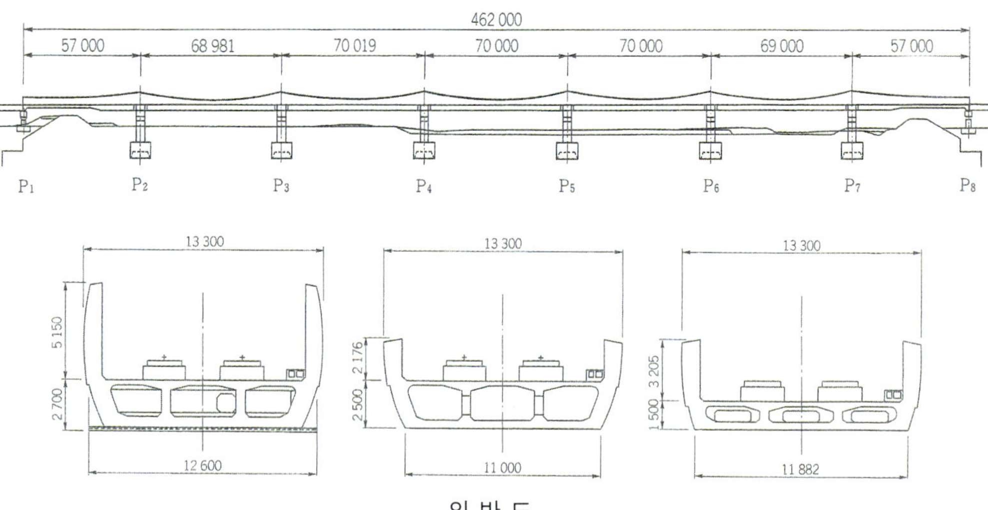

일 반 도

공사중인 히메카와(姫川)교

혹한기 콘크리트 보온 타설

제외지(P1～P4) 타설완료 (FSM에 의한 타설)

내부 전경 (콘크리트 타설 전)

내부 전경 (콘크리트 타설 완료)

2006년 6월 전경-하면은 횡구속 PC강재 시공부를 가리기 위해 불투명 코팅을, 상부는 투명 방수코팅을 시행

반쪽짜리 실물크기 모형 (L=5.0m)

이음부 요철처리

■ 제2 갈수기 (제1 갈수기는 하부공만 시공) : 2004년 10월~2005년 5월

(1) 제1경간~제3경간 시공

■ 제3 갈수기 : 2005년 10월~2006년 5월

(2) 제4경간~제5경간 시공

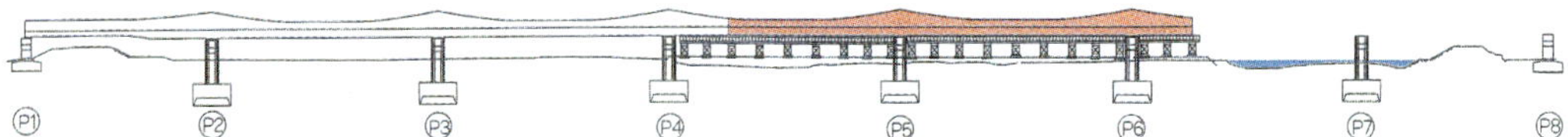

■ 제4 갈수기 : 2006년 10월~2007년 5월

(3) 제6경간~제7경간 시공

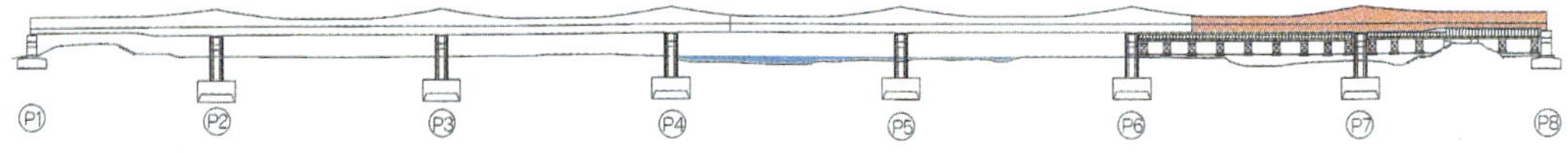

(4) 교면공 (닥트 · 노반)

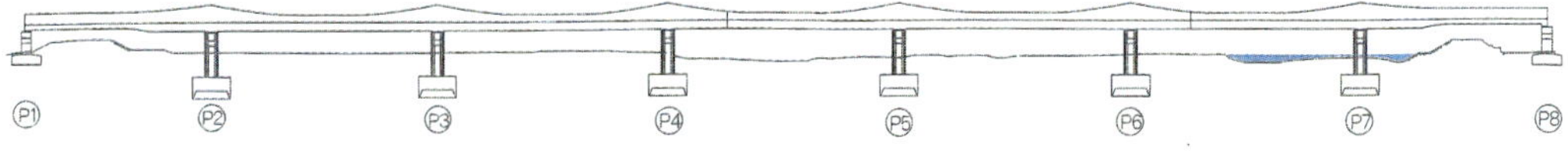

시 공 순 서

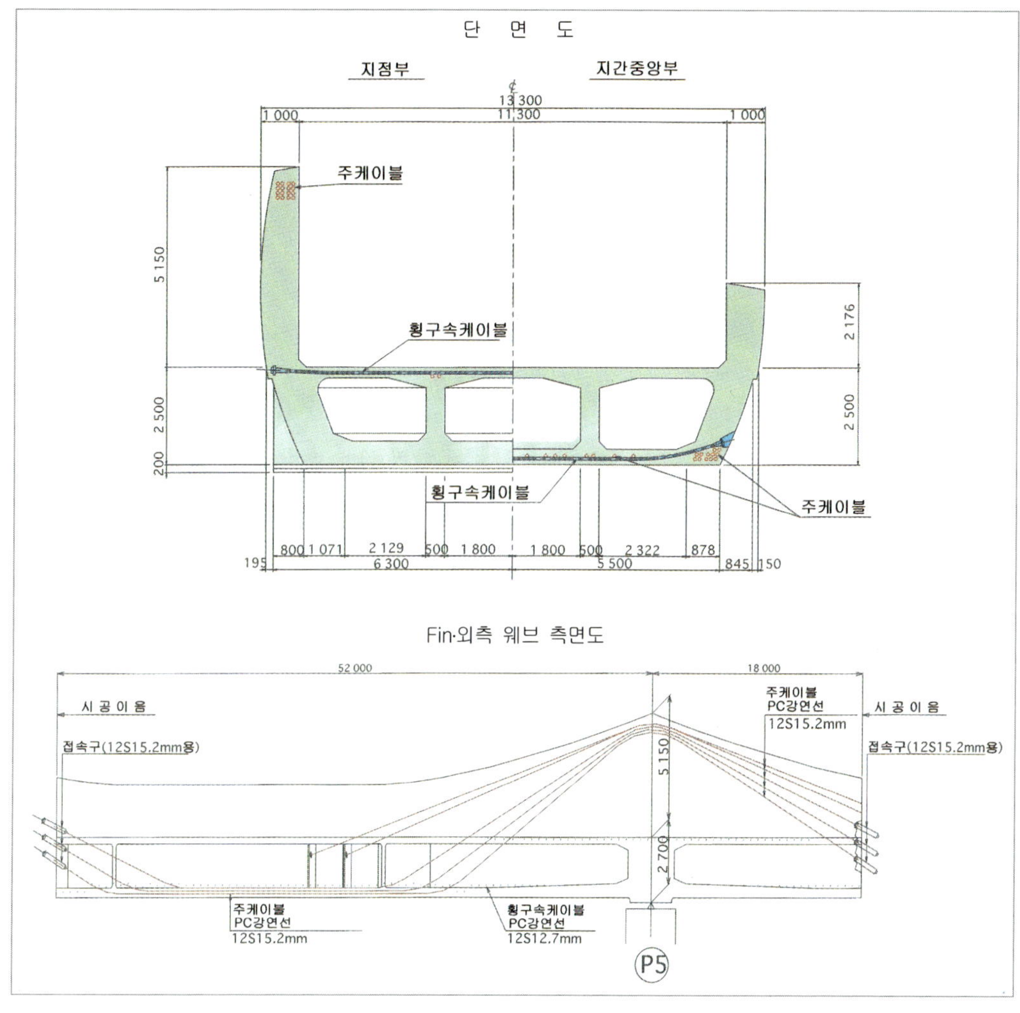

PC 강재 배치도

나루세가와(鳴瀨川)교

- 연　　장 : (75.8+4@85.0+71.3)=488.92m
- 하　　중 : M−18
- 가설공법 : 이동식 가설거더에 의한 캔틸레버공법(P&Z 공법)
- 시　　공 : 1997년 7월~1999년 6월

전 경

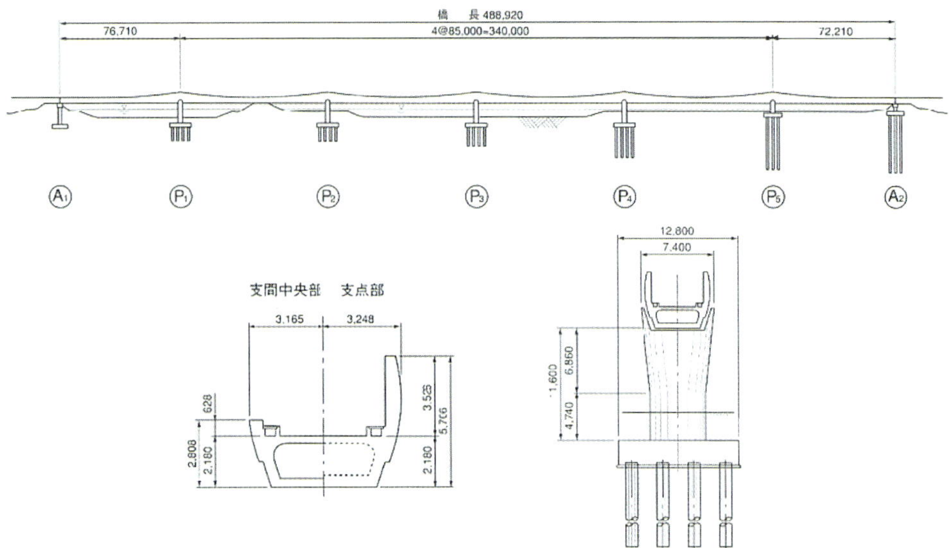

일 반 도

P&Z 장치를 사용 주두부 시공

교각을 통과중인 거푸집 장치

(14) 파형강판 웨브 PC교

PC Box교의 웨브에 파형강판을 사용한 파형강판 웨브 PC교는 상부구조의 경량화를 추구할 수 있고, 웨브가 축력에 저항하지 않는 파형으로 이루어졌기 때문에 상·하 콘크리트 상판(床板)에 프레스트레스를 효율적으로 도입할 수 있는 장점이 있다.

호쿠리쿠신칸센(北陸新幹線)에 쿠로베카와(黑部川)교(6경간연속교, 최대지간 72m)가 철도교 최초의 파형강판 웨브 PC교로서 시공되었다.

이 구조는 이론적으로 매우 합리적이므로, 앞으로 설계 및 시공실적을 축적해 가며 적절한 디테일 등이 충분히 연구·개발되면 크게 각광받을 전망이다.

또, PC Box교의 웨브에 강철 truss를 이용하는 구조도 파형강판을 이용하는 PC교와 같은 장점으로 앞으로 장대교를 경제적으로 건설할 수 있는 구조이다.

이러한 복합구조는 강구조 특유의 높은 정밀도의 확보를 위해 보다 신중한 시공이 요구되며 그에 따라 PC교 보다 오히려 비용이 상승할 수 있으므로 경제성이 저하되지 않도록 발전시켜 가야 할 것이다.

쿠로베가와교는 교량과 기초 2003년 7월호에 보고되었고, 국내에는 [외국철도교의 설계와 시공사례(이엔지북)]에 소개되었다.

쿠로베카와(黑部川)교

- 상부구조 : 6경간연속파형강판웨브PC Box교, L=2×50+2×72+2×50=344m
  (중간 3교각 고정라멘구조·내외케이블 병용방식)
- 열차하중 : P-16 (복선)
- 시공방식 : 고정식지보공상에서의 현장타설 분할시공

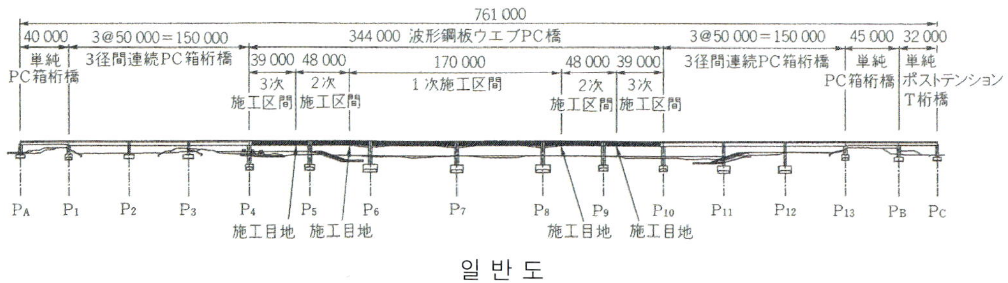

일 반 도

완공 전경

(15) PC 단순 경사현수교

아네가사키카와(姉ヶ崎川)교는 JR 우치보우(内房)선 아네가사키(姉ヶ崎)~나가우라(長浦)간에 위치해, 시츠강(椎津川)의 개수·확폭공사에 따라 계획된 교량으로 일본의 철도교로서는 매우 드문 교장 81m의 단지간 하로형식의 PC 단순 경사현수교이다. 평면선형이 곡선인 구간에서 직교로 계획하기 위해 확폭교량이 되었다.

본 교량은 교량과 기초 2002년 12월호에 보고되었고, [외국철도교의 설계와 시공 사례(이엔지북)]에 소개되었다.

아네가사키카와(姉ケ崎川)교

전 경(조감)

공사 전경

전 경

지 점 부

원 경

내부 전경

최근 일본 철도교의 PC 사장교, 엑스트라도즈드교, 사판교 등 주요 콘크리트 철도교는 다음 표와 같다.

사장교, 사판교 등의 주요 철도 콘크리트교

구조형식	교 량 명	설계·시공	지 간(m)	단 면	기타사항
사장교 (사재는 강재)	第二千曲川橋梁 (제2치쿠마가와교)	일본철도건설공단	133.9×2	3실상자형	신칸센 복선 하천상, 주탑고65m
사장교 (사재는 PC부재)	小本川橋梁 (코모토가와교)	일본철도건설공단	45.65+85.0+45.65	1실상자형	재래선 단선 하천상, 주탑고18m
	第一玉川橋梁 (제1 타마가와교)	JR동일본	51.5+85.0+51.5	1실상자형	재래선 단선 하천상, 주탑고10m
	西三條架橋梁	JR북해도	64.3+59.3	6실상자형	재래선 4선 도로상, 주탑고19m
	新牛失別川橋梁	JR북해도	48+57+48	1실상자형	재래선 단선 하천상, 주탑고11.7m
엑스트라 도즈드교	屋代南橋梁 (야시로미나미교)	일본철도건설공단	64.23+105.0+105.0+64.23	3실상자형	신칸센 복선 도로상, 주탑고12m
	屋代北橋梁 (야시로키타교)	일본철도건설공단	49.33+90.0+49.33	3실상자형	신칸센 복선 도로상, 주탑고10m
	新川架道橋 (신카와가도교)	JR북해도	51.375+51.375	하로형	재래선 복선 도로상, 주탑고14m
	界川橋 (사카이가와교)	JR동해도	55.3+70+55.3	하로형	재래선 복선 주탑고 9.3m
	荒子川橋 (아라코가와교)	아오나미선	54.42+90.0+56.5+43.3	하로형	재래선 복선 주탑고 9.0m
	大野川橋 (오오노가와교)	큐슈신간센 (미시공)	30.0+113.0+113.0+30.0	2실상자형	신칸센 복선 주탑고 15.0m
사 판 교	名取川橋梁(4連) (나토리가와교)	JR동일본	102.8+108.0 51.5+51.6(2련) 40.5+51.1	하로형	재래선 복선 하천상, 주탑고22.5m 및 11m
	川内川橋梁 (센다이가와교)	일본철도건설공단	76.3+68.5+96.0+94.8	하로형 (3실상자형 상판)	신칸센 복선 하천상, 주탑고15m
	須川橋梁 (스가와교)	JR동일본	71.95+54.7	하로형	재래선 단선 하천상
	第二吾妻川橋 (제2 아가츠마가와교)	아가츠마선 (미시공)	111.5+167.0+111.5	하로형(1실상자 형 상판)	재래선 단선 주탑고 38.6m
교차형 단현 아치 PC 하로형	除沢川橋梁	JR동일본	48.5	하로형	재래선 단선 하천상, 아치는 콘크리트충전강관
PC경사현수교	姉ヶ崎川橋梁 (아네가시키가와교)	JR동일본	79.5	하로형	재래선 단선 하천상, 사재고17.3m

(16) 프리텐션 PC U형교

전 경

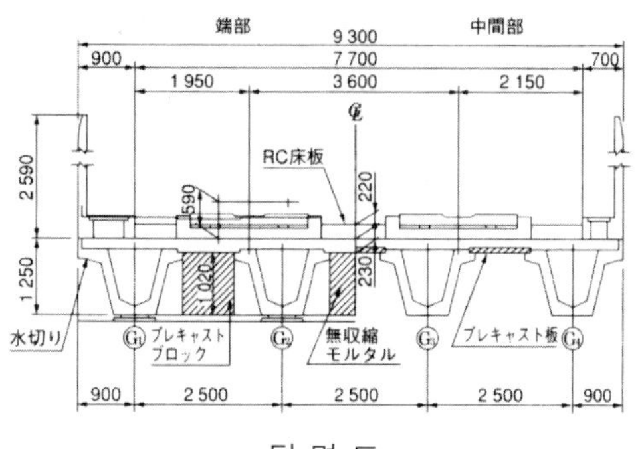

단 면 도

프리텐션 PC U형교는 2개의 U자형 거더가 1개의 선로를 지지하는 복선 4주형의 프리텐션 방식 교량으로 2005년 8월 개업한 츠쿠바익스프레스의 신형식 표준교로 사용되었다. 일본에서는 빔슬래브식고가교(RC 라멘고가교)와 주형식고가교가 토카이도(東海道) 산요신칸센에 본격 도입된 이래 다양한 검토·개량이 이루어져 현재의 표준설계를 채택하고 있는 바, 본 교량은 콘크리트 구조물의 건설비 절감을 시공의 [생력화] 관점에서 추구한 신형식교량으로 생력화에 대한 주요 내용은 다음과 같다.

① 횡형은 단부에만 설치하고 중간부에는 설치하지 않는다.

② 주형과 주형 사이에 프리캐스트판을 얹어 현장타설 슬래브 콘크리트와 함께 합성함으로써 거푸집, 동바리 사용을 최소화 했다.

③ 주형을 상부가 열린 U형 단면으로 해서, 비용이 드는 매설형 거푸집의 사용을 배제하고, 단면강성이 높은 주형을 공장에서 제작한다.

④ 형장은 20m로 하고, 시공관리가 용이한 공장제작의 이점을 살려 주형단면을 최대한 얇게 해서 경량화를 추구한다.

본 교량은 국내에서는 광주도시철도에 도입된 이래, 최근에는 츠쿠바익스프레스에서의 생력화·경량화의 관점과는 달리, 기존 표준화교(현 25m PSC빔교)의 장경간화(30~35m) 차원에서 적용되고 있다.

본 교량에 대해서는 [츠쿠바익스프레스의 철도교] 및 부록편에서 자세히 소개한다.

1.2 강교, 강복합교

최근에 시공된 주요 강철도교는 다음과 같다.

최근에 시공된 주요 강철도교 현황

종 류	교 량 명	형 식	지 간 구 성 (m)	가설공법
단순 강합성형	吉原(요시하라)架道橋	단순강합성상자형(桁)	58.4	송출공법 + 주형강하
	中部國際空港連結橋梁	단순강합성상자형	96.1	플로팅크레인
단순 SRC형	新田川(신타카와)橋梁	멀티T형단면, 단순SRC형	46.2	크롤라크레인
단순 트러스형	第5北上川(카타카미카와)橋梁	곡현하로단순트러스형	112.4	케이블크레인
	第1手結(테이)架道橋	하로트러스랭거교(아치형상)	80.1	벤트 + 횡이동
연속 강합성형 (큐슈신칸센)	初野(하츠노)架道橋	2경간연속 완전합성형	44.65 + 44.65	크레인
	陣内(진나이)線路橋	3경간연속 완전합성형	29.2 + 40.0 + 29.2	크롤라크레인
	松尾(마츠오)線路橋	4경간연속 완전합성형	30.2 + 38.0 + 38.0 + 30.2	크롤라크레인
연속 SRC형 (큐슈신칸센)	第2宮地(미야지)架道橋	3경간연속 SRC형	19.2 + 35.0 + 19.2	크레인
	第3宮地(미야지)架道橋	3경간연속 SRC형	18.2 + 22.0 + 19.2	크레인
	水無川(미즈나시카와)橋梁	3경간연속 SRC형	49.05 + 30.7 + 29.4	크레인
연속 트러스형 (츠쿠바 익스프레스)	荒川(아라카와)橋梁	3경간연속 저상식하로트러스	127.6 + 192.85 + 127.6	크롤라크레인 + 트레블러크레인
	中川(나카카와)橋梁	3경간연속 하로트러스	68.8 + 106 + 88.85	
	江戶川(에도가와)橋梁	4경간연속 하로트러스	88.25 + 119 + 119 + 88.25	
	小貝川(코카이카와)橋梁	3경간연속 하로트러스	67.9 + 69.0 + 67.8	
	利根川(토네가와)橋梁	2경간연속 하로트러스 3경간연속 하로트러스 2경간연속 하로트러스	127.5 + 127.5 127.5 + 129.0 + 127.5 124.5 + 124.5	
아치교	Blue Arch 60(중부국제공항선)	단순 로제 아치교	60	송출공법

표에서 보듯이, 강철도교(SRC교 포함)는 가도교 또는 선로교 등 비교적 장지간과 급속시공이 요구되어 현장타설 콘크리트교 적용이 곤란한 개소에 주로 사용되고 있으며, 장대하천 횡단개소의 강교로는 주로 트러스교가 사용되고 있다.

최근에는 강교의 단점으로 지적되어 온 주기적 재도장의 문제를 해소하기 위해 녹안정화처리한 내후성 무도장강재의 사용이 보편화 되었고, 보다 혹독한 염해환경에서는 해변내후성(고내후성) 무도장강재가 사용되고 있다.

(1) 단순합성형(桁)

플로팅크레인에 의해 가설중인 중부국제공항 연결교량

센다이(仙台)공항철도 제2 마쓰다카와(增田川)교

호쿠리쿠신칸센(北陸新幹線) 요시하라(吉原)가도교는 고속도로상에 가설한 교량으로, 야간 2일간 교통규제를 시행하는 동안 추진코에 의한 송출을 시행한 후, 주형을 강하(약 5.3m)시켜 가설하였다(手延べ送出し工法). 중부국제공항연결교량은, 철도교로는 일본 최대지간(96.1m)의 단순강합성형(桁)이다. 플로팅크레인에 의한 일괄가설공법으로 가설했다.

(2) 단순 SRC형(桁)

나가노신칸센(長野新幹線) 신타카와(新田川)교는 단순 SRC형(桁)으로서는 철도교 최대지간(46.2m)을 가진 교량이다. 구조체로서 기여하지 않는 인장영역의 콘크리트를 생략한 멀티 T형 단면 SRC구조이다. 가설은 크롤라크레인+가벤트를 이용했다.

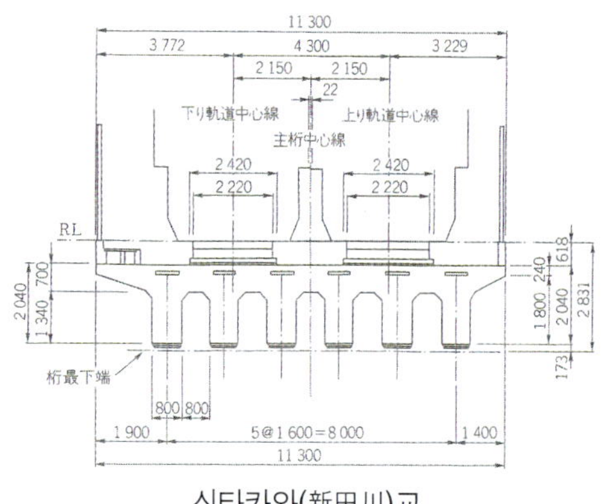

신타카와(新田川)교

큐슈신칸센 카고시마추오역 부근

(3) 단순 트러스형(桁)

제5 키타카미카와(北上川)교

토사쿠로시오(土佐くろしお)철도 제1 테이(手結)가도교

토호쿠신칸센(東北新幹線) 제5 키타카미카와(北上川)교량은 교장 114.1m의 단순곡현 하로트러스교로 현장조건상 중기반입이 곤란하기 때문에 가설거더를 이용한 케이블크레인+가벤트공법으로 가설했다. 상판은 경량콘크리트로 시공되었다.

고멘(ごめん)·하나리(はなり)선 제1 테이(手結)가도교는 아치형상을 가진 단순트러스교로 가설위치의 북측 사유지를 임대, 벤트를 설치해서 조립한 후 야간에 국도통행을 차단하고 33m를 횡이동시켜 가설했다.

츠쿠바익스프레스 스미다카와(隅田川)교

토사쿠로시오(土佐くろしお)철도 第五田野架道橋

(4) 연속합성형(桁)

호쿠리쿠 신칸센 (北陸新幹線)

호쿠리쿠도 가도교 (北陸道架道橋)

큐슈신칸센(신야쓰시로-카고시마츄오)에서 사용한 연속강합성형은 내구성, 내진성 향상과 유지관리 경감에 의한 비용절감에 기여하는 구조물이다.

또, 재도장 작업을 경감하기 위해 무도장 주형을 사용하지만, 해안에 근접해 일반 내후성강재를 사용할 수 없기 때문에 니켈계 고내후성강재를 사용하고 있다.

하츠노(初野)가도교는 문형교각(馬桁)을 가설한 후 1경간씩 500 tf 크레인에 의한 일괄가설을 시행했다.

진나이(陣内)선로교 및 마츠오(松尾)선로교는 카고시마 본선을 횡단하기 때문에 안전확보를 위해 강재거푸집을 사용한 합성상판을 사용했다. 합성상판은 시공의 안전성을 확보할 수 있을 뿐만 아니라 고장력 볼트로 연결함으로써 강형과 일체로 거동해 종국내력의 향상에 기여하는 구조이다. 가설은 크롤라크레인(650 및 750 tf)에 의한 일괄가설을 시행했다.

하츠노(初野)가도교 (교장 90.6m)

호쿠리쿠신칸센 오미가와(青海川)교

(5) 연속 SRC형(桁)

큐슈신칸센(신야쓰시로~카고시마추오)의 연속 SRC형은 건축한계에 여유가 없어 형고를 낮춰야할 필요가 있고, 교량지간이 비교적 길고, 시공기간에 제약을 받는 등의 이유로 사용했다. 제2 및 제3 미야지(宮地)가도교는 국도 3호선 및 현도를 횡단하는 교량으로 형하공간(空頭)을 확보하기 위해(웨브 높이+상판콘크리트 두께)서 지간비를 1/27로 했다. 가설은 크레인으로 가설했다.

제3 미야지(宮地)가도교

(6) 연속 트러스교

츠쿠바익스프레스 아라카와(荒川)교

츠쿠바익스프레스 토네가와(利根川)교

츠쿠바익스프레스 아라카와(荒川)교량은 중앙지간이 192.85m로 철도 단독교로서는 일본 최대 지간을 가진 교량이다

이 교량의 특징은 ① 트러스 격점구조의 간결화, ② 저상식(低床式) 트러스, ③ 대지진에 대응하는 고무받침, ④ 무도장내후성강재(경관 장기착색형 녹안정화 처리) 등으로, 특히, 격점구조에 큰 특징이 있으며, 하현재 및 사재가 휨부재로, 사재와 하현재를 강결 절점으로 고려한 구조이다. 이 때문에 하현재 및 사재는 상자형 단면으로 하고, 트러스 격점연결을 부재 상호간에 맞대는 방식(각형식)의 4면 첨접구조로 했다(격점 개요도 참조). 과거의 트러스 격점은 힌지연결이었다(

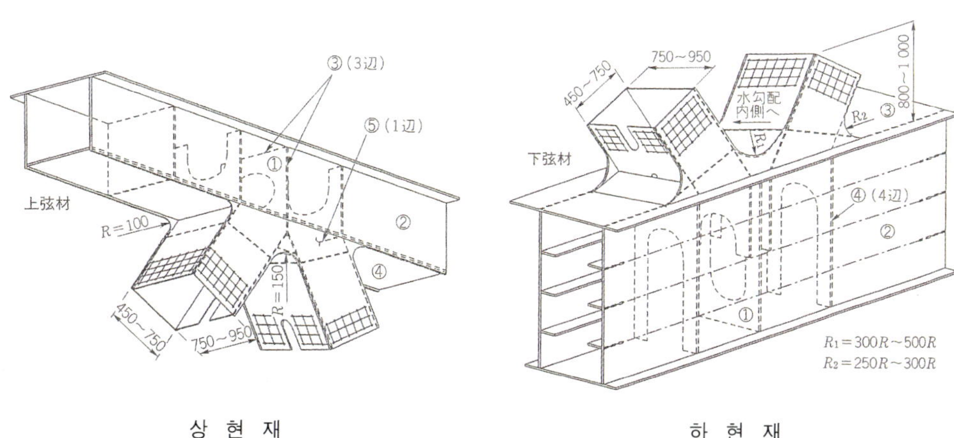

상 현 재　　　　하 현 재

격점 개요도

사재의 격점 거셋에 찔러 넣는 방식 : 2면 첨접). 최근의 강철도교에서는 제작공(工) 수의 저감에 의한 경제성과 품질확보를 위해 높은 제작정밀도가 요구되는 찔러넣기 방식보다 제작이 용이한 맞대기 방식이 주류를 점하고 있다. 이 맞대기 방식은 각 부재가 직접 격점에 연결되고 있기 때문에 응력전달도 원활한 구조이다.

츠쿠바익스프레스의 트러스교 중 토네가와(利根川)교 외의 4교량은 콘크리트 상판(床版)을 이용해서 하로트러스의 하수평브레이싱을 생략한 합리화 트러스교이다. 가설은 크레인+가벤트와 트레블러크레인에 의해 시행했다.

R=400m의 곡선트러스교 유메노시마(夢の島)교

형　식	3경간 연속 와렌트러스	연　장	L = 96.2 + 93.1 + 78.6 = 267.9m
주　형	강 상 판	받침구조	탄성받침 + 스토퍼
평면곡선	R = 400m	준　공	1989년

노선 정경

트러스 전경

하부 인도에서의 조망

강상판 구조

하부에서의 조망

상현재 격점 상세

(7) 아치교

강아치교는 중량전철에서는 많이 사용되지 않는 형식이다. 최근에는 중부국제공항선의 블루아치60교가 지간 60m의 로제 아치교로서 건설되었다.

중부국제공항선 블루아치60

블루아치60 가설전경(송출공법)

인접한 교량상에서 아치교를 조립 (2002년 11월)

아치교 조립중 (2003년 3월)

송출 직전의 아치교 (2003년 6월 6일)

대차를 이용한 송출 전경 (야간작업)

맺 음 말

이상에서 철도·운수기구 설계기술실 카나모리(金森) 마코토(眞) 총괄보좌역의 글(교량과 기초 2004년 8월호)을 기초로 일본 혼슈, 큐슈 등지를 돌아다니며 조사한 내용과 각종 서적, 인터넷을 통해 수집한 자료를 첨삭해 최근에 건설된 일본 철도교의 현황에 대해 살펴보았다.

뒤에, 큐슈신칸센과 츠쿠바익스프레스의 철도교편에서도 살펴보겠지만 일본 철도교의 건설현황의 특징 중 중요한 두 가지는 다음과 같다.

우선, 교량계획에 대한 접근방법에 특징이 있다. 교량연장의 대부분을 차지하는 일반적인 구간에 건설되는 교량은 고가교로 구분해 경제성과 시공성 우위로 건설하고 있다. 고가교 중 가장 큰 비중을 차지하는 연속 RC 라멘고가교는, 과거의 라멘고가교간 캔틸레버보 연결형태에서 라멘교 단부에 브라켓을 설치해서 단순 슬래브교로 연결시키는 형태로 개선하였으며, 깊은기초에서 과거의 푸팅-다주말뚝구조를 지중보를 이용한 1기둥 1말뚝 구조로 개선, 현재의 표준화 형태가 되었다. 현재 국내에서 고가정거장에 사용하는 라멘교는 일본에서 약 30여년 전에 사용하던 초기 형태의 것으로 현재의 표준화 형태와는 큰 차이가 있다.

이 표준화 RC 라멘교는 90년대 이후 츠쿠바익스프레스 및 센다이공항철도의 아치슬래브식 라멘고가교로 발전하였다.

표준화 고가교 중간 중간에는 소규모 도로나, 소하천 등 지리적, 지형적 조건에 따라 T-Beam교, 슬래브교 등을 현장조건에 따라 다양하게 혼용하고 있다. 이점은 경제성 측면에서는 합리적일 수 있겠지만 교량의 연속성, 통일성 측면에서는 이견의 여지가 많다.

표준화교의 경제성 추구를 모토로 하천이나 간선도로를 횡단하는 교량은 기능적 요소와 경관적 측면을 고려해 사장교, 엑스트라도즈드교, 사판교, 핀백교, 파형강판웨브PC교 등 장경간의 다양한 형식을 적극적으로 개발·적용해 가고 있다.

이를 단순하게 도식화 해 정리하면 다음과 같다.

일본 철도교 계획상의 특징

구 분	적용구간	계획상 특징
표준설계(표준화교)	교량의 대부분을 차지하는 일반구간	경제성 위주 설계, 생력화 추구, 지속 개량
개별설계(특 수 교)	하천, 도로 횡단부 등 장경간 필요구간	고급화 설계, Land-Mark 기능, 다양한 형식

두 번째 특징은 생력화의 추구이다. 생력화는 시공상의 생력화와 유지관리상의 생력화로 구분할 수 있는데, 비용저감의 목적 뿐 만 아니라 현장건설인력의 고령화와 젊은 기술자들의 현장 유입이 현격하게 감소하고 있는 현실에도 적극 대처하기 위함이다.

시공상으로는 재료의 절감보다는 철근가공의 편리성, 거푸집 운용 및 콘크리트 타설의 편의성에 중심을 두는 추세가 두드러지며, 특히 츠쿠바익스프레스의 프리텐션 U형 거더교(나리타고속철도엑세스선에도 적용)와 같이 지보공과 현장타설을 최소화하고 공장제작의 장점을 살린 신형식 교량이 각광받고 있다.

유지관리 생력화 측면에서는 유지관리비가 거의 들지 않는 연속라멘고가교의 지속적인 개량·발전 외에도, 장대교의 연속화, 무도장강재 사용의 보편화, 상부구조와 기둥을 강결시킨 라멘교의 증가 추세 등이 두드러진다. 특히, 중부국제공항연결 해상교는 공기단축을 위해 주두부와 폐합부를 제외한 상부구조를 철도교에서는 드문 프리캐스트세그먼트공법으로 건설하고, 현장타설로 시공하는 중앙 폐합부는 건조수축변형에 대응하도록 Jacking력을 도입해서 미리 넓혀 놓은 후 폐합시켰다.

녹안정화처리를 통한 무도장내후성강재의 사용에 있어서도, 호쿠리쿠신칸센의 호쿠리쿠가도교에서와 같이 해안에 인접한 강교에는 과거의 내후성강재에 Ni의 첨가량을 늘려 내염성분을 강화시킨 해변내후성강재(고내후성강재)를 사용하고 있다.

궤도구조는 1965년부터 유지관리가 필요 없는 생력화를 목적으로 슬래브궤도가 개발되기 시작해, 재래선이나 산요신칸센(山陽新幹線) 신오사카(新大阪)~후쿠야마(福山)간에 시험시공을 거쳐 산요신칸센(山陽新幹線) 후쿠야마(福山)~하카타(博多)간에 본격적으로 사용되었으며, 그 후, 슬래브궤도의 유지관리절감효과가 높게 평가돼 신칸센의 표준궤도로 되었다. 토호쿠·조에쓰신칸센(東北·上越新幹線)에서는 역구내, 토노반, 기타 특별한 사정이 있는 개소를 제외하고는 모두 슬래

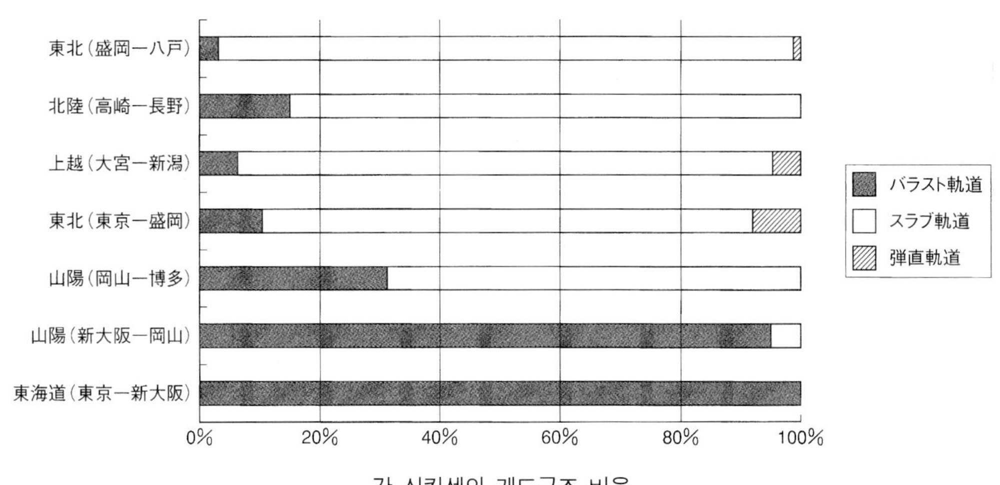

각 신칸센의 궤도구조 비율

브궤도가 사용되었다. 호쿠리쿠신칸센(北陸新幹線) 타카자키(高崎)~나가노(長野)간에서는 비용절감을 목적으로 토노반의 비율을 높게 계획했기 때문에 토노반상의 슬래브궤도를 개발해 지반상태가 나쁜 개소를 제외하고는 토노반상에도 슬래브궤도를 사용하고 있다.

이와 같은 생력화, 특히 유지관리생력화의 문제는 국내 철도시설물 계획에 있어서도 전라선 및 경전선의 BTL 추진을 계기로 집중 조망될 전망이다.

최근 건설 중인 일본의 신칸센에서 경간 10~20m의 고가교가 차지하는 비중은 토호쿠(東北)신칸센 연장사업 81.2km 중 17.9km(22%), 호쿠리쿠(北陸)신칸센 연장사업 187.1km 중 66.5km(36%) 및 큐슈(九州)신칸센 248.7km 중 76.4km(31%)에 이른다.

건설중인 신칸센의 구조연장표

구 분	토호쿠(東北)신칸센	호쿠리쿠(北陸)신칸센	큐슈(九州)신칸센	총 계
토 공	10.5 km (13%)	5.0 km (3%)	27.5 km (11%)	43.0 km (9%)
교 량	2.9 km (4%)	14.6 km (8%)	20.3 km (8%)	37.8 km (7%)
고가교	17.9 km (22%)	66.5 km (36%)	76.4 km (31%)	160.8 km (31%)
터 널	49.9 km (61%)	101.0 km (53%)	124.5 km (50%)	275.4 km (53%)
계	81.2 km	187.1 km	248.7 km	517.0 km

한편, 국내 철도공사에서 교량이 차지하는 비율은 전라선(신리~동순천간)이 약 120km중 20여km(17%), 공사중인 장항선이 92.7km 중 28.4km(31%)로 매우 높은 비율을 차지하고 있다. 이것은 노선의 직선화, 민원에 대한 대처 경향 등을 볼 때 향후로도 지속될 전망이다.

2000년대에 턴키로 발주한 철도공사의 구조연장을 살펴보아도 그러한 경향을 확인할 수 있다.

덧붙여, 하기의 교량 가운데서 PSC Beam교(지간 20~25m)가 차지하는 비중은 약 3km (16%) 정도로 크지 않고, 대신에 PSC Box(지간 35~45m)교와 U형 거더교(지간 30~35m)가 각각 약 5.8km(31%), 5.4km(29%)로, 턴키공사에서는 경제성 보다는 교량의 고급화, 장경간화가 추구되고 있음을 알 수 있다.

2000년대 턴키발주 철도공사의 구조연장

공 사 명	토 공	교 량	터 널	계
중앙선 덕소~양수	5.0 km (39%)	2.5 km (20%)	5.3 km (41%)	12.8 km
중앙선 제천~도담	10.3 km (64%)	1.3 km (8%)	4.4 km (28%)	16.0 km
경전선 9공구	3.3 km (26%)	1.6 km (13%)	7.6 km (61%)	12.5 km
보성~임성리 7공구	3.1 km (33%)	2.3 km (24%)	4.1 km (43%)	9.5 km
부산신항 배후철도 1공구	6.6 km (66%)	1.5 km (15%)	1.9 km (19%)	10.0 km
부산신항 배후철도 3공구	4.6 km (48%)	2.0 km (21%)	3.0 km (31%)	9.6 km
성남~여주 6공구	1.7 km (20%)	4.3 km (51%)	2.5 km (29%)	8.5 km
성남~여주 8공구	7.8 km (66%)	2.1 km (18%)	2.0 km (17%)	11.9 km
진주~광양 5공구	3.9 km (49%)	1.0 km (13%)	3.0 km (38%)	7.9 km
계	46.3 km (47%)	18.6 km (19%)	33.8 km (34%)	98.7 km

※ 위 구성비는 개략 산출한 것으로 다소의 차이가 있을 수 있음.

이러한 교량의 고급화 경향은 기타공사로 건설되는 구간과는 확연히 구분되는 것으로, 앞으로 추진될 BTL 사업의 경향은 어떠할 지와, 이러한 국내 철도교 건설 경향과 일본 철도교 건설 경향을 상호 비교해 보는 것도 매우 흥미로운 일일 것이다. 이를 다소 도식적으로 나타내면 다음과 같다.

일본-한국 표준화교 비교

구 분	일 본		한 국		
	최근까지	최근이후	기타공사	턴키공사	BTL 공사
형 식	빔슬래브식 라멘고가교	아치슬래브식 라멘고가교	PSC Beam교	PSC Box교 PC U형 거더교	?
경간장	10 m	15 m	20~25 m	30~45 m	

PSC Beam교는 지간 20m의 6주형이 전라선(신리~순천) 전 구간에 대규모로 적용되었고,

장항선에서의 본격적인 표준화 작업에 힘입어, 형태, 성능면에서 통일성을 갖춘 25m 6주형이 한국 철도교를 대표하는 표준화교로 자리 잡았다. 최근에는 주형수를 5주형으로 줄여 경제성을 보다 개선하였으며, 그동안의 풍부한 시공실적이 더해져, 한국의 철도교를 대표하는 가장 경제적이고 실용적인 교량이 되었다.

그러나, 이러한 장점에도 불구하고, PSC Beam교는 여전히 적지 않은 공사비, 높은 형고와 불량한 미관 등 때문에 이를 획기적으로 개선한 신형식 철도교의 개발에 대한 필요성이 최근 들어 당면한 과제로 떠오르고 있다.

뒤의 [큐슈신칸센의 철도교]와 [츠쿠바익스프레스의 철도교]에서는 앞서 살펴본 일본 철도교의 최근의 건설동향을 실시공되거나 설계완료된 교량들을 통해 구체적으로 살펴보도록 한다.

Ⅱ편에서는 2005년에 일본 토목학회에서 발행한 [콘크리트표준시방서 및 철도구조물설계표준·동해설에 의한 설계·계산 예]를 통해 신칸센 표준화교인 빔슬래브식 라멘고가교의 구조특성과 철도교 설계방법에 대해서도 살펴본다.

마지막으로 부록편에는 최근에 설계되거나 건설된 일본의 주요 철도교 중 [교량과 기초], [일본철도시설협회지], [토목시공] 등에 소개된 내용을 발췌 번역 수록하였다. 단, [세계의 철도교(구미서관)] 및 [외국철도교의 설계와 시공사례(이엔지북)]와 중복되는 내용은 생략했다.

제 2 장 큐슈신칸센(九州新幹線)의 철도교

2.1 신칸센 구조물의 일반 사항

<신칸센 현황>

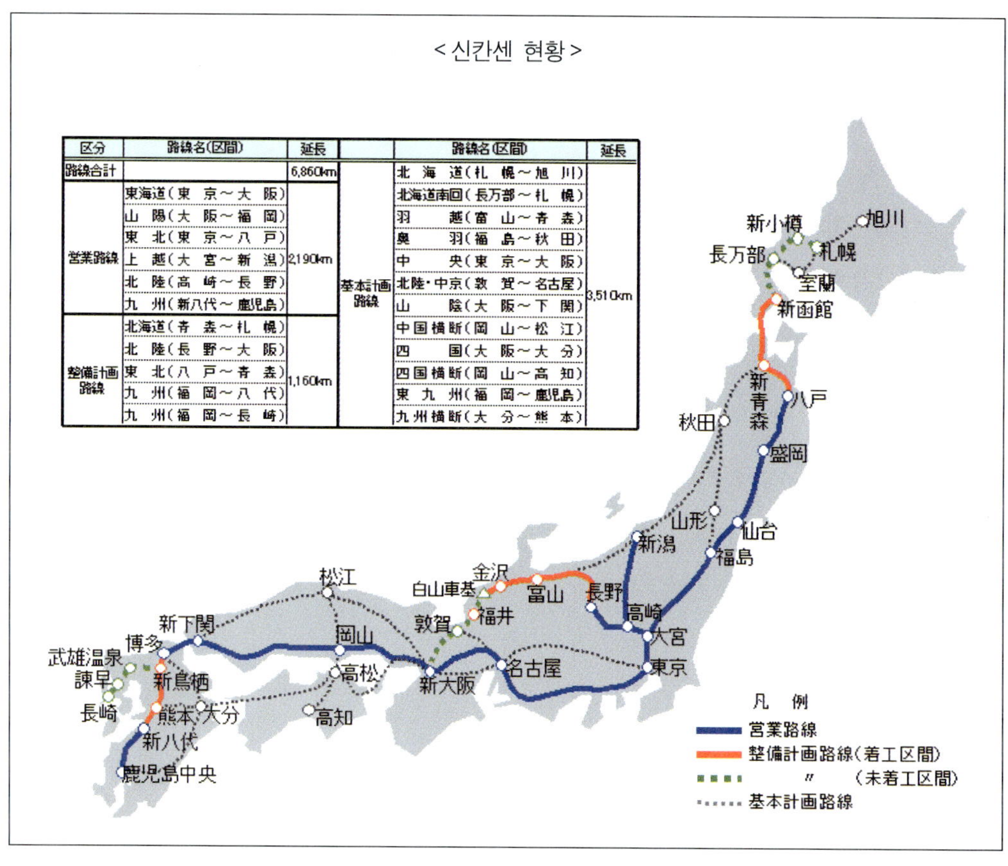

区分	路線名(区間)	延長
路線合計		6,860km
営業路線	東海道(東　京～大　阪)	2,190km
	山　陽(大　阪～福　岡)	
	東　北(東　京～八　戸)	
	上　越(大　宮～新　潟)	
	北　陸(高　崎～長　野)	
	九　州(新八代～鹿児島)	
整備計画路線	北海道(青　森～札　幌)	1,160km
	北　陸(長　野～大　阪)	
	東　北(八　戸～青　森)	
	九　州(福　岡～八　代)	
	九　州(福　岡～長　崎)	

	路線名(区間)	延長
基本計画路線	北海道(札　幌～旭　川)	3,510km
	北海道南回(長万部～札　幌)	
	羽　越(富　山～青　森)	
	奥　羽(福　島～秋　田)	
	中　央(東　京～大　阪)	
	北陸・中京(敦　賀～名古屋)	
	山　陰(大　阪～下　関)	
	中国横断(岡　山～松　江)	
	四　国(大　阪～大　分)	
	四国横断(岡　山～高　知)	
	東九州(福　岡～鹿児島)	
	九州横断(大　分～熊　本)	

구 분	노 선 명 (구간)	연 장
노선합계		6,860km
영업노선	토오카이도 (도쿄 ~ 오사카)	2,190km
	산요 (오사카 ~ 후쿠오카)	
	토오호쿠 (도쿄 ~ 하치노헤)	
	조에쓰 (오미야 ~ 니가타)	
	호쿠리쿠 (타카자키 ~ 나가노)	
	큐슈 (신야쓰시로 ~ 카고시마)	
정비계획 노 선	훗카이도 (아오모리 ~ 삿포로)	1,160km
	호쿠리쿠 (나가노 ~ 오사카	
	토오호쿠 (하치노헤 ~ 아오모리)	
	큐슈 (후쿠오카 ~ 신야쓰시로)	
	큐슈 (후쿠오카 ~ 나가사키)	

구 분	노 선 명 (구간)	연 장
기본계획 노 선	훗카이도 (삿포로 ~ 아사히카와)	3,510km
	훗카이도난카이 (오샤망베 ~ 삿포로)	
	우에쓰 (후쿠야마 ~ 아오모리)	
	오우우 (후쿠시마 ~ 아키타)	
	중앙 (도쿄 ~ 오사카)	
	호쿠리쿠·추쿄우 (츠루가 ~ 나고야)	
	산인 (오사카 ~ 시모노세키)	
	추고쿠오우단 (오카야마 ~ 오이타)	
	시코쿠 (오사카 ~ 오이타)	
	시코쿠오우단 (오카야마 ~ 코우치)	
	히가시큐슈 (후쿠오카 ~ 가고시마)	
	큐슈오우단 (오이타 ~ 쿠마모토)	

(1) 영업중인 신칸센의 구조연장

신칸센을 고속으로 안전하게 주행시키기 위해 열차하중을 지지하는 레일이나 전기설비를 지지하는 구조물에 대해서는 건설시의 비용뿐만 아니라 환경에 미치는 영향, 보수에 필요한 비용 등을 종합적으로 검토해 그 종류, 설계, 시공법 등을 결정하고 있다.

신칸센은 모든 도로, 하천과 입체교차 하기 위해 크게 나누면, 터널 외에 토노반(성토, 절토), 교량, 고가교로 구성된다. 다음 표에 영업중인 신칸센의 구조연장을 수록했다.

영업중인 신칸센의 구조연장

신 칸 센 명	연 장	노 반 (절토) (성토)		고가교		교 량		터 널	
		연장	비율	연장	비율	연장	비율	연장	비율
토카이도(東海道) (도쿄～신오사카)	516km	274km	53%	116km	23%	57km	11%	69km	13%
산요(山陽) (신오사카～하카다)	562km	70km	12%	161km	29%	51km	9%	280km	50%
죠에쓰(上越) (오미야～니가타)	275km	3km	1%	132km	48%	33km	12%	107km	39%
토호쿠(東北) (도쿄～모리오카)	501km	26km	5%	286km	57%	73km	15%	116km	23%
(도쿄～하치노헤)	95km	14km	14%	9km	9%	3km	4%	69km	73%
호쿠리쿠(北陸) (타카자키～나가노)	126km	19km	15%	32km	25%	12km	9%	63km	51%

토카이도신칸센은 노반구간(주로 성토)이 터널을 제외한 구간의 60%를 점하고 있다. 그러나, 약령(弱齡)의 성토에 건설된 구간도 있어 사면 등의 보수에 많은 비용이 들고 있다.

유지보수가 필요 없는 생력화 슬래브궤도는 침하량에 대한 허용량이 작아 토호쿠신칸센(도쿄～모리오카간), 죠에쓰신칸센의 터널을 제외한 구간은 대부분 고가교, 교량이 적용되었다. 호쿠리쿠신칸센(타카자키～나가노간)에서는 비용저감과 보수의 경감을 위해 토노반상에 슬래브궤도를 설치할 수 있는 기술을 개발해 토노반구조(절토·성토)를 적극 적용, 터널을 제외한 구간의 30%까지 점하게 되었다.

또, 2002년 12월에 개업한 토호쿠신칸센(도쿄～모리오카간)은 지형상의 이유로 70%가 터널 구간이 되었다.

(2) 교 량

가) 일반교량

도로 · 하천 · 재래선의 교차부는 교량으로 횡단하고 있다. 소규모의 하천교량, 가도교, 라멘 고가교의 연결교(게르바형) 등의 비교적 단지간에는 RC 단순형(桁)을 사용하고 있고 그 지간은 10m~20m 이다.

RC형(桁)의 적용범위(25m 미만)를 초과하는 교형에는, PC 단순형, PC 연속형, 강형(트러스), 합성형의 장대교량을 사용한다.

최근에는 내진성능의 향상, 받침 등의 유지관리의 생력화를 추구해서 교각과 주형을 일체화 하는 라멘구조 타입의 장대교량을 주로 사용한다.

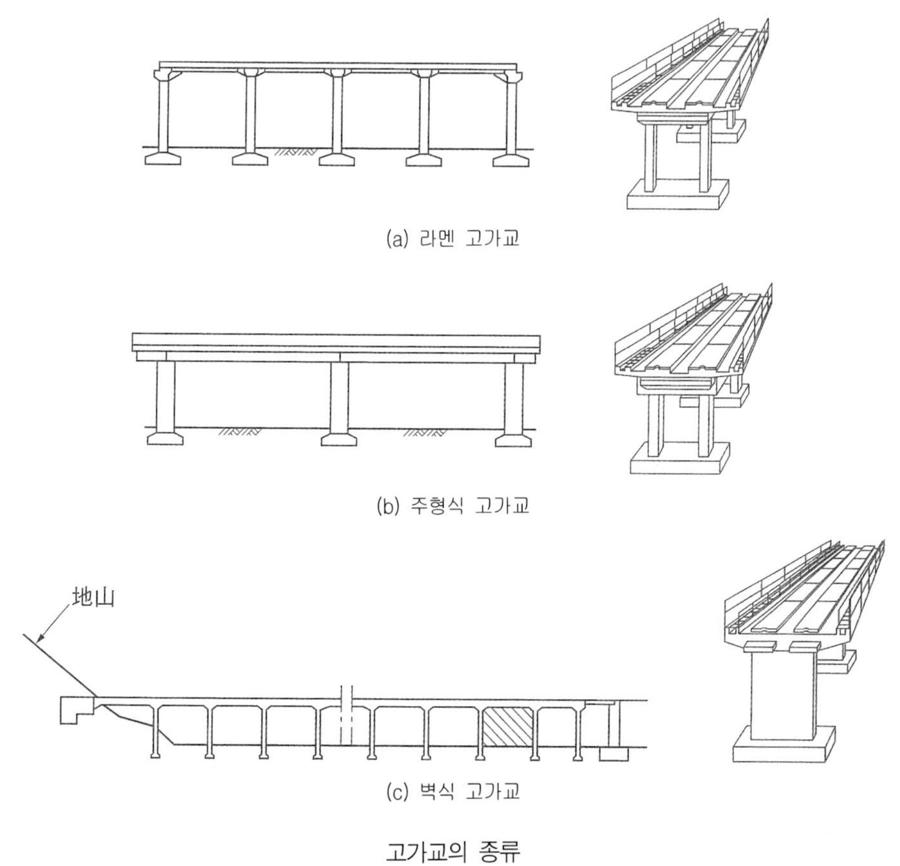

(a) 라멘 고가교

(b) 주형식 고가교

(c) 벽식 고가교

고가교의 종류

나) 고가교

신칸센 교량의 다수가 고가교이다. 고속주행에 따른 승차감의 향상이나 주행안전성을 확보하기 위해서는 구조물의 강성을 높게 하고, 허용변위량이나 틀림량을 아주 작게 할 필요가 있다. 이 조건을 만족하고, 동시에 경제적인 구조물로서 신칸센에서는 고가교가 많이 사용되고 있다.

고가교에는 라멘 고가교, 주형식 고가교, 벽식 고가교의 대표적인 형식이 있다.

① 라멘 고가교

주형과 교각을 강결시켜 일체로 한 연속 라멘구조의 고가교이다.

호쿠리쿠(北陸)신칸센 [카루이자와(軽井澤)~나가노(長野)간] 이후에는 생력화 타입의 고가교로서 종거더 헌치의 폐지 등을 통해 거푸집을 단순화 하고 배근작업을 용이하게 함으로써 경제성과 공기단축을 추구하고 있다.

② 주형식 고가교

고가교의 높이가 높은 경우 등에 이용되며 단순형(桁)과 교각을 조합해서 연속시킨 고가교이다.

③ 벽식 고가교

교각을 얇은 벽구조로 하고 교축방향의 수평력을 1개소의 벽구조(교대) 또는 지산(地山 : 그림의 (c) 참조)에 집중시켜 그 외 교각의 수평력을 극단적으로 저감한 구조이다.

↘ 알아두기

큐슈신칸센의 궤간변환장치

큐슈신칸센은 시점역인 하카타(博多)역에서 중간지점인 신야쓰시로(新八代)역 까지는 공사중이므로 재래선인 카고시마본선을 이용하고, 신야쓰시로역에서 종점역인 카고시마추오(鹿児島中央)역 까지는 2004년 개업한 신칸센을 이용한다. 재래선 구간은 릴레이츠바메로 운행하고, 하카타～신야쓰시로 구간 완공 전까지의 신칸센 시발역인 신야쓰시로역의 같은 홈에서 신형츠바메로 환승한다(환승개요 참조). 이때, 재래선(협궤)과 신칸센(표준궤)의 연결노반 중간에 궤간변환장치가 설치되어 서로 다른 궤간의 선로를 연결해주고 있다(부록편 궤간변환장치의 개발 참조).

▪ 환승개요 ▪

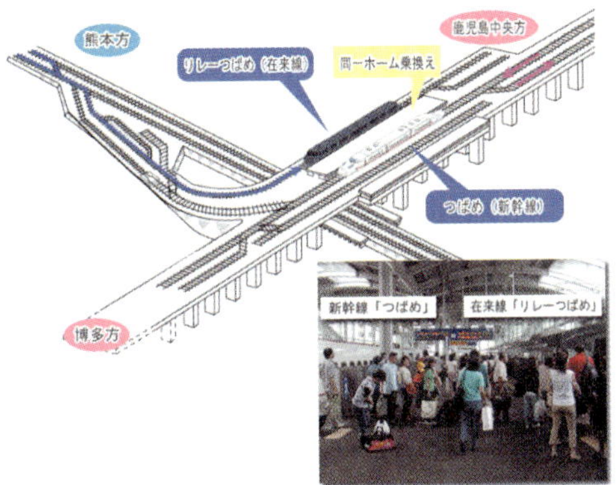

환승 개요도

좌측이 릴레이츠바메, 우측이 신칸센츠바메

우측 토공부가 재래선-신칸센 연결노반

궤간변환장치

2.2 큐슈신칸센 건설계획 및 노선 개요 - 신기술채용과 건설비용의 저감 -

(토목시공 2004년 3월호 편역)

(독)철도건설 · 운수시설정비지원기구철도건설본부큐슈신칸센건설국계획과장 加藤(카토우) 順(준)

큐슈신칸센 카고시마(九州新幹線鹿兒島)노선은 산요신칸센(山陽新幹線)의 종착역인 하카타(博多)역을 기점으로 사가현(佐賀縣), 쿠마모토현(熊本縣)을 경유하여 카고시마추오(鹿兒島中央)역에 달하는 연장 약 257km의 노선이다. 본 노선은 큐슈(九州)를 남북으로 잇는 일본의 국토 축을 형성하는 기간교통으로서 21세기 고속교통체계의 일익을 담당하는 중요한 역할을 맡음으로써, 국민생활의 향상과 지역 활성화를 위해서는 필수불가결한 사회기반시설이다.

1991년 8월, 야쓰시로(八代)~카고시마추오(鹿兒島中央)간을 인가(슈퍼 특급방식) 받아 공사에 착수하였고, 이후 1998년 3월과 2001년 4월에 두 차례의 추가 인가를 받아 카고시마(鹿兒島)노선의 전선에 대해 풀 규격으로의 정비가 결정되었다.

카고시마추오역 부근

이에 따라 이번 개업구간 외에 하카타(博多)~신야쓰시로(新八代) 구간도 공사가 진행되고 있다.

2004년 3월에 개업한 신야쓰시로(新八代)~카고시마추오(鹿兒島中央)간 공사연장은 잠정 개업시에 필요한 신야쓰시로(新八代)역부터 기점측인 고가구간 1km(유치선)가 포함되어 약 128km이다.

노선은 쿠마모토현(熊本縣) 남부, 재래선 야쓰시로(八代)역에서 하카타(博多)방면으로 약 1.4km 떨어진 카고시마(鹿兒島) 본선과 교차하는 곳에 가설된 신야쓰시로(新八代)역을 기점으로 이곳으로부터 야쓰시로 평야를 남하하여 터널을 지나 호우히(豊肥)

본선, 쿠마가와(球磨川)와 교차하여 쿠마(球磨)산지의 터널군을 빠져나가 재래선과 평행을 이루면서 신미나마타(新水俣)역에 도달하게 된다. 잠시 재래선과 평행을 이루며 주행한 후, 야쓰시로(八代)해를 접한 구릉지를 터널을 통해 남하하여 카고시마현(鹿児島縣)에 들어간다. 그 후, 재래선과 병설된 이즈미(出水)역 부근을 고가교로 진입하고, 여기에서 키타사츠마(北薩摩)지역의 최고봉인 시비잔(紫尾山)의 서측으로 본 구간중에서 최장이 되는 제3 시비잔(紫尾山)터널을 지나 센다이(川内)시내에 들어가서 재래선과 평행을 이룬다, 센다이가와(川内川)를 건너 재래선 병설 지평(地平)

큐슈신칸센(신야쓰시로(新八代)~카고시마추오(鹿児島中央)간)의 개요

노선개요	구 간		신야쓰시로(新八代)~카고시마추오(鹿児島中央)		
	역 위치		신야쓰시로역 (신설 : 쿠마모토현 야쓰시로시) 新八代駅 (親切 : 熊本県八代市) 신미나마타역 (신설 : 쿠마모토 미나마타시) 新水俣駅 (親切 : 熊本水俣市) 이즈미역 (병설 : 카고시마현 이즈미시) 出水駅 (併設 : 鹿児島県出水市) 센다이역 (병설 : 카고시마현 센다이시) 川内駅 (併設 : 鹿児島県川内市) 카고시마추오역 (병설 : 카고시마현 카고시마시) 鹿児島中央駅 (併設 : 鹿児島県鹿児島市)		
	노선연장		126.8 km		
노선규격	설계 최고속도		260 km/h		
	최소 곡선반경		기본 4 000 m		
	최급구배		35 %		
	전차선의 전기방식		교류 25 000 V		
공사개요	공사연장	구 분	하카다 ~ 신야쓰시로 (121.1 km)	신야쓰시로~ 카고시마추오 (127.6 km)	계 (248.7 km)
		노 반	12.5km (10%)	15.0km (12%)	27.5km (11%)
		교 량	11.3km (9%)	9.0km (7%)	20.3km (8%)
		고가교	60.7km (50%)	15.7km (12%)	76.4km (31%)
		터 널	36.6km (30%)	87.9km (69%)	124.5km (50%)
	주요 터널		- 제2이마이즈미(今泉)터널 : 4,680 m - 타가미(田上)터널 : 6,991 m - 요시오(吉尾)터널 : 6,040 m - 신츠나기(新津奈木)터널 : 5,160 m - 제3시비잔(紫尾山)터널 : 9,987 m - 시오츠루(塩鶴)터널 : 4,175 m		
	주요 교량		- 쿠마가와(球磨川)교량 : 307 m - 고메노츠가와(米ノ津川)교량 : 260 m - 센다이가와(川内川)교량 : 338 m		

역[선상역사(지상역)]인 센다이(川内)역에 이르게 된다. 여기에서부터 카고시마(鹿兒島)방면을 향하여 센다이(川内)차량기지의 옆을 통과해 카고시마(鹿兒島)지구 특유의 시라스대지(しらす台地)의 많은 터널군을 통과하면 마지막으로 사츠마타가미(薩摩田上)터널을 빠져나가 전방의 사쿠라지마(櫻島)를 향해 재래역과 교차하는 고가구조인 카고시마추오(鹿兒島中央)역에 도달하게 된다.

큐슈신칸센 개업 후의 소요시간은 재래선 카고시마(鹿兒島) 본선에서의 야쓰시로(八代)(재래역)~카고시마추오(鹿兒島中央) 간이 약 2시간이었던 것이 약 35분으로, 하카타(博多)~카고시마추오(鹿兒島中央)간은 현행 3시간 40분이었던 것이 신야쓰시로(新八代)역에서 갈아타는 시간을 포

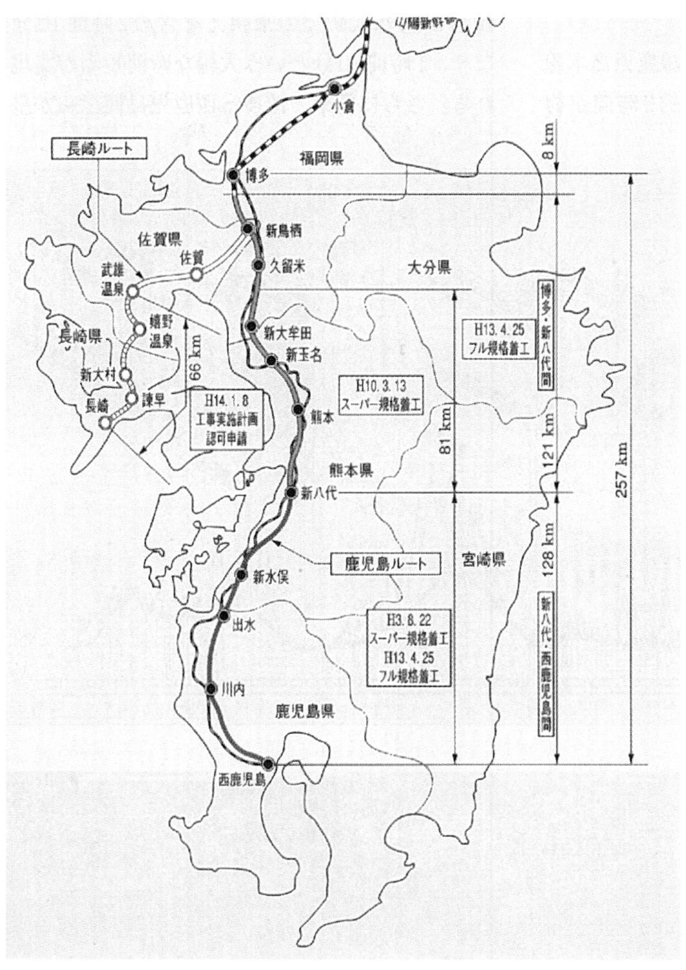

큐슈신칸센 노선 개요도

미나마타가와교량 부근을 주행하는 츠바메

함해서 2시간 10분이 되므로, 1시간 30분이라는 대폭적인 시간단축이 실현되었다. 그리고, 향후 하카타(博多)~카고시마추오(鹿兒島中央)간의 전선이 정비되게 되면 소요시간이 약 1시간 20분으로 현행에 비해 약 2시간 20분이나 단축되게 된다.

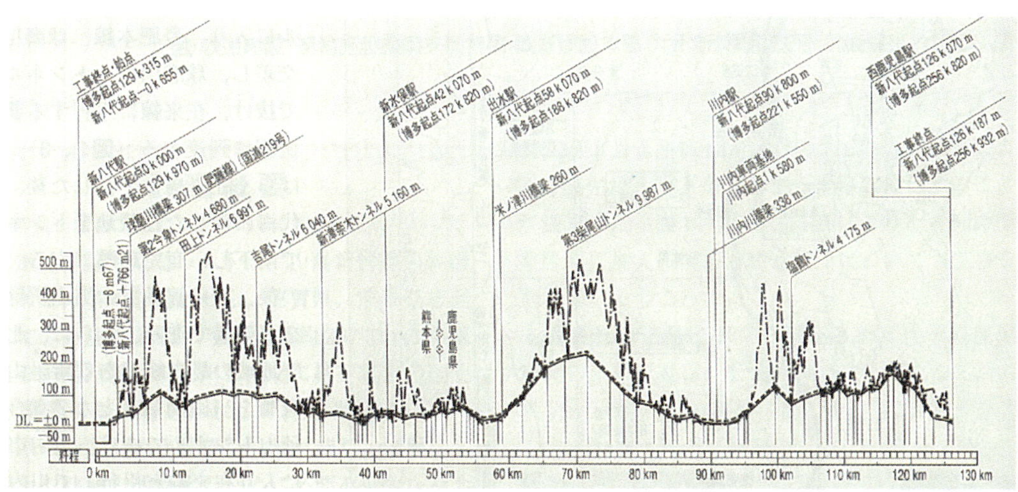

큐슈신칸센 선로종단면도(신야쓰시로~카고시마추오)

(1) 신기술의 도입

큐슈신칸센(九州新幹線)은 엄격한 재정사정 속에서 건설되었기 때문에 비용저감이 중요한 테마였다. 노선계획으로서는 향후 유지관리 및 건설비 저감을 도모하기 위해 아래에 상세하게 기술된 시라스지산(しらす地山)의 터널구간에 있어 적극적으로 지하수로부터의 영향을 회피하도록 종단선형을 신칸센으로서는 가장 급기울기인 35‰를 채용하였다. 또한 시공에 있어서도 가능한 새로운 기술을 도입하여 건설비 저감을 추구하였다.

가) 터널의 신기술

신야쓰시로(新八代)~카고시마추오(鹿兒島中央)간의 특징으로 미나미큐슈(南九州)의 특이 지질인 시라스지산(しらす地山)의 터널을 들 수 있다. 이 터널은 카고시마현(鹿兒島縣) 내에 있으며 시라스대지(しらす台地)의 약 20km 구간에 걸쳐 통과하고, 이 중에서 15개, 총연장 약 14km의 터널이 있으며, 이중에서도 약 7km가 지하수면 하부를 통과하고 있다. 종래의 인버트 콘크리트를 타설한 구조로서는 시라스지산(しらす地山)에서는 열차로 인한 반복하중으로 노반 하부의 물과 토사가 터널 안으로 분출되는 분니현상(Mud Pumping)이나 지산의 내부침식이 발생될 것이

센다이가와교량 전경

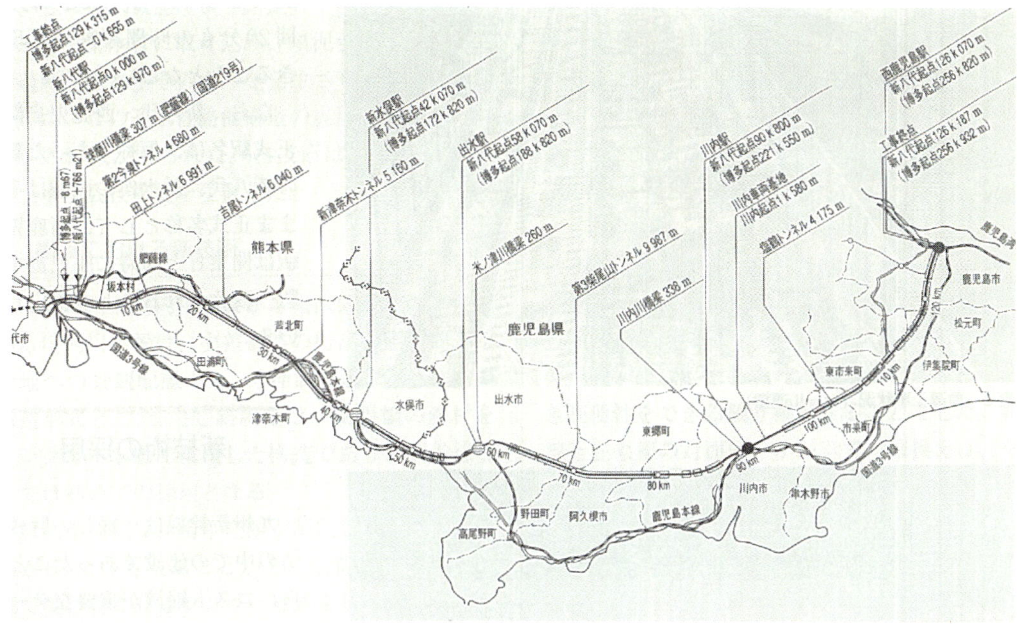

큐슈신칸센 노선 평면도

츠루바미터널 갱구 부근 전경

궤도공사 전경 (레일운반)

예상되었다. 하지만, 수압에 저항하는 수밀성 및 강성이 높은 구조를 사용하면 비용이 높아지게 된다. 그래서, 노반하부의 지산을 양호한 투수성과 고강도를 가지는 수쇄(水碎) 슬래그로 치환하였으며, 이러한 배수기능으로 노반하부 지하수를 터널중앙집수관으로 모이게 하여 분니현상의 원인인 과잉간극수압자체를 발생시키지 않게 하는 구조를 개발하였다. 이 투수성 노반구조의 실용화를 통해 비용저감을 꾀할 수 있었다. 본 기술은 2002년도 토목학회기술상을 수여했다.

나) 교량의 신기술

일급하천인 센다이가와(川內川)에 가설되는 본 구간의 최장교량인 센다이가와(川內川)교량은 교차도로의 형고 제한과 주변 시가지로부터의 경관적인 배려로 4경간연속 PC 사판교 구조형식을 채용하였다. PC 사판교는 엑스트라도즈드교의 사재를 콘크리트로 피복한 구조로서 신칸센에는 처음으로 도입되었다.

하라다(原田)가도교는 형하공간에 제한을 받고, 교량 길이가 63m에 이르기 때문에 활하중 정도는 아치부에서 부담하게 하는 랭거형식을 신칸센에서는 처음으로 도입하였다.

쿠마가와(球磨川)교량 등, 장대교이면서 교각이 높은 교량에 대해서는 받침을 폐지한 라멘구조를 채용함으로써 설계 및 보수(保守)비용을 저감시켰다. 또한, 철도, 도로와 교차되는 교량에 대해서는 강·콘크리트 합성거더를 연속거더로서 사용함에 따라 내후성·경제성을 향상시켰다.

다) 궤도·건축·전기공사에 대한 신기술

궤도에 있어서는 보수(保守)의 경감과 주행안전성 확보의 관점에서 장대레일 및 슬래브궤도를 적극적으로 도입하고 있다. 신호설비로서 필요한 레일절연이음으로 IJ (접착절연이음)를 사용하여 장대레일화를 보다 진척시킴과 동시에 경제화를 추구하였다. 또한, 지금까지의 신칸센에서 터널구간을 대상으로 부설되어 온 틀형궤도슬래브를 아카리(明かり)구간[토공, 교량 등 터널을 제외한 구간]에 있어서도 전면적으로 채용하여 비용저감을 추구하였다.

건설공사면에서 신칸센으로서는 처음으로 토목구조와 건축구조를 복합적으로 조합시킨 「하이브리드구조」가 이즈미(出水)역에 채택되었다. 하중이 작은 홈이나 외장부를 기초부터 건축공사 함에 따라 구조가 종래보다도 슬랜더 해지고 전체 공기 단축도 꾀할 수 있었다.

한편, 전기설비에 있어서도 고속가설(심플 커트너리시스템)이나 디지털 ATC를 채용함으로써 안전성·고속성의 향상과 비용감축을 도모하였다.

(2) 신칸센·재래선 동일 홈에서의 환승

큐슈신칸센 하카타(博多)~신야쓰시로(新八代)간이 완성될 동안 하카타(博多)방면과의 환승역

사쿠라지마를 배경으로 달리는「츠바메」

절취구간인 히라마츠 노반 부근

이 되는 신야쓰시로(新八代)역에 대해서는 당분간 재래선 특급인 「릴레이 츠바메(リレーつばめ)」를 신칸센의 고가 홈에 직접 접속시켜 승객의 환승편리성을 확보하였다. 신칸센과 재래선이 동일 홈에서의 환승할 수 있도록 한 경우는 전국에서 처음이다.

(3) 건설의 경과

신야쓰시로(新八代)·카고시마추오(鹿児島中央) 간은 1991년 8월부터 본격적으로 공사를 개시하였으며, 최초의 난공사 추진사업으로서 벌써부터 공사가 진행되고 있는 제3 시비잔(紫尾山)터널을 비롯한 장대터널이 부분적으로 착공되었다.

토목공사는 거의 11년간으로 교량, 터널 등의 본체공사가 완성되었다. 터널구간이 노선 전체의 7할을 차지하므로 장대터널공사에 이어 순차적으로 중소 터널공사에 착수하여 2002년 4월에는 50개의 하마자키(浜崎)터널을 관통시킴에 따라 모든 터널이 관통되었다. 아카리(明かり)구간에 대해서도 1998년부터 교량, 고가교공사를 순차적으로 진행시켜 2002년 12월 미나마타(水俣)시에 있어서는 마지막 거더가설이 완성됨에 따라 전선의 노반이 연결되어 토목공사가 완성되었다.

궤도공사는 2001년부터 궤도 슬래브제작에 착수하여 토목공사가 완성된 구간부터 순차적으로 궤도부설을 개시하였고, 2003년 3월에 전선에 걸친 레일부설이 완료되어 이즈미(出水)역 구내에서 레일체결식이 거행되었다. 건축공사, 전기공사에 대해서도 궤도공사와 같이 기타 공사와 경합되는 속에 순조롭게 공사가 진행되어 예정대로 공사완성을 맞이하여 2003년 9월에 전체 지상설비감사가 종료되었다.

2.3 큐슈신칸센의 교량 - 콘크리트 및 합성구조 - (토목시공 2004년 3월호 편역)

(독)철도건설 · 운수시설정비지원기구 철도건설본부 큐슈신칸센건설국 계획과 과장보좌 玉井(타마이) 眞一(신이찌)

신야쓰시로(新八代)~카고시마추오(鹿兒島中央)간의 교량 및 고가교의 총연장은 24.7km(19.3%)이다. 이중 절대 다수를 차지하는 교량은 RC 라멘고가교로 노선 전구간에서 관측할 수 있다. RC 라멘고가교 다음으로 비중이 큰 교량은 거더식 고가교인 RC T형교와 PC T형교이다. 하천횡단부에는 변단면 연속 PC 박스교가 다수 적용되었으나, 치쿠고가와(筑後川)교는 강합성교(공사중), 오오노가와(大野川)교는 엑스트라도즈드교(설계완료, 발주중), 센다이가와(川内川)교는 PC사판교로 계획되었다. 강합성교는 치쿠고가와교 외에, 급속가설이 필요한 간선도로횡단부나 선로횡단부에 일부 적용되었다. PC 하로U형교는 형하공간이 부족한 소도로 횡단부에 다수 적용되었다.

교량 · 고가교의 구조계획은 하천, 도로 등의 교차부를 컨트롤 포인트로서 RC 라멘고가교, RC 거더교, PC(PPC) 거더교, 강 · 콘크리트 합성거더를 지간 및 거더 높이, 지반조건, 가설방법을 고려하여 배치하였다. 각 구조에 대한 단면은 다음과 같다.

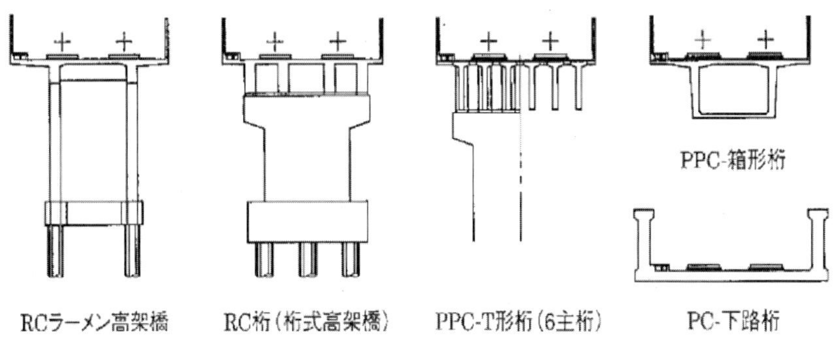

교량의 각 구조형식별 단면형상

(1) 각 교량형식의 개요

가) RC 라멘고가교

RC라멘 고가교는 열차의 고속주행에 필요한 강성과 경제성이 우수하기 때문에 신칸센 고가교의 기본구조로 사용되고 있다. 큐슈신칸센에서는 1경간을 10m로 하여, 3~6경간(30~60m)을 1블록으로 배치하였다. 블록간 접속은 게르버거더(조정거더)방식을 사용한다.

라멘고가교는 과거에는 표준설계로 시행한 선구도 있었으나 효고현(兵庫縣) 남부에 일어난 지진 이후에는 내진설계에 대한 지반종별이 세분화됨에 따라 큐슈신칸센의 라멘고가교에 대해서는 개별설계를 시행하였다. 하지만, 상층 종거더, 슬래브의 치수를 통일시키고 기둥 두께, 기초, 배근에 대해서 설계하도록 해 외관을 통일시켰다.

외관은 호쿠리쿠신칸센 카루이자와(輕井澤)~나가노(長野)간 이후부터 채용된 세로보 헌치 및 슬래브 선로방향으로 헌치가 없는 구조를 준용, 시공의 단순화에 따른 비용저감을 도모하였다. 이와 같은 목적으로 RC, PC 거더의 단면도 하부슬래브가 없는 단순한 T형 단면을 적용하였다. 또한, 가도교가 짧은 간격으로 연속되는 개소나 지지층이 평탄치 않은 개소에서는 라멘고가교를 대신해 RC 거더, PPC 거더를 연속시키는 거더식 고가교를 사용하고 있다.

RC 라멘고가교

전 경	라멘교간 접속방식(게르바보)	PC 하로 U형교와의 접속형태	하이브리드역사(이즈미역)

나) RC 거더교

RC 거더교는 교량 길이 8~20m 구간에 적용하였으며, 10, 15, 20m의 3가지 종류로 표준설계를 시행하였다. 지간 길이가 딱 떨어지지 않는 경우에는 상위의 거더 길이를 단축시켜 사용하였다. 10m 거더는 라멘고가교의 게르버보로서도 사용하기 때문에 2주형으로 하고, 15, 20m 거더는 4주형을 사용하였다.

SRC 슬래브교

전 경	하 면	RC T형과의 접속(전면부)	RC T형과의 접속(배면부)

다) PC 거더교

PC 거더교는 교량 길이 20~45m 구간에 T형을 기본으로 25, 30, 35, 40, 45m의 5가지 종류의 표준설계를 시행하였다. 25~35m는 4주형을 적용하고 40, 45m는 형하공간 확보와 거더중량의 제한에 따라 형고를 억제하기 위해 6주형을 적용하였다.

교량 길이 45~65m의 PC 거더는 박스형 거더를 사용하였다. 교량길이 55m를 기준으로 표준설계를 시행하였으며, 각 교량설계는 이에 준하도록 하였다. 이들 표준 PC Box교는 가설후 휨변형이 작으며, 경제성도 우수한 PPC구조(균열을 허용하여 균열폭을 철근으로 제어한 PC구조로, PRC구조라고도 함)를 채용하였다.

RC T형 거더교 / PC T형 거더교

연속 PC 박스교

코메노츠카와교	쿠마가와교	츠나기가와교	키쿠치카와교

하천부 교량은 교각 설치위치에 제약을 받아 지간이 길어지므로 연속 PC Box교를 적용하였다. 교각이 높은 경우에는 거더의 온도신축에 대한 구속이 약해지기 때문에 기둥 두부를 강결시킨 라멘교로 계획함으로써 내진성의 향상을 도모하고, 받침폐지에 따른 초기공사비 및 유지관리 비용의 절감을 도모하였다.

종단선형(기울기) 제한이 엄격한 철도 특유의 특징을 반영한 교량구조형식으로 PC 하로 U형교가 있다.

PC 하로 U형교는 주거더를 궤도의 양 옆에 배치하고 상판을 연결시켜 열차하중을 지지하는 구조형식이다. PC 하로 U형교는 레일면부터 지반면까지의 치수를 축소시킬 수 있기 때문에 종단선형 제한개소에 적용하였다.

PC 하로 U형교의 적정 적용길이는 60m 이하이며, 센다이(川内) 시가지에 위치하는 하라다가도교(原田架道橋)는 교량길이가 63m로서 이를 초과하므로 PC 거더 위에 RC 아치부재를 설치한 하로 랭거교를 적용하였다. 또한, 사판교인 센다이가와교량(川内川橋梁)도 주거더구조는 PC 하로 U형교이다.

PC 하로 U형교

센다이시 하라다가도교 인근 | 센다이가와교 접속교 | 이즈미역 인근 | 신야쓰시로역 인근

PC 랭거교 | 엑스트라도즈드교 | PC 사판교

하라다가도교 | 오오노가와교(CG) | 센다이가와교

라) 강합성거더교

신야쓰시로(新八代)~카고시마추오(鹿兒島中央)간은 카고시마(鹿兒島)본선 국도 3호선과 평행한 구간이 있기 때문에 이들과 예각으로 교차하는 개소가 있다. 교차개소는 통행차단을 통해 교량을 가설해야 하므로 중량이 가볍고 가설이 용이한 강합성거더교를 적용하였다. 강합성거더교는 연속화를 통해 내진성, 경제성을 높였다. 한편, 선로를 횡단하는 교량은 강제거푸집 방식의 강·콘크리트 합성상판을 사용해 상판콘크리트의 시공성과 안전성을 향상시켰다.

철도, 도로를 예각으로 교차시키기 위해서는 이에 대해 직각방향으로 문형 교각을 설치하고 이 위에 신칸센 교량의 주형을 올려놓는 방법이 일반적이지만, 주형 높이 제한을 받는 곳에는 하츠노(初野)가도교와 같이 주형과 문형 교각을 강결·일체화시킨 문형교각 일체방식을 사용하였다. 이 구조형식은 받침 수가 줄기 때문에 유지관리비용의 저감에도 기여한다.

강합성거더교

간선도로상에 가설된 강합성거더교 | 하츠노(初野)가도교 | 진나이(陣內)과선교

(2) 설계조건

신야쓰시로(新八代)~카고시마추오(鹿兒島中央)간은 당초 신칸센철도신선규격(슈퍼특급)으로 인가되었기 때문에 설계 열차하중으로 신칸센 표준활하중 P-16과 함께 재래선 전차하중 M-18도 고려되었다. 피로한계상태 검사시에 상정한 열차길이, 열차횟수는 12량 편성, 편도 60편/일이고 내구연한은 100년이다.

큐슈(九州)지방은 온난한 지역이기 때문에 호쿠리쿠신칸센이나 토호쿠신칸센에서 실시한 바 있는 눈대책(교량상의 눈을 제설할 때, 눈이 철도용지 밖으로 떨어지는 것을 방지하기 위한 시설)은 실시하지 않았다. 따라서 판 상부 구조가 단순하고, 라멘고가교나 RC 거더의 직선부에서는 노반 콘크리트(주형의 슬래브면 에서부터 슬래브궤도를 높이기 위한 콘크리트)를 타설하지 않았다.

(3) 내진설계

신야쓰시로(新八代)~카고시마추오(鹿児島中央)간의 설계시기는 효고현(兵庫縣) 남부지진이 일어난 후이기 때문에 내진설계에 대해서는 효고현(兵庫縣) 남부에 일어난 지진규모가 고려되었지만, 현행 「철도구조물 등 설계표준(내진설계)」이 제정되기 전 이었기 때문에 「철도구조물 등 설계표준(콘크리트구조물)」 및 「신설 구조물이 당면한 내진설계에 관한 참고자료」와 같은 기준이 적용되었다.

이들 자료의 해설에 따르면 효고현(兵庫縣) 남부에 일어난 지진규모에 대해서는 「응답소성율은 8 이하로 하는 것이 좋다」고 되어 있지만, 신칸센구조물의 중요성을 고려해 응답소성율을 7로 해서 소요항복진도스팩트럼에 의해 설계항복진도를 정하였다. 또, 각 부재의 설계인성율 8을 확보, 응답소성율에 대해 여유를 두었다.

대규모 지진을 고려하면 교량, 고가교의 기초부재, 교각, 기둥은 지진시 단면력에 따라 단면치수나 배근의 제원이 결정된다. 그래서 이들 부재에는 고강도 철근 SD390을 사용해 배근량 저감을 도모하였다. 그리고, 보, 슬래브의 철근은 사용한계상태나 피로한계상태에 따라 배근이 결정되기 때문에 SD345를 사용하였다.

(4) 주요 교량 현황

큐슈신칸센의 주요 교량 현황은 다음 표와 같다.

주요 장대 PC교

	교 량 명	교장(m)	경간구성(m)	구 조 형 식	기타사항/소재지
공사구간	키쿠치카와교량 (菊地川橋梁)	400	68+88+88+88+68	5경간 연속 PC 라멘교	토목부분 완공
	시라카와교량 (白川橋梁)	247	58+61+58	3경간 연속 PC 라멘교	토목부분 완공
	미도리카와교량 (緑川橋梁)	260	-	-	기초공 공사중
	오오노가와교량 (大野川橋梁)	265	30+113+113+30	4경간 연속 엑스트라도즈드교	설계 완료
	히카와교량 (氷川橋梁)	400	68+88+88+88+68	5경간 연속 PC 라멘교	상부공 공사중
개통구간	쿠마가와교량 (球磨川橋梁)	307	35+62+75+82+53	5경간 연속 PC 라멘교	쿠마모토현 사카모토무라 (熊本県坂本村)
	츠나기가와교량 (津奈木川橋梁)	190	55+80+55	3경간 연속 PC 라멘교	쿠마모토현 츠나기쵸 (熊本県津奈木町)
	미나마타가와교량 (水俣川橋梁)	165	45+75+45	3경간 연속 PC 라멘교	쿠마모토현 미나마타시 (熊本県水俣市)
	코메노츠가와교량 (米ノ津川橋梁)	260	80+80, 50+50	2경간 연속 PC 라멘교×2	카고시마현 이즈미시 (鹿児島県出水市)
	나카노야시키가도교 (仲之屋敷架道橋)	109	25+42+42	3경간 연속 PC 거더교	카고시마현 타까오쵸 (鹿児島県高尾野町)
	제2 타카죠가와교량 (第 2 高城川橋梁)	110	55+55	2경간 연속 PC 라멘교	카고시마현 센다이시 (鹿児島県川内市)
	제3 타카죠가와교량 (第 3 高城川橋梁)	130	65+65	2경간 연속 PC 라멘교	카고시마현 센다이시 (鹿児島県川内市)
	츠루미네가도교 (鶴峰架道橋)	85	42.5+42.5	2경간 연속 문형교각 일체화방식 PC 거더교	카고시마현 센다이시 (鹿児島県川内市)
	제1 히가시오오쇼지가도교 (第 1 東大小路架道橋)	108	54+54	2경간 연속 문형교각 일체화방식 PC 거더교	카고시마현 센다이시 (鹿児島県川内市)
	센다이가와교량 (川内川橋梁)	338	77.5+68.5+96+96	4경간 연속 PC 사판교	카고시마현 센다이시 (鹿児島県川内市)

주요 강합성거더교

교 량 명		교장(m)	경간구성(m)	구 조 형 식	기타사항/소재지
공사구간	치쿠고가와교량 (筑後川橋梁)	411	(3@68.5)× 2	3경간 연속 강합성거더교×2	하부공 공사중
	마츠바라선로교 (松原線路橋)	740	-	-	미착공
	사카메선로교 (境目線路橋)	260	-	-	미착공
개통구간	하츠노가도교 (初野架道橋)	90.6	45.3+45.3	2경간 연속 문형교각 일체화방식 강합성거더교	쿠마모토현미나마타시 (熊本県水俣市)
	진나이선로교 (陣内線路橋)	100	30+40+30	3경간 연속 강합성거더교	쿠마모토현미나마타시 (熊本県水俣市)
	마츠오선로교 (松尾線路橋)	138	31+38+38+31	4경간 연속 문형교각 일체화방식 강합성거더교	쿠마모토현 이즈미시 (熊本県出水市)

치쿠고가와(筑後川)교 [(3@68.5 연속 강합성교)×2 , L=411m]

치쿠고가와교는 쿠루메역 인근 하카타 방향에 있는 치쿠고가와(筑後川)를 횡단하는 교량으로 하천횡단교량으로서는 큐슈신칸센에서 드믄 강합성교이다. 3경간 연속교(3@68.5) 2기로 구성되었으며, 시 · 종점에 각각 6경간 연속(L=305.0m)+3경간 연속(L=148.29m) 등단면 PC박스교 및 RC T형교가 접속되었다.

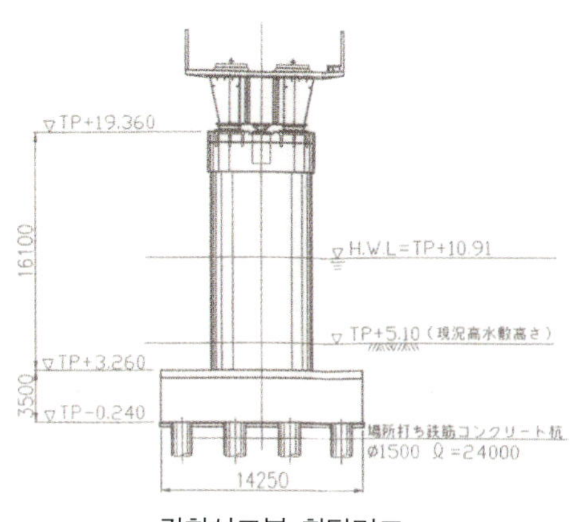

강합성교부 횡단면도

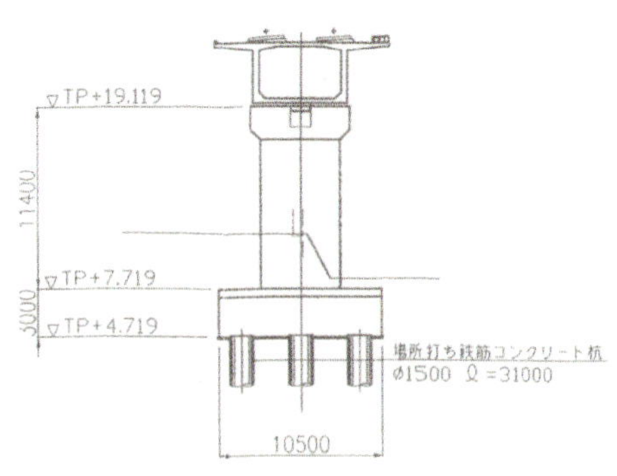

PC박스부 횡단면도

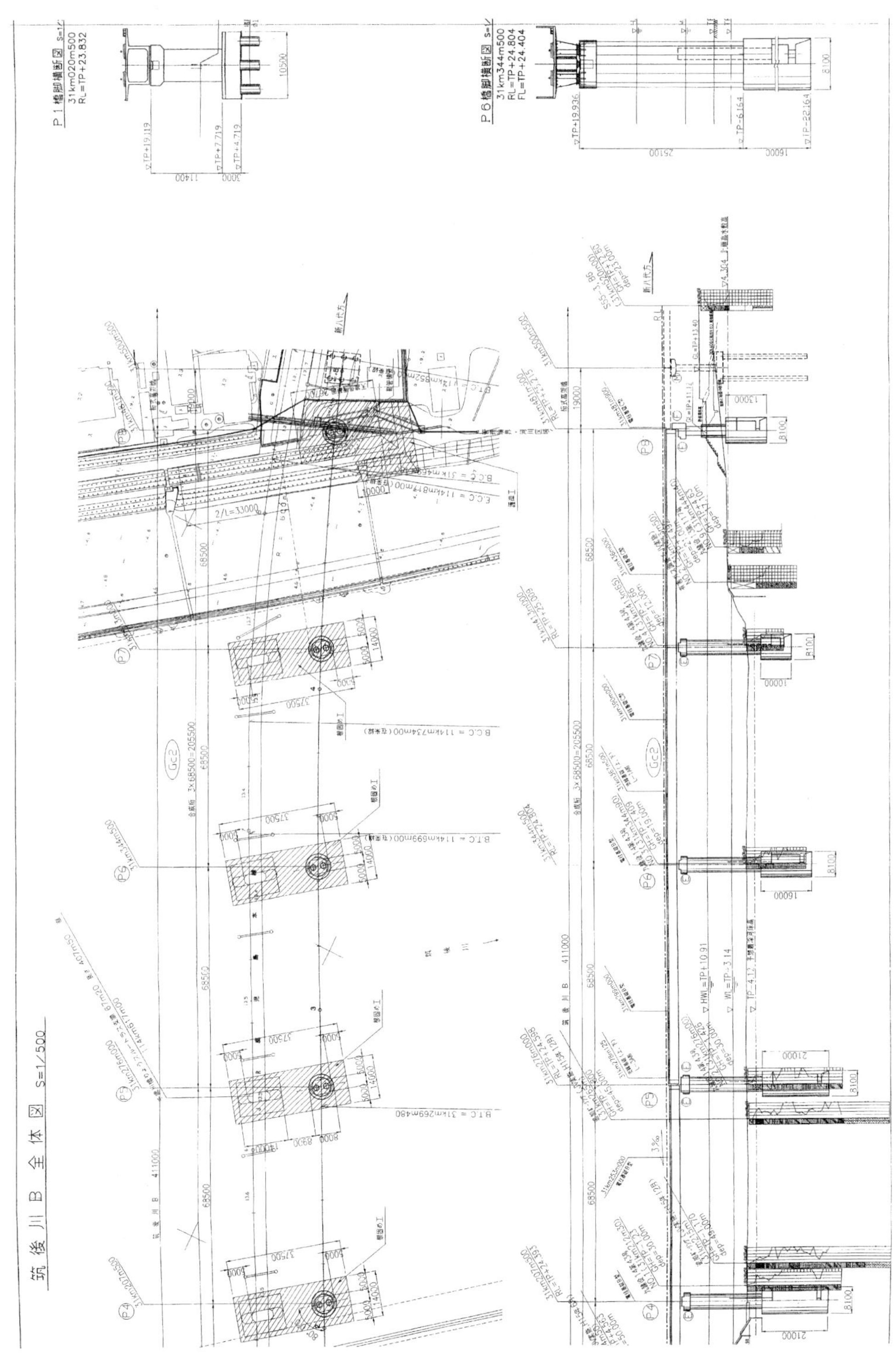
筑後川B全体図 S=1/500

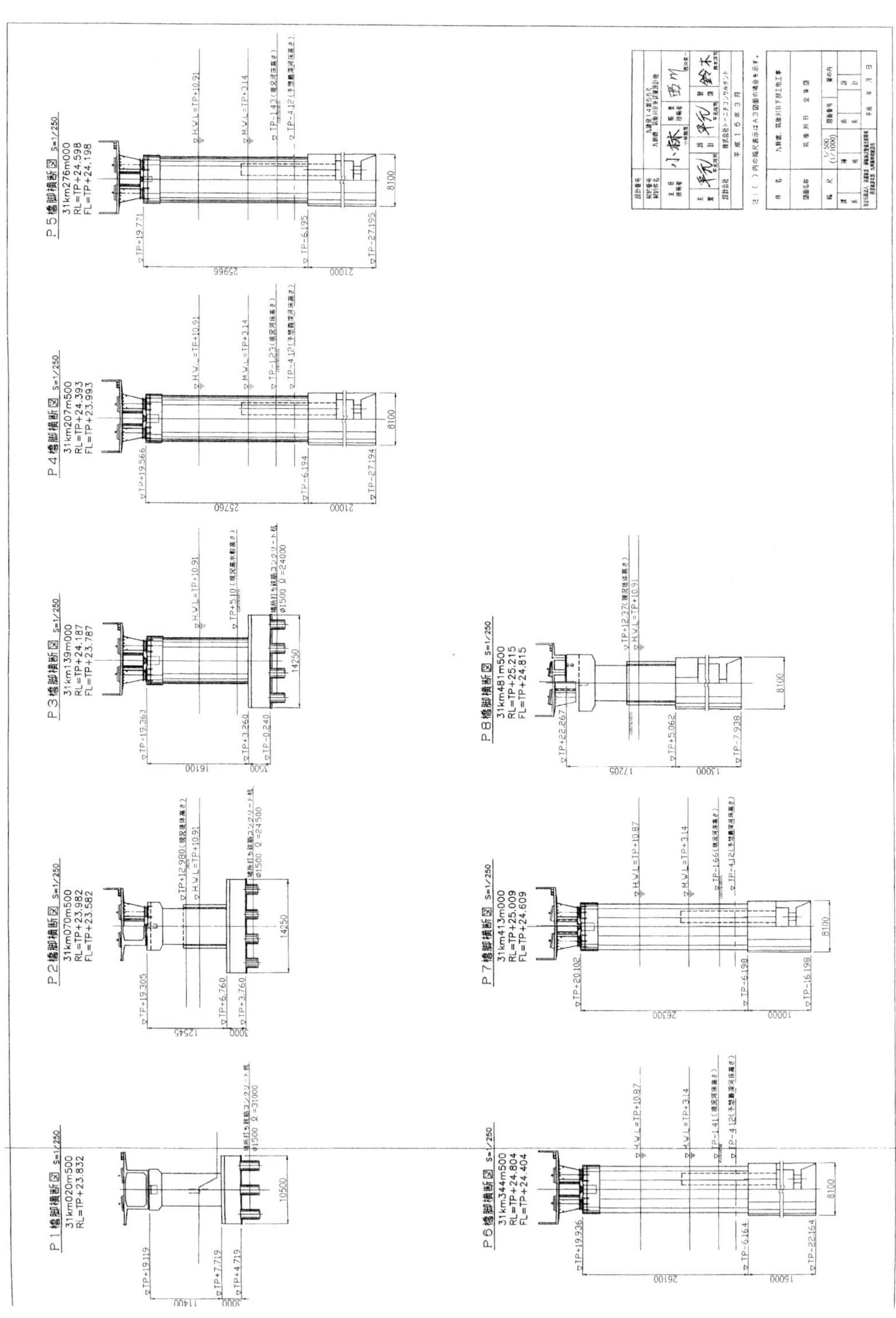

시공중인 치쿠고가와(筑後川)교

시공전경, 좌측 트러스교는 카고시마 본선

키쿠치카와(菊地川)교 [5경간 연속 변단면 PC Box교, L=400m]

키쿠치카와교는 JR 카고시마 본선 타마나(玉名)역 부근 신야쓰시로 쪽에 있는 키쿠치카와(菊地川)를 최단거리로 횡단하는 PC Box교로 5경간 연속의 상부구조와 원형기둥을 강결시킨 라멘 구조 형식이다. 현재 방음벽 등 부대시설을 제외한 교량 토목공사는 완료되었다.

원 경

완공된 교량 전경

측경간부 (전차선 위치 슬래브 단면 보강)

측경간 교각부 (받침 사이에 스토퍼시스템 설치)

시라카와(白川)교 [3경간 연속 변단면 PC Box교, L=247m]

시라카와(白川)교는 쿠마모토(熊本)~카와시리(川尻)간에 위치한 시라카와(白川)를 횡단하는 변단면 3경간 연속 PC Box교(58.0+61.0+58.0)에 시종점에 35.0m PC T형교를 접속시킨 총연장 247.0m의 교량이다. PC Box부의 트랙형 기둥을 상부구조와 강결시킨 라멘구조 형식이다.

제방 양쪽에서 바라본 모습 (트랙형 기둥과의 강결라멘구조)

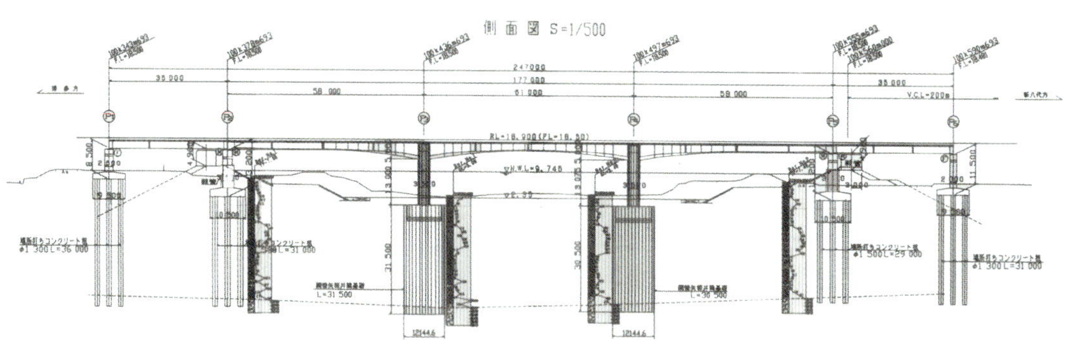

종단면도 (종단면도, 시·종점 접속교는 PC T형교)

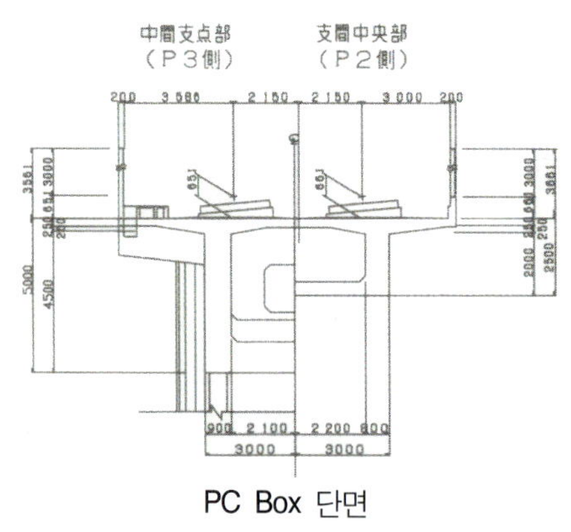

PC Box 단면

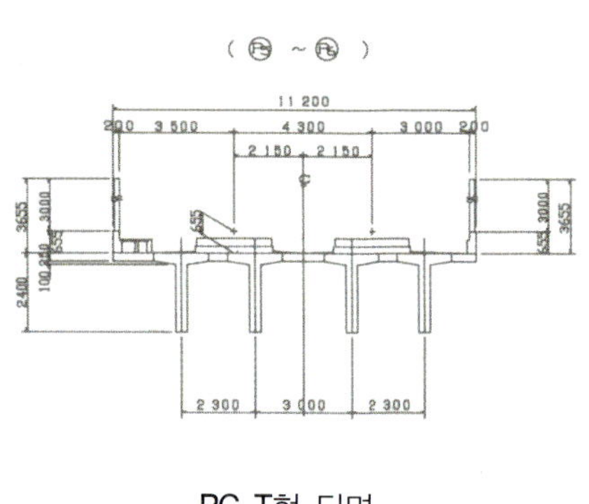

PC T형 단면

오오노가와(大野川)교 [4경간 연속 PC 엑스트라도즈드교, L=286m]

오오노가와(大野川)교는 4경간 연속 PC 엑스트라도즈드교(30.0+113.0+113.0+30.0)로 2003년 10월~2005년 3월에 설계되었다. 오오노가와교는 하천과 사각 30°로 교차하고 있기 때문에 최단폭 70m의 하천폭이 사장환산시 150m에 이르게 되었고, 이를 중앙교각 1기로 제방제체까지 횡단하기 위해 중앙경간장이 113m에 이르게 되었다. 이때, 제방도로의 형하고 확보를 위해 형고가 제한될 수밖에 없었고, 2경간교로 계획할 시에는 작용응력이 허용값을 초과하게 된다. 이러한 중앙부의 과대한 부모멘트를 저감시킬 목적으로 중앙경간 양측에 30m의 측경간을 계획, 중앙경간과 측경간비가 극단적으로 불균형한 4경간 연속교가 되었다.

중앙경간과 측경간 간의 불균형한 경간비로 인한 부반력 발생을 방지하기 위해 30m 경간의 단지점부 횡형 하면 및 Box 내부 일부를 콘크리트로 채웠다.

유심부에 위치하는 중앙 교각부는 캔틸레버시공시 시공성확보와 유지관리비의 저감을 위해 강결라멘형식으로 계획하였고, 교각높이가 낮은 제내지측 교각은 모두 Move단의 슈-스토퍼구조가 되었다.

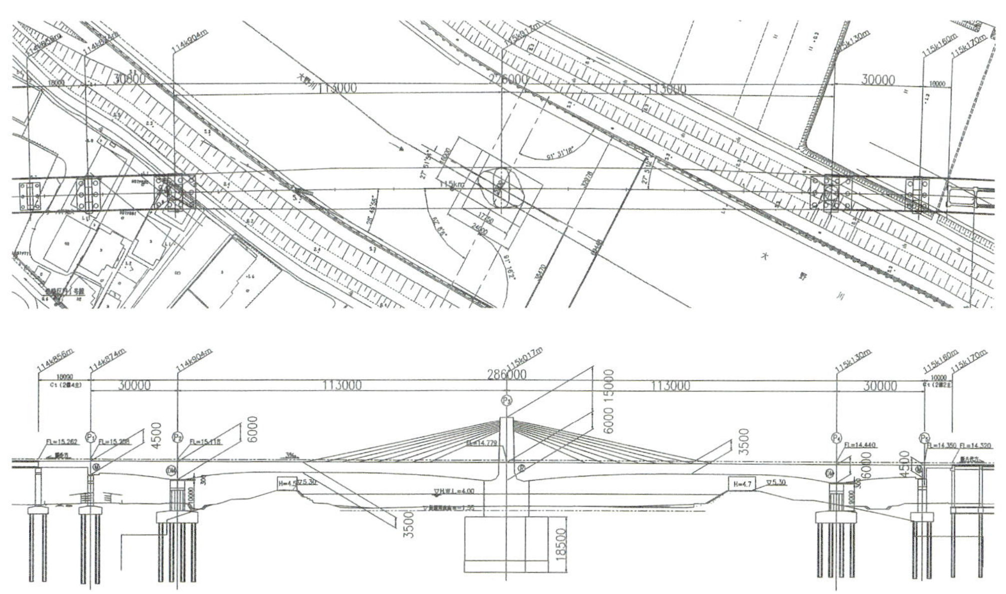

오오노가와(大野川)교의 종평면도

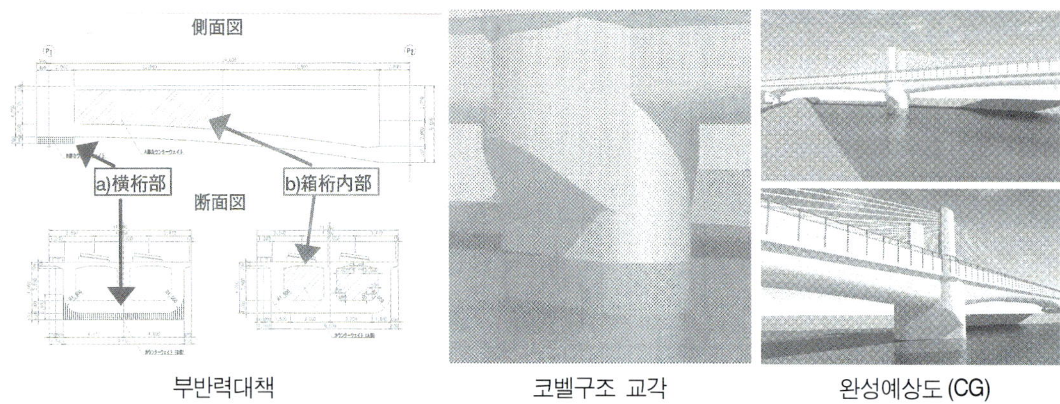

부반력대책 코벨구조 교각 완성예상도 (CG)

한편, 중앙교각은 교량이 하천과 사각 30°로 교차하기 때문에, 기초 상면에서 유수흐름에 영향을 주는 높이까지는 유수방향으로 계획하였고, 상부구조와의 강결부는 교축과 직각방향이 되어야 하기 때문에, 교각상부는 코벨구조가 되었다.

히카와(氷川)교 [5경간 연속 변단면 PC Box교 , L = 400m]

히카와(氷川)교(68.0+88.0+88.0+88.0+68.0)는 JR 카고시마 본선 아리사(有佐)역 인근에 현재 FCM공법으로 상부공사를 진행중에 있으며, 유수방향에 따라 교각형상이 트랙형이 된 것을 제외하면 키쿠치카와교와 거의 유사한 라멘구조 형식의 5경간 연속의 PC Box교이다. 전 · 후 구간 모두 표준교인 RC 라멘고가교에 접속되어 있다.

공사중인 전경

근 경 (좌측에 가교, 뒤로 RC라멘고가교가 보인다)

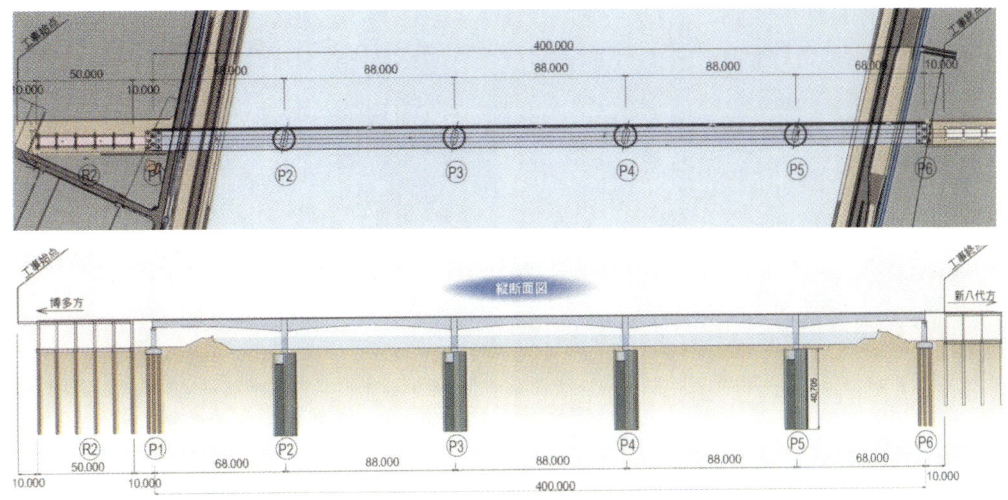

종단면도 (종단면도, 시 · 종점 접속교는 PC T형교)

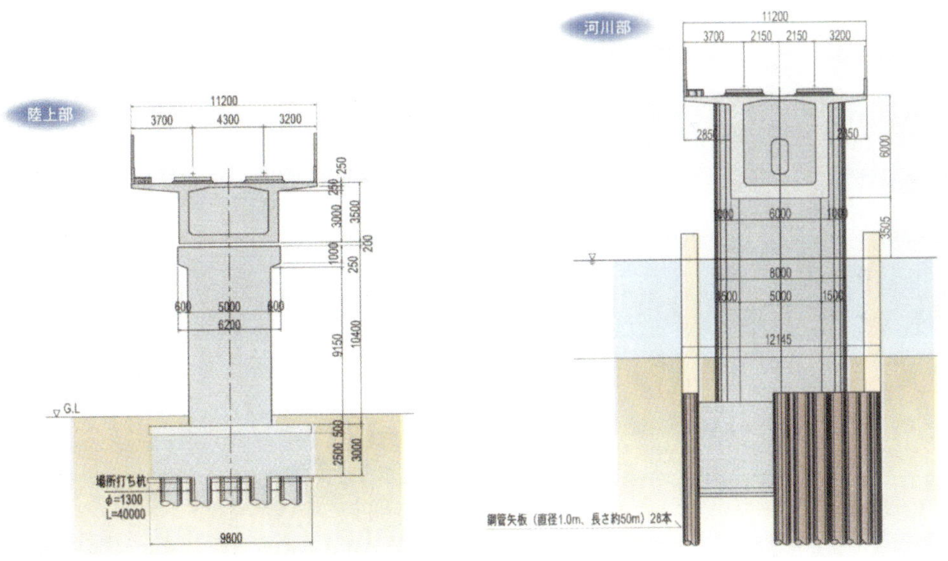

육상부(측경간 단부) 횡단면도

하천부(강결라멘부) 횡단면도

쿠마가와(球磨川)교 [5경간 연속 변단면 PC Box교, L=307m]

쿠마가와(球磨川)교는 신야쓰시로역 인근의 JR 카고시마 본선, 쿠마가와(球磨川) 및 국도 219 호선을 횡단하는 라멘구조 형식의 5경간 연속의 PC Box교이다. 지형조건상, 산지의 계곡부를 흐르는 쿠마가와(球磨川)의 푸르름과 콘크리트의 밝은 회색빛이 절묘하게 어우러져 절경을 이룬다.

정면 전경

국도219호선에서 바라본 전경

하카타쪽 전경

국도219호선 횡단 측경간부(카고시마쪽)

하카다쪽 전경 (터널 갱구가 미기압파 저감을 위해 돌출)

쿠마가와교 하부를 단기로 운행중인 JR

코메노츠카와(米ノ津川)교 [(2경간 변단면 PSC BOX)×2, L=260m]

코메노츠카와(米ノ津川)교는 이즈미(出水)역 인근의 국도 447호선과 코메노츠카와(米ノ津川)를 횡단하는 라멘구조 형식의 2경간 연속교가 2기 연속해 있는 곡선 PC Box교이다.

국도측 전경

반대편 제방측 전경

국도 447호 횡단부

유심부 하면 전경

카고시마쪽에서 바라본 원경

유심부 전경

하라다(原田)가도교 [단순 PC 랭거교 , L = 63m]

하라다(原田)가도교는 카고시마 센다이시에 있는 국도 3호선의 우회도로인 시도(市道)를 교차각 30°로 횡단하는 교량으로 지간장 61m(전장 63m)로서 PC 하로 U형을 적용할 경우 형고가 과

원 경

근 경

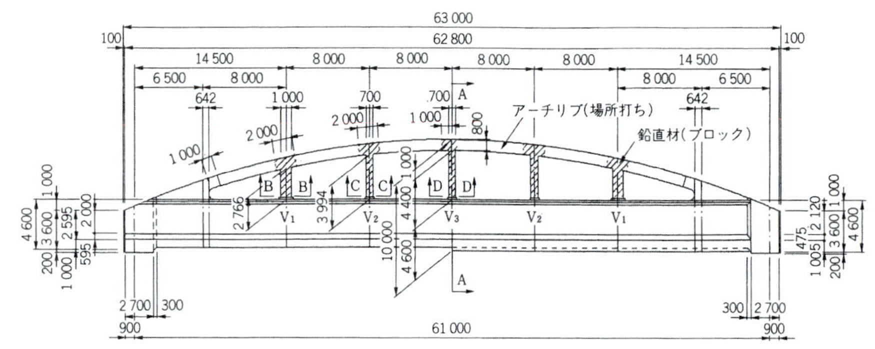

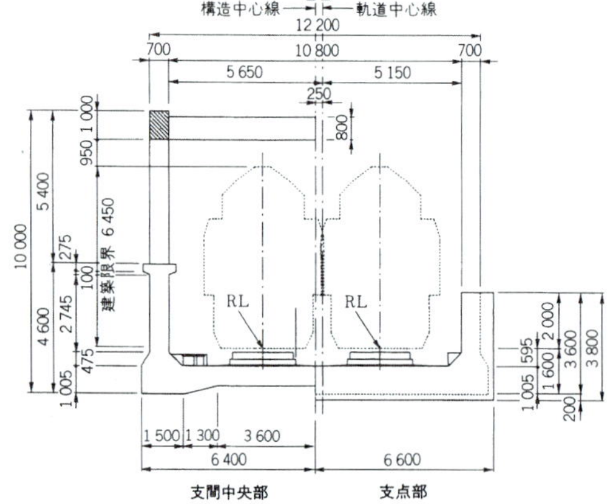

하라다가도교의 일반도와 시공전경

원 경

근 경

대해져 위압감을 주게 되므로 랭거형식이 적용되었다. 본 교량은 당초 지보공상에서 주형, 수직재, 아치부 등 교량전체를 시공하도록 계획되었으나 시내 중심부로 근린상가의 영업피해를 최소화하기 위해서 공기단축을 위해 수직재를 프리캐스트로 제작하고 주형 완성후에 지보재를 철거한 후 수직재와 아치리브를 시공하도록 설계변경 되었다.

본 교량은 교량과 기초 2004년 6월호에 소개되었으며 부록편에 번역 수록하였다.

- 주보(PC)와 아치리브(RC)가 하중을 분담해 장지간 임에도 개방감이 확보되는 구조가 되었다.
- 지보공 설치기간을 단축하기 위해 수직재는 프리캐스트재로 시공되었으며, 이 수직재는 인장부재이므로 강재를 사용할 수도 있다.

아치리브 상세

프리캐스트 수직재

하면 전경

지점부 상세

• 하라다가도교의 경관상 미흡한 점은 지점부 처리이다. 아치리브의 부드러운 곡면이 지점부에서 자연스럽게 연결되지 못하고 단절되고 있다. 덧붙이면, 배수관을 교각내에 설치한 다른 교량들에 비해 교각부의 배수관이 어지럽다.

↘ 알아두기

하라다가도교를 보러 배타고 큐슈신칸센 타고

2005년 7월 16일 부산가는 광명발 07시 46분 KTX에 몸을 실었다. 아들이랑 둘이서 부산서 출발하는 고속선 비틀을 타고 후쿠오카에 도착하니 오후 두시. 이제부터 비틀 승선권 포함 23,000엥짜리 KRP(큐슈레일패스)의 본전을 뽑아야 할 터이다. 하카다역까지 버스로 이동, 카고시마 센다이역행 신칸센을 탄다. 큐슈 남북을 잇는 철도노선은 기존 JR 카고시마 본선을 이용할 경우 하카다-카고시마중앙역 간 약 3시간 50분이 소요된다. 현재 그 중간쯤인 신야쓰시로역에서 카고시마중앙역 까지만 신칸센이 완공 운영되고 있는데 기존선으로 2시간 10분 걸리던 것이 35분으로 단축되었다. 하카다역 기준으로는 3시간 50분에서 2시간 10분 정도로 단축된 것이다. 앞으로 하카다 - 신야쓰시로 간 120여km가 마저 개통될 경우, 하카다 - 카고시마중앙역 간은 1시간 20분이면 주파가 가능하다.

하카다역에서 오후 4시에 출발하는 릴레이 쯔바메를 타고 1시간 30분여를 달려 신야쓰시로역에 도착하니, 내리란다. 어어···· 하다 따라 내리니, 반대편 승강장에 하얀 신형 쯔바메가 서있고 승무원이 반가운 척 인사를 건넨다. 그래서 릴레이 쯔바메 였군···· 여기서 부터가 신형 쯔바메가 운행되는 진짜 신칸센인 셈이다···· 순식간에 센다이역에 도착해 버렸다.

▪ 센다이시 하라다가도교 위치도 ▪

센다이역에서 나와 天大橋를 건너 계속 가다보면 만나게 되는 신칸센 교차점이 하라다가도교. 택시로 5분, 걸어서 20분 정도다. 하라다가도교를 만나기 전에 큐슈신칸센이 센다이강을 횡단하는 센다이가와교(PC 사판교)를 먼저 만나게 된다.

센다이가와(川内川)교 (4경간 연속 PC 사판교, L=338m)

카고시마본선 반대쪽 전경

카고시마본선(트러스교)쪽 전경

센다이가와(川内川)교는 신칸센에 가장 최근에 건설된 PC 사판교로 센다이역주변정비계획사업의 일환으로 랜드마크적 기능을 부여하기 위해 PC 사판교로 계획 되었다. 교량과 기초 2002년 3월호에 소개되었으며, [외국철도교의 설계와 시공사례(2005년, 이엔지북)]에도 소개되었다.

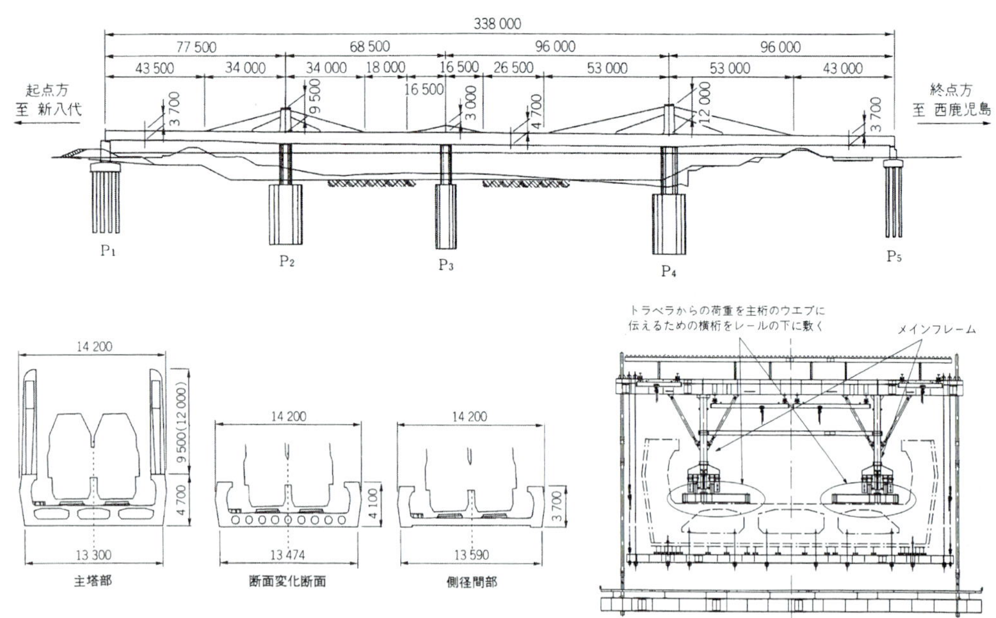

센다이가와교의 일반도와 교형크레인

• 하라다가도교의 경우와 마찬가지로 센다이가와교는 주탑 및 사판이 시인성을 부여함으로 수 백m의 원경에서도 인지가 가능하다.

센다이역쪽 제방상 원경

하라다쪽 제방상 원경

큐슈신칸센 센다이역에서 바라본 센다이가와교

역광을 받은 센다이가와교

하라다쪽 사판 전경

하면교각부 (슈-스토퍼 시스템)

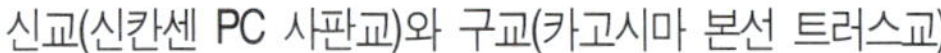
신교(신칸센 PC 사판교)와 구교(카고시마 본선 트러스교)

카고시마 본선 트러스교

• 센다이가와교는 교각이 짧아 강결라멘구조가 아닌 슈-스토퍼 구조가 되었다.

• 센다이가와교(큐슈신칸센)와 병행하는 카고시마 본선의 센다이가와교는 전형적인 구식 트러스교이다.

큐슈신칸센의 표준화교 - 빔슬래브식 RC 라멘고가교

RC 라멘고가교는 큐슈신칸센의 어느 구간에서도 볼 수 있는 일반적인 형식의 표준화교로 산요신칸센에 처음 도입된 이래 발전을 거듭해 왔다. 특히, 호쿠리쿠(北陸)신칸센 [카루이자와(輕井澤)-나가노(長野)간] 이후에는 시공의 생력화를 위해 종거더를 폐지하고 있고, 고베대지진 이후 지

코메노츠가와교에 접속된 RC 라멘고가교

이즈미역에 접속된 RC 라멘고가교

진시 필요로 하는 큰 변형능력을 확보하기 위해 기둥 주철근 내부에 콘크리트 코어부를 보호하는 스파이럴철근을 배치하는 것이 유효함이 많은 실험과 연구를 통해 밝혀져 현재의 큐슈신칸센에서 적용하고 있는 RC 라멘고가교와 같은 표준화타입이 되었다(지간 9.0m의 단순보를 게르버보식으로 연결하는 지간 10m의 3~6경간 연속라멘교).

빔슬래브식 RC 라멘고가교의 일반도와 기본구조 및 특징

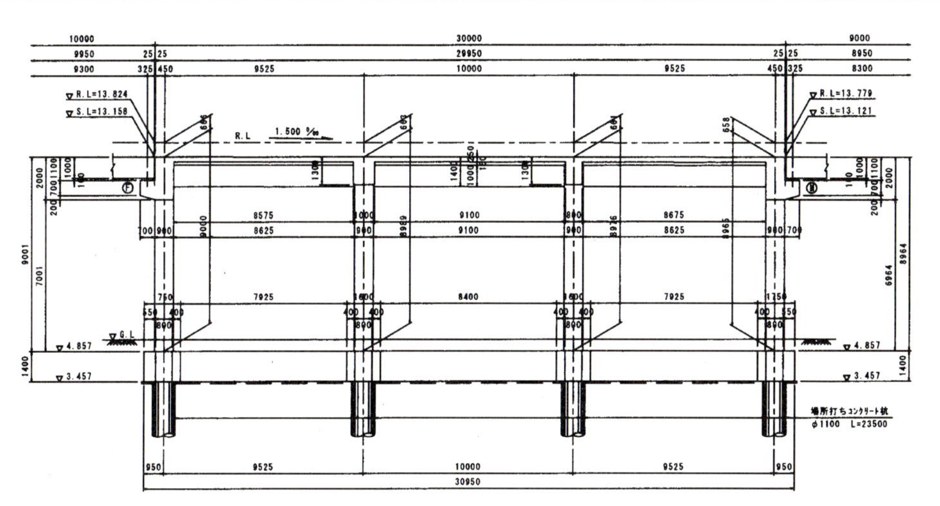

- 상부 열차하중 전달경로가 극히 단순해 주보에 전달된 열차하중이 One Column-One Pile을 통해 지지기반으로 최단거리를 통해 전달되는 효율적 구조
- 주보와 기둥, 지중보 및 말뚝을 격자구조로 연결한 고차부정정구조로 철도교 특유의 장대레일 종하중 등 수평하중과 지진하중에 효율적으로 저항할 수 있는 구조
- 재료절감을 위해 도입되었던 주보헌치를 배제, 거푸집 운용 및 배근상 생력화 추구
- 과거 깊은기초의 라멘교를 적용할 경우, 지간이 짧기 때문에 말뚝 본수가 지나치게 많아져 적용성이 매우 불량하였으나 기둥 1개소에 직경 1,100mm의 현장타설말뚝 1열을 적용하는 격자지중보 도입으로 문제점 해결
- 기둥 주철근 내부에 코어부를 보호하는 스파이럴 철근을 배치, 큰 지진하중시 덮개가 탈락하고 주철근이 항복한 후에도 스파이럴철근으로 보호된 코어부가 큰 변형능력을 발휘하여 급격한 붕괴를 방지

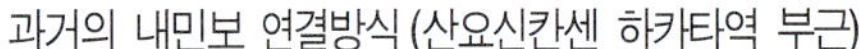

과거의 내민보 연결방식 (산요신칸센 하카타역 부근)

현재의 게르버보 연결방식 (RC T형과 라멘교 연결부)

연속라멘교의 연결방식은 과거에는 측경간부에서 약 2.5m를 캔틸레버로 내민 형태를 맞대는 형식(현재 국내 적용방식)을 사용하였으나, 이 방식은 연결부의 기둥간 거리가 5.0m 정도로 짧고 열차하중을 받는 캔틸레버보의 구조적 취약성 때문에 현재와 같이 측경간 외측에 브라켓을 설치, 게르버보로 연결하는 방식으로 변경, 구조적 취약점을 개선함과 동시에 연결부도 기둥중심간 간격 약 10m를 확보할 수 있게 되었다.

깊은기초에서의 기초구조는 과거의 방식은 기초저판을 확대해 저판에 강관 또는 PC말뚝을 배치하는 형태였으나, 이 방식은 10m 내외의 짧은 경간에 저판구조를 사용함으로써 저판간이 거의 근접해, 종단상에서 볼 때 말뚝배치가 거의 병풍식으로 되는 문제점이 있었다. 현재 표준화타

지중보 구조

기둥 주철근 내부의 스파이럴철근 배치

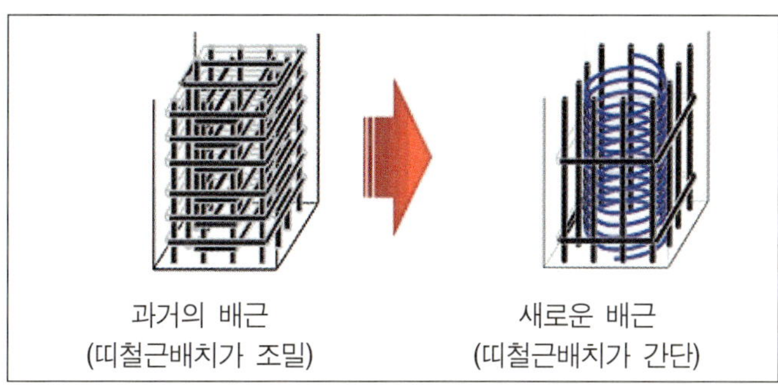

입의 라멘교에서는 기둥 1본(900×900)당 Á1,100의 현장타설말뚝 1본을 타설하고, 기둥과 말뚝의 접속부를 지중보로 지지시킴으로써 회전변위에 대처하면서 경제성을 추구하고 있다.

한편, 지진시 교량구조물의 붕괴는, 먼저 기둥의 콘크리트덮개 탈락 후, 띠철근이 터지면서 주철근의 항복과 함께 기둥코어부의 급속한 손상에 의해 구조부재 전체의 파괴를 불러오는 것이 고베대지진 이후 밝혀졌다. 이에 따라 기둥에 탁월한 변형능력을 부여하는 것이 중요한 연구과제로 떠올랐으며, 각종 실험을 통해 [내부감기 스파이럴철근]을 기둥 주철근에 내접하게 배치하면, 주철근의 항복 이후에도 스파이럴철근으로 보호된 기둥코어부가 상당한 변형능력을 가지고 내력을 유지하며 붕괴에 저항할 수 있음이 밝혀졌다. 현재 큐슈신칸센에서는 이러한 내부감기 스파이럴철근과 심부구속철근이 각각 사용되고 있다.

빔슬래브식 RC 라멘고가교의 시공

버림콘크리트 타설, 지중보 철근 배근

기둥철근 배근, 지중보 콘크리트 타설

기둥 콘크리트 타설

완성된 기둥

상부보 및 슬래브 시공

접속교량(게르버보) 시공

알아두기

빔슬래브식 RC 라멘고가교의 활용 (하이브리드 구조의 고가역사)

1. 국내의 라멘고가역사

국내에서는 라멘교가 철도 본선용으로는 거의 사용되지 않고 있지만, 고가역사에서는 최근까지도 널리 사용되고 있다.

■ 국내의 라멘고가역사

전라선 봉천역

안산선 공단역

이러한 과거의 라멘고가역사는 열차하중을 직접 지지하는 부분이나 승강장 등 건축하중만을 지지하는 부분이나 거의 동일한 구조제원을 갖는다는 점에서 불합리성을 내포하고 있다. 만약, 열차하중을 직접 지지하는 부분과 건축하중만을 지지하는 부분을 분리해서 구조계획을 수립한다면, 보다 효율적이고 합리적인 계획이 될 것이다. 이렇듯, 열차하중을 지지하는 부분에는 빔슬래브식 RC 라멘고가교를 사용하고 승강장 등을 포함한 기타부분은 건축구조물로 계획한다면 구조 효율상 이상적인 구조가 되어 경제적이 될 뿐만 아니라, 나아가, 건축물에 대한 독립적인 디자인이 가능하게 되므로 건축기술자의 창의력 또한 최대한 발휘될 수 있을 것이다. 이러한 라멘고가교(토목)와 역사(건축)를 혼합한 구조계획의 예로 일본 큐슈신칸센 및 츠쿠바익스프레스의 하이브리드 고가역사를 소개한다.

2. 하이브리드 고가역사

츠쿠바익스프레스에는 모두 5개의 하이브리드 고가역사가 있다. 과거의 고가역은 하부에 RC라멘교(토목구조)와 상부의 강구조(건축구조)로 이루어져 있었지만, 츠쿠바익스프레스 및 큐슈신칸센에서 적용한 하이브리드 구조는 RC 라멘고가교를 중심에 놓고 그 좌·우측에 철골프레임과 지붕·건축벽 등으로 고가역사를 구성하고 있다.

■ 과거구조와 하이브리드구조

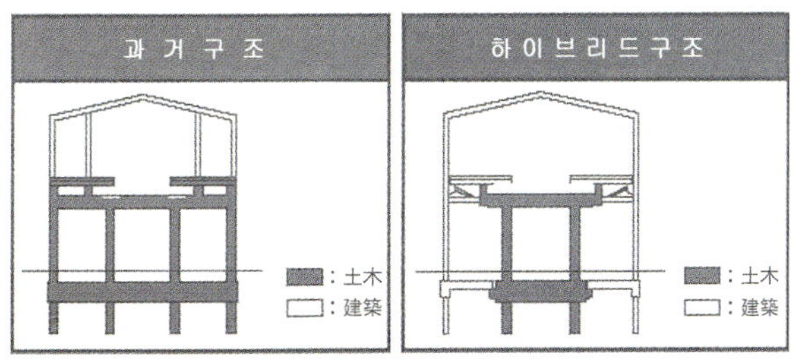

과거구조(좌)와 하이브리드구조(우)

하이브리드구조 상세

본 구조의 장점은 외측기둥이 강구조로 얇아 역 평면계획의 효율성이 향상되고 나아가, 측면 전체의 통일된 디자인이 가능하게 되어 다이나믹한 형상의 창조가 가능하게 되는 것이다.

또한, 이 구조는 개통시점에는 본선교량만 건설하지만, 장래 수요증가나 민원 등에 의해 역사신설이 예상되는 곳에 빔슬래브식 라멘고가교를 적용하는 것만으로도 충분한 대처가 가능하다는 점에서 그 활용성이 크다.

다만, 이 구조는 부본선을 설치하는 역사에는 적용하기 곤란하다.

■ 하이브리드역사 예 1 : 큐슈신칸센 이즈미역(出水駅)

외 관

승강장 (스크린도어)

■ 하이브리드역사 예 2 : 츠쿠바익스프레스 켄큐가쿠엔역(研究学園駅)

외 관

승강장 (스크린도어)

하이브리드역사 내부

알아두기

철도연속입체교차의 합리화 시공기술 (PREX공법 - Precast Express공법)

1. 개 요

근래, 철도로 인해 단절된 도시기능의 복원을 위해 연속 입체교차사업에 대한 요구가 높아지고 있다. 도시부의 연속입체화공사는 제약조건이 많고 안전성의 향상이나 공기단축이 가능한 합리화 시공기술의 개발이 요구되고 있다. 본 공법은 주요부재의 프리패브(조립식 건축물)기술을 적극적으로 도입한 것으로 공간절약의 합리화 시공과 부근환경에의 영향을 최소화하는 공법이다.

① 지중보, 기둥, 상층보에 고내구성 프리캐스트형 매설거푸집을 적용 (PREX 거푸집)
② 프리스트레스를 도입한 하프 - 프리캐스트 슬래브에 의한 무지보 시공 (PREX 상판)
③ Unit화에 의한 철근조립의 프리패드화

2. 특 징

① 시공의 생력화, 급속화, 시공안전성의 향상을 도모한다.
- 프리캐스트형 거푸집은 일반적으로 박형경량(薄型軽量)으로 취급이 용이하다.
- 거푸집 설치에 특별한 기술은 불요하다.
- 프리캐스트 거푸집은 높은 휨강성을 가지고 있어 거푸집 지보공의 간소화가 가능하다.
- 프리스트레스를 도입한 하프-프리캐스트 슬래브를 이용함으로써 슬래브 시공에 있어서 부재설치 후의 철근배치, 콘크리트 타설 등의 작업이 무지보로 시공 가능하다.
- 거푸집을 떼어낼 필요가 없어 양생기간의 단축이 가능하다.

② 시공품질의 향상
- 프리캐스트형 거푸집은 공장에서 높은 품질관리하에 제작되므로 정밀도, 미관이 우수하다.
- 프리캐스트형 거푸집은 본체 구조물의 일부로서 이용되고, 거푸집 내의 강섬유는 구조물의 구조성능 향상에 기여한다.

③ 고내구성, 구조적 신뢰성
- 프리캐스트형 거푸집에 낮은 물시멘트비의 몰탈을 사용함으로써 염분, 이산화탄소, 물 등 부식인자의 침입에 대한 저항성이 높아 구조물의 내구성을 향상시킨다.
- 거푸집 내의 강섬유가 표면 균열폭을 억제한다.

3. 효 과

재래선의 고가화사업에서 4경간을 편측선씩 분할시공(주간공사) 시 재래공법과 동일한 비용으로 약 30%의 공기단축 가능.

■ 프리캐스트 공법 적용 실례

4. 시공순서 (그림-1)

① 기둥 시공단계

기초상에 하프-프리캐스트 기둥을 세우고, 기초에 배치된 철근과 기둥 축방향 철근을 기계식 연결에 의해 접합한다(그림-1①). 또, 접합부에는 내진상 중요한 띠철근을 배치한다. 다음에, 프리캐스트 부재의 중공부와 접합부에 현장타설 콘크리트를 타설해 기둥을 완성시킨다.

② 보 시공단계

하프-프리캐스트 보를 기둥 상단부에 가고정시킨다. 하프-프리캐스트 보에는 프리캐스트 부재의 자중, 내부 채움콘크리트 중량 및 슬래브 자중 등을 지지하는 프리스트레스를 도입하고 있다(그림-1②). 따라서, 시공시 중간 지보공은 불필요하다.

③ 슬래브 시공단계

하프-프리캐스트 슬래브를 하프-프리캐스트 보 상단부에 고정시킨다. 하프-프리캐스트 슬래브에 프리스트레스를 도입하고 있기 때문에 시공시의 중간 지보공은 불필요하다(그림-1③).

④ 완성단계

하프-프리캐스트 보의 중공부 콘크리트, 하프-프리캐스트 슬래브 중공부 콘크리트를 순차적으로 타설한다. 거기에 방음벽의 설치, 궤도의 부설 등을 행해 고가교를 완성한다.

■ 그림-1 시공순서도

① 하프-프리캐스트 기둥 거치

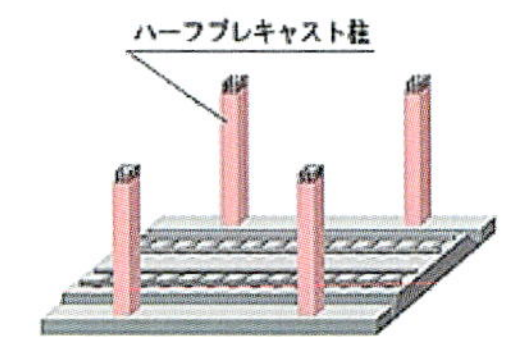

② 하프-프리캐스트 보 가설

③ 하프-프리캐스트 슬래브 가설

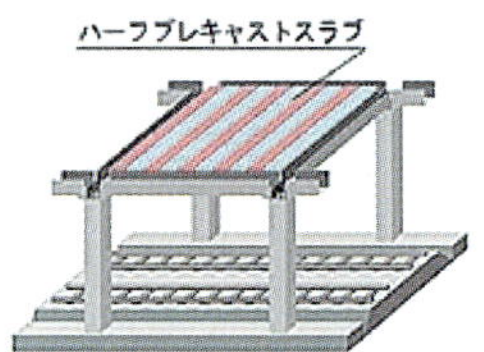

④ 완 성

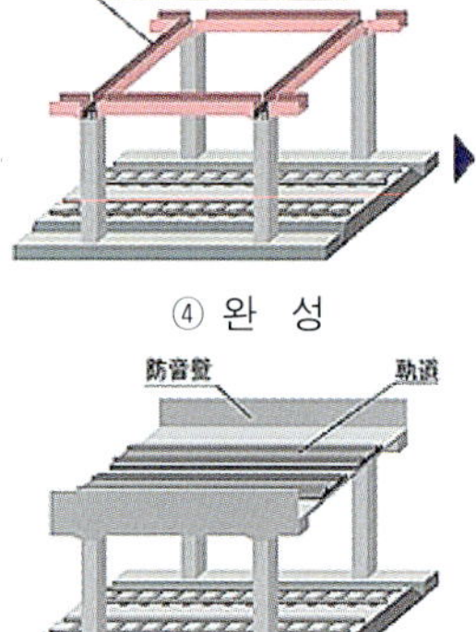

■ 그림-2 하프-프리캐스트 부재

① 기 둥 ② 보 ③ 슬래브

제3장 츠쿠바익스프레스의 철도교

3.1 츠쿠바익스프레스의 개요

츠쿠바익스프레스[아키하바라(秋葉原)~츠쿠바(つくば)간]는 [대도시 택지개발 및 철도정비의 통합 추진에 관한 특별조치법]에 근거해서 출발한 수도권 북동부 지역개발과 편리성이 높은 교통 접근수단의 확보라는 두개의 큰 목적을 동시에 실현시키는 장대한 계획이다.

헤세이(平成)5년(1993년) 2월 일본철도건설공단(현 철도 운수기구)에 운수성(현 국토교통성)으로부터 동경도 내의 아키하바라(秋葉原)·아사쿠사(淺草)간에 대한 공사실시계획 지시가 내려졌다. 그 후, 단계적으로 지시가 내려졌는데, 마지막 구간이 되는 치바(千葉)현의 미나미나가레야마(南流山)·나가레야마운도우코엔(流山運動公園)간이 헤세이12년(2000년) 8월에 지시가 내려져 헤세이17년(2005년) 8월 24일에 개업하게 되었다.

총연장 58.3km에서 구조물별 연장은 터널 약 16.3km (28%)(쉴드 11km, 개착식 5.3km), 토공 약 6.4km (11%), 교량 약 9.9km (17%) 및 고가교 약 25.7km (44%)로 이루어져 있다.

주요교량으로는 아라카와(荒川)교(L=448m), 나카가와(中川)교(L=496m), 에도가와(江戸川)교(L=418.00m), 토네가와(利根川)교(L=897m), 코카이가와(小貝川)교(L=447m) 등이 있으며 모두 강트러스교이다.

고가교는 지반조건이 양호한 곳에는 기존 고가교에 비해 경관이 뛰어난 아치형상을 도입한 심플한 고가교를 채용, 시공성을 향상하고 비용저감을 추구했다. 비교적 지질이 좋지 않은 곳에서는 내진성이 뛰어난 U형 프리캐스트 PC형(桁)을 채용해 경량화, 경제성을 추구하고 있다.

JR東北新幹線
JR東北本線
埼玉県
東武伊勢崎線
東武野田線
関東鉄道常総線
19 研究学園
18 万博記念公園
츠쿠바시
17 みどりの
谷和原村
16 みらい平
伊奈町
守谷市
15 守谷
柏市
14 柏たなか
13 柏の葉キャンパス
取手
流山市
12 流山おおたかの森
JR武蔵野線
JR成田線
11 流山セントラルパーク
柏
三郷市
10 南流山
09 三郷中央
八潮市
馬橋
総武流山電鉄
08 八潮
北総・公団線（北総線）
07 六町
足立区
松戸
06 青井
치바현
05 北千住
荒川区
도쿄도
04 南千住
台東区
京成本線
東葉高速線
03 浅草

노 선 도

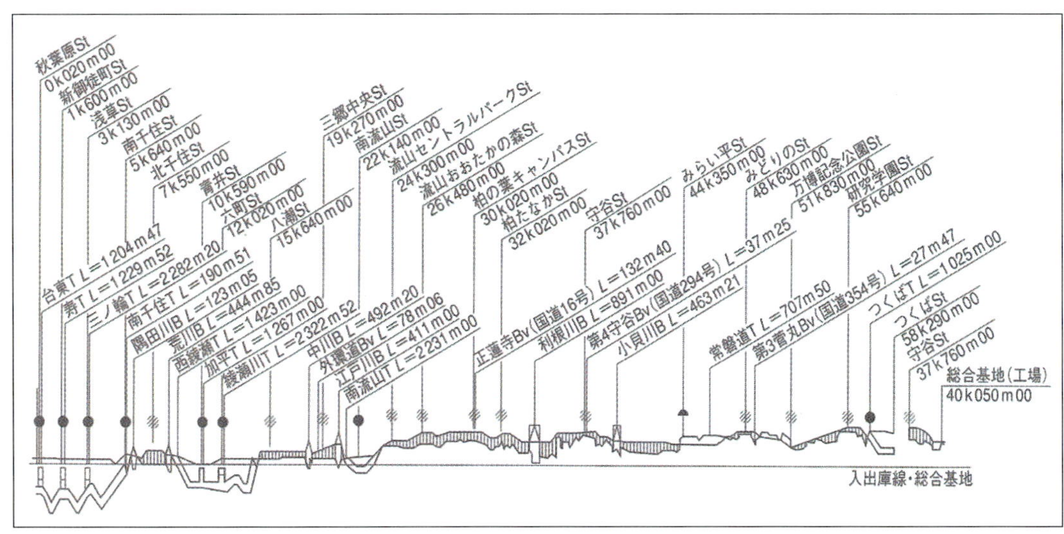
秋葉原St 0k020m00
新御徒町St 1k600m00
浅草St 3k130m00
南千住St 5k640m00
北千住St 7k550m00
青井St 10k590m00
六町St 12k020m00
八潮St 15k640m00
三郷中央St 19k270m00
南流山St 22k140m00
流山セントラルパークSt 24k300m00
流山おおたかの森St 26k480m00
柏の葉キャンパスSt 30k020m00
柏たなかSt 32k020m00
守谷St 37k760m00
みらい平St 44k350m00
みどりのSt 48k630m00
万博記念公園St 51k830m00
研究学園St 55k640m00
台東T L=1204m47
舞T L=1229m52
三ノ輪T L=2282m20
南千住T L=190m51
隅田川B L=123m05
荒川B L=444m85
西綾瀬T L=1423m00
加平T L=1267m00
綾瀬川T L=2322m52
中川B L=492m20
外環道Bv L=78m06
江戸川B L=411m00
南流山T L=2231m00
正蓮寺Bv(国道16号) L=132m40
利根川B L=891m00
第4守谷Bv(国道294号) L=37m25
小貝川B L=463m21
常磐道T L=707m50
第3菅丸Bv(国道354号) L=27m47
つくばT L=1025m00
つくばSt 58k290m00
守谷St 37k760m00
総合基地(工場) 40k050m00
入出庫線・総合基地

종 단 면 도

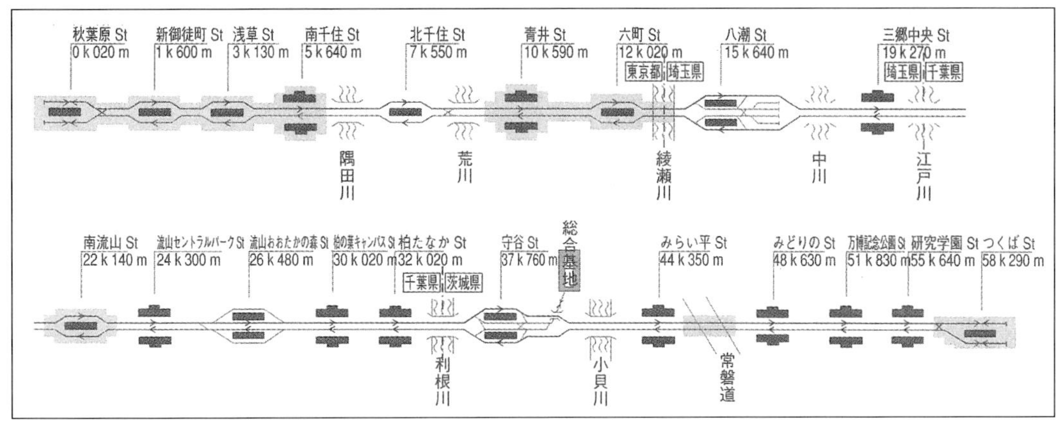

배 선 약 도

아키하바라(秋葉原)역을 기점으로 츠쿠바(つくば)역까지 모두 20개의 역이 있고, 역의 배선은 직선 상대식을 기본으로 하되, 도로 등으로 인해 역시설폭에 제약이 있는 개소에 대해서는 섬식홈에 의한 곡선배선으로 하고 있다. 건넘선을 설치한 역사는 아키하바라(秋葉原), 키타센쥬(北千住),

선로별 궤도구조

<table>
<tr><td rowspan="3">선별
궤도구조
항목</td><td colspan="4">본 선</td><td>부본선</td><td colspan="4">측 선</td></tr>
<tr><td colspan="2">직결궤도</td><td colspan="2">자갈궤도</td><td>직결궤도</td><td colspan="4">자갈궤도</td></tr>
<tr><td>터널</td><td>고가·교량</td><td>교량
(트러스)</td><td>깍기·쌓기</td><td>고가교</td><td>입출고선</td><td>통로선</td><td>전유선</td><td>보수기지</td></tr>
<tr><td>궤도</td><td colspan="9">1,067 mm</td></tr>
<tr><td>레일종류</td><td colspan="5">60 kg 레일</td><td colspan="4">50 kg 레일</td></tr>
<tr><td>침목종류</td><td>탄성침목
(PC-6D)</td><td>탄성침목
(PC-4D·8D)</td><td colspan="2">탄성침목
(PC-6E)</td><td>탄성침목
(PC-4D)</td><td>탄성침목</td><td colspan="2">PC침목</td><td>목침목</td></tr>
<tr><td>침목
부설간격</td><td colspan="2">롱40본 / 25m</td><td colspan="2">롱43본 / 25m</td><td>본선과동일
(정척41본 /
25m)</td><td>롱38본 /
25m , 정척
39본 / 25m</td><td>정척39본
/ 25m</td><td colspan="2">정척31본 / 25m</td></tr>
<tr><td>레일체결장치
종류</td><td>팬드롤
(PR클립)</td><td>직4K형·팬드
롤타입레이트
형</td><td colspan="2">팬드롤
(퍼스트클립)</td><td>본선과동일
(직4K형)</td><td colspan="3">팬드롤
(퍼스트클립)</td><td>대못(급곡선
은타입레이
트설치)</td></tr>
<tr><td rowspan="2">도상종류
궤도제원</td><td colspan="2">콘크리트도상</td><td colspan="2">자갈도상</td><td>콘크리트도상</td><td colspan="4">자갈도상</td></tr>
<tr><td colspan="2">두께 100mm 이상</td><td colspan="2">두께 250mm 이상</td><td>두께100mm이
상</td><td>두께250mm
이상</td><td colspan="2">두께 200mm 이상</td><td>두께150mm
이상</td></tr>
</table>

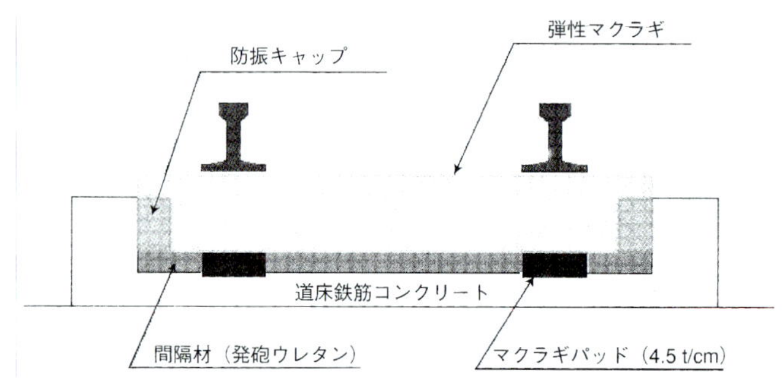

탄성침목 직결궤도

야시오(八潮), 나가레야마오오타카노모리(流山おおたかの森), 모리야(守谷), 츠쿠바(つくば)의 6개역이고, 야시오(八潮), 나가레야마오오타카노모리(流山おおたかの森) 2개역에는 급행열차 통과를 위한 추월선을 두고 있다. 특히, 모리야(守谷)역에는 차량기지로의 입출고선과 아키하바라역 방면으로의 반복선을 설치하고 있으며, 야시오역에는 유치선 4선을 설치하고 있다.

본선궤도구조는 탄성침목 직결궤도를 기본으로 해서, 자갈궤도구간연장을 전구간의 6% 정도로 최소화 해 유지보수의 경감을 추구하고 있다. 본선레일로 60kg 장대레일을 사용해 소음·진동의 경감을 추구하는 한편 지상부의 탄성직결궤도는 소음경감대책으로서 소음(消音)용 자갈을 살포하고 있다. 선로주변은 문화나 자연환경이 다양해, 각각의 지역특성을 살린 마을조성이 이루어지고 있기 때문에 그 심볼이 되는 역사 외관 디자인은 각 지역의 독자성을 표현하는 디자인컨셉에 따라 설계되었다.

3.2 츠쿠바익스프레스의 교량

최근 일본에서 사용되고 있는 다양한 형식의 교량들이 특정선구 내에서 구체적으로 어떤 조합으로 적용되고 있는지 살펴보기 위해 지난해(2005년)말 큐슈신칸센에 이어, 금년 초에는 도쿄(東京) 아키하바라(秋葉原)와 츠쿠바(つくば)시를 잇는 츠쿠바익스프레스(2005년 8월 24일 개업)에 대한 현장조사를 시행했다. 큐슈신칸센은 병행해서 운행하는 재래선 JR카고시마본선을 이용해서 필요한 장소로 손쉽게 이동할 수 있지만, 츠쿠바익스프레스는 역간마다에 위치한 주요교량에 접근하기 위해서는 별도의 차량이 필요하다.

조사결과를 일반적인 형식순으로 나열하면,

- RC 라멘고가교(빔슬래브식, 아치슬래브식)
- 슬래브교(RC슬래브교, SRC슬래브교, 중공슬래브교 등)
- RC T형교, PC T형교, SRC T형교
- 프리텐션 PC 상로U형교
- PC 하로U형교
- PC 박스교(단순, 연속)
- 강합성교
- 강트러스교 등이다.

큐슈신칸센 등 대부분의 신칸센에서 표준화고가교로 사용되고 있는 빔슬래브식 RC 라멘고가교는 제한적으로 적용된 반면, 이를 경관측면에서 개선한 중앙지간 15m의 아치슬래브식 RC 고가교와, 생력화관점에서 개선한 20m 프리텐션 PC U형교가 다수 적용되었다. PC 박스교는, 주로 신설역 주변의 도로횡단부에 3경간 연속 또는 단순교 형태로 적용되었다. 한편, PC 하로U형교는 형하공간이 부족한 도로횡단부에 주로 트러스교와 인접해서 다수 적용되었다. 강교로서 강합성교는 소수 부득이한 개소에만 사용된 반면, 강트러스교는 모든 하천횡단구간에 적용되었다.

(1) 각 교량형식의 개요

가) RC 라멘고가교

RC 라멘고가교는 일본 철도교에서 일반적으로 사용되는 표준화 교량이지만 츠쿠바익스프레스에서는 그 개량형인 아치슬래브식 라멘교가 표준화 교량으로 채택되었기 때문에 정거장 및 그 접속교로서만 제한적으로 적용되었다. 기본 개념이나 특징 등은 큐슈신칸센과 차이가 없다.

RC 라멘고가교

전　경	라멘교간 접속방식(게르바보)	RC T형과의 접속 형태	하이브리드역사

나) 아치슬래브식 RC 라멘고가교

아치슬래브식 라멘고가교는 기존의 RC 라멘고가교를 생력화와 미관 측면에서 개선한 츠쿠바익스프레스의 표준화 교량이다. 지반의 조건에 따라 벽식과 2주식을 혼용하고 있으며, 접속부 단순 슬래브교 하면도 아치형상을 유지시켜, 교량 전체가 수려한 형상을 유지한다.

아치슬래브식 RC 라멘고가교

2주식 전경	벽식교각 전경	라멘교간 접속방식(게르바보)	접속부 상세

다) RC 거더교

RC 거더교는 큐슈신칸센과 유사하다. 적용 지간장 20m 이하의 일반적인 구간에는 T형 거더교를 기본으로 하고, 형고 제한개소에 슬래브교, SRC 슬래브교 등을 적용하였다.

라) PC 거더교

PC T형 거더교는 비교적 장지간이 필요한 도로 횡단개소 등에 적용되었으며, 장경간의 급속 가설이 필요한 특수 개소에 프리캐스트 PC 중공슬래브교를 사용하였다.

슬래브교

슬래브교	SRC슬래브교	프리캐스트 PC 단순 중공슬래브

T형 거더교

RC T형교	PC T형교	SRC T형교

프리텐션 PC U형 거더교는 아치슬래브식 라멘고가교를 적용할 수 없는 구간의 표준화교로 사용할 목적으로 동바리의 배제, 가설의 용이성 확보를 위한 경량화 등 시공과 가설의 생력화를 목적으로 개발해 츠쿠바익스프레스에 처음 적용한 표준화 교량이다. 공장 제작의 잇점을 살려 주형을 극히 경량으로 제작하고, 주형 거치후 주형간은 매립형 PC판을 이용 상부슬래브와 합성함으로써 동바리 및 비계 설치를 배제하였으며, 이를 위해 중앙 횡빔을 배제하고 지점부에만 설치

프리텐션 PC 상로U형교 (지간 20m의 단순교)

고소부 전경	일반적인 구간 전경	하면부	단선 하면

하도록 하였다. 경량의 상부구조로 고소부 및 연약지반상에서 유리하며, 아치슬래브 라멘고가교와 함께 가장 긴 연장을 차지하는 교량이다. 나리타공항 엑세스선에도 표준화교로 사용될 전망이다.

PC 하로 U형교나 PC Box교의 적용은 큐슈신칸센과 동일하다.

- 저형고의 장지간(40~50m)이 필요한 도로횡단부에 다수 적용.
- 도시계획도로 횡단부, 하천 제외지 등의 장경간이 필요한 개소에 다수 적용.

PC 하로 U형교

스미다카와교 접속부 | 나까카와교 접속부 | 에도가와교 접속부 | 기타센쥬역

PC 박스교

단순형 (RC T형과 접속) | 변단면 3경간 연속 | 등단면 2@ (3경간 연속) | 변단면 2경간 연속

마) 강합성거더교

츠쿠바익스프레스에서의 강교는 주로 강트러스교이고 강합성교는 급속가설이 필요한 장지간 하천, 도로 횡단부에 일부 적용되었다.

강합성거더교

전　경 | 지 점 부

사) 강트러스교

장지간이 필요한 하천 횡단부는 주로 강트러스교로 횡단하고 있다. 트러스교는 하천을 횡단하는 교량으로서 오래된 고전적인 형식의 교량이며, 100m 이상의 장지간에 적합할 뿐 아니라 지진 등에 의한 탈선시에도 하천추락이 방지되는 등의 장점과 재료의 효율성이 우수하기 때문에 일본에서는 현재도 선호되는 교량 형식이다. 츠쿠바익스프레스의 강트러스교는 최신 일본 철도교 기술의 집합체라 할 만큼 발전된 형태를 보이고 있다. 우선, 철도 단독교로는 일본 최대지간장(중

강트러스교

스미다카와교 / 아라카와교 / 나카가와교

에도가와교 / 토네가와교 / 코카이카와교

강트러스교량 내부 전경

스미다카와교 / 아라카와교 / 나까카와교 / 에도가와교

토네가와교 (공사중) / 코까이카와교 / PC 하로U형교

앙지간장 192m)을 자랑하는 아라카와교가 있으며, 철도·도로 복합교인 토네가와교 및 코카이가와교, 상판의 강성으로 수평력에 저항토록 해 하브레이싱을 생략한 신구조 트러스교로서 나카가와교, 에도가와교, 코카이가와교 등이 있다.

연속 강트러스교의 유심부는 모두 [모멘트연결법]에 의한 캔틸레버 공법으로 가설되었다.

츠쿠바익스프레스는 TX차량 선두 CKW창을 통해 궤도에 부설된 레일신축이음의 종류, 설치위치 등을 관측할 수 있으며 레일신축이음은 전선에 걸쳐 다수 부설되어 있다. 주행중에 눈으로 관측하기 전에는 승차감만으로는 레일신축이음의 설치여부를 느낄 수 없었으며, 교량상은 물론, 곡선구간에 부설한 경우(에도가와교 종점측 토공부)도 있다.

(2) 주요 교량 현황

총연장의 약 17%를 차지하는 교량 가운데 연장이 100m가 넘는 주요 교량 현황은 다음 표와 같다.

주요 교량 현황

교 량 명	교 량 종 별	위 치	교 장	완공시기	지 간 구 성
스미다카와B	단순트러스	6km331	126.4m	2004년 2월	
아라카와B	연속트러스	8km489	448.0m	2003년 3월	1×(127.6+192.8+127.6)
카사이B	연속PC박스	15km122	204.4m	2003년 9월	1×(60.2+84.0+60.2)
나카가와B	연속PC박스+연속트러스	18km021	496.0m	2003년 2월	2×(36.5+42.0+36.5)+1 ×(70.0+106.0+90.0)
제1 야나까B	연속PC박스	19km141	107.0m	2003년 9월	1×(27.0+50.0+30.0)
제2 야나까B	연속PC박스	19km425	122.0m	2003년 9월	1×(2×61.0)
에도가와B	연속트러스	20km567	418.0m	2003년 3월	1×(90.0+2×119.0+90.0)
쇼렌지B	연속PC박스	30km656	135.0m	2003년11월	1×(35.0+65.0+35.0)
신토네B	연속PC박스	32km673	195.3m	2003년 8월	1×(60.0+75.0+60.3)
토네가와B	연속트러스	34km102	897.0m	2003년 6월	1×(2×129.0)+1×(3×129.0) +1×(2×126.0)
토네가와히가시B	연속PC박스	35km151	160.0m	2003년 3월	1×(44.0+72.0+44.0)
코카이카와B	RC형+연속합성형 +연속트러스	39km643	467.0m	2002년 5월	1×20.0+2×(3×40.0)+1×(3×69.0)

스미다카와(隅田川)교 (L=126.4m)

츠쿠바익스프레스(TX) 스미다카와교는 변단면 단순 와렌트러스교로 스미다강을 횡단하는 3개의 트러스교 중에 가운데에 위치하는 교량으로 우측 JR선의 트러스교와 쌍둥이교이다.

원 경

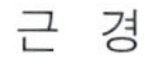

근 경

JR 스미다카와교 위를 운행중인 전철

스미다카와교 후방에 접속된 SRC슬래브교 및 PC하로U형교

스미다카와교 진입 직전 (자갈궤도구간)

스미다카와교 내부 전경

- 스미다카와교의 궤도구조는 자갈도상구조이며, 교량상 또는 시종점부 어디에도 레일신축이음은 설치하지 않았다.

아라카와(荒川)교 (L = 127.6 + 192.8 + 127.6 = 448m)

전 경

교대 교문부 전경

트레블러크레인에 의한 캔틸레버가설 (예)

완성된 유심부 전경

아라카와교는 1급하천 아라카와(荒川)에 가설된 중앙경간 192.8m의 강트러스교로 철도교로서는 일본에서 가장 긴 교량이다. 이 교량의 유심부는 트레블러 크레인에 의한 캔틸레버공법으로 가설되었으며 지간 중앙에서 트러스 폐합 후, 기 상향시킨 토러스 본체를 하향시켜 모멘트재분배에 의한 3경간연속 구조계로 유도하는 [모멘트연결법]을 적용해 가설했다. 이 방법은 일본에서는 하천을 횡단하는 트러스교의 가설에 일반적으로 사용되는 공법으로 뒤의 [아라카와교량의 가설계획]편에 자세히 소개한다.

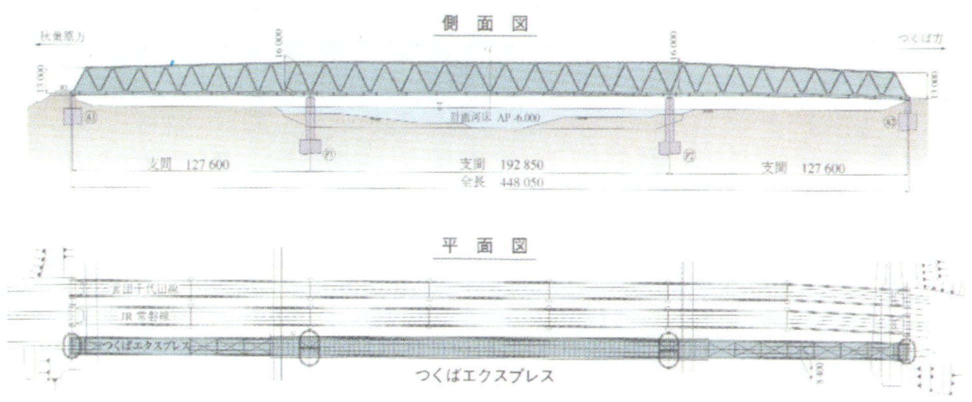

일본 강트러스교의 건설수준을 잘 보여주고 있는 아라카와교의 구조상세를 소개한다.

교각 교문부, 중간지점부 하현재 단면 확대

박스형 격점구조

교대 교문 상부 격점 상세(외측)

교대 교문 상부 격점 상세(내측)

상현재 격점 상세

유지관리 점검로

가로보 및 강상판 슬래브

교각부 스토퍼시스템

교각부 상세

탄성받침

아라카와 진입직전 직결궤도와 자갈궤도의 경계부

아라카와교 내부 전경 (트러스 외측에 점검통로 설치)

아라카와교량의 궤도구조는 자갈도상구조이며 교량상에 레일신축이음은 부설하지 않았다.

카사이(葛西)교 (L = 60.2 + 84.0 + 60.2 = 204.4m)

카사이(葛西)교는 야시오(八潮)역 전방의 도시계획도로를 횡단하는 중앙경간 84.0m의 교량으로 츠쿠바익스프레스의 PC박스교 중 최장의 경간장을 가진 교량이다.

전 경

중앙경간부 (L=84.0m)

야시오역 쪽을 바라본 전경

교량 하면 전경 (아키하바라 쪽)

측경간 RC T형과의 접속부

중간지점부 상세 (확폭 보강)

나카가와(中川)교 (L = 2@(36.5 + 42.0 + 36.5) + (70.0 + 106.0 + 90.0) = 496.0m)

나카가와(中川)교는 시점쪽 고수부지부는 3경간 연속 PC박스교(36.5+42.0+36.5)를 비교적 경간이 짧은 점을 감안해서 등단면으로 2기 연속해서 접속시키고, 유심부는 중앙경간 106m의 3경간 연속 트러스교(70.0+106.0+90.0)로 계획한 교량이다. 기본적인 구조형식이나 가설방법 등은 아라카와교와 동일하나, 소음·진동의 저감을 위해 경량골재콘크리트 상판을 사용한 점이 다르다.

나카가와교는 하수평브레이싱을 생략하고, 콘크리트 상판의 평면 강성으로 횡하중에 저항하는 신구조의 트러스교이며, 수평브레이싱은 받침부 부근에만 예비재로서 설치하였다.

나카가와교 트러스부 일반도

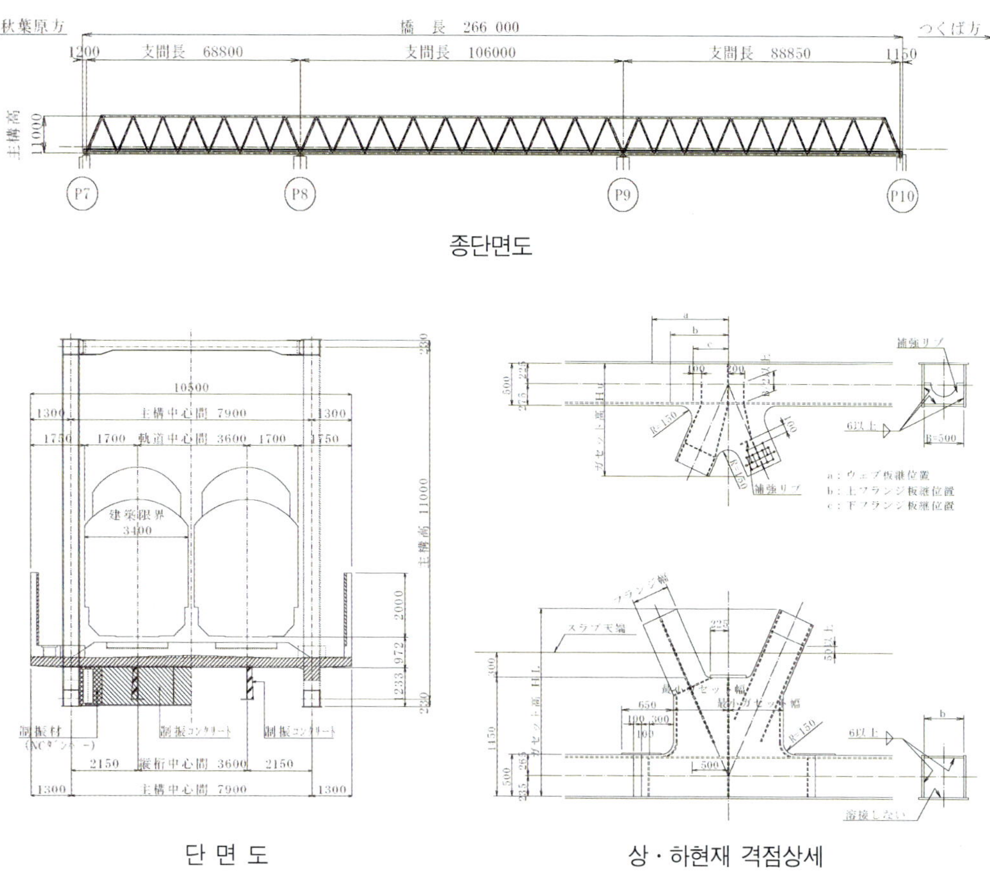

종단면도

단 면 도

상·하현재 격점상세

나카가와교의 설계조건

- 열차하중 : M-15
- 궤도구조 : 탄성침목직결궤도
- 편면선형 : 직선
- 가설공법 : 가벤트+캔틸레버공법

전경(연속 PC박스+트러스)

트러스부 전경

트러스부 전경 (70.0+106.0+90.0)

PC박스부 전경 [2@(36.5+42.0+36.5)]

아키하바라(秋葉原) 쪽을 바라 본 유심부 트러스교 전경

PC 하로U형교와의 접속부(교량 출입시설 설치)

교각부 상세

트러스 하면 (수평브레이싱 생략, 제진 콘크리트 설치)

교대부 하면 상세 (중앙에 스토퍼 구조)

교량 중간부에 레일신축이음(편단형)의 1개소 설치

종점부, 교량 경계부 완충침목 부설 (시점부도 동일)

나카가와교는 교량 중간부에 레일신축이음이 1개 설치되어 있으며, 교량의 강성이 변화하는 시·종점 경계부에는 완충침목을 부설하였다.

제1 야나까(谷中)교 (L = 27.0 + 50.0 + 30.0 = 107.0m)

제1 야나까(谷中)교는 미사토추오(三鄕中央)역 시점부에 위치한 3경간 연속 PC박스교(27.0+50.0+30.0)이다. 미사토추오역을 중심으로 시점인 아키하바라(秋葉原) 쪽 도로횡단부에는 제1 야나까(谷中)교가, 종점쪽 도로횡단부에는 제2 야나까(谷中)교가 있다.

전 경

중앙경간부 (L=50m)

하면전경

시점쪽 T형교와 접속

제 2 야나까(谷中)교 (L = 2@61.0 = 122.0m)

제2 야나까(谷中)교는 미사토추오(三郷中央)역 종점부에 위치한 2경간 연속 PC박스교(2×61.0)이다.

전경 (좌측이 미사토추오역)

미사토추오역을 바라본 모습 (좌측이 츠쿠바쪽)

에도가와(江戸川)교 (L = 90.0 + 2@119.0 + 90.0 = 418.0m)

에도가와(江戸川)교는 평면선형이 R=800~sin곡선~직선~사인곡선~R=1,100 으로 변화하는 S커브로 이루어진 교량이다. 나카가와교와 마찬가지로 하수평브레이싱을 생략한 신구조로 이루어진 트러스교이며, 하현재 상에 제진콘크리트를 설치했다.

전 경

곡선트러스

에도가와교 일반도

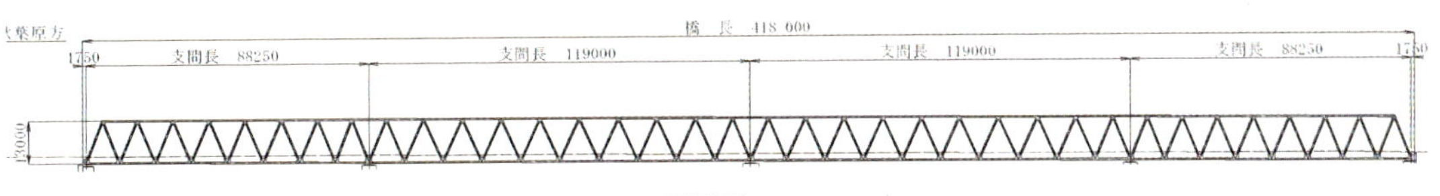
종단면도

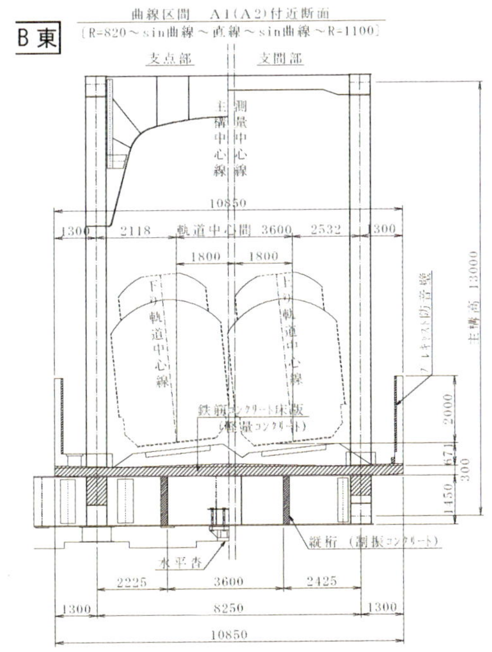
단 면 도

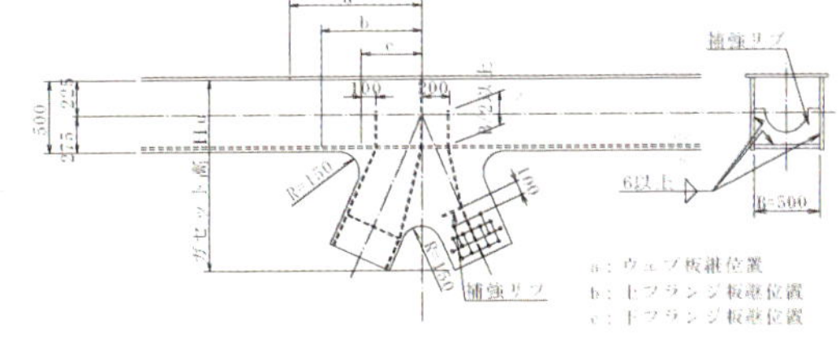

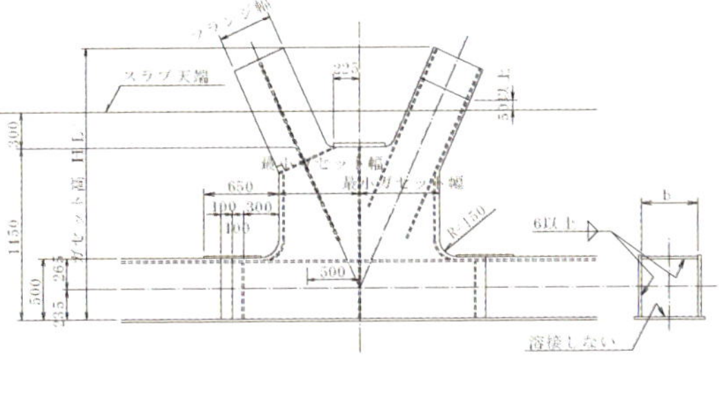
상 · 하현재 격점상세

에도가와교의 설계조건

- 열차하중 : M－15
- 편면선형 : R=800~sin곡선~직선~사인곡선~R=1,100
- 궤도구조 : 탄성침목직결궤도
- 가설공법 : 가벤트+캔틸레버공법

접속교(PC 하로U형) 및 교대 교문부

하면 전경

탄성받침 전경

탄성받침 상세

탄성받침 상세

스토퍼 상세

PC 하로U형과 트러스 경계부 완충침목 설치

확대사진

차량 좌측으로 레일신축이음 관측 (편단형)

확대사진 (교량중간 직선구간 레일신축이음 설치)

경계부 완충침목

곡선부에 설치된 레일신축이음

에도가와교는 교량 중간지점인 S커브 곡선 사이 직선구간에 레일신축이음 1개를 설치했으며, 교량의 강성이 변화하는 시·종점 경계부에는 완충침목을 부설하였다.

쇼렌지(正蓮寺)교 (L = 35.0 + 65.0 + 35.0 = 135.0m)

쇼렌지(正蓮寺)교는 카시와노하캠퍼스(柏の葉キャンパス)역 후방의 국도16호선을 횡단하는 3경간 연속 PC박스교이다.

전 경

전 경

측경간 지점부(접속 RC T형 및 슈점검시설)

중 앙 경 간

신토네(新利根)교 (L = 60.0 + 75.0 + 60.3 = 195.3m)

신토네교는 토네가와 제내지와 제외지 경계에 위치, 제방을 횡단하는 3경간 연속 PC박스교이다.

전 경

전 경

토네가와(利根川)교 (L = (2@129.0) + (3@129.0) + (2@126.0) = 897.0 m)

토네가와(利根川)교는 강트러스교로 철도-도로 병용교이다. 지간구성은 2×129+3×129+2×126로 총연장은 897m 이다. 다른 트러스교들과 마찬가지로, 제외지는 접지식지보공에 의해, 유심부는 트레블러크레인에 의한 캔틸레버공법으로 가설되었고 강재 총중량은 약 4,500톤이다.

토네가와교의 궤도구조는 자갈궤도구조이며, 레일신축이음은 설치하지 않았다.

토네가와교의 일반도

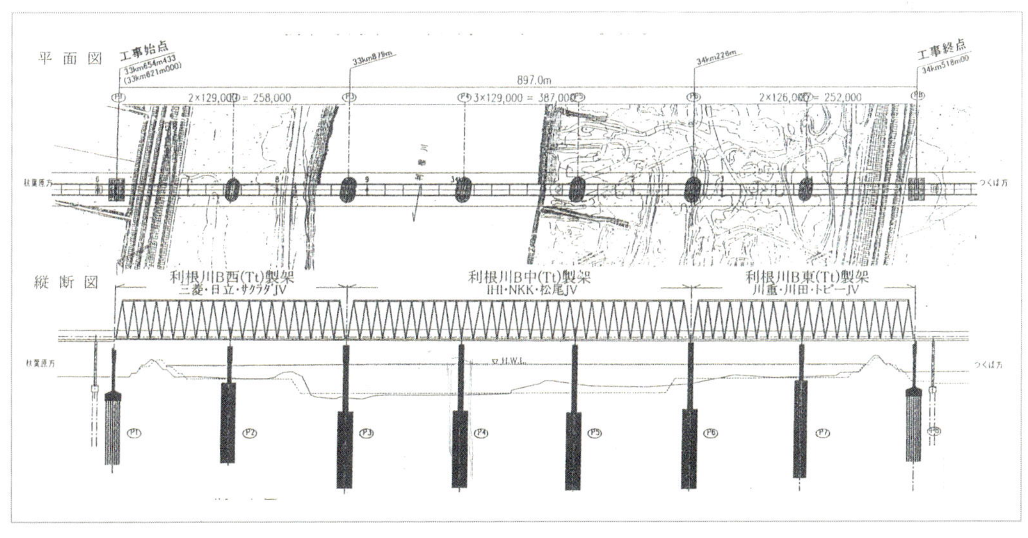

가설전경

전 경

전 경

병용교각 및 교문부

하현재 상부 제진콘크리트

하면 전경

스플라이싱부 핸드홀 처리

라멘형 격점

하현재 세로보, 가로보 연결 상세

토네가와히가시(利根川東)교 (L = 44.0 + 72.0 + 44.0 = 160.0m)

토네가와히가시교는 토네가와 동측 제방을 횡단하는 3경간 연속 PC박스교로 제방고가 높아 전후의 제외지, 제내지의 종단이 높아져 고소부에 유리한 프리텐션 PC U형 거더교가 접속되었다.

전면 전경

배면 전경

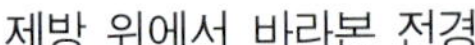

제방 위에서 바라본 전경

하면 전경

중앙교각부 상세

단교각부 상세

코카이가와(小貝川)교 (L = 2@(3@40.0) + (3@69.0) = 447.0 m)

전 경

유심부 교각부

코카이가와교는 제외지는 3경간 연속 강합성형교 2기, 코카이가와 횡단부는 3경간 연속 트러스교 1기로 구성되었다.

코카이가와교의 하천횡단부는 토네가와교와 마찬가지로 철도교와 도로교가 같은 교각을 사용하는 철도-도로 병용교이며, 하수평브레이싱을 생략한 신구조 트러스교이다. 다만, 콘크리타 상판 합성전인 가설시에는 캔틸레버가설시 풍하중에 의한 변형을 방지하기 위해 가설용 하브레이싱을 설치하고, 완성후 철거했다. 이에 대한 자세한 내용은 [부록편] "신구조를 적용한 강트러스 철도교"편에서 자세히 소개한다.

하천횡단부 병용교각

철도교, 도로교 완성후 전경

코카이가와교는 교량 중간부에 레일신축이음 1개를 설치했으며, 교량의 강성이 변화하는 시 · 종점 경계부에는 완충침목을 부설하였다.

아치슬래브식 라멘고가교 [표준화교량]

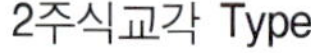
2주식교각 Type

벽식교각 Type

아치슬래브식 라멘고가교는 기존의 빔슬래브식 라멘고가교를 경관성과 생력화의 측면에서 개선, 츠쿠바익스프레스의 표준고가교로 사용한 교량이다. 1991년 6월~1992년 3월 교량계획을 수립하고, 1993년 8월~1996년 1월에 실시설계를 완료, 츠쿠바익스프레스의 표준고가교로 처음 도입되었다. 중앙경간을 기존의 10m에서 15m로 확대하고 슬래브에 부드러운 아치형상을 도입함으로써 기존 빔슬래브식에 비해 개방감이나 미적측면에서 월등히 개선되었다. 기본적인 구조형식은 빔슬래브식과 같이, 3~6경간 연속라멘교 사이를 단경간 게르버보를 이용해서 연결해가는 형태이며, 특히, 아치형상이 유지되는 이 게르버보 연결부는 [교량의연속성확보] 측면에서 빔슬래브식과 확연히 구분된다.

게르버보 형태 비교

벽식교각 형태는 2주식이 교각과 지중보 연결부에서 철근의 집중배치로 인해 배근작업에 품이 많이 들어가는 점을 개선하기 위해 채택되었으며, 지중보도 교각 중앙부에 1본만 배치하고 있다. 그러나, 2주식에 비해 연약지반상에서의 내진성이 상대적으로 떨어지기 때문에 비교적 지반이 양호한 곳에 적용하고 있다.

빔슬래브식 (브라켓이 거슬린다)

아치슬래브 (아치형상이 자연스럽게 연속된다)

기둥부 시공전경

지중보 시공전경

아치슬래브식 라멘고가교 개발시 최적경간장 결정을 위해 10m, 15m, 20m의 경간에 대해 구조해석 및 수량산출을 실시해 단면치수, 철근량, 현장타설말뚝 직경 등을 검토한 결과 다음과 같은 결과를 얻었다.

- 도로교차, 선로직각방향의 조망, 고가하 이용, 경관은 경간장이 가장 긴 20m가 유리하다.
- 1m 당 철근량은 15m가 가장 적다.
- 콘크리트량은 10m가 가장 적다.

또한, 말뚝직경은 지간별로 10m Á1000, 15m Á1200, 20m Á1800로 계산되었다. 일본에서는 Á1800의 시장성이 나쁘기 때문에, 상기의 검토결과와 종합적으로 판단 중앙경간장 15m가 최적경간장으로 결정되었다.

한편, 극히 연약한 지반에서의 현장타설말뚝은 공벽유지나 품질관리 차원에서 희생강관, 또는 희생주름관의 사용 등을 필요로 하고, 지지층의 분포에 따라서는 현장타설말뚝의 적용성이 현저히 떨어질 수도 있기 때문에, 강관말뚝, PHC 말뚝 등과 상세한 비교검토를 실시해 다양한 지반조건에 대응하는 최적의 기초형식을 선정할 필요가 있다.

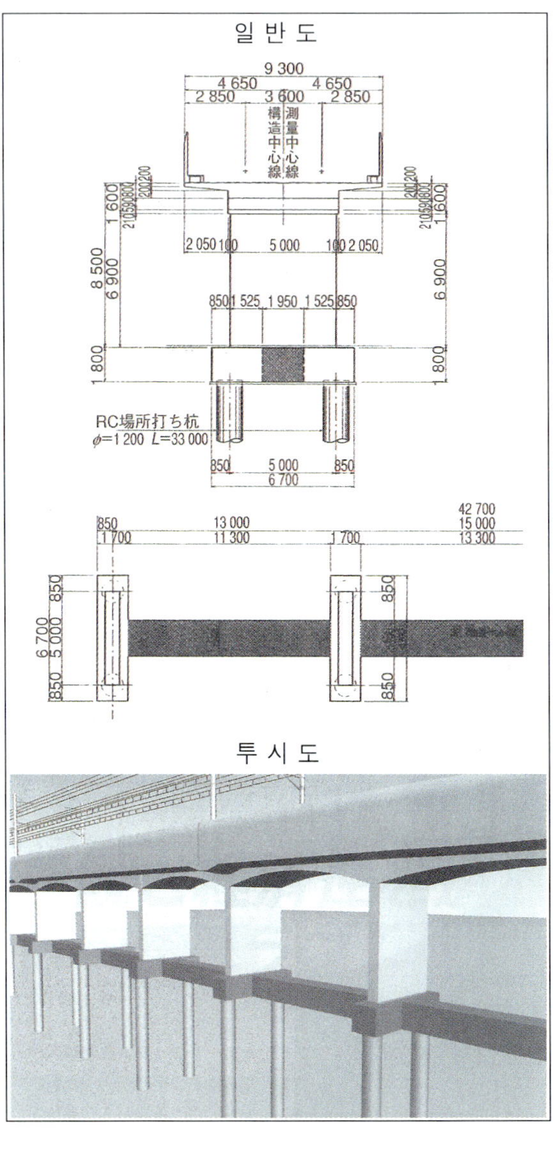

구조특성면에서 볼 때, 아치슬래브식 라멘고가교는 빔슬래브식과 마찬가지로 부정정구조물로서 열차하중에 의한 처짐이 작고 지진에 매우 유리한 구조이다. 또한 지진시 취약부가 되는 게르버보 연결부에는 강봉을 삽입한 낙교방지시설(강봉스토퍼)을 설치해 대비하고 있다. 또, 일본의 경우 아치슬래브식이나 빔슬래브식 라멘고가교는 열차하중(EA−17, P−16, M−18 등)보다 영향이 큰 지진하중(사하중+1궤도당 32 kN/m)에 의해 기둥, 상부 및 지중보 등의 단면치수와 철근량이 결정된다. 국내 표준열차하중인 LS−22는 일본 국철하중이나 신칸센 하중보다 매우 큰 편이나, 이러한 연유로 이 형식을 국내 철도교에 적용해도 단면이나 철근량의 증가는 크지 않다. 다만, 일본에서는 현장타설말뚝을 풍화암층에 근입하면서도 부등침하하중은 고려하지 않고 있다. 국내 실정으로 볼 때, 현장타설말뚝의 풍화암 거치는 정서상 거부감이 있고, 부등침하에 대한 명확한 규정이 없기 때문에 최적화된 형

태로 국내에 적용하기 위해서는 이에 대한 정리가 필요하다. 첨언하면, 국내 철도교에서도 짧은 경간의 라멘교에서는 부등침하하중을 고려하지 않고 있다.

아치슬래브의 게르버보 연결부는 아치형상을 유지하기 위한 단면변화로 양 측면에서만 교좌면에 접근할 수 있기 때문에, 받침부 관측, 받침 교체 등의 유지관리를 용이하게 하기 위해 브라켓 전면부의 게르버보 아치슬래브 단부 일부를 블록아웃 시켰다.

낙교방지시설 (받침 사이)

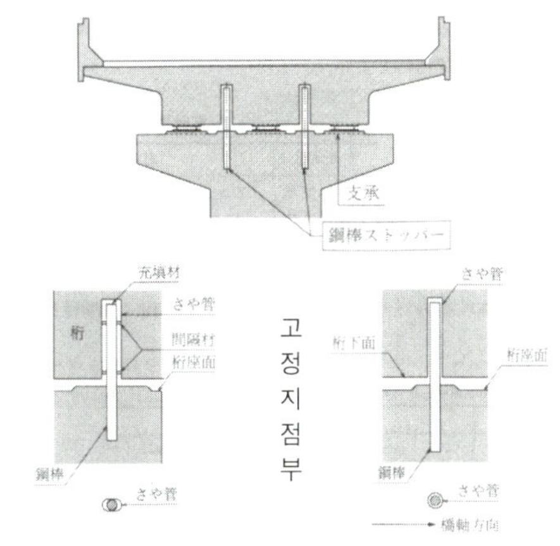

낙교방지시설(강봉스토퍼) 상세도

게르버보 연결부 상세 (유지관리를 위한 아치슬래브 블록아웃부)

아치슬래브식 라멘고가교를 기둥 및 지중보의 형태별로 자세히 살펴보면 다음과 같다.

2주식 아치슬래브

아치슬래브식 라멘고가교는 주형고가 낮아 종단이 낮은 지역에서도 개방감과 경관이 우수하다. 뒤집어 말하면, 교량구간에서의 종단고를 낮추는데 유리한 형식이다.

고가역사에 접속시킨 아치슬래브식 라멘고가교

형하공간을 통한 조망, 모든 부재가 슬랜더해 개방감 우수

2주식 아치슬래브 라멘고가교는 마을 인접부에서 하부공간의 활용성이 우수하다. 민원이 예상되는 마을 전면 통과구간에 저렴한 비용으로 교량구간을 최대한 확장할 수 있고, 하부공간을 주차장, 자전거도로, 산책로 등으로 다양하게 활용할 수 있는 장점이 있다.

공간효율이 우수한 하부공간

역사 인근 자전거 주차장으로 활용 예

전차선 지주위치 단면보강부

받침부 측면 상세

벽식기둥 아치슬래브

벽식기둥 아치슬래브식 라멘고가교는 2주식에 비해 간결한 형태로 보다 정돈된 느낌을 주고, 경제성에 있어서도 기둥부 콘크리트량이 많은 대신 철근량이 적어 우수하다. 또 개방감 측면에서 보면 선로직각방향은 개방감이 매우 우수한데 비해 사각이 커질수록 형하 조망폭이 급격히 작아진다.

2주식에 비해 시공성은 우수하지만 종방향 단절로 적극적인 하부공간 활용대책의 수립에 한계가 있다. 소하천을 직각에 가깝게 횡단하는 구간에는 유수방향 단면이 작아 하적조해율상 유리하므로(일본하천기준의 경우), 경제적 횡단수단으로 적극 고려할 수 있다.

원 경

조망 각도에 따라 개방감의 차이가 크다

선로 직각방향 형하 조망

PC T형과의 접속, 종방향 단절로 하부공간 활용성 불량

게르버보 및 전차선 지주위치 단면보강부

RC T형과의 접속방법

프리텐션 PC U형교 (표준화교량)

전면 전경 (토네가와교 부근)

고소교량 전경 (토네가와히가시교 부근)

프리텐션 PC U형교는 아치슬래브식 라멘고가교와 함께 츠쿠바익스프레스의 표준고가교로 사용된 교량이다. 아치슬래브식 고가교가 기존의 빔슬래브식 라멘고가교를 경관과 생력화 차원에서 개선한 교량이라면, 프리텐션 PC U형교는 PC T형 등 주형식고가교를 생력화 차원에서 검토, 개량한 형식이다. 츠쿠바익스프레스에서 이 교량의 적용연장은 교량, 고가교 전체연장의 약 1/3에 가까운 9.2km에 이른다.

본 형식에 대한 주요 재원 및 특징은 다음과 같다.

- 프리텐션 PC U형 주형 : 지간 20m
- 복선 4주형(단선 2주형)
- 합성상판 타설은 주형간 프리캐스트 PC판을 이용하고 횡형은 지점부만 설치(중간부 횡형 폐지)하여 모든 지보공 배제
- 주형 내측에 5m 간격으로 격벽을 설치하여 비틀림강성 확보

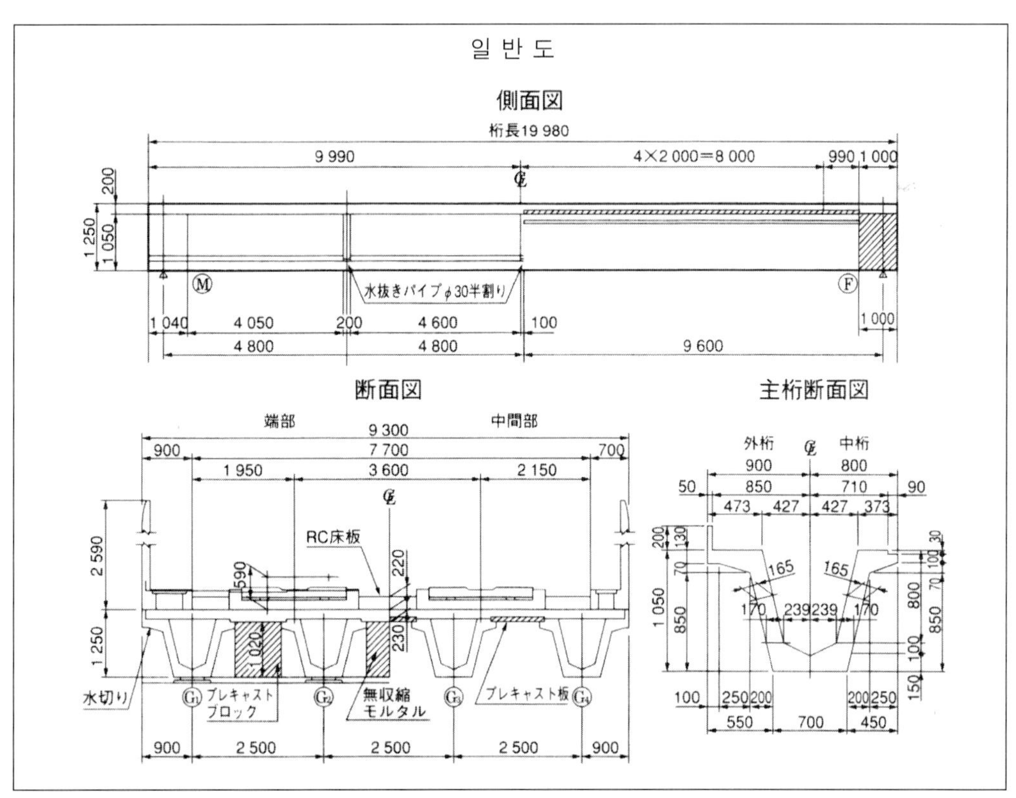

복선 4주형 하면(중간 횡형이 없다), 배수파이프 처리

단선 2주형 하면

- 주형단면을 상부가 열린 U형 단면으로 해 매설형 거푸집 비용을 절감하고, 품질관리가 용이한 공장제작의 이점을 살려 주형단면을 최대한 슬림화 해 경량화 추구
- 가설은 공장제작한 주형을 트레일러로 운반, 트럭크레인을 이용 가설

프리텐션 PC U형교의 개발을 통해 높은 수준의 생력화(주형의 공장제작, 중간 횡형의 폐지 등)를 추구, 비용절감과 공기단축을 이루었으며, 현장전문인력의 감소 추세 및 노령화에도 적극적으로 대비하였다.

상부구조를 극도로 경량화함으로써 가설시 및 내진상 유리해져 고소교량이나 지반이 연약한 지역에서의 적용성이 매우 우수한 형식이 되었다. 국내에서는 프리텐션 PC U형교가 경량화나 공사비 저감측면보다는 PSC Beam교를 대체하는 30~35m의 장경간 교량으로서 최근 턴키공사에서 다수 적용되고 있다.

슈-스토퍼구조를 가진 단순 주형식 교량인 프리텐션 PC U형교는 강결라멘형식인 아치, 또는 빔슬래브식 고가교에 비해 상부 열차하중의 영향을 직접적으로 받는 형식이다. 따라서, 이 형식을 국내에 도입하면 M-15(츠쿠바익스프레스 표준열차하중) 보다 훨씬 큰 LS-22에 대해 설계되어야 하므로 제시된 츠쿠바익스프레스의 단면(슬래브 포함 주형고 1.25m)보다는 다소 큰 단면이 필요하다. 그러나 I형 보다 효율적인 박스형(합성시) 단면이므로, 20m로 지간장을 축소하면 기존의 25m PSC Beam보다 경량의 경제적 형식이 될 것으로 예상된다. 다만, 표준화교의 지간장을 축소할 것이냐 확대할 것이냐에 대해서는 별도의 논의가 필요하다.

일반적으로 교량의 지간이 길어지면 공사비도 증가한다. 기초의 지지조건에 따라 그 양상에는 다소의 차이는 있겠지만, 극단적인 케이스가 아니라면, 지간이 늘어남에 따라 상부구조의 형고 및 단면두께가 커지게 되고 이는 전체 상부구조의 재료 및 중량증가를 가져온다. 상부구조의 중량증가는 가설비의 증가를 가져올 뿐만 아니라, 이를 지지하는 하부구조 및 기초구조의 물량증가로 이어진다. 이와 같이 교량지간장은 교량 공사비에 직접적인 영향을 미치므로, 교량 본래의 목적인 장애물(하천, 도로 등)을 극복하기 위해 가설되는 개소가 아닌 농경지나 용지확보가 곤란한 지역 등에 성토를 대신해서 일반적으로 사용할 수 있는 표준화교량의 선정시에는 적정지간장에 대한 보다 세밀한 검토와 논의가 필요하다.

한편, 일반적인 교량의 지간장을 검토할 때는 교량가설지점의 주변현황, 종단고 등도 주요 기준이 된다. 경간이 길어지면 교축방향의 개방감은 좋아지나 형고가 높아지므로 어느 정도의 종단고가 확보되지 않는 곳에서는 오히려 경간이 짧고, 형고가 낮은 교량에 비해 답답한 느낌을 줄 수

PC T형교와의 접속과 교량접근시설

접속부 상세 (형고차가 크다)

전차선 지주위치 슬래브 단면보강

차량기지 입출고선

있다. 반대로 종단고가 높은 지역에서의 짧은 지간의 빔슬래브식 라멘교 등은 교고-지간비의 현저한 불균형으로 미관이 불량하고, 고소에서의 현타작업 등으로 경제성 측면에서도 실익이 없을 가능성이 크다. 그럼에도 불구하고, 교량배면이 산지 등으로 막혀있는 지역이라면, 공사비 비교만으로 최적지간장을 결정하는 것이 합리적일 수 있다.

상기와 같이 일반적인 구간에서의 표준화교량은 주변현황, 교량의 종단고, 지반조건 등에 따라 경제성과 경관성의 적합여부가 결정되므로 대표적인 케이스별로 분류, 그에 적합한 지간과 형식을 선정할 필요가 있다. 앞서 지간 15m의 아치슬래브식 라멘교가 비교적 종단이 낮은 경관지역에 적합한 표준화교량의 한 예라면, 지간 20m의 프리텐션 PC U형교는 종단고가 다소 높거나 가설조건상 현타가 불리한 지역에 적합한 예가 될 것이다.

프리텐션 PC U형교 시공전경

크레인 인상

교각상 거치

교각상 거치(원경)

U거더 내부와 상부 전단연결구조

3.3 부대시설

교량 배수시스템이나 슈점검시설, 궤도구조, 레일신축이음, 부축식 깎기옹벽 등의 사진을 첨부하였다. 츠쿠바익스프레스 교량의 배수시스템은 도심지에서 일본기술자들의 세심함을 잘 보여준다. 교량 상부가 아닌 도로상에서 교좌면에 접근할 수 있는 슈점검시설도 눈길을 끄는 대목이다. 현장타설로 시공한 부축식옹벽은 깎기부에서 매우 효율적인 옹벽 형식이다. 시공법에 대한 연구가 뒷받침 되면 산림훼손 및 편입용지 최소화를 위해 국내에서도 적극 도입할 필요가 있다.

배수관 설치방법

배수관 및 박스 출입구

교량배수시스템 및 교량하부 배수로시설

슈점검시설과 배수시스템 (하수구에 연결)

궤도구조 : PC침목 직결궤도

레일신축이음

깍기부 부축식옹벽 및 라멘과선교

슈점검시설 및 잠금장치

레일신축이음부

레일신축이음 확대

자갈궤도구조 구간 (스미다가와교)

레일신축이음

이상에서 츠쿠바익스프레스에 대해 살펴보았다. 츠쿠바익스프레스는 일본의 수도 도쿄와 과학도시 츠쿠바익스프레스를 잇는 최신의 도시철도답게 교량계획, 시공의 생력화, 도시미관, 부대시설 등 다양한 측면에서 일본기술자의 정성과 세심한 배려가 묻어난다. 마지막으로 과학도시 츠쿠바시의 정경을 감상하는 것으로 [츠쿠바익스프레스의 철도교] 장을 마친다.

츠쿠바역과 버스터미널

인도교로 사용된 핀백교

제 2 편

일본철도교 설계·계산 예

제 I 부

콘크리트표준시방서[시공편]의 내구성조사를 만족하는 설계메뉴얼

-내구성 검토를 만족하는 물시멘트와 덮개의 조합-

제 I 부 머리말

토목학회 콘크리트표준시방서는, 구조물의 역학적 특성에 관한 성능조사 방법을 [구조성능조사편] 및 [내진성능조사편]에 나타내고, 내구성능의 조사방법을 [시공편]에 나타내고 있다. 시방서에도 기록되어 있는 것처럼, 구조물의 형상, 배근 등의 구조상세나 재료의 역학적 특성 등의 항목 대부분은, [구조성능조사] 및 [내진성능조사]에 의해 결정되는 것이 많지만, 이러한 항목은 구조물의 내구성능과도 관계가 깊다. 따라서, 역학적 특성에 의해 결정된 구조물의 제원이, 내구성 등의 성능도 만족하도록 미리 유의하는 것이 중요하다.

일반적으로, 역학적 성능과 내구성능을 병렬식으로 조사하는 것은 조사 작업의 폭주화(輻輳化)를 초래할 것으로 예상된다. 이 때문에, 설계실무에 있어서는, 처음에 내구성능에 대한 조사를 시행하고, 다음으로 역학적 성능을 조사하는 순서로 시행되는 예가 많다. 이번에 작성한 「토목학회 콘크리트표준시방서의 내구성조사를 만족하는 설계매뉴얼」은, 이 실무적인 조사순서를 염두에 두고, 내구성능에 관해서는 필요한 성능을 만족하기 위한 「덮개와 물시멘트비의 조합」을 책정하고, 이 조합을 사용하는 것으로 내구성능의 조사를 생략할 수 있도록 한 것이다.

토목학회 콘크리트표준시방서 [시공편]의 2장에 나타낸 중성화, 염화물이온농도, 동결융해, 알칼리골재반응 및 수밀성에 대한 내구성조사는, 중성화조사, 염화물이온농도 등의 다른 조사지표를 이용해 시행되지만, 이러한 조사지표를 산정하기 위한 특성값(예컨대, 중성화조사를 산정하기 위한 중성화속도계수 등)은, [시공편]의 6장「콘크리트의 배합설계」의 조사항목을 만족시키는 물시멘트비를 기초로 설정되는 것이 일반적이다. 또, 물시멘트비는, 과거부터 콘크리트의 품질을 나타내는 지표로서 설계 실무에 사용되는 예가 많았고, 덮개에 대해서도 구조물의 내구성을 평가하는 지표로서 사용되어 왔다. 이로부터, 본 매뉴얼에서는, 토목학회 콘크리트표준시방서 [시공편]의 2장을 만족하는 물시멘트비를 6장을 기초로 산정하고 이것을 덮개와 조합시켜 나타냈다.

덧붙여, [시공편]을 기초로 설정한 덮개는 당연히 [구조성능조사편]에 규정된 덮개에 관한 구조세목도 만족할 필요가 있기 때문에, 본 매뉴얼에서는 [구조성능조사편]에 규정된 덮개의 구조세목에 대해서도 명기했다.

이상을 정리해서, 본 매뉴얼의 위치설정을 고려한 설계흐름을 나타내면 아래의 그림과 같이 된다.

본 매뉴얼에서는, 시공계획 이후의 단계는 토목학회 콘크리트표준시방서 각 편, 각 장의 규정이 만족되는 것을 전제로 하고 있다. 예컨대, 토목학회 콘크리트표준시방서 [시공편]의「11.5 콘크리트의 작업 전 검사」에 나타내고 있는 것과 같이, 내구성에서 정해진 물시멘트비에 관해서는 적정한 배합검사가 이루어진다는 것을 전제로 물시멘트의 시공상의 변동은 고려하지 않는다. 또, 공용의 구조물에 대해서는, 토목학회 콘크리트표준시방서 [유지관리편]에 따른 적절한 유지관리가 시행되는 것을 전제로 하고 있다. 따라서, 대상으로 하는 구조물의 시공, 검사, 유지관리 등이 토목학회 콘크리트표준시방서의 각 편에 규정된 조항을 만족하지 않는 것이 명백한 경우에는 본 매뉴얼을 그대로 적용해서는 안된다.

또, 본 매뉴얼은, 일반적인 환경조건하의 콘크리트 구조물에 적용할 수 있는 것이고, 특별히 혹독한 환경조건 등 특수한 조건하의 구조물에 대해서는 토목학회 콘크리트표준시방서에 기초해 별도의 검토를 시행해야 한다.

토목학회 콘크리트표준시방서에 도입되어 있는 성능조사형설계법은 설계자유도가 높아 신기술에의 대응이나 개별 조건에의 유연한 대응이 가능하다는 장점을 가지고 있다. 그에 비해, 본 매뉴얼은, 아주 표준적인 구조물에 대해서는 일정 이상의 성능을 가지는 구조물을 비교적 용이하게 설계할 수 있는 방법도 필요하다는 생각에 따라 작성된 것이다.

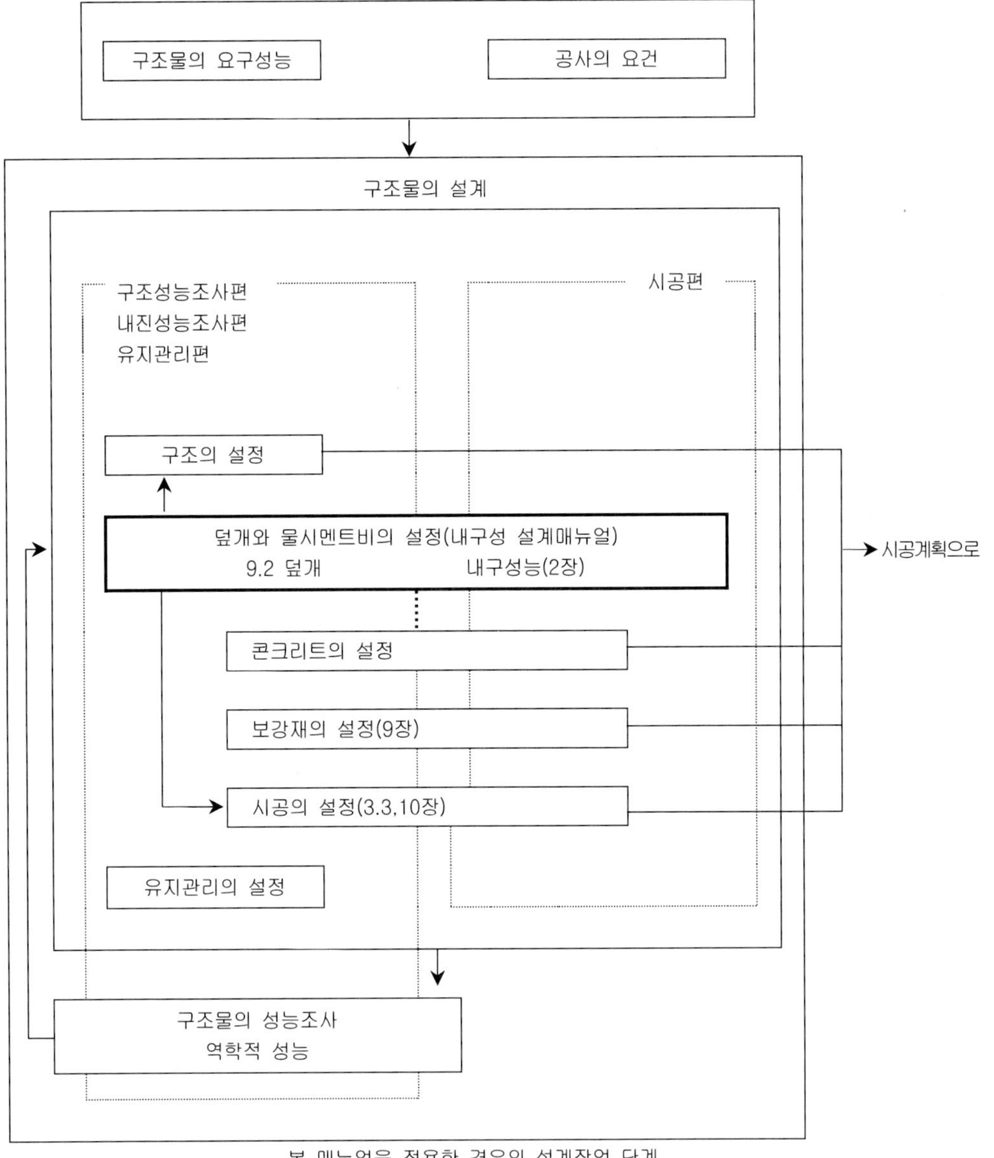

본 매뉴얼을 적용한 경우의 설계작업 단계

제1장 총 칙

1.1 일반

본 설계매뉴얼을 적용해서 설계한 철근콘크리트 구조물은, 토목학회 콘크리트표준시방서 시공편에 나타낸 내구성 조사를 만족하는 것으로 해도 좋다

《《《 해설 《《《

2002년 제정 토목학회 콘크리트표준시방서에 도입한 성능조사형설계법은, 설계의 자유도가 높아, 신기술에의 대응이나 개별조건에 유연하게 대응할 수 있는 장점을 가지고 있다. 그 반면, 동일한 구조물에 대한 설계가 설계자에 따라 다르게 될 가능성도 있다. 아주 표준적인 구조물에 대해서는 구조물의 성능을 어느 정도 평준화 하고, 일정이상의 성능을 가지는 구조물을 비교적 용이하게 설계할 수 있는 체계도 필요하다고 생각된다. 또, 많은 구조물을 관리하는 사업자에게는, 표준적인 구조물에 대한 성능을 평준화 시키는 것이 구조물의 시공관리나 유지관리도 용이하게 되는 것일 수 있다.

본 설계매뉴얼은 토목학회 콘크리트표준시방서 시공편의 내구성에 관한 조사를 만족하는 덮개와 물시멘트비의 조합을 나타낸 것이다. 따라서, 본 설계매뉴얼을 적용하면 자연히 아래와 같은 조사를 만족하는 것이므로 토목학회콘크리트표준시방서 시공편에 나타낸 아래의 항목에 관한 조사를 시행하지 않아도 좋다.

[2.2 중성화에 관한 조사]
[2.3 염화물이온의 침입에 따른 강재부식에 관한 조사]
[2.4 동결융해작용에 관한 조사]
[2.5 화학적 침식에 관한 조사]
[2.7 수밀성의 조사]
[6.4.3 중성화속도계수의 조사]
[6.4.4 염화물이온에 대한 확산계수의 조사]
[6.4.5 상대동탄성계수의 조사]
[6.4.6 내화학적 침식성의 조사]
[6.4.8 투수계수의 조사]

1.2 적용의 범위

(1) 본 설계매뉴얼은 일반적인 조건하의 철근콘크리트 구조물에 적용되는 것으로, 특수한 조건하의 구조물에 대해서는 별도의 상세한 검토의 근거로 토목학회 콘크리트표준시방서에 기초한 검토를 행할 필요가 있다.

(2) 본 설계매뉴얼은 구조물의 시공, 검사, 유지관리 등이 토목학회 콘크리트표준시방서의 조항을 만족하는 것을 전제로 적용할 수 있다.

〈〈〈 해설 〈〈〈

(1)에 대하여 여기서 말하는 특수한 조건하(下) 라는 것은, 비말대나 정선(汀線 : 해수면과 육지면의 경계선)부근 등의 특별히 엄혹한 환경조건을 가리키고, 이 경우에는 별도의 검토가 필요하다.

(2)에 대하여 본 매뉴얼에서는 시공계획 이후의 단계는 토목학회시방서의 각 편, 각 장의 규정이 만족되는 것을 전제로 하고 있다. 예컨대 [시공편]의 「11.5 콘크리트의 작업전검사」에 규정하고 있는 것과 같이 내구성으로부터 정해진 물시멘트비에 관해서는 적정한 배합검사가 된다고 하는 전제로 W/C의 시공상의 변동은 고려하지 않는다. 따라서, 대상으로 하는 구조물의 시

공, 검사, 유지관리 등이 토목학회시방서에 나타낸 조항을 만족하지 않는 것이 분명한 경우에는 본 매뉴얼을 그대로 사용해서는 안된다.

또, 본 매뉴얼은 토목학회시방서에 준거하는 것을 기본으로 하지만, 토목학회시방서에 구체적으로 나타내지 않은 항목(덮개의 시공오차 등)에 대해서는 현재 철도구조물의 설계에 일반적으로 사용되고 있는 철도구조물 등 설계표준(콘크리트구조물)(이하 철도표준이라 한다)을 참고로 했다.

본 매뉴얼을 작성하는데 참고한 시방서, 기준 등은 아래와 같다.

- 토목학회 콘크리트표준시방서[시공편][1])
- 토목학회 콘크리트표준시방서[구조성능조사편][2])
- 철도구조물 등 설계표준 (콘크리트 구조물)[3])

1.3 용어의 정리

본 매뉴얼에서 취급하는 용어의 정의는 토목학회시방서의 각 편에 의한다.

제 2 장 덮개와 물시멘트비의 선정

2.1 일반

(1) 최소덮개와 최대물시멘트의 조합은 토목학회 콘크리트표준시방서 [구조성능조사편]의 구조세목에서 규정하는 최소덮개 및 내구성으로부터 정해지는 최소덮개와 최대물시멘트비의 조합을 만족하는 값을 선정한다.

(2) 내구성으로부터 정해지는 최소덮개에는 시공조건이나 부재의 종류 등에 따른 시공오차를 고려한다. 일반적으로 스페이서 등을 적절히 배치하는 것을 전제로 표 2.1.1에 나타낸 값을 시공오차로 해도 좋다.

표.2.1.1 덮개의 시공오차

덮개의 시공오차	부위
0mm	구배콘크리트 등 구조단면과 일체화 된 콘크리트에서 덮개의 증가를 기대할 수 있는 경우
5mm	중간슬래브 하면
10mm	상기 이외

⟨⟨⟨ 해설 ⟨⟨⟨

<u>(1)에 대하여</u> 최소덮개와 최대물시멘트비의 조합은 본 매뉴얼의 [2.1.2 일반구조세목으로 정해지는 최소덮개 및 2.1.3 ~ 2.1.7에서 선정되는 내구성으로 정해지는 최소덮개와 최대물시멘트비의 조합을 만족하는 값으로 하지 않으면 안된다. 이것을 만족하는 최소덮개와 최대물시멘트비의 조합을 선정하는 것으로 토목학회 콘크리트표준시방서 [시공편]에 나타낸 내구성조사에 관한 사항을 모두 만족하는 것이므로, 내구성 조사를 생략 할 수 있도록 했다.

<u>(2)에 대하여</u> 토목학회시방서에는 적절한 덮개의 시공오차를 고려하는 것이 필요하다는 취지가 기술되어 있지만 구체적인 수치는 제시되어 있지 않다. 이 때문에 본 메뉴얼에서는 현재 철도구조물의 설계에서 일반적으로 적용되고 있는, 철도구조물 등 설계표준(콘크리트 구조물)(이하 철도 표준이라 한다)에서 예시되고 있는 덮개의 시공오차 값(표 2.1.1)을 준용했다.

표 2.1.1에 나타낸 덮개의 시공오차는 라멘 고가교나 RC형(桁) 등의 실 철도구조물에 있어서의 덮개의 실태조사를 기초로 한 분석·검토 결과로부터 설정된 것이다. 이러한 수치는 개개 철근의 가공오차나 조립오차에 의해 생기는 것으로, 거푸집과 철근의 전체적인 위치차 까지 고려한 값은 아니다. 즉, 표 2.1.1의 값은 스페이서 등을 적절히 배치해 철근전체의 위치이탈 등이 발생하지 않는 것을 전제로 사용할 수 있는 값이다. 토목학회 콘크리트표준시방서 [시공편]에는 수평부재에는 1㎡ 당 4개 정도 연직부재에는 1㎡ 당 2~4개 정도의 스페이서를 배치하는 것을 일반적인 것으로 하고 있다. 또, 덮개의 시공오차에 대해 품질관리, 검사 등의 기준 값을 정해 이 기준 값의 범위를 초과하지 않는 관리, 검사를 시행하는 경우에는 그 기준 값을 덮개의 시공오차로 해도 좋다.

2.2 일반구조세목으로부터 정해지는 최소덮개

(1) 덮개는 콘크리트 구조물 성능조사의 전제인 부착강도를 확보함과 동시에 요구되는 내화성, 내구성, 구조물의 중요도, 시공오차 등을 고려해서 정해야 한다.

(2) 일반환경 및 염분이외의 유해인자에 의한 부식성 환경에서 사용되는 구조물 덮개의 최소 값은 (식 2.2.1)에 의한 값을 사용하는 것이 좋다. 단. 철근직경 이상으로 한다.

$$c_{\min} = \alpha \cdot c_0 \qquad \text{(식 2.2.1)}$$

여기서,

$c_{\min}$: 최소덮개

α : 콘크리트 설계기준 강도에 대한 계수

$f'_{ck} \leq$ 18 N/mm^{2}의 경우, $\alpha = 1.2$

18 N/mm^2 $\leq f'_{ck} <$ 34 N/mm^{2}의 경우, $\alpha = 1.0$

34 N/mm^2 $\leq f'_{ck}$의 경우, $\alpha = 0.8$

c_0 : 기본덮개로, 부재의 종류 및 환경조건에 따라 표 2.2.1의 값으로 한다.

표 2.2.1 c_0의 값

환경조건	슬래브	보	기둥
일반적 환경	25	30	35
부식성 환경	40	50	60
특히 엄혹한 부식성 환경	50	60	70

(3) 방식효과가 확인된 특수철근을 사용하는 경우 및 품질이 확인된 보호층을 설치한 경우에는, 환경조건을 일반환경으로 고려해서 덮개를 정해도 좋다

(4) 기초 및 구조물의 중요한 부재로서 콘크리트가 지중에 직접 타설되는 경우의 덮개는 75mm이상으로 한다.

(5) 수중에 시공하는 철근콘크리트에 수중 불분리성 콘크리트를 사용하지 않는 경우의 덮개는 100mm 이상으로 한다

(6) 내화성을 필요로 하는 구조물의 덮개는, 화열의 온도, 계속시간, 사용하는 골재의 성질 등을 고려, [시공편] 6.4.9에 정한 내화성조사를 만족하도록 정해야 한다. 단, 표 2.2.1 중 일반적 환경의 값에 20mm 정도를 가산한 값을 덮개의 최소 값으로 하면 내화성의 조사를 생략해도 좋다.

‹‹‹ 해설 ‹‹‹

덮개는 토목학회시방서 [구조성능조사편]「9.2 덮개」에 나타내고 있는 상기의 항목(발췌)을 만족해야 한다.

(2)에 대하여　식(2.2.1)은 토목학회시방서 [구조성능조사편]의「9.2 덮개」에 나타낸 최소 덮개의 산정 식으로 콘크리트의 강도, 구조물의 종류 및 구조물이 놓여지는 환경조건을 고려해서 정할 수 있다.

(3)에 대하여　[에폭시수지도장철근을 사용하는 철근콘크리트의 설계시공지침](토목학회편) 등에 따라 에폭시수지도장철근을 사용하는 등 방식효과가 확인된 특수철근을 사용하는 경우 및 품질이 확인된 보호층을 설치하는 경우에는, 철근 부식이 억제된다고 생각해도 좋기 때문에, 환경조건을 일반적 환경으로 고려해도 좋다. 단, 보호층은 재료의 내구성(수명), 유지관리방법 등을 검토해 적절한 것을 선택하지 않으면 안된다.

(4),(5)에 대하여　표시된 덮개의 수치에는 시공오차가 포함되어 있는 것으로서 취급 한다.

2.3 중성화 검토로 정해지는 덮개와 물시멘트비

중성화검토에 의해 정해지는 최소덮개와 최대물시멘트비의 조합은, 사용하는 시멘트의 종류, 구조물이 놓여지는 환경이나 콘크리트의 재료계수 등에 의해 표 2.3.1(a),(b)의 값으로 해도 좋다. 또, 각 표의 값은 설계내용(耐用)기간을 100년, 덮개의 시공오차를 10mm, 중성화 여유를 10mm로 한 경우이므로, 이것과 조건이 다를 경우에는 토목학회 표준시방서[시공편]에 따라 별도의 검토를 하도록 한다.

표. 2.3.1 중성화 검토로 정해지는 최소덮개와 물시멘트비 (단위:mm)

(a) 보통포틀랜드 시멘트

물시멘트비	· 건조환경 · 브리데잉의 영향 있음	· 건조환경 · 브리데잉의 영향 없음	· 습윤환경 · 브리데잉의 영향 있음	· 습윤환경 · 브리데잉의 영향 없음
35%	20	20	20	20
40%	25	25	25	25
45%	35	30	30	30
50%	45	40	40	35
55%	60	50	45	40
60%	70	60	55	45

(b) 고로시멘트 B종 (고로슬래그 혼입량 45%)

물결합재	· 건조환경 · 브리데잉의 영향 있음	· 건조환경 · 브리데잉의 영향 없음	· 습윤환경 · 브리데잉의 영향 있음	· 습윤환경 · 브리데잉의 영향 없음
35%	25	25	25	25
40%	40	35	30	30
45%	50	45	40	35
50%	65	55	50	45
55%	80	65	60	50
60%	95	75	65	55

※ 슬래브 상면은 표(a),(b)의 값보다 10mm, 라멘 고가교의 중간 슬래브는 5mm 감한 값으로 한다.
※ 습윤환경에 있는 부재로서는 기초 등과 같이 흙 속 또는 수중에 있는 부재 등을 말한다.
※ 브리데잉(굳지 않은 콘크리트 및 몰탈에서 고체재료의 침강 또는 분리에 의해 혼합수 일부가 유리되서 상승하는 현상)의 영향은 일반적으로 기둥, 교각, 벽등의 연직부재에 대해 고려한다.

⟨⟨⟨ 해설 ⟨⟨⟨

토목학회시방서 [시공편] 「2.2 중성화에 관한 조사」 및 「6.4.3 중성화속도계수의 조사」 에 나타낸 조사방법을 이하에 나타냈다. 표 2.3.1에 보인 덮개와 최대 물시멘트비의 조합은 여기에 나타낸 방법에 기초해 산출한 것이므로 표에 보인 조합을 사용하는 것으로 「2.2 중성화에 관한 조사」 및 「6.4.3중성화속도계수의 조사」 를 생략할 수 있다.

표 2.3.1에 보인 덮개와 최대 물시멘트의 조합은 ③과 같이 안전계수나 환경조건 등의 조건을 설정하고, 물시멘트비를 35% ~ 60%로 한 경우에 필요하게 되는 최소덮개를 식 (해 2.3.1)에 의해 역산해서 설정한 것이다.

① 조사 식(式)

중성화에 관한 조사는, 중성화 깊이의 설계 값 y_d 및 강재부식발생한계깊이 $y_{\lim}$를 사용해서 식(해 2.3.1)에 의해 시행하도록 하고 있다.

$$\gamma_i \frac{y_d}{y_{\lim}} \leqq 1.0 \quad \text{(해 2.3.1)}$$

여기서,

γ_i : 구조물계수, 일반적으로 1.0으로 해도 좋지만, 중요 구조물에 대해서는 1.1로 하는 것이 좋다. 본 매뉴얼에서는 1.0으로 하고 있다.

$\gamma_{\lim}$: 중성화 깊이의 제한 값. 본 매뉴얼에서는 식(해 2.3.2)와 같이 덮개의 시공오차 c_e를 고려한다.

$$y_{\lim} = c - c_e - c_k \quad \text{(해 2.3.2)}$$

여기서,

c : 설계덮개(mm)

c_e : 덮개의 시공오차(mm)

c_k : 중성화 여유(mm). 일반적으로 통상환경 하에서 10mm로 한다. 또, 콘크리트 내에 염화물이온이 함유되어 있는 경우에는 25mm로 해도 좋다. 본 매뉴얼에서는 10mm를 고려했다.

② 중성화 깊이의 설계 값

조사 식 중 중성화 깊이의 설계 값 y_d는 식(해 2.3.3)으로 구한다.

$$y_d = \gamma_{cb} \cdot \alpha_d \cdot \sqrt{t} \tag{해 2.3.3}$$

여기서,

γ_{cb} : 중성화 깊이의 설계 값 y_d의 불규칙분포를 고려한 계수로, 일반적으로 1.15

t : 설계내용년수(년). 일반적으로 식(해 2.3.3)으로 평가하는 중성화 깊이에 대해서는 100년을 상한으로 한다.

α_d : 중성화속도계수의 추정 값(mm/$\sqrt{년}$)

$$\alpha_d = \alpha_k \cdot \beta_e \cdot \gamma_c \tag{해 2.3.4}$$

β_e : 환경의 영향 정도를 표현한 계수. 해설표 2.3.1 참조

γ_c : 콘크리트의 재료계수. 해설표 2.3.2 참조

α_k : 중성화속도계수의 특성 값(mm/$\sqrt{년}$). 일반적으로, 식(해 2.3.5)로 구한다.

$$\alpha_k = \gamma_p \cdot \alpha_p \tag{해 2.3.5}$$

γ_p : α_p의 정alf도에 관한 계수. 본 매뉴얼에서는 식(해 2.3.6)을 사용하므로 1.1.

α_p : 중성화속도계수의 예측 값(mm/$\sqrt{년}$)

$$\alpha_p = -3.57 + 9.0 \cdot W/B \tag{해 2.3.6}$$

W/B:유효 물결합재비. $= W/(C_p + k \cdot A_d)$

W : 단위체적 당 물의 질량

B : 단위체적 당의 유효결합재의 질량

C_p : 단위체적 당의 포틀랜드시멘트의 질량

k : 혼화재의 종류에 따라 정해지는 정수

플라이애쉬의 경우, $k = 0$

고로슬래그 미분말의 경우, $k = 0.7$

A_d : 단위체적 당의 혼화재의 질량

③ 조건설정

표 2.3.2에 나타낸 부재의 습윤상태, 브리데잉의 영향 유무 등의 조건은, 해설표 2.3.1에 나타낸 계수 β_e 및 γ_c로서 식(해 2.3.4)에 고려되고 있다. 또, 참고적으로, 각종 구조물에 대한 이러한 계수조합의 예를 해설표 2.3.2에 나타냈다. 덧붙여, 검토는 구조물계수를 1.0, 중성화여유 c_k는 통상환경을 상정해서 10mm로 했다.

해설표 2.3.1 각 계수의 값

계 수		수치	기타사항
γ_{cb}	중성화깊이 설계 값의 불규칙한 분포를 고려한 계수	1.15	일반의 경우
β_e	환경영향의 정도를 나타낸 계수	1.6	건조하기 쉬운 환경의 경우
		1.0	토중 및 수중의 부재 등 습윤상태가 유지되기 쉬운 부재*1
γ_c	콘크리트의 재료계수	1.0	일반의 경우
		1.3	부재의 상부 부분 등 브리데잉에 의한 콘크리트의 품질저하가 있는 부재*2

*1. 안전난간 등 비에 젖기 쉬운 부재 포함.
*2. 보, 슬래브 등을 제외, γ_c=1.3으로 하는 것이 좋다.

해설표 2.3.2 계수의 조합과 구조물의 예

구조물의종류	부재	β_e	γ_c
주형, 라멘	슬래브, 보	1.6	1.0
	기둥	1.6	1.3
교각, 교대, 옹벽	–	1.6	1.3
안전난간	–	1.0	1.3

표 2.3.2에 나타낸 최소덮개와 최대물시멘트비의 조합은 설계내용(耐用)기간을 100년으로 산정한 경우의 것이다. 혹독한 염해환경에 놓여진 구조물에 대해서는 최소덮개의 크기를 고려해서 설계내용기간을 이것보다 짧게 설정하는 경우도 있을 수 있다 그러나, 그 경우의 최소덮개는 염화물이온농도의 검토에 의해 결정되는 것이 일반적이다. 이 때문에, 중성화 검토에 대해서는 설

계내용기간을 100년보다도 짧게 상정한 경우에 대해서의 시산은 시행하지 않았다. 혹시, 중성화 검토에 대해 100년보다 짧은 설계내용기간을 설정하는 경우에는 토목학회 표준시방서 [시공편]에 따라 최소덮개와 최대물시멘트비의 조합을 별도 검토하거나. 또는 안전측의 값으로서 표 2.3.2에 나타낸 값을 이용해도 좋다.

또, 표 2.3.1(b)에 나타낸 조합은 고로슬래그 혼입량을 45%로 한 고로시멘트를 사용한 경우의 것이다. 해설표 2.3.3에는 고로슬래그 혼입량을 60%로 한 경우의 조합을 나타냈다.

해설표 2.3.3 중성화 검토로 정해지는 최소덮개와 물시멘트 비

고로슬래그 B종(고로슬래그 혼입량 60%)의 경우 (단위:mm)

물결합재비	·건조환경 ·브리데잉의 영향 있음	·건조환경 ·브리데잉의 영향 없음	·습윤환경 ·브리데잉의 영향 있음	·습윤환경 ·브리데잉의 영향 없음
35%	30	30	25	25
40%	45	40	35	35
45%	60	50	45	40
50%	75	60	55	45
55%	85	70	65	55
60%	100	85	70	60

2.4 염화물이온농도의 검토로 정해지는 덮개와 물시멘트비

(1) 외부로부터 염화물이온의 영향을 받는 환경조건에서의 최소덮개와 최대물시멘트비의 조합은 실측한 염화물이온량 분석에 의해 산정된 확산계수 등의 수치를 기초로 정하는 것을 원칙으로 한다.

(2) 실측 값에 기초한 별도의 검토를 시행하지 않는 경우, 외부로부터의 염화물이온의 영향을 받는 환경조건에서의 최소덮개와 최대물시멘트비의 조합은, 대상 구조물의 해안으로부터의 거리에 따라 표 2.4.1에 나타낸 값으로 해도 좋다. 또, 표에 나타낸 값은 보통포틀랜드시멘트를 사용해서 설계내용기간을 100년으로 상정하고, 덮개의 시공오차를

10mm, 강재부식발생한계농도를 1.2kg/㎥로 한 경우의 것으로, 이것과 조건이 다른 경우에는 토목학회 표준시방서 [시공편]에 따라서 별도 검토하는 것으로 한다.

표 2.4.1 염화물의 영향을 받는 환경조건에서의 덮개(mm)와 최대물시멘트비(%)

최대물시멘트비	해안으로부터의 거리			
	0.1km	0.25km	0.5km	1.0km
W/C=0.35	190	155	115	80
W/C=0.40	210	175	130	90
W/C=0.45	240	195	145	105
W/C=0.50	275	225	165	115
W/C=0.55	320	255	190	130
W/C=0.60	355	290	210	150

⟨⟨⟨ 해설 ⟨⟨⟨

(1) 및 (2)에 대하여

표 2.4.1에 나타낸 덮개와 최대물시멘트비의 조합은 토목학회시방서[시공편] 「2.3염화물이온의 침투에 수반한 강재부식에 관한 조사」 및 「6.4.4 염화물이온에 관한 확산계수의 조사」에 기초해 산출한 것이다. 따라서, 표 2.4.1에 나타낸 덮개와 최대물시멘트비를 만족하는 것으로 「2.3 염화물이온의 침투에 따른 강재부식에 관한 조사」 및 「6.4.4 염화물이온에 관한 확산계수의 조사」에 대한 조사를 생략할 수 있다.

여기서, 토목학회표준시방서에서는, 조사에 사용하는 확산계수 등의 수치는 염화물이온량 분석의 실측값에 기초해서 추정하는 것을 원칙으로 하고, 이것에 의하지 않는 경우에는 시방서에 나타낸 방법을 이용해도 좋다고 하고 있다. 철도 콘크리트 구조물에 대해서는 교각, 교대, 고가교 기둥 등의 현지실험에 의해 실측데이타가 얻어지고 있다. 철도표준에서는 이 실측데이타를 기초로 한 염화물이온에 대한 조사방법이 나타나 있어 특별한 검토를 시행하지 않는 경우에는 이 방법을 이용해 검토를 시행할 수 있도록 하고 있다.

해설표 2.4.1에 보인 설계덮개와 최대물시멘트비의 조합은 철도표준에 따라 정해진 것이다. 철도구조물에 관해서 이하에 보인 적용조건의 범위 내에 있는 경우에는 해설표 2.4.1의 조합을 이용하는 것으로 염화를 이온에 관한 검토를 생략해도 좋다.

해설 표 2.4.1 염화물의 영향을 받는 환경조건에서의 덮개와 최대물시멘트비(철도표준)

최대 물시멘트비	해안으로부터의 거리			
	0.1km	0.25km	0.5km	1.0km
W/C=0.35	145	95	70	45
W/C=0.40	160	105	75	50
W/C=0.45	180	120	85	55
W/C=0.50	205	135	95	60
W/C=0.55	230	150	105	65
W/C=0.60	260	170	115	75

※ 적용조건
설계내용(耐用)기간 : 100년, 지역구분 : S1(해설그림2.4.1 참조),
사용시멘트 : 보통포틀랜트시멘트, 덮개의 시공오차 : 10㎜

염화물이온에 관한 조사는 토목학회시방서, 철도표준 모두 강재위치에서의 염화물이온농도 설계 값이 한계 값(1.2kg/㎥)을 상회하지 않는 것을 확인하는 것으로 행해지지만 염화물이온농도의 산정방법은 각각의 기준이 다르다.

이하에는 각각의 염화물이온농도 산정방법 및 표 2.4.1, 해설표 2.4.4을 작성하는데 있어서의 검토조건을 나타냈다.

또, 토목학회시방서와 철도표준에서는 사용하고 있는 기호가 다른 경우도 있어 혼동을 피하기 위해 본 메뉴얼에서는 토목학회 표준시방서에서 사용하고 있는 기호를 사용하는 것으로 한다.

① 토목학회시방서 [시공편]의 염화물이온농도 산정방법

토목학회 표준시방서에서는 강재위치에서의 염화물이온농도 설계 값 C_d를 식(해 2.4.2)에 의해 구해도 좋다고 하고 있다. 또, 식(해 2.4.2)는 덮개의 시공오차를 식 안에 포함시킨 것과, D_d의 단위를 변경한 것에 의해 시방서의 식과는 표기가 다르게 되고 있다. 또, 식(해 2.4.5) 및 (해 2.4.6)에 대해서도 단위를 변경했기 때문에 시방서의 식과는 표기가 다르게 되고 있다.

$$C_d = \gamma_{cl} \cdot C_0 \left(1 - erf\left(\frac{c - c_e}{2\sqrt{D_d \cdot t}}\right)\right) \qquad \text{(해 2.4.2)}$$

여기서,

C_0 : 콘크리트 표면에서의 염화물이온농도(kg/㎥), 일반적으로 해설표 2.4.2에 의해 구해도 좋다.

c : 설계덮개(㎜)

c_e : 덮개의 시공오차. 일반적으로 표 2.1.1에 의해 구해도 좋다.

t : 염화물이온의 침입에 대한 내용(耐用)년수 (설계내용기간) (년)

γ_{cl} : 강재위치에서 염화물이온농도 설계 값의 불규칙분포를 고려하는 계수. 일반적으로 γ_{cl} = 1.3으로 해도 좋다.

D_d : 염화물이온에 대한 설계확산계수 (mm^2/년)

$$D_d = \gamma_c \cdot D_k + \left(\frac{w}{l}\right) \cdot \left(\frac{w}{w_a}\right)^2 \cdot D_0 \qquad \text{(해 2.4.3)}$$

γ_c : 콘크리트의 재료계수로, 일반적으로 1.0으로 해도 좋다.

D_k : 콘크리트의 염화물이온에 대한 확산계수 (mm^2/년)

$$D_k = \gamma_p \cdot D_p \qquad \text{(해 2.4.4)}$$

D_p : 콘크리트의 확산계수의 예측 값(mm^2/년)으로,

보통포틀랜드시멘트의 경우

$$\log D_p = -3.9(W/C)^2 + 7.2(W/C) - 0.5 \qquad \text{(해 2.4.5)}$$

고로슬래그나 실리카흄을 사용하는 경우

$$\log D_p = -3.0(W/C)^2 + 5.4(W/C) - 0.2 \qquad \text{(해 2.4.6)}$$

γ_p : D_p의 정밀도에 관한 안전계수로, 식(해 2.4.5), (해 2.4.6)을 사용하는 경우에는 1.2로 해도 좋다.

w : 균열폭 (mm)

w_a : 허용균열폭 (mm)

D_0 : 콘크리트 내의 염화물이온의 이동에 미치는 균열의 영향을 나타내는 계수로, 휨 균열을 허용하는 경우에 고려한다. 일반적으로 20,000mm^2/년으로 해도 좋다.

w/l : 균열폭과 균열간격의 비로,

$$\frac{w}{l} = 3\left(\frac{\sigma_{se}}{E_s} + \varepsilon'_{csd}\right) \qquad \text{(해 2.4.7)}$$

σ_{se} : 강재위치의 콘크리트응력도가 0의 상태에서부터의 철근응력도의 증가량(N/mm^2)

E_s : 철근의 탄성계수 (N/mm^2)

ε''_{csd} : 콘크리트의 수축 및 크리이프등에 의한 균열의 증가를 고려하기 위한 수치

해설표 2.4.2 콘크리트 표면에서의 염화물이온농도 C_0(kg/m^3)

비말대	해안으로부터의 거리				
	정선(汀線)부근	0.1km	0.25km	0.5km	1.0km
13.0	9.0	4.5	3.0	2.0	1.5

② 철도표준에 나타낸 강재위치에서의 염화물이온농도 설계 값의 산정방법

철도표준에서는 해양환경에서 염화물이온의 공급조건의 차이에 따라 강재위치에서의 염화물이온농도 C_d의 산출방법을 이하와 같이 2종류로 분류해 사용하고 있다.

· 해수중이나 간만대에 위치하는 구조물

염화물이온농도의 설계 값 C_d는 콘크리트 반죽시에 포함되는 염화물이온농도를 포함하고

있는 점 등이 차이가 있지만 대체로 토목학회 표준시방서의 식(해 2.4.2)와 같은 식으로 산정한다.

· 해수중이나 간만대 이외에 위치하는 구조물

해설표 2.4.4에 보인 조합은 식(해 2.4.8)을 이용해서 산정하고 있다.

염화물이온농도의 설계 값 C_d는 콘크리트 표면에서의 염화물이온농도의 시간이 경과함에 따른 변화를 고려한 식(해2.4.8)에 의해 산정한다.

$$C_d = \gamma_{cl1} \cdot S\sqrt{t}\left(\exp\left(-\frac{(c-c_e)^2}{4D_d \cdot t}\right) - \frac{(c-c_e)\cdot\sqrt{\pi}}{2\sqrt{D_d \cdot t}}\left(1 - erf\frac{(c-c_e)}{2\sqrt{D_d \cdot t}}\right)\right) + \gamma_{cl2} \cdot C_i$$

(해 2.4.8)

여기서,

S : 콘크리트 표면에서의 염화물이온농도계수($kg/m^3/\sqrt{년}$), 일반적으로 해설표 2.4.3에 의해 구해도 좋다. 철도표준에 의한 방법에서는 구조물의 입지조건에 따라 해안의 지역구분을 3종류로(SS,S1,S2)분류하고 있다. 표의 S1, S2의 지역구분은 해설그림 2.4.1에 의한다. SS지역에 관해서는 별도조사에 따라 S의 값을 적절하게 정하는 것으로 한다.

C_i : 반죽시에 콘크리트 내에 포함되는 염화물이온농도. 일반적으로 0.3kg/㎥으로 해도 좋다.

γ_{cl2} : 반죽시에 콘크리트 내에 포함되는 염화물이온농도 C_i의 불규칙분포를 고려한 안전계수. 일반적으로 1.0으로 해도 좋다.

기타, 여기에 나타내지 않은 기호는 식(해 2.4.2)와 동일하다.

해설표 2.4.3 콘크리트 표면에서의 염화물이온농도계수 S ($kg/m^3/\sqrt{년}$)

해안의 지역구분	해안선으로부터의 거리						
	0.0km	0.1km	0.25km	0.5km	1.0km	1.5km	1.5km~
S1 지역	0.9	0.35	0.20	0.15	0.12	-	-
S2 지역	0.9	0.15	0.12	0.12	-	-	-

※ S1 지역에서 해안선으로부터의 거리가 1.0km를 초과하는 경우 및 S2지역에서 해안선으로부터의 거리가 0.25km를 초과하는 경우는 염화물이온에 관한 검토를 생략해도 좋다.

※ 해안선으로부터의 거리가 중간 값인 경우는 직선보간법에 의해 구해도 좋다.

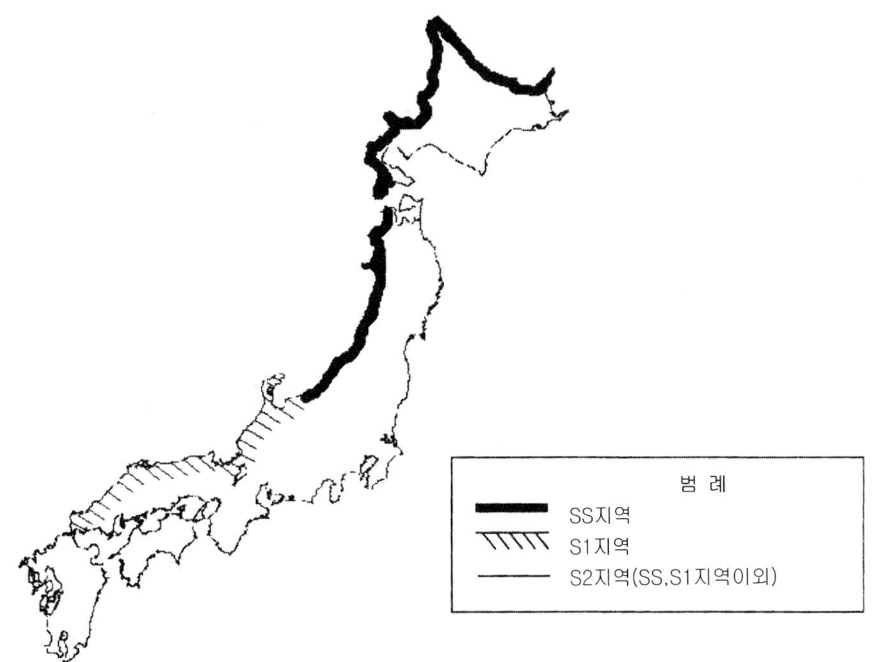

해설그림 2.4.1 염화물 이온에 관한 검토에서 해안의 지역구분

③ 검토조건

표 2.4.1 및 해설표 2.4.1에 보인 최소덮개와 최대물시멘트비의 조합은 이하에 나타낸 검토조건의 근거, 물시멘트비를 35% ~ 60%로 한 경우에 필요하게 되는 최소덮개($c-c_e$)를 역산한 것이다. 조건이 다른 경우에는 별도 검토 할 필요가 있다.

- 설계내용(耐用)기간 : 100년
- 지역구분 : S1 (철도표준)
- 해안에서의 거리 : 0.1, 0.25, 0.5, 1.0(km)
- 사용시멘트 : 보통포틀랜드시멘트
- 덮개의 시공오차 : 10mm를 고려하고, 역산한 덮개($c-c_e$)에 +10mm를 가산한다.
- $\sigma_{se}=150\ \mathrm{N/mm^2}$, $E_s=200\ \mathrm{kN/mm^2}$
- $\varepsilon'_{csd}=150\times10^{-6}$ (토목학회시방서), $\varepsilon'_{csd}=450\times10^{-6}$ (철도표준)
- $w/w_a=1.0$

여기서, 표 2.4.1에 나타낸 설계덮개와 물시멘트비의 조합은 설계내용(耐用)기간을 100년으로 한 경우의 것이다. 다른 조건은 동일하고 설계내용기간을 t=50년, t=30년으로 해서 토목학회 표준시방서에 나타낸 방법으로 시산(試算)한 설계덮개와 물시멘트비의 조합을, 각각 해설표 2.4.4, 2.4.5에 참고로 나타냈다.

해설표 2.4.4 염화물의 영향을 받는 환경조건에서의 설계덮개(mm)와 최대물시멘트비(t=50년)

최대물시멘트비	해안으로부터의 거리			
	0.1km	0.25km	0.5km	1.0km
W/C=0.35	135	110	85	60
W/C=0.40	155	125	95	70
W/C=0.45	175	140	105	75
W/C=0.50	200	160	120	85
W/C=0.55	225	185	135	95
W/C=0.60	255	210	155	110

해설표 2.4.5 염화물의 영향을 받는 환경조건에서의 설계덮개(mm)와 최대물시멘트비(t=30년)

최대물시멘트비	해안으로부터의 거리			
	0.1km	0.25km	0.5km	1.0km
W/C=0.35	110	90	70	50
W/C=0.40	120	100	75	55
W/C=0.45	135	115	85	60
W/C=0.50	155	130	95	70
W/C=0.55	180	145	110	80
W/C=0.60	200	165	120	85

2.5 동결융해작용의 검토로 정해지는 물시멘트비

동결융해 작용조건이 JSCE-G 501에서 설정하고 있는 조건과 같은 정도의 범위 내에 있고, 표준의 콘크리트 재료를 선정한 경우에는 물시멘트비를 표 2.1.4에 보인 값 이하로 하고, 공기량이 4~7%의 범위인 것을 확인하는 것에 의해 동결융해작용의 조사를 만족한 것으로 해도 좋다.

표 2.1.4 동결융해작용의 검토에 의해 정해지는 물시멘트비

	기상작용이 엄혹한 경우 또는 동결융해가 자주 반복 되는 경우		기상작용이 엄혹하지 않은 경우, 영하의 기온으로 되는 것이 드문 경우	
	단면이 얇은 경우 ※1	일반의 경우	단면이 얇은 경우	일반의 경우
(1)연속해서 또는 자주 물에 포화되는 경우	55	60	55	65
(2)보통의 노출상태에 있고, (1)에 속하지 않은 경우	60	65	60	65

※ 단면의 두께가 20cm 이하의 경우

《《 해설 《《

배합설계시의 물시멘트비는 양생상태나 골재의 표면수 비율의 변동, 재료의 계량오차 등의 영향을 고려해서 표 2.1.4에 보인 값보다 2~3% 정도 작은 값을 목표로 하는 것이 좋다.

동결방지제나 해수 등 염화물의 영향을 받는 콘크리트에 있어서는 구조물로서 스캘링이 발생할 염려가 있다. 이 같은 경우에는 물시멘트비를 45%이하로 하고 공기량을 6%이상으로 하면 좋다. 또, 콘크리트가 동결할 염려가 없는 경우에는 동결융해작용에 관한 조사를 생략 할 수 있다.

2.6 화학적 침식의 검토에 의해 정해지는 물시멘트비

표준의 콘크리트 재료를 선정하고 열화(劣化)환경에 따른 물시멘트비를 표 2.1.5에 보인 값 이하로 하는 것에 의해 화학적 침식에 대한 조사를 만족하는 것으로 해도 좋다.

표 2.1.5 화학적 침식의 검토에 의해 정해지는 물시멘트비

열화환경	최대물시멘트비
SO_4로서 0.2%이상의 유산염을 함유한 흙이나 물에 접하는 경우	50%
융빙제를 사용하는 경우	45%

<<< 해설 <<<

화학적 침식의 염려가 거의 없는 일반적 환경에 있는 경우에는 화학적 침식에 대한 조사를 생략할 수 있다.

2.7 수밀성 검토로 정해지는 물시멘트비

표준의 콘크리트재료를 선정한 경우에는 물시멘트비를 55% 이하로 하는 것에 의해 수밀성에 대한 조사를 만족하는 것으로 해도 좋다.

<<< 해설 <<<

구조물에 특단의 수밀성을 요구하지 않는 경우에는 수밀성에 대한 조사를 생략할 수 있다.

참고문헌

1) 토목학회 : 콘크리트 표준시방서[시공편], 2002

2) 토목학회 : 콘크리트 표준시방서[구조성능조사편], 2002

3) 철도종합기술연구소 : 철도구조물등 설계표준·동해설 콘크리트구조물, 2004.4

부속 자료 1	중성화검토에 관한 덮개와 물시멘트비 조합의 시산(試算)

1. 머리말

표 2.1.2에 나타낸 중성화검토를 생략할 수 있는 최소덮개와 최대물시멘트비의 조합을, 토목학회시방서 [시공편]에 나타낸 조사의 흐름에 적용시킨 예를 나타낸다.

2. 조사조건

- 대상구조물 : 슬래브형(桁)
- 환경조건 : 일반환경
- 설계내용(耐用)기간 : 100년
- 시멘트 : 보통포틀랜드시멘트
- W/C = 50%

이상의 조건으로부터 본 매뉴얼의 표 2.1.2(a), $\beta_e = 1.6$, $\gamma_c = 1.0$을 적용시켜 설계덮개 c=40mm을 얻는다. 또, 이 값에는 중성화여유분으로 10mm, 시공오차로서 10mm를 고려하고 있다.

3. 토목학회시방서의 흐름을 따른 경우의 조사결과

중성화조사에서는 [시공편]「6.4.3 중성화속도계수의 조사」를 만족할 필요가 있다.

$$\gamma_p \cdot \alpha_p / \alpha_k \leq 1.0 \qquad \text{[시공편](6.4.4)}$$

$\alpha_p = -3.57 + 9.0\,W/B$

$W/B = W/(C_p + k \cdot ad)$

보통포틀랜드시멘트를 사용하고 혼화재를 사용하지 않았으므로,

$W/B = W/C = 50\%$ 이므로

$\alpha_p = 0.93$, $\gamma_p = 1.1$로 하면, [시공편](6.4.4)에 의해

$\alpha_k = 1.023$

$y_d = \gamma_{cb} \cdot \alpha_d \sqrt{t}$

$\alpha_d = \alpha_k \cdot \beta_e \cdot \gamma_c = 1.637, \gamma_{cb} = 1.15, t = 100$

이상으로부터

$y_d = 18.83\text{mm}$

한편, c = 40mm에, 중성화여유 c_k = 10mm, 시공오차 c_e = 10mm를 고려하면,

$y_{\lim} = 40 - c_k - c_e = 20\text{mm}$

중성화에관한조사에서는 [시공편] 「2.2중성화에관한조사」를 만족할 필요가 있다.

$$\gamma_i \cdot y_d / y_{\lim} \leqq 1.0 \qquad \text{[시공편](2.2.1)}$$

γ_i = 1.0으로 하면

$\gamma_i \cdot y_d / y_{\lim}$ = 0.942

로 되고, 식 [시공편] (2.2.1)을 만족한다.

부속 자료 2	염화물이온농도의 검사에 관한 덮개와 물시멘트비의 조합에 대한 시산(試算)

1. 머리말

표 2.4.1 및 해설표 2.4.1에 나타낸 염화물이온농도의 검사를 생략할 수 있는 최소덮개와 최대물시멘트비의 조합을 토목학회시방서 [시공편] 또는 철도표준에 나타낸 조사흐름에 적용시킨 예를 나타낸다.

2. 토목학회시방서에 의한 조사결과

해안으로부터의 거리 1.0km, W/C = 0.50, c = 115㎜의 경우의 조사결과를 나타낸다.

염화물이온농도에 관한 조사에서는, [시공편] 「6.4.4 염화물이온에 대한 확산계수의 조사」를 만족할 필요가 있다.

$$\gamma_p \cdot D_p / D_k \leq 1.0 \qquad \text{[시공편] (6.4.6)}$$

보통포틀랜드시멘트를 사용하므로

$$\log D_p = -3.9(W/C)^2 + 7.2(W/C) - 0.5 \qquad \text{(해 2.4.5)}$$

여기서 $W/C = 0.50$ 으로 하면

$$D_p = 133.4 \ (㎟/년)$$

$\gamma_p = 1.2$로 하면, 토목학회(6.4.6)으로부터

$D_k \geqq 160.0$ (㎟/년)

$$D_d = \gamma_c \cdot D_k + (w/l)(w/w_a)^2 \cdot D_0 \qquad \text{(해 2.4.3)}$$

$\gamma_c = 1.0, D_k = 160.0$(㎟/년), $w/l = 2700 \times 10^{-6}$, $w_a = 1.0, D_0 = 20,000$(㎟/년)로 하면,

$D_d = 214.0$ (㎟/년)

$$C_d = \gamma_{cl} \cdot C_0(1 - erf(0.1c/(2\sqrt{D_d \cdot t}))) \qquad \text{(해 2.4.2)}$$

$\gamma_{cl} = 1.3$, $C_0 = 1.5$(kg/㎥), $D_d = 214.0$(mm^2/년), $t = 100$(년), 시공오차를 고려하지 않는 경우의 덮개를 $c = 105$(mm)로 하면

$C_d = 1.193$ (kg/m^3)

염화물이온농도에 관한 조사에서는, [시공편] 「2.3 염화물이온의 침입에 따른 강재부식의 조사」를 만족할 필요가 있다

$$\gamma_i \cdot C_d/C_{\lim} \leqq 1.0 \qquad \text{[시공편] (2.3.1)}$$

$\gamma_i = 1.0$, $C_d = 1.193$(kg/㎥), $C_{\lim} = 1.2$(kg/㎥)로 하면,

$\gamma_i \cdot C_d/C_{\lim} = 0.994$로 되고 (2.3.1)을 만족한다.

본 검토에서는 덮개의 시공오차 10mm를 고려하기 때문에 해안으로부터의 거리 1.0km, $W/C = 0.50$의 경우의 최소덮개는 105 + 10 = 115mm로 된다.

3. 철도표준에 의한 조사결과

S1지역, 해안으로부터의 거리 1.0km, $W/C = 0.50$, $c = 60$mm의 경우의 조사결과를 나타낸다. 보통포틀랜드시멘트를 사용하므로,

$$\log D_p = -3.9(W/C)^2 + 7.2(W/C) - 0.5 \qquad (\text{해 } 2.4.5)$$

여기서 $W/C = 0.50$ 으로 하면

$D_p = 133.4$ (㎟/년)

$D_k = 1.2D_p = 160.0$(㎟/년)

$D_d = \gamma_c \cdot D_k + 3(\sigma_{se}/E_s + \varepsilon'_{csd})(w/w_a)^2 \cdot D_0$

$\gamma_c = 1.0$, $D_k = 160.0$(㎟/년), $3(\sigma_{se}/E_s + \varepsilon'_{csd}) = 3600 \times 10^{-6}$(표1참조), $w_a = 1.0$,

$D_0 = 20000$(㎟/년)으로 하면

$D_d = 232.0$ (㎟/년)

$$C_g = \gamma_{cl1} \cdot S\sqrt{t}\left(\exp\left(-\frac{(c-c_e)^2}{4D_d \cdot t}\right) - \frac{(c-c_e)\cdot\sqrt{\pi}}{2\sqrt{D_d \cdot t}}\left(1 - erf\frac{(c-c_e)}{2\sqrt{D_d \cdot t}}\right)\right) + \gamma_{cl2} \cdot C_i$$

(해 2.4.8)

$\gamma_{cl1} = 1.0$, $S = 0.12$ (kg/$m^3/\sqrt{년}$)(해설표 2.4.3 S1지역, 해안으로부터의 거리 1km), $t = 100$년, $c = 60$(mm), $c_e = 10$(mm), $D_d = 232.0$(mm^2/년), $\gamma_{cl2} = 1.0$, $C_i = 0.3$(kg/m^3)으로 하면,

$C_d = 1.183$(kg/㎥)

$C_g/C_{\lim} \leqq 1.0$

$C_g = 1.183$(kg/㎥), $C_{\lim} = 1.2$(kg/㎥)로 하면,

$C_g/C_{\lim} = 0.99$로 되고 (10.2.4)을 만족한다.

제 II 부

콘크리트표준시방서 [시공편]의 내구성 조사를 만족하는 설계메뉴얼

-내구성 검토를 만족하는 물시멘트비와 덮개의 조합-

에 기초한 설계계산예

-철동 RC 단순 슬래브보 편-

제1장 개요

1.1 본 설계계산예의 개요

본 설계계산예는 토목학회 콘크리트표준시방서 [시공편][1], [구조성능조사편][2] (이하 시방서라 한다)을 만족하는 철도RC구조물의 설계 수순을 보인 것이다. 또, 이중에서 덮개와 물시멘트비에 관해서는 「토목학회 콘크리트표준시방서 [시공편]의 내구성의 조사를 만족하는 설계 매뉴얼」 (이하 설계메뉴얼이라 한다)에 기초해서 그 조합을 선정했다. 또, 본 계산예는 철도구조물을 대상으로 하기 때문에 시방서에 없는 철도구조물 고유의 사항에 대해서는, 철도구조물등설계표준(콘크리트 구조물)[3](이하 철도표준이라 한다)을 참고로 했다.

1.2 [설계메뉴얼]에 대하여

본 계산예가 참고하고 있는 설계 매뉴얼에서는, 구조물의 내구성에 관한 성능을 만족하는 덮개와 물시멘트비의 조합을 나타내고 있다. 그 때문에 설계메뉴얼을 적용하는 것으로 시방서 [시공편]에 규정하고 있는, 표 1.2.1의 항목에 대한 조사는 생략해도 좋다.

표 1.2.1 본 계산예에서 생략한 [시공편]의 조사항목

	장번호		장제목
2002년 제정 토목학회 콘크리트 표준시방서 [시공편]	2장 : 콘크리트 구조물의 내구성 조사	2.2	중성화에 관한 조사
		2.3	염화물 이온의 침입에 따른 강재 부식에 관한 조사
		2.4	동결융해작용에 관한 조사
		2.5	화학적 침식에 관한 조사
		2.7	수밀성에 관한 조사
	6장 : 콘크리트의 배합설계 6.4 : 콘크리트의 성능조사	6.4.3	중성화속도계수의 조사
		6.4.4	염화물이온에 대한 확산계수의 조사
		6.4.5	상대동탄성계수의 조사
		6.4.6	내화학적 침식성의 조사
		6.4.8	투수계수의 조사

1.3 본 설계계산예에서 선정한 조건

본 설계계산예에서는, 대상 구조물로서 철도용 철근콘크리트 단순슬래브 형(桁)을 선정하고, 환경조건 및 물시멘트비를 변수로 해서 표 1.3.1에 보인 3종류의 CASE에 대한 설계계산의 흐름을 구체적으로 나타냈다. 덧붙여, 설계예에서는 설계계산의 흐름을 보이는 것에 주안점을 두었으므로 주보(主梁)에 관한 조사만을 나타냈다.

표 1.3.1에 보인 덮개와 물시멘트비의 조합은 설계메뉴얼에 따라 선정했다. 또한, 염화물이온 농도의 검토에 의해 정해지는 최소덮개에 대해서는 설계메뉴얼 해설표 2.4.1에 나타낸, 철도표준을 기초로 한 조합에 의해 선정하는 것으로 했다.

표 1.3.1 본 계산예에서 설정한 조건 (철도용 RC 단순슬래브형(桁))

			조사CASE 1	조사CASE 2	조사CASE 3
환경조건			일반환경	부식성환경	부식성환경
물시멘트비			50%	50%	40%
덮개	일반구조세목으로부터 정해지는 최소덮개[설계메뉴얼2.2]		25mm	40mm	40mm
	중성화의 검토로 정해지는 최소덮개[설계메뉴얼2.3]		40mm	40mm	25mm
	염화물이온농도의 검토로 정해지는 최소덮개[설계메뉴얼 해설표2.1.4]		-	60mm (해안으로부터 1km)	50mm (해안으로부터1km)
	설계덮개 (설정값)	슬래브 상면	30mm	50mm	40mm
		하면, 측면	40mm	60mm	50mm

설계메뉴얼 해설표 2.4.1의 덮개는 시공오차 10mm를 고려하고 있다. 슬래브 상면에는 구배 콘크리트가 타설되기 때문에 시공오차를 고려하지 않았다. 그 때문의 슬래브 상면의 설계덮개는 설계메뉴얼 해설표 2.4.1에 나타낸 값보다 10mm가 작다.

1.4 본 계산예의 조사(照査)방법

본 계산예에 사용한 설계메뉴얼은 기본적으로 시방서에 준거하고 있다. 다만, 본 계산예는 철도용 철근콘크리트 단순슬래브형(桁)을 대상으로 하기 때문에 시방서에 없는 철도구조물 고유의 사항에 대해서는 철도구조물 설계에 일반적으로 사용되고 있는 철도표준에 따랐다. 설계하중, 안전성 조사에서의 피로파괴에 관한 조사와 주행안전성조사, 사용성조사에서의 외관검토와 승차감 검토 등이 그것이다.

제2장 설계의 흐름

본 계산예의 설계흐름을 그림 2.1.1에 나타냈다.

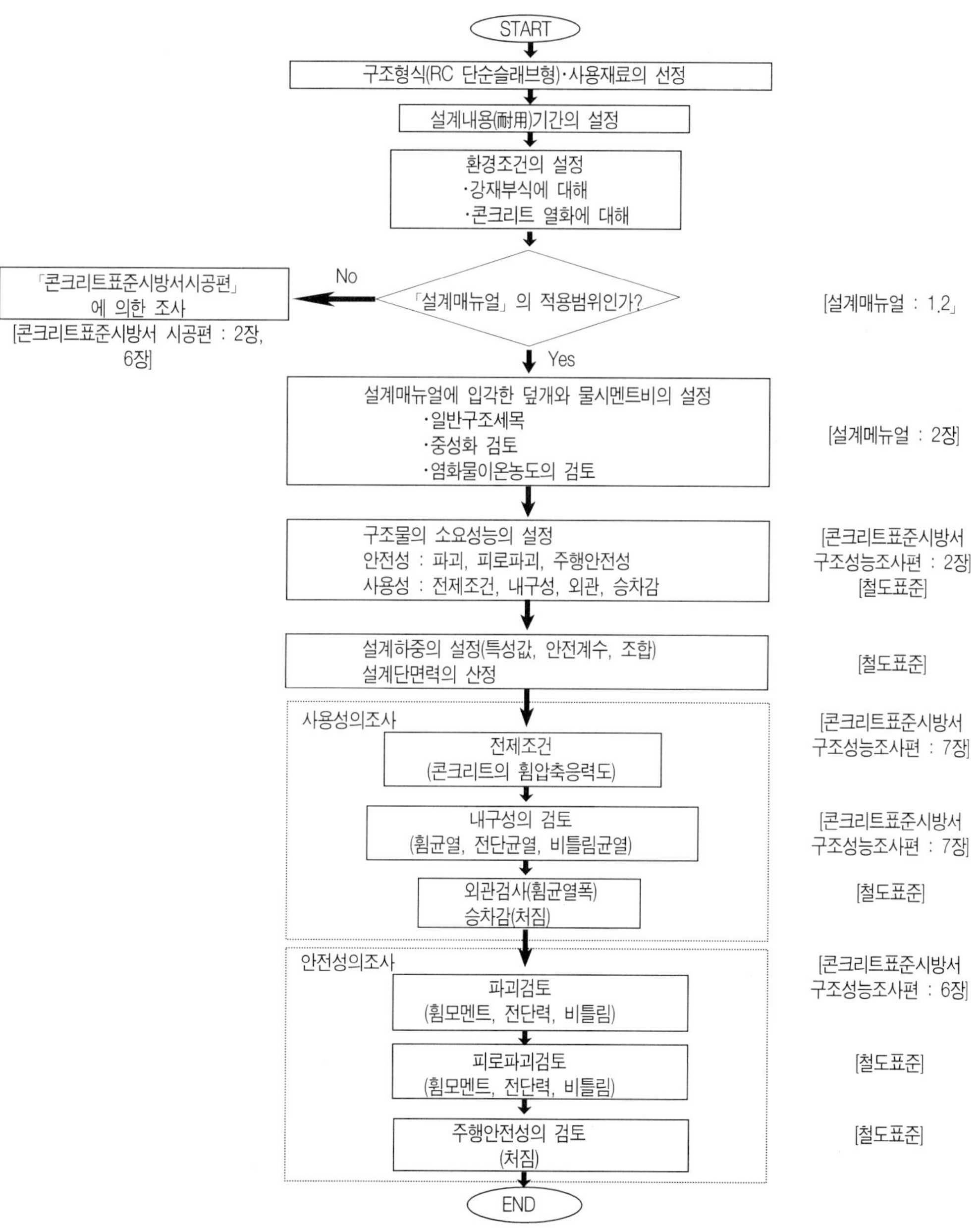

그림 2.1.1 본 설계계산예의 설계흐름도

제3장 조사CASE-1(일반환경, W/C=50%)

3.1 구조물의 제원(구조형식, 사용재료, 설계내용(耐用)기간 , 환경조건)

조사는 그림 3.1.1에 나타낸 철근콘크리트 단순슬래브형(桁)의 주보(主梁)에 대해 시행한다.

3.1.1 구조형식

- 형　　식 : 단선용 RC 단순슬래브형(桁)
- 형　　장 : L= 10.90m
- 지　　간 : ℓ= 10.00m
- 궤도구조 : 슬래브궤도, 직선

단면 A-A

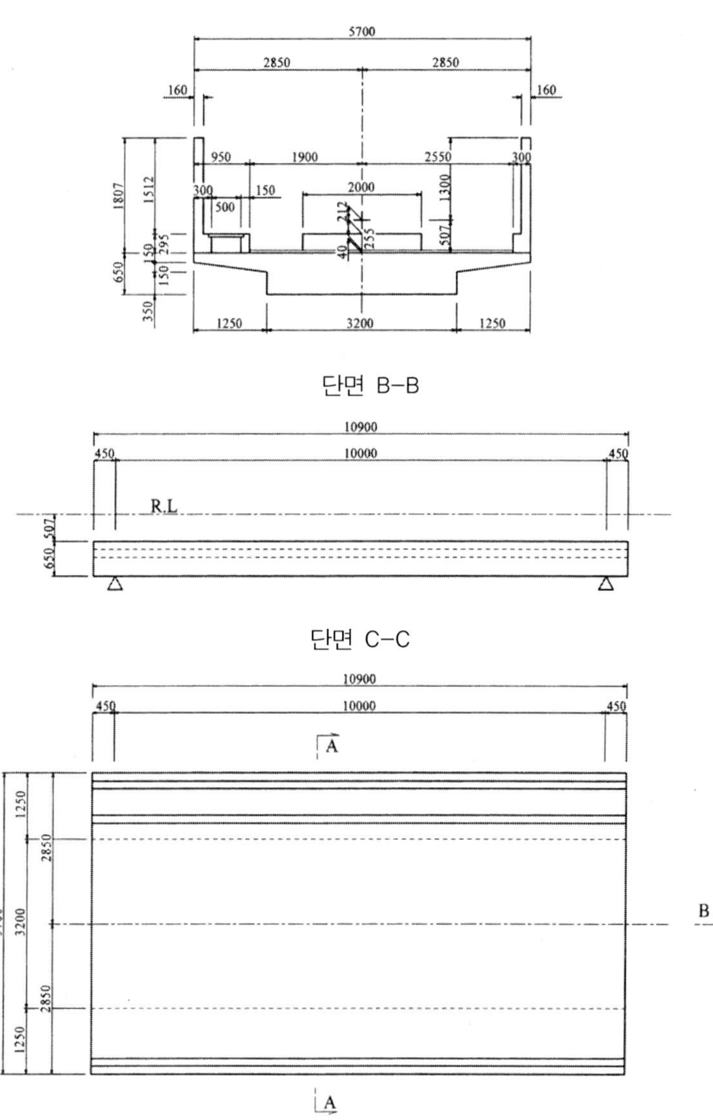

그림 3.1.1 일반도

3.1.2 사용재료

사용하는 콘크리트 및 강재의 종류를 표 3.1.1에 나타냈다.

표 3.1.1 사용재료

콘크리트	강 재
시멘트종별 : 보통포틀랜드시멘트 골 재 종 별 : 보통골재 조골재 최대치수 : 25mm 최대물시멘트비 : 50% 설계기준강도 : f'_{ck} = 27 N/mm²	종별 : SD345 설계인장강도 : f_u = 490 N/mm² 설계인장항복강도 : f_y = 345 N/mm²

3.1.3 설계내용(耐用)기간

설계내용(耐用)기간은 100년으로 한다

3.1.4 환경조건

내구성의 검토항목 및 환경조건을 표 3.1.2에 나타냈다

표 3.1.2 내구성의 검토항목 및 환경조건

검토항목		환경조건 등
강재부식	균열	일반환경
	중성화	부재, 부위마다 정한다(주보에 관한조사에서는 일반환경으로 한다.)
	염화물이온	영향이 무시할 수 있을 정도로 작기 때문에 검토하지 않는다.
콘크리트의 열화(劣化)	동결융해	
	화학적침식	
	알카리골재반응	

3.2 설계메뉴얼에 기초한 덮개와 물시멘트비의 선정

덮개를 결정하는 조사 CASE-1의 조건은, 환경조건구분으로는 일반환경, 물시멘트비로는 W/C= 50%로 설정하고 사용시멘트는 보통포틀랜드시멘트로 한다. 환경조건의 상세는 표 3.1.2에, 사용재료의 상세는 표 3.1.1에 나타냈다.

이러한 조건에 대한 최소덮개는 일반구조세목, 중성화의 영향 및 염화물이온의 영향에 대해 각각 25mm, 40mm, 60mm로 으로되고 최종적인 설계덮개는 중성화의 영향으로 결정된, 표 3.2.1에 보인 값으로 했다.

이하에 각각의 검토결과를 나타냈다.

3.2.1 일반 구조세목으로 정해지는 최소덮개 【설계메뉴얼2.2】

시방서 구조성능조사편 9.2덮개의 식(9.2.1)에 의해, 일반구조세목으로 정해지는 최소덮개는 일반환경, 슬래브 및 콘크리트의 설계기준강도 27N/mm^{2}의 조건하에서는 25mm이다.

3.2.2 중성화 검토로 정해지는 최소덮개 【설계메뉴얼2.3】

설계메뉴얼「2.3 중성화 검토로 정해지는 덮개와 물시멘트비」의 표 2.1.2(a)로 정해진 최소덮개는 W/C=50%, 일반환경에서 브리데잉(굳지않은 콘크리트 또는 모르타르에서 고체재료의 침강 또는 분리에 의해 혼합수의 일부가 유리(遊離)되어 상승하는 현상)의 영향이 없는 경우에는 40mm 이다. 따라서, 각 부재의 중성화에 관한 검토로 정해지는 설계덮개는 표 3.2.1에 보인 바와 같이 된다. 또, 슬래브 상면의 시공오차는 구배콘크리트가 부설되므로 고려하지 않았다.

표 3.2.1 설계덮개

부 재	위 치	매뉴얼에 나타낸 덮개	덮개의 시공오차	설계덮개
주 형	상면	40	0	30
	하면, 측면	40	10	40

주) 설계 매뉴얼 표 2.1.2의 설계덮개는, 시공오차 10mm를 고려한 값임.

3.2.3 염화물이온농도의 검토로 정해지는 최소덮개 【설계메뉴얼2.4】

외부로부터 염화물이온의 영향을 받지 않는 환경에 있으므로, 염화물이온농도의 검토에 의한 최소덮개는 특별히 정하지 않았다.

3.3 구조성능조사편에 기초한 조사

3.3.1 구조물의 요구성능 설정 【철도표준3.2】

철도표준을 참고로 정한 구조물에 대한 요구성능과 성능항목을 표 3.3.1에 나타냈다.

표 3.3.1 설정 요구성능 및 성능항목

요구성능	성능항목		고려하는 하중
안전성	파괴	내하능력을 보유하는 성능	최대하중
	피로파괴	내하능력을 보유하는 성능	변동하중의 반복 (열차하중, 충격하중)
	주행안전성	열차가 안전하게 주행할 수 있는 성능	변동하중 (열차하중, 충격하중)
사용성	내구성 외관	균열 등에 의해 불안감이나 불쾌감을 주지 않고 구조물의 사용에 지장을 주지 않기 위한 성능	영구하중 (사하중)
	승차감	철도이용자에 쾌적한 승차감을 제공하기 위한 성능	변동하중 (열차하중, 충격하중)

각 성능항목의 조사를 시행하는 경우의 조사지표(제한값)를 표 3.3.2에 나타냈다. 구조 성능조사편에 구체적인 규정이 없는 경우는 철도표준을 참고로 했다.

표 3.3.2 조사지표

요구 성능	성능항목	(조 사 지 표) 설 계 단 면 력 설계변동응력도 변 위·변 형 량 응 력 도 균 열 폭	(제한값) 설계단면내력 설계피로강도 변위·변형량의 제한값 응력도의 제한값 허용균열폭	내력 등 산정방법
안전성	파 괴	설계휨모멘트 M_d 설계전단력 V_d 설계비틀림모멘트 M_{td}	설계휨내력 M_{ud} 설계전단내력V_{yd} 설계순비틀림내력M_{tcd}	구조성능조사편 6.2.1 참조 구조성능조사편 6.3.3 참조
	피로파괴	철근의 설계변동응력도 σ_{srd}	설계인장피로강도 f_{srd}	철도표준부속자료9 참조
	주행안전성	변위·변형량 δ_d	변위·변형량 δ_{ls}	철도표준부속자료18 참조
사용성	전제조건	콘크리트의 압축응력도	응력도의 제한값 $0.4f'_{ck}$	구조성능조사편7.3 참조
	내 구 성	균열폭 W	균열폭 W_a	구조성능조사편7.4 참조
	외 관	균열폭 W_d	균열폭 W_{lm}	철도표준8.3.2 참조
	승 차 감	변위·변형량 δ_d	변위·변형량 δ_{lc}	철도표준부속자료18 참조

3.3.2 설계하중 【철도표준 4.1】

설계하중은 철도표준에 따라 정했다. 이하에 설계하중을 나타냈다.

3.3.2.1 하중의 특성값 【철도표준 4.2】

(1) 영구하중

1) 사하중 (D_1 ,D_2) 【철도표준 4.4.2】

주형의 교면구조를 그림 3.3.1에 나타냈다.

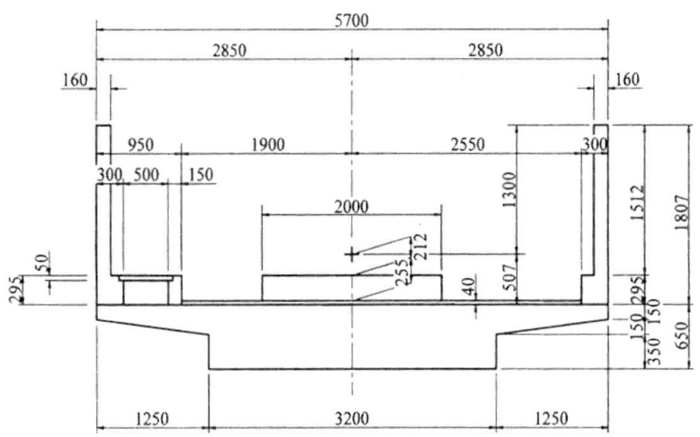

그림 3.3.1 교면구조

(a) 주형자중

단위중량을 이용해 주형자중을 구한다.

- 철근콘크리트 : w = 24.5 kN/㎥
- 콘크리트 : w = 23.0 kN/㎥

(b) 궤도중량 【철도표준부속자료3】

- 슬래브궤도 (일반구간) : w = 15,000 N/m

(c) 안전난간(高欄)중량

- w = 8,000 N/m(편측 당)

(d) 공동구케이블 중량

- w = 500 N/m

(2) 변동하중

1) 열차하중 (L) 【철도표준 4.4.3】

(a) 안전성(파괴, 주행안전성) 및 사용성(승차감)의 조사에 사용하는 열차하중 【철도표준해설 그림4.4.1】

표준열차하중(EA-17)으로 한다. 축중·축배치를 그림 3.3.2에 나타냈다.

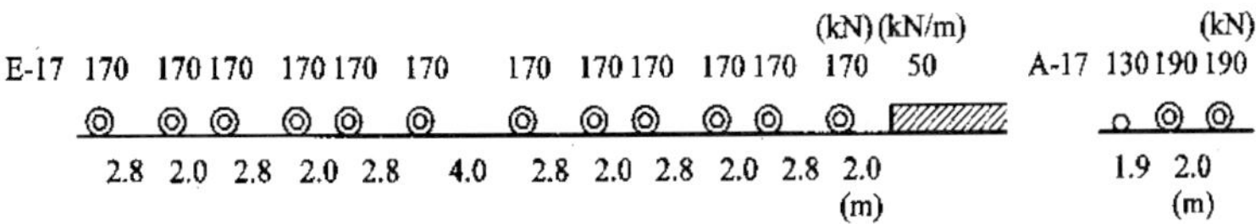

그림 3.3.2 표준열차하중 (EA-17)

주) 사용성 및 내구성(휨균열)에 있어서 콘크리트 연(縁)인장응력도 검토에 사용하는 열차하중도 동일하다.

(b) 안전성(피로파괴) 조사에 사용하는 열차하중

여객열차 80회/일, 화물열차 75회/일로 설정한다. 설계에 사용한 여객열차 및 화물열차의 축중·축배치를 그림 3.3.3에 나타냈다. 【철도표준부속자료9】

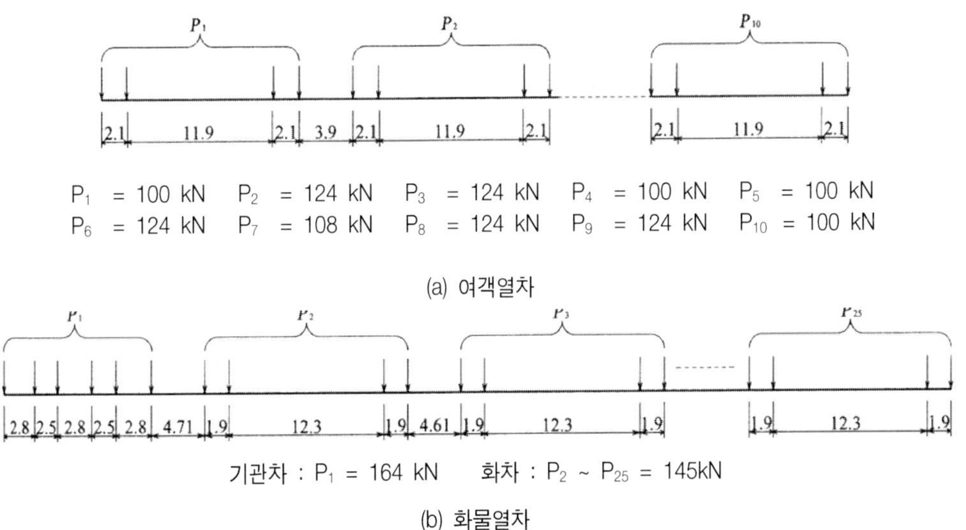

그림 3.3.3 피로파괴 조사용 열차하중의 형태

2) 충격하중 (I) 【철도표준 4.4.4】

충격하중의 특성값은 각 성능의 열차하중 값에 다음의 설계충격계수를 곱한 값으로 한다.

안전성 조사에 사용하는 설계충격계수 i는 다음 식에 의해 구한다. 또, 피로파괴에 대한 안전성 및 사용성 조사에 사용하는 설계충격계수는 다음 식에 의해 구해진 설계충격계수 i의 3/4으로 한다.

$$i = (1 + i\alpha)(1 + ic) - 1$$

여기서, $i\alpha$: 속도효과의 충격계수

(속도변수 α, 차량형식, 차량장 Lv, 부재의 지간 L_b로부터, 철도표준부속자료4에 나타낸 표를 이용해 구한다)

$$\alpha = \frac{v}{7.2 \cdot n \cdot L_b}$$

여기서, v : 열차 또는 차량의 최고속도 (km/h)

n : 부재의 기본 고유진동수(Hz)

여기서,

$$n = \frac{\pi}{2 \cdot L_b^2} \cdot \sqrt{\frac{EI \cdot g}{D_1 + D_2}}$$

EI : 부재의 휨강성

g : 중력가속도

D_1 : 단위길이 당의 고정사하중

D_2 : 단위길이 당의 부가사하중

L_b : 부재의 지간 (m)

i_c : 차량동요의 충격계수

$$i_c = \frac{10}{65 + L_b}$$

3) 차량횡하중 (L_F) 【철도표준 4.4.6】

파괴에 대한 차량횡하중 특성값은, 중련기관차에 연결기를 끼운 2대차(台車)의 동륜축중의 15%로 한다.(그림 3.3.4)

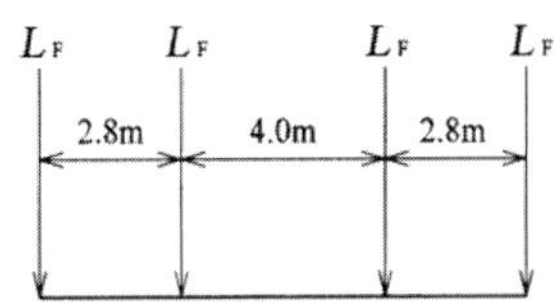

그림 3.3.4 차량횡하중과 재하형태

4) 군집하중 (L_P) 【철도표준 4.4.9】

군집하중의 공칭값은 3.0 kN/㎡으로 하고, 특성값은 여기에 작용계수 ρ_f를 곱해서 산정한다.

- 안전성(파괴) $L_p = \rho_f \times 3.0 = 1.3 \times 3.0 = 3.9$ kN/㎡
- 상 기 이 외 $L_p = \rho_f \times 3.0 = 1.0 \times 3.0 = 3.0$ kN/㎡

5) 풍하중 (W) 【철도표준 4.4.16】

안전성(파괴)의 풍하중 특성값은 다음에 의한다.

- 주된 변동하중으로서의 특성값 : $W_1 = 3.0$ kN/㎡
- 부가 변동하중으로서의 특성값 : $W_2 = 1.5$ kN/㎡

6) 기타 하중 (안전난간 추력(推力) H) 【철도표준 4.4.23】

교측보도의 난간에 작용하는 하중으로서 안전성(파괴)의 특성값 H = 700 N/m를 사용한다. 단, 작용위치는 교측보도면으로부터 높이 1.5m의 위치로 한다.

3.3.2.2 안전계수 【철도표준 3.6】

안전계수는 철도표준에 나타낸 값을 참고로 설정했다. 각 한계상태의 조사에 사용되는 안전계수를 표 3.3.3에 나타냈다.

표 3.3.3 안전계수

요구성능	성능항목	작용계수 γ_f	구조해석계수 γ_a	재료계수		부재계수 γ_b	구조물계수 γ_i
				γ_c	γ_s		
안전성	파　괴 주행안정성	1.0~1.2	1.0	1.3	1.0	1.1 (1.3※1)	1.2 (1.1※1)
	피로파괴	1.0	1.0	1.3	1.05	1.0 (1.3※1)	1.1
사용성	내 구 성 외　관 승 차 감	1.0	1.0	1.0	1.0	1.0	1.0

※1 : 콘크리트의 강도로 정해지는 전단내력 산정시에 적용한다.
※2 : 주행안전성조사에 사용한다.
※3 : 전단보강철근량 및 강도에 의해 정해지는 전단내력 산정시에 적용한다.

3.3.2.3 설계하중의 조합 【철도표준4.5】

설계하중의 조합은, 철도표준에 나타낸 값을 참고로 설정했다. 각 한계상태의 조사에 사용되는 설계하중조합을 표 3.3.4에 나타냈다.

표 3.3.4 설계하중조합

부재의 종류	요구 성능	성능항목	설계하중조합	비 고
주 보	안전성	파 괴	$1.1D_1+1.2D_2+1.1L+1.1I+L_F$ $1.1D_1+1.2D_2+L+I+1.1L_F$	열차하중이 주된 변동하중 차량횡하중이 주된 변동하중
		피로파괴	D_1+D_2 $L+I$	$\sigma_{\min}$ 산출용 σ_{srd} 산출용
		주행안전성	$L+I$	열차하중에 의한 휨 산출용
	사용성	전제조건	D_1+D_2	콘크리트 연(緣)압축응력도 산출용
		외 관	D_1+D_2+L+I D_1+D_2	콘크리트 연(緣)인장응력도 산출용 균열폭 산정식 검토용
		승 차 감	$L+I$	열차하중에 의한 휨 산출용
	내구성	균 열	D_1+D_2+L+I D_1+D_2	콘크리트 연(緣)인장응력도 산출용 균열폭 산정식 검토용

3.3.3 설계지간과 단면정수

3.3.3.1 설계지간

주보의 설계지간을 그림 3.3.5에 나타냈다.

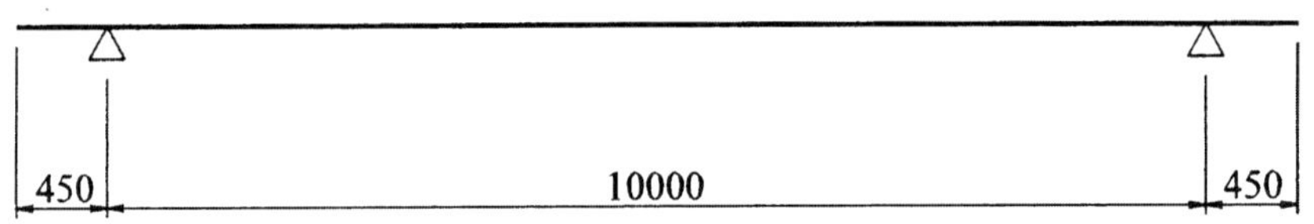

그림 3.3.5 설계지간

3.3.3.2 단면정수

주보의 단면형상을 그림 3.3.6에, 단면적·중심위치 및 단면2차모멘트의 단면정수 계산을 표 3.3.5에 나타냈다.

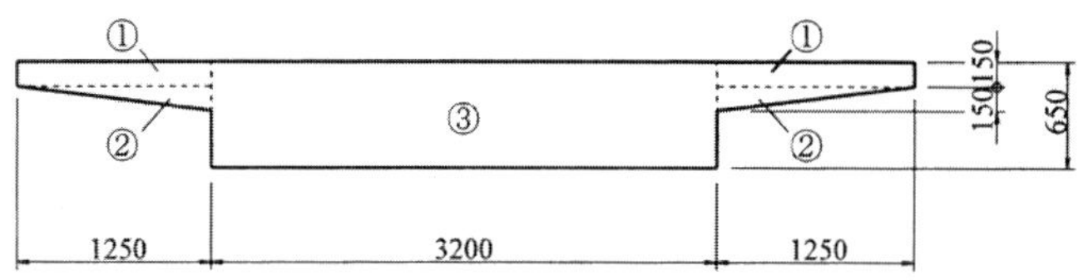

그림 3.3.6 단면형상

표 3.3.5 단면정수의 계산

부재 NO.	A (m^2)	y (m)	A·y (m^3)	y_o−y (m)	I_o (m^4)	I_o+A·(y_o−y)^2 (m^4)
①	1.25× 0.150× 2 = 0.375	0.0750	0.0280	0.206	0.000703	0.0166
②	1.25× 0.150/2× 2 = 0.188	0.200	0.0380	0.081	0.000234	0.00147
③	3.20× 0.650 = 2.08	0.325	0.676	−0.044	0.0732	0.0772
Σ	2.64	−	0.742	−	−	0.0953

단면적 $A = \Sigma A = 2.64\ m^2$

중심위치(슬래브면에서부터) $y_o = \Sigma(A \cdot y) / \Sigma A = 0.742 / 2.64 = 0.281m$

단면2차모멘트 $I = \Sigma((I_o + A \cdot (y_o - y)^2) = 0.0953\ m^4$

3.3.4 하중의 계산

3.3.4.1 사하중 (D_1), (D_2)

사하중은 고정사하중(D_1)과 부가사하중(D_2)으로 구분해서 계산한다.

이 경우, 고정사하중(D_1)은 슬래브궤도, 배수구배콘크리트, 켄틸레버슬래브 및 주보(主梁)의 자중으로 하고, 부가사하중(D_2)은 방음벽(高欄), 연석, 공동구뚜껑, 벽 및 케이블의 중량으로 한다.

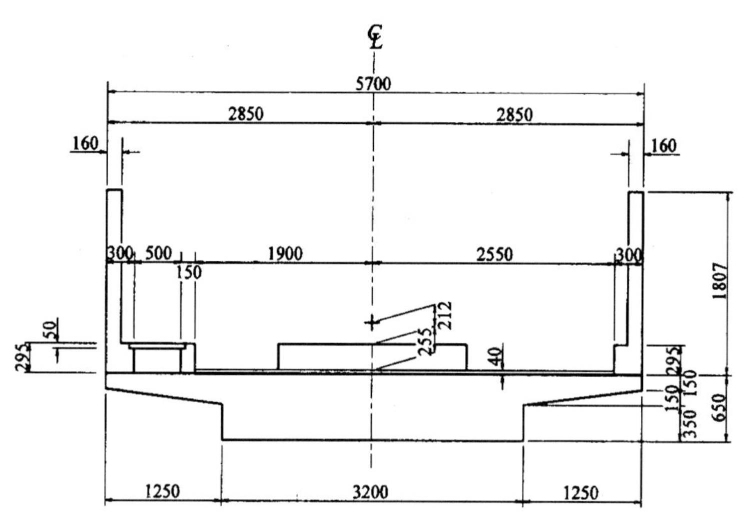

그림 3.3.7 슬래브형(桁)의 단면형상

표 3.3.6 고정사하중의 계산 (m당)

하중의 종별	사하중의 계산		선로중심부터 의 수평거리 x (m)	$N \cdot x$ (kN·m)
	계산식	N (kN)		
슬래브궤도	-	15.0	0	0
배수구배콘크리트	4.45×0.0400×23.0	4.09	0.325	1.33
켄틸레버슬래브	(0.300+0.15)×1.25/2×24.5×2	13.8	0	0
주보	3.20×0.650×24.5	51.0	0	0
합계	-	83.9	-	1.33

표 3.3.7 부가사하중의 계산 (m당)

하중의 종별	사하중의 계산		선로중심부터 의 수평거리 x (m)	$N \cdot x$ (kN·m)
	계산식	N (kN)		
방음벽	8.00×2	16.0	0	0
연석	0.300×0.295×24.5×2	4.34	0	0
공동구투껑	0.500×0.050×24.5	0.613	-2.30	-1.41
공동구벽	0.150×0.295×24.5	1.08	-1.98	-2.14
케이블	-	0.500	-2.30	-1.15
합계	-	22.5	-	-4.70

3.4.2 열차하중 (L)

열차하중에 의한 주보의 휨모멘트는, 강교설계자료[4]를 참고로 이하의 값을 사용한다. 하중분배의 편심량을 산출하기 위한 열차하중은, 계산의 편의를 위해 강교설계자료를 기초로 지간 L=10m의 L/2점 및 L/4점의 휨모멘트를 구해, 이로부터 환산등분포하중으로서 산출한다.

L/2점 및 L/4점의 휨모멘트

$M_{1/2}$ = 481× 2 = 962 kN · m

$M_{1/4}$ = 367× 2 = 734 kN · m

이로부터,

$W_{1/2}$ = 8 · $M_{1/2}/L_2$ = 8× 962/10.0^2 = 77.0 kN/m

$W_{1/4}$ = 32/3 · $M_{1/4}/L^2$ = 32/3× 734/10.0^2 = 78.3 kN/m

∴ W_M = 78.3 kN/m로 한다.

3.3.4.3 충격하중 (I)

안전성 및 복구성(復旧性) 조사에 사용하는 설계충격계수 i는 다음 식에 의해 구한다. 또, 피로파괴에 관한 안전성 및 사용성 조사에 사용하는 설계충격계수는, 다음 식에 의해 구해진 설계충격계수 i의 3/4로 한다.

$$i = (1 + i_\alpha)(1 + i_c) - 1$$

여기서, i_α : 속도효과의 충격계수 (=0.124) 【철도표준부속자료4】

$$\alpha = \frac{\nu}{7.2n \cdot L_b} = \frac{130}{7.2 \times 7.59 \times 10.0} = 0.238$$

여기서, α : 속도파라미터

ν : 열차 또는 차량의 최고속도 (= 130 km/h)

n : 부재의 기본고유진동수 (Hz)

$$n = \frac{\pi}{2L_b^2} \cdot \sqrt{\frac{EI \cdot g}{D_1 + D_2}} = \frac{\pi}{2 \times 10^2} \cdot \sqrt{\frac{2.53 \times 10^6 \times 9.81}{83.9 + 22.5}} = 7.59 \text{ Hz}$$

여기서, EI : 부재의 휨강성(= 26.5× 10^6× 0.0953=2.53× 10^6 kN · m^2)

g : 중력가속도 (= 9.81 m/s^2)

D_1 : 단위길이당의 고정사하중 (= 83.9 kN)

D_2 : 단위길이당의 부가사하중 (= 22.5 kN)

L_b : 부재의 지간 (=10.0 m)

i_c : 차량동요의 충격계수

$$i_c = \frac{10}{65 + L_b} = \frac{10}{65 + 10.0} = 0.133$$

여기서, L_b : 부재의 지간 (= 10.0 m)

따라서, 충격계수 i는, $i = (1 + i_\alpha)(1 + i_c) - 1$ = (1+0.124)× (1+0.133) - 1 = 0.273

설계충격계수를 표 3.3.8에 나타냈다. 충격하중에 의한 부분등분포하중은 열차하중의 부분등분포에 표 3.2.8의 설계충력계수를 곱해서 산정한다.

표 3.3.8 설계충격계수의 계산

지간 (m)	기본고유진동수 (Hz)	속도 파라미터 α	i_α	i_c	설계충격계수 i	
					안전성 (파괴) 복구성	안전성 (피로파괴) 사용성
10.0	7.59	0.238	0.124	0.133	0.273	0.205

3.3.4.4 차량 횡하중 (L_F)

차량 횡하중은 동륜축중의 15%의 연행하중으로 하되, 지간으로 나눈 환산등분포하중으로 한다.

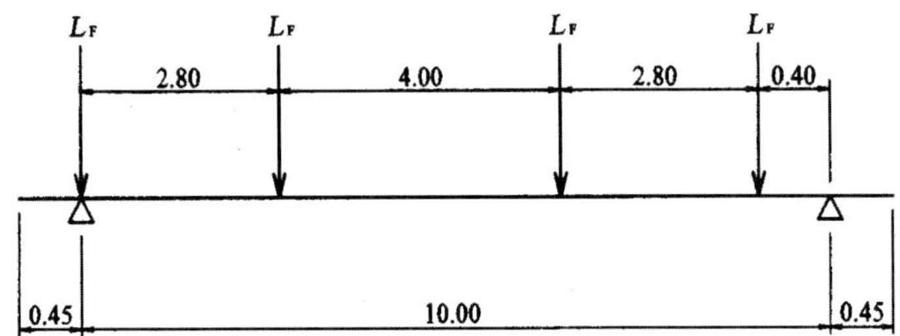

그림 3.3.8 차량횡하중의 재하형태

$$L_F = 0.15 \times 170 = 25.5\, kN/\text{축}$$
$$L_F = 4 \cdot L_F / L = 4 \times 25.5 / 10.0 = 10.2\, kN/m$$

차량횡하중의 주보 중앙으로부터의 작용 높이 (그림3.3.8참조)

$$y_F = 0.212 + 0.255 + 0.04 + 0.65/2 = 0.832m$$

주보 중앙에서의 휨모멘트

$$M_F = 10.2 \times 0.832 = 8.49kN \cdot m/m$$

3.3.4.5 연직하중의 편심에 의한 단면력 할증 검토 【철도표준14.3.2】

연직하중이 슬래브형(桁)의 주보단면 중심선에 대해 편심으로 작용하는 경우, 휨모멘트 및 전단력 등의 단면력 할증에 대해 검토한다.

(1) 하중조합에 의한 편심거리의 산정

각 한계상태의 하중조합에 대해, 연직하중의 편심에 의한 휨모멘트 M 및 연직하중 N으로부터의 편심거리 e를 산정한다.

표 3.3.9 연직하중의 편심에 의한 휨모멘트 및 연직하중

단면력의 종별	고정사하중 D_1	부가사하중 D_2	열차하중 L	충격하중 I	차량횡하중 L_F
휨모멘트M(kN·m)	1.33	-4.70	0	0	-8.49※2
연직하중N(kN)	83.9	22.5	78.3※1	i_1, i_2	(10.2)

주) ※1 : 휨모멘트에 대한 환산등분포하중
※2 : 주보단면 중앙에 대한 모멘트로, 영향이 크게 되는 방향을 고려한다.

표 3.3.10 편심거리의 산정

성능	하중조합	휨모멘트M (kN·m)	연직하중N (kN)	편심거리e※1 (m)
안전성(파괴)	$1.1D_1+1.2D_2+1.1L+1.1I+L_F$	-12.7	229	-0.0555
	$1.1D_1+1.2D_2+L+I+1.1L_F$	-13.5	219	-0.0616
기타※4	D_1+D_2+L+I	-3.37	201	-0.0168

주) ※1 : 편심거리 $e = M/N$
※2 : 안전성(파괴)조사에 사용하는 설계충격계수 $i_1 = 0.273$
※3 : 안전성(파괴)조사 이외에 사용하는 설계충격계수 $i_2 = 0.205$
※4 : 기타의 성능은 안전성(피로파괴·주행안전성), 사용성, 내구성을 나타낸다.

(2) 단면력의 할증에 대한 검토

(a) 폭-지간비 b/L

폭-지간비 $= b/L = 3.20/10.0 = 0.320$

(b) 단면력의 할증 검토

연직하중의 편심거리 e는, 표 3.3.10에 보인 것과 같이 전체 CASE에서 $b/32 = 0.10\text{m}$ 이

하이다. 따라서, 철도표준해설 표 14.3.1로부터, 연직하중의 편심에 의한 휨모멘트 및 전단력에 대한 단면력의 할증은 필요 없다.

3.3.5 단면력 계산

각 하중의 종별마다, 설계지간을 8등분한 각 점의 휨모멘트, 전단력 및 비틀림모멘트를 산정한다. (편심량 e = 99mm는 강교설계자료로부터)

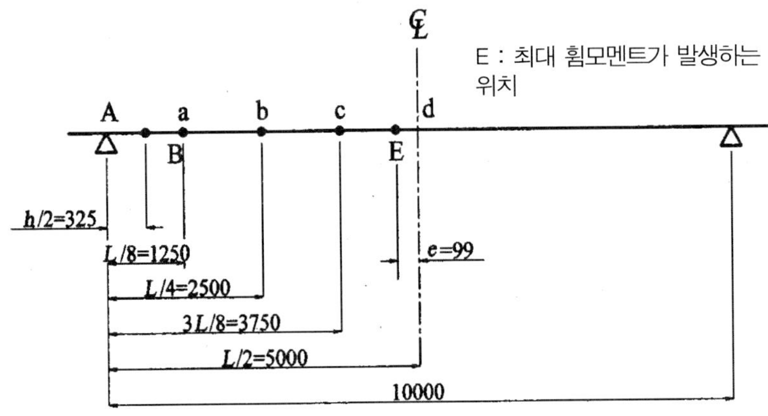

그림 3.3.9 단면력의 계산위치

3.3.5.1 휨모멘트의 계산

(1) 사하중

(a) 고정사하중 (D_1)

고정사하중의 등분포하중 w = 83.9 kN/m

$M_a =$ 7/128 · wL^2 = 7/128× 83.9× 10.0^2 = 459 kN · m

$M_b =$ 3/32 · wL^2 = 3/32× 83.9× 10.0^2 = 787 kN · m

$M_c =$ 15/128 · wL^2 = 15/128× 83.9× 10.0^2 = 983 kN · m

$M_d =$ 1/8 · wL^2 = 1/8× 83.9× 10.0^2 = 1,050 kN · m

$M_E = W/2 \cdot (L/2 + e) \cdot (L/2 - e)$

$= 83.9/2 \times (10.0/2+0.0990) \times (10.0/2-0.0990) = 1{,}050$ kN · m

(b) 부가사하중 (D_2)

부가사하중의 등분포하중 w = 22.5 kN/m

$M_a = 7/128 \cdot wL^2 = 7/128 \times 22.5 \times 10.0^2 = 123$ kN · m

$M_b = 3/32 \cdot wL^2 = 3/32 \times 22.5 \times 10.0^2 = 211$ kN · m

$M_c = 15/128 \cdot wL^2 = 15/128 \times 22.5 \times 10.0^2 = 264$ kN · m

$M_d = 1/8 \cdot wL^2 = 1/8 \times 22.5 \times 10.0^2 = 281$ kN · m

$M_E = W/2 \cdot (L/2 + e) \cdot (L/2 - e)$

$= 22.5/2 \times (10.0/2+0.0990) \times (10.0/2-0.0990) = 281$ kN · m

(2) 열차하중 (L)

강교설계자료의 휨모멘트표로부터 산출한다.

$M_a = 227 \times 2 = 454$ kN · m

$M_b = 367 \times 2 = 734$ kN · m

$M_c = 449 \times 2 = 898$ kN · m

$M_d = 481 \times 2 = 962$ kN · m

$M_E = 481 \times 2 = 962$ kN · m

(3) 휨모멘트의 총괄

표 3.3.11 휨모멘트 총괄표 (kN · m)

검토단면	지점으로부터의 거리 (m)	사하중		열차하중 (L)	충격하중 (I)	
		고정 (D_1)	부가 (D_2)		i_1=0.273	i_2=0.205
a	1.25	459	123	454	124	93.1
b	2.50	787	211	734	200	150
c	3.75	983	264	898	245	184
d	5.00	1,050	281	962	263	197
E	4.90	1,050	281	962	263	197

3.3.5.2 전단력의 계산

(1) 사하중

(a) 고정사하중 (D_1)

고정사하중의 등분포하중 w = 83.9 kN/m

$V_A = 1/2 \cdot wL = 1/2\times 83.9\times 10.0 = 420$ kN

$V_a = 3/8 \cdot wL = 3/8\times 83.9\times 10.0 = 315$ kN

$V_b = 1/4 \cdot wL = 1/4\times 83.9\times 10.0 = 210$ kN

$V_c = 1/8 \cdot wL = 1/8\times 83.9\times 10.0 = 105$ kN

$V_d = 0$ kN

(b) 부가사하중 (D_2)

부가사하중의 등분포하중 w = 22.5 kN/m

$V_A = 1/2 \cdot wL = 1/2\times 22.5\times 10.0 = 113$ kN

$V_a = 3/8 \cdot wL = 3/8\times 22.5\times 10.0 = 84.4$ kN

$V_b = 1/4 \cdot wL = 1/4\times 22.5\times 10.0 = 56.3$ kN

$V_c = 1/8 \cdot wL = 1/8\times 22.5\times 10.0 = 28.1$ kN

$V_d = 0$ kN

(2) 열차하중 (L)

강교설계자료의 전단력표로부터 산출한다.

$V_A =$ 228× 2 = 456 kN

$V_a =$ 182× 2 = 364 kN

$V_b =$ 147× 20 = 294 kN

$V_c =$ 115× 2 = 230 kN

$V_d =$ 83.2× 2 = 166 kN

(3) 전단력의 총괄

표 3.3.12 전단력 총괄표 (kN)

검토단면	지점으로부터의 거리 (m)	사하중		열차하중 (L)	충격하중 (I)	
		고정 (D_1)	부가 (D_2)		i_1=0.273	i_2=0.205
A	0.00	420	113	456	124	93.5
B	h/2=0.325	393	106	432	118	88.6
a	1.25	315	84.4	364	99.4	74.6
b	2.50	210	56.3	294	80.3	60.3
c	3.75	105	28.1	230	62.8	47.2
d	5.00	0	0	166	45.3	34.0

주) B점의 전단력은 지점 A와 검토단면 a로부터 보간법에 의해 구한다.

$V_B = V_A - (V_A - V_B)/1.25 \times 0.325$

3.3.5.3 비틀림모멘트의 계산 【철도표준14.3.2】

슬래브의형(桁) 폭-지간비 b/L

$$b/L = 3.20/10.0 = 0.320 < 0.5$$

따라서, 슬래브형(桁)에 작용하는 비틀림모멘트 M_{tx}를 고려한다.

$$M_{tx} = M_t \cdot (L-x)^2/(2L)$$

단, $M_t = N \cdot e$ (kN · m/m)

(1) 사하중

(a) 고정사하중 (D_1)

고정사하중에 의한 비틀림모멘트 M_t = 1.33 kN · m/m

$M_{tA} = 1/2 \cdot M_tL$ = 1/2× 1.33× 10.0 = 6.65 kN · m

$M_{ta} = 3/8 \cdot M_tL$ = 3/8× 1.33× 10.0 = 4.99 kN · m

$M_{tb} = 1/4 \cdot M_tL$ = 1/4× 1.33× 10.0 = 3.33 kN · m

$M_{tc} = 1/8 \cdot M_tL$ = 1/8× 1.33× 10.0 = 1.66 kN · m

$M_{td} =$ 0 kN · m

(b) 부가사하중 (D_2)

부가사하중에 의한 비틀림모멘트 M_t = -4.70 kN · m/m

$M_{tA} = 1/2 \cdot M_tL$ = -1/2× 4.70× 10.0 = -23.5 kN · m

$M_{ta} = 3/8 \cdot M_tL$ = -3/8× 4.70× 10.0 = -17.6 kN · m

$M_{tb} = 1/4 \cdot M_tL$ = -1/4× 4.70× 10.0 = -11.8 kN · m

$M_{tc} = 1/8 \cdot M_tL$ = -1/8× 4.70× 10.0 = -5.88 kN · m

$M_{td} =$ 0 kN · m

(2) 열차하중 (L)

열차하중은 주보 중심선에 대해 편심으로 작용하지 않기 때문에 비틀림모멘트는 발생하지 않는다.

(3) 차량횡하중 (L_F)

차량횡하중에 의한 비틀림모멘트 M_{tF} = -8.49 kN · m/m

$M_{tA} =$ 1/2 · $M_t L$ = -1/2 × 8.49× 10.0 = -42.5 kN · m

$M_{ta} =$ 49/128 · $M_t L$ = -49/128× 8.49× 10.0 = -32.5 kN · m

$M_{tb} =$ 9/32 · $M_t L$ = -9/32 × 8.49× 10.0 = -23.9 kN · m

$M_{tc} =$ 25/128 · $M_t L$ = -25/128× 8.49× 10.0 = -16.6 kN · m

$M_{td} =$ 1/8 · $M_t L$ = -1/8 × 8.49× 10.0 = -10.6 kN · m

(4) 비틀림모멘트의 총괄

표 3.3.13 비틀림모멘트 총괄표 (kN · m)

검토단면	지점으로부터의 거리 (m)	사하중		차량횡하중 (L_F)
		고정 (D_1)	부가 (D_2)	
A	0	6.65	−23.5	−42.5
B	h/2=0.325	6.22	−22.0	−39.9
A	1.25	4.99	−17.6	−32.5
B	2.50	3.33	−11.8	−23.9
C	3.75	1.66	−5.88	−16.6
D	5.00	0	0	−10.6

주) B점의 비틀림모멘트는 지점 A와 검토단면 a로부터 보간법에 의해 구한다.

$M_{tB} = M_{tA} - (M_{tA} - M_{ta})/1.25 \times 0.325$

3.3.5.4 단면력도

(1) 고정사하중 (D_1)

휨모멘트도

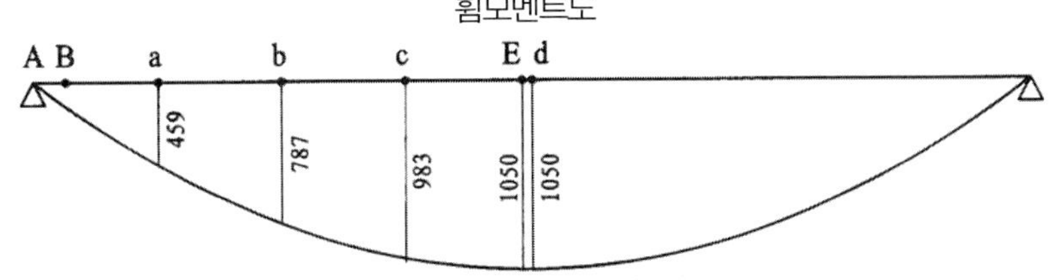

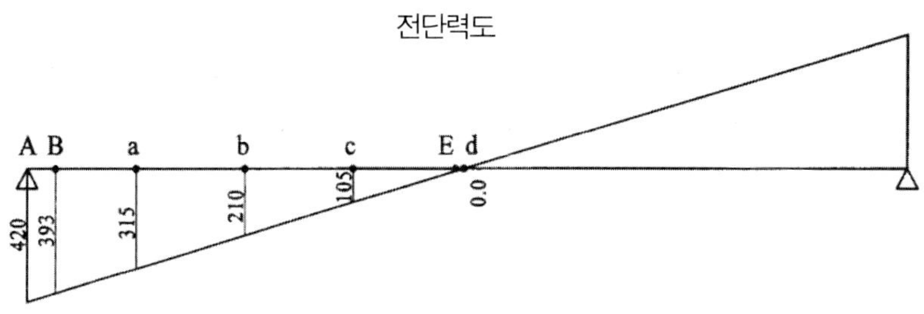

그림 3.3.10

(2) 부가사하중 (D_2)

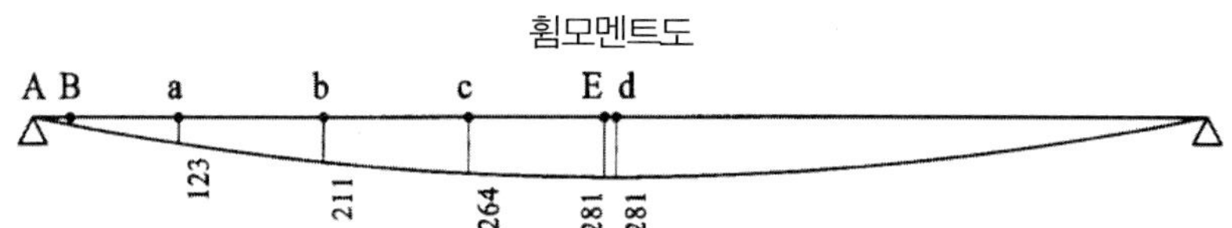

전단력도

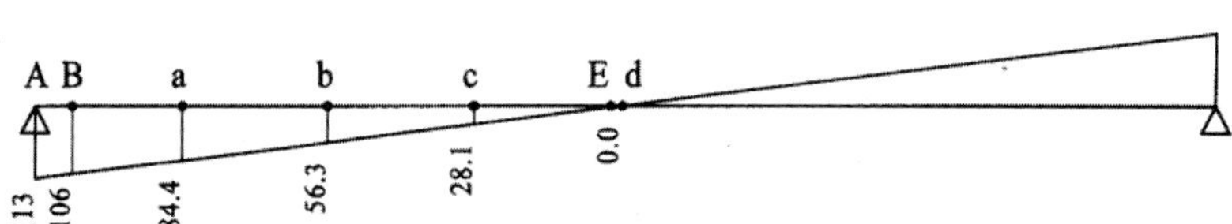

그림 3.3.11

(3) 열차하중 (L)

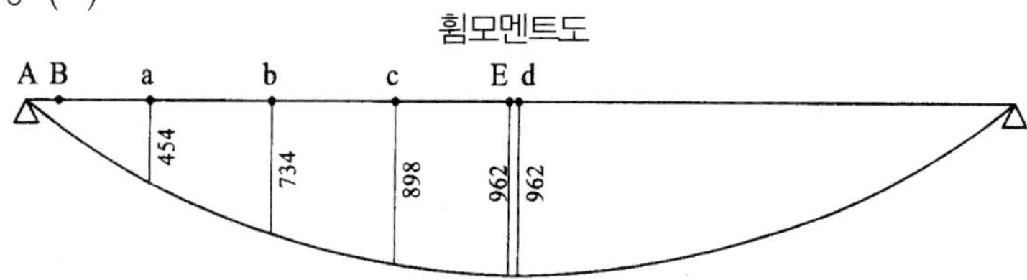

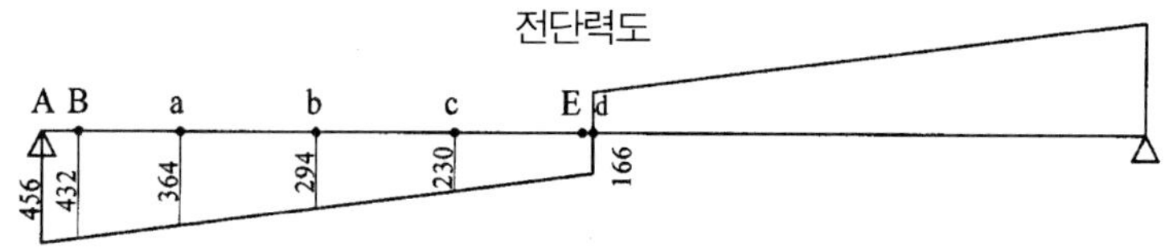

그림 3.3.12

3.3.6 설계하중의 조합에 의한 설계단면력

표 3.3.14 각 성능에 있어서의 단면력

성능	설계하중의 조합	설계휨모멘트 M_d(kN·m)	설계전단력 V_d(kN)	설계비틀림모멘트 M_{td}(kN·m)
안전성(파괴)	$1.1D_1+1.2D_2+1.1(L+I_1)+1.0L_F$	2,840	1,160	-63.4
	$1.1D_1+1.2D_2+1.0(L+I_1)+1.1L_F$	2,720	1,110	-67.6
안전성(피로파괴)	D_1+D_2	1,330	499	-
	$L+I_2$	1,160	521	-
안전성(주행안전성)	$L+I_1$	1,230	550	-
사용성	$L+I_2$	1,160	521	-
	$D_1+D_2+L+I_2$	2,490	1,020	-16.9
	D_1+D_2	1,330	499	-
내구성	$D_1+D_2+L+I_2$	2,490	1,020	-16.9
복구성	$D_1+D_2+L+I_1+L_F$	2,560	1,050	(-16.9)

여기서, 조사단면은, 설계휨모멘트 M_d : 지간 중앙의 d점

설계전단력 V_d : 지점으로부터 h/2의 위치의 B점

설계비틀림모멘트 M_{td} : 지점의 A점

또, 안전성(파괴 · 주행안전성)조사에 사용하는 설계충격계수 $i_1 = 0.273$

안전성(파괴 · 주행안전성)조사 이외에 사용하는 설계충격계수 $i_2 = 0.205$

구조해석계수 γ_a은 1.0로 한다.

3.3.7 조사단면

3.3.7.1 휨모멘트에 대한 조사단면 【철도표준 13.3.3】

휨모멘트에 대한 조사단면은 지간 중앙으로 한다. 또 압축내민연단을 고려한다.

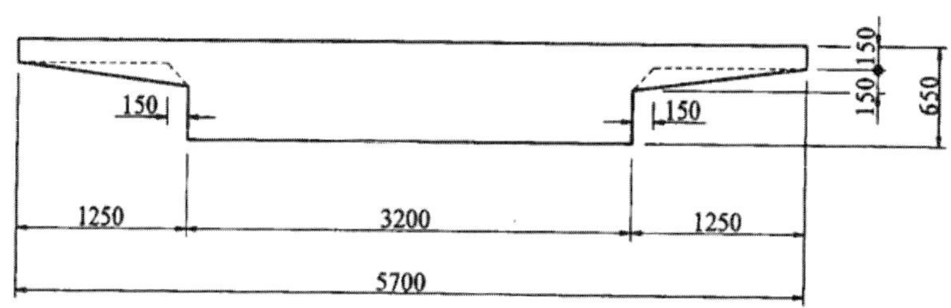

그림 3.3.13 압축내민연단의 유효폭

$be = bw + 2\,(bs + l/8)$

여기서, bw : 주보의 복부폭 (= 3,200mm)

bs : 헌치의 높이 (= 150mm)

l : 주보의 지간 (= 10,000mm)

$\therefore\ be = 3{,}200 + 2\times\,(150 + 10{,}000/8) = 6{,}000\ \text{mm} > 5{,}700\ \text{mm}$

따라서, be = 5,700 mm로 한다.

3.3.7.2 전단력에 대한 조사단면

전단력에 대한 조사단면은 그림3.3.14에 보인 복부폭 bw, 유효높이 d로 한 사각형단면으로 한다.

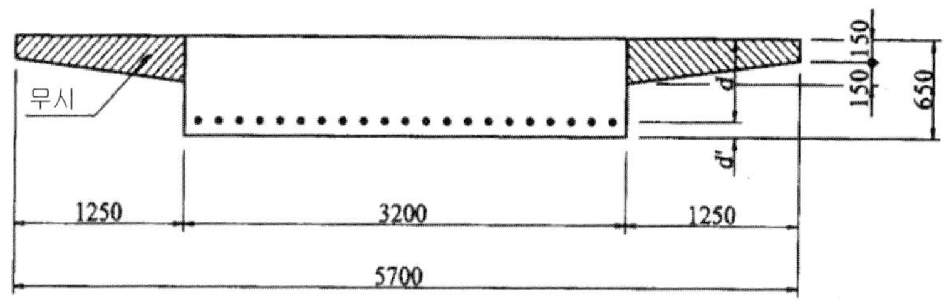

그림 3.3.14 전단력에 대한 조사단면

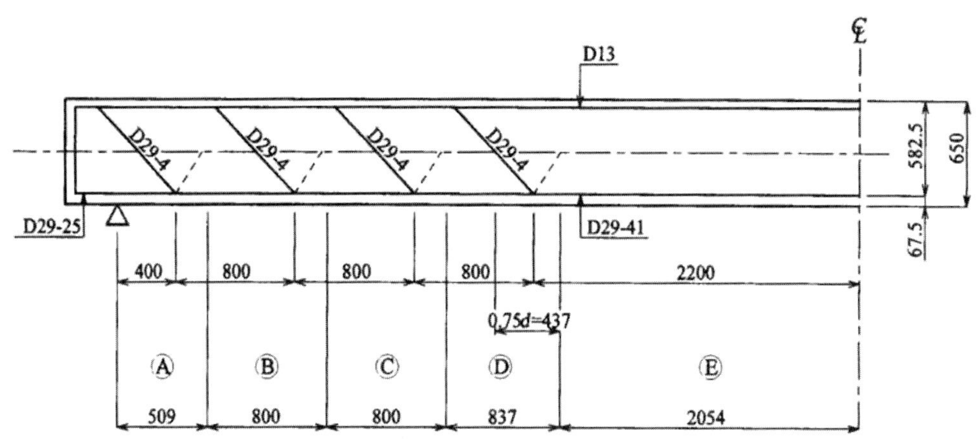

그림 3.3.15 철근의 배치와 조사블럭

3.3.8 사용성 조사

3.3.8.1 전제조건 【구조성능조사편7.3】

구조성능조사편 7.3 응력도의 제한값에 따라, 영구하중 작용시 콘크리트의 휨압축응력도σ'_{cp}가 $0.4f'_{ck}$ 이하임을 확인한다. 여기서, f'_{ck}은 콘크리트 압축강도의 특성값이다.

검토단면은 그림 3.3.16에 보인 것과 같다.

① 영구하중 작용시의 콘크리트 휨압축응력도σ'_{cp}의 산정

$$\sigma'_{cp} = 2M_d/(k \cdot j \cdot b_e \cdot d^2)$$

여기서, M_d : 영구하중에 의한 설계휨모멘트 (= 1,330 kN · m)

A_s : 인장철근량 (= 26,300mm^2 (D29-41본))

j : 1-k/3 = 1-0.291/3 = 0.903

$$k=\sqrt{2n \cdot p_t+(n \cdot p_t)^2}-n \cdot p_t$$

$$=\sqrt{2\times7.55\times0.00791+(7.55\times0.00791)^2}-7.55\times0.00791=0.291$$

여기서, n : 탄성계수비(= E_s/E_c= 200/26.5 = 7.55)

E_s : 강재의 탄성계수(= 200 kN/mm^2)

E_c : 콘크리트의 탄성계수(= 26.5 kN/mm^2)

p_t : 인장철근비(= $A_s/(b_e \cdot d)$= 26,300/(5,700× 583) = 0.00791)

여기서, b_e : 압축연의 폭(= 5,700 mm)

d : 유효높이 (= 650-40.0-13.0-29.0/2 = 583mm)

$$\therefore\ \sigma'_{cp}= 2 \times 1{,}330 \times 10^6 \ /\ (0.291\times 0.903\times 5{,}700\times 583^2) = 5.2\ \mathrm{N/mm^2}$$

② 콘크리트 휨압축응력도의 제한값

$$0.4f'_{ck} = 0.4\times 27 = 10.8\ \mathrm{N/mm^2}$$

③ 검토

검토결과를 표3.3.15에 나타냈다.

표 3.3.15 검토결과

휨압축응력도σ'_{cp}	5.2 N/mm^2
제한값$0.4f'_{ck}$	10.8 N/mm^2
검토결과($\sigma'_{cp}/0.4f'_{ck}$)	0.48

3.3.8.2 내구성 검토 【구조성능조사편7.4】

덮개를 확보하는 것에 의한 중성화 및 염화물이온농도에 대한 내구성 검토는 3.1.2 및 3.1.3에 나타냈다. 여기서는, 구조성능조사편7.4에 규정한 균열에 대한 검토를 시행한다.

(1) 휨균열 【구조성능조사편7.4.4】

휨균열의 검토단면을 그림 3.3.16에 나타냈다.

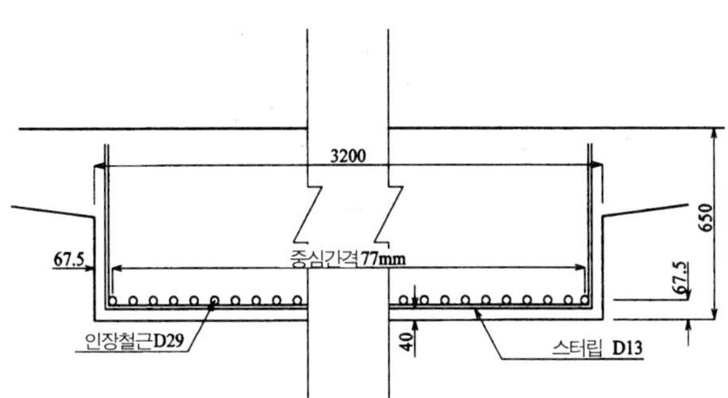

그림 3.3.16 주보의 철근배치 (휨균열 검토단면 (지간중앙))

균열폭에 대한 검토를 시행하기 전에, 우선, 휨균열폭의 검토필요성에 대해 검토한다. 【구조성능조사편 7.4.4 (1)】

① 영구하중과 변동하중이 조합된 경우의, 전단면을 유효로 한 콘크리트의 연인장응력도 σ_b의 산정

$$\sigma_b = \frac{M_d}{I} \cdot y_L$$

여기서, M_d : 2,490 kN · m (영구하중 + 변동하중)

I : 전단면을 유효로 한 단면2차모멘트 (= 0.0953m^4)

y_L : 전단면 유효의 중심에서 최외측연단까지의 거리(= 650-281 = 369mm)

$$\therefore \sigma_b = \frac{2,490 \times 10^6}{0.0953 \times 10^{12}} \times 369 = 9.64 N/mm^2$$

② RC구조에 대한 콘크리트 연인장응력도의 제한값 f_{bck}

휨균열폭의 검토를 생략할 수 있는 경우의 RC구조에 대한 콘크리트의 연인장응력도의 제한

값(N/mm^2)은 콘크리트의 휨균열강도 f_{bck}이다. f_{bck}은 구조성능조사편 식 (3.2.4)에 의해 다음과 같이 구할 수 있다.

$$f_{bck} = k_{0b} k_{1b} f_{tk} = 1.16\times 0.61\times 2.07 = 1.46\ \mathrm{N/mm^2}$$

여기서, k_{0b} = 1+1/{0.85+4.5(h/l_{ch})} = 1+1/{0.85+4.5(0.65/0.542)}=1.16

k_{1b} = 0.55/($h^{1/4}$)= 0.55/(0.65$^{1/4}$) = 0.61

k_{0b} : 콘크리트의 인장연화(軟化)특성에 기인하는 인장강도와 휨강도의 관계를 나타내는 계수

k_{1b} : 건조, 수화열 등 기타 원인에 의한 균열강도의 저하를 나타내는 계수

h : 부재의 높이(= 0.65m)

l_{ch} : 특성길이 (= $G_F E_c / f_{tk}^2$= 87.7× 26,500/2.07^2× 10^{-6} = 0.542m)

G_F : 파괴에너지(= $10\,(d_{\max})^{1/3} f'^{1/3}_{ck}$ = 10× 25$^{1/3}$× 27$^{1/3}$ = 87.7 N/m)

$d_{\max}$: 조골재의 최대치수 (= 25mm), f'_{ck}: 설계기준강도 (= 27 N/mm^2)

E_c : 탄성계수 (= 26.5 kN/mm^2)

f_{tk} : 인장강도의 특성값 (= $0.23 f'^{2/3}_{ck}$= 0.23× 27$^{2/3}$ = 2.07 N/mm^2)

따라서, 영구하중과 변동하중이 조합된 경우에는, 전단면을 유효로 한 콘크리트의 연인장응력도 σ_b= 9.64 N/mm^{2}이, 휨균열폭의 검토를 생략 할 수 있는 RC구조에 대한 콘크리트의 연인장응력도 제한값 f_{bck}=1.46 N/mm^{2}이상이 되므로, 휨균열이 발생하는 부재로 판단된다. 그러므로, 영구하중에 의한 휨균열폭의 검토를 시행한다. 【구조성능조사편7.4.4 (2)】

③ 영구하중에 의한 인장철근응력도 σ_s의 산정

$$\sigma_s = M_d / (A_s \cdot j \cdot d)$$

여기서, M_d : 영구하중에 의한 설계휨모멘트 (=1,330 kN · m)

A_s : 인장철근량 (= 26,300mm^2 (D29-41본))

j : $1 - k/3$= 1-0.291/3 = 0.903

$$k = \sqrt{2n \cdot p_t + (n \cdot p_t)^2} - n \cdot p_t$$
$$= \sqrt{2\times7.55\times0.00791 + (7.55\times0.00791)^2} - 7.55\times0.00791 = 0.291$$

여기서, n : 탄성계수비($= E_s/E_c = 200/26.5 = 7.55$)

E_s : 강재의 탄성계수 (= 200 kN/mm^2)

E_c : 콘크리트탄성계수 (= 26.5 kN/mm^2)

p_t : 인장철근비 (= $A_S/(b_e \cdot d)$= 26,300/(5,700× 583) = 0.00791)

여기서, b_e : 압축연의 폭 (= 5,700 mm)

d : 유효높이 (= 650-40.0-13.0-29.0/2 = 583 mm)

$\therefore \sigma_s$ = 1,330× 10^6/(26,300× 0.903× 583) = 96.1 N/mm^2

④ 휨균열폭의 산정 【구조성능조사편 식(7.4.1)】

$$w = 1.1 \cdot k_1 \cdot k_2 \cdot k_3\{4c + 0.7(C_s - \phi)\} \cdot (\sigma_{se}/E_s + \varepsilon'_{csd})$$

여기서, k_1 : 강재의 표면형상이 균열폭에 미치는 영향을 나타낸 계수 (=1.0)

k_2 : 콘크리트의 품질이 균열폭에 미치는 영향을 나타낸 계수

$$k_2 = \frac{15}{f'_c + 20} + 0.7 = \frac{15}{27.0 + 20} + 0.7 = 1.02$$

여기서, f'_c : 콘크리트의 압축강도($= f'_{cd} = f'_{ck}/\gamma_c$ = 27.0/1.0 = 27.0 N/mm^2)

k_3 : 인장강재의 단수(段數)의 영향을 고려하는 계수 (=1.0)

C_s : 강재의 중심간격 (= (3,200-67.5× 2)/40 = 76.6 mm)

c : 인장강재의 덮개 (= 53 mm)

ϕ : 강재직경 (= 29 mm)

σ_{se} : 철근응력도의 증가량 (= 96.1 N/mm^2)

E_s : 강재의 탄성계수 (= 200 kN/mm^2)

ϵ'_{csd} : 콘크리트의 수축 등에 의한 균열폭의 증가를 고려하기 위한 값(=150× 10^{-6})

$$\therefore w = 1.1\times 1.0\times 1.02\times 1.0\times \{4\times 53+0.7\times (76.6-29)\}$$
$$\times(96.1/(200\times 10^3)+150\times 10^{-6})= 0.174\ \text{mm}$$

⑤ 허용휨균열폭 w_a의 설정 【구조성능조사편 7.4.2】

구조성능조사편 표7.4.1에 의해 허용휨균열폭 w_a를 설정한다.

$$w_a = 0.005c = 0.005\times 53 = 0.265\,\text{mm}$$

여기서, c : 인장강재의 덮개 (= 53mm)

⑥ 검토

검토결과를 표 3.3.16에 나타냈다.

표 3.3.16 검토결과

휨균열폭 w	w = 0.174 mm
허용휨균열폭 w_a	w_a = 0.265 mm
검토결과 (w/w_a)	0.66

(2) 전단균열 【구조성능조사편 7.4.6】

전단균열에 대한 검토를 시행하기에 앞서, 전단균열의 검토필요성에 대해 검토한다. 【구조성능조사편 7.4.6(1)】

검토단면은 지점으로부터 $h/2$지점으로 한다.

전단보강강재를 사용하지 않은 봉부재의 설계전단내력V_{cd}

$$V_{cd} = \beta_d \cdot \beta_p \cdot \beta_n \cdot f_{vcd} \cdot b_w \cdot d/\gamma_b$$

여기서, β_d : $\sqrt[4]{1,000/d} = \sqrt[4]{1,000/583} = 1.14$

여기서, d : 유효높이 (= 650-40-13-29/2=583 mm)

$$\beta_p: \sqrt[3]{100p_c} = \sqrt[3]{100 \times 0.00863} = 0.952$$

여기서, p_c : 전단인장철근비

($= A_s/(b_u \cdot d)$ = (16,100/(3,200× 583) = 0.00863)

여기서, A_s : 검토단면의 인장철근 총단면적 (= 16,100 mm^2 (D29-25본))

b_w : 복부의 폭 (= 3,200mm)

β_n : $1+2M_0/M_u$ $(N'_d \geq 0)$ = 1.00

f_{vod}: $0.2\sqrt[3]{f'_{cd}} = 0.2\sqrt[3]{27.0} = 0.600\,N/mm^2$

여기서, f'_c : 콘크리트의 압축강도 ($= f'_{cd} = f'_{ck}/\gamma_c = 27.0/1.0 = 27.0\,N/mm^2$)

γ_b : 부재계수 (=1.0)

$\therefore$ V_{cd} = 1.14× 0.952× 1.00× 0.600× 3,200× 583/1.0/10^3 = 1,210 kN

영구하중과 변동하중을 조합한 경우의 설계전단력 V_d

V_d = 1,020 kN

따라서, $V_d > 0.7V_{cd}$ (=0.7× 1,210 = 847 kN)

이상과 같이, 가장 불리한 설계하중조합에 의한 설계전단력 V_d는 전단보강강재를 사용하지 않은 봉부재의 설계전단내력 V_{cd}의 70% 이상이 된다. 그러므로, 영구하중에 의한 전단보강철근의 응력도에 따른 검토를 시행한다. 【구조성능조사편 7.4.6(2)】

이 경우, 전단보강철근 응력도의 제한값은, σ_{se}= 120 N/mm^{2}로 한다. 【구조성능조사편해석표 7.4.2】

① 영구하중에 의한 전단보강철근의 응력도 산정

전단보강철근은 스터럽과 절곡철근을 병용하고 있으며, 각 전단보강철근의 응력도는, 다음 식에 의해 산정한다.

절곡철근의 설계응력도

$$\sigma_{bpd}=\frac{V_{pd}+V_{rd}-k_r\cdot V_{cd}}{\dfrac{A_w\cdot z}{s\cdot(\cos\alpha_b+\sin\alpha_b)^2}+\dfrac{A_b\cdot z\cdot(\cos\alpha_b+\sin\alpha_b)}{s_b}}\cdot\frac{V_{pd}+V_{cd}}{V_{pd}+V_{rd}+V_{cd}}$$

【구조성능조사편 식(해 7.4.4)】

여기서, V_{pd} : 영구작용에 의한 설계전단력 (= 499 kN)

V_{rd} : 변동작용에 의한 설계전단력 (= 521 kN)

V_{cd} : 전단보강철근을 사용하지 않는 봉부재의 설계전단내력 (= 1,210 kN)

k_r : 변동작용 빈도의 영향을 고려하기 위한 계수 (= 0.5)

A_w : 스터럽의 단면적으로, D13을 3조로 4조를 번갈아 배치한다.

(= 127× 2× (3+4)/2 = 889 mm^2)

A_b : 구간 s_b의 절곡철근의 총단면적 (= 2,570 mm^2(D29-4본))

s : 연직스터럽의 배치간격 (= 250 mm)

s_b : 절곡철근의 배치간격 (= 509 mm)

z : $d/1.15$ (583/1.15 = 507 mm)

d : 유효높이 (= 583 mm)

α_b : 절곡철근이 부재축과 이루는 각도 (= 45°)

$$\therefore \sigma_{bpd} = \frac{(499 + 521 - 0.5 \cdot 1,210) \times 10^3}{\dfrac{889 \times 507}{250 \times (\cos 45^\circ + \sin 45^\circ)^2} + \dfrac{2,570 \times 507 \times (\cos 45^\circ + \sin 45^\circ)}{509}}$$

$$\cdot \frac{(499 + 1,210) \times 10^3}{(499 + 521 + 1,210) \times 10^3} = \frac{415 \times 10^3}{4,520} \times \frac{1,710}{2,230} = 70.4 \text{ N/mm}^2$$

연직스터럽의 설계응력도

$$\sigma_{wpd} = \frac{V_{pd} + V_{rd} - k_r \cdot V_{cd}}{\dfrac{A_w \cdot z}{s} + \dfrac{A_b \cdot z \cdot (\cos\theta_b + \sin\theta_b)^3}{s_b}} \cdot \frac{V_{pd} + V_{cd}}{V_{pd} + V_{rd} + V_{cd}}$$

【구조성능조사편 식(해7.4.3)】

$$= \frac{(499 + 521 - 0.5 \times 1,210) \times 10^3}{\dfrac{889 \times 507}{250} + \dfrac{2,570 \times 507 \times (\cos 45^\circ + \sin 45^\circ)^3}{509}} \cdot \frac{(499 + 1,210) \times 10^3}{(499 + 521 + 1,210) \times 10^3}$$

$$= \frac{415 \times 10^3}{9,040} \times \frac{1,710}{2,230} = 35.2 \text{ N/mm}^2$$

② 검토

검토결과를 표 3.3.17에 나타냈다.

표 3.3.17 검토결과

	절곡철근	스터럽
철근응력도	σ_{bpd} = 70.4 N/mm^2	σ_{wpd} = 35.2 N/mm^2
철근응력도의 제한값	σ_{se} = 120 N/mm^2	σ_{se} = 120 N/mm^2
검토결과(철근응력도/제한값)	0.59	0.29

(3) 비틀림균열 【구조성능조사편 7.4.7】

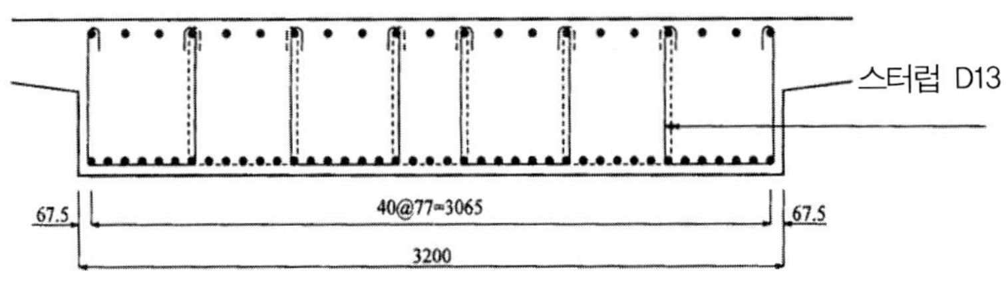

그림 3.3.17 스터럽의 배치

비틀림균열의 검토는 가장 불리한 설계작용이 조합된 경우의 설계비틀림모멘트 (M_{td})와 비틀림보강철근이 없는 경우의 설계순비틀림내력 (M_{tud})을 비교한다. 【구조성능조사편 7.4.7 (1)】

단, M_{tud}는 전단력과 비틀림모멘트가 동시에 작용하는 경우로서 파악, 구조성능조사편 6.4.2 식(6.4.2), 식(6.4.3) 및 식(6.4.5)를 고려한 다음식에 따라 산출한다.

$$M_{tud} = M_{tcd} \cdot (1 - 0.8\gamma_i V_d / V_{yd})$$

여기서, $M_{tcd} = \beta_{nt} \cdot K_t \cdot f_{td} / \gamma_b$

여기서, β_{nt} : 프리스트레스힘 등의 축방향 압축에 관한 계수 (압축응력이 0이므로 1.00로 한다)

K_t : 비틀림계수 ($= b^2 \cdot d/\eta_1$ = $650^2 \times 3{,}200/3.47$ = 3.90×10^8 mm^3)

여기서, b : 주보의 높이 (= 650 mm)

d : 주보의 폭 (= 3,200 mm)

η_1 = $3.1+1.8/(d/b)$ = $3.1+1.8/(3{,}200/650)$ = 3.47

f_{td} : 콘크리트의 설계인장강도 ($f_{td} = f_{tk}/\gamma_c = 0.23 f'_{ck}{}^{2/3}/1.0$ = 2.1 N/mm^2

(구조성능조사편 식(3.2.1)로부터)

여기서, γ_c : 콘크리트의 재료계수 (=1.0)

γ_b : 부재계수 (= 1.0)

$$\therefore M_{tcd} = 1.00 \times 4.40 \times 10^8 \times 2.1/1.0/10^6 = 819 \text{ kN} \cdot \text{m}$$

γ_i : 구조물계수 (= 1.0)

V_d : 변동하중 작용시의 설계전단력 (= 1,020 kN)

V_{yd} : 설계전단내력 ($V_{yd}=V_{cd}+V_{sd}$)

여기서, V_{cd} : 전단보강철근을 사용하지 않은 봉부재의 설계전단내력 (= 1,210 kN)

V_{sd} : 전단보강강재에 의해 부여되는 봉부재의 설계전단내력 (= 622 kN)

여기서, $V_{sd}=V_{sv}=A_w \cdot f_{wyd} \cdot d/(1.15 s_s \gamma_b)$

여기서, A_w : 스트럽의 단면적으로, D13을 3조로 4조를 번갈아 배치한다.

(= 127× 2× (3+4)/2 = 889 mm^2)

f_{wyd} : 스터럽의 설계항복강도 (345 N/mm^2)

d : 유효높이 (= 583 mm)

s_s : 연직스터럽의 배치간격 (= 250 mm)

γ_b : 부재계수 (= 1.0)

∴ V_{sv}= 889×345×583/(1.15×250×1.0)/1,000 = 622 kN

∴ V_{yd}= 1,210+622 = 1,830 kN

M_{tud} = 819× (1-0.8× 1.0×1,020/1,830) = 454 kN

0.7M_{tud} = 454× 0.7 = 318 kN · m

표 3.3.18 검토결과

	스터럽
설계비틀림모멘트 M_{td}	M_{td} = 16.9 kN·m
설계순비틀림내력 $0.7M_{tud}$	$0.7M_{tud}$ = 318 kN·m
검토결과 ($M_{td}/0.7M_{tud}$)	0.05

따라서, 비틀림모멘트에 대한 균열폭의 검토는 시행하지 않는다.

3.3.8.3 외관 【철도표준 8.3】

구조성능조사편에는 외관에 관한 구체적인 규정이 없기 때문에, 철도표준에 따라 검토를 시행한다.

외관에 관한 사용성의 조사는 휨균열에 대해 시행한다. 전단균열에 대해서는, 내구성의 검토를 만족하는 것으로 생략한다.

휨균열의 검토는 지간 중앙단면에 대해 시행한다.

내구성의 검토와 마찬가지로, 영구하중 및 변동하중이 조합되는 경우의 전단면을 유효로 한 콘크리트의 연(縁)인장응력도가, 휨균열의 검토를 생략하는 경우의 RC구조에 대한 콘크리트의 연인장응력도 이상으로 되기 때문에, 균열폭 w_d가 균열폭의 제한값 w_{lim} 이하인 것을 확인한다.

(1) 휨균열폭 w_d

내구성 검토의 경우와 동일하다.

w_d = 0.174 mm

(2) 휨균열폭의 제한값 w_{lim} 【철도표준 8.3.2해설】

w_{lim} = 0.3 mm

(3) 조사

조사결과를 표 3.3.19에 나타냈다.

표 3.3.19 조사결과

휨균열폭 w_d	w_d = 0.174 mm
휨균열폭의 제한값 w_{lim}	w_{lim} = 0.3 mm
조사결과 (w_d/w_{lim})	0.58

3.3.8.4 승차감 【철도표준 8.2 부속자료18】

구조성능조사편에는 변위·변형에 대한 구체적인 규정이 없기 때문에, 철도표준에 따라 검토한다.

(1) 처짐 δ_d의 산정

열차하중, 충격하중을 고려하고, 콘크리트의 전단면을 유효로 해서 산정한다.

$$\delta_d = 5/48 \cdot M_E \cdot l^2/(E_c \cdot I)$$

여기서, M_E : 열차하중과 충격하중에 의한 설계최대휨모멘트 (= 1,160 kN · m)

l : 지간 (= 10.0m)

E_c : 콘크리트의 탄성계수 (= 26.5 kN/mm^2)

I : 주보의 단면2차모멘트 (= 0.0953 m^4)

$$\therefore \delta_d = 5/48 \times 1{,}160 \times 10.0^2/(26.5 \times 0.0953)/10^3 = 4.78\text{mm}$$

(2) 제한값 δ_{1c}의 설정

철도표준부속표18.9에 따라, $\delta_{1c} = l_b/500 = 10.0 \times 10^3/500 = 20.00$mm

(3) 조사

조사결과를 표3.3.20에 나타냈다.

표 3.3.20 조사결과

휨 δ_d	δ_d = 4.78 mm
제한값 δ_{1c}	δ_{1c} = 20.00 mm
구조물계수 γ_i	1.0
조사결과 ($\gamma_i \cdot \delta_d/\delta_{1c}$)	0.24

따라서, 승차감에 관한 사용성을 만족한다.

3.3.9 안전성의 조사

3.3.9.1 파괴검토

(1) 휨모멘트【구조성능조사편 6.2】

조사단면은 지간 중앙단면 (그림 3.3.14)으로 하고, 조사결과를 표3.3.21에 나타냈다.

(a) 설계휨내력 M_{ud}의 산정

설계휨내력 M_{ud}는 구조성능조사편6.2.1에 의해 산출한다.

표 3.3.21 설계휨내력의 산출

항 목	수 치
단면치수	폭 : 5,700 mm, 높이 : 650 mm
재료계수	γ_c=1.3, γ_s=1.0
부재계수	γ_b=1.1
구조물계수	γ_i=1.2
인장철근의 직경	29 mm
인장철근의 본수	41본 (간격 77mm)
인장철근의 위치	67.5 mm (= 40+13+29/2)
인장철근의 인장항복강도 특성값	f_{syk}= 345 N/mm^2
콘크리트의 압축강도 특성값	f_{ck}= 27 N/mm^2
설계 한계값 I_{LD} (설계휨내력)	M_{ud}= 4,430 kN·m

(b) 조사

조사결과를 표 3.3.22에 나타냈다.

표 3.3.22 조사결과 (휨모멘트)

설계휨모멘트 M_d	M_d = 2,840 kN·m
설계휨내력 M_{ud}	M_{ud} = 4,430 kN·m
구조물계수 γ_i	1.2
조사결과($\gamma_i \cdot M_d / M_{ud}$)	0.77

(2) 전단력 【구조성능조사편 6.3】

(a) 사(斜め)압축파괴의 조사

먼저 설계경사압축파괴의 조사를 시행한다.

① 설계사압축파괴내력 V_{wcd}의 산정 【구조성능조사편 6.3.3 식(6.3.7)】

$$V_{wcd} = f_{wcd} \cdot b_w \cdot d / \gamma_b$$

여기서, $f_{wcd} = 1.25 \cdot \sqrt{f'_{cd}} = 1.25 \times \sqrt{20.8} = 5.70\,\text{N/mm}^2 < 7.8\text{N/mm}^2$

f'_{cd} : 콘크리트의 설계압축강도 ($= 27/1.3 = 20.8\text{N/mm}^2$)

f'_{ck} : 콘크리트의 설계기준강도 ($= 27\text{N/mm}^2$)

γ_c : 콘크리트의 재료계수 ($= 1.3$)

b_w : 복부의 폭 ($= 3{,}200$mm)

d : 유효높이 ($= 583$mm)

γ_b : 부재계수 ($= 1.3$)

$$\therefore V_{wcd} = 5.70 \times 3{,}200 \times 583 / 1.3 / 10^3 = 8{,}180kN$$

② 조사

조사결과를 표 3.3.23에 나타냈다.

표 3.3.23 조사결과

설계전단력 V_d	$V_d = 1{,}160kN$
설계사압축파괴내력 V_{wcd}	$V_{wcd} = 8{,}180kN$
구조물계수 γ_i	1.2
조사결과 ($\gamma_i V_d / V_{wcd}$)	0.17

(b) 전단파괴의 조사

설계전단내력 V_{yd}는 구조성능조사편6.3.3 식(6.3.2)에 의해 산출한다.

설계전단내력 V_{yd}는

$$V_{yd} = V_{cd} + V_{sd}$$

여기서, V_{cd} : 전단보강강재를 사용하지 않은 봉부재의 설계전단내력

V_{sd} : 전단보강강재에 의해 부여되는 봉부재의 설계전단내력

① 전단보강강재를 사용하지 않은 봉부재의 설계전단내력 V_{cd}의 산정

축방향의 인장철근은, 일부를 절곡철근으로서 구부려 올리고 있기 때문에, 지간 내에서 인장철근량이 변화하므로 이것에 따라 설계전단내력 V_{cd}를 산정한다. (조사블럭은 그림3.3.15 참조)

$$V_{cd} = \beta_d \cdot \beta_p \cdot \beta_n \cdot f_{vcd} \cdot b_w \cdot d / \gamma_b$$

여기서, β_d : $\sqrt[4]{1,000/d} = \sqrt[4]{1,000/583} = 1.14$

β_p : $\sqrt[3]{100p_c}$

여기서, p_c : 전단인장강재비 $(= A_s/(b_w \cdot d))$

b_w : 복부의 폭 ($= 3,200$mm)

d : 유효높이 ($= 583$mm)

β_n : $1 + 2M_0/M_u = 1.0 (N'_d \geq 0)$

f_{vcd} : $0.2\sqrt[3]{f'_{cd}} = 0.2\sqrt[3]{20.8} = 0.550\,\text{N/mm}^2$

γ_b : 부재계수 $(= 1.3)$

표 3.3.24 인장철근량 및 유효높이

조사블럭	인장철근		유효높이 d (mm)
	각단의 배치본수 D29	철근량 A_s (mm^2)	
A	25	16,100	583
B	29	18,600	
C	33	21,200	
D	37	23,800	
E	41	26,300	

이상으로부터, 조사블럭마다의 설계전단내력 V_{cd}를 표3.3.25에 나타냈다.

표 3.3.25 설계전단내력 V_{cd}

조사블럭	β_d	인장철근 D29			β_n	f_{vcd} (N/mm^2)	V_{cd} (kN)
		본수	P_c	β_p			
A	1.14	25	0.00863	0.952	1.0	0.550	857
B	1.14	29	0.00997	0.999	1.0	0.550	899
C	1.14	33	0.0114	1.04	1.0	0.550	936
D	1.14	37	0.0128	1.09	1.0	0.550	981
E	1.14	41	0.0141	1.12	1.0	0.550	1,010

② 전단보강강재에 의해 부여되는 봉부재의 설계전단내력 V_{sd}의 산정

전단보강강재로서 절곡철근과 스터럽을 병용한다.

1) 절곡철근이 부담하는 설계전단내력 V_{sd}의 산정

$$V_{sd} = A_w \cdot f_{wyd}(\sin\theta_s + \cos\theta_s) \cdot d/(1.15 s_s \cdot \gamma_b)$$

여기서, A_w : 구간 s_s의 절곡철근량

f_{wyd} : 절곡철근의 설계항복강도 (=345N/mm^2)

θ_s : 절곡철근과 부재축과의 각도 (=45°)

d : 유효높이 (=583mm)

s_s : 절곡철근의 배치간격

γ_b : 부재계수 (=1.1)

산정결과를 표 3.3.26에 나타냈다.

표 3.3.26 절곡철근이 부담하는 설계전단내력 V_{sd}

조사블럭	절곡철근 D29			θ_s	d (mm)	s_s (mm)	설계전단내력 V_{sd} (kN)
	본수	A_w (mm^2)	f_{wyd} (N/mm^2)				
A	4	2,570	345	45°	583	509	1,140
B	4	2,570	345	45°	583	800	722
C	4	2,570	345	45°	583	800	722
D	4	2,570	345	45°	583	837	690

2) 스터럽이 부담하는 설계전단내력 V_{sv}의 산정

a) 스터럽의 최대 배치간격

전단보강강재로서 절곡철근과 스터럽을 병용하는 경우는, 전단보강강재가 부담하는 설계전단내력 V_{sd} 가운데 50% 이상은 스터럽으로 부담시켜야 하므로, 이로부터 전단보강강재의 최대배치간격을 산출한다. 또, 조사(照査)는 지점(支点)으로부터 h/2점을 포함하는 A블럭에서 시행한다.

$\gamma_i \cdot V_d/(V_{cd}+V_{sd}) \leq 1.0$ 및 $\gamma_i = 1.2$로부터,

$V_{sd} \geq 1.2 \cdot V_d - V_{cd}$

여기서, V_d : 설계전단력 (=1,160kN)

V_{cd} : 전단보강강재를 사용하지 않은 봉부재의 설계전단내력 (=857kN)

$\therefore V_{sd} \geq 1.2 \times 1,160 - 857 = 535kN$

따라서, 스터럽이 부담해야 하는 설계전단내력 V_{sv}는

$$V_{sv} = 535/2 = 268\text{kN}$$

한편, 스터럽이 부담해야 하는 설계전단내력 V_{sv}는 다음 식으로 구한다.

$$V_{sv} = A_w \cdot f_{wyd} \cdot d/(1.15s_s \cdot \gamma_b)$$

여기서, A_w : 스터럽의 총단면적으로, D13을 3조로 4조를 번갈아 배치한다.

$(= 127 \times 2 \times (3+4)/2 = 889\,\text{mm}^2)$

f_{wyd} : 스터럽의 설계항복강도 $(= 345\text{N/mm}^2)$

d : 유효높이 $(= 538\text{mm})$

s_s : 스터럽의 배치간격

γ_b : 부재계수 $(= 1.1)$

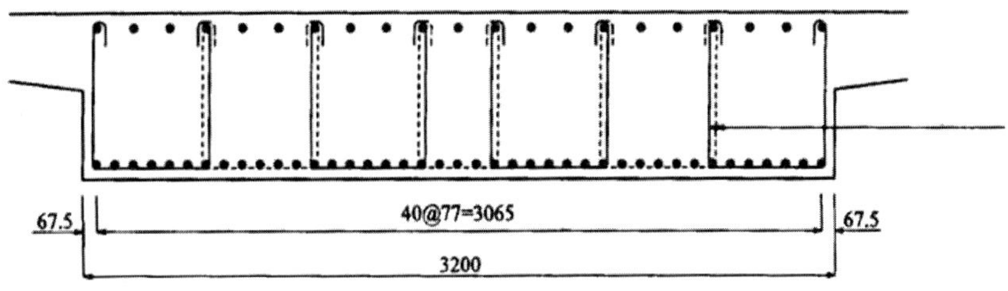

그림 3.3.18 스터럽의 배치

이상으로부터, 스터럽의 배치간격 s_s은 다음과 같이 산출된다.

$$V_{sv} = 889 \times 345 \times 583/(1.15 \times \times 1.1) \geq 268 \times 10^3\,\text{N}$$

$$\therefore S_s \leq 527\text{mm}$$

b) 구조세목에 의한 스터럽의 배치

전단보강철근의 배치간격 s_s 【구조성능조사편 6.3.8】

계산상 전단보강철근이 필요한 경우 : 1/2d 그리고 300mm 이하

계산상 전단보강철근이 불필요한 경우 : 3/4d 그리고 400mm 이하

여기서, d : 유효높이 (= 583 mm)

i) 지점부근

계산상 전단보강철근이 필요하므로, 아래와 같은 간격으로 배치한다.

$s_s \leq 1/2 \times 583 = 292$mm 그리고 300mm 이하로부터, $s_s = 250$mm

ii) 지간중앙부근

지간중앙부근은 계산상 전단보강철근이 불필요하므로 아래와 같은 간격으로 배치한다.

$s_s \leq 3/4 \times 583 = 437$mm 그리고 400mm 이하로부터, $s_s = 400$mm

c) 전단보강철근의 최소철근량 【구조성능조사편 6.3.8】

$$A_w \geq 0.0015 \cdot b_w \cdot s_s$$

여기서, b_w : 복부의 폭 (=3,200mm)

i) 지점부근

$$A_w = 889\text{mm}^2 < 0.0015 \times 3,200 \times 250 = 1,200\text{mm}^2$$

ii) 지간중앙부근

$$A_w = 889\text{mm}^2 < 0.0015 \times 3,200 \times 400 = 1,920\text{mm}^2$$

이상으로부터, 지점부근, 지간중앙부근 모두 전단보강철근의 최소철근량은 만족하지 않지만, 본구조물은 슬래브 부재이기 때문에 적용 외로 한다.

각 블럭의 스터럽이 부담하는 설계전단내력 V_{sv}를 표 3.3.27에 나타냈다.

표 3.3.27 스터럽이 부담하는 설계전단내력 V_{sv}

조사블럭	스터럽 D13			d (mm)	s_s (mm)	설계전단내력 V_{sv} (kN)
	본수	A_w (mm^2)	f_{wyd} (N/mm^2)			
A	3.5	889	345	583	250	565
B	3.5	889	345	583	250	565
C	3.5	889	345	583	250	565
D	3.5	889	345	583	250	565
E	3.5	889	345	583	400	353

여기서, $V_{yd} = V_{cd} + V_{sd}$

여기서, V_{cd} : 전단보강강재를 사용하지 않은 봉부재의 설계전단내력 (= 857 kN)

V_{sd}는 ($V_{sb} + V_{sv}$) 또는 ($2 \cdot V_{sv}$) 중 작은 값으로 한다.

여기서, V_{sb} : 절곡철근이 부담하는 전단내력 (= 1,140 kN)

V_{sv} : 스터럽이 부담하는 전단내력 (= 565 kN)

이상으로부터, $V_{sb} + V_{sv} = 1,140 + 565 = 1,710\text{kN}$

$2 \cdot V_{sv} = 1,130\text{kN}$

$\therefore V_{sd} = 1,130\text{kN}$

$\therefore V_{yd} = 857 + 1,130 = 1,990\,\text{kN}$

조사결과를 표 3.3.28에 나타냈다.

표 3.3.28 조사결과

설계전단력 V_d	V_d = 1,160 kN
설계전단내력 V_{yd}	V_{yd} = 1,990 kN
구조물계수 γ_i	1.2
조사결과($\gamma_i \cdot V_d / V_{yd}$)	0.70

(c) 저항전단력도

그림 3.3.19에 보인 안전성(파괴) 검토시의 저항전단력도에 따라 지간방향의 전단력에 대한 안전성을 확인한다.

표 3.3.29 설계전단내력

검토블럭	V_d (kN)	V_{cd} (kN)	전단보강철근			설계전단내력 V_{yd} (kN)
			V_{sb} (kN)	V_{sv} (kN)	V_{sd} (kN)	
A	1,160	857	1,140	565	1,710	2,570
B	1,120	899	722	565	1,290	2,190
C	958	936	722	565	1,290	2,230
D	799	981	690	565	1,260	2,240
E	633	1,010	–	353	353	1,360

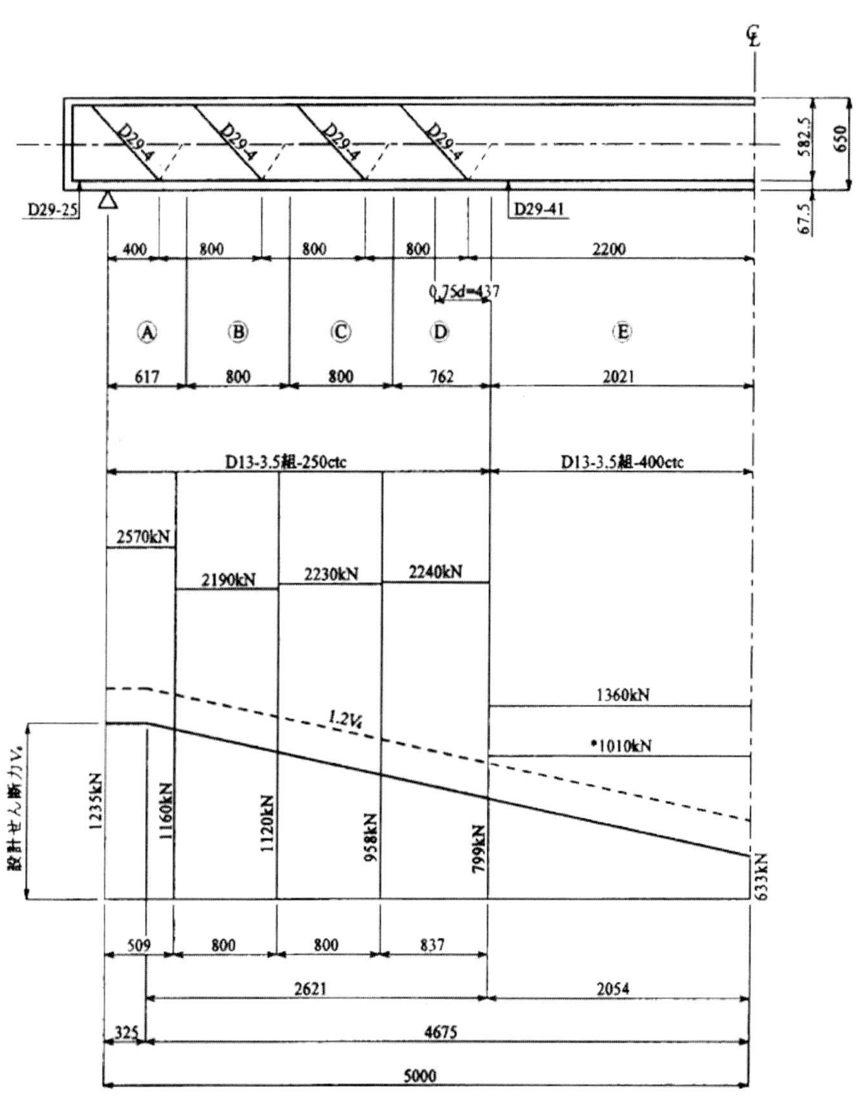

*는 전단보강철근을 사용하지 않은 설계전단내력

그림 3.3.19 안전성(파괴) 검토시의 저항전단력도

(3) 비틀림 【구조성능조사편6.4】

(a) 설계순비틀림내력 M_{tcd}의 산정 【구조성능조사편6.4.2 식 (6.4.3)】

설계순비틀림내력은

$$M_{tcd} = \beta_{nt} \cdot K_t \cdot f_{td}/\gamma_b$$

여기서, β_{nt} : 프리스트레스 힘 등 축방향 압축에 관한 계수. 압축응력도가 0이므로 1로 한다.

K_t : 비틀림계수 $(= b^2 \cdot d/\eta_1 = 650^2 \times 3,200/3.47 = 3.90 \times 10^8 mm^3)$

b : 주보의 높이 (= 650 mm)

d : 주보의 폭 (= 3,200 mm)

$\eta_1 = 3.1 + 1.8/(d/b) = 3.1 + 1.8/(3,200/650) = 3.47$

f_{td}=콘크리트의 설계인장강도($f_{td} = f_{tk}/r_c =$ $0.23f'_{ck}{}^{2/3}/1.0 = 2.1/1.3 = 1.6$ N/mm^2

(구조성능조사편 식(3.2.1)로부터)

여기서, r_c : 콘크리트의 재료계수 (= 1.3)

r_b : 부재계수 (= 1.3)

$$\therefore M_{tcd} = 1.00 \times 3.90 \times 10^8 \times 1.6/1.3/10^6 = 480 \text{kN} \cdot \text{m}$$

(b) 조사

비틀림모멘트에 대한 보강의 조사는 다음 식에 의한다. 【구조성능조사편6.4 해설참조】

$$r_i \cdot M_{td}/M_{tcd} < 0.2$$

조사결과를 표 3.3.30에 나타냈다

표 3.3.30 조사결과

설계비틀림모멘트 M_{td}	M_{td} = 67.6kN · m
설계순비틀림내력 M_{tcd}	M_{tcd} = 480kN · m
구조물계수 r_i	1.2
조사결과 ($r_i \cdot M_{td} \cdot M_{tcd}$)	0.17

이상과 같이 비틀림모멘트의 영향이 작기 때문에 보강에 대한 검토는 생략한다.

3.3.9.2 피로파괴

구조성능조사편에는 피로파괴에 대한 변동응력도나 등가반복횟수의 구체적인 산정방법이 기술되어 있지 않기 때문에 철도표준을 참고로 검토를 시행한다.

또, 구조성능조사편에는 피로수명이 200만회를 초과하는 경우에는 시험에 의해 설계피로강도를 정하는 것을 원칙으로 하고, 시험에 의하지 않는 경우에는 안전측의 수치로서 시방서에 나타낸 α 및 k의 값을 그대로 사용하도록 하고 있다. 한편, 철도표준에는 피로수명이 200만회를 초과하는 경우의 α 및 k의 값으로서 실험결과를 기초로 $\alpha = 2.71 - 0.003\phi$, k = 0.06으로 값이 정해져 있다. 본 설계 계산예에서는 등가반복횟수가 200만회를 초과하는 경우에는 철도표준에 나타낸 a 및 k의 값을 적용하고, 그림 3.3.20에 나타낸 α 철도표준의 흐름에 의거 피로파괴조사를 시행한다.

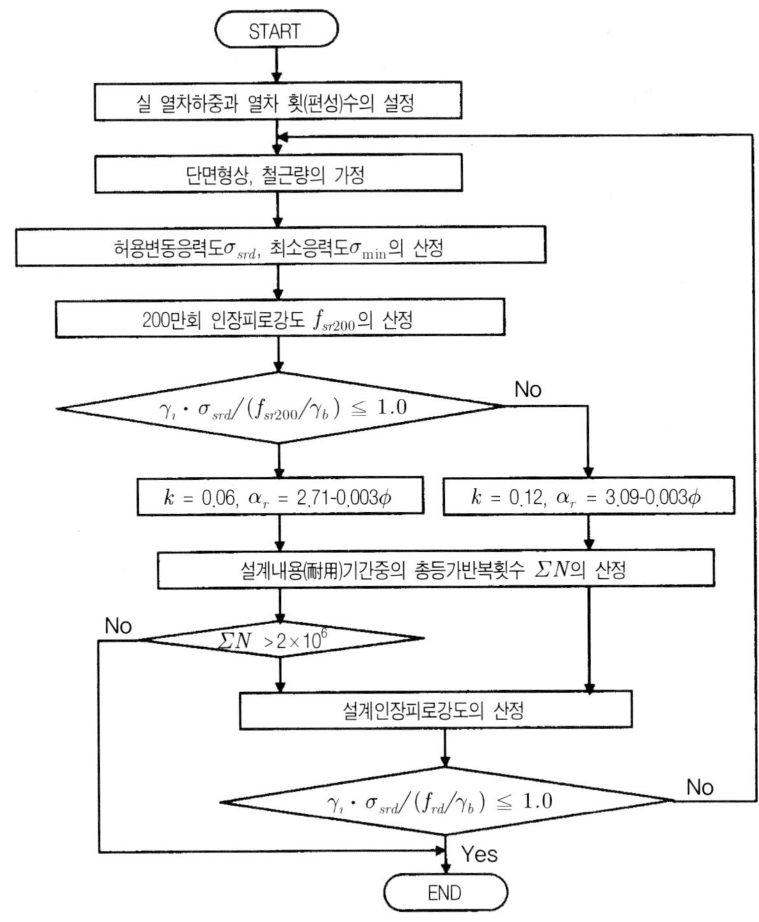

그림 3.3.20 피로파괴조사의 흐름

(1) 휨모멘트

(a) $S-N$선도의 설정

① 표준열차하중에 의해 발생하는 철근의 최대변동응력도 σ_{srd}의 산정

$$\sigma_{srd} = M_d \cdot (A_s \cdot j \cdot d)$$

여기서, σ_{srd} : 표준열차하중에 의한 변동응력도

M_d : 열차하중 및 충격하중에 의한 설계휨모멘트 (= 1,160 kN · m)

A_s : 인장철근량(= 26,300 mm^2)

j: $1-k/3=1-0.291/3=0.903$

$$k=\sqrt{2n.p_t+(n.p_t)2}-n\cdot P_t$$
$$=\sqrt{2\times7.55\times0.00791+(7.55\times0.00791)^2}-7.55\times0.00791=0.291$$

여기서, n : 탄성계수비(= E_s/E_c = 200/26.5 = 7.55)

E_s : 강재의 탄성계수(= 200 kN/mm^2)

E_c: 콘크리트의 탄성계수(= 26.5 kN/mm^2)

P_t : 인장철근비(= $A_s/(b_e \cdot d)$ = 26,300/(5,700× 583) = 0.00791)

여기서 b_e : 압축현의 폭 (= 5,700 mm)

d : 유효높이(= 583 mm)

$$\therefore \sigma_{srd} = 1,160\times 10^6/(26,300\times 0.903\times 583) = 83.8\ N/mm^2$$

② 최소응력도 σ_{min}의 산정

영구하중에 의한 철근의 최소응력도 σ_{min}은

$$\sigma_{min} = M_d/(A_s.j.d)$$

여기서, M_d : 영구하중에 의한 설계 휨모멘트(= 1,330 kN.m)

$$\therefore \sigma_{min} = 1,330\times10^6/(26,300\times0.903\times583)=96.1\ N/mm^2$$

③ 200만회 피로강도 f_{sr200}의 산정

$$f_{sr200} = r_1\cdot\frac{10^{a_r}}{(2\times10^6)^k}\cdot\left(1-\frac{\sigma_{min}}{f_{suk}}\right)/\gamma_s$$

여기서, $a_r=3.09-0.003\phi=3.09-0.003\times29=3.00$

$k = 0.12$

ϕ : 조사 대상으로 하는 철근의 직경(= 29 mm)

σ_{min} : 철근의 최소인장응력도(= 96.1 N/mm^2)

f_{suk} : 철근의 인장강도 특성값(= 490 N/mm^2)

r_1 : 철근의 이음. 굽힘가공에 의한 저감계수(= 0.7 : 압접으로 한다)

γ_s : 철근의 재료계수로, 일반적으로 1.05로 해도 좋다

$$\therefore f_{sr200} = 0.7 \times \frac{10^{3.00}}{(2\times 10^{6})^{0.12}}\left(1 - \frac{96.1}{490}\right)/1.05 = 94.0\,\text{N/mm}^2$$

표 3.3.31 조사결과 (200만회 피로강도의 조사)

설계응답 값 I_{Rd} (설계변동응력도)	σ_{srd} = 83.8 N/mm^2
설계한계 값 I_{Ld} (200만회 피로강도)	f_{st200}/γ_b = 94.0 N/mm^2
구조물계수 γ_i	1.1
부재계수 γ_b	1.0
조사결과 ($\gamma_i \cdot I_{Rd}/I_{Ld}$)	0.98

이상으로부터 $\gamma_i \cdot \sigma_{srd} \ /(f_{sr200}/\gamma_b) \leqq 1.0$이 되므로 그림 3.3.20에 의해 $S-N$선도는 $\alpha_r = 2.71 - 0.003\phi$, k = 0.06로 된다.

(b) 총등가반복횟수 N의 계산

$$\Sigma N = 365T \cdot j_A \cdot N_A \cdot \left(\frac{S_A}{S_C}\right)^{1/k} + 365T \cdot j_B \cdot N_B \cdot \left(\frac{S_B}{S_C}\right)^{1/k}$$

여기서, T : 설계내용(耐用)기간 (= 100년)

j_A , j_B : 실열차의 회수 (회/일)

j_A = 80회/일 (A열차하중 : 여객열차)

j_B = 75회/일 (B열차하중 : 화물열차)

N_A , N_B : S_A , S_B에 대한 열차1편성 당의 등가반복횟수 (회)

S_A , S_B : 실열차하중(A열차하중, B열차하중)에 의한 최대변동단면력

S_C : 표준열차하중에 의한 최대변동단면력

철도표준부속표9.4(a)로부터 N_A =6.26회, N_B=1.34회

S_A / S_C = 0.631, S_B / S_C = 0.899 (지간 d=10.0m)

k : $S-N$선도의 기울기(=0.06)

$$\Sigma N = 365\times100\times80\times6.26\times0.631^{1/0.06}+365\times100\times75\times1.34\times0.899^{1/0.06}$$
$$=6.30\times10^5\text{회} < 2.0\times10^6\text{회}$$

이상으로부터, $\gamma_i \cdot \sigma_{srd}/(f_{sr200}/\gamma_b) \leqq 1.0$ 및 ΣN < 2.0×10^6회 이므로 설계인장피로강도의 조사는 생략한다.

(d) 저항휨모멘트도

그림 3.3.21에 보인 안전성(피로파괴) 검토시의 저항휨모멘트도에 따라 축방향인장철근의 절곡에 대한 안전성을 확인한다. 이때, 설계휨모멘트는 유효높이 d = 583 mm 만큼 지점 측으로 이동한다.

또, 지간 중앙의 저항휨모멘트는 다음 식에 의해 산출한다.

$$M_R = M_d/\alpha_a$$

여기서 M_d: 열차하중 및 충격하중에 의한 설계휨모멘트 (= 1,160 kN.m)

α_a : 안전성(피로파괴) 검토시의 안전도 (= 0.97)

$$\therefore\ M_R = 1{,}160/0.92 = 1{,}195\ \text{kN}\cdot\text{m}$$

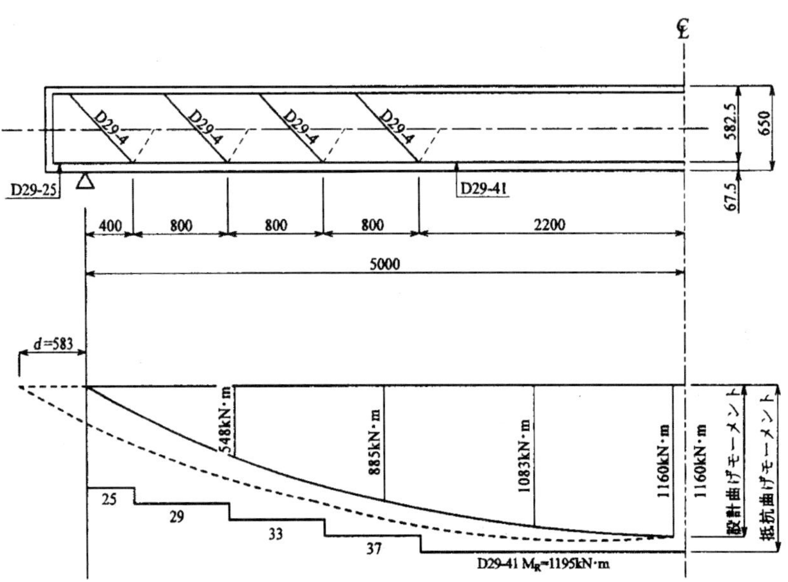

그림 3.3.21 안전성(피로파괴) 검토시의 저항휨모멘트

(2) 전단력

전단보강강재로서 절곡철근과 스터럽을 병용하고 있으므로, 각각의 전단보강강재에 대해 조사를 시행한다.

(a) 절곡철근

① $S-N$선도의 설정

1) 표준열차하중에 의해 발생하는 철근의 최대변동응력도 σ_{srd}의 산정

σ_{srd} : 표준열차하중에 의한 변동응력도 (N/mm^2)

(절곡철근의 열차하중 및 충격하중에 의한 설계변동응력도 σ_{brd}로 한다)

$$\sigma_{brd} = \frac{V_{pd}+V_{r_d}-kr \cdot V_{cd}}{\dfrac{A_w \cdot z}{s \cdot (\cos\theta_b + \sin\theta_b)^2} + \dfrac{A_b \cdot z \cdot (\cos\theta_b + \sin\theta_b)}{s_b}} \cdot \frac{V_{rd}}{V_{pd}+V_{rd}+V_{cd}}$$

【철도표준식(해 6.4.5)】

여기서, V_{pd} : 영구작용에 의한 설계전단력 (= 499 kN)

V_{rd} : 변동작용에 의한 설계전단력 (= 521 kN)

V_{cd} : 전단보강철근을 사용하지 않은 봉부재의 설계전단내력 (= 857 kN)

k_r : 변동작용의 빈도의 영향을 고려하기 위한 계수 (= 0.5)

A_w : 구간 s의 스터럽의 총단면적 (= 889 mm^2)

A_b : 구간 s_b의 절곡철근의 총단면적 (= 2,570 mm^2)

s : 연직스터럽의 배치간격 (= 250 mm)

s_b : 절곡철근의 배치간격 (509 mm)

z : d/1.15 (583/1.15 = 507 mm)

d : 유효높이 (= 583 mm)

θ_b : 절곡철근이 부재축과 이루는 각도 (= 45°)

$$\sigma_{brd} = \times \frac{(499+521-0.5\times857)\times10^3}{\frac{889\times507}{250\times(\cos45^\circ + \sin45^\circ)^2} + \frac{2,570\times507\times(\cos45^\circ \ \sin45^\circ)}{509}}$$

$$\frac{521\times10^3}{(499+521+857)\times10^3}$$

$$= \frac{592\times10^3}{4,520} \times \frac{521}{1,880} = 36.3\,\text{N/mm}^2 \qquad \therefore\ \sigma_{srd} = 36.3\text{N/mm}^2$$

2) 최소응력도 σ_{min}의 산정

절곡철근의 영구하중에 의한 철근의 최소응력도 σ_{min}은 영구하중에 의한 설계변동응력도 σ_{bpd}로 한다.

$$\sigma_{min} = \sigma_{bpd} = \frac{V_{pd} + V_{rd} - kr \cdot V_{cd}}{\frac{A_w \cdot z}{s \cdot (\cos\theta_b + \sin\theta_b)^2} + \frac{Ab \cdot z \cdot (\cos\theta_b + \sin\theta_b)}{s_b}} \cdot \frac{V_{pd} + V_{cd}}{V_{pd} + V_{rd} + V_{cd}}$$

【철도표준식(해6.4.6)】

$$= \frac{(499+521-0.5\times857)\times10^{3}}{\frac{889\times507}{250\times(\cos45^{\circ}+\sin45^{\circ})^{2}}+\frac{2,570\times507\times(\cos45^{\circ}+\sin45^{\circ})}{509}}\times$$

$$\frac{(499+857)\times10^{3}}{(499+521+857)\times10^{3}}$$

$$=\frac{592\times10^{3}}{4,520}\times\frac{1,360}{1,880}=94.7\text{N/mm}^{2}$$

3) 200만회 피로강도 f_{sr200}의 산정

$$f_{sr200}=r_{1}\cdot\frac{10^{a_{r}}}{(2\times10^{6})^{k}}\cdot\left(1-\frac{\sigma_{min}}{f_{suk}}\right)/\gamma_{s}$$

여기서, $ar=3.09-0.003\phi=3.09-0.003\times29=3.00$

$k=0.12$

ϕ : 조사 대상으로 하는 철근의 직경(= 29 mm)

σ_{min} : 철근의 최소인장응력도(= 94.7 N/mm^2)

f_{suk} : 철근의 인장강도 특성값(= 490 N/mm^2)

r_1 : 철근의 이음. 굽힘가공에 의한 저감계수(= 0.65 : 굽힘가공으로 한다)

γ_s : 철근의 재료계수로, 일반적으로 1.05로 해도 좋다

따라서,

$$f_{sr200}=0.65\times\frac{10^{3.00}}{(2\times10^{6})^{0.12}}\cdot\left(1-\frac{94.7}{490}\right)/1.05=87.6\text{N/mm}^{2}$$

표 3.3.32 조사결과 (200만회 피로강도의 조사)

설계응답 값 I_{Rd} (설계변동응력도)	σ_{srd} = 36.3 N/mm^2
설계한계 값 I_{Ld} (200만회 피로강도)	f_{st200}/γ_b = 87.6 N/mm^2
구조물계수 γ_i	1.1
부재계수 γ_b	1.0
조사결과 ($\gamma_i \cdot I_{Rd}/I_{Ld}$)	0.46

이상으로부터 $\gamma_i \cdot \sigma_{srd} / (f_{sr200}/\gamma_b) \leq 1.0$ 이므로 철도표준 부속표9.2로부터 $S-N$선도는 α_r = 2.71-0.003ϕ, k = 0.06로 된다.

② 총 등가반복횟수 N의 계산

$$\Sigma N = 365T \cdot j_A \cdot N_A \cdot \left(\frac{S_A}{S_C}\right)^{1/k} + 365T \cdot j_B \cdot N_B \cdot \left(\frac{S_B}{S_C}\right)^{1/k}$$

여기서, T : 설계내용(耐用)기간 (= 100년)

j_A , j_B : 실열차의 회수 (회/일)

j_A = 80회/일 (A열차하중 : 여객열차)

j_B = 75회/일 (B열차하중 : 화물열차)

N_A , N_B : S_A , S_B에 대한 열차1편성 당의 등가반복횟수 (회)

S_A , S_B : 실열차하중(A열차하중, B열차하중)에 의한 최대변동단면력

S_C : 표준열차하중에 의한 최대변동단면력

철도표준부속표9.4(b)로부터 N_A = 3.82회, N_B = 2.33회

S_A / S_C = 0.660, S_B / S_C = 0.895 (지간 ι = 10.0 m)

k : $S-N$선도의 기울기 (= 0.06)

ΣN = 365× 100× 80× 3.82× 0.660$^{1/0.06}$ + 365× 100× 75× 2.33× 0.895$^{1/0.06}$

= 1.02× 10^{6}회 < 2.0×10^{6}회

이상으로부터, $\gamma_i \cdot \sigma_{srd}/(f_{sr200}/\gamma_b) \leqq 1.0$ 및 $\Sigma N < 2.0 \times 10^6$회 이므로 설계인장피로강도의 조사는 생략한다.

(b)스터럽

① $S-N$선도의 설정

1) 표준열차하중에 의해 발생하는 철근의 최대변동응력도 σ_{srd}의 산정

σ_{srd} : 표준열차하중에 의한 변동응력도 (N/mm²)

(스터럽의 열차하중 및 충격하중에 의한 철근의 설계변동응력도 σ_{wrd}로 한다.)

$$\sigma_{wrd} = \frac{V_{pd} + V_{rd} - k_r \cdot V_{cd}}{\dfrac{A_w \cdot z}{s} + \dfrac{A_b \cdot z \cdot (\cos\theta_b + \sin\theta_b)^3}{s_b}} \cdot \frac{V_{rd}}{V_{pd} + V_{rd} + V_{cd}}$$

【철도표준식(해6.4.3)】

여기서 σ_{brd} : 절곡철근의 설계변동응력도

V_{pd} : 영구하중에 의한 설계전단력 (= 499 kN)

V_{rd} : 변동하중에 의한 설계전단력 (=521kN)

V_{cd} : 전단보강철근을 사용하지 않은 봉부재의 설계전단내력 (=857kN)

K_r : 변동작용의 빈도의 영향을 고려하기 위한 계수 (= 0.5)

A_w : 구간에 s 의 스터럽의 총단면적 (= 889mm²)

A_b : 구간에 s_b의 절곡철근의 총단면적 (= 2,570mm²)

s : 연직스터럽의 배치간격 (= 250 mm)

s_b : 절곡철근의 배치간격 (509 mm)

z : d/1.15 (583/1.15 = 507 mm)

d : 유효높이 (= 583 mm)

θ_b : 절곡철근이 부재축과 이루는 각도 (= 45°)

$$\sigma_{wrd} = \frac{\dfrac{(499+521-0.5\times857)\times10^3}{\dfrac{889\times507}{250}+\dfrac{2,570\times507\times(\cos45^\circ \ \sin45^\circ)^3}{509}}}{} \times \frac{521\times10^3}{(499+521+857)\times10^3}$$

$$= \frac{592\times10^3}{9,040}\times\frac{521}{1,880} = 18.1\,N/mm^2$$

$$\therefore \sigma_{srd} = 18.1\,N/mm^2$$

2) 최소응력도 σ_{min}의 산정

스터럽의 영구하중에 의한 철근의 최소응력도 σ_{min}은 영구하중에 의한 설계변동응력도 σ_{wpd}로 한다.

$$\sigma_{min} = \sigma_{wrd} = \frac{V_{pd}+V_{rd}-k_r\cdot V_{cd}}{\dfrac{A_w\cdot z}{s}+\dfrac{A_b\cdot z\cdot(\cos\theta_b+\sin\theta_b)^3}{s_b}} \cdot \frac{V_{pd}+V_{cd}}{V_{pd}+V_{rd}+V_{cd}}$$

【철도표준식(해6.4.4)】

$$= \frac{(499+521-0.5\times857)\times10^3}{\dfrac{889\times507}{250}+\dfrac{2,570\times507\times(\cos45^\circ \ \sin45^\circ)^3}{509}} \times \frac{(499+857)\times10^3}{(499+521+857)\times10^3}$$

$$= \frac{592\times10^3}{9,040}\times\frac{1,360}{1,880} = 47.4\,N/mm^2$$

3) 200만회피로강도 f_{sr200}의 산정

$$f_{sr200} = r_1\cdot\frac{10^{a_r}}{(2\times10^6)^k}\cdot\left(1-\frac{\sigma_{min}}{f_{suk}}\right)/\gamma_s$$

여기서, $a_r = 3.09-0.003\phi = 3.09-0.003\times13 = 3.05$

$k = 0.12$

ϕ : 조사 대상으로 하는 철근의 직경(=13mm)

σ_{min} : 철근의 최소인장응력도(=47.4N/mm^2)

f_{suk} : 철근의 인장강도 특성값(=490N/mm^2)

r_1 : 철근의 이음. 굽힘가공에 의한 저감계수(=0.65 : 굽힘가공으로 한다)

γ_s : 철근의 재료계수로, 일반적으로 1.05로 해도 좋다

따라서,

$$f_{sr200} = 0.65 \times \frac{10^{3.05}}{(2\times10^{6})^{0.12}} \cdot \left(1-\frac{47.4}{490}\right)/1.05 = 110\,\mathrm{N/mm^2}$$

표 3.3.33 조사결과 (200만회 피로강도의 조사)

설계응답 값 I_{Rd} (설계변동응력도)	σ_{srd} = 18.1 N/mm^2
설계한계 값 I_{Ld} (200만회 피로강도)	f_{sr200}/γ_b = 110 N/mm^2
구조물계수 γ_i	1.1
부재계수 γ_b	1.0
조사결과 ($\gamma_i \cdot I_{Rd}/I_{Ld}$)	0.18

이상으로부터 $r_i \cdot \sigma_{srd}/(f_{sr200}/r_b) \leqq 1.0$ 이므로 철도표준부속표9.2로부터 $S-N$선도는 α_r = 2.71-0.003 ϕ, k = 0.06로 된다.

② 총 등가반복횟수 N의 계산

$$\Sigma N = 365T \cdot j_A \cdot N_A \cdot \left(\frac{S_A}{S_C}\right)^{1/k} + 365T \cdot j_B \cdot N_B \cdot \left(\frac{S_B}{S_C}\right)^{1/k}$$

여기서, T : 설계내용(耐用)기간 (= 100년)

j_A, j_B : 실열차의 횟수 (회/일)

j_A = 80회/일 (A열차하중 : 여객열차)

j_B = 75회/일 (B열차하중 : 화물열차)

N_A, N_B : S_A, S_B에 대한 열차1편성 당의 등가반복횟수 (회)

S_A, S_B : 실열차하중(A열차하중, B열차하중)에 의한 최대변동단면력

S_C : 표준열차하중에 의한 최대변동단면력

철도표준부속표9.4(b)로부터 N_A =3.82회, N_B=2.33회

S_A / S_C = 0.660, S_B / S_C = 0.895 (지간 l = 10.0m)

k : $S - N$선도의 기울기 (= 0.06)

$$\Sigma N = 365\times100\times80\times3.82\times0.660^{1/0.06} + 365\times100\times75\times2.33\times0.895^{1/0.06}$$

$$= 1.02\times10^{6}\text{회} < 2.0\times10^{6}\text{회}$$

이상으로부터, $\gamma_i \cdot \sigma_{srd}/(f_{sr200}/\gamma_b) \leqq 1.0$ 및 $\Sigma N < 2.0\times 10^6$회 이므로 설계인장피로강도의 조사는 생략한다.

3.3.9.3 주행안전성 【철도표준부속자료 18】

변위·변형에 대한 조사를 철도표준에 따라서 시행한다.

(1) 처짐 δ_d의 산정

열차하중, 충격하중을 고려하고 콘크리트 전단면을 유효로 해서 산정한다.

$$\delta_d = 5/48 \cdot M_E \cdot \ell^2/(E_c \cdot I)$$

여기서, M_E : 열차하중과 충격하중에 의한 설계최대휨모멘트 (=1,230kN·m)

l : 지간 (=10.0m)

E_c : 콘크리트의 탄성계수(=26.5kN/mm^2)

I : 주보의 단면2차모멘트 (=0.0953m^4)

$$\therefore \delta_d = 5/48\times1,230\times10.0^2/(26.5\times0.0953)/10^3 = 5.07\text{mm}$$

(2) 제한값 δ_{ls}의 설정

철도표준부속표18.3로부터, $\delta_{ls} = \ell_b/400 = 10.0\times103/400 = 25.0$mm

(3) 조사

조사결과를 표 3.3.34에 나타냈다.

표 3.3.34 조사결과

설계응답값 δ_d	δ_d = 5.07 mm
제한값 δ_{Is}	δ_{Is} = 25.0 mm
구조물계수 γ_i	1.1
조사결과 ($\gamma_i \cdot \delta_d/\delta_{Is}$)	0.22

따라서 주행안전성을 만족한다.

제 4 장 조사 case-2(부식성환경, W/C=50%)

4.1 구조물의 제원(구조형식, 사용재료, 설계내용기간, 환경조건)

조사는 그림 4.1.1에 나타낸 철근콘크리트 단순슬래브형(桁)의 종형에 대해 시행한다.

4.1.1 구조형식

- 형 식 : 단선용 RC단순슬래브형(桁)
- 형 장 : L=10.90m
- 지 간 : l=10.00m
- 궤도구조 : 슬래브궤도, 직선

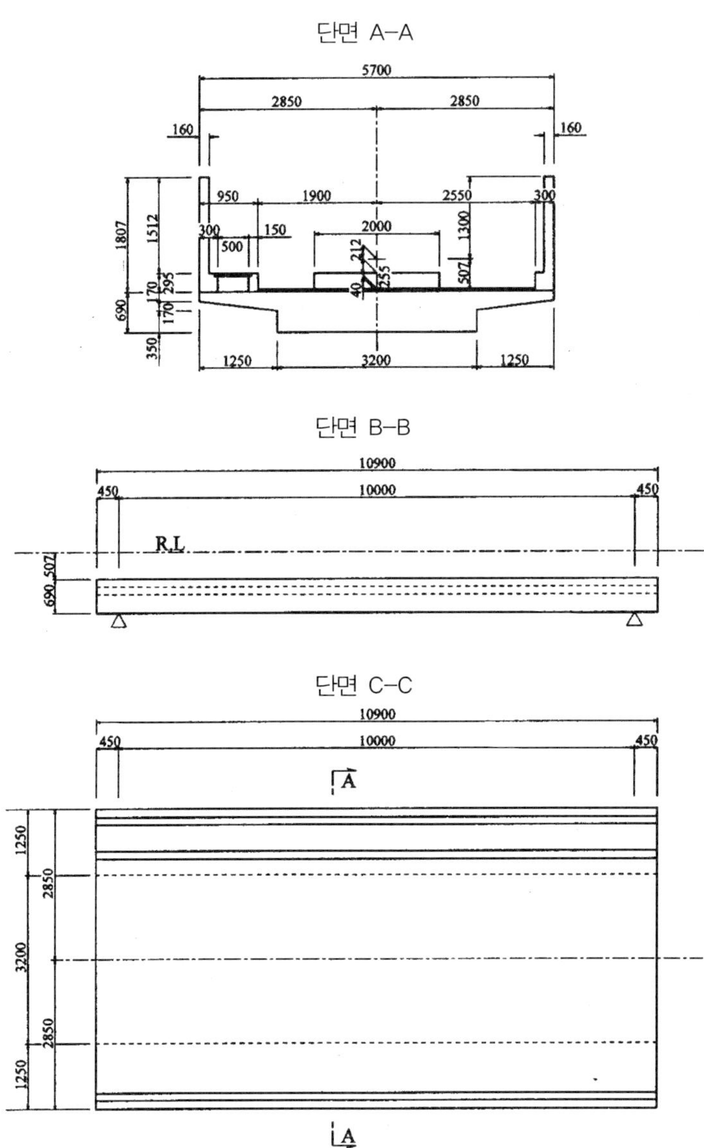
단면 A–A
5700
2850
2850
160
160
1807
1512
950
1900
2550
300
300
150
500
2000
1300
212
255
40
507
170
295
690
170
350
1250
3200
1250
단면 B–B
10900
450
10000
450
R.L
507
690
단면 C–C
10900
450
10000
450
A
1250
2850
3200
2850
1250
A

그림 4.1.1 일반도

4.1.2 사용재료

사용하는 콘크리트 및 강재의 종류를 표 4.1.1에 나타냈다.

표 4.1.1 사용재료

콘크리트	강재
시멘트종별 : 보통포틀랜드시멘트 골재종별 : 보통골재 조골재최대치수 : 25mm 최대물시멘트비 : 50% 설계기준강도 : f'_{ck}=27N/mm^2	종별 : SD345 설계인장강도 : f_u=490N/mm^2 설계인장항복강도 : f_y=345N/mm^2

4.1.3 설계내용기간 [시공편2.2, 2.3]

설계내용기간은 100년으로 한다

4.1.4 환경조건

내구성의 검토항목 및 환경조건을 표4.1.2에 나타냈다

표 4.1.2 내구성의 검토항목 및 환경조건

검토항목		환경조건등
강재부식	균열	부식성환경
	중성화	부재,부위마다 정한다(주보에 관한 조사는 일반환경으로 한다.)
	염화물이온	부식성환경 (철도표준에서 지역구분 S1)
콘크리트의 열화	동결융해	영향이 무시할 수 있을 정도로 작기 때문에 검토하지 않는다.
	화학적침식	
	알카리골재반응	

4.2 설계메뉴얼에 기초한 덮개와 물시멘트비의 선정

덮개를 결정하는데 있어서 case-2의 조건은 환경조건구분으로서는 부식성환경, 물시멘트비로서는 W/C=50%로 설정한다. 또, 사용시멘트는 보통 포틀랜드시멘트로 한다. 환경조건의 상세는 표 4.1.2에, 또 사용재료의 상세는 표 4.1.1에 나타냈다.

이러한 조건에 대한 최소덮개는 일반구조세목, 중성화 및 염화물이온의 영향에 대해 각각 40mm, 40mm, 60mm가 되고 최종적인 설계덮개는 염화물이온의 영향으로 결정된 표4.2.1에 보인 값으로 했다. 이하에 각각의 검토결과를 나타냈다.

4.2.1 일반구조세목으로 정해지는 최소덮개 【설계메뉴얼2.2】

시방서 구조성능조사편「9.2덮개」식(9.2.1)로부터, 일반구조세목으로 정해지는 최소덮개는 부식성환경, 슬래브 및 콘크리트의 설계기준강도 27N/mm^{2}의 조건에서는 40mm이다.

4.2.2 중성화 검토로 정해지는 최소덮개 【설계메뉴얼2.3】

설계메뉴얼「2.3 중성화 검토로 정해지는 덮개와 물시멘트비」에 있어서 표2.1.2(a)로 정해지는 최소 덮개는, W/C=50%, 습윤상태가 아닌 환경에서 브리데잉의 영향이 없는 경우에는 40mm이다.

4.2.3 염화물이온농도로 정해지는 최소덮개 [설계매뉴얼2.4]

설계매뉴얼 2.4 해설표2.1.4 염화물의 영향을 받는 환경조건에서의 덮개와 물시멘트비로 정해지는 최소덮개는 W/C=50%, 해안에서의 거리 1km의 경우에는 60mm이다.

따라서 각 부재의 염화물이온농도에 대한 검토로 정해지는 설계덮개는 표4.2.1에 보인바와 같이 된다. 덧붙여, 슬래브 상면은 구배콘크리트가 부설되는 것을 고려해서 시공오차를 고려하지 않았다.

표 4.2.1 설계덮개

부재	위치	매뉴얼에 나타낸 덮개	덮개의 시공오차	설계덮개
주형	상면	60	0	50
	하면,측면	60	10	60

주) 설계메뉴얼 해설표2.1.2에 보인 설계덮개는 시공오차 10mm로 한 경우의 값

4.3 구조성능조사편에 기초한 조사

4.3.1 구조물의 요구성능 설정 【철도표준3.2】

3.3.1과 동일하므로 생략한다.

4.3.2 설계하중 【철도표준 4.1】

3.3.2와 동일하므로 생략한다.

4.3.3 설계지간과 단면정수

4.3.3.1 설계지간

3.3.3.1과 동일하므로 생략한다.

4.3.3.2 단면정수

주보의 단면형상을 그림4.3.1에, 단면적・중심위치 및 단면2차모멘트 등 단면정수 계산을 표4.3.1에 나타냈다.

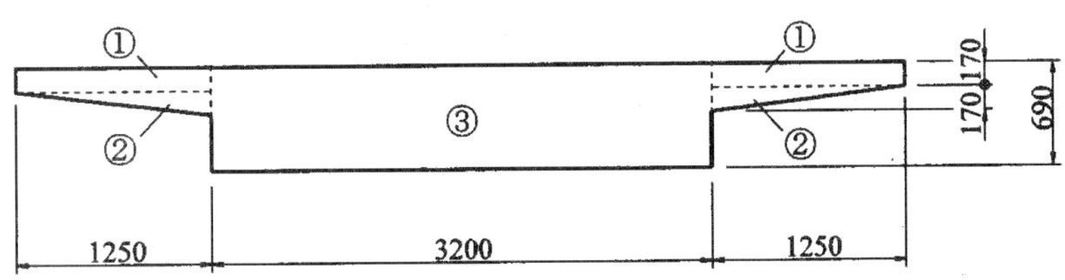

그림 4.3.1 단면형상

표 4.3.1 단면정수의 계산

부재 NO.	A (m^2)	y (m)	A·y (m^3)	y_o−y (m)	I_o (m^4)	$I_o+A\cdot(y_o-y)^2$ (m^4)
①	1.25×0.170×2 =0.425	0.0850	0.0361	0.213	0.001024	0.0203
②	1.25×0.170/2×2 =0.213	0.227	0.0484	0.071	0.000341	0.00141
③	3.20×0.690 =2.208	0.345	0.762	−0.047	0.0876	0.0925
Σ	2.846	−	0.847	−	−	0.1142

단면적 $A=\Sigma A=2.846\,m^2$

중심위치(슬래브면에서부터) $y_o=\Sigma(A\cdot y)/\Sigma A=0.847/2.846=0.298\,m$

단면2차모멘트 $I_o=\Sigma((I_o+A\cdot(y_o-y)^2)=0.1142\,m^4$

4.3.4 하중의 계산

4.3.4.1 사하중 (D1), (D2)

사하중은 고정사하중 (D1)과 부가사하중 (D2)으로 구분해서 계산한다.

이 경우, 고정사하중 (D1)은 슬래브궤도, 배수구배 콘크리트, 켄틸레버슬래브 및 주보의 자중으로 하고, 부가사하중 (D2)은 방음벽, 연석, 공동구뚜껑, 벽 및 케이블의 중량으로 한다.

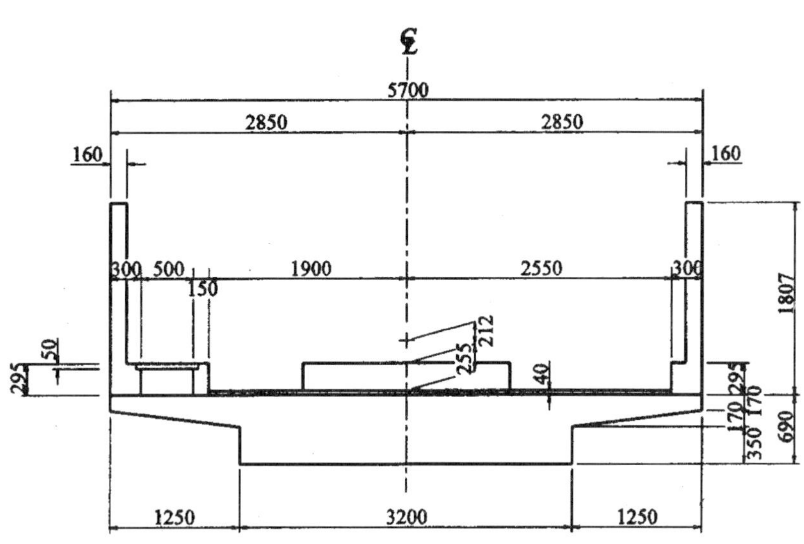

그림 4.3.2 슬래브형(桁)의 단면형상

표 4.3.2 고정사하중의 계산(m당)

하중의 종별	사하중의 계산		선로중심부터 의 수평거리 x(m)	$N \cdot x$ (kN·m)
	계산식	N(kN)		
슬래브궤도	-	15.0	0	0
배수구배콘크리트	4.45×0.0400×23.0	4.09	0.325	1.33
켄틸레버슬래브	(0.340+0.17)×1.25/2×24.5×2	15.6	0	0
주보	3.20×0.690×24.5	54.1	0	0
합계	-	88.8	-	1.33

부가사하중의 계산은 3.3.4.1과 동일하므로 생략한다.

4.3.4.2 열차하중(L)

열차하중은 3.3.4.2와 동일하므로 생략한다.

4.3.4.3 충격하중 (I)

안전성 및 복구성 조사에 사용하는 설계충격계수 i 는 다음식에 의해 구한다. 덧붙여, 피로파괴에 관한 안전성 및 사용성 조사에 사용하는 설계충격계수는, 다음식에 의해 구한 설계충격계수 i 의 3/4로 한다.

$$i = (1 + i_{\alpha})(1 + i_{c}) - 1$$

여기서, i_{α} : 속도효과의 충격계수 (=0.124) 【철도표준부속자료4】

$$\alpha = \frac{\nu}{7.2n \cdot L_{b}} = \frac{130}{7.2 \times 8.12 \times 10.0} = 0.222$$

여기서, α : 속도파라미터

ν : 열차 또는 차량의 최고속도(=130 km/h)

n : 부재의 기본고유진동수 (Hz)

$$n = \frac{\pi}{2L^{2}} \cdot \sqrt{\frac{EI \cdot g}{D_{1} + D_{2}}} = \frac{\pi}{2 \times 10^{2}} \cdot \sqrt{\frac{3.03 \times 10^{6} \times 9.81}{88.8 + 22.5}} = 8.12\ \text{Hz}$$

여기서, EI : 부재의 휨강성 $(= 26.5 \times 10^{6} \times 0.1142 = 3.03 \times 10^{6}\,\text{kN} \cdot \text{m}^{2})$

g : 중력가속도(=9.81m/s^{2})

D_1 : 단위길이당의 고정사하중(=88.8kN)

D_2 : 단위길이당의 부가사하중(=22.5kN)

L_b : 부재의 지간(=10.0m)

i_c : 차량동요의 충격계수

$$i_{c} = \frac{10}{65 + L_{b}} = \frac{10}{65 + 10.0} = 0.133$$

여기서, L_b : 부재의 지간 (=10.0 m)

따라서, 충격계수 i 는,

$$i = (1 + i_{\alpha})(1 + i_c) - 1 = (1 + 0.124) \times (1 + 0.133) - 1 = 0.273$$

설계충격계수를 표 4.3.3에 나타냈다. 충격하중에 의한 부분등분포하중은 열차하중의 부분등분포에 표 4.3.3의 설계충력계수를 곱해서 산정한다.

표 4.3.3 설계충격계수의 계산

지간 (m)	기본고유진동수 n (Hz)	속도파라미터 α	i_{α}	i_c	설계충격계수 i	
					안전성 (파괴) 복구성	안전성 (피로파괴) 사용성
10.0	8.12	0.222	0.124	0.133	0.273	0.205

4.3.4.4 차량횡하중 (L_F)

차량횡하중은 동륜축중의 15%의 연행하중으로 하되, 지간으로 나눈 환산등분포하중으로 한다.

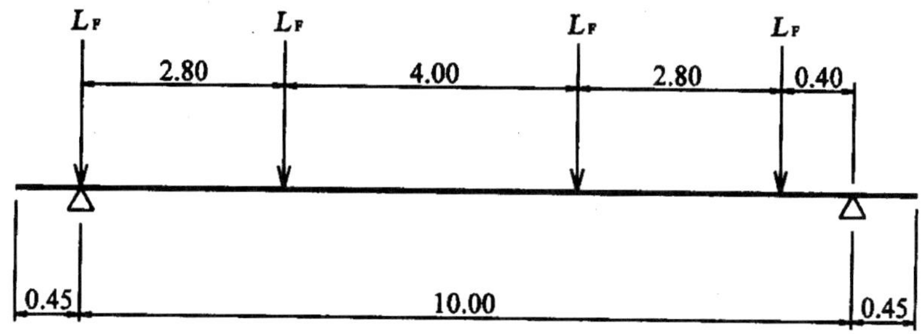

그림 4.3.3 차량횡하중의 재하형태

$L_F = 0.15 \times 170 = 25.5$ kN/축

$L_F = 4 \cdot L_F / L = 4 \times 25.5 / 10.0 = 10.2$ kN/m

차량횡하중의 주보 중앙으로부터의 작용높이 (그림 4.3.2참조)

$$y_f = 0.212 + 0.255 + 0.04 + 0.65/2 = 0.885\,\mathrm{m}$$

주보 중앙에서의 휨모멘트

$$M_F = 10.2 \times 0.852 = 8.69\,\mathrm{kN \cdot m/m}$$

4.3.4.5 연직하중의 편심에 의한 단면력 할증 검토 【철도표준14.3.2】

연직하중이 슬래브형의 주보단면 중심선에 대해 편심으로 작용하는 경우, 휨모멘트 및 전단력의 단면력 할증에 대한 검토를 시행한다.

(1) 하중조합에 의한 편심거리의 산정

각 한계상태의 하중조합에 있어서, 연직하중의 편심에 의한 휨모멘트 M 및 연직하중 N으로부터의 편심거리 e를 산정한다.

표 4.3.4 연직하중의 편심에 의한 휨모멘트 및 연직하중

단면력의종별	고정사하중 D_1	부가사하중 D_2	열차하중 L	충격하중 I	차량횡하중 L_F
휨모멘트 M (kN·m)	1.33	-4.70	0	0	-8.69※2
연직하중 N (kN)	88.8	22.5	78.3※1	i_1, i_2	(10.2)

주) ※1 : 휨모멘트에 대한 환산등분포하중

※2 : 주보단면 중앙에 대한 모멘트로, 영향이 크게 되는 방향을 고려한다.

표 4.3.5 편심거리의 산정

성능	하중조합	휨모멘트 M (kN·m)	연직하중 N (kN)	편심거리 e※1 (m)
안전성 (파괴)	$1.1D_1+1.2D_2+1.1L+1.1I+L_F$	-12.9	234	-0.0551
	$1.1D_1+1.2D_2+L+I+1.1L_F$	-13.7	224	-0.0612
기타※4	D_1+D_2+L+I	-3.37	206	-0.0164

주) ※1 : 편심거리 $e=M/N$

※2 : 안전성 (파괴) 조사에 사용하는 설계충격계수 $i_1=0.273$

※3 : 안전성 (파괴) 조사 이외에 사용하는 설계충격계수 $i_2=0.205$

※4 : 기타의 성능은 안전성 (피로파괴·주행안전성), 사용성, 내구성을 나타낸다.

(2) 단면력 할증에 대한 검토

(a) 폭-지간비 b/L

폭-지간비 $= b/L = 3.20/10.0 = 0.320$

(b) 단면력 할증 검토

연직하중의 편심거리 e는, 표 4.3.5에 나타내고 있는 전체 케이스에서 $b/32 = 0.10\,\text{m}$ 이하이다. 따라서, 철도표준해설 표 14.3.1로부터, 연직하중의 편심에 의한 휨모멘트 및 전단력에 대한 단면력의 할증은 필요 없다.

4.3.5 단면력 계산

각 하중의 종별마다, 설계지간을 8등분한 각점의 휨모멘트, 전단력 및 비틀림모멘트를 산정한다.(편심량 e = 99mm는 강교설계자료로부터)

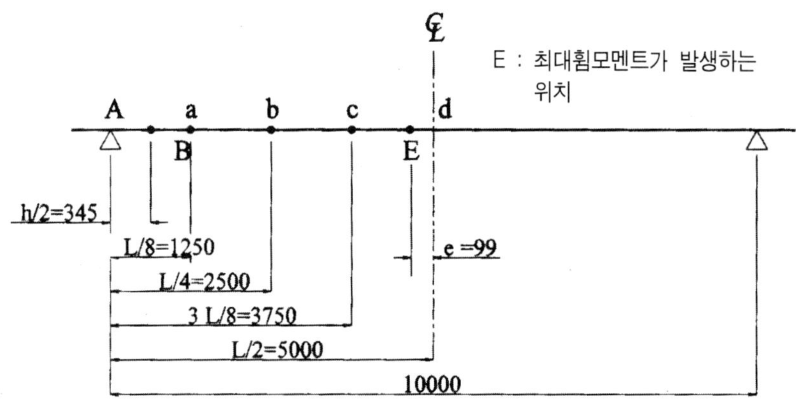

그림 4.3.4 단면력의 계산 위치

4.3.5.1 휨모멘트의 계산

(1) 사하중

(a) 고정사하중(D_1)

고정사하중의 등분포하중 w = 88.8 kN/m

$M_a = 7/128 \cdot wL^2 = 7/128 \times 88.8 \times 10.0^2 = 486\text{kN} \cdot \text{m}$

$M_b = 3/32 \cdot wL^2 = 3/32 \times 88.8 \times 10.0^2 = 833\text{kN} \cdot \text{m}$

$M_c = 15/128 \cdot wL^2 = 15/128 \times 88.8 \times 10.0^2 = 1,041\text{kN} \cdot \text{m}$

$M_d = 1/8 \cdot wL^2 = 1/8 \times 88.8 \times 10.0^2 = 1,110\text{kN} \cdot \text{m}$

$M_E = W/2 \cdot (L/2 + e) \cdot (L/2 - e)$

$= 88.8/2 \times (10.0/2 + 0.0990) \times (10.0/2 - 0.0990) = 1,1100\text{kN} \cdot \text{m}$

(b) 부가사하중(D_2)

3.3.5.1과 동일하므로 생략한다.

(2) 열차하중

3.3.5.1과 동일하므로 생략한다.

(3) 휨모멘트의 총괄

표 4.3.6 휨모멘트 총괄표 (kN · m)

검토단면	지점으로부터의 거리 (m)	사하중		열차하중 (L)	충격하중 (I)	
		고정 (D_1)	부가 (D_2)		i_1=0.273	i_2=0.205
a	1.25	486	123	454	124	93.1
b	2.50	833	211	734	200	150
c	3.75	1,041	264	898	245	184
d	5.00	1,110	281	962	263	197
E	4.90	1,110	281	962	263	197

4.3.5.2 전단력의 계산

(1) 사하중

(a) 고정사하중(D_1)

고정사하중의 등분포하중 $w = 88.8\,\text{kN/m}$

$V_A = 1/2 \cdot wL = 1/2 \times 88.8 \times 10.0 = 444\,\text{kN}$

$V_a = 3/8 \cdot wL = 3/8 \times 88.8 \times 10.0 = 333\,\text{kN}$

$V_b = 1/4 \cdot wL = 1/4 \times 88.8 \times 10.0 = 222\,\text{kN}$

$V_c = 1/8 \cdot wL = 1/8 \times 88.8 \times 10.0 = 111\,\text{kN}$

$V_d = 0\,\text{kN}$

(b) 부가사하중(D_2)

3.3.5.2와 동일하므로 생략한다.

(2) 열차하중(L)

3.3.5.2와 동일하므로 생략한다.

(3) 전단력의 총괄

표 4.3.7 전단력 총괄표 (kN)

검토단면	지점으로부터의 거리 (m)	사하중		열차하중 (L)	충격하중 (I)	
		고정 (D_1)	부가 (D_2)		i_1=0.273	i_2=0.205
A	0.00	444	113	456	124	93.5
B	h/2=0.345	413	105	431	118	88.4
a	1.25	333	84.4	364	99.4	74.6
b	2.50	222	56.3	294	80.3	60.3
c	3.75	111	28.1	230	62.8	47.2
d	5.00	0	0	166	45.3	34.0

주) B점의 전단력은 지점 A와 검토단면 a로부터 보간법에 의해 구한다.

$V_B = V_A - (V_A - V_B)/1.25 \times 0.345$

4.3.5.3 비틀림 모멘트의 계산 【철도표준14.3.2】

(1) 사하중

3.3.5.3과 동일하므로 생략한다.

(2) 열차하중(L)

열차하중은 주보 중심선에 대해 편심으로 작용하지 않기 때문에, 비틀림모멘트는 발생하지 않는다.

(3) 차량횡하중(L_F)

차량횡하중에 의한 비틀림모멘트 $M_{tF} = -8.69\,\mathrm{kN \cdot m/m}$

$M_{tA} = 1/2 \cdot M_t L = -1/2 \times 8.69 \times 10.0 = -43.5\,\text{kN} \cdot \text{m}$

$M_{ta} = 49/128 \cdot M_t L = -49/128 \times 8.69 \times 10.0 = -33.3\,\text{kN} \cdot \text{m}$

$M_{tb} = 9/32 \cdot M_t L = -9/32 \times 8.69 \times 10.0 = -24.4\,\text{kN} \cdot \text{m}$

$M_{tc} = 25/128 \cdot M_t L = -25/128 \times 8.69 \times 10.0 = -17.0\,\text{kN} \cdot \text{m}$

$M_{td} = 1/8 \cdot M_t L = -1/8 \times 8.69 \times 10.0 = -10.9\,\text{kN} \cdot \text{m}$

(4) 비틀림모멘트의 총괄

표 4.3.8 비틀림모멘트 총괄표 (kN · m)

검토단면	지점으로부터의 거리 (m)	사하중		차량횡하중 (L_F)
		고정 (D_1)	부가 (D_2)	
A	0	6.65	-23.5	-43.5
B	h/2=0.345	6.19	-21.9	-40.7
A	1.25	4.99	-17.6	-33.3
B	2.50	3.33	-11.8	-24.4
C	3.75	1.66	-5.88	-17.0
D	5.00	0	0	-10.9

주) B점의 비틀림모멘트는 지점 A와 검토단면 a로부터 보간법에 의해 구한다.

$M_{tB} = M_{tA} - (M_{tA} - M_{ta})/1.25 \times 0.345$

4.3.5.4 단면력도

3.3.5.4와 거의 동일하므로 생략한다.

4.3.6 설계하중조합에 의한 설계단면력

표 4.3.9 각 성능에 있어서의 단면력

성능	설계하중조합	설계휨모멘트 M_d(kN·m)	설계전단력 V_d(kN)	설계비틀림모멘트 M_{td}(kN·m)
안전성 (파괴)	$1.1D_1+1.2D_2+1.1(L+I_1)+1.0L_F$	2,910	1,180	-64.4
	$1.1D_1+1.2D_2+1.0(L+I_1)+1.1L_F$	2,790	1,130	-68.7
안전성 (피로파괴)	D_1+D_2	1,390	518	-
	$L+I_2$	1,160	520	-
안전성 (주행안전성)	$L+I_1$	1,230	550	-
사용성	$L+I_2$	1,160	520	-
	$D_1+D_2+L+I_2$	2,550	1,040	-16.9
	D_1+D_2	1,390	518	-
내구성	$D_1+D_2+L+I_2$	2,550	1,040	-16.9
복구성	$D_1+D_2+L+I+L_F$	2,620	1,070	(-16.9)

여기서, 조사단면은, 설계휨모멘트 M_d : 지간 중앙의 d점

설계전단력 V_d : 지점으로부터 h/2의 위치의 B점

설계비틀림모멘트 M_{td} : 지점의 A점

또, 안전성 (파괴 · 주행안전성) 조사에 사용하는 설계충격계수 $i_1=0.273$

안전성 (파괴 · 주행안전성) 조사 이외에 사용하는 설계충격계수 $i_2=0.205$

구조해석계수 γ_a은 1.0으로 한다.

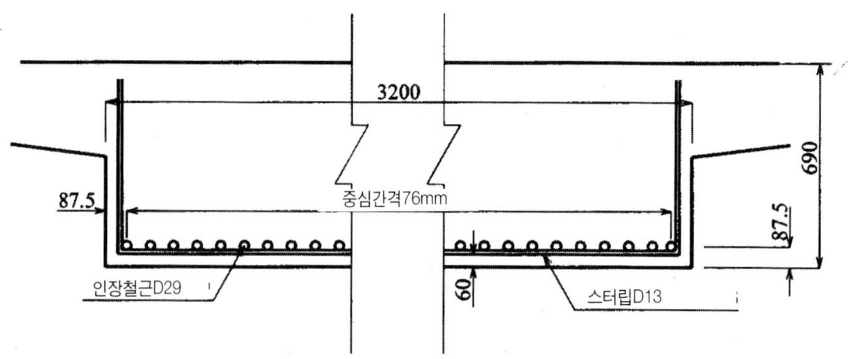

그림 4.3.5 철근의 배치상세(지간중앙)

4.3.7 조사단면

4.3.7.1 휨모멘트에 대한 조사단면 【철도표준 13.3.3】

휨모멘트에 대한 조사단면은 지간 중앙으로 한고 압축내민연단을 고려한다.

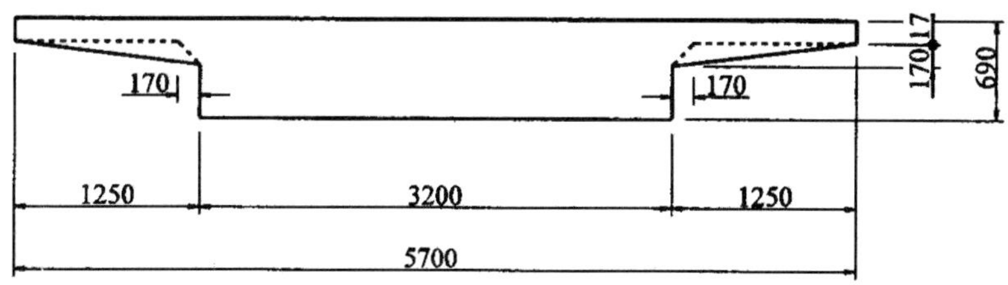

그림 4.3.6 압축내민연단의 유효폭

$$b_e = b_w + 2(b_s + l/8)$$

여기서, b_w : 주보의 복부폭 (= 3,200mm)

b_s : 헌치의 높이 (= 170mm)

l : 주보의 지간 (= 10,000mm)

$$\therefore\ b_e = 3,200 + 2\times(170 + 10,000/8) = 6,040\,mm > 5,700mm$$

따라서, $b_e = 5,700mm$로 한다.

4.3.7.2 전단력에 대한 조사단면

전단력에 대한 조사단면은 그림 4.3.7에 보인 복부폭 b_w, 유효높이 d로 한 사각형단면으로 한다.

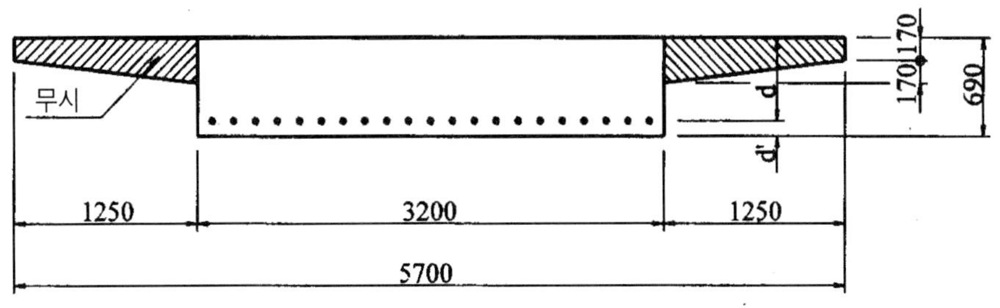

그림 4.3.7 전단력에 대한 조사단면

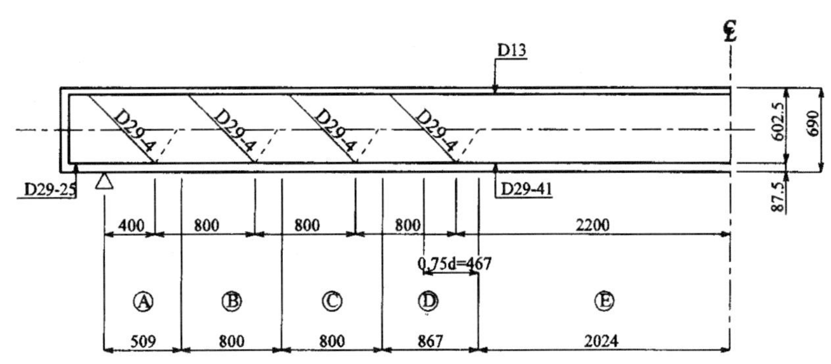

그림4.3.8 철근의 배치와 조사블럭

4.3.8 사용성 조사

4.3.8.1 전제조건 【구조성능조사편7.3】

구조성능조사편7.3 응력도의 제한값에 따라, 영구하중 작용시의 콘크리트 휨압축응력도σ'_{cp}가 $0.4f'_{ck}$이하 인 것을 확인한다. 여기서, f'_{ck}은 콘크리트의 압축강도의 특성값이다.

검토단면은 그림 4.3.9에 보인 것과 같다.

① 영구하중 작용시의 콘크리트 휨압축응력도σ'_{cp}의 산정

$$\sigma'_{cp} = 2M_d / (k \cdot j \cdot b_e \cdot d^2)$$

여기서, M_d : 영구하중에 의한 설계휨모멘트(=1,390 kN · m)

A_s : 인장철근량 (=26,300mm^2(D29-41본)

j: $1 - k/3 = 1 - 0.2871/3 = 0.904$

$$k = \sqrt{2n \cdot p_t + (n \cdot p_t)^2} - n \cdot p_t$$

$$= \sqrt{2 \times 7.55 \times 0.00765 + (7.55 \times 0.00765)^2} - 7.55 \times 0.00765 = 0.287$$

여기서, n : 탄성계수비 ($= E_s / E_o = 200/26.5 = 7.55$)

E_s : 강재의 탄성계수 ($= 200\mathrm{kN/mm^2}$)

E_c : 콘크리트의 탄성계수 ($= 26.5\mathrm{kN/mm^2}$)

p_t : 인장철근비 ($= A_s / (b_e \cdot d) = 26,300/(5,700 \times 603) = 0.00765$)

여기서, b_e : 압축연의 폭 ($= 5,700\mathrm{mm}$)

d : 유효높이 ($= 690 - 60.0 - 13.0 - 29.0/2 = 603\mathrm{mm}$)

$$\therefore \sigma'_{cp} = 2 \times 1,390 \times 10^6 / (0.287 \times 0.904 \times 5,700 \times 6032) = 5.2\mathrm{N/mm^2}$$

② 콘크리트 휨압축응력도의 제한값

$$0.4f'_{ck} = 0.4 \times 27 = 10.8\mathrm{N/mm^2}$$

③ 검토

검토결과를 표 4.3.10에 나타냈다.

표 4.3.10 검토결과

휨압축응력도 σ'_{cp}	5.2 N/mm^2
제한값 $0.4f'_{ck}$	10.8 N/mm^2
검토결과 $(\sigma'_{cp}/0.4f'_{ck})$	0.48

4.3.8.2 내구성 검토 【구조성능조사편7.4】

덮개를 확보하는 것에 의한 중성화 및 염화물이온 농도에 대한 내구성 검토를 4.1.2 및 4.1.3에 나타냈다. 여기서는, 구조성능조사편 7.4에 규정한 균열에 대한 검토를 시행한다.

(1) 휨균열 【구조성능조사편7.4.4】

휨균열의 검토단면을 그림 4.3.9에 나타냈다.

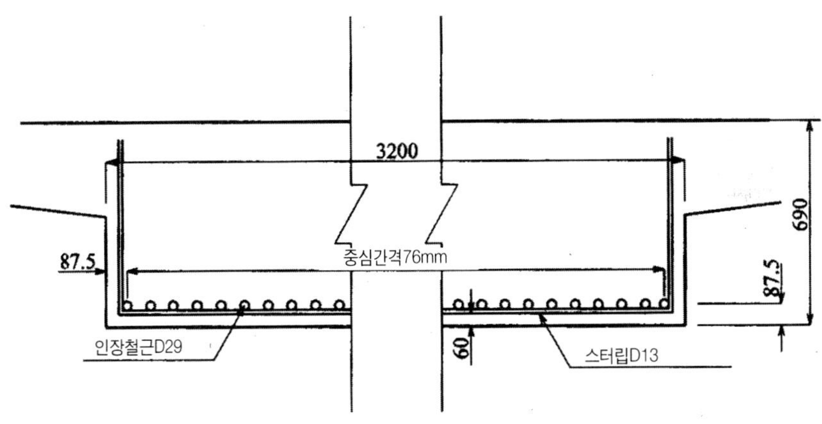

그림 4.3.9 주보의 철근배치 (휨균열 검토단면 (지간중앙))

균열폭에 대한 검토를 시행하기 전에, 우선, 휨균열폭의 검토 필요성에 대해 검토한다. 【구조성능조사편7.4.4 (1)】

① 영구하중과 변동하중이 조합된 경우의 전단면을 유효로 한 콘크리트의 연인장응력도 σ_b의 산정

$$\sigma_b = \frac{M_d}{I} \cdot y_L$$

여기서, M_d : 2,550 kN · m (영구하중+변동하중)

I : 전단면을 유효로 한 단면2차모멘트(=0.1142m^4)

y_L : 전단면 유효의 중심에서 최외측면까지의 거리(=690−298=392mm)

$$\therefore \sigma_b = \frac{2,550\times10^6}{0.1142\times10^{12}}\times392 = 8.75\,\text{N/mm}^2$$

② RC구조에 대한 콘크리트의 연인장응력도 제한값 f_{bck}

휨균열폭의 검토를 생략할 수 있는 경우의 RC구조에 대한 콘크리트의 연인장응력도 제한값 (N/mm^2)은 콘크리트의 휨균열강도 f_{bck}이다. f_{bck}은 구조성능조사편 식(3.2.4)에 의해 다음과 같이 구할 수 있다.

$$f_{bck} = k_{0b} k_{lb} f_{tk} = 1.15\times0.60\times2.07 = 1.43\,\text{N/mm}^2$$

여기서, $k_{0b} = 1 + 1/\ 0.85 + 4.5(h/l_{ch}) = 1 + 1/\ 0.85 + 4.5(0.69/0.542) = 1.15$

k_{lb} $= 0.55/(h^{1/4}) = 0.55/(0.69^{1/4}) = 0.60$

k_{0b} : 콘크리트의 인장연화 특성에 기인하는 인장강도와 휨강도의 관계를 나타내는 계수

k_{lb} : 건조, 수화열 등 기타의 원인에 의한 균열강도의 저하를 나타내는 계수

h : 부재의 높이(=0.69m)

l_{ch} : 특성길이 $(= G_F E_c / f_{tk}^2 = 87.7\times26500/2.07^2\times10^{-6} = 0.542\ \text{m})$

G_F : 파괴에너지 $(= 10(d_{\max})^{1/3} f'^{1/3}_{ck} = 10\times25^{1/3}\times27^{1/3} = 87.7\,\text{N/m})$

$d_{\max}$: 조골재의 최대치수 (=25mm), f'_{ck}: 설계기준강도 (=27 N/mm^2)

E_c : 탄성계수 (=26.5kN/mm^2)

f_{tk} : 인장강도의 특성값 $(=0.23f'^{2/3}_{ck}=0.23\times27^{2/3}=2.07\ \mathrm{N/mm^2})$

따라서, 영구하중과 변동하중이 조합된 경우에 있어서 전단면을 유효로 한 콘크리트의 연인장응력도 σ_b=9.64 N/mm^{2}이, 휨균열폭의 검토를 생략 할 수 있는 경우의 RC구조에 대한 콘크리트의 연인장응력도 제한값 f_{bck}=1.43 N/mm^{2}이상이 되므로, 휨균열이 발생하는 부재로 판단된다. 이 때문에, 영구하중에 의한 휨균열폭의 검토를 시행한다. 【구조성능조사편7.4.4 (2)】

③ 영구하중에 의한 인장철근응력도σ_s의 산정

$$\sigma_s = M_d/(A_s \cdot j \cdot d)$$

여기서, M_d : 영구하중에 의한 설계휨모멘트(=1,390kN·m)

A_s : 인장철근량 (=26,300mm^2(D29-41본))

j : $1-k/3$= 1-0.287/3=0.904

$$k=\sqrt{2n\cdot p_t+(n\cdot p_t)^2}-n\cdot p_t$$
$$=\sqrt{2\times7.55\times0.00765+(7.55\times0.00765)^2}-7.55\times0.00765=0.287$$

여기서, n : 탄성계수비$(E_s/E_c=200/26.5=7.55)$

E_s : 깅재의 단성계수 (=200 kN/mm^2)

E_c : 콘크리트의 탄성계수 (=26.5 kN/mm^2)

p_t : 인장철근비 $(=A_S/(b_e\cdot d)$= 26,300/(5,700×603) = 0.00765)

여기서, b_e : 압축연의 폭(= 5,700 mm)

d : 유효높이 (=650-60.0-13.0-29.0/2=603 mm)

$$\therefore\ \sigma_s = 1{,}390\times10^6/(26{,}300\times0.904\times603) = 97.0\mathrm{N/mm^2}$$

④ 휨균열폭의 산정 【구조성능조사편 식(7.4.1)】

$$w = 1.1 \cdot k_1 \cdot k_2 \cdot k_3 4c + 0.7(C_s - \phi) \cdot (\sigma_{sc}/E_s + \varepsilon'_{csd})$$

여기서, k_1 : 강재의 표면형상이 균열폭에 미치는 영향을 나타낸 계수(=1.0)

k_2 : 콘크리트의 품질이 균열폭에 미치는 영향을 나타낸 계수

$$k_2 = \frac{15}{f'_c + 20} + 0.7 = \frac{15}{27.0 + 20} + 0.7 = 1.02$$

여기서, f'_c : 콘크리트의 압축강도($= f'_{cd} = f'_{ck}/\gamma_c$ = 27.0/1.0 = 27.0N/mm^2)

k_3 : 인장강재의 단수의 영향을 고려하는 계수 (=1.0)

C_s : 강재의 중심간격 (= (3,200−87.5×2)/40 = 75.6mm)

c : 인장강재의 덮개 (= 73mm)

ϕ : 강재직경 (= 29mm)

σ_{se} : 철근응력도의 증가량 (= 97.0N/mm^2)

E_s : 강재의 탄성계수 (=200kN/mm^2)

ϵ'_{csd} : 콘크리트의 수축 등에 의한 균열폭의 증가를 고려하기 위한 수치 (=150×10^{-6})

$$\therefore \ w = 1.1 \times 1.0 \times 1.02 \times 1.0 \times 4 \times 73 + 0.7 \times (75.6 - 29) \times (97.0/(200 \times 10^3) + 150 \times 10^{-6}) = 0.231\,\text{mm}$$

⑤ 허용휨균열폭 w_a의 설정 【구조성능조사편 7.4.2】

구조성능조사편 표 7.4.1에 의해 허용휨균열폭 w_a을 설정한다.

$$w_a = 0.004c = 0.004 \times 73 = 0.292\,\text{mm}$$

여기서, c : 인장강재의 덮개 (=73 mm)

⑥ 검토

검토결과를 표 4.3.11에 나타냈다.

표 4.3.11 검토결과

휨균열폭 w	w = 0.231 mm
허용휨균열폭 w_a	w_a = 0.292 mm
검토결과 (w/w_a)	0.79

(2) 전단균열 【구조성능조사편 7.4.6】

전단균열에 대한 검토를 시행하기 전에, 먼저, 전단균열의 검토 필요성에 대해 검토한다. 【구조성능조사편 7.4.6(1)】

검토단면은 지점으로부터 $h/2$점으로 한다.

전단보강강재를 사용하지 않은 봉부재의 설계전단내력 V_{cd}

$$V_{cd} = \beta_d \cdot \beta_p \cdot \beta_n \cdot f_{vcd} \cdot b_w \cdot d / \gamma_b$$

여기서, β_d : $\sqrt[4]{1,000/d} = \sqrt[4]{1,000/603} = 1.13$

여기서, d : 유효높이 (=690−60−13−29/2=603 mm)

$$\beta_p : \sqrt[3]{100 p_c} = \sqrt[3]{100 \times 0.00834} = 0.941$$

여기서, p_c : 전단인장철근비

$$(= A_s/(b_w \cdot d) = (16,100/(3,200 \times 603) = 0.00834)$$

여기서, A_s : 검토단면의 인장철근 총단면적(=16,100mm^2 (D29−25본))

b_w : 복부의 폭 (= 3,200mm)

β_n : $1+2M_0/M_u$ ($N'_d \geq 0$) = 1.00

f_{vcd}: $0.2\sqrt[3]{f'_{cd}} = 0.2\sqrt[3]{27.0} = 0.600\,\text{N/mm}^2$

여기서, f'_c : 콘크리트의 압축강도

$(= f'_{cd} = f'_{ck}/\gamma_c = 27.0/1.0 = 27.0\,\text{N/mm}^2)$

γ_b : 부재계수 (=1.0)

$\therefore\ V_{cd} = 1.13 \times 0.941 \times 1.00 \times 0.600 \times 3,200 \times 603/1.0/10^3 = 1,230\,\text{kN}$

영구하중과 변동하중을 조합한 경우의 설계전단력 V_d

V_d = 1,040 kN

따라서, $V_d > 0.7V_{cd}$ (=0.7×1,230=861 kN)

이상과 같이, 가장 불리한 설계하중조합에 의한 설계전단력 V_d가, 전단보강강재를 사용하지 않은 봉부재의 설계전단내력 V_{cd}의 70% 이상이 된다. 그러므로, 영구하중에 의한 전단보강철근의 응력도에 따라 검토를 시행한다. 【구조성능조사편 7.4.6(2)】

이 경우, 전단보강철근 응력도의 제한값은, σ_{se}=120 N/mm^{2}로 한다. 【구조성능조사편해설표 7.4.2】

① 영구하중에 의한 전단보강철근의 응력도 산정

전단보강철근은 스터럽과 절곡철근을 병용하고 있고, 각 전단보강철근의 응력도는, 다음식에 의해 산정한다.

절곡철근의 설계응력도

$$\sigma_{bpd} = \frac{V_{pd} + V_{rd} - k_r \cdot V_{cd}}{\dfrac{A_w \cdot z}{s \cdot (\cos\alpha_b + \sin\alpha_b)^2} + \dfrac{A_b \cdot z \cdot (\cos\alpha_b + \sin\alpha_b)}{s_b}} \cdot \frac{V_{pd} + V_{cd}}{V_{pd} + V_{rd} + V_{cd}}$$

【구조성능조사편 식(해7.4.4)】

여기서, V_{pd} : 영구작용에 의한 설계전단력 (=518 kN)

V_{rd} : 변동작용에 의한 설계전단력 (=520 kN)

V_{cd} : 전단보강철근을 사용하지 않은 봉부재의 설계전단내력 (=1,230 kN)

k_r : 변동작용 빈도의 영향을 고려하기 위한 계수 (=0.5)

A_w : 스터럽의 단면적으로, D13을 3조로 4조를 번갈아 배치한다.

(= 127×2×(3+4)/2 = 889 mm^2)

A_b : 구간 s_b의 절곡철근의 총단면적 (=2,570 mm^2(D29−4본))

s : 연직스터럽의 배치간격 (=250 mm)

s_b : 절곡철근의 배치간격 (=509 mm)

z : $d/1.15$ (603/1.15=524 mm)

d : 유효높이 (=603 mm)

α_b : 절곡철근이 부재축과 이루는 각도 (=45°)

$$\therefore \sigma_{bpd} = \frac{(518 + 520 - 0.5 \cdot 1,230) \times 10^3}{\dfrac{889 \times 524}{250 \times (\cos 45^\circ + \sin 45^\circ)^2} + \dfrac{2,570 \times 524 \times (\cos 45^\circ + \sin 45^\circ)}{509}} \cdot$$

$$\frac{(518 + 1,230) \times 10^3}{(518 + 520 + 1,230) \times 10^3} = \frac{423 \times 10^3}{4,670} \times \frac{1,750}{2,270} = 69.8\,\text{N/mm}^2$$

연직스터럽의 설계응력도

$$\sigma_{wpd} = \frac{V_{pd} + V_{rd} - k_r \cdot V_{cd}}{\dfrac{A_w \cdot z}{s} + \dfrac{A_b \cdot z \cdot (\cos\theta_b + \sin\theta_b)}{s_b}} \cdot \frac{V_{pd} + V_{cd}}{V_{pd} + V_{rd} + V_{cd}}$$

【구조성능조사편 식(해7.4.3)】

$$= \frac{(518 + 520 - 0.5 \times 1,230) \times 10^3}{\dfrac{889 \times 524}{250} + \dfrac{2,570 \times 524 \times (\cos 45^\circ + \sin 45^\circ)}{509}} \times \frac{(518 + 1,230) \times 10^3}{(518 + 520 + 1,230) \times 10^3}$$

$$= \frac{415 \times 10^3}{9,340} \times \frac{1,750}{2,270} = 34.9 \text{ N/mm}^2$$

② 검토

검토결과를 표 4.3.12에 나타냈다.

표 4.3.12 검토결과

	절곡철근	스터럽
철근응력도	σ_{bpd} = 69.8 N/mm^2	σ_{wpd} = 34.9 N/mm^2
철근응력도의 제한값	σ_{se} = 120 N/mm^2	σ_{se} = 120 N/mm^2
검토결과(철근응력도/제한값)	0.58	0.29

(3) 비틀림균열 【구조성능조사편 7.4.7】

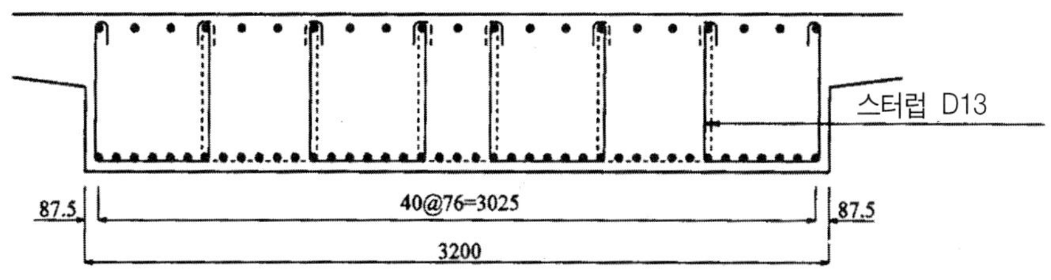

그림 4.3.10 스터럽의 배치

비틀림균열의 검토는 가장 불리한 설계작용이 조합된 경우의 설계비틀림모멘트 (M_{td})와 비틀림보강철근이 없는 경우의 설계순비틀림내력 (M_{tud})을 비교한다. 【구조성능조사편 7.4.7 (1)】

단, M_{tud}는 전단력과 비틀림모멘트가 동시에 작용하는 경우로서 파악, 구조성능조사편 6.4.2 식(6.4.2), 식(6.4.3) 및 식(6.4.5)을 고려한 다음식에 따라 산출하는 것으로 한다.

$$M_{tud} = M_{tcd} \cdot (1 - 0.8\gamma_i V_d / V_{yd})$$

여기서, $M_{tcd} = \beta_{nt} \cdot K_t \cdot f_{td}/\gamma_b$

여기서, β_{nt} : 프리스트레스힘 등 축방향압축에 관한 계수 (압축응력이 0이므로 1.00로 한다)

K_t : 비틀림계수 $(= b^2 \cdot d/\eta_1 = 690^2 \times 3,200/3.49 = 4.40 \times 10^8 \mathrm{mm}^3)$

여기서, b : 주보의 높이 (=690mm)

d : 주보의 폭 (= 3,200mm)

$\eta_1 = 3.1 + 1.8/(d/b) = 3.1 + 1.8/(3,200/690) = 3.49$

f_{td} : 콘크리트의 설계인장강도

$(f_{td} = f_{tk}/\gamma_c = 0.23 f'^{2/3}_{ck}/1.0 = 2.1\mathrm{N/mm}^2)$

(구조성능조사편 식(3.2.1)로부터)

여기서, γ_c : 콘크리트의 재료계수 (=1.0)

γ_b : 부재계수 (=1.0)

$$\therefore M_{tcd} = 1.00 \times 4.40 \times 10^8 \times 2.1/1.0/10^6 = 924\,\mathrm{kN \cdot m}$$

γ_i : 구조물계수 (=1.0)

V_d : 변동하중 작용시의 설계전단력 (=1,040 kN)

V_{yd} : 설계전단내력 ($V_{yd} = V_{cd} + V_{sd}$)

여기서, V_{cd} : 전단보강철근을 사용하지 않은 봉부재의 설계전단내력 (=1,230 kN)

V_{sd} : 전단보강강재에 의해 부여되는 봉부재의 설계전단내력 (=643 kN)

여기서, $V_{sd}=V_{sd}=A_w \cdot f_{wyd} \cdot d/(1.15 s_s \gamma_b)$

여기서, A_w : 스터럽의 단면적으로, D13을 3조로 4조를 번갈아 배치한다.

(=127×2×(3+4)/2=889mm^2)

f_{wyd} : 스터럽의 설계항복강도 (345 N/mm^2)

d : 유효높이 (=603 mm)

s_s : 연직스터럽의 배치간격 (=250 mm)

γ_b : 부재계수 (=1.0)

$\therefore\ V_{sv} = 889 \times 345 \times 603/(1.15 \times 250 \times 1.0)/1,000 = 643\,\text{kN}$

$\therefore\ V_{yd} = 1,230 + 643 = 1,870\,\text{kN}$

$M_{tud} = 924 \times (1 - 0.8 \times 1.0 \times 1,040/1,870) = 513\,\text{kN}$

$0.7M_{tud} = 513 \times 0.7 = 359\,\text{kN} \cdot \text{m}$

표 4.3.13 검토결과

	스터럽
설계비틀림모멘트M_{td}	M_{td} = 16.9 N/mm^2
설계순비틀림내력$0.7M_{tud}$	$0.7M_{tud}$ = 359 N/mm^2
검토결과($M_{td}/0.7M_{tud}$)	0.05

따라서, 비틀림모멘트에 대한 균열폭의 검토는 시행하지 않는다.

4.3.8.3 외관 【철도표준 8.3】

구조성능조사편에는 외관에 관한 구체적인 규정이 없기 때문에, 철도표준에 따라 검토를 시행한다.

외관에 관한 사용성의 조사는 휨균열에 대해서 시행한다. 전단균열에 대해서는, 내구성의 검토를 만족하는 것으로 생략한다.

휨균열의 검토는 지간 중앙단면에 대해서 시행한다.

내구성의 검토와 마찬가지로, 영구하중 및 변동하중이 조합되는 경우의 전단면을 유효로 한 콘크리트의 연인장응력도가, 휨균열의 검토를 생략하는 경우의 RC구조에 대한 콘크리트의 연인장응력도 이상으로 되기 때문에 균열폭 w_d가, 균열폭의 제한값 $w_{\lim}$ 이하인 것을 확인한다.

(1) 휨균열폭w_d

내구성의 검토의 경우와 동일하게 한다.

w_d =0.231mm

(2) 휨균열폭의 제한값 $w_{\lim}$ 【철도표준 8.3.2해설】

$w_{\lim}$ = 0.3mm

(3) 조사

조사결과를 표 4.3.14에 나타냈다.

휨균열폭w_d	w_d = 0.231mm
휨균열폭의 제한값$w_{\lim}$	$w_{\lim}$ = 0.3mm
조사결과($w_d/w_{\lim}$)	0.77

4.3.8.4 승차감 【철도표준8.2, 부속자료18】

구조성능조사편에는 변위 · 변형에 대한 구체적인 규정이 없기 때문에, 여기서는, 철도표준에 따라 검토를 시행한다.

(1) 처짐 δ_d의 산정

열차하중, 충격하중을 고려하고, 콘크리트의 전단면을 유효로 해서 산정한다.

$$\delta_d = 5/48 \cdot M_E \cdot l^2/(E_c \cdot I)$$

여기서, M_E : 열차하중과 충격하중에 의한 설계최대휨모멘트 (=1,160 kN·m)

l : 지간 (=10.0 m)

E_c : 콘크리트의 탄성계수 (=26.5 kN/mm^2)

I : 주보의 단면2차모멘트 (=0.1142 m^4)

$$\therefore \delta_d = 5/48 \times 1,160 \times 10.0^2/(26.5 \times 0.1142)/10^3 = 3.99\text{mm}$$

(2) 제한값 δ_{1c}의 설정

철도표준부속표18.9로부터, $\delta_{1c} = l_b/500 = 10.0 \times 10^3 /500 = 20.00\text{mm}$

(3) 조사

조사결과 를 표4.3.15에 나타냈다.

표 4.3.15 조사결과

처짐δ_d	δ_d= 3.99 mm
제한값δ_{1c}	δ_{1c}= 20.00 mm
구조물계수γ_i	1.0
조사결과($\gamma_i \cdot \delta_d / \delta_{1c}$)	0.20

따라서, 승차감에 관한 사용성을 만족한다.

4.3.9 안전성의 조사

4.3.9.1 파괴검토

(1) 휨모멘트 【구조성능조사편 6.2】

조사단면은 지간 중앙단면 (그림 4.3.7)으로 하고, 조사결과를 표 4.3.16에 나타냈다.

(a) 설계휨내력 M_{ud}의 산정

설계휨내력 M_{ud}는 구조성능조사편 6.2.1에 의해 산출한다.

표 4.3.16 설계휨내력의 산출

항목	수치
단면치수	폭 : 5,700 mm, 높이 : 690 mm
재료계수	γ_c=1.3, γ_s=1.0
부재계수	γ_b=1.1
구조물계수	γ_i=1.2
인장철근의 직경	29 mm
인장철근의 본수	41본(간격 76mm)
인장철근의 위치	87.5 mm (=60+13+29/2)
인장철근의 인장항복강도 특성값	f_{syk}=345 N/mm^2
콘크리트의 압축강도 특성값	f_{ck}=27 N/mm^2
설계한계값 (설계휨내력)	M_{ud}=4,600 kN·m

(b) 조사

조사결과를 표 4.3.17에 나타냈다.

표 4.3.17 조사결과(휨모멘트)

설계휨모멘트 M_d	M_d = 2,910 kN·m
설계휨내력 M_{ud}	M_{ud} = 4,600 kN·m
구조물계수 γ_i	1.2
조사결과($\gamma_i \cdot M_d / M_{ud}$)	0.76

(2) 전단력 【구조성능조사편 6.3】

(a) 사압축파괴의 조사

처음에 설계사압축파괴의 조사를 시행한다.

① 설계사압축파괴내력 V_{wcd}의 산정 【구조성능조사편 6.3.3 식(6.3.7)】

$$V_{wcd} = f_{wcd} \cdot b_w \cdot d / \gamma_b$$

여기서,

$f_{wcd} = 1.25 \cdot \sqrt{f'_{cd}} = 1.25 \times \sqrt{20.8} = 5.70\,N/mm^2 < 7.8N/mm^2$

f'_{cd} : 콘크리트의 설계압축강도 (=27/1.3=20.8 N/mm^2)

f'_{ck} : 콘크리트의 설계기준강도 (=27 N/mm^2)

γ_c : 콘크리트의 재료계수 (=1.3)

b_w : 복부의 폭 (=3,200 mm)

d : 유효높이 (=603 mm)

γ_b : 부재계수 (=1.3)

$$\therefore V_{wcd} = 5.70 \times 3,200 \times 603/1.3/10^3 = 8,460\ kN$$

② 조사

조사결과를 표 4.3.18에 나타냈다.

표 4.3.18 조사결과

설계전단력 V_d	V_d = 1,180 kN
설계사압축파괴내력 V_{wcd}	V_{wcd} = 8,460 kN
구조물계수 γ_i	1.2
조사결과($\gamma_i \cdot V_d / V_{wcd}$)	0.17

(b) 전단파괴의 조사

설계전단내력 V_{yd}는 구조성능조사편6.3.3 식(6.3.2)에 의해 산출한다.

설계전단내력 V_{yd}는

$$V_{yd} = V_{cd} + V_{sd}$$

여기서, V_{cd} : 전단보강철근을 사용하지 않은 봉부재의 설계전단내력

V_{sd} : 전단보강강재에 의해 부여되는 봉부재의 설계전단내력

① 전단보강강재를 사용하지 않은 봉부재의 설계전단내력 V_{cd}의 산정

축방향의 인장철근은, 일부를 절곡철근으로서 구부려올리고 있기 때문에, 지간내에서 인장철근량이 변화하므로 이것에 대응한 설계전단내력 V_{cd}을 산정한다. (조사블럭은 그림 4.3.8참조)

$$V_{cd} = \beta_d \cdot \beta_p \cdot \beta_n \cdot f_{vcd} \cdot b_u \cdot d/\gamma_b$$

여기서, β_d : $\sqrt[4]{1,000/d} = \sqrt[4]{1,000/603} = 1.14$

β_p : $\sqrt[3]{100p_c}$

여기서, p_c : 전단인장강재비 $(= A_s/(b_w \cdot d))$

b_w : 복부의 폭 (= 3,200 mm)

d : 유효높이 (= 603 mm)

β_n : $1+2M_0/M_u = 1.0 \ (N'_d \geq 0)$

f_{vcd} : $0.2\sqrt[3]{f'_{cd}} = 0.2\sqrt[3]{20.8} = 0.550\,\text{N/mm}^2$

γ_b : 부재계수 (=1.3)

표 4.3.19 인장철근량 및 유효높이

조사블럭	인장철근		유효높이d (mm)
	각단의 배치본수 D29	철근량A_s (mm^2)	
A	25	16,100	603
B	29	18,600	
C	33	21,200	
D	37	23,800	
E	41	26,300	

이상으로부터, 조사블럭 마다의 설계전단내력 V_{cd}를 표4.3.20에 나타냈다.

표 4.3.20 설계전단내력V_{cd}

조사블럭	β_d	인장철근 D29			β_n	f_{vcd} (N/mm^2)	V_{cd} (kN)
		본수	P_c	β_p			
A	1.13	25	0.00834	0.941	1.0	0.550	868
B	1.13	29	0.00964	0.988	1.0	0.550	911
C	1.13	33	0.0110	1.03	1.0	0.550	950
D	1.13	37	0.0123	1.07	1.0	0.550	987
E	1.13	41	0.0136	1.11	1.0	0.550	1,024

② 전단보강강재에 의해 부여되는 봉부재의 설계전단내력 V_{sd}의 산정

전단보강강재로서 절곡철근과 스터럽을 병용한다.

1) 절곡철근이 부담하는 설계전단내력 V_{sb}의 산정

$$V_{sb} = A_u \cdot f_{wyd}(sin\theta_s + cos\theta_s) \cdot d/(1.15s_s \cdot \gamma_b)$$

여기서, A_w : 구간 s_s의 절곡철근량

f_{wyd} : 절곡철근의 설계항복강도 (=345 N/mm^2)

θ_s : 절곡철근과 부재축과의 각도 (=45°)

d : 유효높이 (=603 mm)

s_s : 절곡철근의 배치간격

γ_b : 부재계수 (=1.1)

산정결과를 표 4.3.22에 나타냈다.

표 4.3.22 절곡철근이 부담하는 설계전단내력 V_{sd}

조사블럭	절곡철근 D29			θ_s	d (mm)	s_s (mm)	설계전단내력 V_{sd} (kN)
	본수	A_w (mm^2)	f_{wyd} (N/mm^2)				
A	4	2,570	345	45°	603	509	1,170
B	4	2,570	345	45°	603	800	747
C	4	2,570	345	45°	603	800	747
D	4	2,570	345	45°	603	867	689

2) 스터럽이 부담하는 설계전단내력 V_{sv}의 산정

a) 스터럽의 최대배치간격

전단보강강재로서 절곡철근과 스터럽을 병용하는 경우는, 전단보강강재가 부담하는 설계전단내력 V_{sd}가운데, 50%이상은 스터럽에 부담시켜야 하므로 이것으로부터 전단보강강재의 최대배치간격을 산출한다. 또한, 조사는 지점으로부터 h/2점을 포함하고 있는 A블럭에서 시행한다.

$\gamma_i \cdot V_d/(V_{cd}+V_{sd}) \leq 1.0$ 및 γ_i = 1.2 로부터,

$$V_{sd} \geq 1.2 \cdot V_d - V_{cd}$$

여기서, V_d : 설계전단력(= 1,180 kN)

V_{cd} : 전단보강강재를 사용하지 않은 봉부재의 설계전단내력(= 868 kN)

$\therefore V_{sd} \geq 1.2 \times 1,180 - 868 = 548$ kN

따라서, 스터럽이 부담해야 할 설계전단내력 V_{sv}는

V_{sv} = 548/2=274 kN

한편, 스터럽이 부담해야 할 설계전단내력 V_{sv}는 다음식에 의해 구한다.

$$V_{sv} = A_u \cdot f_{wyd} \cdot d/(1.15S_s \cdot \gamma_b)$$

여기서, A_w : 스터럽의 총단면적으로, D13을 3조로 4조를 번갈아 배치한다.

(= 127×2×(3+4)/2 = 889 mm^2)

f_{wyd} : 스터럽의 설계항복강도 (=345 N/mm^2)

d : 유효높이 (=603 mm)

s_s : 스터럽의 배치간격

γ_b : 부재계수 (=1.1)

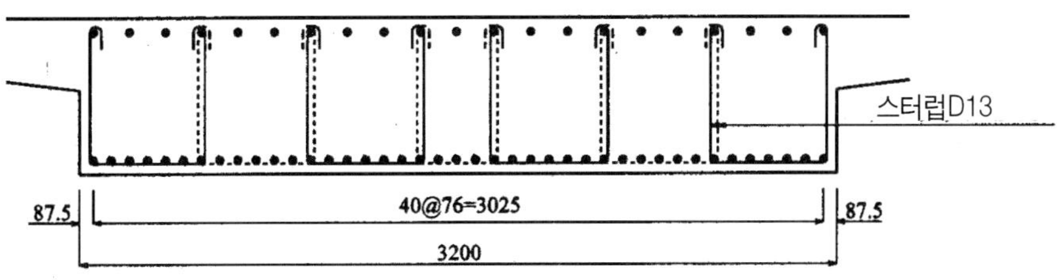

그림 4.3.11 스터럽의 배치

이상으로부터, 스터럽의 배치간격 s_s는 다음과 같이 산출된다.

$$V_{sv} = 889 \times 345 \times 603/(1.15 \times s_s \times 1.1) \geq 274 \times 10^3 \text{N}$$
$$\therefore s_s \leq 534\text{mm}$$

b) 구조세목에 의한 스터럽의 배치

전단보강철근의 배치간격 s_s 【구조성능조사편 6.3.8】

계산상 전단보강철근이 필요한 경우 : $1/2d$ 그리고 300mm 이하

계산상 전단보강철근이 불필요한 경우 : $3/4d$ 그리고 400mm 이하

여기서, d : 유효높이 (=603mm)

i) 지점부근

계산상 전단보강철근이 필요하므로, 배치간격은 아래와 같이한다.

$s_s \leq 1/2 \times 603$ = 302mm 그리고 300mm 이하로부터, s_s = 250mm

ii) 지간중앙부근

지간중앙부근은 계산상 전단보강철근이 불필요하므로, 배치간격은 아래와 같이한다.

$s_s \leq 3/4 \times 603$ = 452mm 그리고 400mm 이하로부터, s_s = 400mm

c) 전단보강철근의 최소철근량 【구조성능조사편 6.3.8】

$$A_w \geq 0.0015 \cdot b_w \cdot s_s$$

여기서, b_w : 복부의 폭(= 3,200mm)

i) 지점부근

$$A_w = 889\text{mm}^2 < 0.0015 \times 3,200 \times 250 = 1,200\text{mm}^2$$

ii) 지간중앙부근

$$A_w = 889\text{mm}^2 < 0.0015 \times 3,200 \times 400 = 1,920\text{mm}^2$$

이상으로부터 지점부근, 지간중앙부근 모두 전단보강철근의 최소철근량은 만족하지 않지만, 본구조물은 슬래브 부재이기 때문에 적용 외로 한다.

각 블럭의 스터럽이 부담하는 설계전단내력 V_{sv}를 표 4.3.23에 나타냈다.

표 4.3.23 스터럽이 부담하는 설계전단내력 V_{sv}

조사블럭	스터럽 D13			d (mm)	s_s (mm)	설계전단내력 V_{sv} (kN)
	조(組)수	A_w (mm²)	f_{uyd} (N/mm²)			
A	3.5	889	345	603	250	585
B	3.5	889	345	603	250	585
C	3.5	889	345	603	250	585
D	3.5	889	345	603	250	585
E	3.5	889	345	603	400	366

여기서, $V_{yd} = V_{cd} + V_{sd}$

여기서, V_{cd} : 전단보강강재를 사용하지 않는 봉부재의 설계전단내력(= 868 kN)

V_{sd}는 (V_{sb} + V_{sv}) 또는 (2 · V_{sv}) 중에 작은값으로 한다.

여기서, V_{sb} : 절곡철근이 부담하는 전단내력(= 1,170 kN)

V_{sv} : 스터럽이 부담하는 전단내력(= 585 kN)

이상으로부터, $V_{sb} + V_{sv} = 1,170 + 585 = 1,760\text{ kN}$

$$2 \cdot V_{sv} = 1,170\text{ kN}$$
$$\therefore V_{sd} = 1,170\text{ kN}$$
$$\therefore V_{yd} = 868 + 1,170 = 2,040\text{ kN}$$

조사결과를 표 4.3.24에 나타냈다.

표 4.3.24 조사결과

설계전단력 V_d	V_d = 1,180 kN
설계전단내력 V_{yd}	V_{yd} = 2,040 kN
구조물계수 γ_i	1.2
조사결과($\gamma_i \cdot V_d / V_{yd}$)	0.69

(c) 저항 전단력

표 4.3.25에 설계전단내력을 나타냈다. 저항 전단력도(図)는 그림 3.3.19와 동일하므로 생략한다.

표 4.3.25 설계전단내력

검토블럭	V_d (kN)	V_{cd} (kN)	전단보강철근			설계전단내력 V_{yd} (kN)
			V_{sb} (kN)	V_{sv} (kN)	V_{sd} (kN)	
A	1,180	868	1,170	585	1,760	2,630
B	1,140	911	747	585	1,330	2,240
C	978	950	747	585	1,330	2,280
D	819	987	689	585	1,270	2,260
E	653	1,024	-	366	366	1,390

(3) 비틀림 【구조성능조사편6.4】

(a) 설계순비틀림내력 M_{tcd}의 산정 【구조성능조사편 식(6.4.3)】

설계순비틀림내력은

$$M_{tcd} = \beta_{nt} \cdot K_t \cdot f_{td} / r_b$$

여기서 β_{nt} : 프리스트레스힘 등 축방향압축에 관한 계수, 압축응력도가 0이므로 1로 한다.

K_t : 비틀림계수(=$b^2 \cdot d/\eta_1$= $690^2 \times 3,200/3.49=4.40\times10^8$㎜³)

b : 주보의 높이(=690mm)

d : 주보의 폭(=3,200mm)

η_1=3.1+1.8/(d/b)=3.1+1.8/(3,200/690)=3.49

f_{td}=콘크리트의 설계인장강도($f_{ud}=f_{tk}/r_c=0.23f'_{ck}{}^{2/3}/1.0=2.1/1.3=1.6N/mm^2$ (구조성능조사편 식(3.2.1)으로부터))

여기서 r_c : 콘크리트의 재료계수(=1.3)

r_b: 부재계수(=1.3)

$$\therefore M_{tcd}=1.00\times4.40\times10^8\times1.6/1.3/10^6=540kN\cdot m$$

(b) 조사

비틀림모멘트에 대한 보강의 조사는 다음식에 의한다. 【구조성능조사편6.4 해설참조】

$$r_i \cdot M_{td}/M_{tcd}<0.2$$

조사결과를 표 4.3.26에 나타냈다

표 4.3.26 조사결과

설계비틀림모멘트 M_{td}	M_{td}=68.7kN · m
설계순비틀림내력M_{tod}	M_{tod}=540kN · m
구조물계수 r_i	1.2
조사결과($r_i \cdot M_{td} \cdot M_{tod}$)	0.15

이상과 같이 비틀림모멘트의 영향이 작기 때문에 보강의 검토는 생략한다.

4.3.9.2 피로파괴

피로파괴에 대한 검토는 3.3.9.2와 동일한 흐름에 따라 시행한다.

(1) 휨모멘트

(a) S-N선도의 설정

① 표준열차하중에 의해 발생하는 철근의 최대 변동응력도 σ_{sr}의 산정

$$\sigma_{srd} = M_d/(As \cdot j \cdot d)$$

여기서 σ_{srd} 표준열차하중에 의한 변동응력도

M_d: 열차하중 및 충격하중에 의한 설계휨모멘트(=1,160kN·m)

A_s: 인장철근량(=26,300mm^2)

j : $1 - k/3 = 1 - 0.287/3 = 0.904$

$$k = \sqrt{2n.p_t + (n.p_t)^2} - n \cdot Pt$$
$$= \sqrt{2\times7.55\times0.00765 + (7.55\times0.00765)^2} - 7.55\times0.00765 = 0.287$$

여기서, n : 탄성계수비(=E_s/E_c=200/26.5=7.55)

E_s : 강재의 탄성계수(=200kN/mm^2)

E_c: 콘크리트의 탄성계수(=26.5kN/mm^2)

P_t : 인장철근비(=As/(be·d)=26,300/(5,700×603) = 0.00765)

여기서 b_e : 압축연의 폭 (=5,700mm)

d : 유효높이(=603mm)

$$\therefore \sigma_{srd} = 1,160\times10^6/(26,300\times0.904\times603) = 80.9\text{N/mm}^2$$

② 최소응력도 σ_{min}의 산정

영구하중에 의한 철근의 최소응력도 σ_{min}은

$$\sigma_{\min} = M_d/(A_s.j.d)$$

여기서 M_d : 영구하중에 의한 설계휨모멘트(=1,390kN.m)

$$\therefore \sigma_{\min} = 1,390\times10^6/(26,300\times0.904\times603) = 97.0\text{N/mm}^2$$

③ 200만회 피로강도 f_{sr200}의 산정

$$f_{sr200} = r_i \cdot \frac{10^{ar}}{(2\times10^6)^k} \cdot \left(1 - \frac{\sigma_{\min}}{f_{suk}}\right)/r^s$$

여기서, $\alpha_r = 3.09 - 0.003\phi = 3.09 - 0.003\times29 = 3.00$

k=0.12

ϕ : 조사대상으로 하는 철근의 직경(=29mm)

σ_{min} : 철근의 최소인장응력도(=97.0N/mm^2)

f_{suk} : 철근 인장강도의 특성값(=490N/mm^2)

r_1 : 철근의 이음. 굽힘가공에 의한 저감계수 (=0.7 : 압접으로 한다)

r_s : 철근의 재료계수로, 일반적으로 1.05로 해도 좋다.

$$\therefore f_{sr200} = 0.7\times\frac{10^{3.00}}{(2\times10^6)^{0.12}}\left(1 - \frac{97.0}{490}\right)/1.05 = 93.8\,\text{N/mm}^2$$

표 4.3.27 조사결과 (200만회 피로강도의 조사)

설계응답값 I_{Rd}(설계변동응력도)	σ_{srd} = 80.9N/mm^2
설계한계값 I_{Ld}(200만회 피로강도)	f_{sr200}/rb= 93.8N/mm^2
구조물계수 r_i	1.1
부재계수 r_b	1.0
조사결과 ($r_i \cdot I_{Rd}/I_{Ld}$)	0.95

이상으로부터 $r_i \cdot \sigma_{srd}/(f_{sr200}/r_b) \leqq 1.0$이 되므로 그림3.19으로부터 S-N선도는 $\alpha_r = 2.71 - 0.003\phi$, $k = 0.06$로 된다.

(b) 총등가반복횟수 N의 계산

3.3.9.2와 동일하므로 생략한다.

$\Sigma N = 6.30 \times 10^5$회 < 2.0×10^6회

이상으로부터 $r_i \cdot \sigma_{srd}/(f_{sr200}/r_b) \leqq 1.0$ 그리고 $\Sigma N < 2.0 \times 10^6$회로 되므로 설계인장피로강도의 조사는 생략한다.

(d) 저항휨모멘트도

저항휨모멘트도는 그림3.3.21와 거의 동일하므로 생략한다.

또한 지간중앙에 있어서 저항휨모멘트 M_R은 다음식에 의해 산출된다.

$$M_R = M_d / a_a$$

여기서 M_d: 열차하중 및 충격하중에 의한 설계휨모멘트(=1,160kN · m)

a_a :안전성(피로파괴) 검토시의 안전도 (=0.95)

$$\therefore \quad Mr = 1,160/0.95 = 1,221\text{kN} \cdot \text{m}$$

(2) 전단력

전단보강강재로서 절곡철근과 스터럽을 병용하고 있으므로, 각각의 전단보강강재에 대해 조사를 시행한다.

(a) 절곡철근

① $S-N$선도의 설정

1) 표준열차하중에 의해 발생하는 철근의 최대변동응력도 σ_{srd}의 산정

σ_{srd} : 표준열차하중에 의한 변동응력도 (N/mm^2)

(절곡철근의 열차하중 및 충격하중에 의한 설계변동응력도 σ_{brd}로 한다)

$$\sigma_{brd} = \frac{V_{pd}+V_{rd}-kr\cdot V_{cd}}{\dfrac{A_w\cdot z}{s\cdot(\cos\theta_b+\sin\theta_b)^2}+\dfrac{A_b\cdot z\cdot(\cos\theta_b+\sin\theta_b)}{s_b}}\cdot\frac{V_{rd}}{V_{pd}+V_{rd}+V_{cd}}$$

【철도표준식(해6.4.5)】

여기서, V_{pd} : 영구작용에 의한 설계전단력 (= 518kN)

V_{rd} : 변동작용에 의한 설계전단력 (= 520kN)

V_{cd} : 전단보강철근을 사용하지 않은 봉부재의 설계전단내력 (= 868kN)

K_r : 변동작용의 빈도의 영향을 고려하기 위한 계수 (=0.5)

A_w : 구간 s의 스터럽의 총단면적 (= 889mm^2)

A_b : 구간 S_b의 절곡철근의 총단면적 (= 2,570mm^2)

s : 연직스터럽의 배치간격 (= 250mm)

s_b : 절곡철근의 배치간격 (509mm)

z : d/1.15 (603/1.15 = 524mm)

d : 유효높이 (= 603mm)

θ_b : 절곡철근이 부재축과 이루는 각도 (=45°)

$$\sigma_{brd}=\frac{(518+520-0.5\times868)\times10^{3}}{\frac{889\times524}{250\times(\cos45^{\circ}+\sin45^{\circ})^{2}}+\frac{2,570\times524\times(\cos45^{\circ}\ \sin45^{\circ})}{509}}\times$$

$$\frac{520\times10^{3}}{(518+520+868)\times10^{3}}=\frac{604\times10^{3}}{4,670}\times\frac{520}{1,910}=35.2\,\text{N/mm}^{2}$$

$$\therefore\sigma_{srd}=35.2\,\text{N/mm}^{2}$$

2) 최소응력도 $\sigma_{\min}$의 산정

절곡철근의 영구하중에 의한 철근의 최소응력도 $\sigma_{\min}$은 영구하중에 의한 설계변동응력도 σ_{bpd}로 한다.

$$\sigma_{\min}=\sigma_{bpd}=\frac{V_{pd}+V_{rd}-kr\cdot V_{cd}}{\frac{A_{w}\cdot z}{s\cdot(\cos\theta_{b}+\sin\theta_{b})^{2}}+\frac{A_{b}\cdot z\cdot(\cos\theta_{b}+\sin\theta_{b})}{s_{b}}}\cdot\frac{V_{pd}+V_{cd}}{V_{pd}+V_{rd}+V_{cd}}$$

【철도표준식(해6.4.6)】

$$=\frac{(518+520-0.5\times868)\times10^{3}}{\frac{889\times524}{250\times(\cos45^{\circ}+\sin45^{\circ})^{2}}+\frac{2,570\times524\times(\cos45^{\circ}+\sin45^{\circ})}{509}}$$

$$\times\frac{(518+868)\times10^{3}}{(518+520+868)\times10^{3}}=\frac{604\times10^{3}}{4,670}\times\frac{1,390}{1,910}=94.1\,\text{N/mm}^{2}$$

3) 200만 회 피로강도 f_{sr200}의 산정

$$f_{sr200}=r_{1}\cdot\frac{10^{a_{r}}}{(2\times10^{6})^{k}}\cdot\left(1-\frac{\sigma_{\min}}{f_{suk}}\right)/\gamma_{s}$$

여기서, $a_{r}=3.09-0.003\phi=3.09-0.003\times29=3.00$

k = 0.12

ϕ : 조사 대상으로 하는 철근의 직경(= 29mm)

σ_{min} : 철근의 최소인장응력도(= 94.1N/mm^2)

f_{suk} : 철근의 인장강도 특성 값(= 490N/mm^2)

r_1 : 철근의 이음. 굽힘가공에 의한 저감계수(=0.65 : 굽힘가공으로 한다)

γ_s : 철근의 재료계수로, 일반적으로 1.05로 해도 좋다

따라서, $f_{sr200} = 0.65 \times \frac{10^{3.00}}{(2 \times 10^6)^{0.12}} \cdot \left(1 - \frac{94.1}{490}\right)/1.05 = 87.6\,\text{N/mm}^2$

표 4.3.27 조사결과 (200만 회 피로강도의 조사)

설계응답값 I_{Rd} (설계변동응력도)	σ_{srd} = 35.2 N/mm^2
설계한계값 I_{Ld} (200만회 피로강도)	f_{st200}/γ_b= 87.7 N/mm^2
구조물계수 γ_i	1.1
부재계수 γ_b	1.0
조사결과 ($\gamma_i \cdot I_{Rd}/I_{Ld}$)	0.44

이상으로부터 $\gamma_i \cdot \sigma_{srd}/(f_{sr200}/\gamma_b) \leqq 1.0$ 이므로 철도표준부속표 9.2로부터 $S-N$선도는 $\alpha_r = 2.71 - 0.003\phi$, k = 0.06로 된다.

② 총 등가반복횟수 N의 계산

총 등가반복횟수의 계산은 3.3.9.2와 동일하므로 생략한다. $N = 1.02 \times 10^6$회 $< 2.0 \times 10^6$회

이상으로부터, $\gamma_i \cdot \sigma_{srd}/(f_{sr200}/\gamma_b) \leqq 1.0$ 및 $\Sigma N < 2.0 \times 10^6$회 이므로 설계인장피로강도의 조사는 생략한다.

(b)스터럽

① $S-N$선도의 설정

1) 표준열차하중에 의해 발생하는 철근의 최대변동응력도 σ_{srd}의 산정

σ_{sr} : 표준열차하중에 의한 변동응력도 (N/mm^2)

(스터럽의 열차하중 및 충격하중에 의한 철근의 설계변동응력도 σ_{wrd}로 한다.)

$$\sigma_{wrd} = \frac{V_{pd} + V_{rd} - k_r \cdot V_{cd}}{\frac{A_w \cdot z}{s} + \frac{A_b \cdot z \cdot (\cos\theta_b + \sin\theta_b)^3}{s_b}} \cdot \frac{V_{rd}}{V_{pd} + V_{rd} + V_{cd}}$$

【철도표준식(해6.4.3)】

여기서 σ_{brd} : 절곡철근의 설계변동응력도

V_{pd} : 영구하중에 의한 설계전단력 (= 518 kN)

V_{rd} : 변동하중에 의한 설계전단력 (=520 kN)

V_{cd} : 전단보강철근을 사용하지 않은 봉부재의 설계전단내력 (868 kN)

K_r : 변동작용의 빈도의 영향을 고려하기 위한 계수 (= 0.5)

A_w : 구간에 s 의 스터럽의 총단면적 (= 889 mm^2)

A_b : 구간에 s_b의 절곡철근의 총단면적 (= 2,570 mm^2)

s : 연직스터럽의 배치간격 (= 250 mm)

s_b : 절곡철근의 배치간격 (509 mm)

z : d/1.15 (603/1.15 = 524 mm)

d : 유효높이 (= 603 mm)

θ_b : 절곡철근이 부재축과 이루는 각도 (= 45°)

$$\sigma_{wrd} = \frac{(518+520-0.5\times868)\times10^3}{\frac{889\times524}{250} + \frac{2,570\times524\times(\cos45° \ \sin45°)^3}{509}} \times \frac{520\times10^3}{(518+520+868)\times10^3}$$

$$= \frac{604\times10^3}{9,350} \times \frac{520}{1,910} = 17.6\,\mathrm{N/mm^2}$$

$$\therefore \sigma_{srd} = 17.6\,\mathrm{N/mm^2}$$

2) 최소응력도 $\sigma_{\min}$의 산정

스터럽의 영구하중에 의한 철근의 최소응력도 $\sigma_{\min}$은 영구하중에 의한 설계변동응력도 σ_{8d}로 한다.

$$\sigma_{min}=\sigma_{8d}=\frac{V_{pd}+V_{rd}-k_r\cdot V_{cd}}{\frac{A_w\cdot z}{s}+\frac{A_b\cdot z\cdot(\cos\theta_b+\sin\theta_b)^3}{s_b}}\cdot\frac{V_{pd}+V_{cd}}{V_{pd}+V_{rd}+V_{cd}}$$

【철도표준식(해6.4.4)】

$$=\frac{(518+520-0.5\times868)\times10^3}{\frac{889\times524}{250}+\frac{2,570\times524\times(\cos45^\circ+\sin45^\circ)^3}{509}}\times\frac{(518+868)\times10^3}{(518+520+860)\times10^3}$$

$$=\frac{604\times10^3}{9,350}\times\frac{1,390}{1,910}=47.0\,\mathrm{N/mm^2}$$

3) 200만회 피로강도 f_{sr200}의 산정

$$f_{sr200}=r_1\cdot\frac{10^{a_r}}{(2\times10^6)^k}\cdot\left(1-\frac{\sigma_{min}}{f_{suk}}\right)/\gamma_s$$

여기서, $a_r=3.09-0.003\phi=3.09-0.003\times13=3.05$

$k=0.12$

ϕ : 조사 대상으로 하는 철근의 직경(= 13 mm)

σ_{min} : 철근의 최소인장응력도(= 47.0 N/mm²)

f_{suk} : 철근의 인장강도 특성 값(= 490 N/mm²)

r_1 : 철근의 이음. 굽힘가공에 의한 저감계수(= 0.65 : 굽힘가공으로 한다)

γ_s : 철근의 재료계수로, 일반적으로 1.05로 해도 좋다

따라서 $f_{sr200}=0.65\times\frac{10^{3.05}}{(2\times10^6)^{0.12}}\cdot\left(1-\frac{47.0}{490}\right)/1.05=110\,\mathrm{N/mm^2}$

표 4.3.28 조사결과 (200만회 피로강도의 조사)

설계응답값 I_{Rd} (설계변동응력도)	σ_{srd} = 17.6 N/mm^2
설계한계값 I_{Ld} (200만회 피로강도)	f_{st200}/γ_b = 110 N/mm^2
구조물계수 γ_i	1.1
부재계수 γ_b	1.0
조사결과 ($\gamma_i \cdot I_{Rd}/I_{Ld}$)	0.18

이상으로부터 $r_i . \sigma_{srd}/(f_{st200}/r_b) \leqq 1.0$ 이므로 철도표준부속표9.2로부터 $S-N$ 선도는 $\alpha_r = 2.71 - 0.003\phi$, $k = 0.06$로 된다.

② 총등가반복횟수 N의 계산

총등가반복횟수 N의 계산은 3.3.9.2와 동일하므로 생략한다.

$= 1.02\times10^6$회 $< 2.0\times10^6$회

이상으로부터, $\gamma_i \cdot \sigma_{srd}/(f_{sr200}/\gamma_b) \leqq 1.0$및 $\Sigma N < 2.0\times10^6$회 이므로 설계인장피로강도의 조사는 생략한다.

4.3.9.3 주행안전성 【철도표준부속자료 18】

구조성능조사편에는 변위·변형에 대한 구체적인 규정이 없으므로 철도표준에 따라 검토한다.

(1) 처짐 δ_d의 산정

열차하중, 충격하중을 고려하고 콘크리트 전단면을 유효로 해서 산정한다.

$$\delta_d = 5/48 \cdot M_E \cdot \ell^2/(E_c \cdot I)$$

여기서, M_E : 열차하중과 충격하중에 의한 설계 최대 휨 모멘트 (= 1,230 kN·m)

l : 지간 (=10.0m)

E_c : 콘크리트의 탄성계수(=26.5kN/mm^2)

I : 주보의 단면2차모멘트 (=0.1142m^4)

$$\therefore \delta_d = 5/48 \times 1,230 \times 10.0^2/(26.5 \times 0.1142)/10^3 = 4.23\text{mm}$$

(2) 제한 값 δ_{Is}의 설정

철도표준부속표18.3로부터, $\delta_{Is} = l_b/400 = 10.0 \times 10^3/400 = 25.0$ mm

(3) 조사

조사결과를 표 4.3.29에 나타냈다.

표 4.3.29 조사결과

설계응답값 δ_d	δ_d = 4.23 mm
제한값 δ_{Is}	δ_{Is} = 25.0 mm
구조물계수 γ_i	1.1
조사결과 ($\gamma_i \cdot \delta_d/\delta_{Is}$)	0.19

따라서 주행안전성을 만족한다.

제5장 조사CASE-3 (부식성환경, W/C=40%)

5.1 구조물의 제원(구조형식, 사용재료, 설계내용(耐用)기간 , 환경조건)

조사는 그림 5.1.1에 나타낸 철근콘크리트 단순슬래브형(桁)의 주보(主梁)에 대해 시행한다.

5.1.1 구조형식

- 형　　식 : 단선용 RC 단순슬래브형(桁)
- 형　　장 : L= 10.90m
- 지　　간 : ℓ= 10.00m
- 궤도구조 : 슬래브궤도, 직선

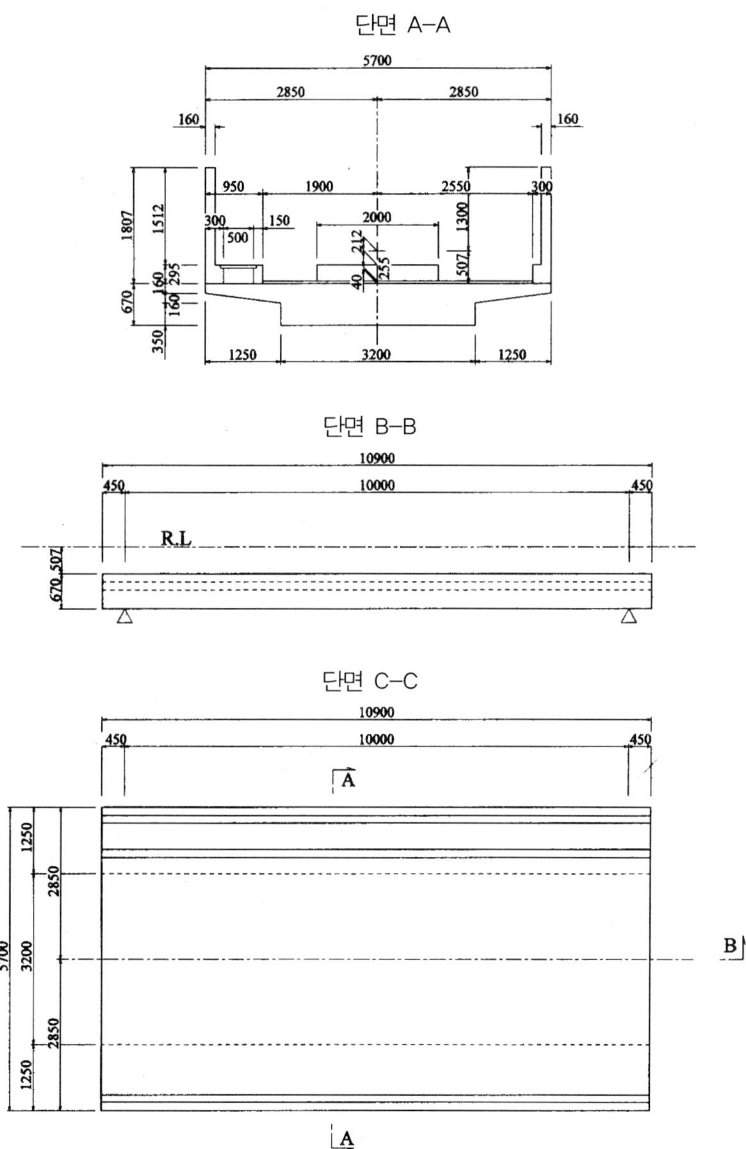
단면 A–A
5700
2850
2850
160
160
950
1900
2550
300
300
150
2000
500
1300
1807
1512
212
255
40
507
295
160
160
670
350
1250
3200
1250
단면 B–B
10900
450
10000
450
R.L
507
670
단면 C–C
10900
450
10000
450
A
1250
2850
5700
3200
2850
1250
B
A

그림 5.1.1 일반도

5.1.2 사용재료

사용하는 콘크리트 및 강재의 종류를 표5.1.1에 나타냈다.

표 5.1.1 사용재료

콘크리트	강 재
시멘트종별 : 보통포틀랜드시멘트 골 재 종 별 : 보통골재 조골재 최대치수 : 25mm 최대물시멘트비 : 40% 설계기준강도 : f'ck = 27 N/mm^2	종별 : SD345 설계인장강도 : fu = 490 N/mm^2 설계인장항복강도 : fy = 345 N/mm^2

5.1.3 설계내용(耐用)기간

설계내용(耐用)기간은 100년으로 한다

5.1.4 환경조건

내구성의 검토항목 및 환경조건을 표 5.1.2에 나타냈다

표 5.1.2 내구성의 검토항목 및 환경조건

검토항목		환경조건 등
강재부식	균열	일반환경
	중성화	부재, 부위마다 정한다 (주보에 관한조사에서는 일반환경으로 한다.)
	염화물이온	부식성환경 (철도표준에서 지역구분 S1)
콘크리트의 열화(劣化)	동결융해	영향이 무시할 수 있을 정도로 작기 때문에 검토하지 않는다.
	화학적침식	
	알카리골재반응	

5.2 설계메뉴얼에 기초한 덮개와 물시멘트비의 선정

덮개를 결정하는 조사CASE-3의 조건은, 환경조건구분으로는 부식성환경, 물시멘트비로는 W/C=40%로 설정하고 사용시멘트는 보통포틀랜드시멘트로 한다. 환경조건의 상세는 표 5.2에, 사용재료의 상세는 표 5.1에 나타냈다.

이러한 조건에 대한 최소덮개는 일반구조세목, 중성화의 영향 및 염화물이온의 영향에 대해 각각 40mm, 25mm, 50mm로 되고 최종적인 설계덮개는 중성화의 영향으로 결정된, 표 5.1에 보인 값으로 했다.

5.2.1 일반 구조세목으로 정해지는 최소덮개 【설계메뉴얼2.2】

시방서 구조성능조사편 9.2의 덮개 식(9.2.1)에 의해, 일반구조세목으로 정해지는 최소덮개는 부식성환경, 슬래브 및 콘크리트의 설계기준강도 27N/mm^{2}의 조건하에서는 40mm이다.

5.2.2 중성화 검토로 정해지는 최소덮개 【설계메뉴얼2.3】

설계메뉴얼「2.3 중성화검토로 정해지는 덮개와 물시멘트비」의 표2.3.1(a)로 정해지는 최소덮개는 W/C=50%, 습윤하지 않은 환경에서 브리데잉의 영향이 없는 경우에는 40mm이다.

5.2.3 염화물이온농도의 검토로 정해지는 최소덮개 【설계메뉴얼2.4】

설계매뉴얼 2.4 해설표2.4.1 염화물의 영향을 받는 환경조건에서의 덮개와 최대물시멘트비로 정해지는 최소덮개는 W/C=40%, 해안에서의 거리 1km 경우에는 50mm이다.

따라서, 각 부재의 염화물이온농도에 대한 검토로 정해지는 설계덮개는 표5.2.1에 나타낸 것과 같이 된다. 또한, 슬래브 상면은 구배콘크리트가 타설되므로 시공오차를 고려하지 않았다.

표 5.2.1 설계덮개

부 재	위 치	매뉴얼의 덮개	덮개의 시공오차	설계덮개c
주 형	상면	50	0	40
	하면, 측면	50	10	50

주) 설계매뉴얼 해설표2.4.1에 나타낸 설계덮개는 시공오차 10mm로 한 경우의 값.

5.3 구조성능조사편에 기초한 조사

5.3.1 구조물의 요구성능 설정 【철도표준3.2】

표 3.3.1과 동일하므로 생략한다.

5.3.2 설계하중 【철도표준 4.1】

표 3.3.2과 동일하므로 생략한다.

5.3.3 설계지간과 단면정수

5.3.3.1 설계지간

3.3.3.1과 동일하므로 생략한다.

5.3.3.2 단면정수

주보의 단면형상을 그림 5.3.1에, 단면적·중심위치 및 단면2차모멘트 등 단면정수 계산을 표 5.3.1에 나타냈다.

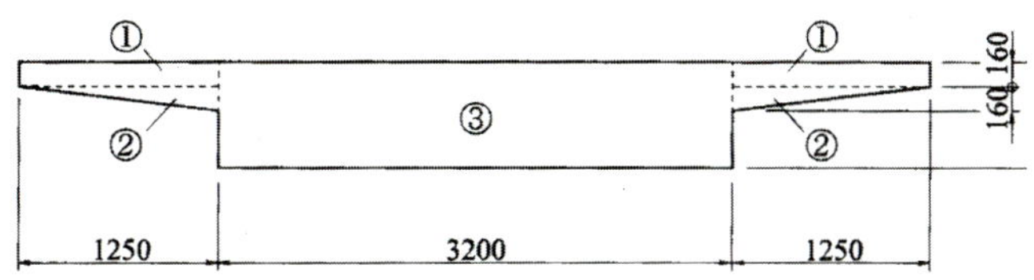

그림 5.3.1 단면형상

표 5.3.1 단면정수의 계산

부재 NO.	A (m^2)	y (m)	A·y (m^3)	y_o−y (m)	I_o (m^4)	I_o+A·$(y_o-y)^2$ (m^4)
①	1.25× 0.160× 2 = 0.400	0.080	0.0320	0.209	0.000853	0.0183
②	1.25× 0.160/2× 2 = 0.200	0.213	0.0426	0.076	0.000284	0.00144
③	3.20× 0.670 = 2.144	0.335	0.718	−0.046	0.0802	0.0847
Σ	2.744	−	0.793	−	−	0.1044

단면적 $A = \Sigma A = 2.744\ m^2$

중심위치(슬래브면에서부터) $y_o = \Sigma(A \cdot y) / \Sigma A = 0.792 / 2.744 = 0.289\ m$

단면2차모멘트 $I_o = \Sigma((Io+A \cdot (yo-y)^2) = 0.1044\ m^4$

5.3.4 하중의 계산

5.3.4.1 사하중 (D_1), (D_2)

사하중은 고정사하중(D_1)과 부가사하중(D_2)으로 구분해서 계산한다.

이 경우, 고정사하중(D_1)은 슬래브궤도, 배수구배콘크리트, 켄틸레버슬래브 및 주보(主梁)의 자중으로 하고, 부가사하중(D_2)은 안전난간(高欄), 연석, 공동구뚜껑, 벽 및 케이블의 중량으로 한다.

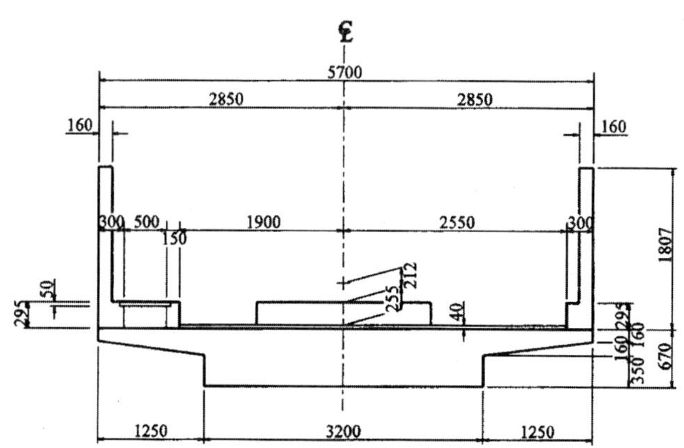

그림 5.3.2 슬래브형(桁)의 단면형상

표 5.3.2 고정사하중의 계산 (m당)

하중의 종별	사하중의 계산		선로중심부터의 수평거리 x (m)	$N \cdot x$ (kN·m)
	계산식	N(kN)		
슬래브궤도	–	15.0	0	0
배수구배콘크리트	4.45×0.0400×23.0	4.09	0.325	1.33
켄틸레버슬래브	(0.320+0.16)×1.25/2×24.5×2	14.7	0	0
주보	3.20×0.670×24.5	52.5	0	0
합계	–	86.3	–	1.33

부가사하중은 3.3.4.1과 동일하므로 생략한다. 표 5.10에 대해서도 생략한다.

5.3.4.2 열차하중 (L)

열차하중은 3.3.4.2와 동일하므로 생략한다.

5.3.4.3 충격하중 (I)

안전성 및 복구성(復旧性) 조사에 사용하는 설계충격계수 i는 다음 식에 의해 구한다. 또, 피로파괴에 관한 안전성 및 사용성 조사에 사용하는 설계충격계수는, 다음 식에 의해 구해진 설계충격계수 i의 3/4로 한다.

$$i = (1 + i_{a})(1 + i_{c}) - 1$$

여기서, i_{α} : 속도효과의 충격계수 (=0.124) 【철도표준부속자료4】

$$\alpha = \frac{\nu}{7.2n \cdot L_{b}} = \frac{130}{7.2 \times 7.85 \times 10.0} = 0.230$$

여기서, α : 속도파라미터

ν : 열차 또는 차량의 최고속도 (= 130km/h)

n : 부재의 기본고유진동수 (Hz)

$$n = \frac{\pi}{2L_{b}^{2}} \cdot \sqrt{\frac{EI \cdot g}{D_{1} + D_{2}}} = \frac{\pi}{2 \times 10^{2}} \cdot \sqrt{\frac{2.77 \times 10^{6} \times 9.81}{86.3 + 22.5}} = 7.85\ \mathrm{Hz}$$

여기서, EI : 부재의 휨강성(= 26.5× 10^{6}× 0.1044=2.77× 10^{6}kN · m^{2})

g : 중력가속도 (= 9.81m/s^{2})

D_{1} : 단위길이당의 고정사하중 (= 86.3kN)

D_{2} : 단위길이당의 부가사하중 (= 22.5kN)

L_{b} : 부재의 지간 (=10.0m)

i_{c} : 차량동요의 충격계수

$$i_{c} = \frac{10}{65 + L_{b}} = \frac{10}{65 + 10.0} = 0.133$$

여기서, L_b : 부재의 지간 (= 10.0 m)

따라서, 충격계수 i 는,

$$i=(1+i_{\alpha})(1+i_c)-1=(1+0.124)\times(1+0.133)-1=0.273$$

설계충격계수를 표 5.3.3에 나타냈다. 충격하중에 의한 부분등분포하중은 열차하중의 부분등분포에 표 5.3.3의 설계충력계수를 곱해서 산정한다.

표 5.3.3 설계충격계수의 계산

지간 (m)	기본고유진동수 (Hz)	속도 파라미터 α	i_{α}	i_c	설계충격계수 i	
					안전성 (파괴) 복구성	안전성 (피로파괴) 사용성
10.0	7.85	0.230	0.124	0.133	0.273	0.205

5.3.4.4 차량 횡하중 (L_F)

차량 횡하중은 동륜축중의 15%의 연행하중으로 하되, 지간으로 나눈 환산등분포하중으로 한다.

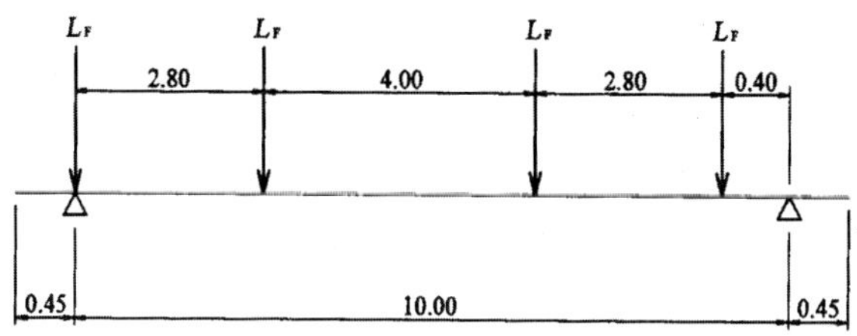

그림 5.3.3 차량횡하중의 재하형태

$$L_F=0.15\times170=25.5\,\text{kN/축}$$
$$L_F=4\cdot L_F/L=4\times25.5/10.0=10.2\,\text{kN/m}$$

차량횡하중의 주보 중앙으로부터의 작용 높이 (그림5.3.2참조)

$$y_F = 0.212 + 0.255 + 0.04 + 0.67/2 = 0.842\,\text{m}$$

주보 중앙에서의 휨모멘트

$$M_F = 10.2 \times 0.842 = 8.59\,\text{kN} \cdot \text{m/m}$$

5.3.4.5 연직하중의 편심에 의한 단면력 할증 검토 【철도표준14.3.2】

연직하중이 슬래브형(桁)의 주보단면 중심선에 대해 편심으로 작용하는 경우, 휨모멘트 및 전단력 등의 단면력 할증에 대해 검토한다.

(1) 하중조합에 의한 편심거리의 산정

각 한계상태의 하중조합에 대해, 연직하중의 편심에 의한 휨모멘트 M 및 연직하중 N으로부터의 편심거리 e를 산정한다.

표 5.3.4 연직하중의 편심에 의한 휨모멘트 및 연직하중

단면력의 종별	고정사하중 D_1	부가사하중 D_2	열차하중 L	충격하중 I	차량횡하중 L_F
휨모멘트M(kN·m)	1.33	-4.70	0	0	-8.59※2
연직하중N(kN)	86.3	22.5	78.3※1	i_1, i_2	(10.2)

주) ※1 : 휨모멘트에 대한 환산등분포하중
※2 : 주보단면 중앙에 대한 모멘트로, 영향이 크게 되는 방향을 고려한다.

표 5.3.5 편심거리의 산정

성능	하중조합	휨모멘트M (kN·m)	연직하중N (kN)	편심거리e[※1] (m)
안전성(파괴)	$1.1D_1+1.2D_2+1.1L+1.1I+L_F$	−12.8	232	-0.0552
	$1.1D_1+1.2D_2+L+I+1.1L_F$	−13.6	222	-0.0613
기타※4	D_1+D_2+L+I	−3.37	203	-0.0166

주) ※1 : 편심거리 $e = M/N$
※2 : 안전성(파괴)조사에 사용하는 설계충격계수 $i_1 = 0.273$
※3 : 안전성(파괴)조사 이외에 사용하는 설계충격계수 $i_2 = 0.205$
※4 : 기타의 성능은 안전성(피로파괴·주행안전성), 사용성, 내구성을 나타낸다.

(2) 단면력의 할증에 대한 검토

(a) 폭-지간비 b/L

폭-지간비 $= b/L = 3.20/10.0 = 0.320$

(b) 단면력의 할증 검토

연직하중의 편심거리 e는, 표 5.3.5에 보인 것과 같이 전체 CASE에서 $b/32 = 0.10\text{m}$ 이하이다. 따라서, 철도표준해설 표 14.3.1로부터, 연직하중의 편심에 의한 휨모멘트 및 전단력에 대한 단면력의 할증은 필요 없다.

5.3.5 단면력 계산

각 하중의 종별마다, 설계지간을 8등분한 각 점의 휨모멘트, 전단력 및 비틀림모멘트를 산정한다. (편심량 e = 99mm는 강교설계자료로부터)

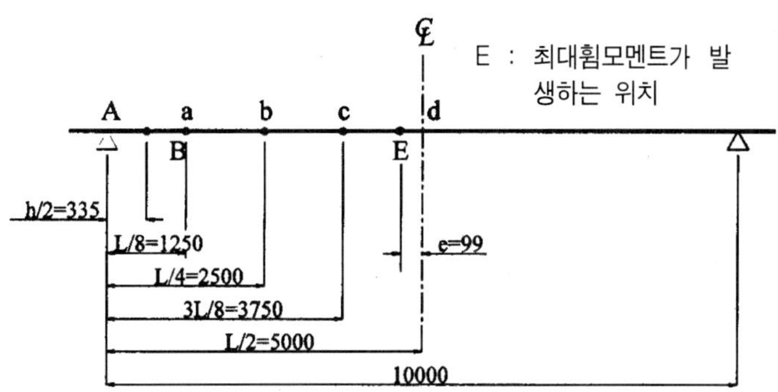

그림 5.3.4 단면력의 계산위치

5.3.5.1 휨모멘트의 계산

(1) 사하중

(a) 고정사하중 (D_1)

고정사하중의 등분포하중 w = 86.3 kN/m

$M_a =$ 7/128 · wL^2 = 7/128× 86.3× 10.0^2 = 472 kN · m

$M_b =$ 3/32 · wL^2 = 3/32× 86.3× 10.0^2 = 809 kN · m

$M_c =$ 15/128 · wL^2 = 15/128× 86.3× 10.0^2 = 1,010 kN · m

$M_d =$ 1/8 · wL^2 = 1/8× 86.3× 10.0^2 = 1,180 kN · m

$M_E = W/2 \cdot (L/2 + e) \cdot (L/2 - e)$

= 86.3/2× (10.0/2+0.0990)× (10.0/2−0.0990) = 1,080 kN · m

(b) 부가사하중 (D_2)

3.3.5.1과 동일하므로 생략한다.

(2) 열차하중 (L)

3.3.5.1과 동일하므로 생략한다.

(3) 휨모멘트의 총괄

표 5.3.6 휨모멘트 총괄표 (kN · m)

검토단면	지점으로부터의 거리 (m)	사하중		열차하중 (L)	충격하중 (I)	
		고정 (D_1)	부가 (D_2)		i_1=0.273	i_2=0.205
a	1.25	472	123	454	124	93.1
b	2.50	809	211	734	200	150
c	3.75	1,010	264	898	245	184
d	5.00	1,080	281	962	263	197
E	4.90	1,080	281	962	263	197

3.3.5.2 전단력의 계산

(1) 사하중

(a) 고정사하중 (D_1)

고정사하중의 등분포하중 w = 86.3 kN/m

$V_A = 1/2 \cdot wL = 1/2\times 86.3\times 10.0 = 432$ kN

$V_a = 3/8 \cdot wL = 3/8\times 86.3\times 10.0 = 324$ kN

$V_b = 1/4 \cdot wL = 1/4\times 86.3\times 10.0 = 216$ kN

$V_c = 1/8 \cdot wL = 1/8\times 86.3\times 10.0 = 108$ kN

$V_d = 0$ kN

(b) 부가사하중 (D_2)

3.3.5.2와 동일하므로 생략한다.

(2) 열차하중 (L)

3.3.5.2와 동일하므로 생략한다.

(3) 전단력의 총괄

표 5.3.7 전단력 총괄표 (kN)

검토단면	지점으로부터의 거리 (m)	사하중		열차하중 (L)	충격하중 (I)	
		고정 (D_1)	부가 (D_2)		i_1=0.273	i_2=0.205
A	0.00	432	113	456	124	93.5
B	h/2=0.335	403	105	431	118	88.4
a	1.25	324	84.4	364	99.4	74.6
b	2.50	216	56.3	294	80.3	60.3
c	3.75	108	28.1	230	62.8	47.2
d	5.00	0	0	166	45.3	34.0

주) B점의 전단력은 지점 A와 검토단면 a로부터 보간법에 의해 구한다.

$V_B = V_A - (V_A - V_a)/1.25 \times 0.335$

5.3.5.3 비틀림모멘트의 계산 【철도표준14.3.2】

(1) 사하중

3.3.5.3과 동일하므로 생략한다.

(2) 열차하중 (L)

열차하중은 주보 중심선에 대해 편심으로 작용하지 않기 때문에 비틀림모멘트는 발생하지 않는다.

(3) 차량횡하중 (L_F)

차량횡하중에 의한 비틀림모멘트 M_{tF} = −8.59 kN · m/m

$M_{tA} =$ 1/2 · M_tL = −1/2 × 8.59×10.0=−43.0 kN · m

$M_{ta} =$ 49/128 · M_tL = −49/128× 8.59×10.0=−32.9 kN · m

$M_{tb} =$ 9/32 · M_tL = −9/32 × 8.59×10.0=−24.2 kN · m

$M_{tc} =$ 25/128 · M_tL = −25/128× 8.59× 10.0 = −16.8 kN · m

$M_{td} = 1/8 \cdot M_t L = -1/8 \times 8.59 \times 10.0 = -10.7$ kN · m

(4) 비틀림모멘트의 총괄

표 5.3.8 비틀림모멘트 총괄표 (kN · m)

검토단면	지점으로부터의 거리 (m)	사하중		차량횡하중 (L_F)
		고정 (D_1)	부가 (D_2)	
A	0	6.65	-23.5	-43.0
B	h/2=0.335	6.19	-21.9	-40.3
A	1.25	4.99	-17.6	-32.9
B	2.50	3.33	-11.8	-24.2
C	3.75	1.66	-5.88	-16.8
D	5.00	0	0	-10.7

주) B점의 비틀림모멘트는 지점 A와 검토단면 a로부터 보간법에 의해 구한다.
$M_{tB} = M_{tA} - (M_{tA} - M_{ta})/1.25 \times 0.335$

3.3.5.4 단면력도

3.3.5.4와 거의 동일하므로 생략한다.

5.3.6 설계하중의 조합에 의한 설계단면력

표 5.3.9 각 성능에 있어서의 난면력

성능	설계하중의 조합	설계휨모멘트	설계전단력 V_d(kN)	설계비틀림모멘트
안전성(파괴)	$1.1D_1+1.2D_2+1.1(L+I_1)+1.0L_F$	2,870	1,180	-63.9
	$1.1D_1+1.2D_2+1.0(L+I_1)+1.1L_F$	2,750	1,120	-68.2
안전성 (피로파괴)	D_1+D_2	1,360	509	-
	$L+I_2$	1,160	521	-

성능	설계하중의 조합	설계휨모멘트	설계전단력 V_d(kN)	설계비틀림모멘트
안전성 (주행안전성)	$L+I_1$	1,230	550	-
사용성	$L+I_2$	1,160	521	-
	$D_1+D_2+L+I_2$	2,520	1,030	-16.9
	D_1+D_2	1,360	509	-
내구성	$D_1+D_2+L+I_2$	2,520	1,030	-16.9
복구성	$D_1+D_2+L+I+L_F$	2,590	1,060	(-16.9)

여기서, 조사단면은, 설계휨모멘트 M_d : 지간 중앙의 d점

설계전단력 V_d : 지점으로부터 h/2의 위치의 B점

설계비틀림모멘트 M_{td} : 지점의 A점

또, 안전성(파괴 · 주행안전성)조사에 사용하는 설계충격계수 $i_1 = 0.273$

안전성(파괴 · 주행안전성)조사 이외에 사용하는 설계충격계수 $i_2 = 0.205$

구조해석계수 γ_a은 1.0로 한다.

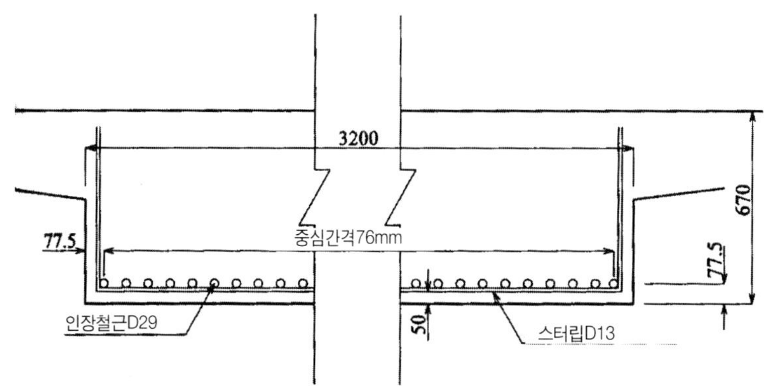

그림 5.3.5 철근배치상세(지간중앙)

5.3.7 조사단면

3.3.7.1 휨모멘트에 대한 조사단면 【철도표준 13.3.3】

휨모멘트에 대한 조사단면은 지간 중앙으로 한다. 또 압축내민연단을 고려한다.

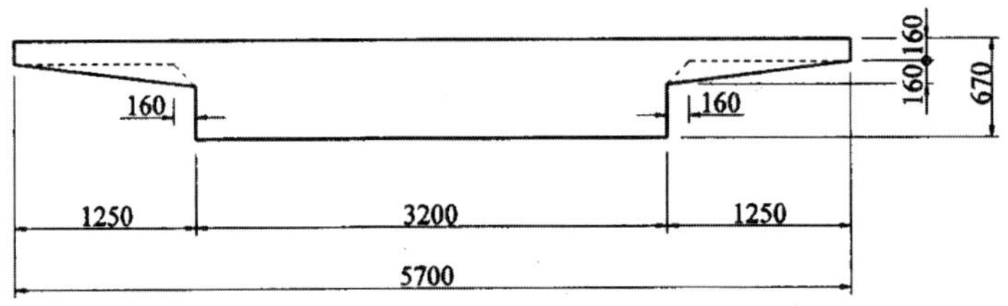

그림 5.3.6 압축내민연단의 유효폭

$$b_e = b_w + 2(b_s + l/8)$$

여기서, b_w : 주보의 복부폭 (= 3,200mm)

b_s : 헌치의 높이 (= 160mm)

l : 주보의 지간 (= 10,000mm)

$$\therefore b_e = 3,200 + 2\times(160 + 10,000/8) = 6,020\,\text{mm} > 5,700\text{mm}$$

따라서, $b_e = 5,700\,\text{mm}$로 한다.

5.3.7.2 전단력에 대한 조사단면

전단력에 대한 조사단면은 그림5.3.7에 보인 복부폭 b_w, 유효높이 d로 한 사각형단면으로 한다.

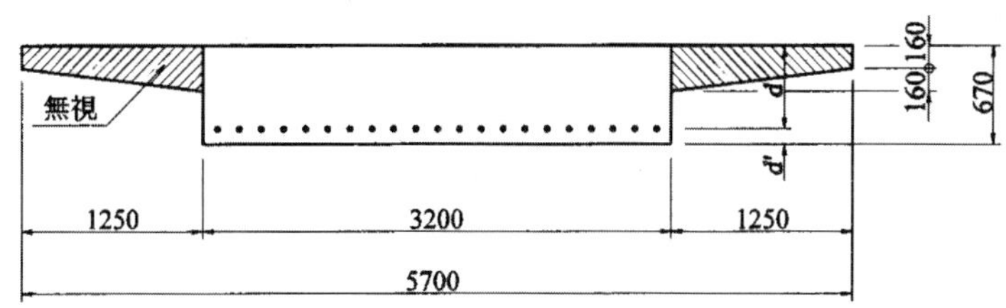

그림 5.3.7 전단력에 대한 조사단면

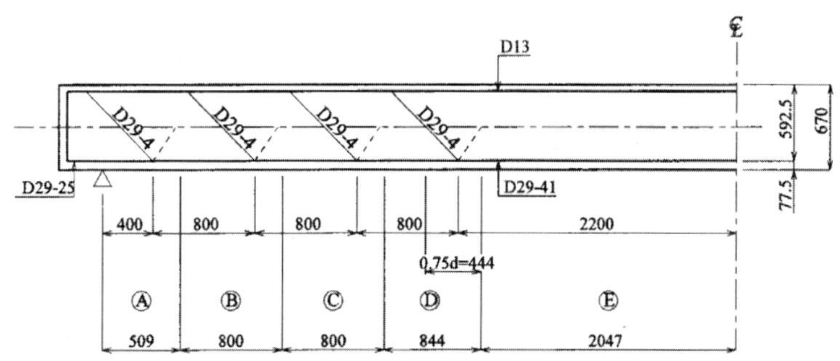

그림 5.3.8 철근의 배치와 조사블럭

5.3.8 사용성 조사

5.3.8.1 전제조건 【구조성능조사편7.3】

구조성능조사편7.3 응력도의 제한값에 따라, 영구하중 작용시 콘크리트의 휨압축응력도σ'_{cp}가 $0.4f'_{ck}$ 이하임을 확인한다. 여기서, f'_{ck}은 콘크리트 압축강도의 특성값이다.

검토단면은 그림 5.3.9에 보인 것과 같다.

① 영구하중 작용시의 콘크리트 휨압축응력도σ'_{cp}의 산정

$$\sigma'_{cp} = 2M_d / (k \cdot j \cdot b_e \cdot d^2)$$

여기서, M_d : 영구하중에 의한 설계휨모멘트 (= 1,360 kN · m)

A_s : 인장철근량 (=26,300mm^2(D29-41본))

j : 1-k/3 = 1-0.289/3 = 0.904

$$k=\sqrt{2n\cdot p_t+(n\cdot p_t)^2}-n\cdot p_t$$

$$=\sqrt{2\times7.55\times0.00778+(7.55\times0.00778)^2}-7.55\times0.00778=0.289$$

여기서, n : 탄성계수비(= E_s/E_c= 200/26.5 = 7.55)

E_s : 강재의 탄성계수(= 200 kN/mm^2)

E_c : 콘크리트의 탄성계수(= 26.5 kN/mm^2)

p_t : 인장철근비(= $A_s/(b_e\cdot d)$ =26,300/(5,700×593) = 0.00778)

여기서, b_e : 압축연의 폭(= 5,700mm)

d : 유효높이(= 670-50.0-13.0-29.0/2 = 593mm)

$\therefore\ \sigma'_{cp}$=2× 1,360× 10^6/(0.289×0.904×5,700×593^2) = 5.2N/mm^2

② 콘크리트 휨압축응력도의 제한값

$$0.4f'_{ck}=0.4\times27=10.8\,\mathrm{N/mm^2}$$

③ 검토

검토결과를 표 5.3.10에 나타냈다.

표 5.3.10 검토결과

휨압축응력도σ'_{cp}	5.2N/mm^2
제한값 $0.4f'_{ck}$	10.8N/mm^2
검토결과($\sigma'_{cp}/0.4f'_{ck}$)	0.48

5.3.8.2 내구성 검토 【구조성능조사편7.4】

덮개를 확보하는 것에 의한 중성화 및 염화물이온농도에 대한 내구성 검토는 5.1.2 및 5.1.3에 나타냈다. 여기서는, 구조성능조사편7.4에 규정한 균열에 대한 검토를 시행한다.

(1) 휨균열 【구조성능조사편7.4.4】

휨균열의 검토단면을 그림 5.3.9에 나타냈다.

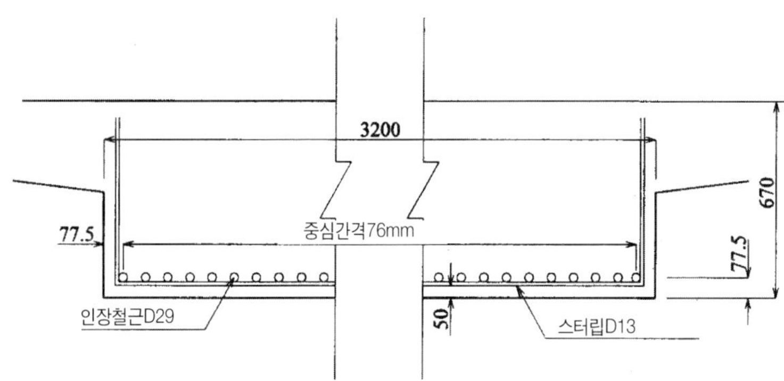

그림 5.3.9 주보의 철근배치(휨균열 검토단면 (지간중앙))

균열폭에 대한 검토를 시행하기 전에, 우선, 휨균열폭의 검토필요성에 대해 검토한다. 【구조성능조사편7.4.4 (1)】

① 영구하중과 변동하중이 조합된 경우의, 전단면을 유효로 한 콘크리트의 연인장응력도 σ_b의 산정

$$\sigma_b = \frac{M_d}{I} \cdot y_L$$

여기서, M_d : 2,520kN · m(영구하중 + 변동하중)

I : 전단면을 유효로 한 단면2차모멘트(= 0.1044m^4)

y_L : 전단면 유효의 중심에서 최외측연까지의 거리(= 670−289 = 381mm)

$$\therefore \sigma_b = \frac{2,520 \times 10^6}{0.1044 \times 10^{12}} \times 381 = 9.2\,\mathrm{N/mm^2}$$

② RC구조에 대한 콘크리트 연인장응력도의 제한값 f_{bck}

휨균열폭 검토를 생략할 수 있는 경우의 RC구조에 대한 콘크리트의 연인장응력도의 제한값 ($\mathrm{N/mm^2}$)은 콘크리트의 휨균열강도 f_{bck}이다. f_{bck}은 구조성능조사편 식 (3.2.4)에 의해 다음과 같이 구할 수 있다.

$$f_{bck} = k_{0b} k_{lb} f_{tk} = 1.16 \times 0.61 \times 2.07 = 1.46\ \mathrm{N/mm^2}$$

여기서, $k_{0b} = 1+1/\{0.85+4.5(h/l_{ch})\} = 1+1/\{0.85+4.5(0.67/0.542)\}=1.16$

$k_{lb} = 0.55/(h^{1/4}) = 0.55/(0.67^{1/4}) = 0.61$

k_{0b} : 콘크리트의 인장연화(軟化)특성에 기인하는 인장강도와 휨강도의 관계를 나타내는 계수

k_{lb} : 건조, 수화열 등 기타 원인에 의한 균열강도의 저하를 나타내는 계수

h : 부재의 높이(= 0.67m)

l_{ch} : 특성길이 ($= G_F E_c / f_{tk}^2 = 87.7 \times 26{,}500/2.07^2 \times 10^{-6} = 0.542\mathrm{m}$)

G_F : 파괴에너지($= 10\,(d_{\max})^{1/3} f'^{1/3}_{ck} = 10 \times 25^{1/3} \times 27^{1/3} = 87.7\ \mathrm{N/m}$)

$d_{\max}$: 조골재의 최대치수 (= 25mm), f'_{ck}: 설계기준강도 (= 27 $\mathrm{N/mm^2}$)

E_c : 탄성계수 (= 26.5 $\mathrm{kN/mm^2}$)

f_{tk} : 인장강도의 특성값 ($= 0.23 f'^{2/3}_{ck} = 0.23 \times 27^{2/3} = 2.07\ \mathrm{N/mm^2}$)

따라서, 영구하중과 변동하중이 조합된 경우에는, 전단면을 유효로 한 콘크리트의 연인장응력도 σ_b= 9.64 $\mathrm{N/mm^2}$이, 휨균열폭의 검토를 생략 할 수 있는 경우의 RC구조에 대한 콘크리트의 연인장응력도 제한값 f_{bck}=1.46 $\mathrm{N/mm^2}$이상이 되므로, 휨균열이 발생하는 부재로 판단된다. 그러므로, 영구하중에 의한 휨균열폭의 검토를 시행한다. 【구조성능조사편7.4.4 (2)】

③ 영구하중에 의한 인장철근응력도 σ_s의 산정

$$\sigma_s = M_d / (A_s \cdot j \cdot d)$$

여기서, M_d : 영구하중에 의한 설계휨모멘트 (=1,360 kN · m)

A_s : 인장철근량 (= 26,300mm^2 (D29-41본))

j : $1 - k/3$ = 1-0.289/3 = 0.904

$$k = \sqrt{2n \cdot p_t + (n \cdot p_t)^2} - n \cdot p_t$$

$$= \sqrt{2 \times 7.55 \times 0.00778 + (7.55 \times 0.00778)^2} - 7.55 \times 0.00778 = 0.289$$

여기서, n : 탄성계수비= $E_s/E_c = 200/26.5 = 7.55$)

E_s : 강재의 탄성계수 (= 200 kN/mm^2)

E_c : 콘크리트탄성계수 (= 26.5 kN/mm^2)

p_t : 인장철근비 (= $A_S/(b_e \cdot d)$= 26,300/(5,700× 593) = 0.00778)

여기서, b_e : 압축연의 폭 (= 5,700 mm)

d : 유효높이 (= 670-50.0-13.0-29.0/2 = 593 mm)

$$\therefore \sigma_s = 1{,}360 \times 10^6 / (26{,}300 \times 0.904 \times 593) = 96.5 \text{ N/mm}^2$$

④ 휨균열폭 w의 산정

$$w = 1.1 \cdot k_1 \cdot k_2 \cdot k_3 \{4c + 0.7(C_s - \phi)\} \cdot (\sigma_{sc}/E_s + \varepsilon'_{csd})$$

【구조성능조사편 식(7.4.1)】

여기서, k_1 : 강재의 표면형상이 균열폭에 미치는 영향을 나타낸 계수 (=1.0)

k_2 : 콘크리트의 품질이 균열폭에 미치는 영향을 나타낸 계수

$$k_2 = \frac{15}{f'_c + 20} + 0.7 = \frac{15}{27.0 + 20} + 0.7 = 1.02$$

여기서, f'_c : 콘크리트의 압축강도($= f'_{cd} = f'_{ck}/\gamma_c$ = 27.0/1.0 = 27.0 N/mm^2)

k_3 : 인장강재의 단수(段數)의 영향을 고려하는 계수 (=1.0)

C_s : 강재의 중심간격 (= (3,200−77.5× 2)/40 = 76.1 mm)

c : 인장강재의 덮개 (= 63 mm)

ϕ : 강재직경 (= 29 mm)

σ_{se} : 철근응력도의 증가량 (= 96.5 N/mm^2)

E_s : 강재의 탄성개수 (= 200 kN/mm^2)

ϵ'_{csd} : 콘크리트의 수축 등에 의한 균열폭의 증가를 고려하기 위한 수치 (=150×10^{-6})

$$\therefore w = 1.1\times1.0\times1.02\times1.0\times4\times63 + 0.7\times(76.1 - 29)\times(96.5/(200\times10^3) + 150\times10^{-6})$$
$$= 0.174\,\text{mm}$$

⑤ 허용휨균열폭 w_a의 설정 【구조성능조사편 7.4.2】

구조성능조사편 표 7.4.1에 의해 허용휨균열폭 w_a를 설정한다.

$$w_a = 0.004c = 0.004\times63 = 0.252\,\text{mm}$$

여기서, c : 인장강재의 덮개 (= 63 mm)

⑥ 검토

검토결과를 표 5.3.11에 나타냈다.

표 5.3.11 검토결과

휨균열폭 w	w = 0.174 mm
허용휨균열폭 w_a	w_a = 0.252 mm
검토결과 (w/w_a)	0.66

(2) **전단균열** 【구조성능조사편 7.4.6】

전단균열에 대한 검토를 시행하기 전에, 먼저, 전단균열의 검토필요성에 대해 검토한다. 【구조성능조사편 7.4.6(1)】

검토단면은 지점으로부터 $h/2$점으로 한다.

전단보강강재를 사용하지 않은 봉부재의 설계전단내력 V_{cd}

$$V_{cd} = \beta_d \cdot \beta_p \cdot \beta_n \cdot f_{vcd} \cdot b_u \cdot d/\gamma_b$$

여기서, β_d: $\sqrt[4]{1,000/d} = \sqrt[4]{1,000/593} = 1.14$

여기서, d : 유효높이 (= 670−50−13−29/2=593 mm)

β_p : $\sqrt[3]{100p_c} = \sqrt[3]{100 \times 0.00848} = 0.947$

여기서, p_c : 전단인장철근비

$(= A_s/(b_w \cdot d) = (16,100/(3,200 \times 593) = 0.00848)$

여기서, A_s : 검토단면의 인장철근 총단면적 (= 16,100 mm^2 (D29−25본))

b_w : 복부의 폭 (= 3,200 mm)

β_n : $1 + 2M_0/M_u(N'_d \geq 0) = 1.00$

f_{vcd} : $0.2\sqrt[3]{f'_{cd}} = 0.2\sqrt[3]{27.0} = 0.600\,N/mm^2$

여기서, f'_c : 콘크리트의 압축강도 $(= f'_{cd} = f'_{ck}/\gamma_c = 27.0/1.0 = 27.0\ \mathrm{N/mm^2})$

γ_b : 부재계수 (=1.0)

$$\therefore V_{cd} = 1.13 \times 0.947 \times 1.00 \times 0.600 \times 3,200 \times 593 / 1.0 / 10^3 = 1,230\ \mathrm{kN}$$

영구하중과 변동하중을 조합한 경우의 설계전단력 V_d

$$V_d = 1,030\ \mathrm{kN}$$

따라서, $V_d > 0.7\,V_{cd} (= 0.7 \times 1,230 = 861\ \mathrm{kN})$

이상과 같이, 가장 불리한 설계하중조합에 의한 설계전단력 V_d는 전단보강강재를 사용하지 않은 봉부재의 설계전단내력 V_{cd}의 70% 이상이 된다. 그러므로, 영구하중에 의한 전단보강철근의 응력도에 따른 검토를 시행한다. 【구조성능조사편 7.4.6(2)】

이 경우, 전단보강철근 응력도의 제한값은, σ_{se}= 120 N/mm^{2}로 한다. 【구조성능조사편해석 표 7.4.2】

① 영구하중에 의한 전단보강철근의 응력도 산정

전단보강철근은 스터럽과 절곡철근을 병용하고 있으며, 각 전단보강철근의 응력도는, 다음 식에 의해 산정한다.

절곡철근의 설계응력도

$$\sigma_{bpd} = \frac{V_{pd} + V_{rd} - k_r \cdot V_{cd}}{\dfrac{A_w \cdot z}{s \cdot (\cos\alpha_b + \sin\alpha_b)^2} + \dfrac{A_b \cdot z \cdot (\cos\alpha_b + \sin\alpha_b)}{s_b}} \cdot \frac{V_{pd} + V_{cd}}{V_{pd} + V_{rd} + V_{cd}}$$

【구조성능조사편 식(해7.4.4)】

여기서, V_{pd} : 영구작용에 의한 설계전단력 (= 509 kN)

V_{rd} : 변동작용에 의한 설계전단력 (= 521 kN)

V_{cd} : 전단보강철근을 사용하지 않는 봉부재의 설계전단내력 (= 1,230 kN)

k_r : 변동작용 빈도의 영향을 고려하기 위한 계수 (= 0.5)

A_w : 스터럽의 단면적으로, D13을 3조로 4조를 번갈아 배치한다.

(= 127× 2× (3+4)/2 = 889 mm²)

A_b : 구간 s_b의 절곡철근의 총단면적 (= 2,570 mm²(D29-4본))

s : 연직스터럽의 배치간격 (= 250 mm)

s_b : 절곡철근의 배치간격 (= 509 mm)

z : $d/1.15$ (593/1.15 = 516 mm)

d : 유효높이 (= 593 mm)

α : 절곡철근이 부재축과 이루는 각도 (= 45°)

$$\therefore \sigma_{bpd} = \frac{(509+521-0.5\cdot 1,230)\times 10^3}{\dfrac{889\times 516}{250\times(\cos 45^\circ+\sin 45^\circ)^2}+\dfrac{2,570\times 516\times(\cos 45^\circ+\sin 45^\circ)}{509}}$$

$$\cdot \frac{(509+1,230)\times 10^3}{(509+521+1,230)\times 10^3} = \frac{415\times 10^3}{4,600}\times\frac{1,740}{2,260} = 69.5\ \text{N/mm}^2$$

연직스터럽의 설계응력도

$$\sigma_{wpd} = \frac{V_{pd}+V_{rd}-k_r\cdot V_{cd}}{\dfrac{A_w\cdot z}{s}+\dfrac{A_b\cdot z\cdot(\cos\theta_b+\sin\theta_b)^3}{s_b}}\cdot\frac{V_{pd}+V_{cd}}{V_{pd}+V_{rd}+V_{cd}}$$

【구조성능조사편 식(해7.4.3)】

$$= \frac{(509+521-0.5\times 1,230)\times 10^3}{\dfrac{889\times 516}{250}+\dfrac{2,570\times 516\times(\cos 45^\circ+\sin 45^\circ)}{509}}\cdot\frac{(509+1,230)\times 10^3}{(509+521+1,230)\times 10^3}$$

$$= \frac{415\times 10^3}{9,200}\times\frac{1,740}{2,230} = 35.2\ \text{N/mm}^2$$

② 검토

검토결과를 표 5.3.12에 나타냈다.

표 5.3.12 검토결과

	절곡철근	스터럽
철근응력도	σ_{bpd} = 69.5 N/mm^2	σ_{wpd} = 35.2 N/mm^2
철근응력도의 제한값	σ_{se} = 120 N/mm^2	σ_{se} = 120 N/mm^2
검토결과(철근응력도/제한값)	0.58	0.29

(3) 비틀림균열 【구조성능조사편 7.4.7】

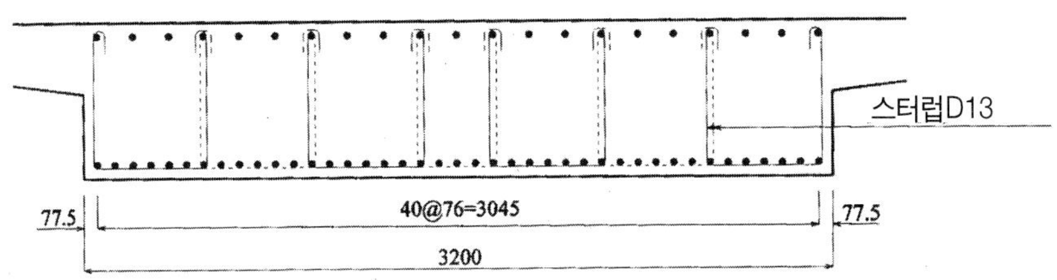

그림 5.3.10 스터럽의 배치

비틀림균열의 검토는 가장 불리한 설계작용이 조합된 경우의 설계비틀림모멘트 (M_{td})와 비틀림보강철근이 없는 경우의 설계순비틀림내력 (M_{tud})을 비교한다. 【구조성능조사편 7.4.7 (1)】

단, M_{tud}는 전단력과 비틀림모멘트가 동시에 작용하는 경우로서 파악, 구조성능조사편 6.4.2 식(6.4.2), 식(6.4.3) 및 식(6.4.5)를 고려한 다음 식에 따라 산출하는 것으로 한다.

$$M_{tud} = M_{tcd} \cdot (1 - 0.8\gamma_i V_d / V_{yd})$$

여기서, $M_{tcd} = \beta_{nt} \cdot K_t \cdot f_{td} / \gamma_b$

여기서, β_{nt} : 프리스트레스힘 등의 축방향 압축에 관한 계수 (압축응력이 0이므로 1.00로 한다)

K_t : 비틀림계수 $(= b^2 \cdot d/\eta_1 = 670^2 \times 3,200/3.48 = 4.13 \times 10^8 \text{mm}^3)$

여기서, b : 주보의 높이 (= 670 mm)

d : 주보의 폭 (= 3,200 mm)

η_1 = 3.1+1.8/(d/b) = 3.1+1.8/(3,200/670) = 3.48

f_{td} : 콘크리트의 설계인장강도 $(f_{td} = f_{tk}/\gamma_c = 0.23f_{ck}^{2/3}/1.0 = 2.1\text{N/mm}^2$

(구조성능조사편 식(3.2.1)로부터)

여기서, γ_c : 콘크리트의 재료계수 (=1.0)

γ_b : 부재계수 (= 1.0)

$\therefore M_{tcd}$ = 1.00× 4.13× 10^8× 2.1/1.0/10^6 = 867 kN · m

γ_i : 구조물계수 (= 1.0)

V_d : 변동하중 작용시의 설계전단력 (= 1,030 kN)

V_{yd} : 설계전단내력 $(V_{yd} = V_{cd} + V_{sd})$

여기서, V_{cd} : 전단보강철근을 사용하지 않은 봉부재의 설계전단내력 (= 1,230 kN)

V_{sd} : 전단보강 강재에 의해 부여되는 봉부재의 설계전단내력 (= 633 kN)

여기서, $V_{sd} = V_{sv} = A_w \cdot f_{wyd} \cdot d/(1.15 s_s \gamma_b)$

여기서, A_w : 스터럽의 단면적으로, D13을 3조로 4조를 번갈아 배치한다.

(= 127× 2× (3+4)/2 = 889 mm^2)

f_{wyd} : 스터럽의 설계항복강도 (345 N/mm^2)

d : 유효높이 (= 593 mm)

s_s : 연직스터럽의 배치간격 (= 250 mm)

γ_b : 부재계수 (= 1.0)

$\therefore$ V_{sv}= 889× 345× 593/(1.15× 250× 1.0)/1,000 = 633 kN

$\therefore$ V_{yd} = 1,230+633 = 1,860 kN

M_{tud} = 867× (1−0.8× 1.0× 1,030/1,860) = 483 kN

0.7M_{tud} = 483× 0.7 = 338 kN · m

표 5.3.13 검토결과

	스터럽
설계비틀림모멘트 M_{td}	M_{td} = 16.9 kN·m
설계순비틀림내력 $0.7M_{tud}$	$0.7M_{tud}$ = 338 kN·m
검토결과 $(M_{td}/0.7M_{tud})$	0.05

따라서, 비틀림모멘트에 대한 균열폭의 검토는 시행하지 않는다.

5.3.8.3 외관 【철도표준 8.3】

구조성능조사편에는 외관에 관한 구체적인 규정이 없기 때문에, 여기서는 철도표준에 따라 검토를 시행한다.

외관에 관한 사용성의 조사는 휨균열에 대해 시행한다. 전단균열에 대해서는, 내구성의 검토를 만족하는 것으로 생략한다.

휨균열의 검토는 지간 중앙단면에 대해 시행한다.

내구성의 검토와 마찬가지로, 영구하중 및 변동하중이 조합되는 경우의 전단면을 유효로 한 콘크리트의 연(縁)인장응력도가, 휨균열의 검토를 생략하는 경우의 RC구조에 대한 콘크리트의 연인장응력도 이상으로 되기 때문에, 균열폭 w_d가 균열폭의 제한값 $w_{\lim}$ 이하인 것을 확인한다.

(1) **휨균열폭 w_d**

내구성의 검토의 경우와 동일하다.

$$w_d = 0.174 \text{ mm}$$

(2) 휨균열폭의 제한값 $w_{\lim}$ 【철도표준 8.3.2해설】

$$w_{\lim} = 0.3 \text{ mm}$$

(3) 조사

조사결과를 표 5.22에 나타냈다.

표 5.3.14 조사결과

휨균열폭 w_d	w_d = 0.174 mm
휨균열폭의 제한값 $w_{\lim}$	$w_{\lim}$ = 0.3 mm
조사결과 $(w_d/w_{\lim})$	0.58

5.3.8.4 승차감 【철도표준 8.3, 부속자료18】

구조성능조사편에는 변위·변형에 대한 구체적인 규정이 없기 때문에, 여기서는, 철도표준에 따라 검토한다.

(1) 처짐 δ_d의 산정

열차하중, 충격하중을 고려하고, 콘크리트의 전단면을 유효로 해서 산정한다.

$$\delta_d = 5/48 \cdot M_E \cdot l^2/(E_c \cdot I)$$

여기서, M_E : 열차하중과 충격하중에 의한 설계최대휨모멘트 (= 1,160 kN · m)

l : 지간 (= 10.0 m)

E_c : 콘크리트의 탄성계수 (= 26.5 kN/mm^2)

I : 주보의 단면2차모멘트 (= 0.1044 m^4)

$$\therefore \delta_d = 5/48 \times 1,160 \times 10.0^2/(26.5 \times 0.1044)/10^3 = 4.37\,\text{mm}$$

(2) 제한값 δ_{1c}의 설정

철도표준부속표18.9에 따라, $\delta_{1c} = l_b/500 = 10.0 \times 10^3/500 = 20.00\,\text{mm}$

(3) 조사

조사결과를 표 5.3.15에 나타냈다.

표 5.3.15 조사결과

휨 δ_d	δ_d = 4.37 mm
제한값 δ_{1c}	δ_{1c} = 20.00 mm
구조물계수 γ_i	1.0
조사결과 $(\gamma_i \cdot \delta_d / \delta_{1c})$	0.22

따라서, 승차감에 관한 사용성을 만족한다.

5.3.9 안전성의 조사

5.3.9.1 파괴검토

(1) 휨모멘트【구조성능조사편 6.2】

조사단면은 지간 중앙단면 (그림 5.3.6)으로 하고, 조사결과를 표 5.3.16에 나타냈다.

(a) 설계휨내력 M_{ud}의 산정

설계휨내력 M_{ud}는 구조성능조사편6.2.1에 의해 산출한다.

표 5.3.16 설계휨내력의 산출

항목	수치
단면치수	폭 : 5,700 mm, 높이 : 670 mm
재료계수	γ_c=1.3, γ_s=1.0
부재계수	γ_b=1.1
구조물계수	γ_i=1.2
인장철근의 직경	29 mm

항목	수치
인장철근의 본수	41본 (간격 76mm)
인장철근의 위치	77.5 mm (= 50+13+29/2)
인장철근의 인장항복강도 특성값	f_{syk}= 345 N/mm^2
콘크리트의 압축강도 특성값	f_{ck}= 27 N/mm^2
설계한계 값 I_{LD} (설계휨내력)	M_{ud}= 4,510 kN·m

(b) 조사

조사결과를 표 5.3.17에 나타냈다.

표 5.3.17 조사결과(휨모멘트)

설계휨모멘트 M_d	M_d = 2,870 kN·m
설계휨내력 M_{ud}	M_{ud} = 4,510 kN·m
구조물계수 γ_i	1.2
조사결과($\gamma_i \cdot M_d/M_{ud}$)	0.76

(2) 전단력 【구조성능조사편 6.3】

(a) 사(斜め)압축파괴의 조사

먼저 설계경사압축파괴의 조사를 시행한다.

① 설계사압축파괴내력 V_{wcd}의 산정 【구조성능조사편 6.3.3 식(6.3.7)】

$$V_{wcd} = f_{wcd} \cdot b_u \cdot d/\gamma_b$$

여기서,

$$f_{wcd} = 1.25 \cdot \sqrt{f'_{cd}} = 1.25 \times \sqrt{20.8} = 5.70\,\text{N/mm}^2 < 7.8\text{N/mm}^2$$

f'_{cd} : 콘크리트의 설계압축강도 (= 27/1.3 = 20.8 N/mm^2)

f'_{ck} : 콘크리트의 설계기준강도 (= 27 N/mm^2)

γ_c : 콘크리트의 재료계수 (= 1.3)

b_w : 복부의 폭 (= 3,200 mm)

d : 유효높이 (= 593 mm)

γ_b : 부재계수 (= 1.3)

$$\therefore V_{wcd} = 5.70 \times 3{,}200 \times 593/1.3/10^3 = 8{,}320 \text{ kN}$$

② 조사

조사결과를 표 5.3.18에 나타냈다.

표 5.3.18 조사결과

설계전단력 V_d	V_d = 1,180 kN
설계사압축파괴내력 V_{wcd}	V_{wcd} = 8,320 kN
구조물계수 γ_i	1.2
조사결과 ($\gamma_i \cdot V_d / V_{wcd}$)	0.17

(b) 전단파괴의 조사

설계전단내력 V_{yd}는 구조성능조사편6.3.3 식(6.3.2)에 의해 산출한다.

설계전단내력 V_{yd}는

$$V_{yd} = V_{cd} + V_{sd}$$

여기서, V_{cd} : 전단보강강재를 사용하지 않은 봉부재의 설계전단내력

V_{sd} : 전단보강강재에 의해 부여되는 봉부재의 설계전단내력

① 전단보강강재를 사용하지 않은 봉부재의 설계전단내력 V_{cd}의 산정

축방향의 인장철근은, 일부를 절곡철근으로서 구부려 올리고 있기 때문에, 지간 내에서 인장철근량이 변화하므로 이것에 따라 설계전단내력 V_{cd}를 산정한다. (조사블럭은 그림5.3.8 참조)

$$V_{cd} = \beta_d \cdot \beta_p \cdot \beta_n \cdot f_{vcd} \cdot b_w \cdot d / \gamma_b$$

여기서, β_p: $\sqrt[4]{1,000/d} = \sqrt[4]{1,000/593} = 1.14$

β_p: $\sqrt[3]{100p_c}$

여기서, p_c : 전단인장강재비 $(= A_s/(b_w \cdot d))$

b_w : 복부의 폭 (= 3,200 mm)

d : 유효높이 (= 593 mm)

β_n : $1+2M_0/M_u$ = 1.00 $(N'_d \geq 0)$

f_{vcd}: $0.2\sqrt[3]{f'_{cd}} = 0.2\sqrt[3]{20.8} = 0.550\,\mathrm{N/mm^2}$

γ_b : 부재계수 (= 1.3)

표 5.3.19 인장철근량 및 유효높이

조사블럭	인장철근		유효높이d (mm)
	각단의 배치본수 D29	철근량A_s ($\mathrm{mm^2}$)	
A	25	16,100	593
B	29	18,600	
C	33	21,200	
D	37	23,800	
E	41	26,300	

이상으로부터, 조사블럭마다의 설계전단내력 V_{cd}를 표 5.28에 나타냈다.

표 5.3.20 설계전단내력 V_{cd}

조사블럭	β_d	인장철근 D29			β_n	f_{vcd} (N/mm^2)	V_{cd} (kN)
		본수	P_c	β_p			
A	1.13	25	0.00848	0.947	1.0	0.550	867
B	1.13	29	0.00980	0.993	1.0	0.550	909
C	1.13	33	0.0112	1.04	1.0	0.550	952
D	1.13	37	0.0125	1.08	1.0	0.550	988
E	1.13	41	0.0139	1.12	1.0	0.550	1,030

② 전단보강강재에 의해 부여되는 봉부재의 설계전단내력 V_{sd}의 산정

전단보강강재로서 절곡철근과 스터럽을 병용한다.

1) 절곡철근이 부담하는 설계전단내력 V_{sd}의 산정

$$V_{sd} = A_w \cdot f_{wyd}(\sin\theta_s + \cos\theta_s) \cdot d/(1.15s_s \cdot \gamma_b)$$

여기서, A_w : 구간 s_s의 절곡철근량

f_{wyd} : 절곡철근의 설계항복강도 (= 345 N/mm^2)

θ_s : 절곡철근과 부재축과의 각도 (= 45°)

d : 유효높이 (= 593 mm)

s_s : 절곡철근의 배치간격

γ_b : 부재계수 (= 1.1)

산정결과를 표 5.29에 나타냈다.

표 5.3.21 절곡철근이 부담하는 설계전단내력 V_{sb}

조사블럭	절곡철근 D29			θ_s	d (mm)	s_s (mm)	설계전단내력 V_{sb} (kN)
	본수	A_w (mm²)	f_{wyd} (N/mm²)				
A	4	2,570	345	45°	593	509	1,160
B	4	2,570	345	45°	593	800	735
C	4	2,570	345	45°	593	800	735
D	4	2,570	345	45°	593	844	696

2) 스터럽이 부담하는 설계전단내력 V_{sv}의 산정

a) 스터럽의 최대 배치간격

전단보강강재로서 절곡철근과 스터럽을 병용하는 경우는, 전단보강강재가 부담하는 설계전단내력 V_{sd}가운데 50% 이상은 스터럽으로 부담시켜야 하므로 이로부터 전단보강강재의 최대배치간격을 산출한다. 또, 조사(照査)는 지점(支点)으로부터 h/2점을 포함하는 A블럭에서 시행한다.

$\gamma_i \cdot V_d/(V_{cd}+V_{sd}) \leq 1.0$ 및 $\gamma_i = 1.2$ 로부터,

$V_{sd} \geq 1.2 \cdot V_d - V_{cd}$

여기서, V_d : 설계전단력(= 1,180 kN)

V_{cd} : 전단보강강재를 사용하지 않은 봉부재의 설계전단내력(= 867 kN)

$\therefore V_{sd} \geq 1.2 \times 1{,}180 - 867 = 549$ kN

따라서, 스터럽이 부담해야 할 설계전단내력 V_{sv}는

$$V_{sv} = 549/2 = 275\,\text{kN}$$

한편, 스터럽이 부담해야 할 설계전단내력 V_{sv}는 다음 식으로 구한다.

$$V_{sv} = A_w \cdot f_{wyd} \cdot d/(1.15 s_s \cdot \gamma_b)$$

여기서, A_w : 스터럽의 총단면적으로, D13을 3조로 4조를 번갈아 배치한다.

(= 127× 2× (3+4)/2 = 889 mm^2)

f_{wyd} : 스터럽의 설계항복강도 (= 345 N/mm^2)

d : 유효높이 (= 593 mm)

s_s : 스터럽의 배치간격

γ_b : 부재계수 (= 1.1)

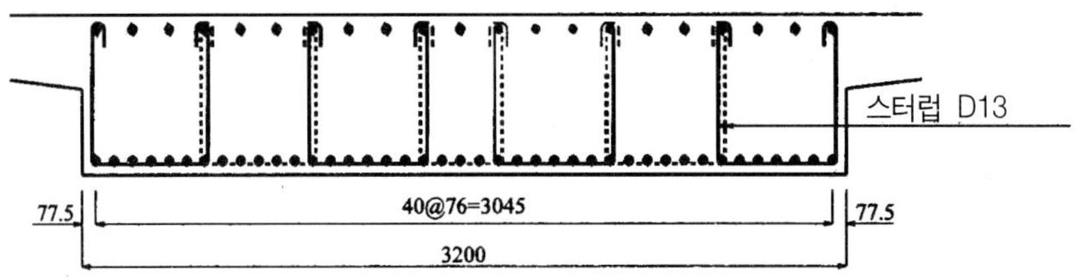

그림 5.3.11 스터럽의 배치

이상으로부터, 스터럽의 배치간격 s_s은 다음과 같이 산출된다.

$$V_{sv} = 889 \times 345 \times 593/(1.15 \times s_s \times 1.1) \geq 275 \times 10^3 \text{ N}$$
$$\therefore s_s \leq 523 \text{ mm}$$

b) 구조세목에 의한 스터럽의 배치

전단보강철근의 배치간격 s_s 【구조성능조사편 6.3.8】

계산상 전단보강철근이 필요한 경우 : $1/2d$ 그리고 300mm 이하

계산상 전단보강철근이 불요한 경우 : $3/4d$ 그리고 400mm 이하

여기서, d : 유효높이 (= 593 mm)

i) 지점부근

계산상 전단보강철근이 필요하므로, 배치간격은 아래와 같이한다.

$s_s \leq 1/2 \times$ 593 = 297 mm 그리고 300mm 이하로부터, s_s = 250mm

ii) 지간중앙부근

지간중앙부근은 계산상 전단보강철근이 불필요하므로 배치간격은 아래와 같이한다.

$s_s \leq 3/4 \times$ 593 = 445 mm 그리고 400mm 이하로부터, s_s = 400 mm

c) 전단보강철근의 최소철근량 【구조성능조사편 6.3.8】

$$A_w \geq 0.0015 \cdot b_w \cdot s_s$$

여기서, b_w : 복부의 폭 (= 3,200mm)

i) 지점부근

$A_w = 889\,mm^2 < 0.0015 \times 3,200 \times 250 = 1,200 mm^2$

ii) 지간중앙부근

$A_w = 889\,mm^2 < 0.0015 \times 3,200 \times 400 = 1,920\,mm^2$

이상으로부터, 지점부근, 지간중앙부근 모두 전단보강철근의 최소철근량은 만족하지 않지만, 본구조물은 슬래브 부재이기 때문에 적용 외로 한다.

각 블럭의 스터럽이 부담하는 설계전단내력 V_{sv}를 표 5.3.22에 나타냈다.

표 5.3.22 스터럽이 부담하는 설계전단내력 V_{sv}

조사블럭	스터럽 D13			d (mm)	s_s (mm)	설계전단내력 V_{sv} (kN)
	본수	A_w (mm^2)	f_{wyd} (N/mm^2)			
A	3.5	889	345	593	250	575
B	3.5	889	345	593	250	575
C	3.5	889	345	593	250	575
D	3.5	889	345	593	250	575
E	3.5	889	345	593	400	359

여기서, $V_{yd} = V_{cd} + V_{sd}$

여기서, V_{cd} : 전단보강강재를 사용하지 않은 봉부재의 설계전단내력 (= 867 kN)

V_{sd}는 ($V_{sb} + V_{sv}$) 또는 (2 · V_{sv}) 중 작은 값으로 한다.

여기서, V_{sb} : 절곡철근이 부담하는 전단내력 (= 1,160 kN)

V_{sv} : 스터럽이 부담하는 전단내력 (= 575 kN)

이상으로부터, $V_{sb} + V_{sv} = 1,160 + 575 = 1,740\text{kN}$

$$2 \cdot V_{sv} = 1,150\text{kN}$$
$$\therefore V_{sd} = 1,150\text{kN}$$
$$\therefore V_{yd} = 867 + 1,150 = 2,020\text{kN}$$

조사결과를 표 5.3.23에 나타냈다.

표 5.3.23 조사결과

설계전단력 V_d	V_d = 1,180 kN
설계전단내력 V_{yd}	V_{yd} = 2,020 kN
구조물계수 γ_i	1.2
조사결과($\gamma_i \cdot V_d / V_{yd}$)	0.70

(c) 저항전단력도

그림 5.3.24에 설계전단력을 나타냈다. 저항전단력도는 그림3.3.19와 거의 동일하므로 생략한다.

표 5.3.24 설계전단내력

검토블럭	V_d (kN)	V_{cd} (kN)	전단보강철근			설계전단내력 V_{yd} (kN)
			V_{sb} (kN)	V_{sv} (kN)	V_{sd} (kN)	
A	1,180	867	1,160	575	1,740	2,610
B	1,140	909	735	575	1,310	2,220
C	978	952	735	575	1,310	2,260
D	819	988	696	575	1,270	2,260
E	653	1,030	-	359	359	1,390

(3) 비틀림 【구조성능조사편6.4】

(a) 설계순비틀림내력 M_{tcd}의 산정 【구조성능조사편6.4.2 식 (6.4.3)】

설계순비틀림내력은

$$M_{tcd} = \beta_{nt} \cdot K_t \cdot f_{td}/\gamma_b$$

여기서, β_{nt} : 프리스트레스 힘 등 축방향 압축에 관한 계수, 압축응력도가 0이므로 1로 한다.

K_t : 비틀림계수 $(= b^2 \cdot d/\eta_1 = 670^2 \times 3,200/3.48 = 4.13 \times 10^8 mm^3)$

b : 주보의 높이 (= 670 mm)

d : 주보의 폭 (= 3,200 mm)

$\eta_1 = 3.1 + 1.8/(d/b) = 3.1 + 1.8/(3,200/670) = 3.48$

f_{td} = 콘크리트의 설계인장강도

$(f_{td} = f_{tk}/r_c = 0.23 f'^{2/3}_{ck}/1.0 = 2.1/1.3 = 1.6\,N/mm^2$

(구조성능조사편 식(3.2.1)로부터)

여기서, r_c : 콘크리트의 재료계수 (= 1.3)

r_b : 부재계수 (= 1.3)

$\therefore M_{tcd} = 1.00 \times 4.13 \times 10^8 \times 1.6/1.3/10^6 = 510\text{kN} \cdot \text{m}$

(b) 조사

비틀림모멘트에 대한 보강의 조사는 다음 식에 의한다. 【구조성능조사편6.4 해설참조】

$$r_i \cdot M_{td}/M_{tcd} < 0.2$$

조사결과를 표 5.33에 나타냈다

표 5.3.25 조사결과

설계비틀림모넨트 M_{td}	M_{td} = 68.2 kN · m
설계순비틀림내력 M_{tcd}	M_{tcd} = 510 kN · m
구조물계수 r_i	1.2
조사결과 ($r_i \cdot M_{td} \cdot M_{tcd}$)	0.16

이상과 같이 비틀림모멘트의 영향이 작기 때문에 보강의 검토는 생략한다.

3.3.9.2 피로파괴

피로파괴에 대한 조사는 3.3.9.2와 동일한 흐름으로 시행한다.

(1) 휨모멘트

(a) $S-N$선도의 설정

① 표준열차하중에 의해 발생하는 철근의 최대변동응력도 σ_{srd}의 산정

$$\sigma_{srd} = M_d \cdot (A_s \cdot j \cdot d)$$

여기서, σ_{srd} : 표준열차하중에 의한 변동응력도

M_d : 열차하중 및 충격하중에 의한 설계휨모멘트 (= 1,160 kN · m)

A_s : 인장철근량(= 26,300 mm^2)

j : 1-k/3 = 1-0.289/3 = 0.904

$$k=\sqrt{2n\cdot p_t+(n\cdot pt)^2}-n\cdot P_t$$

$$=\sqrt{2\times7.55\times0.00798+(7.55\times0.00798)^2}-7.55\times0.00778=0.289$$

여기서, n : 탄성계수비(= E_s/E_c = 200/26.5 = 7.55)

E_s : 강재의 탄성계수(= 200 kN/mm^2)

E_c: 콘크리트의 탄성계수(= 26.5kN/mm^2)

P_t : 인장철근비(= $A_s/(b_e \cdot d)$ = 26,300/(5,700× 593) = 0.00778)

여기서 b_e : 압축현의 폭 (= 5,700mm)

d : 유효높이(= 593mm)

$$\therefore \sigma_{srd}=1,160\times10^6/(26,300\times0.904\times593)=82.3\,\mathrm{N/mm^2}$$

② 최소응력도 σ_{min}의 산정

영구하중에 의한 철근의 최소응력도 σ_{min}은

$$\sigma_{min}=M_d/(A_s\cdot j\cdot d)$$

여기서, M_d : 영구하중에 의한 설계 휨모멘트(= 1,360 kN.m)

$$\therefore \sigma_{min}=1,360\times10^6/(26,300\times0.904\times593)=96.5\,\mathrm{N/mm^2}$$

③ 200만회 피로강도 f_{sr200}의 산정

$$f_{sr200}=r_1\cdot\frac{10^{a_r}}{(2\times10^6)^k}\cdot\left(1-\frac{\sigma_{min}}{f_{suk}}\right)/r_s$$

여기서, $a_r=3.09-0.003\phi=3.09-0.003\times29=3.00$

k = 0.12

ϕ : 조사 대상으로 하는 철근의 직경(= 29 mm)

σ_{min} : 철근의 최소인장응력도(= 96.5 N/mm^2)

f_{suk} : 철근의 인장강도 특성값(= 490 N/mm^2)

r_1 : 철근의 이음. 굽힘가공에 의한 저감계수(= 0.7 : 압접으로 한다)

γ_s : 철근의 재료계수로, 일반적으로 1.05로 해도 좋다

$$\therefore f_{sr200} = 0.7 \times \frac{10^{3.00}}{(2 \times 10^6)^{0.12}}\left(1 - \frac{96.5}{490}\right)/1.05 = 93.9\,\mathrm{N/mm^2}$$

표 5.3.26 조사결과 (200만회 피로강도의 조사)

설계응답 값 I_{Rd} (설계변동응력도)	σ_{srd} = 82.3 N/mm^2
설계한계 값 I_{Ld} (200만회 피로강도)	f_{st200}/γ_b = 93.9 N/mm^2
구조물계수 γ_i	1.1
부재계수 γ_b	1.0
조사결과 ($\gamma_i \cdot I_{Rd}/I_{Ld}$)	0.96

이상으로부터 $\gamma_i \cdot \sigma_{srd} / (f_{sr200}/\gamma_b) \leqq 1.0$이 되므로 그림 3.19에 의해 $S-N$선도는 $\alpha_r = 2.71 - 0.003\phi$, $\mathrm{k} = 0.06$로 된다.

(b) 총등가반복횟수 N의 계산

3.3.9.2와 동일하므로 생략한다.

$$\Sigma N = 6.30 \times 10^5\text{회} < 2.0 \times 10^6\text{회}$$

이상으로부터, $\gamma_i \cdot \sigma_{srd}/(f_{sr200}/\gamma_b) \leqq 1.0$ 및 ΣN < 2.0× 10^{6}회 이므로 설계인장피로강도의 조사는 생략한다.

(d) 저항휨모멘트도

저항휨모멘트도는 그림3.3.21과 거의 동일하므로 생략한다.

또, 지간 중앙의 저항휨모멘트는 다음 식에 의해 산출한다.

$$M_R = M_d / \alpha_a$$

여기서 M_d: 열차하중 및 충격하중에 의한 설계휨모멘트 (= 1,160 kN · m)

α_a : 안전성(피로파괴) 검토시의 안전도 (= 0.98)

$$\therefore M_R = 1,160/0.98 = 1,184 \text{kN.m}$$

(2) 전단력

전단보강강재로서 절곡철근과 스터럽을 병용하고 있으므로, 각각의 전단보강 강재에 대해 조사를 시행한다.

(a) 절곡철근

① $S-N$선도의 설정

• 표준열차하중에 의해 발생하는 철근의 최대변동응력도 σ_{srd}의 산정

σ_{sr} : 표준열차하중에 의한 변동응력도 (N/mm^2)

(절곡철근의 열차하중 및 충격하중에 의한 설계변동응력도 σ_{brd}로 한다)

$$\sigma_{brd} = \frac{V_{pd} + V_{rd} - k_r \cdot V_{cd}}{\dfrac{A_w \cdot z}{s \cdot (\cos\theta_b + \sin\theta_b)^2} + \dfrac{Ab \cdot z \cdot (\cos\theta_b + \sin\theta_b)}{s_b}} \cdot \frac{V_{rd}}{V_{pd} + V_{rd} + V_{cd}}$$

【철도표준식(해6.4.5)】

여기서, V_{pd} : 영구작용에 의한 설계전단력 (= 509 kN)

V_{rd} : 변동작용에 의한 설계전단력 (= 520 kN)

V_{cd} : 전단보강철근을 사용하지 않은 봉부재의 설계전단내력 (= 867 kN)

k_r : 변동작용의 빈도의 영향을 고려하기 위한 계수 (= 0.5)

A_w : 구간 s의 스터럽의 총단면적 (= 889 mm^2)

A_b : 구간 s_b의 절곡철근의 총단면적 (= 2,570 mm^2)

s : 연직스터럽의 배치간격 (= 250 mm)

S_b : 절곡철근의 배치간격 (509 mm)

z : d/1.15 (593/1.15 = 516 mm)

d : 유효높이 (= 593 mm)

θ_b : 절곡철근이 부재축과 이루는 각도 (= 45°)

$$\sigma_{brd} = \frac{(509+521-0.5\times867)\times10^3}{\dfrac{889\times516}{250\times(\cos45^\circ + \sin45^\circ)^2} + \dfrac{2,570\times516\times(\cos45^\circ \ \sin45^\circ)}{509}}$$

$$\times\frac{521\times10^3}{(509+521+867)\times10^3} = \frac{597\times10^3}{4,600}\times\frac{521}{1,900} = 35.6\,\text{N/mm}^2$$

$$\therefore \sigma_{srd} = 35.6\text{N/mm}^2$$

• 최소응력도 σ_{min}의 산정

절곡철근의 영구하중에 의한 철근의 최소응력도 σ_{min}은 영구하중에 의한 설계변동응력도 σ_{bpd}로 한다.

$$\sigma_{min} = \sigma_{bpd} = \frac{V_{pd} + V_{rd} - k_r \cdot V_{cd}}{\dfrac{A_w \cdot z}{s\cdot(\cos\theta_b + \sin\theta_b)^2} + \dfrac{A_b\cdot z\cdot(\cos\theta_b + \sin\theta_b)}{s_b}}$$

$$\cdot\frac{V_{pd}+V_{cd}}{V_{pd}+V_{rd}+V_{cd}}$$ 【철도표준식(해6.4.6)】

$$= \frac{(509+521-0.5\times867)\times10^3}{\dfrac{889\times516}{250\times(\cos45^\circ + \sin45^\circ)^2} + \dfrac{2,570\times516\times(\cos45^\circ + \sin45^\circ)}{509}}$$

$$\times \frac{(509+867)\times 10^{3}}{(509+521+867)\times 10^{3}} = \frac{597\times 10^{3}}{4,600}\times\frac{1,380}{1,900} = 94.3\,\mathrm{N/mm^2}$$

- 200만회 피로강도 f_{sr200}의 산정

$$f_{sr200} = r_1 \cdot \frac{10^{a_r}}{(2\times 10^6)^k} \cdot \left(1 - \frac{\sigma_{min}}{f_{suk}}\right) / \gamma_s$$

여기서, $a_r = 3.09 - 0.003\phi = 3.09 - 0.003\times 29 = 3.00$

$k = 0.12$

ϕ : 조사 대상으로 하는 철근의 직경(= 29 mm)

σ_{min} : 철근의 최소인장응력도(= 94.3 N/mm^2)

f_{suk} : 철근의 인장강도 특성값(= 490 N/mm^2)

r_1 : 철근의 이음. 굽힘가공에 의한 저감계수(= 0.65 : 굽힘가공으로 한다)

γ_s : 철근의 재료계수로, 일반적으로 1.05로 해도 좋다

따라서, $f_{sr200} = 0.65\times \frac{10^{3.00}}{(2\times 10^{6})^{0.12}} \cdot \left(1 - \frac{94.3}{490}\right)/1.05 = 87.7\,\mathrm{N/mm^2}$

표 5.2.27 조사결과 (200만회 피로강도의 조사)

설계응답 값 I_{Rd} (설계변동응력도)	σ_{srd} = 35.6 N/mm^2
설계한계 값 I_{Ld} (200만회 피로강도)	f_{st200}/γ_b = 87.7 N/mm^2
구조물계수 γ_i	1.1
부재계수 γ_b	1.0
조사결과 ($\gamma_i \cdot I_{Rd}/I_{Ld}$)	0.45

이상으로부터 $\sigma_{sr} \leqq f_{sr200}$ 이므로 철도표준부속표9.2로부터 $S-N$선도는

$a_r = 2.71 - 0.003\phi,\ k = 0.06$로 된다.

② 총 등가반복횟수 N의 계산

총 등가반복횟수의 계산은 3.3.9.2와 동일하므로 생략한다. $N=1.02\times10^{6}$

이상으로부터, $\gamma_i \cdot \sigma_{srd}/(f_{sr200}/\gamma_b) \leqq 1.0$및 $\Sigma N < 2.0\times10^{6}$회 이므로 설계인장피로강도의 조사는 생략한다.

(b)스터럽

① $S-N$선도의 설정

1) 표준열차하중에 의해 발생하는 철근의 최대변동응력도 σ_{srd}의 산정

σ_{srd} : 표준열차하중에 의한 변동응력도 (N/mm^2)

(스터럽의 열차하중 및 충격하중에 의한 철근의 설계변동응력도 σ_{wrd}로 한다.)

$$\sigma_{wrd}=\frac{V_{pd}+V_{rd}-k_r \cdot V_{cd}}{\dfrac{A_w \cdot z}{s}+\dfrac{A_b \cdot z \cdot (\cos\theta_b+\sin\theta_b)^3}{s_b}} \cdot \frac{V_{rd}}{V_{pd}+V_{rd}+V_{cd}}$$

【철도표준식(해6.4.3)】

여기서 σ_{brd} : 절곡철근의 설계변동응력도

V_{pd} : 영구하중에 의한 설계전단력 (= 509 kN)

V_{rd} : 변동하중에 의한 설계전단력 (= 520kN)

V_{cd} : 전단보강철근을 사용하지 않은 봉부재의 설계전단내력 (= 867kN)

k_r : 변동작용의 빈도의 영향을 고려하기 위한 계수 (= 0.5)

A_w : 구간에 s 의 스터럽의 총단면적 (= 889 mm^2)

A_b : 구간에 s_b의 절곡철근의 총단면적 (= 2,570 mm^2)

s : 연직스터럽의 배치간격 (= 250 mm)

s_b : 절곡철근의 배치간격 (509 mm)

z : d/1.15 (593/1.15 = 516 mm)

d : 유효높이 (= 593 mm)

θ_b : 절곡철근이 부재축과 이루는 각도 (= 45°)

$$\sigma_{wrd} = \frac{(509+521-0.5\times867)\times10^3}{\frac{889\times516}{250}+\frac{2,570\times516\times(\cos45^\circ\ \sin45^\circ)^3}{509}}$$

$$\times\frac{521\times10^3}{(509+521+867)\times10^3} = \frac{597\times10^3}{9,200}\times\frac{521}{1,900} = 17.8\,\text{N/mm}^2$$

$\therefore \sigma_{srd} = 17.8\text{N/mm}^2$

2) 최소응력도 σ_{min}의 산정

스터럽의 영구하중에 의한 철근의 최소응력도 σ_{min}은 영구하중에 의한 설계변동응력도 σ_{wpd}로 한다.

$$\sigma_{min} = \sigma_{wrd} = \frac{V_{pd}+V_{rd}-k_r\cdot V_{cd}}{\frac{A_w\cdot z}{s}+\frac{A_b\cdot z\cdot(\cos\theta_b+\sin\theta_b)^3}{sb}}\cdot\frac{V_{pd}+V_{cd}}{V_{pd}+V_{rd}+V_{cd}}$$

【철도표준식(해6.4.4)】

$$= \frac{(509+521-0.5\times867)\times10^3}{\frac{889\times516}{250}+\frac{2,570\times516\times(\cos45^\circ\ +\sin45^\circ)^3}{509}}\times\frac{(509+867)\times10^3}{(509+521+867)\times10^3}$$

$$= \frac{597\times10^3}{9,200}\times\frac{1,380}{1,900} = 47.1\text{N/mm}^2$$

3) 200만회피로강도 f_{sr200}의 산정

$$f_{sr200} = r_1\cdot\frac{10^{a_r}}{(2\times10^6)^k}\cdot\left(1-\frac{\sigma_{min}}{f_{suk}}\right)/\gamma_s$$

여기서, $a_r = 3.09-0.003\phi = 3.09-0.003\times13 = 3.05$

k = 0.12

ϕ : 조사 대상으로 하는 철근의 직경(= 13 mm)

σ_{min} : 철근의 최소인장응력도(= 47.1 N/mm^2)

f_{suk} : 철근의 인장강도 특성값(= 490 N/mm^2)

r_1 : 철근의 이음. 굽힘가공에 의한 저감계수(= 0.65 : 굽힘가공으로 한다)

γ_s : 철근의 재료계수로, 일반적으로 1.05로 해도 좋다

$$\therefore f_{sr200} = 0.65 \times \frac{10^{3.05}}{(2\times 10^6)^{0.12}} \cdot \left(1 - \frac{47.1}{490}\right) / 1.05 = 110\text{N/mm}^2$$

표 5.3.28 조사결과 (200만회 피로강도의 조사)

설계응답 값 I_{Rd} (설계변동응력도)	σ_{srd} = 17.8 N/mm²
설계한계 값 I_{Ld} (200만회 피로강도)	f_{st200}/γ_b = 110 N/mm²
구조물계수 γ_i	1.1
부재계수 γ_b	1.0
조사결과 ($\gamma_i \cdot I_{Rd}/I_{Ld}$)	0.18

이상으로부터 $r_i . \sigma_{srd}/(f_{st200}/r_b) \leqq 1.0$ 이므로 철도표준부속표9.2로부터 $S-N$선도는 $\alpha_r = 2.71 - 0.003\phi, k = 0.06$로 된다.

② 총 등가반복횟수 N의 계산

총 등가반복횟수의 계산은 3.3.9.2와 동일하므로 생략한다.

$N = 1.02 \times 10^6$회 < 2.0×10^6회

이상으로부터, $\gamma_i \cdot \sigma_{srd}/(f_{sr200}/\gamma_b) \leqq 1.0$및 $\Sigma N < 2.0 \times 10^6$회 이므로 설계인장피로강도의 조사는 생략한다.

5.3.9.3 주행안전성 【철도표준부속자료 18】

구조성능조사편에는 변위·변형에 대한 구체적인 규정이 없으므로 철도표준에 따른다.

(1) 처짐 δ_d의 산정

열차하중, 충격하중을 고려하고 콘크리트 전단면을 유효로 해서 산정한다.

$$\delta_d = 5/48 \cdot M_E \cdot \ell^2 / (E_c \cdot I)$$

여기서, M_E : 열차하중과 충격하중에 의한 설계 최대 휨 모멘트 (= 1,230 kN・m)

l : 지간 (= 10.0m)

E_c : 콘크리트의 탄성계수(= 26.5kN/mm^2)

I : 주보의 단면2차모멘트 (= 0.1044m^4)

$$\therefore \delta_d = 5/48 \times 1,230 \times 10.0^2/(26.5 \times 0.1044)/10^3 = 4.63\text{mm}$$

(2) 제한값 δ_{Is}의 설정

철도표준부속표18.3로부터, $\delta_{Is} = \ell_b/400 = 10.0 \times 10^3/400 = 25.0\text{mm}$

(3) 조사

조사결과를 표 5.3.29에 나타냈다.

표 5.3.29 조사결과

설계응답값 δ_d	δ_d = 4.63 mm
제한값 δ_{Is}	δ_{Is} = 25.0 mm
구조물계수 γ_i	1.1
조사결과 ($\gamma_i \cdot \delta_d/\delta_{Is}$)	0.20

따라서 주행안전성을 만족한다.

제 6 장 각 조사 CASE에 대한 고찰

표 6.1.1을 기초로 각 조사 CASE에 대해서 고찰하면 다음과 같다.

표 6.11 각 조사 case에 대한 검토결과 집계표

	조사 CASE1	조사 CASE2	조사 CASE3
X. 1. 설계 매뉴얼에 기초한 피복	X=3	X=4	X=5
환경조건	일반환경	부식성환경	부식성환경
W/C (%) 보통표를랜드시멘트	50	50	40
피복 (구조세목) c (mm)	25	40	40
피복 (중성화) c (mm)	40	40	25
피복 (염화물이온) c (mm)	-	60	50
설계피복 : 슬래브상면 c -10mm	30	50	40
하면, 측면 C	40	60	50
X. 2. 구조물의 제완			
주빔높이 (mm)	650	690	670
X. 3. 구조성능조사편에 기초한 조사결과			
X. 3. 8 사용성조사			
• 콘크리트의 휨압축응력도	5.2	5.2	5.2
제한값 : 0.4 f' ck	10.8	10.8	10.8
(설계값 / 제한값 ≤1)	0.48	0.48	0.48
• 휨균열폭	0.174	0.231	0.174
제한값 : 허용휨균열폭	0.265	0.292	0.252
(설계값 / 제한값 ≤1)	0.66	0.79	0.66
• 전단균열 : 절곡철근응력도 (N/mm^2)	70.4	69.8	69.5
제한값 : 철근응려도의 제한값	120	120	120
(설계값 / 제한값 ≤1)	0.59	0.58	0.58
• 진단균열 : 스터럽철근 응력도 (N/mm^2)	35.2	34.9	35.2
제한값 : 철근응려도의 제한값	120	120	120
(설계값 / 제한값 ≤1)	0.29	0.29	0.29

• 비틀림균열 : 비틀림 모멘트 (kN · m)	16.9	16.9	16.9
제한값 : 설계 순 비틀림 내력	318	359	338
(설계값 / 제한값 ≦1)	0.05	0.05	0.05
외관(철도표준) : 휨균열폭	0.174	0.321	0.174
제한값 : 허용윔균열폭	0.3	0.3	0.3
(설계값 / 제한값 ≦1)	0.58	0.77	0.58
• 승차감(철도표준) : L+I 에 의한 처짐 (mm)	4.78	3.99	4.37
제한값 : δ 1s = 1b / 500 (mm)	20	20	20
(설계값 / 제한값 ≦1)	0.24	0.2	0.22
X. 3. 9 안전성의 조사			
X. 3. 9. 1 파괴의 검			
• 휨파괴 : 설계휨모멘트 Md (kN·m)	2840	2910	2870
설계휨내력 Mud (kN·m)	4430	4600	4510
1.2Md / Mud ≦1.0	0.77	0.76	0.76
• 사압축파괴 : 설계진단력 Vd (kN)	1160	1180	1180
설계사압축파괴내력 Vwcd (kN)	8180	8460	8320
1.2Vd / Vcwd ≦1.0	0.17	0.17	0.17
• 전단파괴 : 설계전단력 Vd (kN)	1160	1180	1180
설계전단내력 Vyd (kN)	1990	2040	2020
1.2Vd / Vyd ≦1	0.7	0.69	0.7
• 비클림파괴 : 설계비틀림 모멘트 Mtd(kN · m)	67.6	68.7	68.2
설계순비틀림 내력 Mtcd (kN · m)	480	540	510
1.2 Mtd / Mtcd ≦0.2	0.17	0.15	0.16
X. 3. 9. 2 피로파괴 (철도표준)			
• 휨철근 : 설계변동응력도 s σ sr (N/mm^2)	83.8	80.9	82.3
200만회피로강도 fsr200 / γb (N/mm^2)	94.7	93.8	93.9
1. 1s σ sr/ (fsr200 / γb)≦0.1	0.97	0.95	0.98
등가반복횟수시 N (회)	630000	630000	630000
한계값 (회)	2000000	2000000	2000000
N <2000000	ok	ok	ok
• 절곡철근 : 설계변동응력도 s σ srd (N/mm^2)	36.6		35.6
200만회 피로강도 fsr200 / γb (N/mm^2)	87.6		87.7
1. 1s σ sr/ (fsr200 / γb)≦1.0	0.46		0.45
등가반복횟수시 N (회)	1020000	1020000	1020000

한계값 (회)	2000000	2000000	2000000
N <2000000	ok	ok	ok
• 스터럽 : 설계변동응력도 s σ srd (N/mm^2)	18.1		17.8
200만회 피로강도 fsr200 / γb (N/mm^2)	110		110
1. 1s σ sr/ (fsr200 / γb)≦1.0	0.18		0.18
등가반복횟수시 N (회)	1020000	1020000	1020000
한계값 (회)	2000000	2000000	2000000
N <2000000	ok	ok	ok
• 주행안전성 : L+I 에 의한 처짐 δ d (mm)	5.07	4.23	4.63
처짐의 제한값 δ 1s = 1b / 400 (mm)	25	25	25
1. 1 δ d δ 1s ≦1.0	0.22	0.19	0.2

① 각 조사CASE 모두 주철근은 피로파괴에 대한 설계변동응력에 의해 결정된다.

② 설계의 전제조건이 되는 사용성조사에 있어서 콘크리트의 휨압축응력도는 각 조사CASE 모두 50% 정도이고, 구조성능에 의해 콘크리트의 설계기준강도가 결정되는 것은 아니다.

③ 사용성조사에 있어서 휨균열폭은 덮개가 가장 큰 조사CASE-2(부식성환경, W/C= 50%)에서 가장 크다. (설계값/제한값)도 0.79로 가장 크다. W/C를 40%로 저감시킨 조사CASE-3은 피복을 10mm 작게 했음에도 불구하고 (설계값/제한값)이 0.66으로 20%정도 안전측으로 된다.

④ 슬래브형은 전단 및 비틀림에 대해 설계상 여유가 있는 편이다.

⑤ 콘크리트의 강도에 대해

시방서[시공편] 「6.4콘크리트성능조사」에 강도·내구성 등으로 정해지는 시멘트(결합제)물비, 물시멘트(결합제)비 또는 단위시멘트량이 규정되어 있다.

이 시멘트(결합제)물비, 물시멘트(결합제)비를 조사CASE-1의 조사값을 기초로 비교해보면 아래와 같다.

A) 역학적으로 필요한 콘크리트의 강도

이중에서도, 구조물의 안전성(필요안전율)의 확보를 위해 정해지는 강도(6장 구조물의 안전성 조사)와 과도한 콘크리트 변형, 큰 압축력에 기인해서 발생하는 축방향 균열을 피하기 위한 응력도의 제한으로 정해지는 강도(7.3 응력도의 제한값)가 있다.

ⓐ 구조물의 안전성조사로 정해지는 강도

표 6.1.1의 값을 보고 판단하면 휨모멘트, 전단, 비틀림 가운데 휨모멘트에 따라 구조물의 안전성이 결정되고 있다. f'_{ck} = 27N/mm^{2}에 대해 안전율은 0.77이고, 안전율을 1.0이되도록 콘크리트강도를 역산하면 f'_{ck} = 7N/mm^{2}이 된다

ⓑ 응력도의 제한값으로부터 정해지는 강도

"영구하중작용에 대해 콘크리트의 휨압축강도 σ'_{cp}를 $0.4f'_{ck}$이하로 한다."로부터 정해지는 강도는 다음과 같이 된다.

$$\sigma'_{cp} = 5.2\text{N/mm}^2 \Rightarrow f'_{ck} = 13\text{N/mm}^2$$

B) 내구성에서 필요한 W/C로부터 정해지는 콘크리트강도

시방서[시공편] 「6.4.2 강도의 조사」에 나타낸 식(6.4.1)~(6.4.3)에 따라 W/C=50%의 콘크리트강도를 구하면 이하와 같이 된다.

$$\gamma_p \frac{f_{ck}}{f_{cp}} \leq 1.0$$

여기서.f'_{ck} : 콘크리트압축강도의 설정값. 일반적으로 설계기준강도로 해도 좋다.

f'_{cp} : 콘크리트강도의 예측값. 일반적으로 식(6.4.2)로 구해도 좋다.

$$f'_{cp} = a + b \cdot C/W$$

여기서,

a, b : 재료에 대응해 실적으로 정해지는 정수

C/W : 시멘트(결합제)물비

γ_p: f'_{cp} 의 정밀도에 관한 안전계수. 일반적으로 식(6.4.3)으로 구해도 좋다.

$$\gamma_P = \frac{1}{1 - \frac{1.645V}{100}} \qquad \text{[시공편](6.4.3)}$$

여기서, V : 콘크리트압축강도의 변동계수 (%)

예를들면, $a = -14.5, b = 20.0$으로 하면

$$f_{cp} = 20.0\text{C/W} - 14.5 = 25.5\text{N/mm}^2$$

또, V=5%로 하면

$$f'_{ck} = 25.5/1.09 \Rightarrow f'_{ck} = 24\,\text{N/mm}^2$$

A 및 B에서 보인 것처럼 내구성으로 정해지는 W/C를 만족하는 콘크리트배합이면 구조상 필요한 콘크리트강도는 충분히 만족되는 것을 알 수 있다.

제 III 부

콘크리트표준시방서[내진성능조사편]을 만족하는 설계 매뉴얼

-철근콘크리트 철도 라멘고가교편-

제 III 부 머리말

토목학회 콘크리트표준시방서 [내진성능조사편]은 표층지반과 구조물을 일체로 모델링 한 해석모델에 설계지진동의 공학적기반면에서의 가속도파형을 입력해서 시간이력비선형응답해석에 의해 구조물의 응답값을 구하고, 이것을 구조물의 내진성능한계값과 비교함으로써 내진성능조사를 시행하는 것에 대해 규정하고 있다. [내진성능조사편]에 의한 철근콘크리트 철도 라멘고가교의 조사예는 [내진성능조사편]에 첨부되어 있다.

이 방법은 모든 구조물에 적용가능한 범용적인 조사방법이지만, 철근콘크리트구조물의 경우는 부재단면치수, 배근에 의한 구조물의 복원력특성이나 응답값, 내진성능한계값의 쌍방이 변화하기 때문에 미리 가정한 부재단면치수, 배근 등의 결과가 내진성능을 만족하지 않을 경우 이를 다시 가정, 재차 시간이력비선형응답해석을 시행해야 한다. 그러므로, 수렴해에 도달하기 위해 많은 시간과 노력을 필요로 한다.

한편, 과거부터 시행되어 온 진도법에 의한 내진설계는 설계수평진도작용시의 단면력을 선형해석에 의해 구해 이것을 상회하는 단면내력을 각 부재에 부여하는 설계법으로, 부재의 항복이나 손상과정이 고려되지 않고 구조물의 변형성능을 확보할 수 없는 결점을 가지고 있다.

본 매뉴얼에서 다루는 철근콘트리트 철도 라멘고가교는 부정정구조물로서 일반적인 구조형식, 구조계획, 부재치수의 범위에서는 크게 소성화하는 부재가 기둥으로 한정되고, 그 응답은 비선형1자유도계와 등가로 간주된다. 비선형1자유도계의 응답은, 응답소성률을 변수로 하는 고유주기와 항복진도와의 관계로 나타낸 비선형응답스펙트럼에 의해 표현되고, 응답소성률이 클수록 항복진도는 작아지지만, 미리 구조물의 보유인성률을 일정치 이상이 되도록 규정하면 응답소성률이 변수가 되지 못해 고유주기와 항복진도와의 관계를 1개로 결정하는 것이 가능하다. 본 매뉴얼의 소요항복진도스펙트럼은 이러한 생각으로 결정한 것이다.

구조물에 일정 이상의 인성률을 부여하기 위해서는 소성화 부재인 기둥에 변형성능을 주면 되지만, 기둥의 변형성능과 구조물의 변형성능의 관계는 일정하지 않다. 또 기둥에 일정한 변형성능을 주는 횡방향철근량도 일정하지 않다. 그러나 횡방향철근량의 설정방법에 어떤 룰을 부여할 수 있다면 설계실무상 편리하게 사용하는 것이 가능해진다. 그래서 본 매뉴얼에서는 기둥의 휨전단내력비를 2로 해서 횡방향 철근량을 설정하고, 다음으로 기둥의 변형성능을 [내진성능조사편]에 의해 산정하고 나서, 구조물의 내진성능을 [내진성능조사편]에 의해 조사했다. 그 결과로부터, 조사를 만족하는 점의 하한포락선으로서 소요항복진도스펙트럼을 설정했다.

또한, 기둥부재에 기둥코어부를 주철근 안쪽에서 감싸는(内巻き) 소정량의 스파이럴 철근을 배치해서 큰 변형성능을 부여하면 구조물의 인성률도 커지게 되어 소요항복진도의 레벨을 L1지진동 정도까지 낮출 수 있게 된다. 본 매뉴얼에서는 이 방법으로 기둥코어부를 감싸는 스파이럴 철근을 나타내고, 이 경우에 사용되는 소요항복진도에 대해서도 기술했다.

본 매뉴얼의 방법에 의하면 구조계획, 부재치수를 가정해서 등가고유주기를 산출하는 것만으로 소요항복진도를 구할 수 있기 때문에 구조계획, 부재치수 검토와 축방향철근량 검토를 별도단계로 시행하는 것이 가능하게 되고, 설계작업에서의 수정작업이 적어져 진도법처럼 손쉽게 설계를 수행 할 수 있다. 횡방향철근에 대해서도 휨전단내력비가 소요항복진도스펙트럼을 작성할 때와 동일하게 되도록 배근하면 되기 때문에 구조계획, 부재치수의 검토와 별도단계로 결정하는 것이 가능해진다.

덧붙여, 본 매뉴얼의 방법은 선형해석에 의해 항복진도시의 단면력을 구하는 것이기 때문에, 기둥의 항복 이후는 기둥이외의 부재를 포함한 손상과정을 이해할 수 없다. 그래서 안전을 위해 기둥이외의 부재에는 기둥이 실제 항복하는 시점의 단면력 이상의 휨항복내력, 전단내력 및 기둥과 같은 설정방법에 의한 횡보강철근량을 갖게 함으로써 손상의 진행을 방지하고 있다.

이렇듯 본 매뉴얼에서는 콘크리트표준시방서 [내진성능조사편]에 의한 설계사례를 사전에 축적하고, 그것과 동일하게 되는 조건을, 소요항복진도와 휨전단내력비로 부여함으로써 유사한 설계를 손쉽게 할 수 있도록 하고 있다. 그러므로, 시간과 노력을 요하는 시간이력비선형응답해석에 의한 조사를 반복하지 않아도 목적하는 내진성능을 보유하는 구조물을 손쉽게 설계할 수 있다. 이에 따라, 설계계산실무가 간편하게 되어 누구든지 검토 가능하게 되며, 단면이나 배근의 개략설계의 경우에도 유효하게 적용할 수 있다. 다만, 미리 축적된 설계사례의 범위를 초과하는 구조물에는 적용할 수 없기 때문에 적용범위의 검토가 필히 선행되어야 한다.

설계실무에 있어서 콘크리트표준시방서 [내진성능조사편]을 기본으로 한다면, 적용구조물은 비록 한정되지만 보다 편리하게 안전한 구조물을 설계할 수 있도록 이와 같은 설계매뉴얼이 작성, 적용되는 것이 구조물전반에 대한 내진성의 수준을 유지하는 데에도 유효하다. 본 매뉴얼에서는 횡방향철근의 배근방법을 변화시킨 2개의 예를 나타냈지만, 설계실무상 더 편리하고 확실한 성과를 얻을 수 있는 방법은 얼마든지 존재할 수 있으므로, 여기서 보인 방법을 일례로 삼아 각각의 구조물에 더 적합한 설계매뉴얼이 만들어지길 기대한다.

제 1 장 총 칙

1.1 일반사항

본 매뉴얼에서 설계한 철근콘크리트 철도 라멘고가교는, [2002년판] 콘크리트표준시방서 [내진성능조사편]에 의한 내진성능조사를 만족하는 것이다.

<<< 해설 <<<

일반적으로 콘크리트구조물은 [내진성능조사편]에 의해 내진성능의 조사를 시행할 필요가 있지만, 본 매뉴얼은 철근콘크리트 철도 라멘고가교로 적용범위를 한정시키는 것을 전제로, [내진성능조사편]에 의한 내진성능의 조사를 자연히 만족하는 하나 또는 복수의 방법을 매뉴얼로 정한 것이다. 따라서 본 매뉴얼에 의해 설계된 철근콘크리트 철도 라멘고가교는 [내진성능조사편]에 의한 내진성능의 조사를 만족하는 하나 또는 복수의 해로서 취급할 수 있다.

1.2 적용의 범위

본 매뉴얼은 하기의 조건에 해당하는 철근콘크리트 철도 라멘고가교의 내진설계에 적용한다.

(i) 1층

(ii) 다음에 해당하지 않는 지반

- 액상화지반
- 부정형지반
- 지반변위의 고려가 필요한 지반

(iii) 고정도가 높은 직접기초 및 지중보를 가진 말뚝기초

(iv) 초기항복 및 주된 손상이 기둥부재에 발생한다

(v) 등가고유주기 Teq의 범위 0.5sec≦Teq≦2.0sec

(vi) 고가교의 높이(지중보 천단으로부터 슬래브 천단까지) H의 범위 4m≦H≦12m

〈〈〈 해설 〈〈〈

콘크리트표준시방서 [내진성능조사편]은 일반 콘크리트구조물의 내진설계에 폭넓게 적용할 수 있지만 본 매뉴얼은 철도 고가교로서 시공사례가 많은 철근 콘크리트 라멘고가교의 내진설계에 한정해서 적용한다.

본 매뉴얼에서 상정하는 라멘고가교는 일반적인 형상을 가지고, 지진관성력에 의해 주된 소성화가 기둥부재에서 발생하고, 기둥부재의 부재성능한계값이 구조물전체의 내진성능을 결정한다고 생각되는 구조물이다.

액상화지반, 부정형지반, 지반변위의 고려가 필요한 지반은 지진시 지반의 거동을 고려할 필요가 있기 때문에 본 매뉴얼의 적용범위 외로 한다. 지반이 여기에 해당하는가는 철도구조물등설계표준 [내진설계]에 의해 판정할 수 있다.

기초구조가 고정도가 높은 직접기초 또는 지중보를 가지는 말뚝기초 이외의 경우 각 기둥의 휨모멘트 크기나 분포형상에 차이가 발생, 일부의 기둥에 손상이 집중되거나 기둥이외의 부재가 손상될 가능성이 있기 때문에 본 매뉴얼의 적용범위에서 제외한다.

상기의 조건에 해당하지 않는 구조의 경우는 기둥이외 부재의 부재성능이나 그 한계값이 구

조물 전체의 내진성능을 결정할 가능성이 있기 때문에 [내진성능조사편]에 의해 내진성능조사를 시행할 필요가 있다. 또 라멘고가교를 구성하는 각 부재의 손상과정과 손상정도에 대해 상세하게 조사하고 싶은 경우에도 [내진성능조사편]에 의해 응답값을 산정할 필요가 있다.

본 매뉴얼에 특별히 정하지 않은 항목에 대해서는 토목학회 콘크리트표준시방서의 각 편에 의하도록 한다.

1.3 용어의 정리

본 매뉴얼에서는 다음과 같이 용어를 정의한다.

- **소요항복진도스팩트럼** : 구조물의 각 부재가 일정의 변위성능을 가진 조건하에서 구조물의 내진성능이 콘크리트표준시방서 [내진성능조사편]에 의한 내진성능조사를 만족하기 위해 필요한 항복진도를 등가고유주기와의 관계로 나타낸 것.
- **항복진도** : 구조물 내에서 최초로 부재가 항복하는 시점(時點)의 수평력을 구조물 중량에 대응한 비로 나타낸 것.
- **지역별계수** : 지진활동도, 단층정보 및 기왕의 지진기록 등에 기초해, 지진발생 확률의 지역적인 경향을 나타낸 계수.
- **지반종별** : 지진시 지반의 진동특성 및 지층구성에 따라서 공학적으로 분류한 지반의 종류.
- **코어부를 감싸는 스파이럴 철근** : 축방향철근의 내측에 축방향철근에 내접하도록 배치시킨 스파이럴 모양의 횡방향 철근

<<< 해설 <<<

본 매뉴얼에서 사용하는 용어 중에 내진성능조사편에 정의되지 않은 용어의 정의를 나타냈다.

1.4 보유해야 할 내진성능

구조물이 보유해야 할 내진성능은 다음과 같다.

(i) 레벨1 지진동에 대해 내진성능 1을 만족한다

(ii) 레벨2 지진동에 대해 내진성능 2를 만족한다.

<<< 해설 <<<

철도구조물의 중요도를 고려해서, 레벨2 지진동에 대해서는 내진성능 2를 만족하도록 했다. 본 매뉴얼에 제시된 방법으로 설계한 구조물은 상기의 내진성능을 가지는 것으로 간주해도 좋다.

제 2 장 하중

2.1 지진의 영향

2.1.1 일반사항

(1) 지진의 영향에 대해서는, 구조물의 질량 및 부재(負載)질량에 대응해서 발생하는 관성력만을 고려한다.

(2) 지진동의 방향은 고가교의 교축방향, 교축직각방향의 수평 2방향을 독립적으로 고려한다.

(3) 지진의 영향의 크기는 설계수평진도로 나타낸다

(4) 설계수평진도는 소요항복진도스펙트럼의 진도에 표2.1.1에 표시한 지역별계수를 곱한 것으로 한다.

표 2.1.1 지역별계수

지역구분	지반종별	지역별계수	대상지역
A	I ~IV	1.00	지역구분, B,C이외의 지역
B	I , II	0.85	北海道 (上川, 網走, 胆振, 渡島) 秋田県, 山形県, 新潟県, 鳥取県, 島根県, 岡山県, 広島県, 愛媛県, 高知県, 大分県, 長崎県, 宮崎県, 熊本県, 鹿児島県, 沖縄県
	III, IV	0.90	
C	I , II	0.70	北海道 (石狩, 後志, 檜山, 宗谷, 留萌, 空知), 山口県, 福岡県, 佐賀県
	III, IV	0.80	

(5) 소요항복진도스펙트럼은 고가교 기둥부재의 변형성능에 대응시켜, 지반종별 및 고가교의 등가고유주기에 따라 작성했으며 레벨1 지진동, 레벨2 지진동을 포함한다.

〈〈〈 해설 〈〈〈

(1)에 대해서　적용의 범위에 나타낸 것처럼 관성력 이외의 영향을 고려해야 하는 지반 및 구조형식의 경우는 본 매뉴얼에 따르지 않고 콘크리트표준시방서 [내진성능조사편]에 의한 검토가 필요하다.

(3),(4),(5)에 대하여　콘크리트표준시방서 [내진성능조사편]은, 구조물 건설지점의 공학적기반면에 대한 시간이력가속도파형을 설정하고, 구조물과 지반을 일체로 모델링한 연속체시간이력응답해석 또는, 지반에 대한 응답해석을 시행해 구한 소정심도에서의 시간이력가속도파형을 지상구조물의 해석모델에 입력하는 시간이력응답해석에 따라 응답값을 산정, 부재의 응답값과 한계값을 비교하는 것으로 조사를 시행하는 흐름으로 되어 있다.

본 매뉴얼에서는 이 일련의 작업을 미리 모델링한 지반 및 구조물에 대해 실시하고, 그 결과를 소요항복진도스펙트럼으로 나타냄으로써 모델과 유사한 지반 및 구조물의 내진설계를 실시할 수 있도록 했다. 따라서, 지표면지진동과 소요항복진도스펙트럼의 작성에 사용한 지반 및 구조물의 모델과 크게 다른 조건에 대해서는 적용범위 외로 한다.

콘크리트표준시방서 [내진성능조사편]과 본 매뉴얼과의 관계를 해설그림 2.1.1에 나타냈다.

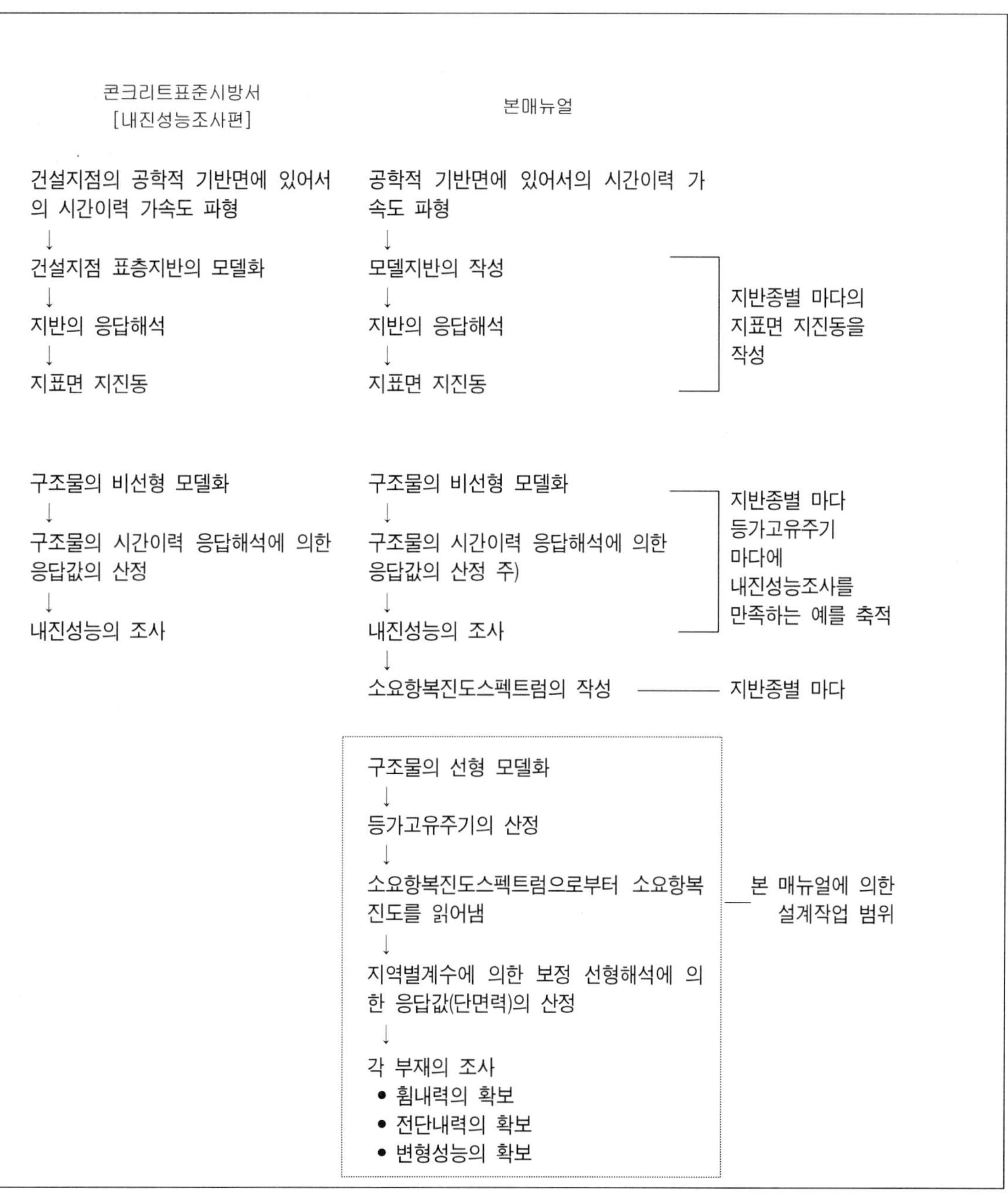

주) 본 매뉴얼의 소요항복진도 작성에 있어서는 시간이력응답해석의 간이법인 비선형스펙트럼법을 사용하고 있다 비선형스펙트럼법에 대해서는 부속자료 2에 나타냈다.

해설그림 2.1.1 콘크리트표준시방서 [내진성능조사편]과 본 매뉴얼과의 관계

2.1.2 지반종별

지반종별은 표층지반의 전단탄성파속도에 기초해 산정한 고유주기에 따라, 아래와 같이 구분한다.

표 2.1.2 지반종별

지반종별	표층기반의 고유주기(sec)	참고지반조건
I	~0.25	암반, 기반, 홍적층
II	0.25~0.5	보통지반
III	0.5~1.5	연약지반
IV	1.5~	극히 연약한 지반

⟨⟨⟨ 해설 ⟨⟨⟨

표층지반은 내진설계상의 기반(基盤)면으로부터 내진설계상의 지반(地盤)면 사이를 말한다. 표층지반의 고유주기는 모드해석법 등으로 구할 수 있다.

2.1.3 소요항복진도스펙트럼

(1) 소요항복진도스펙트럼은 (2) 또는 (3)에 의한 것으로 한다.

(2) 기둥의 변형성능이 4.4 (2)를 만족하는 경우의 소요항복진도스펙트럼은 그림 2.1.1에 나타낸 것을 사용해도 좋다.

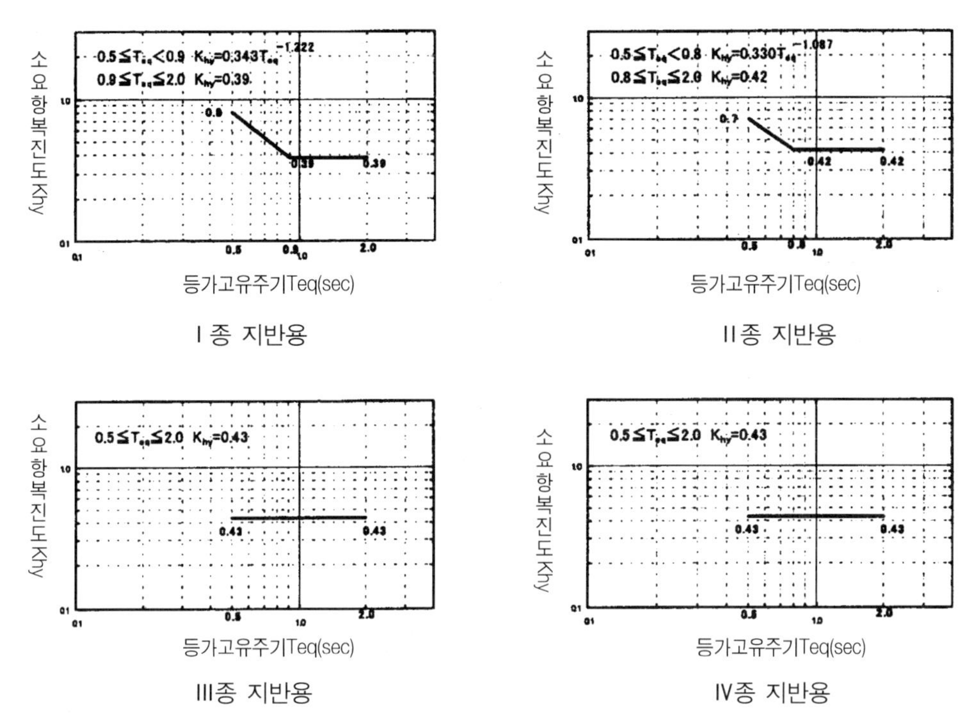

그림 2.1.1 소요항복진도스펙트럼 (1)

(3) 기둥의 변형성능이 4.4 (3)을 만족하는 경우의 소요항복진도스펙트럼은 그림 2.1.2에 나타낸 것을 사용해도 좋다.

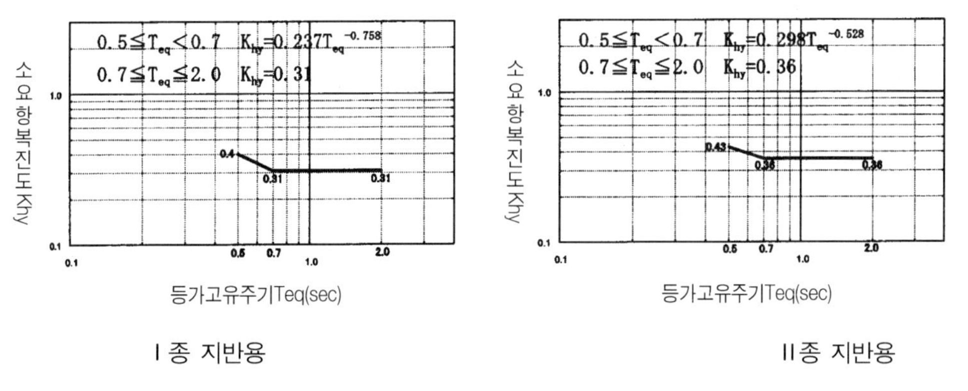

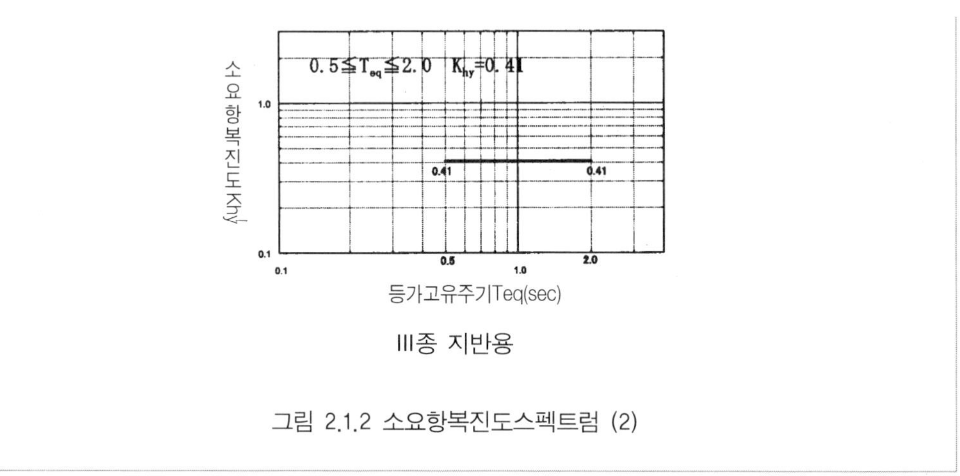

Ⅲ종 지반용

그림 2.1.2 소요항복진도스펙트럼 (2)

해설

소요항복진도스펙트럼은 철근콘크리트 라멘고가교의 모델에 지표면지진동을 입력해, 시간이력응답해석에 의한 응답값의 산정과 조사를 시행한 결과로부터, 내진성능을 만족하는 항복진도를 포락시킨 것이다. 그러므로, 모델로 한 철근콘크리트 라멘고가교의 변형성능에 따라, 몇 개의 소요항복진도스펙트럼이 산정되게 되지만, 여기서는 그중에서 두개의 소요항복진도스펙트럼을 나타냈다. 소요항복진도(1)은 기둥부재의 휨전단내력비가 2이상 되는 조건에서 얻어지는 라멘교가교의 변형성능에 대해서, 또 소요항복진도스펙트럼(2)는 소정량의 코어부를 감싸는(内巻き) 스파이럴철근을 배치한 기둥부재를 가지는 라멘고가교의 변형성능에 대해서 산정한 것으로, 모두 레벨1 지진동을 포함한 것이다. 여기서, 코어부를 감싸는 스파이럴철근을 배치한 기둥부재의 변형성능은 항복변위의 20배의 변위를 한계값으로 했다. 또, 소요항복진도스펙트럼(2)에서, Ⅰ종 지반용, Ⅱ종 지반용의 등가고유주기 0.7~2.0초의 범위 및 Ⅲ종 지반용에 대해서는 코어부를 감싸는 스파이럴철근을 배치한 기둥부재의 변형성능으로부터가 아닌, 레벨1 지진동으로부터 소요항복진도가 결정되고 있다. 어느것이나, 모델로 한 철근콘크리트 라멘고가교의 변형성능과의 조합에 의해 소요의 내진성능을 만족하는 것이기 때문에, 각각의 소요항복진도스펙트럼의 적용에 대해서는 모델

의 전제가 되는 변형성능을 만족할 필요가 있다. 소요항복진도스펙트럼의 작성에 대해서는 부속자료 1에 나타냈다.

덧붙여 철근콘크리트 라멘고가교의 변형성능을 별도 설정하여 동일한 검토를 시행하고 새로운 소요항복진도스펙트럼을 작성, 그것에 의해 설계를 시행해도 좋다.

2.2 지진의 영향 이외의 하중

지진의 영향 이외의 하중은 콘크리트표준시방서 [구조성능조사편] 및 기타 기준 등에 의한다.

제 3 장 내진설계

3.1 일반사항

라멘고가교의 내진설계는 아래의 각 항목에 의해 시행한다.

(i) 골조치수, 부재치수를 가정한다.

(ii) 지반종별을 판정한다.

(iii) 등가고유주기를 산정한다.

(iv) 소요항복진도스펙트럼에 의해 소요항복진도를 산정한다.

(v) 설계수평진도는 소요항복진도에 지역별계수를 곱한 것으로 한다.

(vi) 상부구조부재는 설계수평진도에 대해 안전성을 갖도록 설계한다. 특히 소성힌지로 되는 부위에서는 소요의 변형성능을 확보할 수 있도록 횡방향 철근을 배치한다.

(vii) 기초(직접기초 또는 말뚝기초)는 그 항복진도가 상부구조물의 실 항복진도를 상회하도록 설계한다.

(viii) 레벨1 지진동에 의한 변위·변형의 검토를 시행한다.

⟨⟨⟨ 해설 ⟨⟨⟨

본 매뉴얼에 의한 내진설계의 흐름도를 해설그림 3.1.1에 나타냈다.

레벨1 지진동에 의한 변위·변형의 검토는 열차의 주행안전성을 확보하기 위해 시행한다. 그 방법은 철도구조물등설계표준 [내진설계]에 의한다.

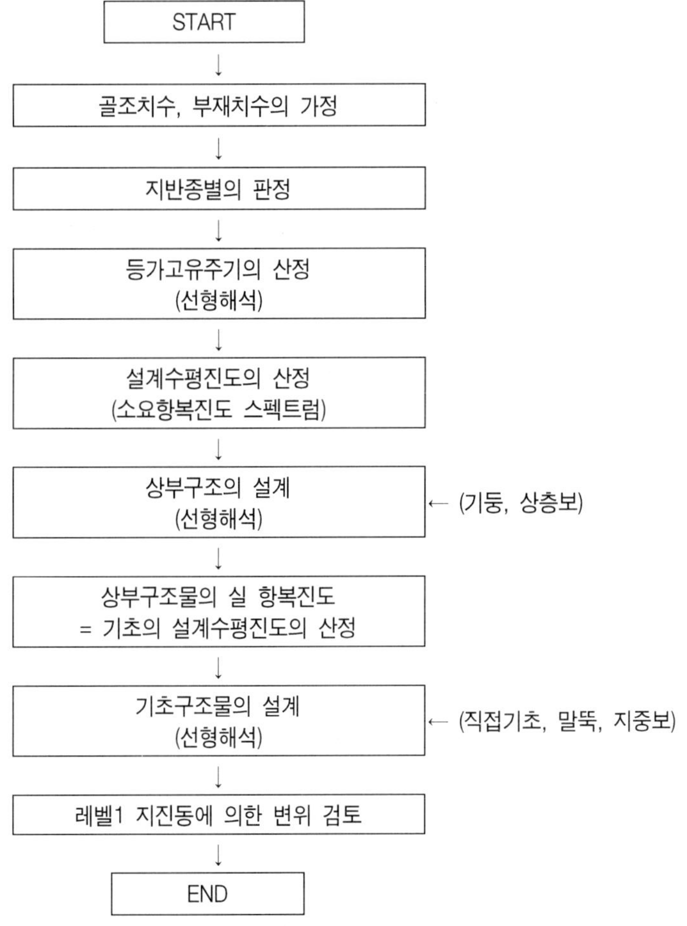

해설그림 3.1.1 본 매뉴얼에 의한 내진설계 흐름도

3.2 구조해석

(1) 구조해석은 부재의 강성, 기초의 지지특성 및 지반의 영향을 고려해서 시행한다.

(2) 구조해석은 선형해석에 의하고 각 부재의 강성은 검토항목에 따라 아래와 같이 설정한다. 말뚝기초설계용단면력 산정시의 강성저감에 대해서는 5.2.2에 나타냈다.

표 3.2.1 구조해석에 있어서 각부재의 강성

검토항목	상층보, 지중보	기둥	말뚝	지반스프링
등가고유주기 상부구조설계용 단면력의 산정	전단면강성	전단면강성의 50% 저감	전단면강성	선형
말뚝기초설계용 단면력의 산정	강성저감	강성저감	강성저감	탄소성(bilinear)

〈〈〈 해설 〈〈〈

라멘고가교의 수평변위량 및 부재단면력은 상부구조물, 기초구조물 전체를 모델링해서 해석한다. 해설그림 3.2.1에 모델링의 예를 나타냈다.

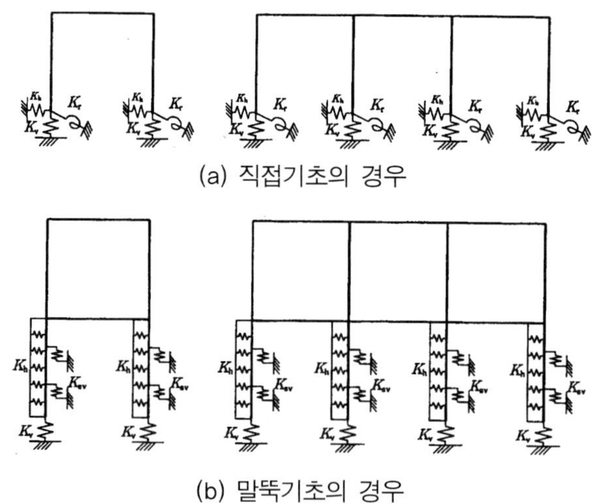

(a) 직접기초의 경우

(b) 말뚝기초의 경우

해설그림 3.2.1 라멘고가교의 모델링 예

콘크리트표준시방서 [내진성능조사편]에서는 재료비선형을 고려한 해석모델을 사용해서 응답값을 산정하도록 하고 있다. 이것은 부재가 소성화 되는 과정을 시간이력으로 추적하려는 목적 때문이다. 한편, 본 매뉴얼에서의 구조해석은, 구조물의 항복점에서의 변위 및 단면력을 산정할 목적으로 행해진다. 항복점 이후 각 부재의 거동은 충분한 횡방향철근을 배치하는 것에 의해, 소요항복진도스펙트럼 작성시의 모델화한 고가교의 각 부재와 동일한 것으로 상정하고 있다. 따라서 구조해석은 선형해석에 의해 시행하도록 했다.

기둥부재는 항복시점에서 균열의 영향으로 강성저하가 발생하기 때문에 기둥의 강성을 전단면강성의 50%로 저감시켰다. 또, 말뚝기초설계용단면력 산정시의 강성저감은, 이것을 사용해 구한 단면력에 의한 설계결과가 내진성능조사편에 따른 내진성능조사를 만족하도록 정한 것이다.

3.3 등가고유주기의 산정

등가고유주기는 식(3.3.1)에 의해 산정해도 좋다

$$T_{eq} = 2.0\sqrt{\frac{W}{K}}$$

여기서

T_{eq} : 구조물의 등가고유주기 (sec)

W : 구조물의 등가중량으로, 라멘고가교의 경우 $W = W_u + 0.4W_p$

W_u : 상부구조부분의 중량으로, 일반적으로 상층보와 슬래브의 자중 및 부재(負載) 하중(열차하중)으로 해도 좋다 (kN)

W_p : 내진설계상의 지반면 보다 윗부분, 또, 상층보 하면 아래 부분(지중보, 기둥)의 중량

K : 구조물의 항복점에 대한 할선강성으로, $K = \frac{P}{\delta}$

P : 단위수평력 (kN)

δ : 수평력에 P에 대한 수평변위량 (m)

제 4 장 상부구조의 설계

4.1 일반사항

상부구조의 내진성능조사는 선형해석에 의한 단면력을 응답값으로, 단면의 휨항복내력 및 전단내력을 한계값으로 해서 시행한다.

〈〈〈 해설 〈〈〈

여기서 상부구조는 기둥 및 상층보를 말한다.

콘크리트표준시방서 [내진성능조사편]에서는 부재의 변형을 응답값으로 해서 내진성능조사를 시행한다. 한편, 본 매뉴얼에서는 소요항복진도 및 충분한 전단내력과 변형성능을 확보하는 것으로 소요항복진도스펙트럼 작성시의 모델고가교(부재의 변형을 응답값으로 해서 내진성능조사 완료)와 동등이상의 내진성능을 가지는 지를 조사하는 것이다. 그러므로, 설계작업으로서는 소요항복진도의 확보가 주안점이 되기 때문에, 응답값은 단면력으로 했다.

상부구조설계의 흐름도를 해설그림 4.1.1에 나타냈다.

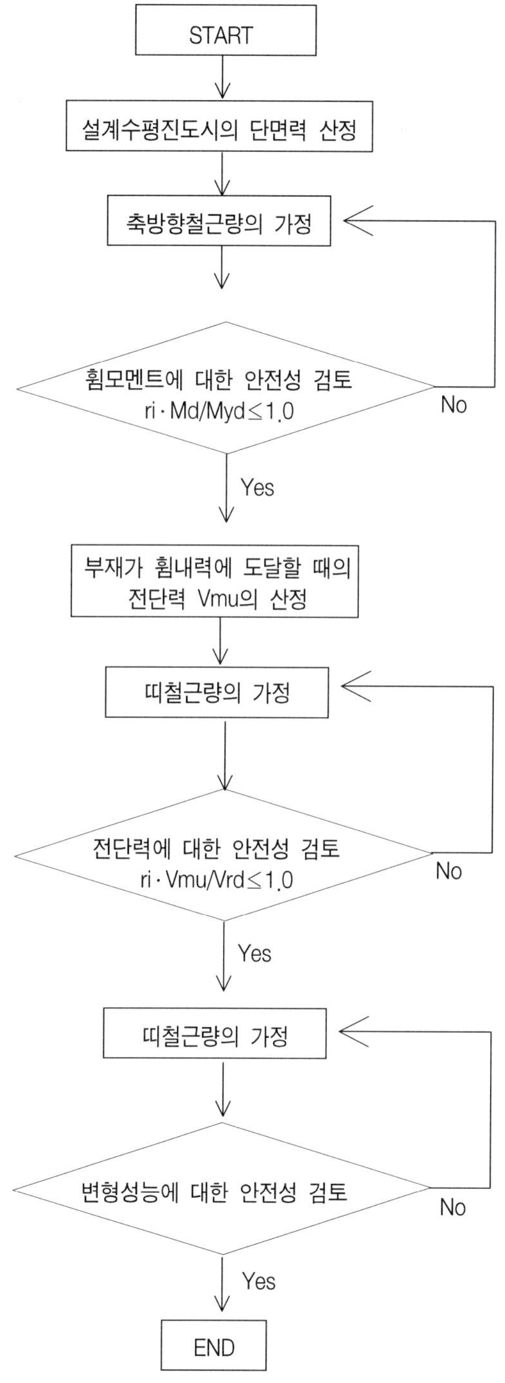

해설그림 4.1.1 상부구조 설계 흐름도

4.2 휨모멘트에 대한 안정성 검토

(1) 기둥의 휨모멘트에 대한 안정성 검토는, 설계수평진도시의 설계휨모멘트 M_d에 대해서 설계휨항복내력 M_{yd}가 식(4.2.1)의 조건을 만족시키는 방법에 의해 시행한다.

$$r_i \cdot M_d / M_y d \leq 1.0$$

여기서 M_d : 설계휨모멘트

M_{yd} : 설계휨항복내력

r_i : 구조물 계수로, 1.0으로 해도 좋다.

(2) 상층보의 휨모멘트에 대한 안전성 검토는 기둥의 실 항복진도시의 휨모멘트를 설계휨모멘트로 해서 식(4.2.1)에 의해 시행한다.

〈〈〈 해설 〈〈〈

(2)에 대하여　기둥의 항복진도는 배근상, 설계수평진도와 완전히 일치시키는 것은 불가능하고 설계수평진도를 상회하게 된다. 기둥이 실제로 항복하는 때의 수평진도를 실 항복진도로 부르기로 한다.

설계수평진도와 실 항복진도와의 차가 작고, 단면력과 진도가 비례관계에 있는 것을 가정하면 실 항복진도는 식 (해4.2.1)에 의해 구해진다.

실 항복진도 = (항복내력/설계수평진도시의 단면력)× 설계수평진도(해 4.2.1)

여기서, 항복내력과 설계수평진도시의 단면력은 모두 최초에 항복한 부재단면의 값으로 한다.

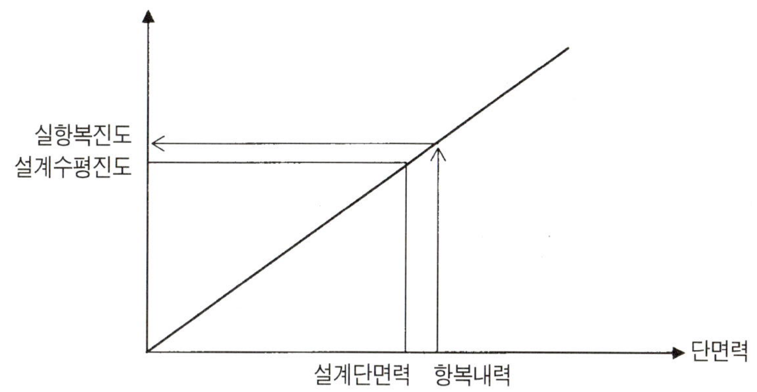

해설그림 4.2.1 설계수평진도와 실 항복진도와의 관계

소요항복진도스펙트럼 작성시의 모델고가교는 첫 항복부재가 기둥이고, 기둥부재의 부재성능 한계값이 구조물 전체의 내진성능을 결정하는 구조물이다. 보가 먼저 항복하는 파단형태도 허용될 수 있지만, 본 매뉴얼에서는 모델고가교와의 동일성을 고려해서, 상층보의 설계에서는 기둥의 실 항복진도시의 휨모멘트를 설계휨모멘트로 했다.

4.3 전단력에 대한 안전성 검토

(1) 기둥의 전단력에 대한 안전성 검토는 부재가 휨내력에 도달할 때의 부재 각 단면의 전단력에 대해서, 각 단면의 설계전단내력 V_{Yd}가 식 (4.3.1)의 조건을 만족시키는 방법에 의해 시행한다.

$$r_i . V_{\mu} / V_{yd} \leq 1.0 \tag{4.3.1}$$

여기서, V_{mu} : 부재가 휨내력에 도달할 때의 부재 각 단면의 전단력으로,

$V_{mu}=M_u/L_a$

M_u : 휨내력으로, 단면 내에 배치되어 있는 전체 축방향철근을 고려해서 산출한다.

또, 이때의 강재의 인장항복강도특성값은 재료수정계수 ρm=1.2를 인장항복강도의 JIS 규격값의 하한값에 곱한 값으로 해도 좋다.

L_a : 전단길이로, 부재길이의 1/2로 해도 좋다.

V_{yd} : 설계전단내력으로, 콘크리트표준시방서 [구조성능조사편]에 의해 산정한다.

기둥부재의 전단내력을 산정할 때의 축력은 이하와 같이 한다.

(ⅰ) 수평력에 의해 축력이 감소하는 경우는 설계수평진도시의 수평력에 의한 축력 감소분을 1.5배 한 축력으로 한다.

(ⅱ) 수평력에 의해 축력이 증가되는 경우는 설계수평진도시의 축력으로 한다.

r_i : 구조물계수로, 1.2로 해도 좋다.

(2) 상층보의 전단력에 대한 안전성 검토는, 기둥의 실 항복진도시에 상층보에 발생하는 전단력을 1.5배 한 설계전단력에 대해서, 각 단면의 설계전단내력 V_{yd}가 식 (4.3.2)의 조건을 만족시키는 방법에 의해 시행한다.

$$r_i \cdot V_d / V_{yd} \leq 1.0$$

여기서, V_d : 설계전단력으로, 실 항복진도시의 전단력을 1.5배 한 것.

V_{yd} : 설계전단내력으로, 콘크리트표준시방서 [구조성능조사편]에 의해 산정된다.

또한, 전단길이가 짧은 경우에는 높이가깊은보의 설계전단내력 V_{ydd}로 해도 좋다.

r_i : 구조물계수로, 1.0으로 해도 좋다.

⟨⟨⟨ 해설 ⟨⟨⟨

본 매뉴얼에서는 주된 소성힌지가 기둥부재에서 발생하는 것으로 상정하고 있기 때문에 기둥부재의 파단형태가 휨파단 모드가 되도록, 기둥에는 발생할 수 있는 최대전단력 이상의 전단내력을 부여하도록 한다. 한편, 상층보는 최대응답전단력 이상의 전단내력을 부여하면 좋겠지만, 기둥 항복후의 내력상승에 의해 상층보에 발생하는 전단응력도 상승하기 때문에, 이것을 고려한 여유값을 가지게 한 것을 설계전단력으로 한다. 구체적으로는 최대응답시와 기둥의 실 항복진도시의 전단력 비율에 여유를 주어 1.5배로 했다.

4.4 변형성능에 대한 안전성의 검토

(1) 구조물의 변형성능에 대한 검토는 2.1.3에서 사용한 소요항복진도스펙트럼에 대응하도록 (2) 또는 (3)에 의해 시행한다.

(2) 2.1.3 (2)에 보인 소요항복진도스펙트럼을 사용하는 경우에는, 소성화 하는 각 부재가 식 (4.4.1)을 만족하도록 한다. 또한, 기둥부재의 상 · 하단으로부터 2D구간, 보 부재의 양단으로부터 1.5H 구간에 대해 식 (4.4.1)에 정한 양 이상의 횡방향철근을 배치하도록 한다.

$$V_{yd}/V_{mu} \geq 2.0 \qquad (4.4.1)$$

여기서, V_{mu} : 부재가 휨내력에 도달할 때의 부재단부의 전단력으로, $V_{mu}=M_u/L_a$

M_u : 휨내력으로, 단면 내에 배치되어 있는 전체 축방향철근을 고려해서 산출한다. 또, 이때의 강재의 인장항복강도특성값은 재료수정계수 ρ_m=1.2을, 인장항복강도의 JIS 규격 하한값에 곱한 값으로 해도 좋다.

L_a : 전단길이로, 부재길이의 1/2로 해도 좋다.

V_{yd} : 설계전단내력으로, 콘크리트표준시방서 [구조성능조사편]에 의해 산정한다.

기둥부재는 설계수평진도시의 축력을 고려해서 설계전단내력을 산정한다.

(3) 2.1.3 (3)에 나타낸 소용항복진도스펙트럼을 사용하는 경우에는 이하에 의한다.

(i) 기둥부재는 상 · 하단으로부터 1D+10Φ구간(여기서, D는 기둥단면 높이, Φ는 축방향철근의 직경)에 대해 식(4.4.2)에 정한 양 이상의 코어부를 감싸는 스파이럴 철근을 배치하도록 한다.

$$A_{wi} \geq [(2.4V_{\mu} - V_{cd}) / S_{wi} / f_{wyid} / Z]\gamma_b \quad \text{<4.4.2>}$$

여기서,

V_{mu} : 부재가 휨 내력에 도달할 때의 부재단부의 전단력으로, $V_{\mu} = M_u / L_a$

M_u : 휨 내력으로, 단면 내에 배치되어 있는 전체의 축방향철근을 고려해서 산출한다.또, 이때의 강재의 인장항복강도특성값은 재료수정계수ρ_m=1.2를 인장항복강도의 JIS 규격 하한값에 곱한 값으로 해도 좋다.

L_a : 전단길이로, 부재길이의 1/2로 해도 좋다.

V_{cd} : 전단보강 강재를 사용하지 않은 봉부재의 설계전단내력으로, 콘크리트 표준시방서 [구조성능조사편]에 의해 산정한다. 기둥부재의 설계전단내력은 설계수평진도시의 축력을 고려해서 산정한다.

A_{wi} : 구간 Swi에서의 코어부를 감싸는 스파이럴 철근의 총단면적.

S_{wi} : 코어부를 감싸는 스파이럴 철근의 배치간격.

f_{wiyd} : 코어부를 감싸는 스파이럴 철근의 설계항복강도.

z : 압축응력의 합력의 작용위치로부터 인장강재 도심까지의 거리로, 일반적으로 d/1.15로 해도 좋다.

r_b : 일반적으로 1.10으로 해도 좋다.

(ii) 코어부를 감싸는 스파이럴 철근은 축방향철근에 내접하도록 배치한다.

(iii) 기둥부재의 전장(全長)에 걸쳐 4.3 (1)에서 정한 양 이상의 횡방향철근을 배치한다.

(iv) 기둥부재의 상 · 하단으로부터 1D구간의 횡구속철근의 정착은 직각후크로 한다.

(ⅴ) 기둥부재의 상·하단으로부터 1D의 위치에 대해서는, (ⅲ)에서 구한 횡구속철근을 2본 밀착해서 배치한다. 또, 횡구속철근의 정착은 플레어용접으로 한다.

(ⅵ) (ⅴ)의 위치(기둥 상·하단으로부터 1D의 위치)로부터 10Φ까지의 구간에 배치하는 횡구속철근의 정착은 플레어용접으로 한다.

(ⅶ) 상기 이외 구간에서의 횡구속철근의 정착은 예각후크, 또는 플레어용접으로 한다

(ⅷ) 보 부재는 식 (4.4.1)을 만족하도록 한다.

‹‹‹ 해설 ‹‹‹

(2),(3)에 대하여　2.1.3 (2) 및 (3)에 나타낸 소요항복진도스펙트럼은 모델고가교의 시간이력응답해석결과에 의해 작성한 것이다. 2.1.3 (2)의 소요항복진도스펙트럼은 모델고가교 각 부재의 V_{yd}/V_{mu}를 2.0으로 해서 결정한 횡방향철근량을 사용해, 콘크리트표준시방서 [내진성능조사편]에 따라 부재의 변형성능을 산정했다. 한편, 2.1.3 (3)의 소요항복진도스펙트럼은 소정량의 코어부를 감싸는 스파이럴 철근을 배치한 RC기둥의 골격곡선을 사용해서 동일한 산정을 시행했다. 따라서, 본 매뉴얼에 의해 설계된 고가교의 변형성능이 모델고가교와 동등이상으로 되기 위해서는 2.1.3에서 사용하는 소요항복진도에 따라, 각 부재가 (2) 또는 (3)을 만족할 필요가 있다.

또한 상층보의 V_{mu}는 모든 기둥상단이 M_u에 도달한 때의 전단력으로 한다.

제 5 장 기초의 설계

5.1 직접기초의 설계

직접기초는 항복진도 K_{hyf}가 설계수평진도 K_{hf}에 대해 식 (5.1.1)의 조건을 만족하는 것을 확인하는 것으로 한다.

$$r_i . K_{hf} / K_{hyf} \leq 1.0 \tag{5.1.1}$$

여기서, K_{hyf} : 직접기초의 항복진도

K_{hf} : 직접기초의 설계수평진도로, 상부구조물의 실 항복진도로 한다

r_i : 구조물계수로, 1.0으로 해도 좋다

⟨⟨⟨ 해설 ⟨⟨⟨

본 매뉴얼의 적용범위는 초기항복 및 주된 손상이 기둥부재에 발생하는 경우이기 때문에, 본문과 같이 정했다.

한편, 상부구조물의 실 항복진도는 소요항복진도스펙트럼으로부터 구한 설계수평진도에 대해 설계된 상부구조물의 부재가 실제로 항복내력에 도달할 때의 진도이다. 설계수평진도와 실 항복

진도와의 차가 작고, 단면력과 진도가 비례관계에 있다고 가정하면, 실 항복진도는 식 (해 5.1.1)에 의해 구해진다.

실 항복진도 = (항복내력/설계수평진도시의 단면력) × 설계수평진도(해 5.1.1)

여기서, 항복내력과 설계수평진도시의 단면력은, 모두 최초에 항복하는 부재단면의 값으로 한다.

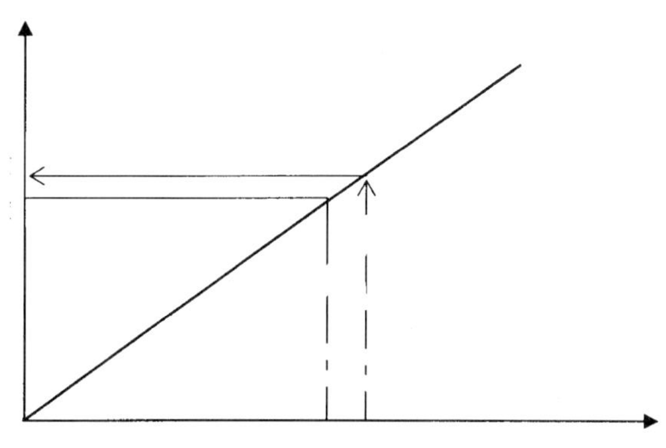

해설그림 5.1.1 설계수평진도와 실 항복진도의 관계

5.2 말뚝기초의 설계

5.2.1 말뚝기초의 설계수평진도

말뚝기초의 설계수평진도는 상부구조물의 실 항복진도로 한다.

<<< 해설 <<<

본 매뉴얼의 작용범위는 초기항복 및 주된 손상이 기둥부재에 발생하는 경우이기 때문에, 본문과 같이 정했다.

말뚝기초의 구조설계흐름을 해설그림 5.2.1에 나타냈다.

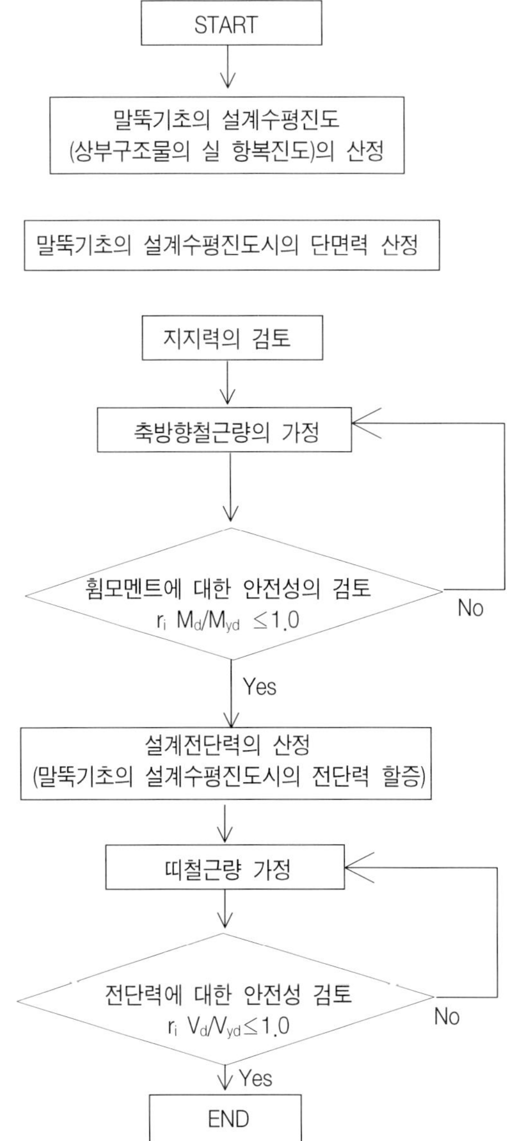

해설그림 5.2.1 말뚝기초의 구조설계 흐름도

5.2.2 구조해석

구조해석은 선형해석에 의하고, 각 부재의 강성은 표 5.2.1 ~ 5.2.3에 의한다.

표 5.2.1 구조해석에 있어서의 각 부재의 강성

검토항복	상층보, 지층보, 기둥	말뚝	지반스프링
단면력의 산정	표5.2.2에 의한다	표 5.2.3에 의한다	bilinear

표 5.2.2 상부구조물의 강성 저감계수

부재	강성저감계수
상층보	1.0
기둥	0.5
지중보	0.25

표 5.2.3 말뚝부재의 강성 저감계수

부 재	강성저감계수	강성저감범위
인발측에서 n본 째까지의 말뚝	0.5	말뚝머리 ~ 1/β
그 외의 말뚝	1.0	

여기서, n : 전 말뚝열수를 2로 나눈 값

β : 말뚝의 특성값

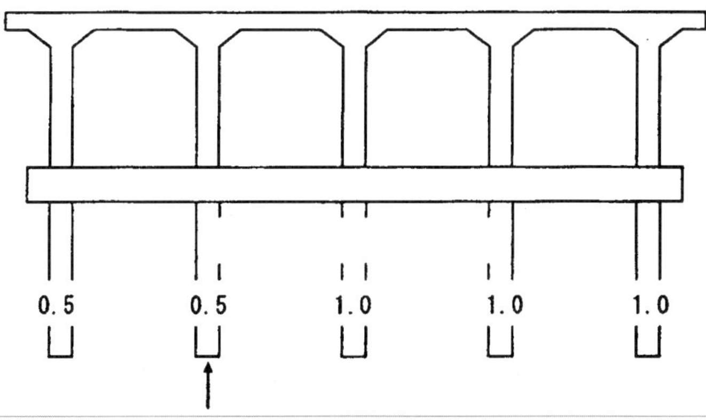

《《 해설 《《

이러한 강성 저감계수는, 각 부재에 재료비선형을 고려한 변형성능을 부여한 비선형해석결과와 등가로 되도록 정한 것이다(부속자료4).

5.2.3 내진성능의 조사

5.2.3.1 일반사항

내진성능의 조사는, 선형해석에 의한 단면력을 응답값, 단면의 휨항복내력 및 전단내력을 한계값으로 해서 시행한다.

5.2.3.2 휨모멘트에 대한 안전성 검토

말뚝의 휨모멘트에 대한 안전성 검토는, 말뚝기초의 설계수평진도시의 설계휨모멘트 M_d에 대해 설계휨항복내력 M_{yd}가 식 (5.2.1)의 조건을 만족시키는 방법에 의해 시행한다.

$$r_i M_d / M_{yd} \leq 1.0 \qquad (5.2.1)$$

여기서 M_d : 설계휨모멘트

M_{yd} : 설계휨항복내력

r_i : 구조물계수로, 1.0으로 해도 좋다

5.2.3.3 전단력에 대한 안전성 검토

(1) 지중보의 전단력에 대한 안전성 검토는, 말뚝기초의 설계수평진도시의 전단력을 1.5배 한 설계전단력에 대해 각 단면의 설계전단내력 Vyd가 식 (5.2.2)의 조건을 만족시키는

방법에 의해 시행한다.

(2) 말뚝의 전단력에 대한 안전성 검토는, 말뚝기초의 설계수평진도시의 전단력을 2.0배 한 설계전단력에 대해 각 단면의 설계전단내력 Vyd가 식 (5.2.2)의 조건을 만족시키는 방법에 의해 시행한다.

$$r_i V_d / V_{yd} \leq 1.0 \quad (5.2.2)$$

여기서, V_d : 설계전단력으로, 지중보에 대해서는 말뚝기초의 설계수평진도시의 전단력을 1.5배 한 것이고, 말뚝에 대해서는 말뚝기초의 설계수평진도시의 전단력을 2.0배 한 것이다.

V_{yd} : 설계전단내력으로, 콘크리트표준시방서 [구조성능조사편]에 의해 산정한다.

지중보에서 전단길이가 짧은 경우에는 깊은보의 설계전단내력 V_{ydd}로 해도 좋다.

말뚝의 전단내력을 산정할 때의 축력은 아래와 같이 한다.

(i) 수평력에 의해 축력이 감소하는 경우는, 말뚝기초의 설계수평진도시의 수평력에 의한 축력 감소분을 2.0배 한 축력으로 한다.

(ii) 수평력에 의해 축력이 증가하는 경우는, 말뚝기초의 설계수평진도시의 축력으로 한다

r_i : 구조물계수로, 1.0으로 해도 좋다.

〈〈〈 해설 〈〈〈

말뚝기초의 설계수평진도시의 전단력에, 기둥부재의 항복후의 내력상승을 고려한 여유값을 가지게 한 것을 설계전단력으로 한다. 구체적으로는 최대응답시와 말뚝기초의 설계수평진도시의 전단력의 비율에 여유값을 주어, 지중보는 1.5배, 말뚝은 2.0배로 했다.

부속 자료 1 소요항복진도스펙트럼

1 머릿말

본 매뉴얼에 나타낸 소요항복진도스펙트럼은, 사전에 상정한 범위의 라멘고가교에 대해 콘크리트표준시방서 [내진설계조사편]에 의해, 부속그림 1.1.1의 흐름에 의해 응답값의 산정 및 내진성능의 조사를 시행해 작성한 것이다.

여기서는 그 작성수순에 대해 기술한다.

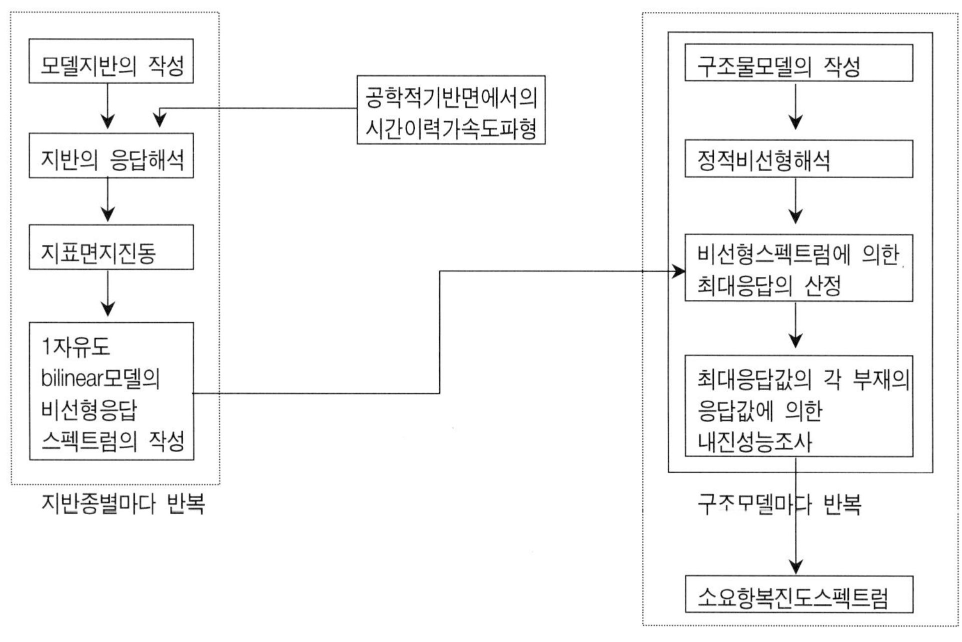

부속그림 1.1.1 소요항복진도스펙트럼의 작성 흐름

2 소요항복진도 스펙트럼(1)의 작성[1.2)]

2.1 검토대상 구조물

검토대상구조물은 아래와 같다.

구조형식 : RC 빔슬래브식 라멘고가교

접속형식 : 게르바보 형식

기초형식 : 말뚝기초 (현장타설콘크리트말뚝)

검토방향 : 교축직각방향

층수 · 경간수 : 1층 1경간

일반적으로 라멘고가교에서는 1경간인 교축직각방향이, 압입측과 인발측 기둥 축력변동이 크게 되어 기둥부 변형성능에 대해 엄격한 조건이 되기 때문에 이 방향에 대해 검토한다.

또, 상부구조물이 기초구조물보다 먼저 항복하도록 함으로써, 구조물 전체 계의 항복 및 종국(終局)이 주부재에서 결정되도록 했다

해석시의 주된 변수를 부속 표 1.2.1에 나타냈다.

부속 표 1.2.1 해석 파라미터

기둥단면	600×600mm ~1400×1400mm
높이(지중보 천단~슬래브 천단)	4~20m
기둥 인장철근비	0.53~1.78%
기둥 띠철근비	0.33~2.58%
항복진도	0.24~0.80
등가고유주기	0.44~1.51sec
해석 CASE 수	85

2.2 지반조건

지반조건은 아래에 나타낸 6종류로 하고, 지반조건에 따라 말뚝길이를 설정한다.

부속 표 1.2.2 지반조건과 말뚝길이

지반종별	지반의 고유주기 Tg (sec)	말뚝길이(m)
I	0.23	6
II	0.38	15
III	0.63	30
	0.88	30
	1.24	30
IV	1.75	30

2.3 응답값의 산정

2.3.1 구조물의 모델화

응답값은 라멘 고가교를 뼈대모델로 해서 시행했다. 해석모델을 부속그림 1.2.1에 나타냈다.

각 부재의 역학적특성을, 내진성능조사편 4.2.2에 의해 부속그림 1.2.2와 같이 모델화 했다. 이때, 최대 내력점의 소성힌지 회전각을 산정하기 위한 띠철근비 P_w는 부재의 내력비가 V_{yd}/V_{mu}=2.0이 되도록 결정했다.

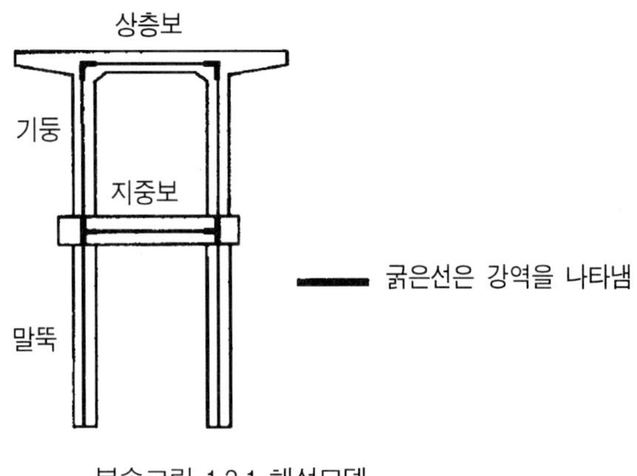

부속그림 1.2.1 해석모델

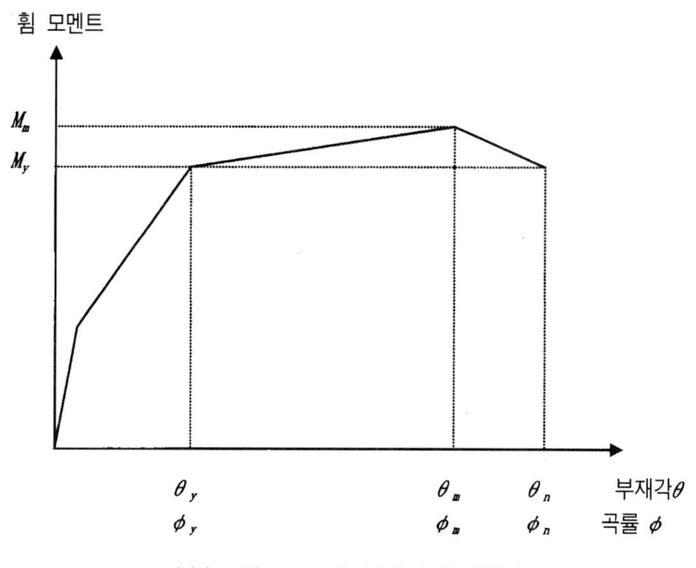

부속그림 1.2.2 각 부재의 골격곡선

2.3.2 응답해석

응답해석은 시간이력응답해석법의 간이법인 비선형스펙트럼법을 사용해서 시행했다.

비선형스펙트럼법은 정적비선형해석과, 비선형스펙트럼으로 구해진 응답소성율을 조합시켜 구조물의 최대응답을 구하는 방법으로 비선형스펙트럼법에 대해서는 부속 자료 2에 나타냈다.

2.4 내진성능의 조사

내진성능의 조사는 각 부재의 응답부재각 또는 응답곡율을 조사응답값 Sd, 각 부재의 손상상태의 영향을 고려한 한계부재각 또는 한계곡율을 조사한계값 Rd로 해서, 식(1)의 조건을 만족시키는 방법에 의해 시행했다.

$$r_i \cdot S_d / R_d \leqq 1.0 \qquad (1)$$

여기서, S_d : 조사응답값으로, 각 부재의 응답부재각 또는 응답곡율

R_d : 조사한계값으로 각 부재의 손상상태의 영향을 고려한 한계부재각 또는 한계곡율

각 부재의 한계부재각 또는 한계곡율은, 각 부재의 손상이 라멘고가교의 복구성(復舊性)에 미치는 영향을 고려해서 부속 표 1.2.3와 같이 설정했다.

부속 표 1.2.3 각 부재의 한계 부재각 또는 곡율

부 재	한계 부재각 또는 곡율	
	레벨1 지진동에 대하여	레벨2 지진동에 대하여
상층보	θ_y	θ_m
기 둥	θ_y	θ_n
지중보	θ_y	θ_m
말 뚝	ϕ_y	ϕ_m

2.5 조사결과와 소요항복진도스펙트럼

각 파라미터를 변화시킨 라멘고가교의 조사결과를, 종축에는 항복진도를, 횡축에는 등가고유주기를 취해 그래프 상에 플롯트 한 것을 지반종별마다 시행해 부속그림 1.2.3에 나타냈다.

그림 중 OK는 비선형스펙트럼법에 의한 응답소성률의 범위에서, 각 부재가 식(1)에 의한 조사를 만족하는 경우를 나타내고, OUT는 식(1)을 만족시키지 못하는 부재가 있는 것을 나타내고 있다. 또, 본 매뉴얼의 적용범위는 구조물전체계의 항복 및 종국(終局)이 기둥부재에서 발생하는 것으로 하고 있고, 검토 범위에서는 기둥 이외의 부재가 식(1)을 만족시키지 않는 경우는 없었다.

부속그림 1.2.3상에서 OK와 OUT의 경계를 포락시킨 것을 소요항복진도스펙트럼으로 한다. 부속그림 1.2.3에 소요항복진도스펙트럼을 실선으로 나타냈다. 또, 각 소요항복진도스펙트럼은 각 지반종별에서의 레벨1 지진동의 탄성응답스펙트럼을 상회하고 있으므로 레벨1 지진동을 포함시킨 것이 되고 있다.

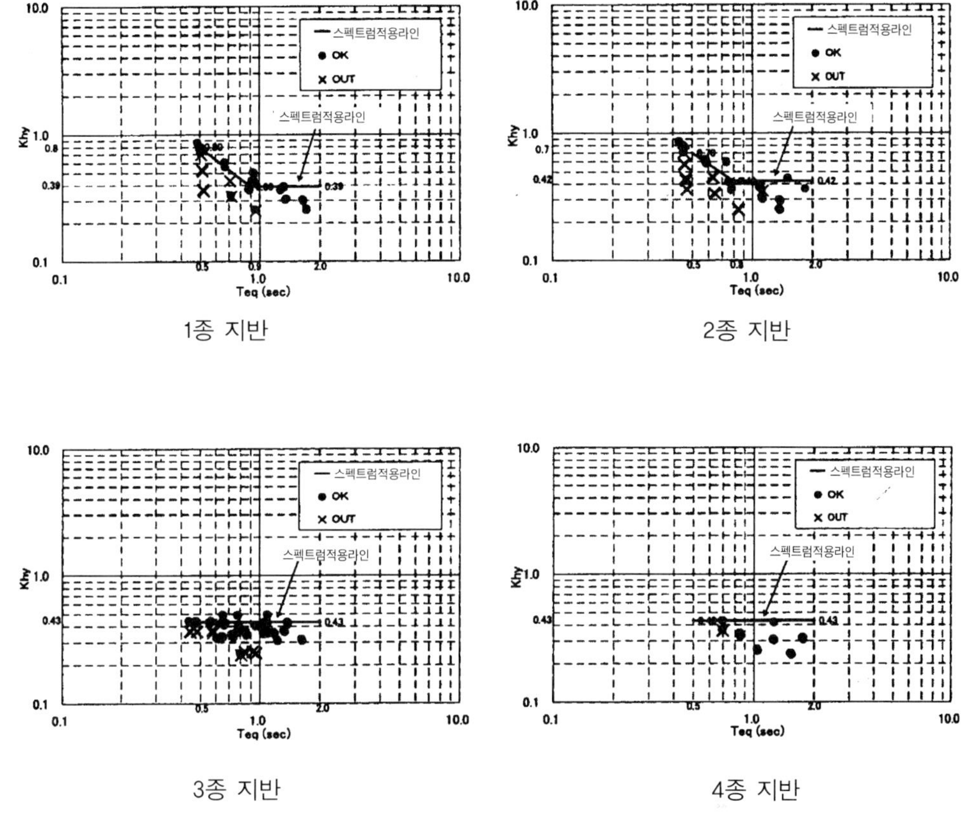

부속그림 1.2.3 내진성능의 조사결과와 소요항복진도스펙트럼

3 소요항복진도스펙트럼 (2)의 작성[3)]

소요항복진도스펙트럼(2)는 코어부를 감싸는 소정량의 스파이럴철근을 배치한 기둥의 골격곡선을 이용해서 소요항복진도스펙트럼(1)과 동일한 응답해석을 시행해 작성했다. 코어부를 감싸는 스파이럴 철근을 배치한 기둥의 골격곡선은, 부재항복점과 최대내력점은 내진성능조사편 4.2.2와 동일하게 하고 종국변위에 상당하는 점은 실험데이터에 기초해 설정했다. 또, 종국변위에 상당하는 점에 대해서는 부재항복변위의 20배 변위까지를 고려하고, 그것보다 큰 변위에서의 골격곡선에 대해서는 안전측으로서 고려하지 않는다.

해석시의 주된 파라미터를 부속 표 1.3.1에 나타냈다.

부속 표 1.3.1 해석 파라미터

기둥단면	600×600mm ~ 900×900mm
높이 (지중보 천단~슬래브 천단)	4~12m
기둥 인장철근비	0.53~1.32%
기둥 외측을 감싼 띠철근비	0.16~0.60%
항복진도	0.20~0.45
등가고유주기	0.44~1.33sec
해석 CASE 수	29

내진성능조사편에 의한 내진성능조사결과와, 소요항복진도스펙트럼을 부속그림 1.3.1에 나타냈다. 여기서, 각 소요항복진도스펙트럼의 하한값은 각 지반종별에서의 레벨1 지진동의 탄성응답스펙트럼을 나타내고 있고, 소요항복진도스펙트럼은 레벨1 지진동을 포함한 것이 되고 있다.

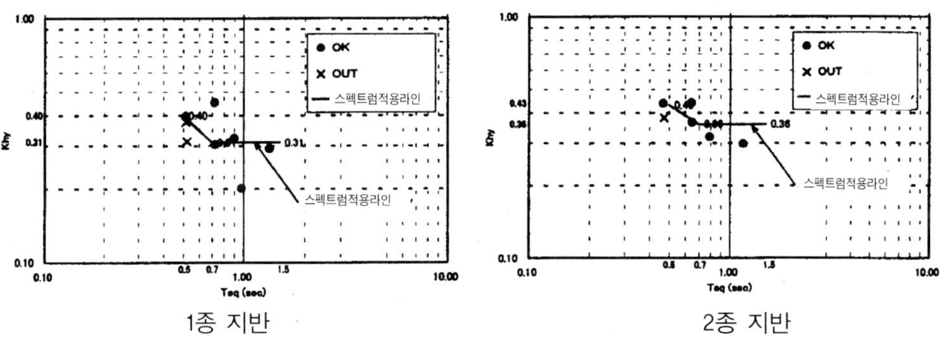

1종 지반　　　　2종 지반

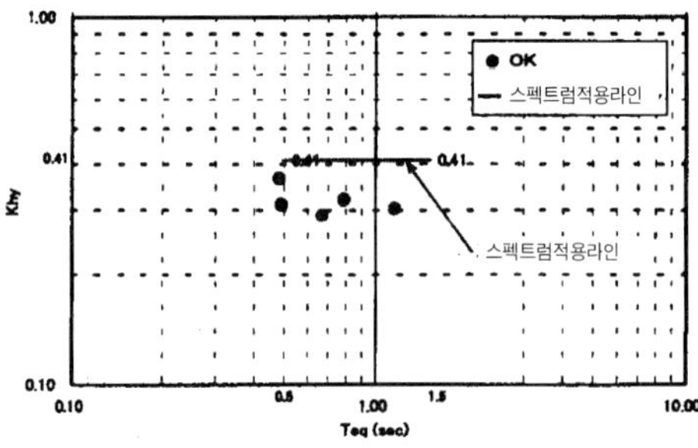

3종 지반

부속그림 1.3.1 내진성능의 조사결과와 소요항복진도스펙트럼

부속 자료 2 비선형스펙트럼법

1. 비선형스펙트럼법과 그 적용방법

비선형스펙트럼법[1)]은 미리 작성한 비선형응답스펙트럼을 이용해서 구조물의 비선형동적응답값을 산정하는 방법이다.

비선형응답스펙트럼으로는 구조물의 항복진도와 응답소성률과의 관계를 구조물의 고유주기마다 나타낸 것을 사용한다. 비선형응답스펙트럼 작성의 개념도를 부속그림 2.1.1에 나타냈다.

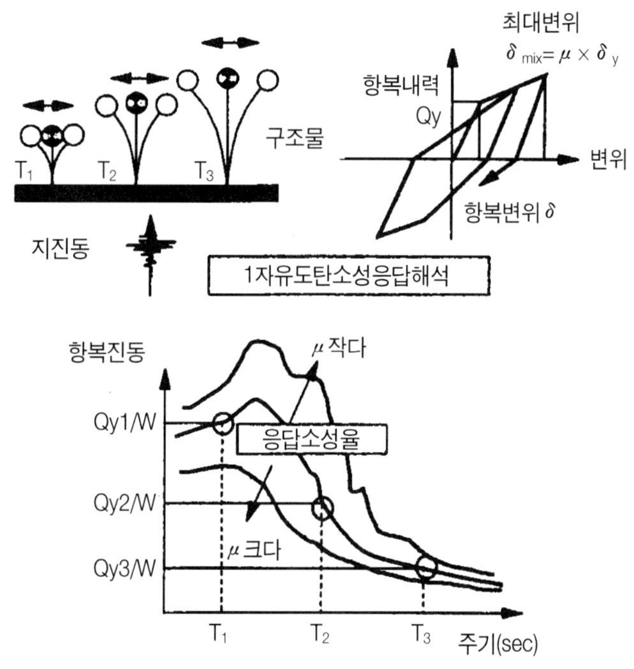

부속그림 2.1.1 비선형응답스펙트럼의 개념도1)

비선형응답스펙트럼을 사용하면, 구조물의 등가고유주기와 항복진도로부터 응답소성율을 구하는 것이 가능하다. 나아가, 구조물의 항복변위에 응답소성율을 곱함으로써 최대응답변위를 구할 수 있다.

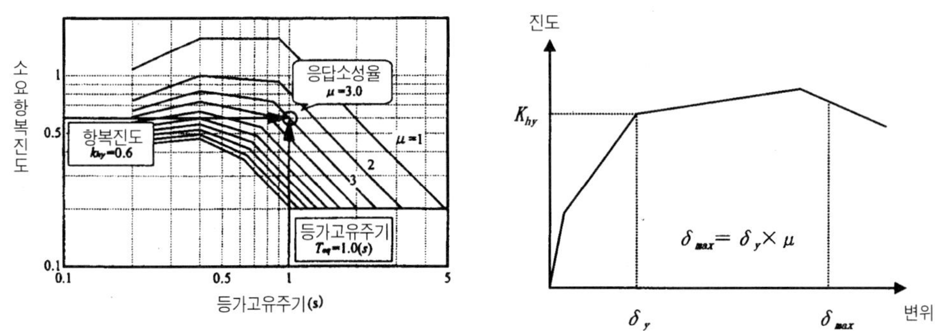

부속그림 2.1.2 비선형스펙트럼법에 의한 응답값의 산정1)

내진성능의 조사에 사용되는 각 부재의 응답값은, 구조물전 체계의 정적비선형해석(푸시오버해석)결과에 있어서 최대응답변위에 도달할 때까지의 각 부재의 최대응답값을 사용한다.

단. 비선형스펙트럼법은 구조물이 아래의 조건을 만족하는 경우에 적용할 수 있다.

i) 구조계가 비교적 단순해서 1차진동모드임이 명백한 경우

ii) 주된 소성힌지의 발생개소가 명확한 경우

일반적인 형식의 철도 라멘고가교는 i), ii)의 조건에 해당하므로 비선형스펙트럼법을 적용할 수 있다.

2. 비선형응답스펙트럼의 작성

본 매뉴얼 작성시에 사용한 비선형응답스펙트럼은, 기초구조물과 상부구조물을 일체로 한 라멘고가교를 bilinear의 비선형 특성을 가지는 1자유도계로 모델링 하고, 여기에 표층지반의 고유주기에 따라 미리 구분한 지반종별마다의 지표면지진동을 입력해서 작성된 것이다.

지표면지진동은 지반종별마다 작성한 표층지반모델에 기반면지진동을 입력하고 시간이력동적응답해석에 의해 작성한 것이다.

참고문헌

1) 鐵道構造物等設計標準・同解說[耐震設計], 1999.10

부속 자료 3 코어부를 감싸는 스파이럴 RC기둥

1. 코어부를 감싸는 스파이럴 RC기둥의 개요[1,2)]

「코어부를 감싸는 스파이럴 RC기둥」은 축방향철근의 외측에 배치한 종래의 띠철근과는 별도로, 축방향철근의 내측에 원형나선(spiral) 모양의 철근(이하 내부감기나선철근이라 한다)을 병용배치한 RC기둥이다 (부속그림 3.1.1 참조). 이것은 축방향철근의 외측에 종래의 띠철근만을 배치한 RC기둥 (이하, 종래의 RC기둥이라 한다)이 대변형시에 덮개콘크리트의 박락 이후 축방향철근이 외측으로 팽창하고 띠철근의 후크가 빠지며 급격한 내력저하를 야기했던 것에 반해, 배근의 연구를 통해 이 현상을 없애는 것을 목표로 한 것이다. 즉, 내부감기나선철근을 축방향철근 내측에 배치함으로써 덮개콘크리트가 박락하고 축방향철근이 항복한 이후에도 내부감기나선철근에 구속된 내측콘크리트(이하 코아콘크리트라 한다)의 손상을 경미하게끔 억제하는 것에 의해 지진시의 변형성능을 비약적으로 향상시킨 것이다.

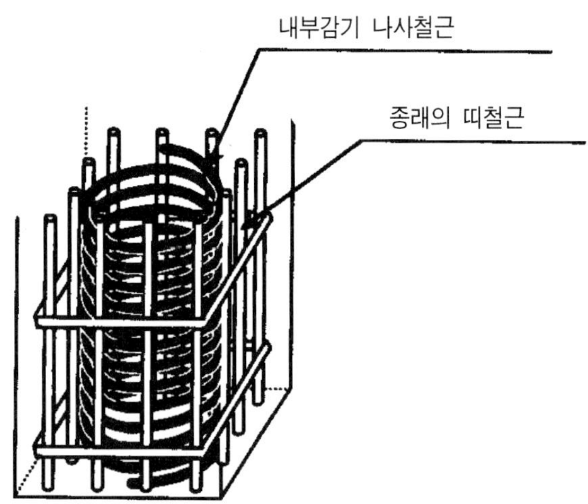

부속그림 3.1.1 내부감기 나선철근 RC기둥의 이미지 그림

2. 내부감기 나선철근 RC기둥의 변형성능[1,2)]

내부감기나선철근 RC기둥 및 종래의 RC기둥의 정·부(正負)수평교번재하실험에 의한 하중-변위곡선과 포락선의 예를 부속그림 3.2.1~3.2.3에 나타냈다. 여기서 내부감기나선철근 RC기둥의 하중-변위곡선과 포락선은 하중이 급격한 저하를 나타낸 종국상태로 되기 전에 정·부 수평교번재하하중재하용 엑츄에이터의 스트로크나 축력용 연직잭의 치구(治具) 등의 한계로 재하를 도중에 종료했기 때문에, 실제는 보다 큰 변형성능을 얻을 수 있을 것으로 예상된다. 종래의 기둥이 최대내력 이후 덮개콘크리트의 박락, 축방향철근의 항복에 수반한 급격한 내력저하를 나타낸 것에 비해 내부감기나선철근 RC기둥은 최대내력 이후의 내력저하가 완만하여, 변형성능이 비약적으로 향상한 것을 알 수 있다.

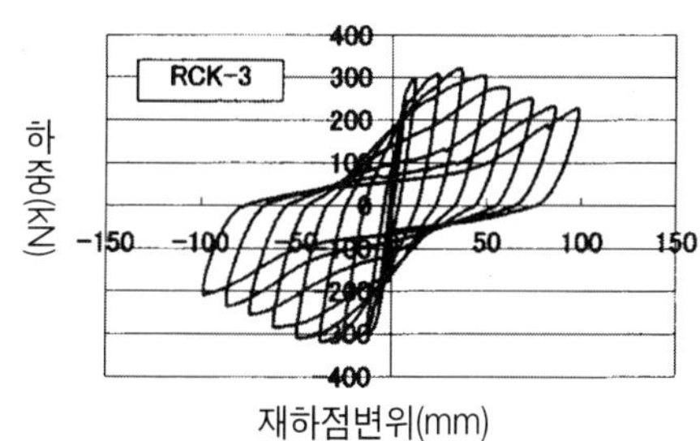

부속그림 3.2.1 내부감기 나선철근 RC기둥의 하중-변위곡선

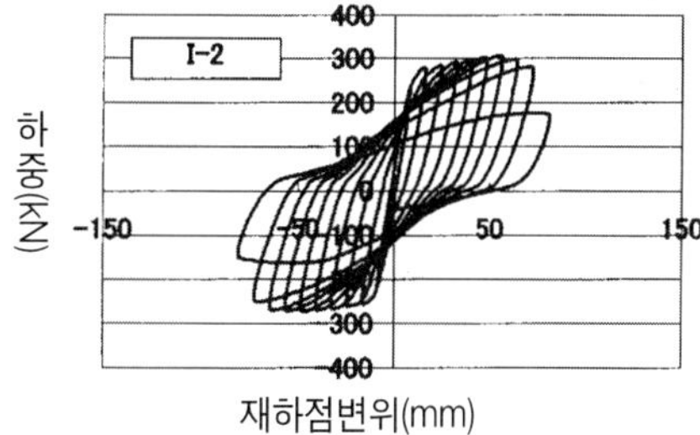

부속그림 3.2.2 종래의 RC기둥의 하중-변위곡선

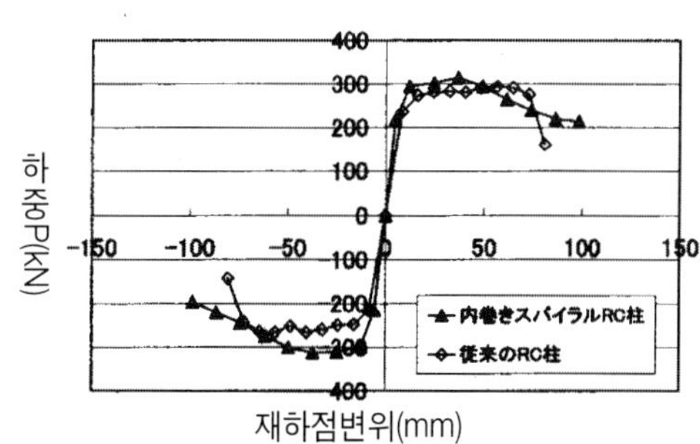

부속그림 3.2.3 포락선의 비교

이것은 전술한 대로 내부감기나선철근의 배치에 의해 덮개콘크리트의 박락 및 축방향철근의 항복 후에도 코어콘크리트의 손상이 경미해지는 것에 의한 것이다. 기왕의 연구[2)]에서는 실험결과에 근거, 콘크리트의 손상형태를 이하의 3종류로 분류(부속그림 3.2.4~3.2.6)해서 내부감기내력비가 2.4정도 이상의 경우 콘크리트의 손상형태가 A를 나타내며 보다 큰 변형성능이 얻어지는 것이 보여지고 있다(부속그림 3.2.7~3.2.8). 또, 하중이 급격한 저하를 나타내는 종국상태로 되기 전에, 정·부 수평교번재하하중재하용 액츄에이터의 스트로크나 축력용 연직잭의 치구 등의 한계로 재하를 도중에 종료하고 있지만, 항복변위의 14배 정도의 변위 이후 일정한 하중을 유지하는 경향이 보여지고, 항복변위의 18배 정도의 변위에서도 항복하중 이상을 유지하고 있는 것도 보여지고 있다.

여기서, 내부감기내력비는 콘크리트 및 내부감기나선철근만을 고려한 전단내력을, 부재가 휨내력에 도달할 때의 전단내력으로 나눈 값이고, 전단내력의 계산에 대해서는 내부감기나선철근을 전단보강철근으로 해서 콘크리트표준시방서 [구조성능조사편]에 의해 산정하고 있다.

손상형태 A : 콘크리트에 수평균열은 발생하지만 단면결손이 거의 발생하지 않는 손상

손상형태 B : 콘크리트의 수평균열의 위치에서 재하면측에 단면의 결손이 발생하는 손상

손상형태 C : 콘크리트에 단면의 결손이 발생할 뿐만 아니라 그 상부의 콘크리트에도 경사균열이 교차해서 발생하는 현상.

부속그림 3.2.4 손상형태 A
(내부감기 내력비 2.4 정도)

부속그림 3.2.5 손상형태 B
(내부감기 내력비 1.4 정도)

부속그림 3.2.6 손상형태 C
(내부감기 내력비 1.1 정도)

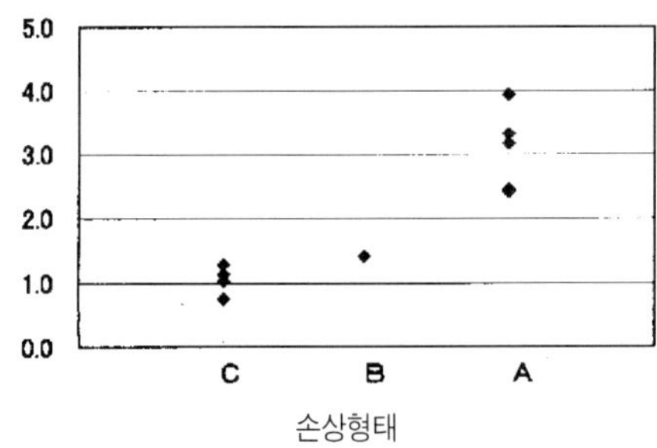

부속그림 3.2.7 손상형태와 내부감기 내력비와의 관계

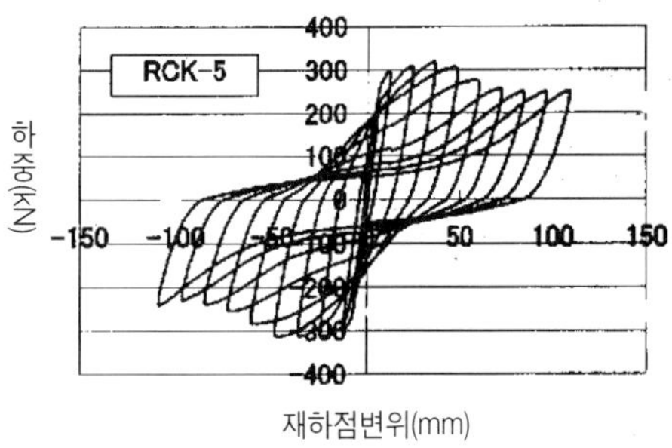

부속그림 3.2.8 하중-재하점변위 곡선
(내부감기 내력비 2.4 정도)

부속 자료 4 말뚝기초설계용단면력 산정시의 부재의 강성 저감계수

1. 머릿말

말뚝기초설계용단면력 산정시의 강성저감계수는 본편 5.2.2 구조해석에 표시한 값을 각 부재에 대해 사용한다. 이러한 강성저감계수는 이것을 이용한 선형해석결과에 의한 설계결과가 내진성능조사편에 의한 내진성능조사를 만족하도록 정한 것이다.

여기서는 몇 개의 케이스에 대해 이 강성저감계수를 사용해서 시행한 선형해석결과와 각 부재에 재료비선형을 고려한 변형성능을 부여한 정적비선형해석결과(비선형스펙트럼법)의 비교를 시행했다.

2. 해석조건

(1) 구조형식

- 구조형식 : RC 라멘고가교
- 궤도형식 : 자갈궤도
- 기초형식 : 말뚝기초 (콘크리트현장타설말뚝)
- 교량높이 : 8.1m(기본), 4.0m, 6.0m, 12.0m

(2) 지반조건

- 지반종별 : Ⅱ종지반~Ⅳ종지반 (부속표 4.2.1참조)
- 지지지반 : N치 50의 사질토 (말뚝선단)

- 지하수위 : Footing 하면 (G.L-2.9m)

(3) 구조물의 모델링

본 고가교의 해석모델은 지반과 구조물을 일체화 한 평면골조모델(부재 : 선재모델, 지반 : 스프링모델)로 하고 있다. 모델그림을 부속그림 4.2.1에 나타냈다.

검토CASE는 부속표 4.2.2에 나타냈다.

부속표 4.2.1 모델지반의 지반정수

① II종지반 (말뚝길이 : l = 15.0m)

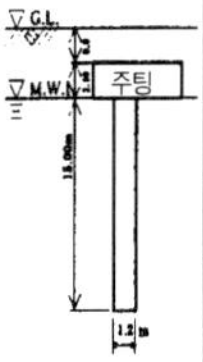

지층명	층후	토질 구분	N치 (φ)	단위제적중량 (kN/m³)	변형계수 αE_0 (kN/m²)
매립토	2.90	사질토	(32)	18	(5000) 10000
Ⓐ	6.00	사질토	7	17 (7)	(17500) 35000
Ⓑ	6.00	사질토	25	18 (8)	(62500) 125000
Ⓒ	3.00	점성토	8	15 (5)	(20000) 40000
지지층		사력	50	20 (10)	(1250000) 250000

(주1) 지하수위의 위치는 , 푸팅하면(말뚝머리위치)로 한다. 또한, 단위 체적중량 γ의 ( )안의 수치는 수중중량값이다.
(주2) 변형계수 αE_0의 ( )의 수치는 상시
(주3) 매립토의 토질제정수는, 푸팅하면의 자연지반과 기초표준해설표 8.2.5-2 및 해설표 10.1.8-1에 의한 매립지반의 토질제정수를비교해, 약한쪽을 채용한다.
(주4) φ는 매립토의 내부마찰각(°)
(주5) (2) 이하에 대해서도 동일하다

⑤ III종지반 (말뚝길이 : l = 30.0m)

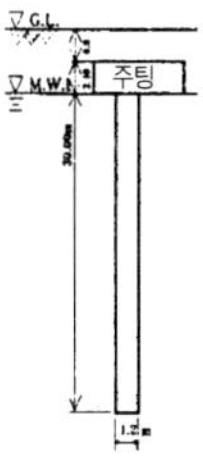

지층명	층후	토질 구분	N치 (φ)	단위제적중량 (kN/m³)	변형계수 αE_0 (kN/m²)
매립토	2.90	사질토	(32)	18	(5000) 10000
Ⓐ	6.00	점성토	2	14 (4)	(5000) 10000
Ⓑ	6.00	사질토	5	17 (7)	(12500) 25000
Ⓒ	6.00	사질토	25	18 (8)	(62500) 125000
Ⓓ	6.00	사질토	10	18 (8)	(25000) 50000
Ⓔ	6.00	점성토	6	15 (5)	(15000) 30000
지지층		사력	50	20 (10)	(1250000) 250000

② Ⅲ종지반 (말뚝길이 : l = 30.0m)

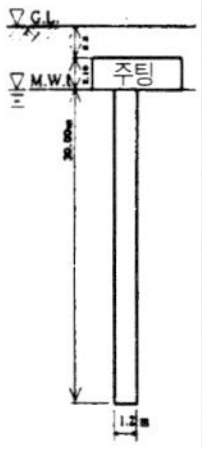

지층명	층후	토질 구분	N치 (φ)	단위제적중량 (kN/m³)	변형계수 α E_0 (kN/m²)
매립토	2.90	사질토	(32)	18	(5000) 10000
Ⓐ	6.00	사질토	10	18 (8)	(25000) 50000
Ⓑ	6.00	사질토	20	18 (8)	(50000) 100000
Ⓒ	6.00	사질토	30	18 (8)	(75000) 150000
Ⓓ	6.00	점성토	15	16 (6)	(37500) 75000
Ⓔ	6.00	사질토	35	19 (9)	(87500) 175000
지지층		사력	50	20 (10)	(1250000) 250000

③ Ⅲ종지반 (말뚝길이 : l = 30.0m)

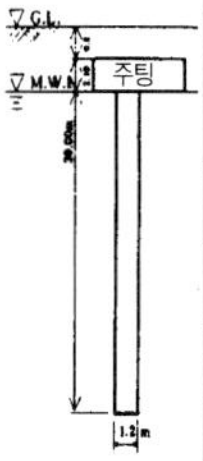

지층명	층후	토질 구분	N치 (φ)	단위제적중량 (kN/m³)	변형계수 α E_0 (kN/m²)
매립토	2.90	사질토	(32)	18	(5000) 10000
Ⓐ	6.00	점성토	2	14 (4)	(5000) 10000
Ⓑ	6.00	점성토	3	15 (5)	(12500) 25000
Ⓒ	6.00	점성토	3	15 (5)	(62500) 125000
Ⓓ	6.00	점성토	8	15 (5)	(25000) 50000
Ⓔ	6.00	사질토	25	18 (8)	(15000) 30000
지지층		사력	50	20 (10)	(1250000) 250000

④ Ⅲ종지반 (말뚝길이 : l = 30.0m)

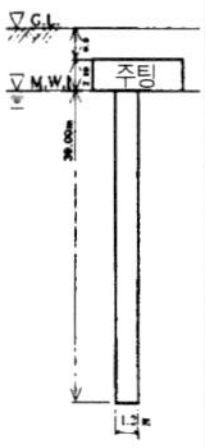

지층명	층후	토질 구분	N치 (φ)	단위제적중량 (kN/m³)	변형계수 α E_0 (kN/m²)
매립토	2.90	사질토	(32)	18	(5000) 10000
Ⓐ	6.00	사질토	3	17 (7)	(7500) 15000
Ⓑ	6.00	사질토	5	17 (7)	(12500) 25000
Ⓒ	6.00	사질토	10	18 (8)	(25000) 50000
Ⓓ	6.00	점성토	15	18 (8)	(37500) 75000
Ⓔ	6.00	사질토	25	18 (8)	(62500) 125000
지지층		사력	50	20 (10)	(1250000) 250000

⑥ Ⅲ종지반 (말뚝길이 : l = 30.0m)

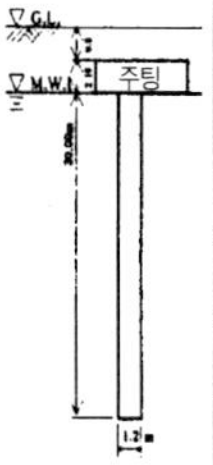

지층명	층후	토질 구분	N치 (φ) q_u (kN/m²)	단위제적중량 (kN/m³)	변형계수 α E_0 (kN/m²)
매립토	2.90	사질토	(32)	18	(5000) 10000
Ⓐ	6.00	점성토	q_u = 20	14 (4)	(2100) 4200
Ⓑ	6.00	점성토	q_u = 20	14 (4)	(2100) 4200
Ⓒ	6.00	사질토	15	18 (8)	(37500) 75000
Ⓓ	6.00	점성토	10	16 (6)	(25000) 50000
Ⓔ	6.00	사질토	20	18 (8)	(50000) 100000
지지층		사력	50	20 (10)	(1250000) 250000

⑦ Ⅲ종지반 (말뚝길이 : l = 30.0m)

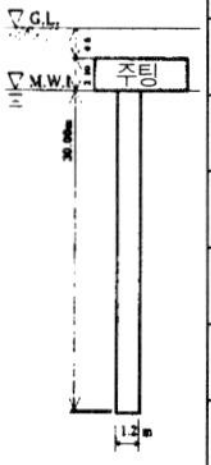

지층명	층후	토질 구분	N치 (φ) q_u (kN/m²)	단위제적중량 (kN/m³)	변형계수 α E_0 (kN/m²)
매립토	2.90	사질토	(32)	18	(5000) 10000
Ⓐ	6.00	사성토	q_u = 10	14 (4)	(1050) 2100
Ⓑ	6.00	사질토	q_u = 20	14 (4)	(2100) 4200
Ⓒ	6.00	사질토	q_u = 30	14 (4)	(3150) 6300
Ⓓ	6.00	점성토	q_u = 45	14 (4)	(4200) 8400
Ⓔ	6.00	사질토	30	18 (8)	(75000) 150000
지지층		사력	50		(1250000) 250000

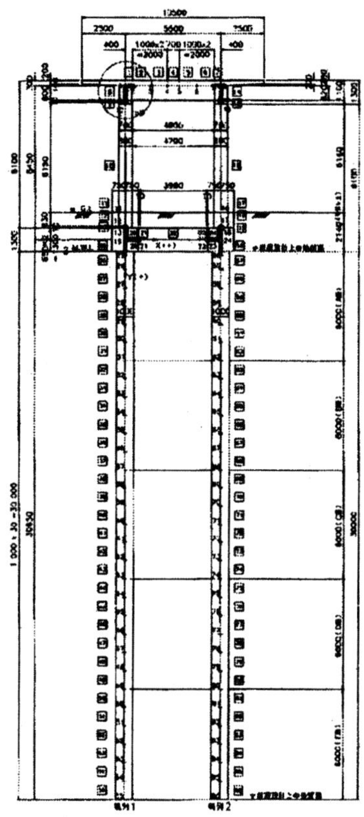

부속그림 4.2.1 해석모델

부속표 4.2.2 검토CASE

CASE	지반종별	기둥높이(m)	말뚝길이(m)
①	II종지반	8.1	15.0
②	III종지반	8.1	30.0
③	III종지반	4.0	30.0
④	III종지반	6.0	30.0
⑤	III종지반	8.1	30.0
⑥	III종지반	12.0	30.0
⑦	III종지반	8.1	30.0
⑧	IV종지반	8.1	30.0

(4) 부재의 모델링

부재는 부속표 4.2.3와 같이 모델링했다.

부속표 4.2.3 부재의 모델링

부재종별	부재의 취급	부재의 비선형성		비 고
		비선형해석	선형해석	
상층보	봉부재	M-ϕ관계	고려하지않는다	
기 둥	봉부재	M-θ관계	고려하지않는다	
말 뚝	봉부재(※)	M-ϕ관계	고려하지않는다	①출력변동의 영향을 고려 ②군말뚝을 모델링

(※) 말뚝은 행(앞에서 뒤끝)방향의 본수분을 1개의 부재에 집약해서 모델링

또, 선형해석에서의 강성저감계수 및 강성저감범위를 부속표 4.2.4에 나타냈다.

부속표 4.2.4 부재의 강성저감계수

부 재		강성저감계수	강성저감범위
상층보		1.0	-
기둥		0.5	-
지중보		0.25	-
말뚝	인발측부터 n본째까지의 말뚝	0.5	말뚝머리~1.0/β
	그 외의 말뚝	1.0	-

n : 전말뚝 열수를 2로 나눈값

β : 말뚝특성값
$\beta_A\sqrt{\frac{kh.D}{4EI}}\,(m^{-1})$

k_h : 수평지반반력계수(kN/㎥)

D : 말뚝직경(m)

E : 말뚝본체콘크리트의 탄성계수(kN/㎡)

I : 말뚝본체의 단면2차모멘트(m^4)

(5) 지반의 모델링

말뚝기초의 지반저항은 탄소성체(bilinear)로 가정해서 모델링 하고 지반반력이 상한값에 도달하면 소성화하는 것으로 했다. 또, 지진시는 말뚝머리로부터 1/β (β:말뚝의 특성값)의 길이까지 말뚝주면의 설계연직전단스프링정수를 고려하지 않는다.

3. 해석결과

(1)말뚝단면의 결정

등가강성을 사용한 선형해석결과로부터 구해진 소요항복진도시의 말뚝단면력으로부터 말뚝의 단면제원을 결정했다. 그 결과를 부속표 4.3.1에 나타냈다.

말뚝의 철근량은 휨모멘트가 작기 때문에 구조세목의 최소철근량 0.2%에 의해 결정되고 있다. 또, 말뚝직경은 말뚝부재가 고(高)축압축력 부재로 되면 내진성능2의 제한값이 엄격하게 되기 때문에 고축압축력 부재가 되지 않도록 축압축응력이 5000kN/㎡이하로 되도록 결정했다.

부속표 4.3.1 등가강성을 사용한 선형해석시의 단면력과 말뚝단면의 결정

케이스 지반	기둥높이 (m)	검토 말뚝	휨모멘트 (kN.m)	전단력 (kN)	축력 (kN)	말뚝직경 (m)	말뚝축응 력(kN/㎡)	말뚝 철근량	휨항복내 력(kN.m)
①	8.1	인발측	308.5	194.4	563.3	1.0	717.2	D16-8	411.8
II종			431.1	247.8	3632		4625	0.20%	1165
②	8.1	인발측	259.8	270.1	444.2	1.0	565.6	D16-8	372.2
III종			361.5	338.5	3762		4790	0.20%	1183
③	4.0	인발측	162.8	157.5	1154	1.0	1469	D16-8	597.6
III종			207.3	245.9	2911		3707	0.20%	1039
④	6.0	인발측	188.3	149.0	851.6	1.0	1084	D16-8	507.2
III종			259.2	193.3	3312		4217	0.20%	1105
⑤	8.1	인발측	241.6	120.6	530.2	1.0	675.1	D16-8	402.9
III종			331.9	159.4	3676		4681	0.20%	1171
⑥	12.0	인발측	496.7	75.3	-29.5	1.1	-31.0	D19-13	514.8
III종			649.2	115.2	4335		4562	0.39%	1719
⑦	8.1	인발측	195.5	47.5	566.8	1.0	721.7	D16-8	418.4
III종			272.5	61.6	3640		4635	0.20%	1165
⑧	8.1	인발측	245.4	26.5	609.5	1.0	776.1	D16-8	428.1
IV종			329.6	31.3	3551		4521	0.20%	1154

(2) 비선형해석결과에 의한 내진성능의 평가

등가강성을 사용한 선형해석에 의해 결정된 단면제원으로 비선형해석을 시행한 결과를 부속표 4.3.2에 나타냈다. 어느 CASE에 대해서도 소성율은 설계소성율을 상회하고 내진성능을 만족하고 있다.

표 4.3.2 비선형 해석결과

CASE	지반	기둥높이 (m)	항복진도	항복변위 (mm)	고유주기 (sec)	설계 소성율	종국변위 (mm)	소성율
①	II종	8.1	0.421	75.1	0.845	5.64	426.2	5.68
②	III종	8.1	0.454	75.1	0.813	3.92	369.2	4.92
③	III종	4.0	0.435	30.0	0.525	4.39	153.1	5.10
④	III종	6.0	0.426	54.1	0.713	4.17	252.2	4.66
⑤	III종	8.1	0.450	81.1	0.849	3.50	375.2	4.63
⑥	III종	12.0	0.438	148.1	1.163	3.24	568.3	3.84
⑦	III종	8.1	0.448	81.1	0.851	2.87	378.1	4.66
⑧	IV종	8.1	0.419	81.0	0.879	2.37	384.1	4.74

제 IV 부

콘크리트표준시방서[내진성능조사편]을 만족하는 설계 매뉴얼

-철근콘크리트 철도 라멘고가교편-

에 기초한 설계계산예

제1장 설계흐름

본고에서는 아래의 흐름에 따라 각 항목에 대한 계산예를 보인다.

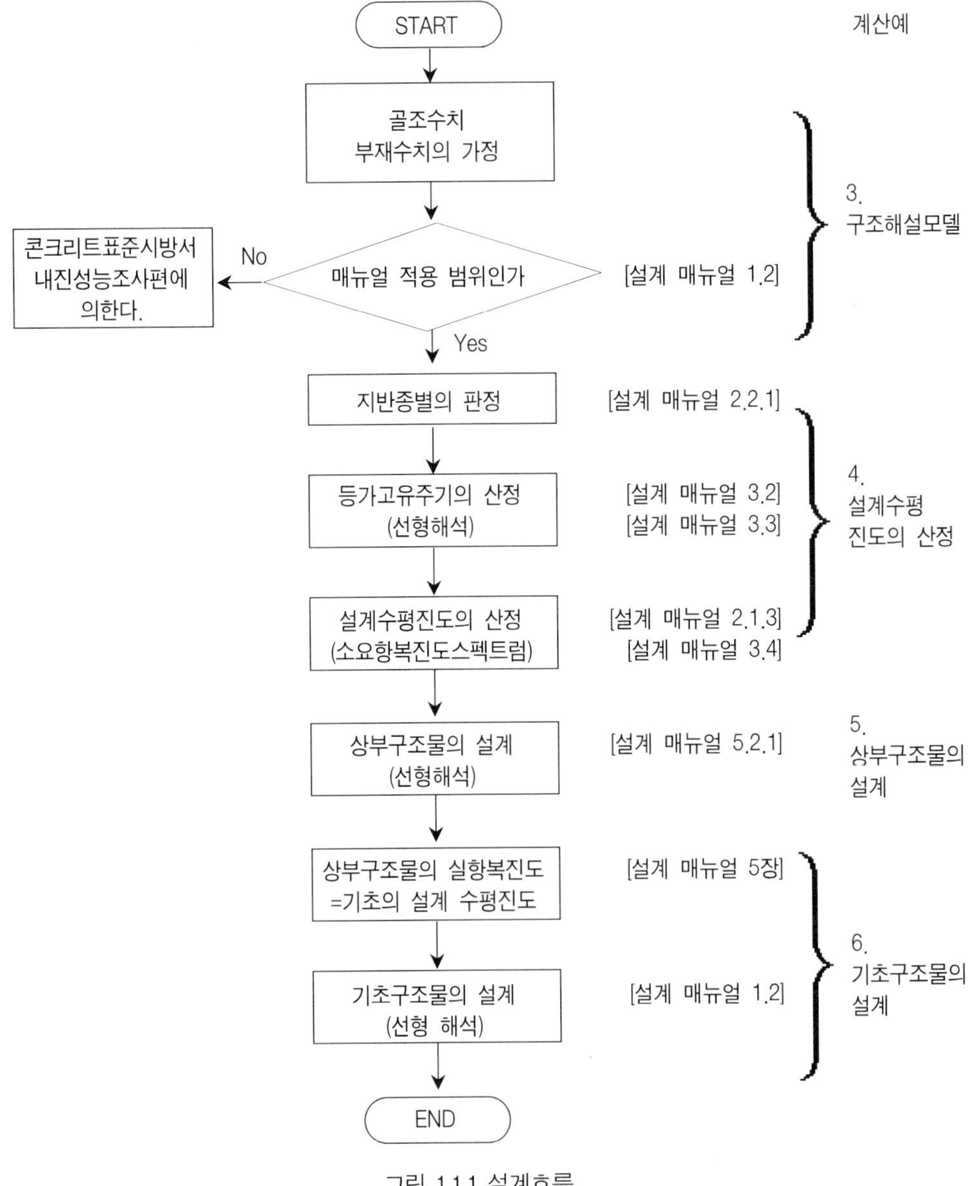

그림 1.1.1 설계흐름

제2장 설계조건

2.1 일반조건

2.1.1 형식

선로규격 : 신간선

구조형식 : RC 빔슬래브식 라멘고가교

접속형식 : 게르바보 형식

궤도구조 : 복선, 슬래브궤도

기초형식 : 1주(柱) 1항(杭)기초 (지중보 형식)

2.1.2 고가교의 일반형상

선로방향

경간수 : 3경간

전장 : L=30m

선로직각방향

경간수 : 1경간

기둥간격 : 5.4m

높이

기둥높이 : H=9.0m (지중보 천단~슬래브 천단)

$4m \leq H \leq 12m$ H의 적용 범위

2.1.3 지역구분

건설지의 지역구분은 C

2.1.4 기초의 조건

지지지반 : N치=15이상의 점성토 (마찰말뚝)

기초말뚝 : 올케이싱공법에 의한 현장타설말뚝 (시공조건은 자연 니수(泥水))

2.1.5 구조물의 내진성능

검토대상 구조물의 내진성능은 아래의 기준을 만족하도록 한다.

표 2.1.1 구조물의 내진성능

설계 상정 지진동	구조물의 내진성능
L1 지진동	내진성능 I
L2 지진동	내진성능 II

따라서, 설계매뉴얼의 적용범위이다.

고가교의 일반도

측면도

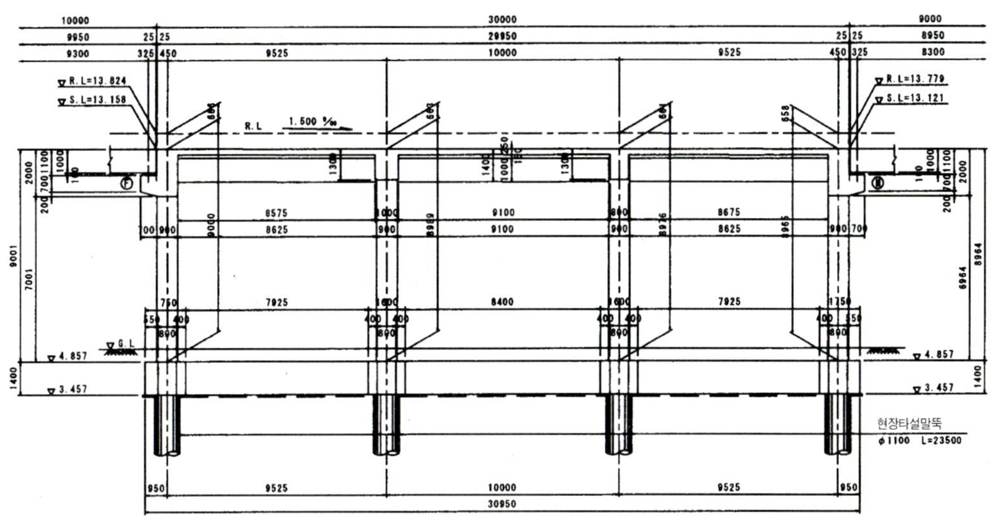

현장타설말뚝
φ1100 L=23500

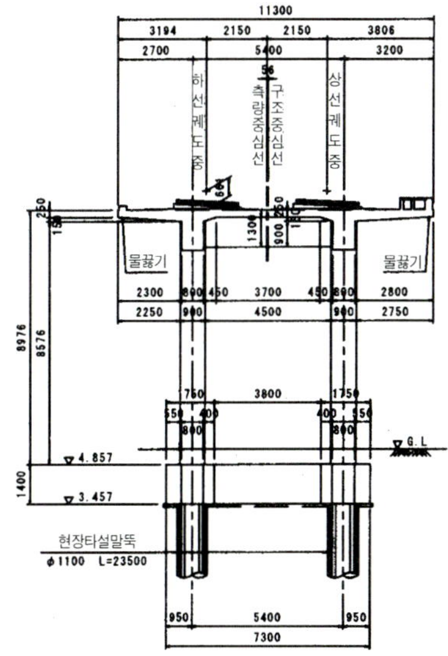

하선궤도중
측량중심선
구조중심선
상선궤도중
물끊기
물끊기
현장타설말뚝
φ1100 L=23500

2.1.6 적용시방서

토목학회콘크리트표준시방서 내진성능조사편을 만족하는 설계매뉴얼
철근콘크리트 철도 라멘고가교편 이하 【설계매뉴얼】이라 한다.
철도구조물등설계표준·동해설 콘크리트구조물 헤세이(平成) 11년 10월
<철도종연·운수성 철도국> 이하 【RC표준】이라 한다.
철도구조물등설계표준·동해설 기초구조물, 항토압구조물 헤세이(平成) 12년 6월
<철도종연·운수성 철도국> 이하 【기초표준】이라 한다.
철도구조물등설계표준·동해설 내진설계 헤세이(平成) 11년 10월
<철도종연·운수성 철도국> 이하 【내진표준】이라 한다.

2.2 하중

2.2.1 영구하중

영구하중은 사하중, 건조수축 및 전차선기둥상시하중 등으로 한다.

(1) 사하중

	고정사하중	: 부가사하중 이외의 철근콘크리트	24.5 kN/m³
		: 배수 기울기 콘크리트	23.0 kN/m³
		: 노반 콘크리트	24.5 kN/m³
		: 상재토	18.0 kN/m³
(2)	부가사하중	: 슬래브 궤도	18.0 kN/m
		: 방음벽	10.0 kN/m
		: 뚜껑	24.5 kN/m
		: 닥트	24.5 kN/m
		: 케이블	1.1 kN/m

(3) 콘크리트 건조수축

부정정구조물에 사용하는 콘크리트의 건조수축 변형은 【RC표준 표 5.2.3】에 의해 보 및 기둥에 대해 150×10^{-6}의 변형을 고려한다. 또, 지중보에 대해서는 1/2인 75×10^{-6}의 변형을 고려한다. 단, 크리이프의 영향을 가산해야 한다.

2.2.2 변동하중

변동하중으로 열차하중을 고려한다.

열차하중은 P-16 표준활하중으로 하고, 지진시 열차하중은 1궤도당 32kN/m의 등분포하중을 고려한다.

2.2.3 우발하중 (지진의 영향)

본 계산에에서는 지진의 영향에 대해 관성력만 고려한다. 관성력은 사하중, 열차하중 및 전주하중에 의한 것으로 한다.

또, 열차하중에 의한 관성력은 선로방향 및 선로직각방향에 대해 상한값을 열차하중의 특성값에 대해 각각 0.2, 0.3을 곱한 값으로 한다.

2.2.4 하중조합

L1지진, L2지진의 검토에 고려하는 하중조합, 하중계수는 아래와 같다.

표 2.2.1 하중조합과 하중계수

		노선방향	노선직각방향
고정사하중	D_1	1.0	1.0
부가사하중	D_2	1.0	1.0
열차하중 ※	L	1.0	1.0
콘크리트의 건조수축	S_H	1.0	1.0
전주하중		1.0	1.0
지진관성력	E_Q	1.0	1.0

※ 복선을 지지하는 구조물에서도 활하중은 1선을 고려한다.

2.3 사용재료

2.3.1 콘크리트

(1) 슬래브, 거더, 기둥, 지중보

최대물시멘트비		= 55%
조골재최대치수		= 25mm
설계기준강도	f′ck	= 24 N/mm^2
탄성계수	Ec	= 25 kN/mm^2

(2) 말뚝 (올케이싱공법, 자연니수(泥水))

최대물시멘트비		= 55%
조골재최대치수		= 25mm
설계기준강도	f′ck	= 0.7× 30 = 21 N/mm^2
탄성계수	Ec	= 0.8× 28 = 22.4 kN/mm^2

2.3.2 철근

(1) 슬래브, 거더

철근종류	SD345	
인장항복강도의 특성값	fsyk	= 345 N/mm^2
인장강도의 특성값	fsuk	= 490 N/mm^2
탄성계수	Es	= 200 kN/mm^2

(2) 기둥, 지중보, 말뚝

철근종류	SD390	
인장항복강도의 특성값	fsyk	= 390 N/mm^2
인장강도의 특성값	fsuk	= 560 N/mm^2
탄성계수	Es	= 200 kN/mm^2

2.4 안전계수

L1지진, L2지진의 검토시 고려하는 안전계수는 아래와 같다.

(1) 부재의 내력산정

표 2.4.1 부재의 내력산정에 사용하는 안전계수

안전계수 \ 한계상태				내진
구조해석계수			γa	1.0
재료계수 γm	콘크리트		γc	1.3
	철근		γs	1.0
부재계수 γb	휨에 대해			1.0
	전단에 대해	콘크리트		1.3
		철근		1.15
	비틀림			1.15
재료수정계수 ρm	철근			1.20 ※
구조물계수			γi	1.0

※ 부재의 파괴형태조사용 휨내력 산정에 사용한다.

(2) 지반의 고유주기, 기초의 지지력 산정

표 2.4.2 지반의 고유주기, 기초의 지지력 산정에 사용하는 안전계수

	지반조사계수 f_g ※1	지반저항계수 f_r ※2	지반특성계수 f_p
L1, L2 지진시	1.0	1.0, 1.0, 1.0	1.0

※1 V_s의 측정방법에 따라 아래와 같이 한다.

V_s 의 측정방법	f_g
탄성파탐사, PS 검층	1.0
N치로부터 추정	0.85

※2 지반저항계수 f_r은 말뚝의 연직지반저항의 산정에 사용하는 계수이고, 표의 값(1.0, 1.0, 1.0)은 아래와 같다.
좌 : 주면지지에 대한 저항계수
중 : 선단지지에 대한 저항계수
우 : 인발력에 대한 저항계수

2.5 설계 지진동의 설정

2.5.1 지반종별

지반조건에 따라 산정되는 표층지반의 고유주기 Tg=0.33sec에 대한 지반종별은 【설계매뉴얼 표 2.1.2】에 의해 II종지반으로 판정된다.

지반의 고유주기의 산정은 4.1을 참조.

2.5.2 지역별계수

대상구조물의 건설지는 지역구분C 이다. 또, II종지반이기 때문에 지역별계수는 【설계매뉴얼 표 2.1.2】 에 의해 0.7이 된다.

2.6 지반조건

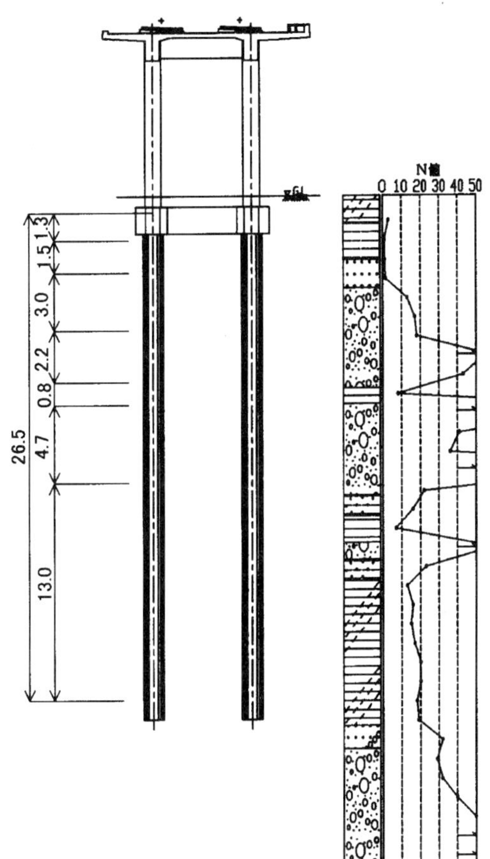

토층 번호	심도 (m)	토질구분
1	3.39	점성토
2	4.89	사질토
3	7.89	모래·자갈층
4	10.09	모래·자갈층
5	10.89	점성토
6	15.59	모래·자갈층
7	30.89	점성토

그림 2.6.1 지질주상도

표2.6.1 지반의 설계조건

층번호	층후 (m)	토질	N치	qu (kN/m²)	Vs (m/sec)	Eo (kN/m²)	α	
							상시	지진시
1	1.30	점성토	1	12	65	20,600	0.125	0.25
2	1.50	사질토	2	-	55	15,700	0.125	0.25
3	3.00	사질토	16	-	150	123,400	0.125	0.25
4	2.20	모래·자갈층	30	-	205	230,300	0.125	0.25
5	0.80	점성토	8	160	190	186,700	0.125	0.25
6	4.70	모래·자갈층	30	-	305	506,000	0.125	0.25
7	13.00	점성토	15	160	300	489,900	0.125	0.25
말뚝길이	26.50							

주1) 일축압축강도가 20kN/m^2 미만의 점토층은 장기사용한계상태에 있어서 점착력, 변형계수 및 주면지지력을 무시한다. 【기초표준 6.3 해설 (3)】

주2) 현 지반부터 깊이 3m 이내에 있는 점성토층에서 일축압축강도가 20kN/m^2 미만의 연약한 토층의 경우 토층의 강도 및 변형계수는 고려하지 않는다. 【지진표준 5.4】

주3) 지진상의 기반층은 Vs가 300m/sec 이상의 모래·자갈층으로 한다.

제3장 구조해설 모델

3.1 지반의 스프링정수

3.1.1 말뚝의 지반반력계수

(1) 말뚝선단의 설계연직지반반력계수

현장타설말뚝의 말뚝선단의 설계연직지반반력계수는 다음 식에 의한다.

$$k_v = f_{rk}(0.6\,{}_{\alpha}E_o D^{-3/4}) \qquad (3.\ 1.\ 1)$$

여기서, f_{rk} : 지반저항계수

α : Eo의 산정방법 및 하중조건에 대한 보정계수

PS검층으로 산정한 경우 (상시 : 0.125 지진시 : 0.25)

N치로부터 산정한 경우 (상시 : 1 지진시 : 2)

E_o : 지반의 변형계수(kN/m^2)

D : 말뚝선단의 직경(m)

N : 말뚝선단 지반의 N치

말뚝선단은 N=15의 점성토층으로 한다.

표 3.1.1 말뚝선단의 설계연직지반반력계수

층번호		frk	α	Eo (kN/m²)	D(m)	kv (kN/m³)
7	상 시	1.0	0.125	489,900	1.10	34,208
	지진시	1.0	0.25	489,900	1.10	68,415

(2) 말뚝주면의 설계연직전단지반반력계수

현장타설말뚝의 말뚝 주면의 설계연직전단지반반력계수는 다음 식에 의한다.

$$k_{sv} = f_{rk}(0.09_{\alpha}E_{o}D^{-3/4}) \qquad (3.\ 1.\ 2)$$

여기서, f_{rk} : 지반저항계수 = 1.0

α : Eo의 산정방법 및 하중조건에 대한 보정계수

E_o : 지반의 변형계수(kN/m²)

D : 말뚝선단의 직경(m)

표 3.1.2 말뚝주면의 설계연직전단지반반력계수

층번호	frk	Eo (kN/m²)	D(m)	상시		지진시		
				α	ksv (kN/m³)	α	DE	ksv (kN/m³)
1	1.0	20,600	1.10	0.125	※1 0	0.25	1.00	※2 0
2	1.0	15,700	1.10	0.125	164	0.25	1.00	329
3	1.0	123,400	1.10	0.125	1,292	0.25	1.00	2,585
4	1.0	230,300	1.10	0.125	2,412	0.25	1.00	4,824
5	1.0	186,700	1.10	0.125	1,955	0.25	1.00	3,911
6	1.0	506,000	1.10	0.125	5,300	0.25	1.00	10,600
7	1.0	489,900	1.10	0.125	5,131	0.25	1.00	10.262

※1 일축압축강도가 20kN/m² 미만의 점토층은 장기사용한계상태에 있어서 점착력, 변형계수 및 주면지지력을 무시한다.

※2 qu가 20kN/m² 이하이고, 지표면으로부터 3m 이내에 있는 점성토는 내진상 무시한다.

(3) 설계수평지반반력계수

설계수평지반반력계수는 다음 식에 의한다.

$$k_h = f_{rk}(0.6\,{}_{\alpha}E_o D^{-3/4}) \quad (3.\ 1.\ 3)$$

기호는 설계연직전단지반반력계수와 같다.

표 3.1.3 설계수평지반반력계수

층번호	frk	Eo (kN/m^2)	D(m)	상시		지진시		
				α	ksv (kN/m^3)	α	DE	ksv (kN/m^3)
1	1.0	20,600	1.10	0.125	0	0.25	1.00	0
2	1.0	15,700	1.10	0.125	1,096	0.25	1.00	2,193
3	1.0	123,400	1.10	0.125	8,617	0.25	1.00	17,233
4	1.0	230,300	1.10	0.125	16,081	0.25	1.00	32,162
5	1.0	186,700	1.10	0.125	13,037	0.25	1.00	26,073
6	1.0	506,000	1.10	0.125	35,332	0.25	1.00	70,664
7	1.0	489,900	1.10	0.125	34,208	0.25	1.00	68,415

(4) 군말뚝의 설계수평지반반력계수

군말뚝의 영향을 고려해서 설계수평지반반력계수를 다음 식에 의해 보정한다.

$$khg = eg \cdot kh \quad (3.1.4)$$

여기서, khg : 군말뚝의 설계수평지반반력계수(kN/m^3)

kh : 단말뚝의 설계수평지반반력계수(kN/m^3)

eg : 군말뚝에 대한 보정계수

저감계수는 【기초표준해설10.1.7-6】 식에 의한다.

$$eg = [1-5\{1-(0.6-0.25k)d^{(0.3+0.2k)}\} \times \{1-m^{-0.2}2n^{-0.99}\}]^{4/3} \leq 1.0 \qquad (3.1.5)$$

여기서, eg : 군말뚝에 대한 보정계수

k : 말뚝머리 고정도 (일반적으로 k=0.6으로 해도 좋다)

d : 말뚝간격계수

$$d = (n \cdot Ln + m \cdot Lm)/D/(n+m)$$

Lm : 하중방향 말뚝간격(m)

Ln : 하중직각방향 말뚝간격(m)

D : 말뚝직경(m)

m : 수평하중 작용방향의 말뚝본수

n : 수평하중의 작용직각방향의 말뚝본수

말뚝간격비

L / D = 9.525 / 1.10 = 8.66 〉 6.0

따라서 선로방향의 말뚝본수를 1본으로 한다.

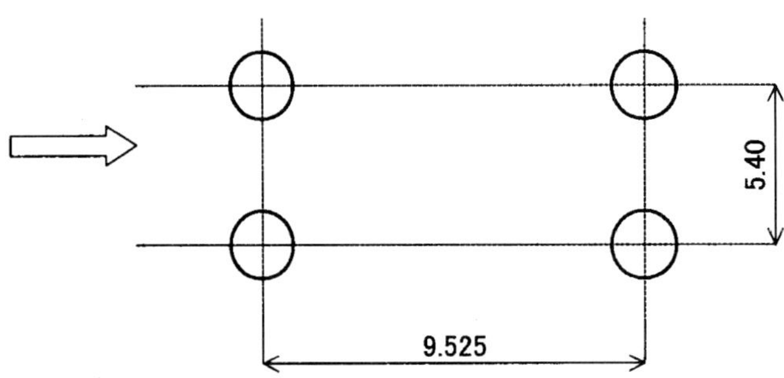

표 3.1.4 군말뚝에 의한 보정계수

	k	하중방향		하중직각방향		D (m)	d	eg
		Lm (m)	m (본)	Ln (m)	n (본)			
선로방향	0.6	0.00	1	5.40	2	1.10	4.91	0.951
직각방향	0.6	5.40	2	0.00	1	1.10	4.91	0.887

군말뚝의 설계 수평지반반력계수

선로방향

표 3.1.5 선로방향 설계 수평지반반력계수

층번호	kh(kN/m^3)		e g	khg(kN/m^3)	
	상 시	지진시		상 시	지진시
1	0	0	0.951	0	0
2	1,096	2,193		1,042	2,086
3	8,617	17,233		8,195	16,390
4	16,081	32,162		15,294	30,588
5	13,037	26,073		12,399	24,797
6	35,332	70,664		33,603	67,206
7	34,208	68,415		32,534	65,067

선로직각방향

표 3.1.6 선로직각방향 설계 수평지반반력계수

층번호	kh(kN/m^3)		e g	khg(kN/m^3)	
	상 시	지진시		상 시	지진시
1	0	0	0.887	0	0
2	1,096	2,193		972	1,944
3	8,617	17,233		7,639	15,278
4	16,081	32,162		14,256	28,513
5	13,037	26,073		11,558	23,115
6	35,332	70,664		31,323	62,647
7	34,208	68,415		30,327	60,653

(5) 말뚝의 특성값 (3.1.6)

$\beta = \sqrt[4]{(kh \cdot D/4EI)}$

$E = 22.40 \times 10^6 \mathrm{kN/m^2}$

$D = 1.10\ (\mathrm{m})$

$I = 0.07187\ (\mathrm{m^4})$

선로방향

표 3.1.7 선로방향 말뚝의 특성값

층번호	층후 L(m)	깊이 (m)	khg (kN/m^3)	β (m^{-1})	$\Sigma \beta$ L	y = β L ※
1	1.30	1.30	0	0.000	0.000	-
2	1.50	2.80	2,086	0.137	0.206	-
3	3.00	5.80	16,390	0.230	0.896	-
4	2.20	8.00	30,588	0.269	1.488	6.186
5	0.80	8.80	24,797	0.255	1.692	-
6	4.70	13.50	67,206	0.327	3.230	-
7	13.00	26.50	65,067	0.325	7.451	-

※ βL = 1.0이 되는 말뚝머리로부터의 거리

다층지반의 환산 β는 위 표로부터

(6.186 - 1.300)× β = 1.0 이므로

β = 1 / 4.886 = 0.205 (1/m)

β L = 0.205× 25.2 = 5.16 > 2.5

선로직각방향

표 3.1.8 선로직각방향 말뚝의 특성값

층번호	층후 L(m)	길이 (m)	khg (kN/m³)	β (m⁻¹)	Σ β L	y = β L
1	1.30	1.30	0	0.000	0.000	-
2	1.50	2.80	1,944	0.135	0.202	-
3	3.00	5.80	15,278	0.226	0.881	-
4	2.20	8.00	28,513	0.264	1.462	6.252
5	0.80	8.80	23,115	0.251	1.662	-
6	4.70	13.50	62,647	0.322	3.174	-
7	13.00	26.50	60,653	0.319	7.322	-

※ βL = 1.0이 되는 말뚝머리로부터의 거리

다층지반의 환산 β는 위 표로부터

$(6.252 - 1.300) \times \beta = 1.0$ 이므로

$\beta = 1 / 4.952 = 0.202$ (1/m)

$\therefore \beta L = 0.202 \times 25.2 = 5.09 > 2.5$

선로방향, 선로직각방향 모두 $\beta L > 2.5$ 이므로 선단구속의 영향(말뚝선단의 전단스프링, 회전스프링)은 고려하지 않는다.

3.1.2 말뚝의 설계스프링정수

(1) 말뚝선단의 설계연직스프링정수

말뚝선단의 설계연직스프링정수는 다음 식에 의한다.

$$Kv = kv \cdot Av \qquad (3.1.7)$$

여기서, Kv : 설계연직스프링정수(kN/m)

kv : 설계연직지반반력계수(kN/m³)

Av : 말뚝선단의 면적(m²)

표 3.1.9 말뚝선단의 설계연직스프링정수

층번호		kv (kN/m³)	D(m)	Av (m²)	Kv (kN/m)
7	상 시	34,207.7	1.10	0.950	32,510
	지진시	68,415.4	1.10	0.950	65,020

(2) 말뚝주면의 설계전단스프링정수

말뚝주면의 설계전단스프링정수는 다음 식에 의한다.

$$Ksv = ksv \cdot U \cdot \Delta L \qquad (3.1.8)$$

여기서, Ksv : 설계전단스프링정수(kN/m)

ksv : 설계전단지반반력계수(kN/m³)

U : 말뚝의 둘레(m)

ΔL : 전단스프링정수를 산정하는 범위의 말뚝길이(m)

표 3.1.10 말뚝주면의 설계전단스프링정수

층번호	ksv(kN/m³)		D(m)	U(m)	ksv(kN/m²)	
	상 시	지진시			상 시	지진시
1	0	0	1.10	3.456	0	0
2	164	329			570	1,140
3	1,292	2,585			4,470	8,930
4	2,412	4,824			8,340	16,670
5	1,955	3,911			6,760	13,520
6	5,300	10,600			18,320	36,630
7	5,131	10,262			17,730	35,470

단, 지진시에 대해서는 말뚝머리로부터 $1/\beta$ 구간의 전단스프링은 고려하지 않는다.

(3) 설계수평스프링정수

설계수평스프링정수는 다음 식에 의한다.

$$Kh = kh \cdot D \qquad (3.1.9)$$

여기서, Kh : 설계수평스프링정수(kN/m^2)

kh : 설계수평지반반력계수(kN/m^3)

D : 말뚝직경(m)

선로방향

표 3.1.11 선로방향의 설계수평스프링정수

층번호	D(m)	상 시		지진시	
		khg (kN/m^3)	kh (kN/m^2)	khg (kN/m^3)	kh (kN/m^2)
1	1.10	0	0	0	0
2		1,042	1,150	2,086	2,290
3	1.10	8,195	9,010	16,390	18,030
4		15,294	16,820	30,588	33,650
5		12,399	13,640	24,797	27,280
6		33,603	36,960	67,206	73,930
7		32,534	35,790	65,067	71,570

선로직각방향

표 3.1.12 선로직각방향의 설계수평스프링정수

층번호	D(m)	상 시		지진시	
		khg (kN/m^3)	kh (kN/m^2)	khg (kN/m^3)	kh (kN/m^2)
1	1.10	0	0	0	0
2		972	1,070	1,944	2,140
3		7,639	8,400	15,278	16,810
4		14,256	15,680	28,513	31,360
5		11,558	12,710	23,115	25,430
6		31,323	34,460	62,647	68,910
7		30,327	33,360	60,653	66,720

3.2 지반반력의 상한 값

기초구조의 설계에 있어서, 지반저항은 탄소성체(bilinear)로 가정해서 모델화 한다.

3.2.1 말뚝의 연직지반저항

(1) 단말뚝의 기준선단지지력

말뚝의 연직지반저항은 말뚝선단의 설계연직스프링정수 Kv를 초기기울기로 하고, 기준선단지지력 Rp를 상한값으로 한다. 또한, 선단에 인발이 발생한 경우는 말뚝선단의 지반반력을 무시한다.

$$Rp = qp \cdot Ap \tag{3.2.1}$$

여기서, Rp : 단말뚝의 기준선단지지력 (kN)

qp : 말뚝의 단위면적당 선단지지력 (kN/m^2)

Ap : 말뚝의 선단면적 (m^2)

현장타설말뚝의 경우는 이하에 의한다.

사질토의 경우

$$qp = 70N \le 3,500\ kN/m^2$$

모래·자갈의 경우

$$qp = 100N \le 7,500\ kN/m^2$$

경질점성토 또는 연암의 경우

qp = 3qu 또는 $60N \le 9,000\ kN/m^2$

여기서, qp : 말뚝의 기준선단응력 (kN/m^2)

N : 말뚝선단지반부 지반의 N치

qu : 말뚝선단지반부 지반의 일축압축강도 (kN/m^2)

경질점성토 또는 연암의 경우로 검토한다.

$$qp = 3qu = 3 \times 160.0 = 480.0 \langle 9,000\ kN/m^2$$

따라서, $qp = 480.0\ kN/m^2$

기준선단지지력

말뚝의 단면적

$$Ap = \pi D2/4 = 3.142 \times 0.550^2 = 0.950\ m^2$$

$$Rp = qp \cdot Ap = 480.0 \times 0.950 = 456.2\ kN$$

(2) 단말뚝의 최대주면지지력

말뚝주면의 연직지반저항은 말뚝주면의 설계전단스프링정수 Ksv를 초기기울기로 하고, 설계전단지반스프링정수를 산정한 범위의 최대주면지지력을 상한으로 하는 탄소성형으로 한다. 또, 내진조사시에는 말뚝머리로부터 $1/\beta$ 깊이까지의 토층의 주변지지력은 고려하지 않는다.

$$Rf = U \cdot \sum ri \cdot Li \qquad (3.2.2)$$

여기서, Rf : 단말뚝의 최대주면지지력 (kN)

U : 말뚝의 둘레 (m)

ri : 각 토층의 최대주면지지력도 (kN/m^2)

현장타설말뚝의 경우는 다음 식에 의한다.

사질토의 경우 $r = 5N \leq 200\ kN/m^2$

점성토의 경우 $r = qu/2$ 또는 $10N \leq 150\ kN/m^2$

qu가 $20kN/m^2$ 미만의 경우, r = 0으로 한다.

N : 토층의 N치

qu : 점성토층의 일축압축강도 (kN/m^2)

L : 각 토층의 두께 (m)

표 3.2.1 단말뚝의 최대주면지지력

층No.	구분	N치	qu (kN/m^2)	단말뚝의 최대주면지지력도(kN/m^2)		
				N치로부터	qu로부터	적용 값
1	점성토	1	12.00	10.00	6.00	6.00
2	사질토	2	0.00	10.00	0.00	10.00
3	사질토	16	0.00	80.00	0.00	80.00
4	사질토	30	0.00	150.00	0.00	150.00
5	점성토	8	160.00	80.00	80.00	80.00
6	사질토	30	0.00	150.00	0.00	150.00
7	점성토	15	160.00	150.00	80.00	80.00

주) qu값이 분명한 경우는, qu로부터 산정한 값을 적용한다.

층No.	ri(kN/m²)	D(m)	U(m)	Ui·ri(kN/m)	Li(m)	Ui·ri·Li
1	0.00	1.100	3.456	0.00	1.30	0.00
2	10.00			34.56	1.50	51.84
3	80.00			276.46	3.00	829.38
4	150.00			518.36	2.20	1,140.40
5	80.00			276.46	0.80	221.17
6	150.00			518.36	4.70	2,436.31
7	80.00			276.46	13.00	3,593.98
Σ					Rf=	8,273.08

(3) 말뚝머리 연직지지력의 상한값

말뚝머리에 있어서의 단말뚝의 허용연직지지력은 다음에 의해 산정한다.

$$Rv = frf \cdot Rf + frp \cdot Rp \qquad (3.2.3)$$

여기서, Rv : 말뚝머리에 있어서의 단말뚝의 설계연직지지력 (kN)

Rf : 단말뚝의 최대주면지지력 (kN)

Rp : 단말뚝의 기준선단지지력 (kN)

frf : 말뚝의 주면지지력에 대한 지반저항계수 (= 1.0)

frp : 말뚝의 선단지지력에 대한 지반저항계수 (= 1.0)

= 1.0 × 8,273.08 + 1.0 × 456.20 = 8,729.3 kN

말뚝머리에 있어서의 단말뚝의 설계인발저항력은 다음에 의해 산정한다.

$$Ru = fru \cdot Rf + Wp \qquad (3.2.4)$$

여기서, Ru : 말뚝머리에 있어서의 단말뚝의 설계인발저항력 (kN)

Rf : 단말뚝의 최대주면지지력 (kN)

fru : 말뚝의 인발력에 대한 지반저항계수 (= 1.0)

Wp : 말뚝의 유효자중 (kN)

Wp = 0.950 × 26.50 × (24.5 - 9.8) = 370.20 kN

Ru = 1.0 × 8273.08 + 370.20 = 8,643.3 kN

3.2.2 말뚝의 수평저항토압의 계산

(1) 단말뚝의 유효저항토압

말뚝의 수평지반저항은 설계수평지반스프링정수 Kh를 초기기울기로 하고, 설계수평지반스프링정수를 산정한 범위의 유효저항토압을 상한으로 하는 탄소성체로 한다. 말뚝의 유효저항토압은 토질에 따라 다음 식으로부터 구한다.

사질토의 경우

$$pe(Z) = frp\ (\alpha \cdot \gamma e \cdot Z \cdot Kp) \qquad (3.2.5)$$

여기서, pe(Z) : 깊이 Z에 있어서의 유효저항토압 (kN/m^2)

α : 말뚝저면의 형상계수 (일반적으로 α=3)

γe : 깊이 Z까지의 평균유효단위체적중량 (kN/m^3)

Kp : 수동토압계수 $Kp = \tan^2(45+\phi/2)$

ϕ : 깊이 Z에 있어서의 흙의 내부마찰각 (度)

Z : 유효저항토압을 구하는 깊이 (m)

frp : 토압산정에 사용하는 지반저항계수 = 1.0

점성토의 경우

$$pe(Z) = frc\ (1+Z\ /\ 2D)\ (\gamma e \cdot Z + 2C) \leq 9C \qquad (3.2.6)$$

여기서, D : 말뚝직경(m)

C : 점성토의 점착력(kN/m^2)

frc : 토압 산정에 사용하는 지반저항계수 = 1.0

내부마찰각 ϕ의 산정

$$\phi = 1.85 \, [N \, / \, (\sigma' \, / \, 100 + 0.7)]^{0.6} + 26 \qquad (3.2.7)$$

단, 지진시의 상한값은 다음 식에 의한다.

$$\phi = 0.5N + 24 \qquad (3.2.8)$$

표 3.2.2 내부마찰각의 산정

No.	구분	깊이 Z(m)	N치	단위중량 γe (kN/m^3)	구간중량 (kN/m^2)	$\sigma v'$ (kN/m^2)	
						층상단	층하단
	근입부	1.90	1	16.00	30.40	0.00	30.40
1	점성토	3.20	1	6.00	7.80	30.40	38.20
2	사질토	4.70	2	7.00	10.50	38.20	48.70
3	사질토	7.70	16	8.00	24.00	48.70	72.70
4	사질토	9.90	30	8.00	17.60	72.70	90.30
5	점성토	10.70	8	7.00	5.60	90.30	95.90
6	사질토	15.40	30	8.00	37.60	95.90	133.50
7	점성토	28.40	15	8.00	104.00	133.50	237.50

No.	토질	내부마찰각ϕ (도)				
		(3.2.7)식		(3.2.8)식	최소값	
		층상단	층하단		층상단	층하단
	근입부	-	-	-	0.0	0.0
1	점성토	-	-	-	0.0	0.0
2	사질토	28.7	28.5	25.0	25.0	25.0
3	사질토	34.8	33.9	32.0	32.0	32.0
4	사질토	37.5	36.7	39.0	37.5	36.7
5	점성토	_	-	-	0.0	0.0
6	사질토	36.5	35.3	39.0	36.5	35.3
7	점성토	-	-	-	0.0	0.0

표 3.2.3 유효저항토압 및 최대마찰력

말뚝직경ϕ = 1.10(m) 1본 당

No.	토질	층후 h(m)	수동토압계수 Kp		점착력 C (kN/m^2)	액상화전		
						저항토압(kN/m)		마찰력 f(kN/m)
			층상단	층하단		층상단	층하단	
	근입부	1.90	-	-	6.0	-	-	-
1	점성토	1.30	-	-	6.0	0.0	0.0	0.0
2	사질토	1.50	2.464	2.464	0.0	310.6	396.0	34.6
3	사질토	3.00	3.255	3.255	0.0	523.0	780.8	276.5
4	사질토	2.20	4.112	3.970	0.0	986.5	1,183.2	518.4
5	점성토	0.80	_	-	80.0	792.0	792.0	276.5
6	사질토	4.70	3.936	3.738	0.0	1,245.7	1,646.7	518.4
7	점성토	13.00	-	-	80.0	792.0	792.0	276.5

상기 마찰력 f는 πD·ri를 나타낸다. 단, 말뚝머리로부터 1/β 이내의 마찰력은 고려하지 않는다.

(2) 군말뚝의 유효저항토압

군말뚝의 유효저항토압은, 각 열에 따른 지반저항의 분담률이나 말뚝간격 등의 영향을 고려해, 다음 식에 의해 보정을 시행한다.

$$Peg(z) = \eta m\ \eta n\ Pe(z) \quad \leq Pe(z) \qquad \text{(내진표준 해 12.5.5)} \qquad (3.2.9)$$

$\eta n = (d/3)^{0.42} \cdot n^{-0.09}$

ηm는 내진표준 해설표12.5.2에 의한다.

1열째	2열째	3열째 이후
1.0	0.5	0.4

단, ηn, ηm 모두 점성토에 대해서는 1.0으로 한다.

군말뚝의 유효저항토압에 고려하는 저항분담계수 ηm, ηn

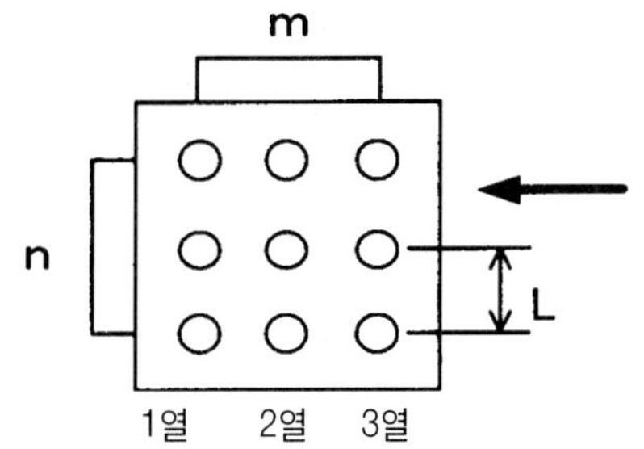

m : 수평하중 작용방향의 말뚝본수

n : 수평하중 작용직각방향의 말뚝본수

L : 말뚝 중심간격 (m)

관성력 설계에 있어서 사질토 군말뚝의 말뚝본수에 의한 저항보정계수

표 3.2.4 군말뚝의 말뚝본수에 의한 저항보정계수 (선로방향)

	D (m)	L (m)	d	n	ηn
선로방향	1.10	5.40	4.91	2	1.155

ηn 〉 1.00이 되기 때문에, 군말뚝으로 취급하지 않는다.

표 3.2.5 군말뚝의 말뚝본수에 의한 저항보정계수 (선로직각방향)

	D (m)	L (m)	d	n	ηn
선로직각방향	1.10	9.525	8.66	1	1.00※

※ 선로방향은 ηn 〉 1.00이 되기 때문에, 직각방향은 n=1본, ηn=1.0으로 한다.

표 3.2.6 사질토 각 열에 있어서의 군말뚝보정계수

	선로방향			선로직각방향		
	ηm	ηn	ηm·ηn	ηm	ηn	ηm·ηn
1열째	1.0	1.155	1.155	1.0	1.000	1.000
2열째	0.5		0.578	0.5		0.500
3열째 이후	0.4		0.462	0.4		0.400

단, 선로방향에 대해서는 군말뚝의 말뚝본수에 의한 저항보정계수가 1.0을 초과하기 때문에 군말뚝에 의한 보정은 행하지 않는다.

3.3 구조물의 선형 모델화

구조물의 모델화는 【RC표준 12.12.3(4)】 에 따른다. 또 동항(5)에 규정한 강역을 각 접합부에 고려한다.

3.3.1 선로방향

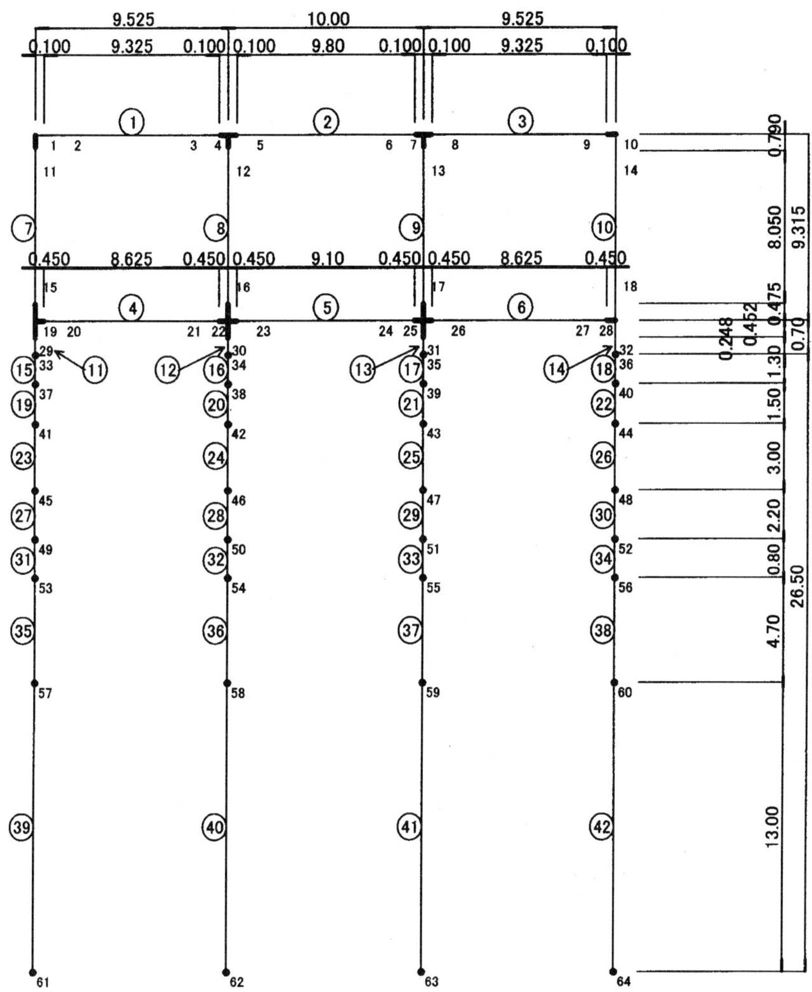

표 3.3.1 선로방향 각 부재의 단면제원

	부재	부재번호	단면적(m^2)	단면2차모멘트(m^4)	탄성계수(kN/m^2)
1	상층보	①~③	2.639	0.38896	25.00×10^6
2	지중보	④~⑥	1.120	0.18293	25.00×10^6
3	기둥	⑦~⑩	0.810	0.05468	25.00×10^6
4	말뚝	⑪~㊷	0.950	0.07187	22.40×10^6

주) 휨단면2차모멘트는 전단면을 유효로 한다.

3.3.2 선로직각방향

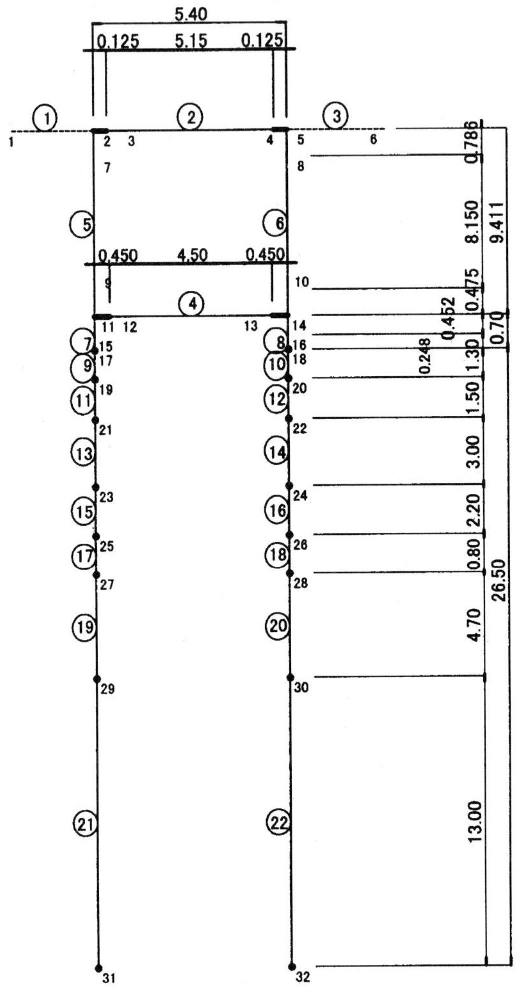

표 3.3.2 선로직각방향 각 부재의 난면제원

	부재	부재번호	단면적(m^2)	단면2차모멘트(m^4)	탄성계수(kN/m^2)
1	상층보	②	3.340	0.35584	25.00×10^6
2	지중보	④	1.120	0.18293	25.00×10^6
3	기둥	⑤~⑥	0.810	0.05468	25.00×10^6
4	말뚝	⑦~㉒	0.950	0.07187	22.40×10^6

주) 굽힘단면2차모멘트는 전단면을 유효로 한다.
주) 부재번호 ①, ③은 전주 지지보가 있는 단면과 번호를 일치시키기 위한 가상부재이다.

제 4 장 설계수평진도의 산정

4.1 지층종별의 판정

지반의 고유주기는 표층지반의 전단탄성파에 기초해서 모드해석법에 의해 산정하는 것이 좋으나, 아래의 간이법에 의해도 좋다.

표 4.1.1 지반의 고유주기 산정

층번호	층후h(m)	Vs(m/s)	fg	Vsod(m/s)	4h/Vsod
1	1.30	65	1.0	65	0.08
2	1.50	55	1.0	55	0.11
3	3.00	150	1.0	150	0.08
4	2.20	205	1.0	205	0.04
5	0.80	190	1.0	190	0.02
6	4.70	305	1.0	305	-
				Tg =	0.33

단, Vsod = fg · Vs

Tg = 4Σ (hi / Vsodi)

지반종별은 【설계매뉴얼 표 2.1.2】 에 의한다.

지반종별	고유주기(sec)	지반조건
I	~ 0.25	암반, 기반, 홍적층
II	0.25 ~ 0.5	보통지반
III	0.5 ~ 1.5	연약지반
IV	1.5 ~	극히 연약한 지반

검토지반의 고유주기는 Tg = 0.33초이므로, II종지반으로 판정한다.

4.2 등가고유주기의 산정

등가고유주기 Teq는 다음 식에 의한다. 【설계매뉴얼 3.3】

$$Teq = 2.0\sqrt{(W / K)} \qquad (4.2.1)$$

여기서, K : 구조물의 항복점에 대한 할선강성 (kN/m)

$K = P / \delta$

P : 단위수평력 (kN)

δ : 수평력 P에 대한 수평변위량 (m)

W : 등가중량(kN)

라멘고가의 경우

$W = Wu + 0.4Wp$

Wu : 라멘구조물의 상부구조물 부분 중량 (상층보부터 위의 사하중 및 열차하중)

Wp : 내진설계상의 지반면 위, 상층보 아래 구조물 중량 (지중보, 기둥으로 한다)

4.2.1 노선방향

(1) 구조물의 할선강성 K의 계산

라멘고가교의 항복점에 대한 할선강성은 상층에 단위수평력을 작용시킬 때의 수평변위량으로부터 구한다. 또, 이때 기둥부재의 휨강성은 전단면을 유효로 한 경우의 강성에 저감계수 0.5를 곱한 값을 사용한다. 또, 기초를 지지하는 스프링은 지진시스프링으로 한다.

단위수평력(1,000kN)이 상층에 작용할 때의 수평변위량은 골조해석 결과로부터

δ L1 = 0.0349 m (1라멘 당)

구조물의 항복점에 대한 할선탄성

K1 =	1,000 / 0.0349	=	28,653	kN/m
K =	28,653 × 2	=	57,307	kN/m

(2) 등가중량의 계산

Wu

라멘고가교 상층자중					=	7,860.9	kN
주형반력	고정측	1,310.0	×	1.0	=	1,310.0	kN
	가동측	1,310.0	×	0.1	=	131.0	kN
열차하중		32.0	×	30.0	=	960.0	kN
	고정측	320.0	×	1.0	=	320.0	kN
	가동측	320.0	×	0.1	=	32.0	kN
				Wu	=	10,613.9	kN

Wp

기둥자중		=	1,159.0	kN
기초자중		=	2,552.3	kN
	Wp	=	3,711.3	kN

W = 10,613.9 + 0.4 × 3,711.3 = 12,098.4 kN

(3) 등가고유주기

$$Teq = 2\times\sqrt{\frac{12,098.4}{57,307}} = 0.919\,sec$$

4.2.2 선로직각방향

(1) 구조물의 할선강성 K의 계산

단위수평력(1,000kN)이 상층에 작용할 때의 수평변위량은 골조해석결과로부터

선로직각방향 라멘주형받침부	$\delta C1$	=	0.0633	m
서로직각방향 라멘중간부	$\delta C2$	=	0.0746	m

구조물의 항복점에 대한 할선강성

K1 =	1,000 / 0.0633	=	15,798	kN/m
K2 =	1,000 / 0.0746	=	13,405	kN/m

K = 15,798 × 2 + 13,405 × 2 = 58,405 kN/m

(2) 등가하중의 계산

Wu

라멘고가교 상층 자중		=	7,860.9	kN
주형반력		=	2,620.0	kN
열차하중	32.0 × 40.0	=	1,280.0	kN
	Wu	=	11,760.9	kN

Wp

기둥자중		=	1,159.0	kN
기초자중		=	2,552.3	kN
	Wu	=	3,711.3	kN

W = 11,760.9 + 0.4 × 3,711.3 = 13,245.4 kN

(3) 등가고유주기

$$Teq = 2\times\sqrt{\frac{13,245.4}{58,405}} = 0.952\,\text{sec}$$

4.3 설계수평진도

선로방향, 선로직각방향 모두 등가고유주기가 0.8~2.0초이므로, 소요항복진도스팩트럼 [설계매뉴얼 2.1.3(2) II종지반용]에 의해 소요항복진도는 0.42가 된다.

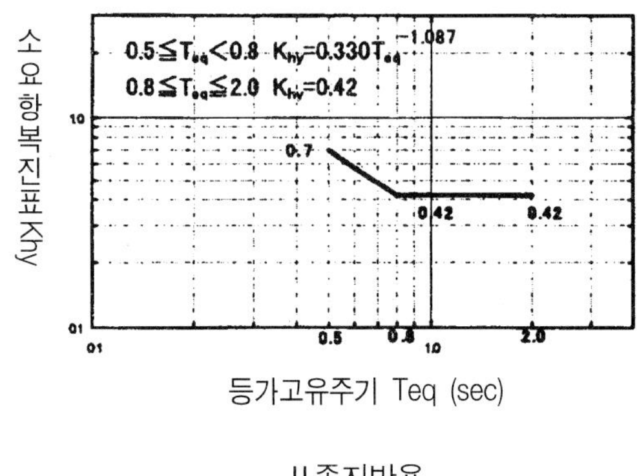

II종지반용

또, 건설지의 지역구분은 C이고 II종지반에 있으므로 지역별계수는 【설계매뉴얼 표2.1.1】로부터 0.7이 된다.

따라서 설계수평진도는 지역별계수를 고려해서 아래와 같이 된다.

$$Kh = 0.42 \times 0.7 = 0.29$$

등가고유주기가 0.5sec≤Teq≤2.0sec에 있으므로 설계매뉴얼의 적용범위이다. 【설계매뉴얼 1.2】

제5장 상부구조물의 설계

상부구조의 내진성능조사는, 선형해석에 의한 단면력을 응답값, 단면의 휨항복내력 및 전단내력을 한계값으로 해서 시행한다.

5.1 해석모델 및 하중조합

5.1.1 해석모델

상부구조물의 응답값을 구하기 위한 해석모델은 부재, 지반 모두 선형으로 한다. 라멘고가교의 경우 기둥의 휨강성은 전단면을 유효로 해서 산정한 값에 저감계수 0.5를 곱한 값을 사용한다. [설계매뉴얼 3.2 표3.2.1]

검토항목	상층보 지중보	기둥	말뚝	지반스프링
상부구조설계용 단면력	전단면강성	전단면강성의 50% 저감	전단면강성	선형

5.1.2 하중조합

하중조합은 아래와 같이 한다.

$$1.0D1 + 1.0D2 + 1.0EQ + 1.0L + 1.0SH$$

D1	: 고정사하중	(상시스프링)
D2	: 부가사하중	(상시스프링)
EQ	: 지진관성력	(지진시스프링)
L	: 열차하중	(지진시스프링)
SH	: 건조수축	(상시스프링)

또한, 전주하중은 지진응답값이기 때문에 지진관성력으로 취급한다.

상부구조물의 설계단면력은 선형해석에 의한 것으로 하중의 중첩이 가능하기 때문에, D1, D2 및 SH에 대해서는 상시의 단면력을 사용하도록 한다.

5.2 선로방향 라멘의 계산

5.2.1 하중

지진관성력은 설계진도를 Kh = 0.29로 해서 산정한다.

다음에 내진검토용 하중재하 상태를 나타냈다.

고정사하중

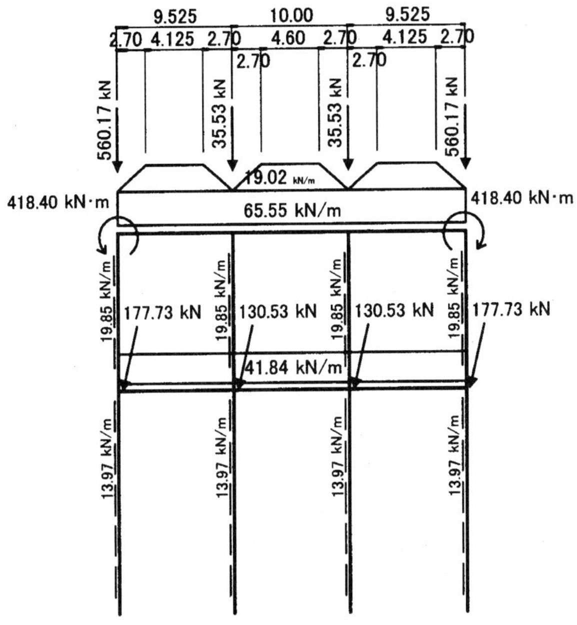

9.525
10.00
9.525
2.70 4.125 2.70
4.60 2.70
4.125 2.70
2.70
2.70
560.17 kN
35.53 kN
35.53 kN
560.17 kN
19.02 kN/m
418.40 kN·m
65.55 kN/m
418.40 kN·m
19.85 kN/m
177.73 kN
130.53 kN
130.53 kN
177.73 kN
41.84 kN/m
13.97 kN/m

부가사하중

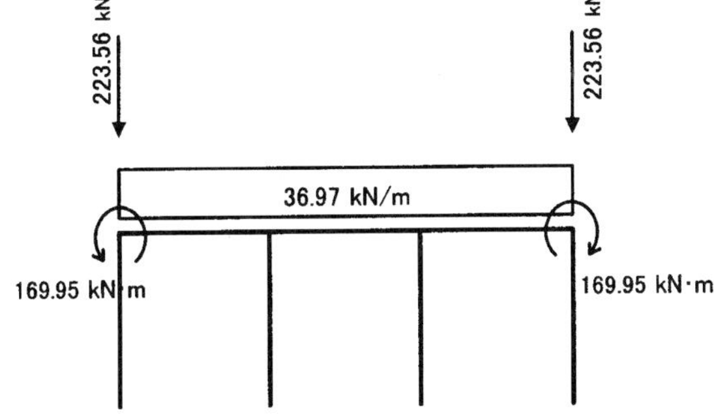

223.56 kN
223.56 kN
36.97 kN/m
169.95 kN·m
169.95 kN·m

건조수축

상층보, 기둥부재 -15.0° C
지중보 -7.5° C

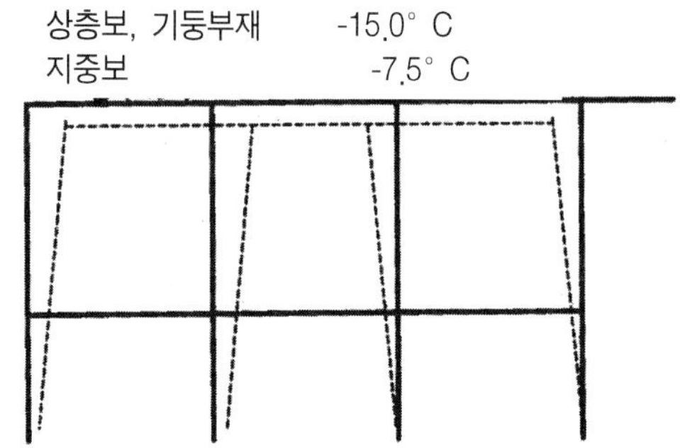

사하중지진

H1 = 1,771.0 × 1/4 = 442.8 kN
H2 = 212.4 × 1/4 = 53.1 kN

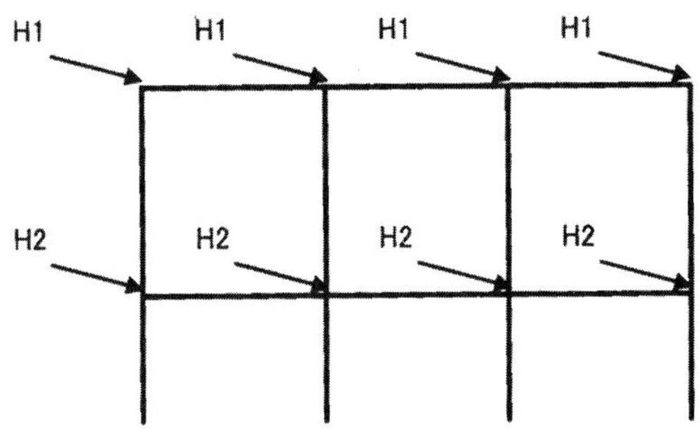

지진시 열차하중(하선 재하시) ※ ( )는 상선 재하시

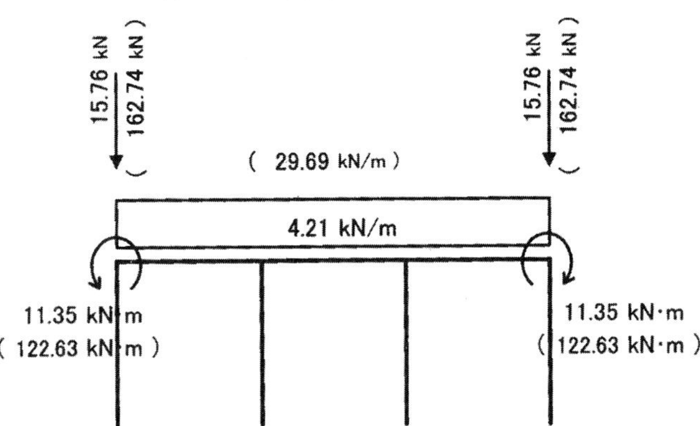

열차하중 지진(하선 재하시) ※ ( )는 상선 재하시

H = 133.08 × 1/4 = 33.27 kN
(H = 148.03 × 1/4 = 37.01 kN)

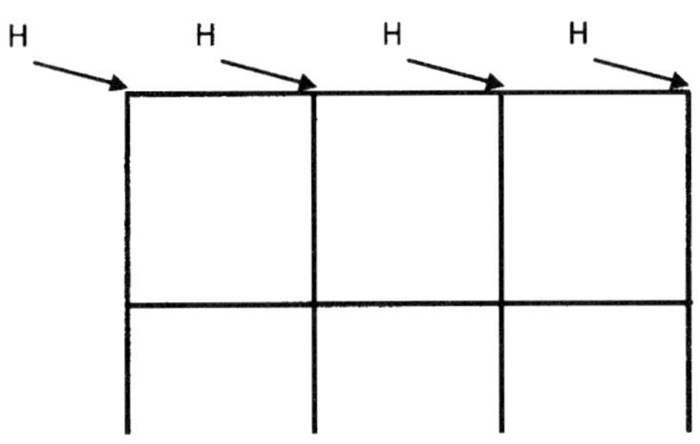

전주하중(내진)

V = 80.00 + 77.78 = 157.78 kN
H = 90.56 × 1.4 = 126.78 kN
M = 600.68 kN · m

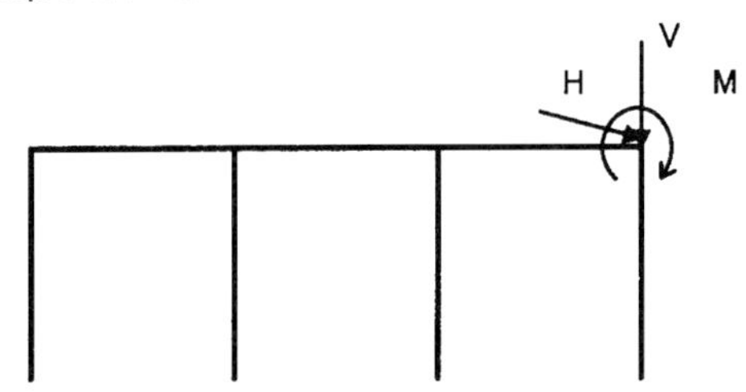

5.2.2 기둥의 설계

(1) 설계단면력

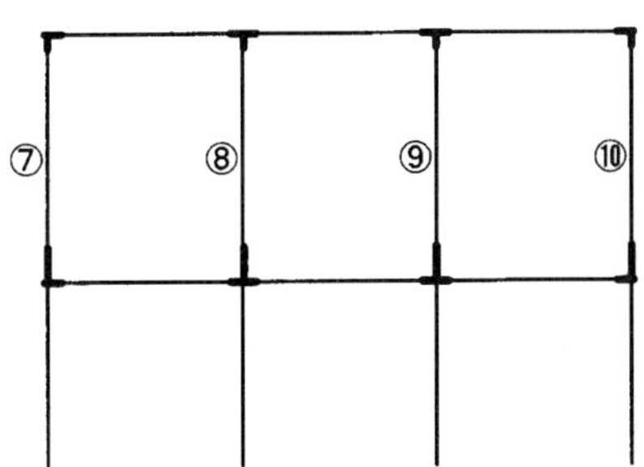

표 5.2.1 기둥의 설계 단면력

부재번호	검토위치	Md(kN·m)	Vd(kN)	Nd(kN)
⑦	상단	-1,791.2	453.4	1,008.8
	하단	1,654.8	453.4	1,159.6
⑧	상단	-2,245.2	583.1	1,249.3
	하단	2,186.6	583.1	1,400.2
⑨	상단	-2,211.4	572.4	1,246.7
	하단	2,139.2	572.4	1,397.6
⑩	상단	-1,742.0	446.9	1,902.5
	하단	1,654.1	446.9	2,053.4

(2) **휨모멘트에 대한 안전성 검토 [설계매뉴얼 4.2]**

휨모멘트에 대한 안전성 검토는 다음 식에 의한다.

$$\gamma i \cdot Md / My\ d \leq 1.0 \tag{5.2.1}$$

여기서, Md : 설계수평진도시의 설계휨모멘트(kN·m)

Myd : 설계휨항복내력(kN·m)

γi : 구조물계수로, 1.0으로 한다.

표 5.2.2 기둥의 설계휨항복내력 산정조건

안전계수	재료계수	콘크리트	γc	1.3	
		철근	γs	1.0	
	부재계수	휨	γb	1.0	
	재료수정계수		ρm	1.0	
	구조물계수		γi	1.0	
강도의 특성값	콘크리트의 압축강도		f'ck	24	N/mm^2
	철근의 인장항복강도		fsyd	390	N/mm^2

단부 기둥

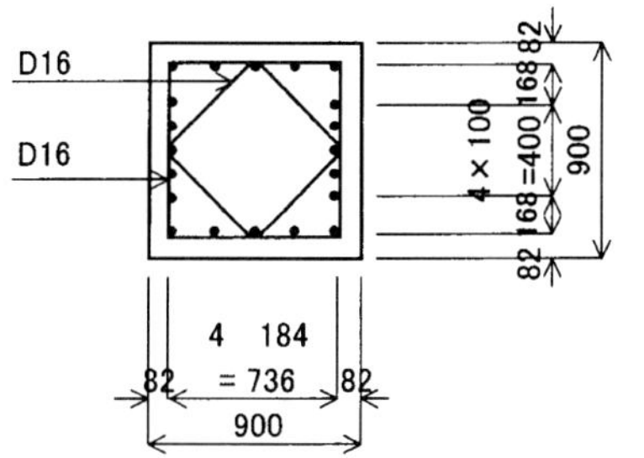

축방향철근량	
인장철근	D32-5
압축철근	D32-5
측면철근 (편측 당)	D32-5

표 5.2.3 단부 기둥의 휨모멘트에 대한 안전성 검토

단 면 위 치	단위	제1지점(支点)		제4지점(支点)	
		기둥상단	기둥하단	기둥상단	기둥하단
설계휨모멘트 Md	kN·m	1,791.2	1,654.8	1,742.0	1,654.1
설계축방향력 N'd	kN	1,008.8	1,159.6	1,902.5	2,053.4
설계휨항복내력 Myd	kN·m	1,824.3	1,898.3	2,129.7	2,225.2
γ i·Md / Myd		0.98<1.0	0.87<1.0	0.82<1.0	0.74<1.0

중간부 기둥

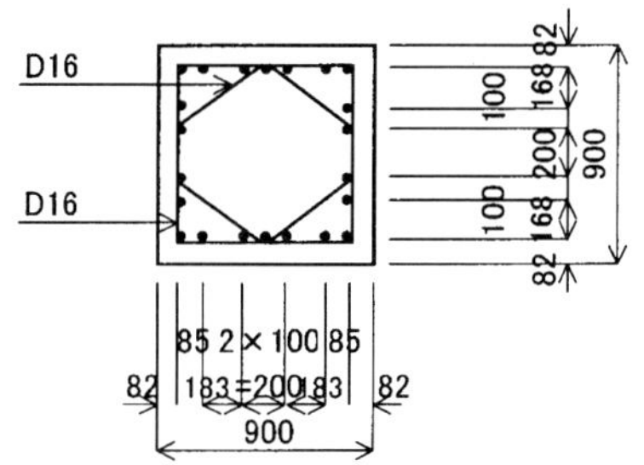

축방향철근량	
인장철근	D32-7
압축철근	D32-7
측면철근 (편측 당)	D32-4

표 5.2.4 중간부 기둥의 휨모멘트에 대한 안전성 검토

단 면 위 치	단위	제2지점(支点)		제3지점(支点)	
		기둥상단	기둥하단	기둥상단	기둥하단
설계휨모멘트 Md	kN·m	2,245.2	2,186.6	2,211.4	2,139.2
설계축방향력 N'd	kN	1,249.3	1,400.2	1,246.7	1,397.6
설계휨항복내력 Myd	kN·m	2,285.7	2,344.8	2,290.8	2,354.1
γ i·Md / Myd		0.98<1.0	0.93<1.0	0.97<1.0	0.91<1.0

모든 부재가 $\gamma i \cdot Md / Myd < 1.0$ 이므로 휨모멘트에 대해서 안전하다.

(3) 전단력에 대한 안전성 검토 [설계매뉴얼 4.3]

전단력에 대한 안전성 검토는 기둥부재의 상, 하단으로부터 기둥 폭의 2배 범위를 뺀 중앙부분에 대해, 부재가 휨내력 Mu에 도달할 때의 전단력 Vmu가 다음 식을 만족하도록 한다.

$$\gamma i \cdot Vmu / Vyd \leq 1.0 \tag{5.2.2}$$

여기서, Vmu : 부재가 휨내력에 도달할 때의 전단력 (kN)

Vyd : 설계전단내력 (kN). 전단내력을 산정할 때의 축력은 아래와 같이 한다. 수평력에 의해 축력이 감소하는 경우는 설계수평진도시의 수평력에 의한 축력감소분을 1.5배 한 축력으로 하고, 수평력에 의해 축력이 증가되는 경우는 설계수평진도시의 축력으로 한다.

γi : 구조물계수로, 1.0로 한다.

1) 설계축력의 보정

표 5.2.5 설계수평진도시의 사하중 지진관성력에 의한 기둥의 축력

부재번호	⑦	⑧	⑨	⑩
Nd_{EQ}(kN)	-296.52	-22.69	22.69	296.52

수평력에 의해 축력이 감소하는 경우의 보정축력은 다음 식에 의해 산정한다.

$$N'd = Ndo + 0.5 \times Nd_{EQ} \tag{5.2.3}$$

여기서, N'd : 보정축력 (kN)

Ndo : 설계수평진도시의 설계축력 (kN)

Nd_{EQ} : 설계수평진도시의 사하중 지진관성력 만에 의한 축력 (kN)

표 5.2.6 기둥의 보정축력

부재번호	검토위치	Ndo(kN)	Nd_{EQ}(kN)	ΔNd(kN)	N'd(kN)
⑦	상단	1,008.8	-296.5	-148.3	860.5
	하단	1,159.6			1,011.3
⑧	상단	1,249.3	-22.7	-11.3	1,238.0
	하단	1,400.2			1,388.9
⑨	상단	1,246.7	22.7	-	1,246.7
	하단	1,397.6			1,397.6
⑩	상단	1,902.5	296.5	-	1,902.5
	하단	2,053.4			2,053.4

단, $\varDelta Nd = 0.5 \times Nd_{EQ}$

2) 휨내력의 산정

휨내력은 단면 내에 배치되어 있는 전체 축방향철근을 고려해서 산정한다.

이때, 강재의 인장항복강도 특성값은 재료수정계수 ρm = 1.2를 인장항복강도의 JIS규격값의 하한값에 곱한 값으로 한다.

표 5.2.7 기둥의 휨내력 산정조건

안전계수	재료계수	콘크리트	γc	1.3
		철근	γs	1.0
	부재계수	휨	γb	1.0
	재료수정계수		ρm	1.2
	구조물계수		γi	1.0
강도의 특성값	콘크리트의 압축강도		f'ck	24 N/mm^2
	철근의 인장항복강도		fsyd	390 N/mm^2

표 5.2.8 단부 기둥의 휨내력

단 면 위 치		단위	제1지점(支点)		제4지점(支点)	
			기둥상단	기둥하단	기둥상단	기둥하단
축방향철근	인장철근	mm^2	D32-5 = 3,971.0			
	압축철근	mm^2	D32-5 = 3,971.0			
	측면철근	mm^2	D32-5 = 3,971.0 (편측 당)			
설계축방향력	N'd	kN	860.5	1,011.3	1,902.5	2,053.4
휨내력	Mu	kN·m	2,713.3	2,765.9	2,904.7	2,937.1

표 5.2.9 중간부 기둥의 휨내력

단 면 위 치		단위	제2지점(支点)		제3지점(支点)	
			기둥상단	기둥하단	기둥상단	기둥하단
축방향철근	인장철근	mm^2	D32-7 = 5,559.4			
	압축철근	mm^2	D32-7 = 5,559.4			
	측면철근	mm^2	D32-4 = 3,176.8 (편측 당)			
설계축방향력	N'd	kN	1,238.0	1,388.9	1,246.7	1,397.6
휨내력	Mu	kN·m	3,244.3	3,298.6	3,252.3	3,310.3

3) 부재가 휨내력에 도달할 때의 부재단면의 전단력 Vmu의 산정

부재가 휨내력에 도달할 때의 부재단면의 전단력 Vmu는 다음 식에 의한다.

$$Vmu = Mu / La \qquad (5.2.4)$$

여기서, Mu : 휨내력 (kN · m)

La : 전단길이로, 부재길이의 1/2로 한다.

기둥의 부재길이는 지중보 상면부터 상층보(헌치 포함) 하면까지의 거리로, 선로방향과 선로직각방향 중에서 짧은쪽으로 한다.

a) 전단지간

단부기둥의 전단지간

단부기둥의 전단지간은 지중보 상면부터 횡보 하면까지 길이의 1/2로 한다.

$$La = \frac{9.00 - 2.00}{2} = 3.50\text{m}$$

중간부기둥의 전단지간

중간부기둥의 전단지간은 지중보 상면부터 횡보 하면까지 길이의 1/2로 한다.

$$La = \frac{9.00 - 1.40}{2} = 3.80\text{m}$$

b) Vmu의 산정

표 5.2.10 단부기둥의 Vmu

단 면 위 치		단위	제1지점(支点)		제4지점(支点)	
			기둥상단	기둥하단	기둥상단	기둥하단
휨내력	Mu	kN·m	2,713.3	2,765.9	2,904.7	2,937.1
전단길이	La	m	3.50	3.50	3.50	3.50
전단력	Vmu	kN	775.2	790.3	829.9	839.2

표 5.2.11 중간부 기둥의 Vmu

단 면 위 치		단위	제2지점(支点)		제3지점(支点)	
			기둥상단	기둥하단	기둥상단	기둥하단
휨내력	Mu	kN·m	3,244.3	3,298.6	3,252.3	3,310.3
전단길이	La	m	3.80	3.80	3.80	3.80
전단력	Vmu	kN	853.8	868.1	855.9	871.1

c) 설계전단내력 Vyd의 산정 및 안전성 검토

표 5.2.12 기둥의 설계전단내력 산정조건

안전계수	재료계수	콘크리트	γc	1.3	
		철근	γs	1.0	
	부재계수	휨내력	γb	1.0	
		전단내력(콘크리트)	γb	1.3	
		전단내력(철근)	γb	1.15	
	재료수정계수		ρm	1.2	
	구조물계수		γi	1.0	
강도의 특성값	콘크리트의 압축강도		f'ck	24	N/mm^2
	인장철근의 인장항복강도		fsyd	390	N/mm^2
	전단보강철근의 인장항복강도		fwyk	390	N/mm^2

표 5.2.13 단부 기둥의 전단력에 대한 안전성 검토

단 면 위 치		단위	제1지점(支点)		제4지점(支点)	
			기둥상단	기둥하단	기둥상단	기둥하단
단면	폭 B	mm	900			
	높이 H	mm	900			
축방향철근	인장철근	mm^2	D32-5 = 3,971.0			
	압축철근	mm^2	D32-5 = 3,971.0			
	측면철근	mm^2	D32-5 = 3,971.0 (편측 당)			
전단보강철근 (띠철근,스터럽)	철근량	mm^2	D16-1.5조 = 595.8			
	간 격	mm	150			
	각 도	deg	90			
	철근비	%	0.441			
설계축방향력	N'd	kN	860.5	1,011.3	1,902.5	2,053.4
설계전단력	Vmu	kN	775.2	790.3	829.9	839.2
설계전단내력	Vyd	kN	1,303.0	1,309.3	1,321.3	1,328.3
γ i · Vmu / Vyd			0.59<1.0	0.60<1.0	0.63<1.0	0.63<1.0

표 5.2.14 중간부기둥의 전단력에 대한 안전성 검토

단 면 위 치		단위	제2지점(支点)		제3지점(支点)	
			기둥상단	기둥하단	기둥상단	기둥하단
단면	폭 B	mm	900			
	높이 H	mm	900			
축방향철근	인장철근	mm^2	D32-7 = 5,559.4			
	압축철근	mm^2	D32-7 = 5,559.4			
	측면철근	mm^2	D32-4 = 3,176.8 (편측 당)			
전단보강철근 (띠철근,스터럽)	철근량	mm^2	D16-1.5조 = 595.8			
	간 격	mm	150			
	각 도	deg	90			
	철근비	%	0.441			
설계축방향력	N'd	kN	1,238.0	1,388.9	1,246.7	1,397.6
설계전단력	Vmu	kN	853.8	868.1	855.9	871.1
설계전단내력	Vyd	kN	1,316.6	1,320.8	1,317.3	1,321.7
γ i · Vmu / Vyd			0.65<1.0	0.66<1.0	0.65<1.0	0.66<1.0

모든 부재가 $\gamma i \cdot Vmu / Vyd < 1.0$ 이므로 전단력에 대해 안전하다.

(4) 변형성능에 대한 안전성 검토

기둥부재의 상, 하단으로부터 2D구간의 소성역에 대해 다음 식을 만족하는 것으로 한다.

$$Vyd / Vmu \geq 2.0 \quad (5.2.5)$$

여기서, 기호의 의미는 전항 (3)과 동일하다.

표 5.2.15 기둥의 설계전단내력 산정조건

안전계수	재료계수	콘크리트	γc	1.3	
		철근	γs	1.0	
	부재계수	휨내력	γb	1.0	
		전단내력(콘크리트)	γb	1.3	
		전단내력(철근)	γb	1.15	
	재료수정계수		ρm	1.2	
	구조물계수		γi	1.0	
강도의 특성값	콘크리트의 압축강도		f'ck	24	N/mm^2
	인장철근의 인장항복강도		fsyd	390	N/mm^2
	전단보강철근의 인장항복강도		fwyk	390	N/mm^2

표 5.2.16 단부기둥의 변형성능에 대한 안전성 검토

단 면 위 치		단위	제1지점(支点)		제4지점(支点)	
			기둥상단	기둥하단	기둥상단	기둥하단
단면	폭 B	mm	900			
	높이 H	mm	900			
축방향철근	인장철근	mm^2	D32-5 = 3,971.0			
	압축철근	mm^2	D32-5 = 3,971.0			
	측면철근	mm^2	D32-5 = 3,971.0 (편측 당)			
전단보강철근 (띠철근,스터럽)	철근량	mm^2	D16-1.5조 = 595.8			
	간 격	mm	100			
	각 도	deg	90			
	철근비	%	0.662			
설계축방향력	N'd	kN	860.5	1,011.3	1,902.5	2,053.4
설계전단력	Vmu	kN	775.2	790.3	829.9	839.2
설계전단내력	Vyd	kN	1,782.0	1,788.3	1,800.4	1,807.4
Vyd / Vmu			2.30>2.0	2.26>2.0	2.17>2.0	2.15>2.0

표 5.2.17 중간부기둥의 변형성능에 대한 안전성 검토

단 면 위 치		단위	제2지점		제3지점	
			기둥상단	기둥하단	기둥상단	기둥하단
단면	폭 B	mm	900			
	높이 H	mm	900			
축방향철근	인장철근	mm^2	D32-7 = 5,559.4			
	압축철근	mm^2	D32-7 = 5,559.4			
	측면철근	mm^2	D32-4 = 3,176.8 (편측 당)			
전단보강철근 (띠철근,스터럽)	철근량	mm^2	D16-1.5조 = 595.8			
	간 격	mm	100			
	각 도	deg	90			
	철근비	%	0.662			
설계축방향력	N'd	kN	1,238.0	1,388.9	1,246.7	1,397.6
설계전단력	Vmu	kN	853.8	868.1	855.9	871.1
설계전단내력	Vyd	kN	1,795.7	1,799.9	1,796.3	1,800.8
Vyd / Vmu			2.10>2.0	2.07>2.0	2.10>2.0	2.07>2.0

모든 부재가 Vyd / Vmu> 2 이므로, 소정의 변형성능이 확보된다.

5.2.3 상층보의 설계

(1) 설계단면력

상층보의 설계단면력은 기둥의 실 항복진도시의 단면력으로 한다.

실 항복진도는 최초로 항복하는 기둥의 휨항복내력과 설계수평진도시의 설계휨모멘트의 비로부터 다음 식에 의해 산정한다. 【설계매뉴얼 해4.2.1식】

실 항복진도 = (항복내력 / 설계수평진도시의 단면력) × 설계수평진도 (5.2.6)

γi · Md / Myd의 값이 최대로 되는 제2지점(支点)기둥 상단에서 산정한다.

$$실항복진도\ Khy = \frac{2,285.7 \times 0.29}{2,245.2} = 0.295$$

(2) 휨모멘트에 대한 안전성 검토 【설계매뉴얼 4.2】

휨모멘트에 대한 안전성 검토는 다음 식에 의한다.

$$\gamma i \cdot Md / Myd \leq 1.0 \qquad (5.2.7)$$

여기서, Md : 실 항복진도시의 휨모멘트로, 설계수평진도시의 설계휨모멘트를 α배 한 것 (kN · m)

α : 실 항복진도의 설계수평진도에 대한 비율

α = 0.295 / 0.29 = 1.02

Myd : 설계휨항복내력 (kN · m)

γi : 구조물계수로, 1.0으로 한다.

검토위치 ③번 부재 우지점(支点) 상측

Md = 1.02 × 2,990.6 = 3,050.4 kN · m

표 5.2.18 상층보의 설계휨항복내력

안전계수	γ c = 1.3, γ s = 1.0, γ b = 1.0
강도의 특성값	f'ck = 24 (N/mm^2), fsyd = 345 (N/mm^2)
단면형상	b = 800 (mm), h = 1,400 (mm), dt = 88 (mm), dc = 86 (mm)
철근량	Ast = 10-D32 = 7,942.0 (mm^2)
	Asc = 9-D32 = 7,147.8 (mm^2)
	Asi = 5-D16 = 993.0 (mm^2) 측면 편측 당
설계단면력	Md = 3,050.4 (kN·m)
설계휨항복내력	Myd = 3,378.3 (kN·m)

$\gamma i \cdot \alpha \cdot Md / Myd$ = 1.0 × 3,050.4 / 3,378.3 = 0.90 〈 1.0 (OK)

(3) 전단력에 대한 안전성검토 【설계매뉴얼 4.3】

상층보의 전단력에 대한 안전성 검토는 다음 식에 의한다.

$$\gamma i \cdot Vd / Vyd \leq 1.0 \quad (5.2.8)$$

여기서, Vd : 실 항복진도시의 전단력을 1.5배 한 것(kN)

실 항복진도시의 전단력은 설계수평진도시의 전단력을 α배 한 것으로 한다.

α : 실항복진도의 설계수평진도에 대한 비율 (= 1.02)

Vyd : 설계전단내력(kN)

γi : 구조물계수 1.0으로 한다.

검토위치 ①부재 좌지점 h/2점

Vd = 1.5 × 1.02 × 829.9 = 1,269.7 kN

표 5.2.19 상층보의 설계전단내력

안전계수	재료계수	콘크리트	γc	1.3	
		철근	γs	1.0	
	부재계수	휨내력	γb	1.0	
		전단내력(콘크리트)	γb	1.3	
		전단내력(철근)	γb	1.15	
	재료수정계수		ρm	1.2	
	구조물계수		γi	1.0	
강도의 특성치	콘크리트의 압축강도		f'ck	24	N/mm^2
	인장철근의 인장항복강도		fsyd	345	N/mm^2
	전단보강철근의 인장항복강도		fwyk	345	N/mm^2
단면형상	폭		b	800	mm
	높이		h	1400	mm
전단보강철근 (스터럽)	철근량 D16-2조		Aw	794.4	mm^2
	간 격		Ss	150	mm
	각 도		θ	90	deg
	철근비		Pw	0.662	%
축방향철근	인장철근 D32-10		As	7942.0	mm^2
	인장철근비		Pt	0.756	%
설계전단내력	$Vcd = \beta d \cdot \beta p \cdot \beta n \cdot fvcd \cdot bw \cdot d / \gamma b$			368.8	kN
	$Vsd = Aw \cdot fwyd \cdot (\sin\theta + \cos\theta) / Ss \cdot Z / \gamma b$			1812.9	kN
	Vyd = Vcd + Vsd			2181.7	kN

$\gamma i \cdot Vd / Vyd = 1.0 \times 1{,}269.7 / 2{,}181.7 = 0.58 < 1.0$ (OK)

(4) 변형성능에 대한 안전성의 검토 【설계매뉴얼 4.4】

상층보의 부재 양단에서부터 1.5H 구간의 소성역에 대해 다음 식을 만족하도록 한다.

$$Vyd / Vmu \geq 2.0 \qquad (5.2.9)$$

여기서, Vyd : 설계전단내력(kN)

Vmu : 보유수평내력에 도달할 때의 전단력으로 한다.

1) Vmu의 산정

Vmu은 모든 기둥 상단이 Mu에 도달한 때의 상층보의 전단력으로 한다.

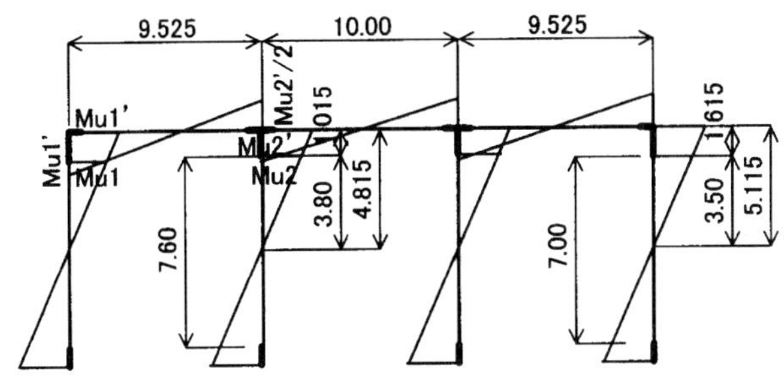

측경간

기둥 상단의 모멘트에 의한 상층보의 전단력

$$V1 = (Mu1' + Mu2'/2)/L$$

$$= \left(2,737.6 \times \frac{5.115}{3.50} + 3,288.9 \times \frac{4.815}{3.80} \times \frac{10.00}{19.525}\right) \times \frac{1}{9.525} = 644.1\,\mathrm{kN}$$

주) 서로 이웃한 지간이 크게 다를 경우는 강성비를 고려해서 산정한다.

여기에, 연직하중에 의한 전단력 Vo을 가산한다. 연직하중에 의한 전단력은 하중상태로부터 단순보의 전단력으로서 산정하거나, 아래와 같이 설계단면력에서 모멘트 차에 의한 전단을 차감하는 것으로 얻는다.

$$Vo = V - (Md1 + Md2)/L$$ (Md1, Md2 : 보부재 ①의 부재단(端)모멘트)

$$= 829.9 - \frac{1,670.1 + 1,911.4}{9.325} = 445.8\,\mathrm{kN}$$

$$Vmu = 644.1 + 445.8 = 1,089.9\mathrm{kN}$$

중앙경간

기둥상단 모멘트에 의한 상층보의 전단력

$$V1 = (Mu2'/2 + Mu3'/2)/L$$

$$= \frac{3,288.9 + 3,296.8}{10.00} \times \frac{1}{2} \times \frac{4.815}{3.80} = 417.2\,kN$$

여기에, 연직하중에 의한 전단력 Vo를 가산한다.

$Vo = V - (Md1 + Md2)/L$　　(Md1, Md2 : 보부재 ②의 부재단모멘트)

$$= 842.4 - \frac{853.6 + 2,740.0}{9.80} = 475.7\,kN$$

$Vmu = 417.2 + 475.7 = 892.9kN$

2) 변형성능에 대한 안전성의 조사

측경간에서 검토하면 아래와 같다.

여기서, 접합부 1.5H구간의 전단보강철근으로서 D16-2조를 125mm간격으로 배치한다.

표 5.2.20 상층보의 설계전단내력

안전계수	재료계수	콘크리트	γc	1.3	
		철근	γs	1.0	
	부재계수	휨내력	γb	1.0	
		전단내력(콘크리트)	γb	1.3	
		전단내력(철근)	γb	1.15	
	재료수정계수		ρm	1.2	
	구조물계수		γi	1.0	
강도의 특성값	콘크리트의 압축강도		f'ck	24	N/mm^2
	인장철근의 인장항복강도		fsyd	345	N/mm^2
	전단보강철근의 인장항복강도		fwyk	345	N/mm^2
단면형상	폭		b	800	mm
	높이		h	1,400	mm
전단보강철근 (스터럽)	철근량 D16-2조		Aw	794.4	mm^2
	간 격		Ss	125	mm
	각 도		θ	90	deg
	철근비		Pw	0.794	%
축방향철근	인장철근 D32-10		As	7,942.0	mm^2
	인장철근비		Pt	0.756	%
설계전단내력	$Vcd = \beta d \cdot \beta p \cdot \beta n \cdot fvcd \cdot bw \cdot d / \gamma b$			368.8	kN
	$Vsd = Aw \cdot fwyd \cdot (\sin\theta + \cos\theta) / Ss \cdot Z / \gamma b$			2,175.5	kN
	Vyd = Vcd + Vsd			2,544.3	kN

Vmu / Vyd = 2,544.3 / 1,089.9 = 2.33 〉 2 (OK)

5.3 선로직각방향 라멘의 계산

5.3.1 하중

지진관성력은 설계진도를 Kh=0.29로 해서 산정한다.

이하에, 내진검토용의 하중재하상태를 나타냈다.

검토는 중간부라멘에서 시행한다.

고정사하중

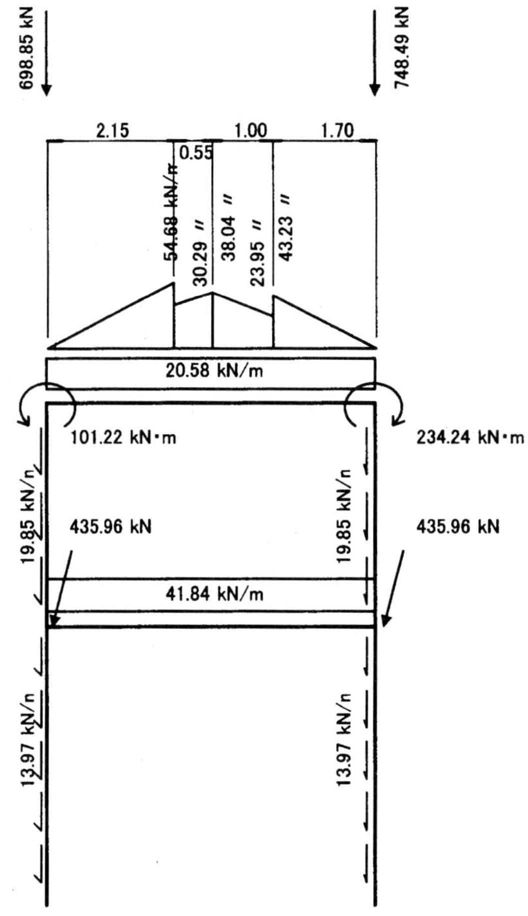
698.85 kN
748.49 kN
2.15
0.55
1.00
1.70
54.68 kN/m
30.29 〃
38.04 〃
23.95 〃
43.23 〃
20.58 kN/m
101.22 kN·m
234.24 kN·m
19.85 kN/m
19.85 kN/m
435.96 kN
435.96 kN
41.84 kN/m
13.97 kN/m
13.97 kN/m

부가사하중

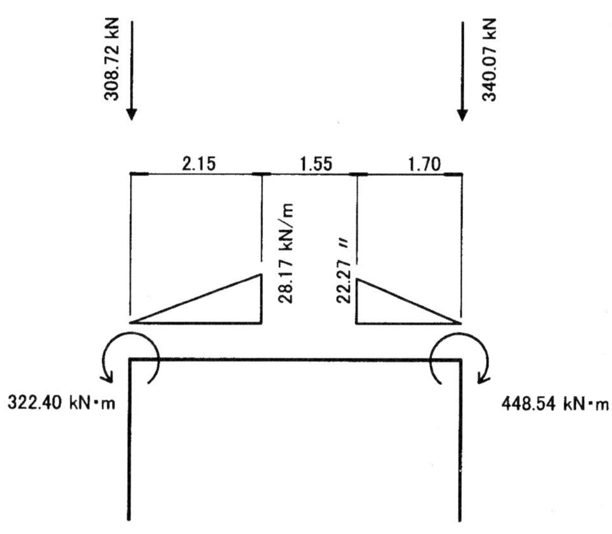
308.72 kN
340.07 kN
2.15
1.55
1.70
28.17 kN/m
22.27 〃
322.40 kN·m
448.54 kN·m

건조수축

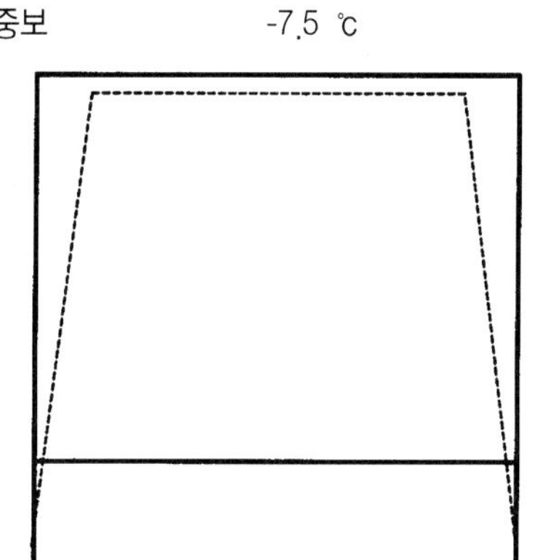
상층보, 기둥부재 -15.0 ℃
지중보 -7.5 ℃

사하중지진(Kh=0.29)

H1 = 756.19 × 1 / 2 = 378.10 kN
H2 = 119.94 × 1 / 2 = 59.97 kN

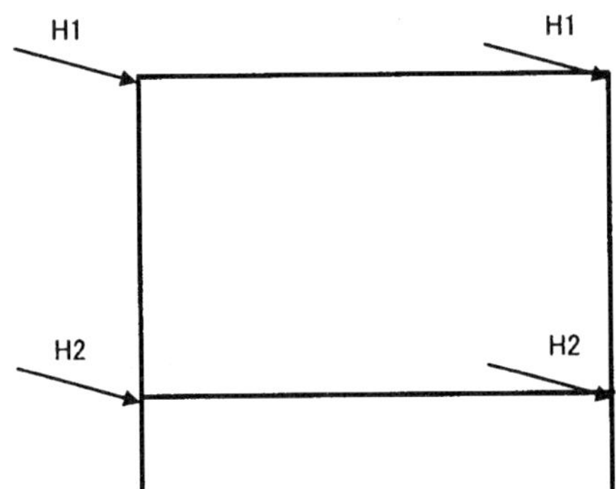

지진시 열차하중(상선)

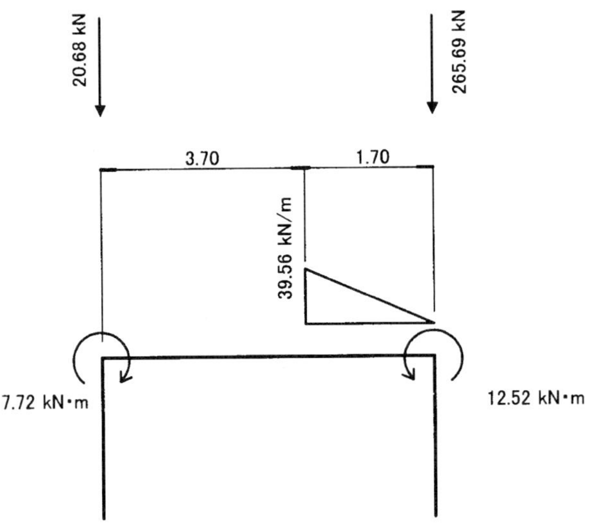

열차하중지진(Kh=0.3)

H = 89.75 × 1 / 2 = 44.88 kN

전주하중(내진)

$$H = 66.21 \times 1.4 \times 1 / 2 = 46.35 \text{ kN}$$

5.3.2 기둥의 설계

(1) 설계단면력

표 5.3.1 기둥의 설계단면력

부재번호	검토위치	Md(kN·m)	Vd(kN)	Nd(kN)
⑤	상단	-1,869.1	481.0	306.0
	하단	1,834.6	481.0	458.8
⑥	상단	-1,795.4	468.1	2,456.0
	하단	1,808.8	468.1	2,608.8

(2) 휨모멘트에 대한 안전성 검토 【설계매뉴얼 4.2】

휨모멘트에 대한 안전성 검토는 다음 식에 의한다.

$$\gamma i \cdot Md / Myd \leq 1.0$$

여기서, Md : 설계수평진도시의 설계휨모멘트 (kN · m)

Myd : 설계휨항복내력 (kN · m)

γi : 구조물계수로, 1.0으로 한다.

표 5.3.2 기둥의 설계휨항복내력 산정조건

구분	항목	세부	기호	값	단위
안전계수	재료계수	콘크리트	γc	1.3	
		철근	γs	1.0	
	부재계수	휨	γb	1.0	
	재료수정계수		ρm	1.0	
	구조물계수		γi	1.0	
강도의 특성값	콘크리트의 압축강도		f'ck	24	N/mm^2
	철근의 인장항복강도		fsyd	390	N/mm^2

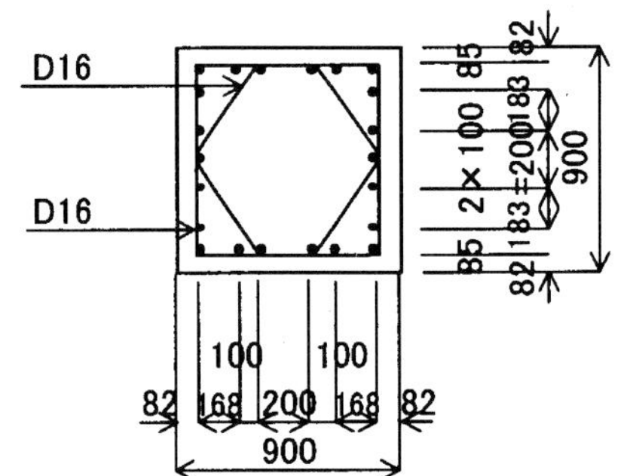

축방향철근량	
인장철근	D32-6
압축철근	D32-6
측면철근 (편측 당)	D32-5

표 5.3.3 단부기둥의 휨모멘트에 대한 안전성 검토

단 면 위 치		단위	인발측		압입측	
			기둥상단	기둥하단	기둥상단	기둥하단
설계휨모멘트	Md	kN·m	1,869.1	1,834.6	1,795.4	1,808.8
설계축방향력	N'd	kN	306.0	458.8	2,456.0	2,608.8
설계휨항복내력	Myd	kN·m	1,968.0	2,016.8	2,813.1	2,874.0
γ i·Md/Myd			0.95<1.0	0.91<1.0	0.64<1.0	0.63<1.0

모든 부재가 γi · Md / Myd 〈 1.0이므로, 안전성은 확보된다.

(3) 전단력에 대한 안전성검토 [설계매뉴얼 4.3]

전단력에 대한 안전성 검토는 부재의 상, 하단으로부터 기둥 폭의 2배 범위를 뺀 중앙 부분에 대해 부재가 휨내력 Mu에 도달할 때의 전단력 Vmu에 대해서 다음 식을 만족하도록 한다.

$$\gamma i \cdot Vmu / Vyd \leq 1.0 \qquad (5.3.2)$$

여기서, Vmu : 부재가 휨내력에 도달할 때의 전단력 (kN)

Vyd : 설계전단내력(kN). 전단내력을 산정할 때의 축력은 아래와 같다.

수평력에 의해 축력이 감소하는 경우는 설계수평진도시의 수평력에 의한 축력감소분을 1.5배 한 축력으로 하고, 수평력에 의해 축력이 증가되는 경우는 설계수평진도시의 축력으로 한다.

γi : 구조물계수로, 1.0으로 한다.

1) 설계축력의 보정

표 5.3.4 설계수평진도시의 사하중 지진관성력에 의한 기둥부재의 축력

부재번호	⑤	⑥
NdEQ(kN)	-693.0	693.0

수평력에 의해 축력이 감소하는 경우의 보정축력은 다음 식에 의해 산정한다.

$$N'd = Ndo + 0.5 \times Nd_{EQ} \qquad (5.3.3)$$

여기서, N'd : 보정축력 (kN)

Ndo : 설계수평진도시의 설계축력 (kN)

Nd_{EQ} : 설계수평진도시의 사하중 지진관성력 만에 의한 축력 (kN)

표 5.3.5 기둥의 보정축력

부재번호	검토위치	Ndo(kN)	Nd_{EQ}(kN)	ΔNd(kN)	N'd(kN)
⑤	상단	306.0	-693.0	-346.5	-40.6
	하단	458.8			112.3
⑥	상단	2,456.0	693.0	–	2,456.0
	하단	2,608.8			2,608.8

단, $\Delta Nd = 0.5 \times Nd_{EQ}$

2) 휨내력의 산정

휨내력은 단면 내에 배치되어 있는 전체 축방향철근을 고려해서 산정한다.

이때, 강재의 인장항복강도 특성값은 재료수정계수 ρm = 1.2를 인장항복강도의 JIS규격 값의 하한값에 곱한 값으로 한다.

표 5.3.6 기둥의 휨내력 산정조건

안전계수	재료계수	콘크리트	γc	1.3
		철근	γs	1.0
	부재계수	휨	γb	1.0
	재료수정계수		ρm	1.2
	구조물계수		γi	1.0
강도의 특성값	콘크리트의 압축강도		f'ck	24 N/mm^2
	철근의 인장항복강도		fsyd	390 N/mm^2

표 5.3.7 기둥의 휨내력

단 면 위 치			단위	인발측		압입측	
				기둥상단	기둥하단	기둥상단	기둥하단
축방향철근	인장철근		mm^2	D32-6 = 4,765.2			
	압축철근		mm^2	D32-6 = 4,765.2			
	측면철근		mm^2	D32-5 = 3,971.0 (편측 당)			
설계축방향력		N'd	kN	-40.6	122.3	2,456.0	2,608.8
휨내력		Mu	kN·m	2,894.5	2,945.1	3,472.0	3,480.0

3) 부재가 휨내력에 도달할 때의 부재단면의 전단력 Vmu의 산정

부재가 휨내력에 도달할 때의 부재단면의 전단력 Vmu는 다음 식에 의한다.

$$Vmu = Mu / La \qquad (5.3.4)$$

여기서, Mu : 휨내력 (kN·m)

La : 전단지간으로, 부재길이의 1/2로 한다.

기둥의 부재길이는 지중보 상면으로부터 상층보(헌치포함) 하면까지의 거리로 선로 방향과 선로직각방향에서 짧은쪽으로 한다.

a) 전단길이

중간부 기둥의 전단길이는 지중보 상면부터 종(縱)보 하면까지의 1/2로 한다.

$$La = \frac{9.00 - 1.40}{2} = 3.8m$$

b) Vmu의 산정

표 5.3.8 기둥의 Vmu

단 면 위 치		단위	인발측		압입측	
			기둥상단	기둥하단	기둥상단	기둥하단
휨내력	Mu	kN·m	2894.5	2945.1	3472.0	3480.0
전단지간	La	m	3.80	3.80	3.80	3.80
전단력	Vmu	kN	761.7	775.0	913.7	915.8

c) 설계전단내력 Vyd의 산정 및 안전성 조사

표 5.3.9 기둥의 설계전단내력 산정조건

안전계수	재료계수	콘크리트	γc	1.3	
		철근	γs	1.0	
	부재계수	휨내력	γb	1.0	
		전단내력(콘크리트)	γb	1.3	
		전단내력(철근)	γb	1.15	
	재료수정계수		ρm	1.2	
	구조물계수		γi	1.0	
강도의 특성값	콘크리트의 압축강도		f'ck	24	N/mm^2
	인장철근의 인장항복강도		fsyd	390	N/mm^2
	전단보강철근의 인장항복강도		fwyk	390	N/mm^2

표 5.3.10 기둥의 전단력에 대한 안전성 검토

단 면 위 치		단위	인발측		압축측	
			기둥상단	기둥하단	기둥상단	기둥하단
단면	폭 B	mm	900			
	높이 H	mm	900			
축방향철근	인장철근	mm^2	D32-6 = 4,765.2			
	압축철근	mm^2	D32-6 = 4,765.2			
	측면철근	mm^2	D32-5 = 3,971.0 (편측 당)			
전단보강철근 (띠철근,스터럽)	철근량	mm^2	D16-1.5조 = 595.8			
	간 격	mm	150			
	각 도	deg	90			
	철근비	%	0.441			
설계축방향력	N'd	kN	-40.6	112.3	2,456.0	2,608.8
설계전단력	Vmu	kN	761.7	775.0	913.7	915.8
설계전단내력	Vyd	kN	1,287.9	1,298.3	1,369.8	1,373.2
γ i·Vmu/Vyd			0.59<1.0	0.60<1.0	0.67<1.0	0.67<1.0

모든 부재가 $\gamma i \cdot Vmu / Vyd < 1.0$이므로 전단력에 대해 안전하다.

(4) 변형성능에 대한 안전성 검토 【설계매뉴얼 4.4】

기둥부재의 상,하단으로부터 2D구간의 소성역에 대해 다음 식을 만족하는 것으로 한다.

$$Vyd / Vmu \geq 2.0 \quad (5.3.5)$$

여기서, 기호의 의미는 전항 (3)과 동일하다.

표 5.3.11 기둥의 설계전단내력 산정조건

안전계수	재료계수	콘크리트	γc	1.3	
		철근	γs	1.0	
	부재계수	휨내력	γb	1.0	
		전단내력(콘크리트)	γb	1.3	
		전단내력(철근)	γb	1.15	
	재료수정계수		ρm	1.2	
	구조물계수		γi	1.0	
강도의 특성값	콘크리트의 압축강도		f'ck	24	N/mm^2
	인장철근의 인장항복강도		fsyd	390	N/mm^2
	전단보강철근의 인장항복강도		fwyk	390	N/mm^2

표 5.3.12 기둥의 변형성능에 대한 안전성 검토

단 면 위 치		단위	인발측		압입측	
			기둥상단	기둥하단	기둥상단	기둥하단
단면	폭 B	mm	900			
	높이 H	mm	900			
축방향철근	인장철근	mm^2	D32-6 = 4,765.2			
	압축철근	mm^2	D32-6 = 4,765.2			
	측면철근	mm^2	D32-5 = 3,971.0 (편측 당)			
전단보강철근 (띠철근,스터럽)	철근량	mm^2	D16-1.5조 = 595.8			
	간 격	mm	100			
	각 도	deg	90			
	철근비	%	0.662			
설계축방향력	N'd	kN	-40.6	112.3	2456.0	2608.8
설계전단력	Vmu	kN	761.7	775.0	913.7	915.8
설계전단내력	Vyd	kN	1,767.0	1,777.3	1,848.8	1,852.3
Vyd / Vmu			2.32>2.0	2.29>2.0	2.02>2.0	2.02>2.0

모든 부재가 Vyd / Vmu 〉 2 이므로, 소정의 변형성능이 확보된다.

5.3.3 상층보의 설계

(1) 설계단면력

상층보의 설계단면력은 기둥의 실 항복진도시의 단면력으로 한다.

실 항복진도는 최초로 항복하는 기둥의 휨항복내력과 설계수평진도시의 설계휨모멘트의 비로부터 다음 식에 의해 산정한다. 【설계매뉴얼 해4.2.1식】

실항복진도 = (항복내력 / 설계수평진도시의 단면력)× 설계수평진도 (5.3.6)

γi · Md/Myd의 값이 최대로 되는 인발측 기둥 상단에서 산정한다.

실항복진도 $\text{Khy} = \dfrac{1,968.0}{1,869.1} \times 0.29 = 0.305$

(2) 휨모멘트에 대한 안전성 검토 【설계매뉴얼 4.2】

휨모멘트에 대한 안전성 검토는 다음 식에 의한다.

$$\gamma i \cdot Md / Myd \leq 1.0 \qquad (5.3.7)$$

여기서, Md : 실 항복진도시의 휨모멘트로, 설계수평진도시의 설계휨모멘트를 α배 한 것 (kN · m)

α : 실 항복진도의 설계수평진도에 대한 비율

α = 0.305 / 0.29 = 1.05

Myd : 설계휨항복내력 (kN · m)

γi : 구조물계수로 1.0으로 한다.

검토위치 ②부재 우지점 상측

Md = 1.05 × 2,455.2 = 2,578.0 kN · m

표 5.3.13 상층보의 설계휨항복내력

안전계수	γc = 1.3, γs = 1.0, γb = 1.0
강도의 특성값	f'ch = 24 (N/mm^2), fsyd = 345 (N/mm^2)
단면형상	b = 800 (mm), h = 1300 (mm), dt = 129 (mm), dc = 72 (mm)
철근량	Ast = 9-D32 = 7,147.8 (mm^2)
	Asc = 6-D32 = 4,765.2 (mm^2)
	Asi = 4-D16 = 794.4 (mm^2) 측면 편측 당
설계단면력	Md = 2,578.0 (kN·m)
설계휨항복내력	Myd = 2,645.6 (kN·m)

$\gamma i \cdot Md / Myd = 1.0 \times 2{,}578.0 / 2{,}645.6 = 0.97 < 1.0$ (OK)

(3) 전단력에 대한 안전성 검토 [설계매뉴얼 4.3]

상층보의 전단력에 대한 안전성 검토는 다음 식에 의한다.

$$\gamma i \cdot Vd / Vyd \leq 1.0 \tag{5.3.8}$$

여기서, Vd : 실 항복진도시의 전단력을 1.5배 한 것 (kN)

실 항복진도시의 전단력은 설계수평진도시의 전단력을 α배 한 것으로 한다.

α : 실 항복진도의 설계수평진도에 대한 비율 (= 1.05)

Vyd : 설계전단내력 (kN)

γi : 구조물계수로, 1.0으로 한다.

검토위치 ①부재 좌지점(支点) h/2 점

$$Vd = 1.5 \times 1.05 \times 1{,}021 = 1{,}609.0 \text{ kN}$$

표 5.3.14 상층보의 설계전단내력

구분	항목	세부	기호	값	단위
안전계수	재료계수	콘크리트	γc	1.3	
		철근	γs	1.0	
	부재계수	휨내력	γb	1.0	
		전단내력(콘크리트)	γb	1.3	
		전단내력(철근)	γb	1.15	
	재료수정계수		ρm	1.2	
	구조물계수		γi	1.0	
강도의 특성값	콘크리트의 압축강도		f'ck	24	N/mm^2
	인장철근의 인장항복강도		fsyd	345	N/mm^2
	전단보강철근의 인장항복강도		fwyk	345	N/mm^2
단면형상	폭		b	800	mm
	높이		h	1,300	mm
전단보강철근 (스터럽)	철근량 D16-2조		Aw	794.4	mm^2
	간 격		Ss	150	mm
	각 도		θ	90	deg
	철근비		Pw	0.662	%
축방향철근	인장철근 D32-9		As	7,147.8	mm^2
	인장철근비		Pt	0.763	%
설계전단내력	$Vcd = \beta d \cdot \beta p \cdot \beta n \cdot fvcd \cdot bw \cdot d/\gamma b$			343.5	kN
	$Vsd = Aw \cdot fwyd \cdot (\sin\theta + \cos\theta)/Ss \cdot Z/\gamma b$			1,617.5	kN
	$Vyd = Vcd + Vsd$			1,961.0	kN

$\gamma i \cdot Vd / Vyd = 1.0 \times 1,609.0 / 1,961.0 = 0.82 < 1.0$ (OK)

(4) 변형성능에 대한 안전성의 검토 【설계매뉴얼 4.4】

상층보의 부재양단으로부터 1.5H 구간의 소성역에 대해 다음 식을 만족하는 것으로 한다.

$$Vyd / Vmu \geq 2.0 \tag{5.3.9}$$

여기서, Vyd : 설계전단력 (kN)

Vmu : 보유수평내력에 도달할 때의 전단력으로 한다.

1) Vmu의 산정

Vmu는 모든 기둥 상단이 Mu에 도달할 때의 상층보의 전단력으로 한다.

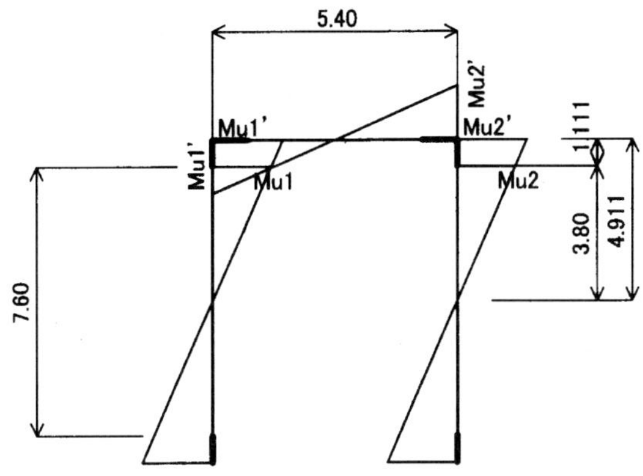

기둥상단의 모멘트에 의한 상층보의 전단력

$$V1 = (Mu1' + Mu2')/L$$
$$= \frac{2,894.5 + 3,472.0}{5.40} \times \frac{4.911}{3.80} = 1,523.7\,kN$$

여기에, 연직하중에 의한 전단력 Vo를 가산한다.

Vo = V -(Md1 +Md2)/ L　(Md1, Md2 : 보부재의 부재단모멘트)

$$= 1,021.6 - \frac{1,856.5 + 2,803.9}{5.15} = 116.7\,kN$$

$$Vmu = 1,523.7 + 116.7 = 1,640.3kN$$

2) 변형성능에 대한 안전성의 조사

여기서, 접합부 1.5H 구간의 전단보강철근으로서 D19-2조를 100mm 간격으로 배치한다.

표 5.3.15 상층보의 단부의 설계전단내력

안전계수	재료계수	콘크리트	γc	1.3	
		철근	γs	1.0	
	부재계수	휨내력	γb	1.0	
		전단내력(콘크리트)	γb	1.3	
		전단내력(철근)	γb	1.15	
	재료수정계수		ρm	1.2	
	구조물계수		γ i	1.0	
강도의 특성값	콘크리트의 압축강도		f'ck	24	N/mm^2
	인장철근의 인장항복강도		fsyd	345	N/mm^2
	전단보강철근의 인장항복강도		fwyk	345	N/mm^2
단면형상	폭		b	800	mm
	높이		h	1,300	mm
전단보강철근 (스터럽)	철근량 D16-2조		Aw	1,146.0	mm^2
	간 격		Ss	100	mm
	각 도		θ	90	deg
	철근비		Pw	1.433	%
축방향철근	인장철근 D32-10		As	7,147.8	mm^2
	인장철근비		Pt	0.763	%
설계전단내력	Vcd = $\beta d \cdot \beta p \cdot \beta n \cdot fvcd \cdot bw \cdot d/\gamma b$			343.5	kN
	Vsd = $Aw \cdot fwyd \cdot (\sin\theta + \cos\theta)/Ss \cdot Z/\gamma b$			3,500.8	kN
	Vyd = Vcd + Vsd			3,844.3	kN

Vmu / Vyd = 3,844.3 / 1,641.7 = 2.34 〉 2 (OK)

※ 횡보의 전단보강철근은 변형성능의 검토결과를 근거로 D19-2조-100간격으로 변경한다.

제6장 기초구조물의 설계

기초구조의 내진성능조사는 선형해석에 의한 단면력을 응답값, 단면의 휨항복내력 및 전단력을 한계값으로 해서 시행한다.

6.1 해석모델 및 하중조합

6.1.1 해석모델

기초구조물의 응답값을 구할 때의 해석모델은 부재는 선형, 지반은 비선형으로 한다. 라멘고가교의 경우, 기둥·지중보·말뚝의 휨강성은 전단면을 유효하게 산정한 값에 저감계수를 곱한 값을 사용한다. 【설계매뉴얼 5.2.2】

검토항목	상층보	기둥	지중보	말뚝	지반스프링
기초구조설계용단면력	전단면강성	전단면강성의 50% 저감	전단면강성의 25% 저감	아래표에 의한다	bilinear

주) 말뚝의 강성을 저감하는 경우는 이하에 의한다.

	강성저감계수	강성저감의 범위
인발측으로부터 n본까지의 말뚝	0.5	말뚝머리~1/β
그 외의 말뚝	1	

여기서, n : 전말뚝본수를 2로 나눈 값

선로방향 n = 4 / 2 = 2

선로직각방향 n = 2 / 2 = 1

β : 말뚝의 특성값(1/m)

선로방향 $1/\beta$ = 6.19 m (말뚝머리로부터의 길이)

선로직각방향 $1/\beta$ = 6.25 m (말뚝머리로부터의 길이)

말뚝의 강성저감율 및 저감하는 범위는 아래 그림과 같다.

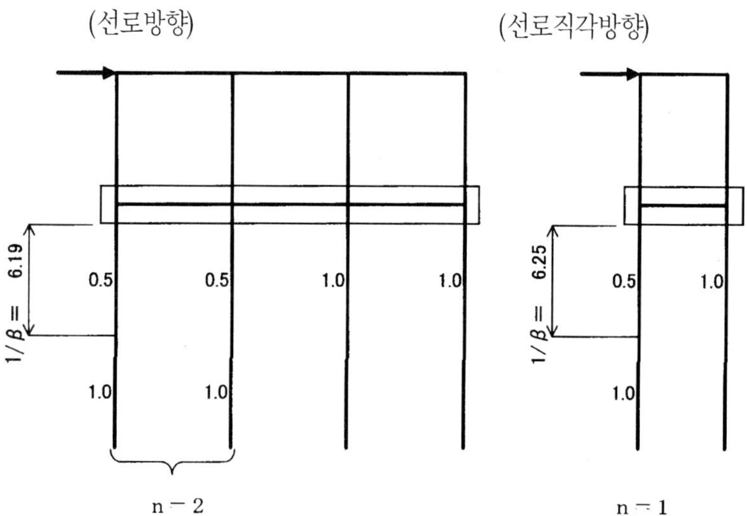

6.1.2 하중조합

하중조합은 아래와 같다.

1.0D1 + 1.0D2 + 1.0EQ + 1.0L + 1.0SH

D1	: 고정사하중	(지진시스프링)
D2	: 부가사하중	(지진시스프링)
EQ	: 지진관성력	(지진시스프링)
L	: 열차하중	(지진시스프링)
SH	: 건조수축	(지진시스프링)

6.2 선로방향 라멘의 계산

6.2.1 하중

말뚝기초의 설계수평진도는 상부구조물의 실 항복진도로 한다. 【설계매뉴얼 5.2.1】
상부구조물의 실 항복진도는 「5.2.3 상층보의 설계」로부터

Kh = 0.295

로 한다.

6.2.2 말뚝의 설계

(1) 설계단면력

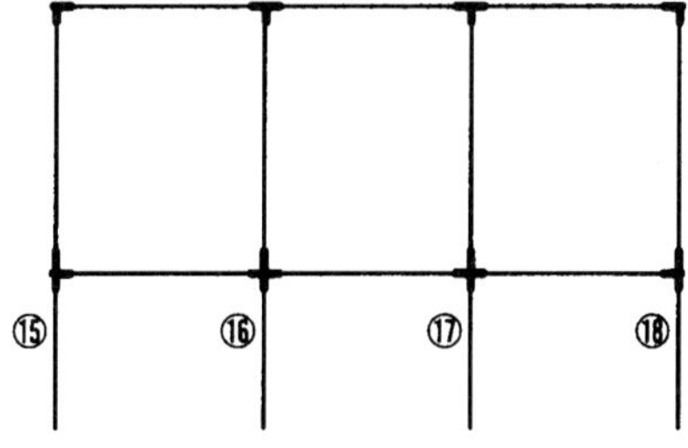

표 6.2.1 말뚝의 설계단면력

부재번호	검토위치	Md(kN·m)	Vd(kN)	Nd(kN)
⑮	말뚝머리	−1,240.5	483.5	839.5
⑯	말뚝머리	−1,670.1	577.5	2,024.0
⑰	말뚝머리	−2,156.5	669.3	1,775.4
⑱	말뚝머리	−1,585.8	547.9	2,990.1

(2) 휨모멘트에 대한 안전성 검토 【설계매뉴얼 5.2.3.2】

휨모멘트에 대한 안전성 검토는 다음 식에 의한다.

$$\gamma i \cdot Md / Myd \leq 1.0 \qquad (6.2.1)$$

여기서, Md : 설계휨모멘트 (kN · m)

Myd : 설계휨항복내력 (kN · m)

γi : 구조물계수로, 1.0으로 한다.

표 6.2.2 말뚝의 설계휨항복내력 산정조건

안전계수	재료계수	콘크리트	γc	1.3
		철근	γs	1.0
	부재계수	휨	γb	1.0
	재료수정계수		ρm	1.0
	구조물계수		γi	1.0
강도의 특성값	콘크리트의 압축강도		f'ck	21 N/mm^2
	철근의 인장항복강도		fsyd	390 N/mm^2

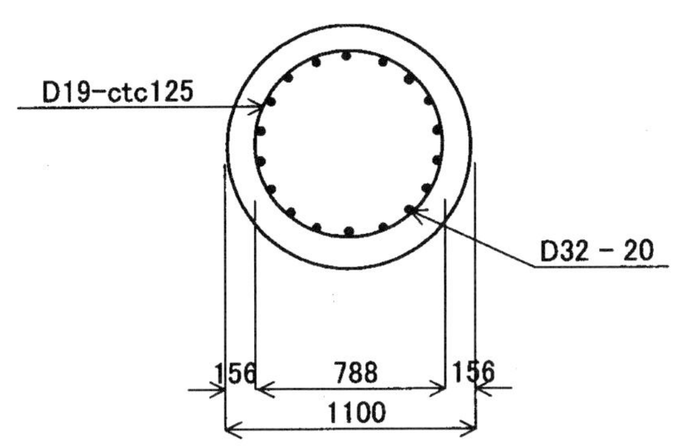

표 6.2.3 말뚝의 휨모멘트에 대한 안전성 검토

단 면 위 치		단위	제1지점	제2지점	제3지점	제4지점
설계휨모멘트	Md	kN·m	1,240.5	1,670.1	2,156.5	1,585.8
설계축방향력	N'd	kN	839.5	2,024.0	1,775.4	2,990.1
설계휨항복내력	Myd	kN·m	2,147.6	2,510.2	2,242.5	2,859.1
γ i·Md/Myd			0.58<1.0	0.67<1.0	0.96<1.0	0.56<1.0

모든 부재가 γi · Md/Myd 〈 1.0 이므로 휨모멘트에 대해서 안전하다.

(3) 전단력에 대한 안전성 검토 【설계매뉴얼 5.2.3.3】

전단력에 대한 안전성 검토는 설계수평진도시의 전단력을 2배 한 설계전단력이 다음 식을 만족하는 것을 확인하는 것으로 한다.

$$\gamma i \cdot Vd / Vyd \leq 1.0 \qquad (6.2.2)$$

여기서, Vd : 설계전단력으로, 설계수평진도시의 전단력을 2배한 것 (kN)

Vyd : 설계전단내력 (kN). 전단내력을 산정할 때의 축력은 아래와 같다.

수평력에 의해 축력이 감소하는 경우는 설계수평진도시의 수평력에 의한 축력감소분을 2.0배한 축력으로 하고, 수평력에 의해 축력이 증가하는 경우는 기초의 설계수평진도시의 축력으로 한다.

γi : 구조물계수로, 1.0로 한다.

1) 설계축력의 보정

하부구조 설계수평진도시의 사하중 지진관성력에 의한 말뚝부재의 축력

지진관성력만에 의한 축력은 설계축력에서 지진관성력 이외의 하중에 의한 축력을 뺀 값으로 한다.

표 6.2.4 설계수평진도시의 사하중 지진관성력에 의한 말뚝의 축력

부재번호	⑮	⑯	⑰	⑱
하부구조물 설계축력	839.5	2,024.0	1,775.4	2,990.1
사하중지진 이외의 하중에 의한 축력	1,675.7	1,954.5	1,898.9	2,099.9
사하중 지진에 의한 축력Nd_{EQ} (kN)	-836.2	69.5	-123.6	890.2

수평력에 의해 축력이 감소하는 경우의 말뚝의 보정축력은 다음 식에 의해 산정한다.

$$N'd = Ndo + 1.0 \times Nd_{EQ} \tag{6.2.3}$$

여기서, N'd : 보정축력 (kN)

Ndo : 설계수평진도시의 설계축력 (kN)

Nd_{EQ} : 설계수평진도시의 사하중지진관성력만에 의한 축력 (kN)

표 6.2.5 말뚝의 보정축력

부재번호	검토위치	Ndo(kN)	NdEQ(kN)	ΔNd(kN)	N'd(kN)
⑮	말뚝머리	839.5	-836.2	-836.2	3.3
⑯	말뚝머리	2,024.0	69.5	-	2,024.0
⑰	말뚝머리	1,775.4	-123.6	-123.6	1,651.8
⑱	말뚝머리	2,990.1	890.2	-	2,990.1

단, $\Delta Nd = 1.0 \times Nd_{EQ}$

2) 설계전단내력 Vyd의 산정 및 안전성 조사

표 6.2.6 말뚝의 설계전단내력 산정조건

안전계수	재료계수	콘크리트	γc	1.3	
		철근	γs	1.0	
	부재계수	휨내력	γb	1.0	
		전단내력(콘크리트)	γb	1.3	
		전단내력(철근)	γb	1.15	
	재료수정계수		ρm	1.2	
	구조물계수		γi	1.0	
강도의 특성값	콘크리트의 압축강도		f'ck	21	N/mm^2
	철근의 인장항복강도		fsyd	390	N/mm^2
	전단보강철근의 인장항복강도		fwyk	390	N/mm^2

표 6.2.7 말뚝의 전단력에 대한 안전성 검토

단 면 위 치		단위	제1 지점	제2 지점	제3 지점	제4 지점
단면형상	직경 D	mm	1,100			
축방향철근	인장철근	mm^2	D32-20 = 15,884.0			
	인장철근비	%	0.480			
전단보강철근 (띠철근)	철근량	mm^2	D16-1조 = 573.0			
	간 격	mm	125			
	각 도	deg	90			
	철근비	%	0.417			
단 면 위 치		단위	제1 지점	제2 지점	제3 지점	제4 지점
설계축방향력	N'd	kN	3.3	2,024.0	1,651.8	2,990.1
설계수평지진시의 전단력		kN	483.5	577.5	669.3	547.9
설계전단력	Vd	kN	967.0	1,155.0	1,338.6	1,095.8
설계전단내력	Vyd	kN	1,376.2	1,428.3	1,424.6	1,443.8
γ i·Vd/Vyd			0.70<1.0	0.81<1.0	0.94<1.0	0.76<1.0

모든 부재가 $\gamma i \cdot Vd/Vyd < 1.0$ 이므로, 전단력에 대해 안전하다.

6.2.3 지중보의 설계

(1) 휨모멘트에 대한 안전성 검토 【설계매뉴얼 5.2.3.2】

휨모멘트에 대한 안전성의 검토는 다음 식에 의한다.

$$\gamma i \cdot Md / Myd \leq 1.0 \qquad (6.2.4)$$

여기서, Md : 설계수평진도시의 설계휨모멘트 (kN·m)

Myd : 설계휨항복내력 (kN·m)

γi : 구조물계수로, 1.0 으로 한다.

검토위치 ⑥번 부재 우지점(支点) 상측

$$Md = 3,280.4 \quad kN \cdot m$$

표 6.2.8 지중보의 설계휨항복내력

안전계수	γc = 1.3, γs = 1.0, γb = 1.0
강도의 특성값	f'ck = 24 (N/mm^2), fsyd = 390 (N/mm^2)
단면형상	b = 800 (mm), h = 1,400 (mm), dt = 88 (mm), dc = 86 (mm)
철근량	Ast = 9-D32 = 7,147.8 (mm^2)
	Asc = 8-D32 = 6,353.6 (mm^2)
	Asi = 5-D16 = 993.0 (mm^2) 측면 편측 당
설계단면력	Md = 3,280.4 (kN·m)
설계휨항복내력	Myd = 3,450.7 (kN·m)

γ i·Md/Myd = 1.0 × 3,280.4 / 3,450.7 = 0.95 〈 1.0 (OK)

(2) 전단력에 대한 안전성 검토 【설계매뉴얼 5.2.3.3】

지중보의 전단력에 대한 안전성 검토는 다음 식에 의한다.

$$\gamma i \cdot Vd/Vyd \leq 1.0 \qquad (6.2.5)$$

여기서, Vd : 설계수평진도시의 전단력을 1.5배 한 것 (kN)

Vyd : 설계전단내력 (kN)

γi : 구조물계수로, 1.0으로 한다.

검토위치 ④번 부재 좌지점 h/2 점

$$Vd = 1.5 \times 793.3 = 1{,}190.0 \text{ kN}$$

표 6.2.9 상층보의 설계전단내력

안전계수	재료계수	콘크리트	γc	1.3	
		철근	γs	1.0	
	부재계수	휨내력	γb	1.0	
		전단내력(콘크리트)	γb	1.3	
		전단내력(철근)	γb	1.15	
	재료수정계수		ρm	1.2	
	구조물계수		γi	1.0	
강도의 특성값	콘크리트의 압축강도		f'ck	24	N/mm^2
	철근의 인장항복강도		fsyd	390	N/mm^2
	전단보강철근의 인장항복강도		fwyk	390	N/mm^2
단면형상	폭		b	800	mm
	높이		h	1,400	mm
전단보강철근 (스터럽)	철근량 D16 - 2조		Aw	506.8	mm^2
	간 격		Ss	200	mm
	각 도		θ	90	deg
	철근비		Pw	0.317	%
축방향철근	인장철근 D32 - 7		As	5,559.4	mm^2
	인장철근비		Pt	0.530	%
설계전단내력	$Vcd = \beta d \cdot \beta p \cdot \beta n \cdot fvcd \cdot bw \cdot d / \gamma b$			342.8	kN
	$Vsd = Aw \cdot fwyd \cdot (\sin\theta + \cos\theta) / Ss \cdot Z / \gamma b$			987.1	kN
	$Vyd = Vcd + Vsd$			1,329.9	kN

$\gamma i \cdot Vd / Vyd = 1.0 \times 1190.0 / 1329.9 = 0.89 < 1.0$ (OK)

6.3 선로직각방향 라멘의 계산

6.3.1 하중

말뚝기초의 설계수평진도는 상부구조물의 실 항복진도로 한다. 【설계매뉴얼 5.2.1】

상부구조물의 실 항복진도는 「5.3.3 상층보의 설계」로부터 Kh = 0.305 로 한다.

6.2.2 말뚝의 설계

(1) 설계단면력

표 6.3.1 말뚝의 설계단면력

부재번호	검토위치	Md(kN·m)	Vd(kN)	Nd(kN)
⑨	말뚝머리	-1,069.86	516.47	-488.23
⑩	말뚝머리	-1,235.83	587.42	4,497.35

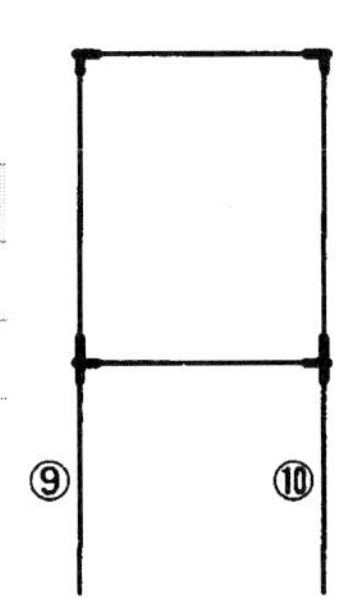

(2) 휨모멘트에 대한 안전성 검토 【설계매뉴얼 5.2.3.2】

휨모멘트에 대한 안전성 검토는 다음 식에 의한다.

$$\gamma i \cdot Md/Myd \leq 1.0 \qquad (6.3.1)$$

여기서, Md : 설계휨모멘트 (kN · m)

Myd : 설계휨항복내력 (kN · m)

γi : 구조물계수로, 1.0 으로 한다.

표 6.3.2 기둥의 설계휨항복내력 산정조건

안전계수	재료계수	콘크리트	γc	1.3
		철근	γs	1.0
	부재계수	휨	γb	1.0
	재료수정계수		ρm	1.0
	구조물계수		γi	1.0
강도의 특성값	콘크리트의 압축강도		f'ck	21 N/mm^2
	철근의 인장항복강도		fsyd	390 N/mm^2

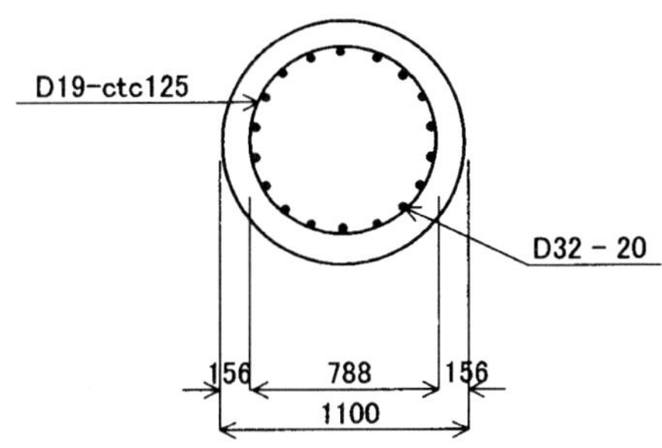

표 6.3.3 말뚝의 휨모멘트에 대한 안전성 검토

단 면 위 치		단위	인발측	압입측
설계휨모멘트	Md	kN·m	1,069.9	1,235.8
설계축방향력	N'd	kN	-488.2	4,497.4
설계휨항복내력	Myd	kN·m	1,558.9	2,780.1
$\gamma i \cdot Md/Myd$			0.69<1.0	0.45<1.0

모든 주재가 $\gamma i \cdot Md/Myd < 1.0$ 이므로 휨모멘트에 대해서 안전하다.

(3) 전단력에 대한 안전성 검토 【설계매뉴얼 5.2.3.3】

전단력에 대한 안전성의 검토는 설계수평진도시의 전단력을 2배 한 설계전단력이 다음 식을 만족하도록 한다.

$$\gamma i \cdot Vd/Vyd \leq 1.0 \qquad (6.3.2)$$

여기서, Vd : 설계전단력으로, 설계수평진도시의 전단력을 2배 한 것 (kN)

Vyd : 설계전단내력 (kN). 전단내력을 산정할 때의 축력은 아래와 같이 한다. 수평력에 의해 축력이 감소하는 경우는 기초의 설계수평진도시의 수평력에 의한 축력 감소분을 2.0배 한 축력으로 하고, 수평력에 의해 축력이 증가하는 경우는, 기초의 설계수평진도시의 축력으로 한다.

γi : 구조물계수로, 1.0로 한다.

1) 설계축력의 보정

하부구조 설계수평진도시의 사하중지진관성력에 의한 말뚝부재의 축력

지진관성력만에 의한 축력은 설계축력에서 지진관성력 이외의 하중에 의한 축력을 뺀 값으로 한다.

표 6.3.4 설계수평진도시의 사하중지진관성력에 의한 말뚝의 축력

부재번호	⑨	⑩
하부구조물 설계축력	-488.2	4,497.4
사하중지진 이외의 하중에 의한 축력	1,383.8	2,625.4
사하중지진에 의한 축력	-1,872.0	1,872.0

수평력에 의해 축력이 감소하는 경우의 말뚝의 보정축력은 다음 식에 의해 산정한다.

$$N'd = Ndo + 1.0 \times Nd_{EQ}$$

여기서, N'd : 보정축력 (kN)

Ndo : 설계수평진도시의 설계축력 (kN)

Nd_{EQ} : 설계수평진도시의 사하중지진관성력 만에 의한 축력(kN)

표 6.3.5 말뚝의 보정축력

부재번호	검토위치	Ndo(kN)	Nd_{EQ}(kN)	ΔNd(kN)	N'd(kN)
⑨	말뚝머리	-488.2	-1,872.0	-1,872.0	-2,360.3
⑩	말뚝머리	4,497.4	1,872.0	-	4,497.4

단, $\Delta Nd = 1.0 \times Nd_{EQ}$

2) 설계전단내력 Vyd의 산정 및 안전성 검토

표 6.3.6 말뚝의 설계전단내력 산정조건

안전계수	재료계수	콘크리트	γc	1.3	
		철근	γs	1.0	
	부재계수	휨내력	γb	1.0	
		전단내력(콘크리트)	γb	1.3	
		전단내력(철근)	γb	1.15	
	재료수정계수		ρm	1.2	
	구조물계수		γi	1.0	
강도의 특성값	콘크리트의 압축강도		f'ck	21	N/mm^2
	인장철근의 인장항복강도		fsyd	390	N/mm^2
	전단보강철근의 인장항복강도		fwyk	390	N/mm^2

표 6.3.7 말뚝의 전단력에 대한 안전성 검토

단 면 위 치		단위	인발측	압입측
단면형상	직경	mm	1,100	
축방향철근	인장철근	mm^2	D32-20 = 15,884.0	
	인장철근비	%	0.480	
전단보강철근 (띠철근,스터럽)	철근량	mm^2	D19-1조 = 573.0	
	간 격	mm	125	
	각 도	deg	90	
	철근비	%	0.417	
설계축방향력	N'd	kN	-2,360.3	4,497.4
설계수평지진시의 전단력		kN	516.5	587.4
설계전단력	Vd	kN	1,032.9	1,174.8
설계전단내력	Vyd	kN	1,140.4	1,480.9
γ i·Vd/Vyd			0.91<1.0	0.79<1.0

모든 부재가 $\gamma i \cdot Vd/Vyd$ 〈 1.0 이므로 전단력에 대해 안전하다.

6.2.3 지중보의 설계

(1) 휨모멘트에 대한 안전성 검토 [설계매뉴얼 5.2.3.2]

휨모멘트에 대한 안전성의 검토는 다음 식에 의한다.

$$\gamma i \cdot Md / Myd \leq 1.0 \qquad (6.3.4)$$

여기서, Md : 설계수평진도시의 설계휨모멘트 (kN·m)

Myd : 설계휨항복내력 (kN·m)

γi : 구조물계수로, 1.0 으로 한다.

검토위치 ④번 부재 우지점 상측

Md = 3,091.7 kN·m

표 6.3.8 지중보의 설계휨항복내력

안전계수	γ c = 1.3, γ s = 1.0, γ b = 1.0
강도의 특성값	f'ck= 24 (N/mm^2), fsyd = 390 (N/mm^2)
단면형상	b = 800(mm), h = 1400(mm), dt = 111(mm), dc = 111(mm)
철근량	Ast = 8-D32 = 6,353.6 (mm^2)
	Asc = 8-D32 = 6,353.6 (mm^2)
	Asi = 5-D16 = 993.0 (mm^2) 측면 편측 당
설계단면력	Md = 3,091.7 (kN·m)
설계휨항복내력	Myd = 3,107.1 (kN·m)

$\gamma i \cdot Md / Myd = 1.0 \times 3,091.7 / 3,107.1 = 0.99 < 1.0$ (OK)

(2) 전단력에 대한 안전성 검토 [설계매뉴얼 5.2.3.3]

지중보의 전단력에 대한 안전성 검토는 다음 식에 의한다.

$$\gamma i \cdot Vd / Vyd \leq 1.0 \qquad (6.3.5)$$

여기서, Vd : 설계수평진도시의 전단력을 1.5배 한 것 (kN)

Vyd : 설계전단내력 (kN)

γi : 구조물계수로, 1.0 으로 한다.

검토위치 ④번 부재 좌 지점 h/2 점

Vd = 1.5 × 1,408.3 = 2,112.5 kN

표 6.3.9 지중보의 설계전단내력

안전계수	재료계수	콘크리트	γc	1.3	
		철근	γs	1.0	
	부재계수	휨내력	γb	1.0	
		전단내력(콘크리트)	γb	1.3	
		전단내력(철근)	γb	1.15	
	재료수정계수		ρm	1.2	
	구조물계수		γi	1.0	
강도의 특성값	콘크리트의 압축강도		f'ck	24	N/mm^2
	철근의 인장항복강도		fsyd	390	N/mm^2
	전단보강철근의 인장항복강도		fwyk	390	N/mm^2
단면형상	폭		b	800	mm
	높이		h	1,400	mm
전단보강철근 (스터럽)	철근량 D16-2조		Aw	794.4	mm^2
	간 격		Ss	150	mm
	각 도		θ	90	deg
	철근비		Pw	0.662	%
축방향철근	인장철근 D32-10		As	6,353.6	mm^2
	인장철근비		Pt	0.616	%
설계전단내력	$Vcd = \beta d \cdot \beta p \cdot \beta n \cdot fvcd \cdot bw \cdot d / \gamma b$			355.1	kN
	$Vsd = Aw \cdot fwyd \cdot (\sin\theta + \cos\theta) / Ss \cdot Z / \gamma b$			2,013.1	kN
	Vyd = Vcd + Vsd			2,368.2	kN

γi · Vd / Vyd = 1.0 × 2,112.5 / 2,368.2 = 0.89 〈 1.0 (OK)

참고 자료　해석결과의 비교

설계매뉴얼에 의한 검토결과와 다른 해석방법에 의한 결과를 비교한다.
(동적해석은 다점(多点) 입력에 의한 결과를 나타낸다)

(1) 선로방향

참고 표1 선로방향 해석결과의 비교

			①상층보	②기둥	③지중보	④말뚝
단면형상		폭(mm)	800	900	800	ϕ1,100
		높이(mm)	1,400	900	1,400	
철근	축방향철근	인장 주철근	D32-10	D32-7	D32-9	D32-20
	스터럽 띠철근	접합부	D16-2조 -ctc125	D16-1.5조 -ctc100	D13-2조 -ctc200	D19-1조 -ctc125
		중간부	D16-2조 -ctc200	D16-1.5조 -ctc150	-	-
매뉴얼	휨	$\gamma_i \cdot M_d/M_{yd}$	0.90<1.0	0.98<1.0	0.95<1.0	0.96<1.0
	전단 ρ_m = 1.0	Vd	1,269.7	871.1	1,190.0	1,338.6
		$\gamma_i \cdot V_d/V_{yd}$	0.58<1.0	0.66<1.0	0.89<1.0	0.94<1.0
	변형성능	Vyd/Vmu	2.33>2.0	2.07>2.0	-	-
정적비선형해석	전단 ρ_m = 1.2	Vmu	1,252.1	858.7	1,100.1	※1,209.7
		$\gamma_i \cdot V_{mu}/V_{yd}$	0.49<1.0	0.66<1.0	0.84<1.0	0.84<1.0
	변형성능	조사대상 Sd	ϕm	θn	θm	ϕm
		$\gamma_i \cdot S_d/R_d$	0.76<1.0	0.71<1.0	0.36<1.0	0.22<1.0
시간이력동적해석	전단 ρ_m = 1.2	Vmu	1,284.9	841.2	904.6	1,082.9
		$\gamma_i \cdot V_{mu}/V_{yd}$	0.50<1.0	0.65<1.0	0.69<1.0	0.75<1.0
	변형성능	조사대상 Sd	ϕm	θn	θm	ϕm
		$\gamma_i \cdot S_d/R_d$	0.16<1.0	0.29<1.0	0.23<1.0	0.14<1.0

※ Vmu = α Vd　(α=1.2)을 나타낸다.

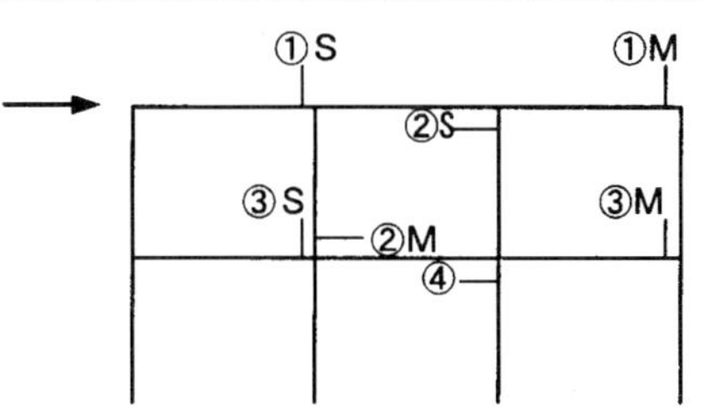

M : 휨모멘트에 대한 조사위치
S : 전단에 대한 조사위치

(2) 직각방향

참고 표 2 선로직각방향 해석결과의 비교

			①상층보	②기둥	③지중보	④말뚝
단면형상		폭(mm)	800	900	800	ϕ1,100
		높이(mm)	1,300	900	1,400	
철근	축방향철근	인장주철근	D32-9	D32-6	D32-8	D32-20
	스터럽 띠철근	접합부	D19-2조 -ctc100	D16-1.5조 -ctc100	D16-2조 -ctc150	D19-1조 -ctc125
		중간부	-	D16-1.5조 -ctc150	-	-
매뉴얼	휨	γi·Md/Myd	0.97<1.0	0.95<1.0	0.99<1.0	0.69<1.0
	전단 ρm = 1.0	Vd	1,609.0	913.7	2,112.5	1032.9
		γi·Vd/Vyd	0.82<1.0	0.67<1.0	0.89<1.0	0.91<1.0
	변형성능	Vyd/Vmu	2.34>2.0	2.02>2.0	-	-
정적비선형해석	전단 ρm = 1.2	Vmu	※1857.5	750.6	2,163.6	※973.0
		γi·Vmu/Vyd	0.40<1.0	0.60<1.0	0.91<1.0	0.75<1.0
	변형성능	조사대상 Sd	ϕm	θn	θm	ϕm
		γi·Sd/Rd	0.57<1.0	0.51<1.0	0.49<1.0	0.17<1.0
시간이력동적해석	전단 ρm = 1.2	Vmu	1,241.1	818.0	2,162.7	1,036.4
		γi·Vmu/Vyd	0.27<1.0	0.65<1.0	0.91<1.0	0.80<1.0
	변형성능	조사대상 Sd	ϕm	θn	θm	ϕm
		γi·Sd/Rd	0.14<1.0	0.21<1.0	0.16<1.0	0.10<1.0

※ Vmu = α Vd (α=1.2)을 나타낸다.

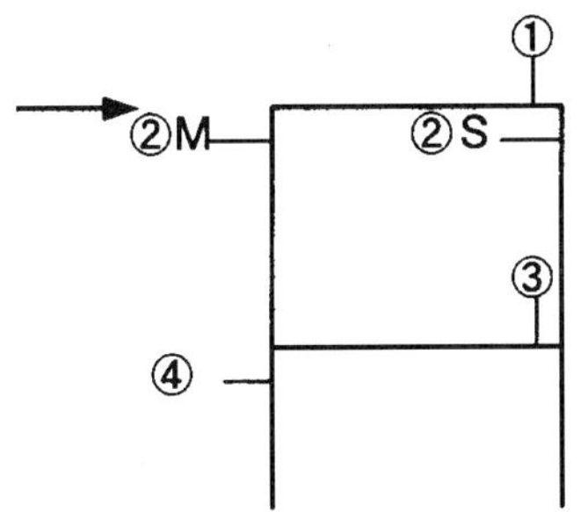

M : 휨모멘트에 대한 조사위치
S : 전단에 대한 조사위치

정적비선형해석결과

전체하중(P) ~ 변위(δ)곡선

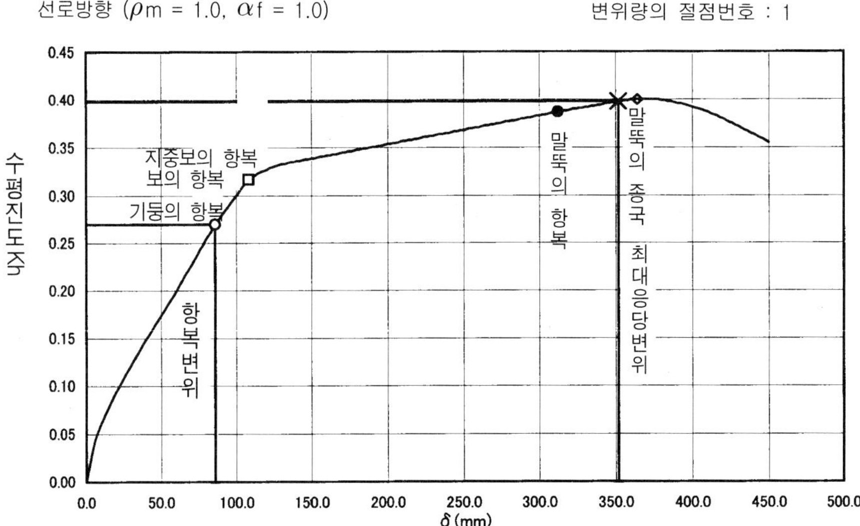

참고 그림 1 선로방향의 하중 - 변위관계

참고 표 3 선로방향의 정적비선형해석 결과

	항복점				종국점			
기둥	상단		하단		상단		하단	
	Khy	δy (mm)	Khy	δy(mm)	Khm	δm (mm)	Khm	δm (mm)
C1	0.317	108.0	0.330	124.0	0.400	378.0	0.383	416.0
C2	0.279	90.0	0.323	114.0	0.399	380.0	0.390	404.0
C3	0.270	86.0	0.319	110.0	0.400	364.0	0.395	394.0
C4	항복않음	-	0.333	132.0	종국내력에 도달 않는다		종국내력에 도달 않는다	
상층 보	좌단		우단		좌단		우단	
	Khy	δy (mm)	Khy	δy(mm)	Khm	δm (mm)	Khm	δm (mm)
제1	항복않음	-	항복않음	-	종국내력에 도달 않는다		종국내력에 도달 않는다	
제2	항복않음	-	항복않음	-	종국내력에 도달 않는다		종국내력에 도달 않는다	
제3	항복않음	-	0.317	108.0	종국내력에 도달 않는다		0.384	414.0
지중 보	좌단		우단		좌단		우단	
	Khy	δy (mm)	Khy	δy(mm)	Khm	δm (mm)	Khm	δm (mm)
제1	0.317	108.0	0.390	324.0	종국내력에 도달 않는다		종국내력에 도달 않는다	
제2	0.370	256.0	항복않음	-	종국내력에 도달 않는다		종국내력에 도달 않는다	
제3	항복않음	-	0.327	120.0	종국내력에 도달 않는다		종국내력에 도달 않는다	
말뚝	두부		지중부		두부		지중부	
	Khy	δy (mm)	Khy	δy(mm)	Khm	δm (mm)	Khm	δm (mm)
C1	항복않음	-	항복않음	-	종국내력에 도달 않는다		종국내력에 도달 않는다	
C2	항복않음	-	항복않음	-	종국내력에 도달 않는다		종국내력에 도달 않는다	
C3	0.387	312.0	항복않음	-	종국내력에 도달 않는다		종국내력에 도달 않는다	
C4	항복않음	-	항복않음	-	종국내력에 도달 않는다		종국내력에 도달 않는다	

참고 표 4 비선형스펙트럼법에 의한 응답값

	Khy	δy(mm)
구조물 전체의 항복시	0.270	86.0
구조물 전체의 최대응답시	0.398	351.7
안정상의 항복	항복않음	

등가고유주기	Teq =	1.129	sec
응답소성률	μ =	4.09	스펙트럼 II
최대응답진도	Khs =	0.398	

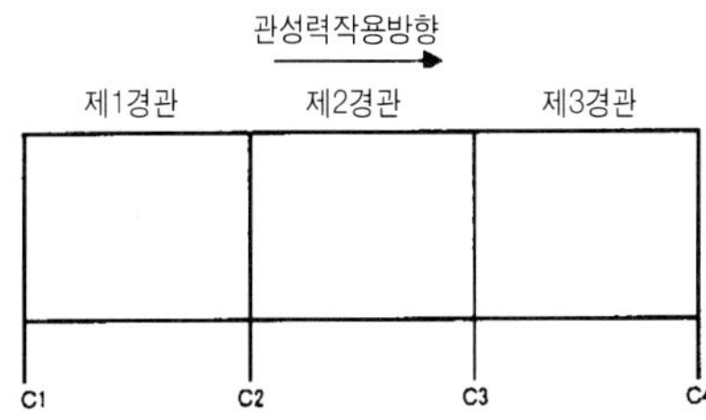

전체하중(P) ~ 변위(δ)곡선

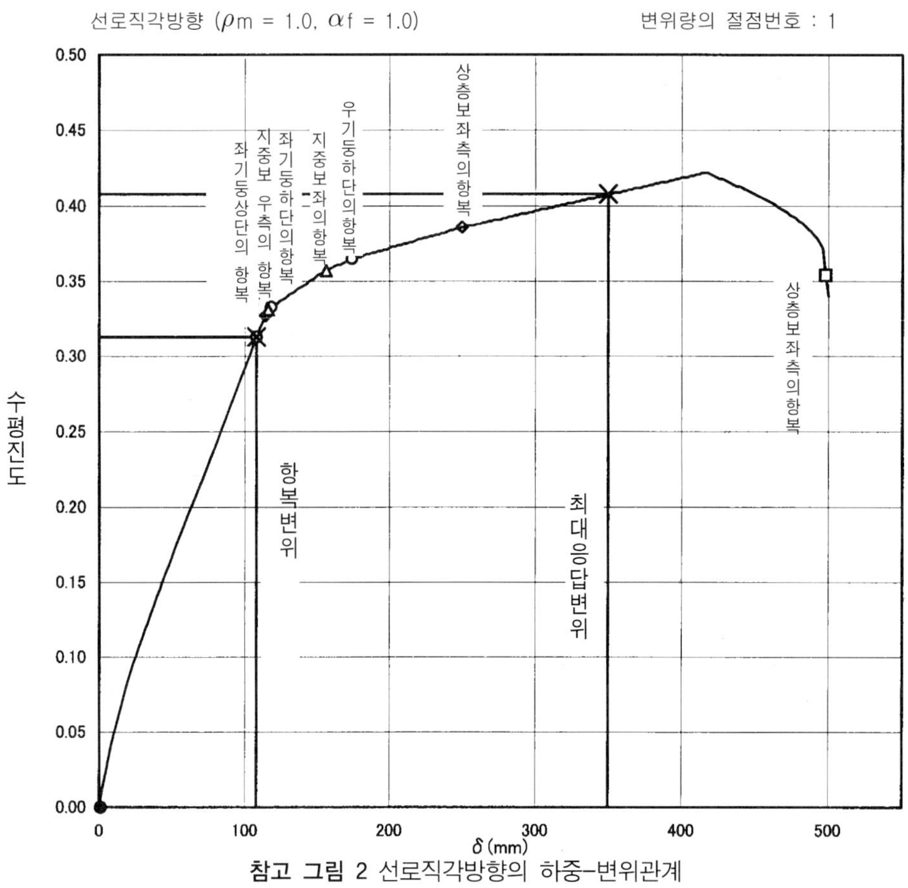

참고 그림 2 선로직각방향의 하중-변위관계

참고 표 5 선로직각방향의 정적비선형해석 결과

	위치	항복점		종국점	
		Khy	δy (mm)	Khm	δm (mm)
①	좌기둥 상단	0.313	108.0	종국내력에 도달 않는다	
②	좌기둥 하단	0.333	118.0	0.354	498.0
③	우기둥 상단	항복않음	–	종국내력에 도달 않는다	
④	우기둥 하단	0.365	174.0	종국내력에 도달 않는다	
⑤	상층보 좌측	0.386	250.0	종국내력에 도달 않는다	
⑥	상층보 우측	0.327	114.0	0.390	480.0
⑦	지중보 좌측	0.357	156.0	종국내력에 도달 않는다	
⑧	지중보 우측	0.331	116.0	종국내력에 도달 않는다	
⑨	좌말뚝머리부	항복않음	–	종국내력에 도달 않는다	
⑩	좌말뚝지중부	항복않음	–	종국내력에 도달 않는다	
⑪	우말뚝머리부	항복않음	–	종국내력에 도달 않는다	
⑫	우말뚝지중부	항복않음	–	종국내력에 도달 않는다	

참고 표 6 비선형스펙트럼법에 의한 응답값

	Khy	δy(mm)
구조물 전체의 항복시	0.313	108.0
구조물 전체의 최대응답시	0.408	349.9
안정상의 항복	항복않음	

등가고유주기	Teq =	1.175	sec
응답소성률	μ =	3.24	스펙트럼 II
최대응답진도	Khs =	0.408	

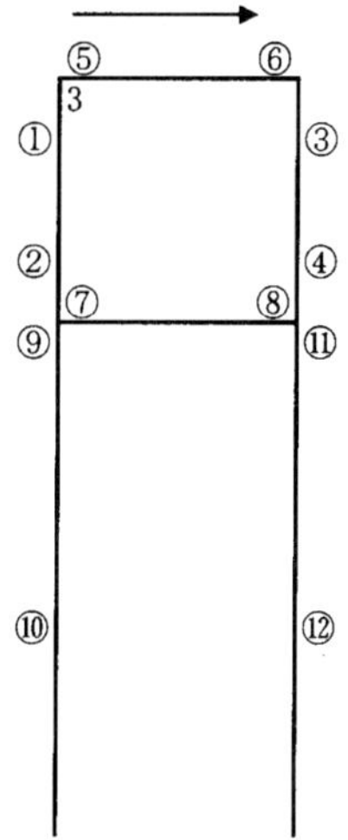

L2 지진동에 대한 응답값의 산정

응답소성률, 최대응답변위는 이하와 같다.

참고 표7 비선형스펙트럼 적용조건

지반종별	지역별계수	위험단층의 유무
G3	0.7	불명

참고 표 8 비선형스펙트럼에 의한 지진동에 대한 응답값 산정결과

		선로방향	선로직각방향
항복진도	상부구조 Khys	0.270	0.313
	기초 Khyf	0.317	0.331
항복진도의 판정		상부의 항복이 선행	상부의 항복이 선행
구조물 전체계	항복진도 Khy	0.270	0.313
	항복변위 δy	86.0 mm	108.0 mm
	항복위치	기둥 (제3기둥상단)	기둥(인발측상단)
구조물의 등가고유주기 Teq		1.129 sec	1.175 sec
L2 지진동 위치용 항복진도스펙트럼	스펙트럼	스펙트럼 II	스펙트럼 II
	상부 or 기초	상부 구조물(RC, SRC)	상부 구조물(RC, SRC)
	지반종별	G3 지반용	G3 지반용
응압소성률		4.09	3.24
최대응답변위		351.7 mm	349.9 mm
최대응답진도		0.398	0.408

주) 구조물의 등가고유주기 Teq는 다음 식에 의한다.

$Teq = 2.0\sqrt{(\delta y / Khy)}$

주) 변위량에는 초기변위를 포함하지 않는다.

주) 응답소성률 μ은 「비선형스펙트럼법 지원 프로그램 (재)철도종합기술연구소」를 사용.

일본철도교 논문집

No. 1
환경과 경제성을 추구한 아치 슬래브

(독)철도건설·운수시설정비지원기구 철도건설본부 공사제3부 부장 카키자키 다카오 (柿崎孝夫)

머 리 말

JR선, 각 사철(私鐵)의 기존 철도고가교는 지반이 비교적 양호한 경우는 빔슬래브식 라멘고가교, 지반이 불량한 경우나 높이가 너무 낮거나(7m 이하), 높은(10m 이상)경우는 주형식 고가교(RC형, PC형)가 표준고가교로 사용되어 왔다(사진 1).

빔슬래브식 라멘고가교는 절묘한 강성 밸런스에 의해 설계상의 합리성과 경제성을 추구한 표준고가교이지만, 기둥이 빽빽(林立)해 번잡해 보이는데다 최근의 내진성능향상에 따른 대응으로 말뚝, 지중보, 기둥이 연결된 결합부에서는 매우 복잡한 철근조립이 부득이하게 된다. 이에 반해 철근가공조립의 숙련공은 매년 감소하고 있어 생력화 설계가 요구된다. 이 때문에 츠쿠바익스프레스 건설에 즈음해 두 개의 컨셉으로 새로운 고가교에 대한 개발이 시행되었다.

첫째, 도시철도로서 새로운 근대적 도시환경과의 조화를 도모해 주위경관을 저해하지 않는 구조로 하는 것이고,

둘째, 건설노동자의 고령화와 숙련공·기능공의 감소에 대응하기 위한 생력화를 추구하는 것으로서 라멘고가교는 아치슬래브식 라멘고가교를, 주형식 고가교는 철도교로서 국내 처음으로 PC U형(型) 주형식 고가교를 도입하기로 했다.

본고에서는 아치슬래브식 고가교에 대해 보고한다.

아치슬래브식 고가교의 개요

아치슬래브식 고가교는 3~6경간의 연속하는 아치모양의 슬래브를 13~15m 지간의 벽식교각으로 지지하는 구조로 번잡감이 해소되고, 아치모양의 연속성을 추구하기 때문에 유연한 인상을 주어 기존 빔슬래브식 라멘고가교에 비해 경관상 뛰어난 구조이다(사진 2).

사진 1　빔슬래브식 고가교

사진 2　아치슬래브식 고가교

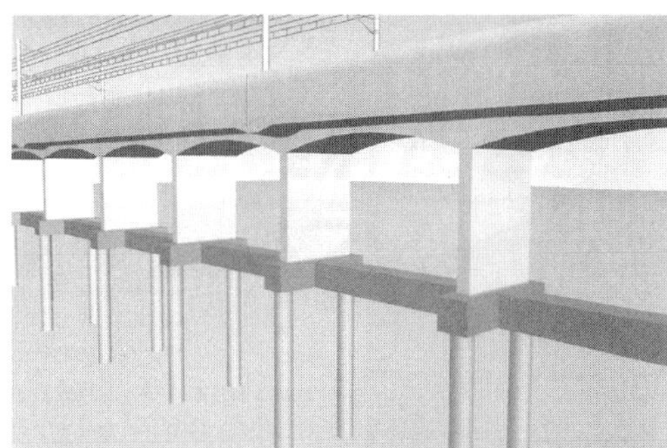

사진 3　빔슬래브식 고가교

사진 4　아치슬래브식 고가교

또, 기존 빔슬래브식 고가교는 말뚝·지중보·기둥이 한점에 집중하기 때문에 철근의 폭주(輻輳)를 피할 수 없다(사진 3).

이런 배경으로 아치슬래브식 고가교에서는 지중보를 1개로 줄이고, 기둥은 벽식기둥으로 해서 철근의 폭주(輻輳)를 배제하고 철근과 거푸집의 간소화·생력화를 실현했다(사진 4).

빔슬래브식 고가교에 대한 아치슬래브식 고가교의 장점을 요약하면 다음과 같다.

① 슬래브 부분을 아치형상으로 : 경관과의 조화

② 지점부 단면 변화로 경간장을 길게 (10 ⇨ 15m) : 시계(視界)를 개방하고 경관과의 조화, 철근가공과 거푸집의 간소화, 생력화

③ 지중보를 중앙 1본으로 : 철근가공과 거푸집의 간소화, 생력화, 공기단축

아치슬래브식 고가교에 대한 검토

아치슬래브식 고가교에 대해 아래와 같은 항목으로 비교검토를 시행했다. 각 항목의 비교검토에 있어서 설계조건은 다음과 같다(빔슬래브식 고가교의 설계조건도 동일하다).

- 설계법 : 한계상태설계법
- 고가교의 높이 : H=9m
- 지반종별 : 보통지반(당시의 설계표준의 정의에서 지반변위량이 3cm 이하, 현재의 설계표준(내진)의 지반구분으로는 G2~G3 지반에 상당)
- 말뚝길이 : L=15m
- 궤도구조 : 탄성침목 직결궤도 자갈살포형
- 활 하 중 : M−15, 열차속도 V=130km/h
- 재료 : 콘크리트 $\sigma_{ck}=240\ \mathrm{kgf/cm^2}$, 철근 SD345

(1) 측경간장과 중앙경간장

본 검토에 있어서는 2Type에 대해 검토를 시행했다. 2Type(Type−1, Type−2)의 내역은 이

하와 같다.

- Type－1 : 측경간과 중앙경간이 같은 지간
- Type－2 : 측경간장이 중앙경간장의 85%

2 Type을 비교한 결과는 다음과 같다.

경제성의 관점에서 보면 Type－2가 모멘트의 밸런스를 추구하고 있는 등의 이유로 형고를 작게 할 수 있기 때문에 결과적으로 콘크리트량도 적게 할 수 있어 유리하다. 시공성의 관점에서 보면 게르바형을 Type－1의 80%로 해 주형높이를 라멘부에 맞춰 낮게 하고 있기 때문에 Type－2가 아치형상의 종류가 적고 말뚝위치 결정이 용이하기 때문에 유리하다. 한편, 경관상은 Type－1이 기둥간격을 거의 등간격으로 할 수 있기 때문에 유리하지만, 이것들을 종합적으로 판단해서 Type－2가 유리한 것으로 검토되었다.

(2) 중앙경간장의 검토

중앙경간장에 대해서는, L=10m, 15m, 20m의 3Type에 대해 검토를 시행, 이하의 검토결과를 얻었다.

- 도로교차, 선로직각방향의 조망, 고가하부 이용성, 경관은 경간장이 가장 긴 20m가 가장 유리하다.
- 1m 당 철근량은 15m가 가장 적다.
- 콘크리트량은 10m가 가장 적다.
- 기초말뚝은 10m에서 ϕ1.0m, 15m에서 ϕ1.2m, 20m는 ϕ1.8m가 된다. ϕ1.8m는 시장성이 별로 없기 때문에 20m 미만으로 하는 것이 바람직하다.

이상으로부터 중앙경간장은 15m가 최적인 것으로 결론지어졌다.

(3) 기둥(벽) 폭의 검토

기둥(벽) 폭의 검토에 대해서는 B=3m, 4m, 5m의 3 Type에 대해 비교검토를 시행했다. 3 Type을 비교한 결과는 표 1과 같다. 캔틸레버부에 대한 활하중의 영향에 대해서는 기둥폭이 커

표 1 기둥 폭의 비교검토

		5 m	4 m	3 m
캔틸레버부에 대한 활하중의 영향		소	중	대
콘크리트의 체적 (m 당 m^3)		14.4	13.7	13.9
45° 에서의 조망 폭 (m)		6.4	7.0	7.6
경 관	측 면	○	△	×
	단 면	△	○	×
종 합 평 가		○	△	×

지는 만큼 캔틸레버부가 적어지기 때문에 B=5m가 유리하다. 콘크리트량은 B=4m가 가장 적어 유리하다. 경관은 측면을 보는 경우 B=5m가 슬렌더하므로 가장 유리이다. 또, 단면을 보는 경우에는 4m가 슬렌더해서 유리하고, 3m는 단면방향이 불안정하게 느껴진다. 이것을 종합적으로 판단해서 B=5m가 최적인 것으로 결론지어졌다.

(4) 표준적인 구조제원

앞서의 각 검토에 의해 아치슬래브식 고가교의 표준적인 구조제원은 이하와 같이 결정되었다(그림 1).

- 측경간장은 중앙경간장의 85%
- 중앙경간장은 15m
- 기둥은 폭 5m의 벽식구조
- 지중보는 중앙 1본

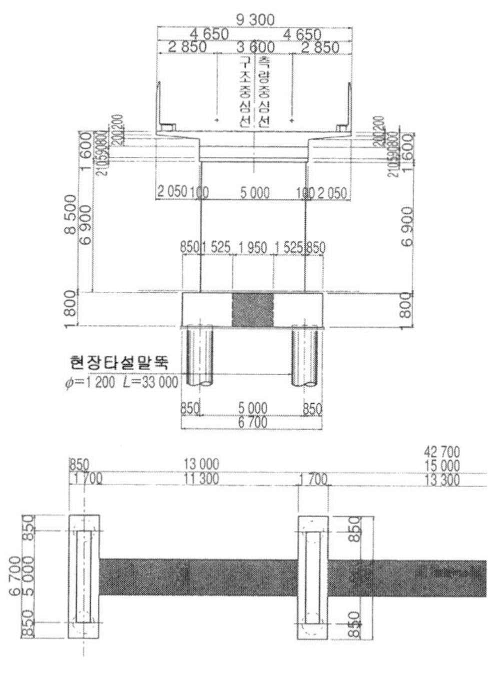

그림 1 표준적인 구조제원

(5) 적용가능한 지반

앞서의 각 검토는 보통지반을 대상으로

실시되었기 때문에 지반조건이 나쁜 특수지반에 대해서 별도검토를 시행했다. 검토를 시행한 지반은 이하의 두 패턴이다.

- 특수지반–1 (당시의 설계표준으로 지반변위가 6cm 정도의 지반, 현재의 설계표준 <내진>으로는 G3~G4지반에 상당)
- 특수지반–2 (당시의 설계표준으로 지반변위가 9cm 정도의 지반, 현재의 설계표준 <내진>으로는 G5~G6지반에 상당)

또한, 특수지반–3 (당시의 설계표준으로 지반변위가 10cm 이상의 지반, 현재의 설계표준 <내진>으로는 G7지반에 상당)에 대해서는 검토 외로 했다. 그 결과, 특수지반–2에 대해서는 지중보를 2본으로 하고 교각도 벽식에서 2본의 기둥식으로 변경하면 문제가 없기 때문에, 생력화에는 반하지만 경관상의 배려 때문에 적용하게 되었다.

사진 5 아치슬래브식 고가교 시공 상황

실시공

실시공에 대해 시공자로부터 의견청취를 시행한 결과는 이하와 같고, 대략, 기구측이 의도했던 작업의 생력화가 가능했다.

① 기존 빔슬래브식에 비해 기둥을 벽식으로 한 결과 작업공간이 확보되어 시공성이 좋다.

② 빔에 대응하는 복잡한 지보공이 없이 단순화 되어서 안전성도 좋다.

③ 슬래브가 아치이기 때문에 타설전의 청소가 아주 쉽다.

④ 경간중앙부에서의 콘크리트 하중이 작기 때문에 콘크리트 타설중의 거푸집 침하나 가설재의 변형이 우려되는 요소를 저감했다.

마치며 · · · · ·

아치슬래브식 고가교는 주변환경에 조화해서 새로운 도시공간을 창출하고, 재료 및 노동량 최소화를 달성한 도시형 고가교 구조이고, 기존의 발상과는 다른 관점으로 개발된 구조이다.

실시공으로 철도고가교로서는 아치슬래브식의 고가교와 같은 시공사례는 없었던 바, 아치슬래브식의 채용범위를 넓혔다는 점에서 대단히 의의가 깊다.

아치슬래브식 라멘고가교 완공전경

No. 2
공기단축 · 경제성을 추구한 PC U거더

(독)철도건설·운수시설 정비지원기구 철도건설본부 동경지사 공사제3부 공사제7과 마스다 야스오

츠쿠바익스프레스 전장 58km 가운데 교량 · 고가교 구간은 절반에 해당하는 약 29km에 이른다. 철도 · 운수기구에서는 시공성 · 품질 · 경제성의 관점에서 신형식의 구조에 대해 검토, 시공해 왔다.

본고에서는 교량 · 고가교 구간의 약 1/3에 달하는 9.2km의 구간에 적용된 신형식 U형 단면 형상의 프리텐션 PC 주형에 의한 주형식 고가교에 대해 보고한다.

PC U거더의 개요

(1) 구조개요

그림 1에 보인 것과 같이 U형 단면의 프리텐션 PC주형과 합성상판으로 구성되는 복선 4주형으로 형장은 18~20m이다. 구조세목은 다음과 같다.

① 주형은 4주형, 가로보는 지점부에만 설치하고, 중간부에는 설치하지 않는다.

② 주형에는 5m 간격으로 격벽을 설치, 비틀림강성을 확보한다.

③ 주형의 스터럽 상부를 전단연결철근으로 활용 상판과 합성한다.

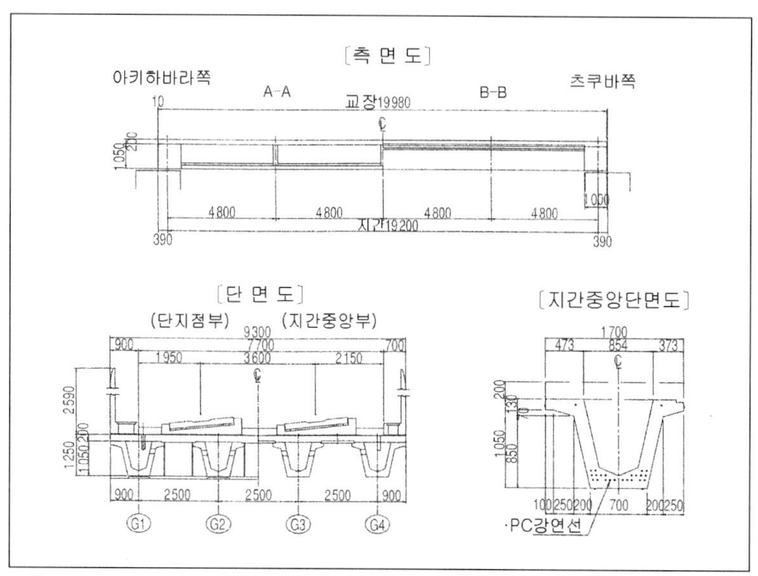

그림 1. PC U거더 구조도

(2) 시공개요

시공에 대해서는 공장제작한 주형을 트레일러로 현지 반입 후, 크레인으로 교각상에 가설한다. 그 후, 합성상판을 현장타설로 시공 주형과 일체화한다. 또, 주형 단부 가로보는 PC강선으로 횡구속 긴장시킨다. 그 외의 시공상 특징은 다음과 같다.

① 외측 주형을 고가교 단부에 배치함으로써 상판의 내민부(캔틸레버부)를 없앤다.

② 중간 주형간에는 양측을 주형에 지지시킨 PC판을 부설한다.

③ 중간 가로보를 폐지하고 있다. 이 같이 모든 지보공을 없애 현장작업의 간소화를 추구하고 있다.

(3) 기술적으로 새로운 사항

① 중간 가로보를 폐지하고 있다.

② 합성상판공법을 사용하고 있다.

③ 주형 단면을 위가 열린 U형 단면으로 함으로써 비싼 매설형 거푸집을 사용하지 않고, 공

장제작으로 단면강성이 높은 주형을 생산할 수 있다.

④ 시공관리가 용이한 공장제작의 장점을 살려 주형단면을 매우 얇게 해 경량화를 추구하고 있다.

PC U거더의 특징

(1) 적용시의 유의점

과거의 철도 고가교에서는 지반이 비교적 양호한 경우는 빔 슬래브식 라멘고가교, 지반이 불량한 경우나 높이가 낮은 경우(7m 이하)와 높은 경우(10m 이상)는 주형식(RC, PC) 고가교가 채용되어 왔다. 이번에 개발한 PC U형은 상기의 주형식 고가교에 채용할 경우 경제적으로도 유리하다. 또 전술한 것처럼 공장에서 제작하기 때문에 어느 정도의 수량이 확보되지 않는 경우 아래와 같은 점에서 문제가 발생한다.

① 거푸집 제작비가 점하는 비가 커진다.

② 주형 거푸집에 대형 크레인을 사용한다.

③ 다른 구조물과 달리, 내민부가 없고, 주형 높이가 작기 때문에 단독으로 사용할 경우, 경관상 위화감이 있다.

이상으로부터 연속으로 사용하는 것이 바람직하므로 단독 사용은 지양한다.

(2) 시공성

PC U거더 20m와 RC 거더 20m에서 1련당의 공기를 비교하면,

- PC U거더 (주형가설~상판공) : 35일
- RC 거더 (지보공~콘크리트 타설) : 60일

이 되어, 약 1개월의 공기를 단축할 수 있다. 또 PC U거더 에서는 공장에서 제작하기 때문에 여러 주형을 모아서 가설할 수 있으므로 주형이 연속한 경우 추가 공기단축이 가능하다. 덧붙여 츠쿠바익스프레스 건설에서는 PC U거더 20m당 25일/년의 실적이 있다.

사진 1. PC U거더 연속형

(3) 경 관

주형단면을 매우 얇게 하고 있기 때문에, 종전의 PC, RC형 등의 구조에 비해 슬림해서 주변에 위압감을 주지 않으므로, 사진 1과 같이, 경관도 뛰어난 구조이다. 단, 사진처럼 동일형식으로 연속성을 확보할 필요가 있다.

실교 시험

PC U거더는 주형구조 전체로서는 참신한 구조이고 또, 철도교로서는 처음으로 합성상판을 사용하는 구조물이다. 이 때문에 주형 접속부의 안전성과 PC U거더간을 연결한 합성상판부의 합성성능과 PC판과 현장타설 콘크리트가 일체로서 거동하는 것에 대해서는 실물크기의 공시체를 사용해서 1999년에 정적·동적 재하 실험을 시행 확인하였다.

한편 설계는 주형과 상판에 의해 구성되는 격자구조를 해석모델로 해서 단면력을 산출했다. 여기서는, 이 설계의 타당성·안전성을 확인하기 위해 실제로 가설된 교량을 이용해 시행된 정적·동적시험에 대해서 보고한다.

(1) 정적재하시험

정적재하시험은, PC U거더 가설 초기 단계인 2001년 말에 시행되었다. 여기서는 그 목적·방법·결과에 대해 보고한다.

① 시험의 목적

실교에서의 정적 재하시험으로 확인할 사항을 아래에 나타낸다.

a. 합성거더로서의 성능 확인

b. 상판에 의한 하중분배 효과의 확인

c. 설계하중 (M−15)에 상당하는 재하레벨에 있어서의 주형 건전성 확인

이상을 확인하기 위해 주형 직상 및 궤도상에서의 2종류 시험을 시행했다(그림 2, 그림 3).

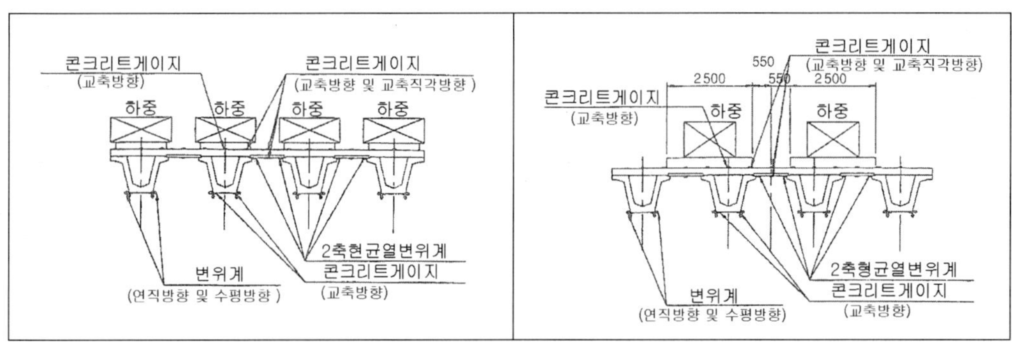

그림 2. 주형 직상재하　　그림 3. 궤도상 재하

② 시험방법

검토단면은 지간중앙단면으로 했다. 재하하중에 의해 발생하는 휨모멘트가 설계휨모멘트와 같은 값이 되도록, 지간 중앙부 2개소에 하중을 집중 재하 하였다. 주형 직상재하에서 상기 (a), (b)의 확인을 궤도상 재하에서 (c)의 확인을 시행했다. 재하순서를 표 1에 나타냈다.

③ 시험결과

주형 직상 재하에서, 각 주형 모두 계산값과 비교해 변위량은 약간 작은 값을 나타내고, 대체

표 1. 재하수순

	재 하 방 법	재 하 수 순	재 하 하 중
1	주형 직상	편단 2주형	Pmax = 260 kN (1주형 당)
2	〃	전 주형	
3	궤도위치	편측궤도	Pmax = 1088 kN (1궤도 당)
4	〃	양궤도	

로 일치하는 결과를 얻었다(그림 4).

재하하중은 재하 1에서 재하 2로 하중재하 위치가 변경될 때의 거동이 계산결과와 거의 같음을 나타내고 있다. 이 결과에 의해, 주형의 단면성능 및 하중분배가 현행 설계계산 방법으로 문제 없음을 확인 할 수 있었다.

한편, 궤도상 재하에서는 그림 5와 같이 설계하중 내에서 탄성계산결과를 상회하는 경우가 없어 안전성이 확인되었다. 또, 이 경우 최대 하중시의 주형 저면부의 균열폭은 0.04mm 이하로 작아, 허용 균열폭(0.15mm) 이하로 확인되었다.

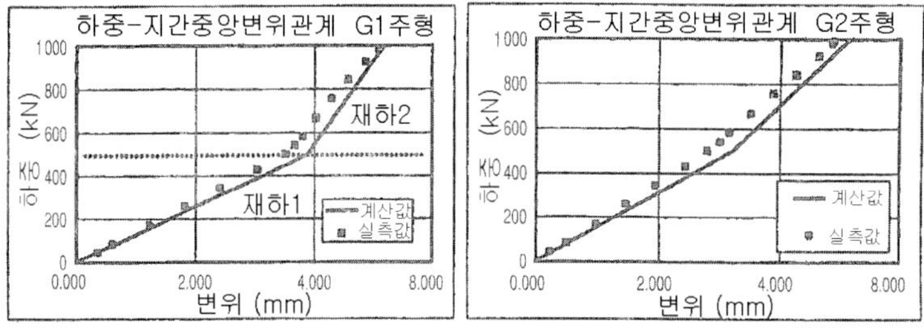

그림 4. 하중-지간 중앙 연직 변위의 관계 (주형직상재하)

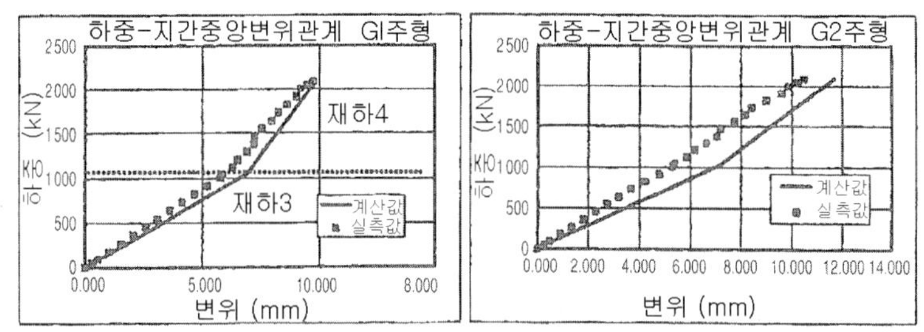

그림 5. 하중-지간 중앙연직 변위의 관계 (궤도상재하)

(2) 장기측정시험과 동적재하시험

상기 (1)에 나타낸 바와 같이 정적 재하시험을 실시, 주형과 현장타설상판과의 일체화의 확인, 당초 설계 계산의 타당성 · 계산결과와 실주행시와의 비교를 시행하였다. 그렇지만, 지금까지의 실험에서는 다음에 나타낸 것과 같은 문제를 내포하고 있다.

a. 실열차주행에 의한 동적하중 시험을 시행하고 있지만, 운전주행 속도에서의 시험은 시행 않는다.

b. 판상 사하중으로서 궤도 사하중 상당을 재하하고 있지만, 어디까지나 가상 하중으로 실제의 하중과는 다르다.

c. PC U거더의 제작단계부터 주형 가설후 및 영구하중 시공 후의 크리프의 영향까지의 주형의 장기적인 변화를 파악하지 않는다.

d. 상기의 변천에 따른 응력변화를 연속적으로 파악하지 않는다. 이러한 문제점에 대해서 검증을 시행, 금후의 PC U거더의 품질 향상 등에 기여시키기 위해, 제2기 주행구간내의 고가교에 대해서 시험을 실시했다. 여기서는 그 시험내용과 결과에 대해서 보고한다.

① 시험의 목적 · 개요

시험의 목적을 다음에 나타냈다.

a. PC U거더의 제작 · 가설단계에서의 주형 응력상태

b. 현장타설상판 시공후의 합성거더로서의 응력상태

c. 콘크리트의 건조수축 및 선팽창계수의 확인

d. 시험 열차 주행하중(단선 · 복선)에 의한 합성거더로서의 성능과 상판에 의한 하중 분배효과의 확인

(a)~(c)에 대해서는 정적계측시험, (d)에 대해서는 동적계측시험을 시행하고, 표 2의 항목의 계측을 시행한다.

② 시험방법

검토단면은 지간 중앙단면으로 한다. 그림 6에 나타낸 개소에 주형제작 시점에서 주형의 종

표 2. 계측항목

	계측대상	계 측 항 목
정적계측	주 형	철근응력
		콘크리트 응력
		콘크리트 무응력
	합성형 (주형＋상판)	철근응력
		콘크리트 응력
동적계측	합 성 형	철근응력
		주형 콘크리트 응력
		프리캐스트판 응력
		주형 연직변위 (지승부)
		주형 연직변위 (지간부)
	지 승	연직반력
	레 일	열차륜중·속도

단 방향에 철근계를 매설하고, 일축변위계를 주형 내측면에 부착한다. 나아가, 주형가설후의 현장타설상단 타설시에 상판내에 철근계를 매설한다. 금회 철근계를 매설한 개소는, 구조상 최대응력이 작용하고 균열이 발생한다고 예상되는 개소이다.

③ 시험결과

계측은 주형 제작시인 2002년 10월부터 개시해, 정적계측·동적계측을 동시에 2004년 3월에 종료했다. 여기서는 정적·동적으로 나누어 계측결과를 보고한다.

(가) 정적계측

표 3, 표 4에 실교 시험값 전의 상판과 하플랜지의 응력을 나타냈다. 이로부터 설계와 실측의 최종결과가 거의 일치하고 있음을 알 수 있다. 이것으로부터 현재 사용하고 있는 설계법은 타당하다고 볼 수 있다.

또, 상판부·하플랜지부의 각 개소에서 주로 작용하는 응력의 요인은 다음과 같이 판단된다.

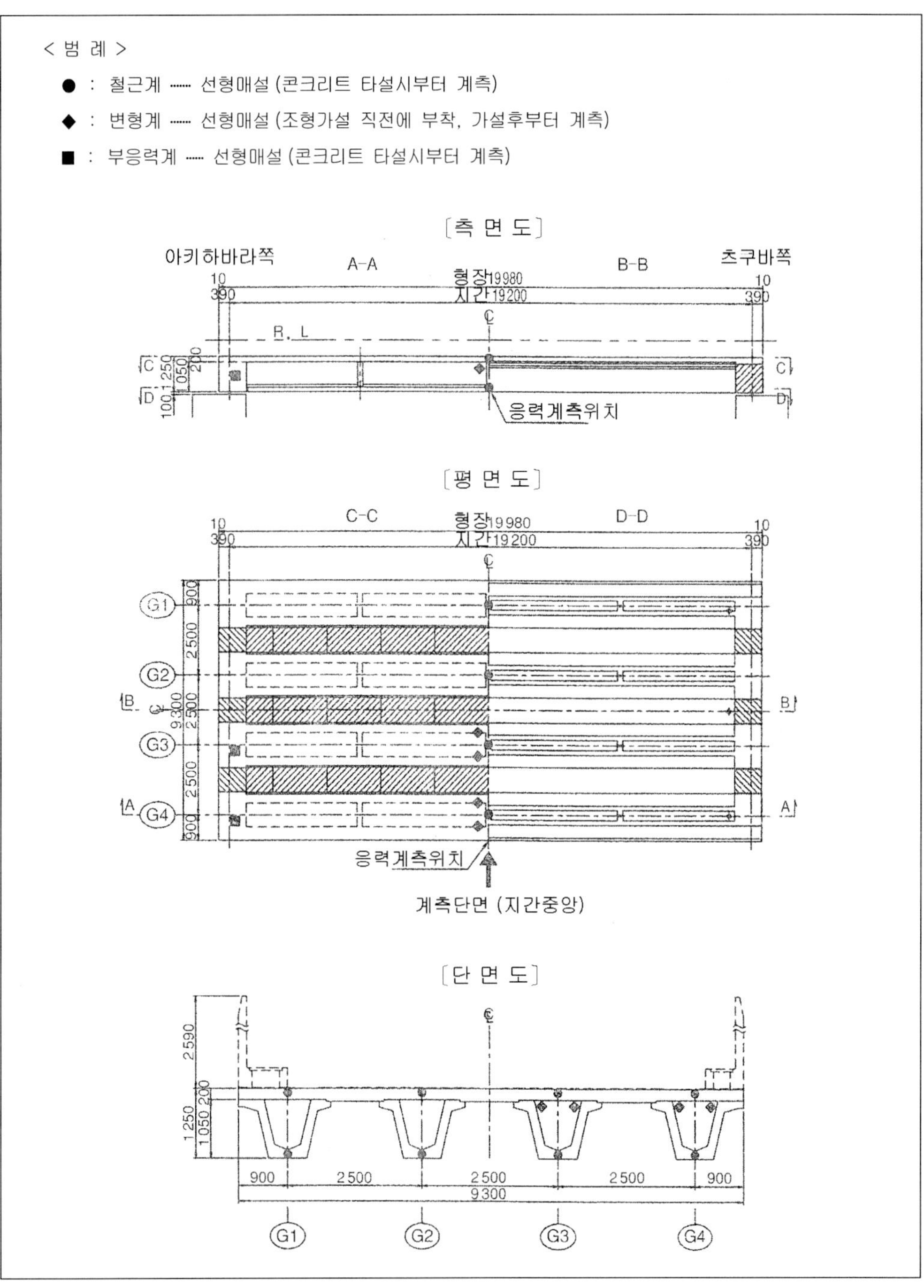

그림 6. 계측 위치도 (토목공사 종료시)

표 3. 상판응력

(N/mm^2)	실 측 값	당초 설계값
G 1 주형	42.9	49.9
G 2 주형	41.1	46.1
G 3 주형	36.2	46.3
G 4 주형	43.0	50.6

※ + : 압축

표 4. 하플랜지부 응력

(N/mm^2)	실 측 값	당초 설계값
G 1 주형	139.9	141.9
G 2 주형	146.0	140.8
G 3 주형	141.0	140.4
G 4 주형	143.6	141.1

※ + : 압축

a. 상판부

- 주형과의 합성 + 주형의 건조수축에 의한 압축
- 온도상승에 따른 상판의 건조수축에 의한 압축

b. 하플랜지부

- 지연탄성변형에 의한 압축
- 노반 타설 후의 주형합성 + 노반의 건조수축에 의한 인장

정적계측의 결과를 그림 7에 나타냈다. 이 결과로부터 PC U거더의 제작·가설단계에서는 주로 콘크리트의 건조수축에 의한 영향을 받고 있음을 확인 할 수 있다. 또, 현장타설상판 타설시에는 상판은 주형과 일체화하고 나아가 주형간을 연결하는 중간 횡형이 없기 때문에 주형강성의 영향을 받고 있다고 생각된다.

(나) 동적계측

동적계측 직전, 실차는 운행속도에 가까운 125km/h로 본선 하선측(G1, G2형)을 주행했다. 주형의 철근응력에 대해 실측값과 노반·주형강성을 고려 않는 설계값(당초설계값), 강성을 고려

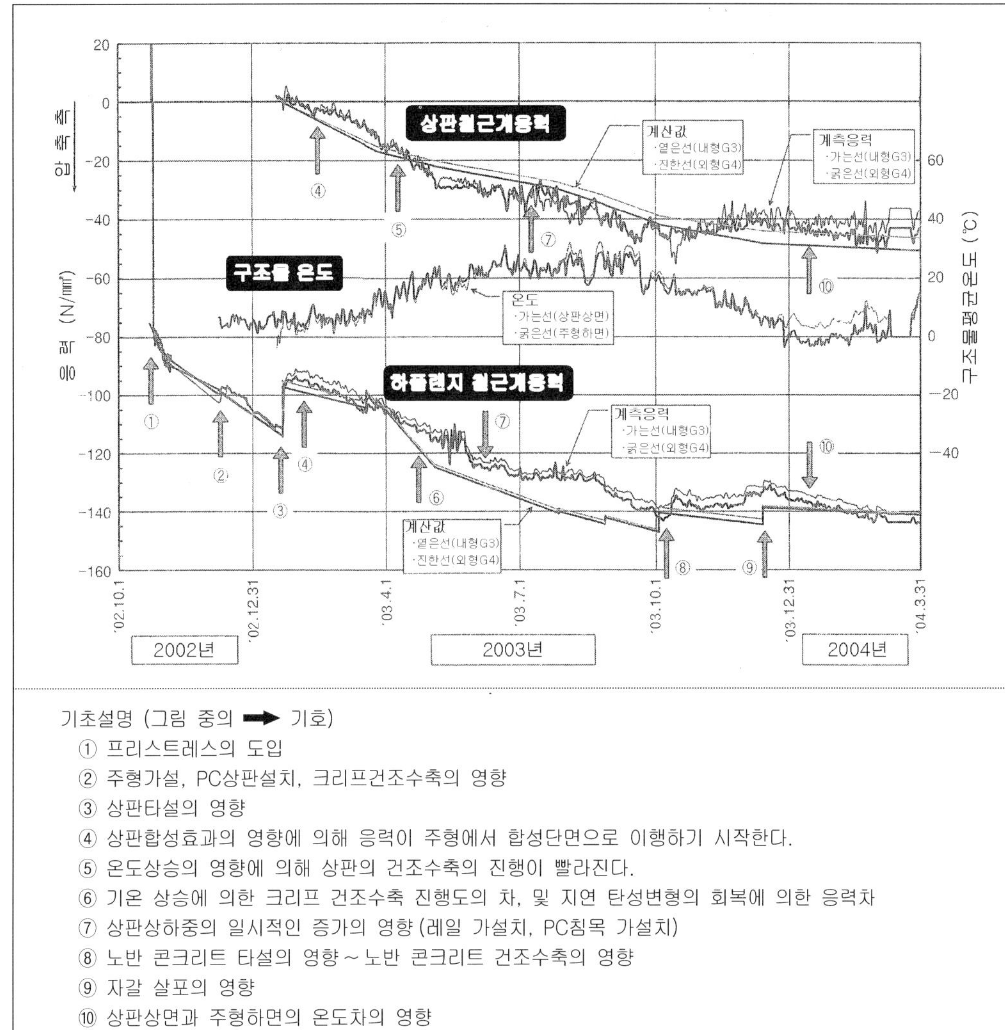

그림 7. 계측결과의 계산값과의 비교 (사하중 장기 계측결과)

한 설계값(수정설계값)을 표 5에 나타냈다.

수정 설계값 쪽이 실측값에 가까운 수치를 보이고 있기 때문에, 노반 등의 강성이 주형거동에 상당히 기여하고 있다고 생각된다. 덧붙여, 수정설계값과 실측값과의 사이에 차가 있는 것은 이번에 고려하지 않은 궤도 등의 판상 구조에 의한 추가강성의 영향으로 생각된다.

다음에, 노반의 강성이 주형의 강성에 상당히 기여하고 있기 때문에 PC U거더는 하선 (G1,

G2형)과 상선 (G3, G4형)에 그룹화한 거동을 나타내고 있다. 이것은 표 5로부터도 알 수 있다. 이것에 의해, 경계에 있는 G2-G3 주형간에 축력이나 비틀림 모멘트가 발생하고 있을 가능성이 있다. 이에 대해 금회, 주형간의 상판 하면에 2축 변형게이지를 설치해서 계측을 시행했다. 이 가운데, 교축직각 방향의 응력에 대해서 실측값과 설계값을 표 6에 나타냈다. 이 결과로부터는 실측값이 설계값보다 매우 낮음을 알 수 있었지만, 축력·비틀림 모멘트가 발생하고 있는지는 알 수 없었다. 금후, 고속주행시의 G2-G3 주형간에서의 축력과 비틀림 모멘트의 상황을 해명해 갈 필요가 있다.

표 5. 주형인장철근 응력도

(N/mm^2)	실 측 값	당초 설계값	수정 설계값
G 1 주형	8.83	11.03	9.65
G 2 주형	9.20	12.93	10.74
G 3 주형	6.13	7.56	6.44
G 4 주형	4.25	4.90	4.35

※ + : 압축

표 6. 상판 하면응력 (교축직각방향)

(N/mm^2)	실 측 값	당초 설계값
G1-G2 주형	-0.61	-0.81
G2-G3 주형	-0.12	-0.53
G3-G4 주형	0.03	0.46

※ + : 압축 , - : 인장

맺 음 말

츠쿠바익스프레스는 PC U거더를 사용한 주형식 고가교를 전술한 바와 같이 지반이 불량한 경우나 높이가 낮은 경우와 높은 경우에 사용했지만, 기존의 고가교에 비해 시공성이 좋고, 급속 시공에도 크게 기여 할 수 있었다.

마지막으로 지면을 빌려 본 형식의 설계계획에 대해 지도를 아끼지 않은 나가오 과학기술대학의 마루야마 교수께 깊은 감사를 드린다.

No. 3

가파른 계곡을 도하하는 5경간 연속 라멘교

- 쿠마가와교량(球磨川橋梁) -

(독)철도건설·운수시설정비지원기구 철도건설본부 큐슈신칸센건설국 공사제7과 과장보좌 水嶋(미즈시마) 浩治(코우지)

머리말

쿠마가와(球磨川)교량은 쿠마모토현(熊本縣) 남부 중앙 끝을 출발해서 히토요시시(人吉市), 쿠마무라(球磨村) 등을 지나 야쓰시로시(八代市)에 달하는 쿠마가와(球磨川)를, 여기에서 야쓰시로(八代)평야에 들어가기 직전인 사카모토무라(坂本村) 내에 가파른 V자 계곡을 형성하고 있는 산 사이를 한번에 도하하는 전체길이 307m의 장대교이다.

쿠마가와(球磨川)교량은 하천 입구로부터 약 10km 떨어진 곳에 위치하고 있다. 하천폭은 약 200m, 표고는 대략 300~500m의 쿠마가와(球磨川) 산지 안에 V자 모양의 골짜기가 형성되어 있다. 산의 사면과 하천 사이의 좁은 공간에 도로, 철도가 하천에 나란히 주행하고 있으며 이 교통 노선에 따라 군락이 산재되어 있다.

본 교량은 다음에 기술한 각종 조건에 의해 철도교로서는 드문 다경간 연속 라멘교가 되었다. 교각 높이가 약 30m로 높으며 또한 각각의 교각 높이가 다르다는 특징을 가지고 있는 교량이다.

기본 조건

1. 선형조건

평면선형은 묘캔(妙見)터널에서 $R=4,000$ m 단곡선으로 해당 교량구간에 진입하여 해당 구간 안에 있는 완화곡선부에 들어간다. 한편, 종단선형은 해당 구간 안에서 2.5‰에서 12‰로 기울기가 변화한다.

쿠마가와(球磨川)교량 으로부터 기점방향인 묘캔(妙見)터널은, 입구로부터 500m 떨어진 부근에서 큐슈자동차도(九州自動車道)(서측순환) 후루후모토(古麓) 제1터널과 미즈나시가와(水無川) 도수로 터널이 교차한다(그림 1). 윗쪽이 큐슈자동차도(九州自動車道), 아래쪽이 도수로 터널로 신칸센 터널은 이 사이를 빠져나가는 형상을 이루고 있다. 종단선형은 이러한 교차 및 종점측으로 이어지는 제1 이마이즈미(今泉)터널, 제2 이마이즈미(今泉)터널의 종단기울기, 양 이마이즈미(今泉)터널 사이에 있는 짧은 구간의 RL 높이를 고려하여 쿠마가와(球磨川)교량의 RL 높이가 결정되었다.

골이 깊은 V자 계곡을 이루고 있는 지형으로 철도 레일레벨부터 쿠마가와(球磨川)의 가장 깊은 하상깊이까지의 거리가 대략 30m로 교각 높이가 매우 높은 교량이다.

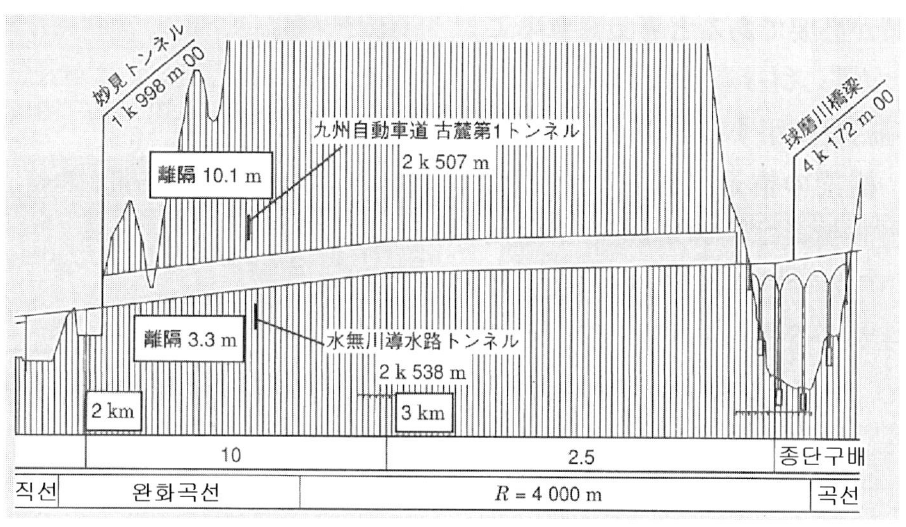

그림 1 노선종단도 (묘캔터널~쿠마가와교량)

2. 설계조건

쿠마가와(球磨川)의 계획홍수량은 7,000m^{3}이며, 하천관리시설 등 구조령에 따르면 기준 경간장이 50.0m 이상이 되므로 하천내에 2개의 교각을 설치하는 구조형식으로 검토하였다.

3. 교차조건

쿠마가와(球磨川)교량과 교차하는 다른 교통시설에 대한 평면도를 그림 2에 나타냈다.

① JR히사츠(肥薩)선 (우안)

쿠마가와(球磨川) 우안을 따라 달리는 비전철화(非電化)구간의 단선철도

이 JR히사츠(肥薩)선 약 15m 위를 통과한다.

② 켄도나까츠도(縣道中津道) · 야쓰시로(八代)선 (우안)

JR히사츠(肥薩)선 보다 더 쿠마가와(球磨川) 쪽으로 하천에 나란한 생활도로, 가교 지점에서는 중앙선 없이 폭원은 5m 정도이다.

③ 국도 219호 (좌안)

쿠마가와(球磨川) 좌안을 나란히 달리는 국도, 가교 지점에서는 폭원 6.5m 정도의 2차선도로. 이 국도의 약 21m 위를 통과한다.

이들 교차 철도 · 도로와 신칸센 RL.의 시공여유는 10m 이상 확보 가능하며, 특히 거더의 구조형식에 대해 제약을 받는 일은 없었다(표 1).

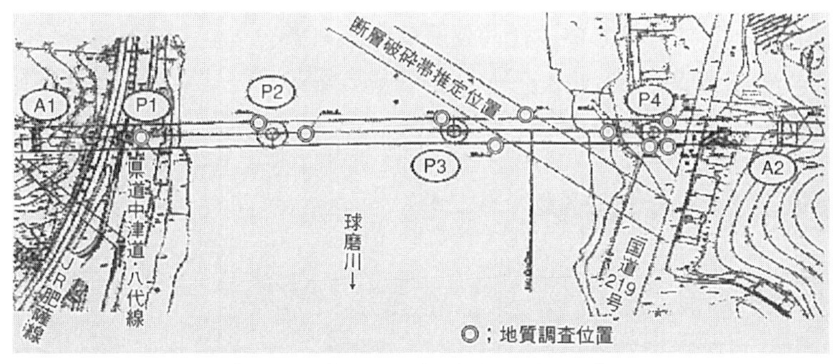

그림 2 쿠마가와교량 평면도 및 교차교통

표 1 교차교통과의 시공여유

	JR히사츠(肥薩)선	현 도(県道)	국도 219호
RL. ~ GL.	15.1 m	18.2 m	21.1 m

교량구조의 결정

본 가교지점에서는 하천조건에 따라 기준 경간장을 50m 이상으로 정했기 때문에 교량의 주거더 형식으로 트러스와 PC박스거더의 2가지 안을 고려하였다. 이 중에서 트러스형식은 험한 계곡에서의 교형의 가조립 등을 위한 작업장 확보가 곤란하며, 또한, 부근에 민가가 존재하므로 어느 정도의 소음대책이 필요한 점을 고려해(우안 좌안 모두), PC박스거더를 채택하였다.

교량의 구조형식은 약 30m의 고소교량이므로 내진성 및 경제성에서 우수한 연속 라멘교가 최적으로 검토되었으며, 지간 분할 등을 검토한 결과 교량 전체의 지간구성은 그림 3에 나타낸 바와 같은 스팬분할이 되었다(35+62+75+82+53+307m).

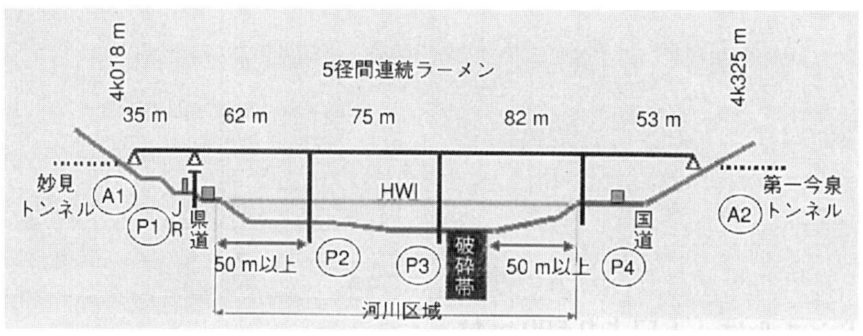

그림 3 결정 지간분할(파쇄대 확인 후)

쿠마가와교량[球磨川橋梁]의 내진설계

쿠마가와(球磨川)교량의 내진설계에 있어서는 높이가 약 30m 라는 점을 염두에 두고 다음에 나타낸 흐름에 따라 검토하였다.

① RC표준에 따라 각 부재의 배근을 결정

② 구조계가 「상부 항복진도 < 기초 항복진도」가 되는 것을 검토

거대한 지진에 대해서는 구조부재가 비선형 영역에 들어가도 적절한 점성을 가지며, 에너지 흡수성능을 높이는 것에 의해 구조부재에 발생되는 손상이 한정된 범위에 그치도록 하고, 동시에 구조계 전체의 붕괴를 방지할 필요가 있다.

기초는 상부구조보다 피해를 발견하기가 곤란하며, 보수·보강도 대규모가 된다. 이 때문에 기초는 기둥(교각 구체) 및 상부구조에 의해 지진력에 대한 안전성을 높이는 것이 일반적이며, 내진설계에 있어서는 지진력(에너지)을 흡수하는 주부재로서 기둥을 채택하고 있으며, 기초구조 항복진도는 기둥의 항복진도를 충분히 상회하도록 설계할 필요가 있지만, 전술한 ①의 설계결과를 확인할 목적으로 교량구조 전체계에 대해 수평하중을 점증시켜 비선형 정적해석을 수행하는 방법인 하중점증법(푸쉬오버수법)에 의한 검토를 시행했다.

교량구조 전체계에 대해 수평하중을 늘리면 어느 한 부위가 항복한다. 그렇지만 쿠마가와(球磨川)교량과 같은 연속 라멘교량의 경우, 상부구조와 하부구조가 강결되었기 때문에 응력의 재분배가 일어나 수평하중을 늘려가는 단계에서 각 부재마다 항복순서를 얻을 수가 있다. 최종적으로 기초 항복순위가 상부구조의 항복순위를 상회하지 않는다는 것을 확인한다. 만약에 기초가 먼저 항복 할 경우에는 기초의 제원을 재검토하도록 하였다.

도로교에서는 연속 라멘교에 대한 시공실적이 많기 때문에 이 해석방법은 이미 일본도로공단에서 도로교내진설계표준에 문서로서 명백하게 되어 있다. 이것을 이번 내진설계에도 참고하게 되었다. 금회의 해석결과를 통해 상부구조가 기초구조보다 먼저 항복한다는 것을 확인할 수 있었다.

③ 동적해석을 통한 내진성 검토

현행의 내진설계는 지진시 거동이 복잡한 교량구조의 경우에 동적해석을 수행하는 것이 일반적이다.

쿠마가와(球磨川)교량에 있어서는,

- 고유주기는 교축방향으로 약 1.8초, 교축직각방향 2.7초로 고유주기가 길다.
- 교각 높이는 하천 내에 위치하는 P2 · P3 교각은 30m를 넘는 높은 교각이다.
- 연속 라멘교이기 때문에 소성화 하는 개소는 교각 상·하단에 복수개소가 존재한다.

또한, 소성화하는 순서는 정적해석을 통해서는 실 지진동에 대해 충분히 파악하기가 어렵다.

이와 같이 지진시 거동이 복잡한 교량이므로 동적해석(비선형 시각이력응답해석)을 수행하여 구조계 전체의 내진성능을 검토하였다.

교량구조에 효고현(兵庫縣) 남부 지진의 지진파를 모델화 한 파동을 입력한 결과, 기초구조에 대해서는 내력이 설계값 안에 들어간다는 것을 확인 할 수 있었다. 그러나, 그림 4의 그래프에 나타낸 것처럼 거더에 대해서는 설계내력을 상회하는 단면이 산정되었다. 특히, 부의 휨모멘트에 있어서는 거더의 대부분에서 해석값이 설계내력을 상회하는 결과가 나왔다. 이 해석에 따라 PC 강봉 및 철근배치를 증가시켜 거더를 보강하였다(그림 5). PC 강봉은 긴장시키지 않고 지진시 등과 같이 거더에 큰 힘이 작용하였을 때에 내력을 발현시키기 위해 배치하였으며, 이는 어느 정도의 고강도 철근으로 평가할 수 있다.

그림 4의 그래프 안에 있는 「보강 있음」은 거더 보강을 수행한 후의 내력을 나타낸 것이다.

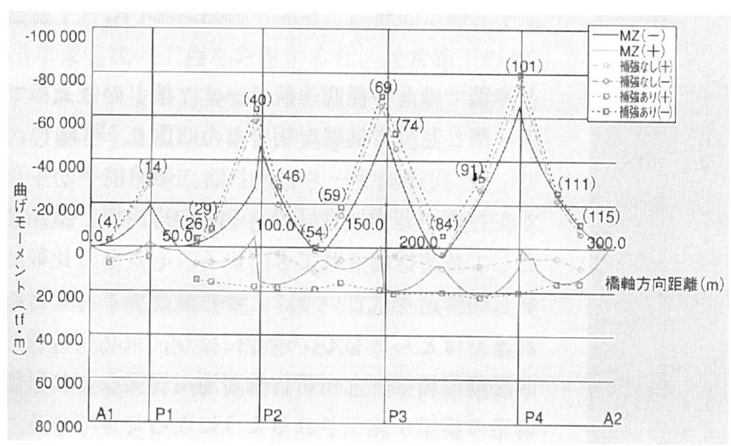

그림 4 동적해석을 통한 거더에 작용하는 응력결과

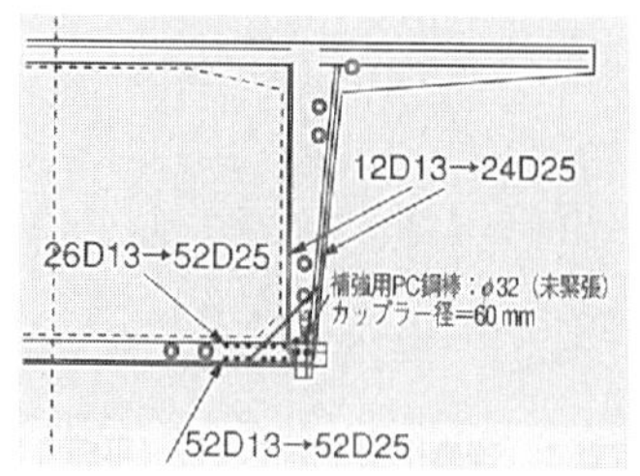

그림 5
거더보강 (P4~A2 사이의 거더)

쿠마가와교량(球磨川橋梁)의 시공

1. 공사 공정

쿠마가와(球磨川) BL 공구는 1999년 8월에 공사 착수하여 교각 기초공사를 개시하였다.

쿠마가와(球磨川)교량 시공은 갈수기, 즉 하천구역 점용가능기간인 10월 1일~5월말까지이며, P2 · P3 교각 하부공은 이 기간 내에 시공하였다. 공사공정은 하부공 시공 후, 상부공 하천 외측의 측경간부를 시공하였으며, 2002년 3월에 교면공까지 완료시켰다(표 2).

표 2 쿠마가와교량공사공정표

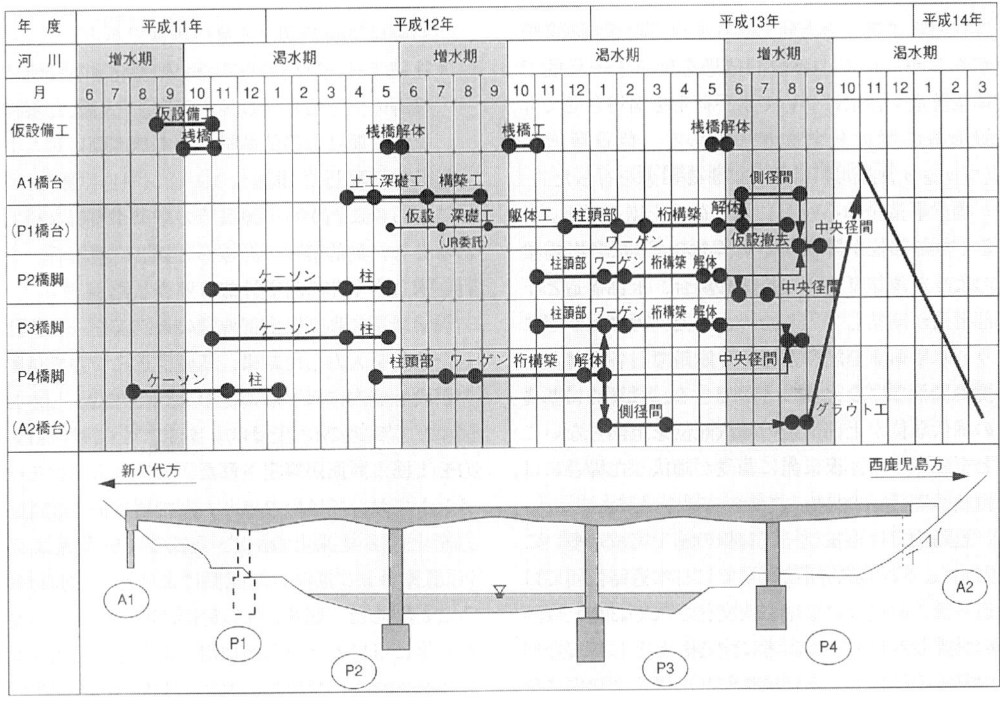

맺음말

본고에서는 「다경간 연속 라멘교」 철도교의 일례로 본 교량을 소개하였다(그림 6, 사진 1).

「다경간 연속 라멘교」는 신축이음이 적고 주행성이 매우 양호하다는 등의 이유로 도로교에서 많이 채용되어 왔다. 그러나, 비교적 새로운 구조형식이라는 점에서 철도교로서는 지금까지 거의 없었고 최근에 와서 토우호쿠신칸센(東北新幹線) 제4 마부치가와(馬淵川)교량, 큐슈신칸센 키쿠치가와(九州新幹線菊池川)교량 등에서 유사한 구조의 교량이 시공되었다.

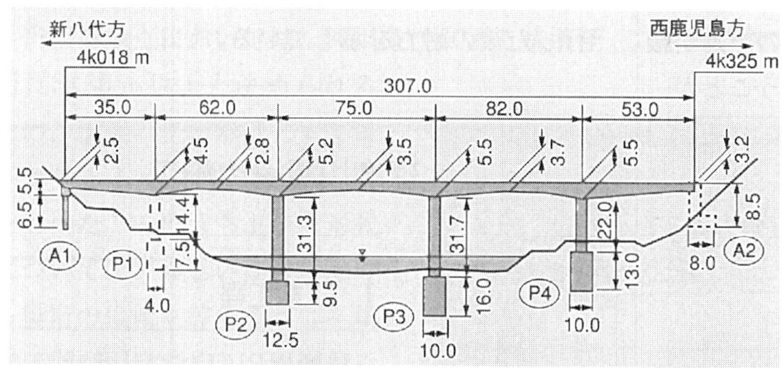

그림 6 쿠마가와교량 측면도

사진 1 쿠마가와교량 시공상황 (2001년 5월 현재)

No. 4 **중부국제공항연결철도**

해상교의 계획과 설계

- 다경간 연속 PC Box 라멘교 -

머리말

중부국제공항은 나리타 공항이나 칸사이 공항과 같은 국제 허브공항이며, 양 공항과 제휴해 일본의 정식 관문으로서의 역할을 완수할 수 있도록, 2005년 2월 17일에 개항했다.

24시간 이용 가능한 공항으로서 자리매김해진 중부국제공항은 나고야시의 남쪽 약 35km의 토코나메시(常滑市) 앞바다 약 1.1km의 공항섬 위에 건설되어 자동차 · 철도 · 배 3종류의 교통수단으로 육지와 연결되고 있다.

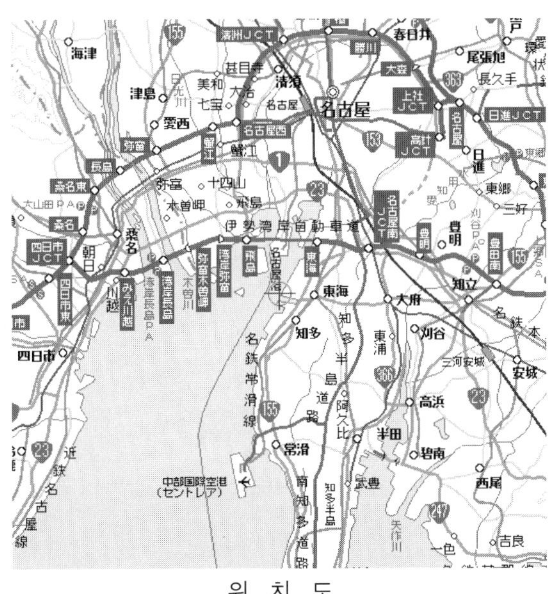

위 치 도

이 중 철도는 나고야철도 나고야역에서 공항섬까지 나고야철도 전철을 이용, 나고야철도 토코나메센(常滑線) 및 중부국제공항연결철도선(공항연결선)을 경유해 최속 28분에 연결하는 중요한 접근수단이 되고 있다.

본고에서는 공항연결선 가운데 중앙부근에서 공항섬쪽에 위치하는 해상교(교량중심=2km, 543.89)에 대한 프로젝트의 개요를 소개한다.

해상교의 계획

(1) 구조 형식

해상교는 해상부의 유지관리가 곤란하기 때문에 균열이 발생하는 RC 구조나 염해의 영향을 받기 쉬운 강구조에 비해, 내구성의 높은 PC 구조를 기본으로 하고 있다.

그 가운데 호안부를 횡단하는 개소는 매립지의 장래 지반침하나 지진시의 측방이동에 의한 변형에 대응하기 위해 단순형으로 하고 있지만, 그 외는 유지 관리를 용이하게 하기 위해 받침을 줄인 다경간 연속 PC 라멘형식으로 하고 있다.

(2) 종단 선형

해상에는 정기항로는 없지만 중앙부 1경간을 일반선박 항로로 하고 있다.

일반선박 항로는 오니자키(鬼崎)의 요트전용항구(토코나메역 북방 약 2km) 요트의 최대 높이 15m에 2m의 여유를 고려해 해면까지의 형하공간 17m를 확보하고 있다.

그 외의 경간에 대해서도 주변 어항의 어선의 대부분이 모든 형하 공간을 항행할 수 있도록 해면까지의 공간 높이를 최저 10m 확보하고 있다.

이에 따라 종단은 기점으로부터 20‰의 구배로 올라가 중앙부에서 전술의 항로고를 확보한 후, 약간 완만한 15‰로 하향, 공항섬에 인입해서는 곧바로 공항연결도로를 오버하기 위해 수평이 되고 있다.

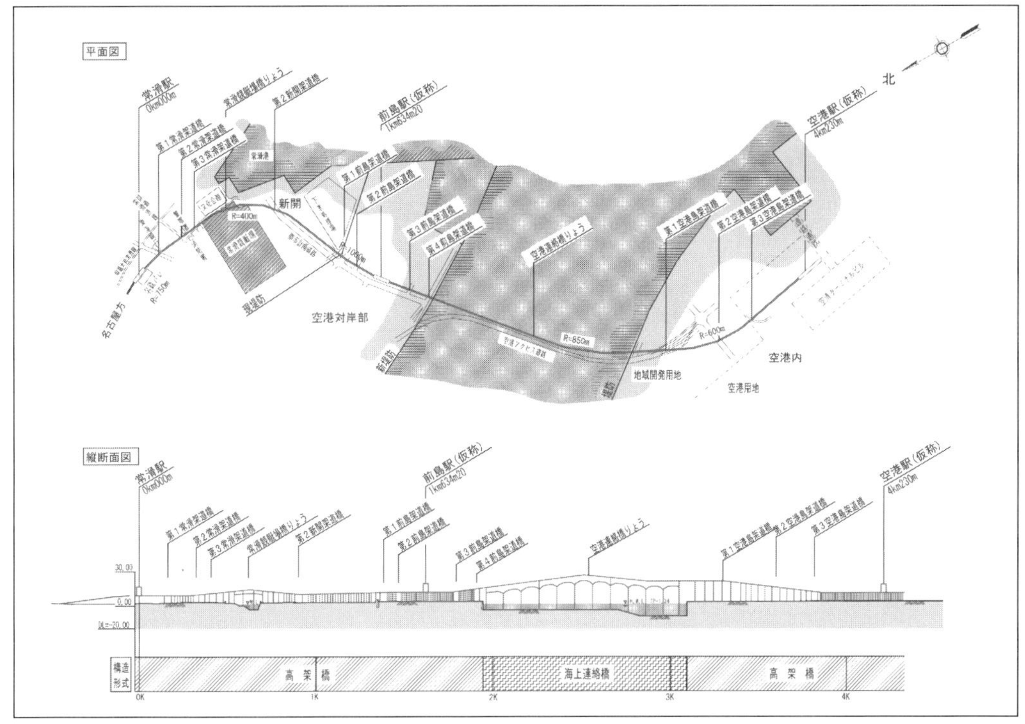

종평면도

(3) 평면 선형

공항연결선의 평면선형은 공항 관련 시설과의 정합성 및 경제성으로부터 노선이 선정되고 있어 토코나메(常滑)역을 나와 토코나메경정장 동측 끝으로 크게 우회(반경 400m)하여 해상부에 인입한 후, 공항섬 직전에 좌회(반경 850m)한다.

따라서, 해상교 부분에서는 기점측으로부터 해상교 중앙 부근까지는 직선이고, 중앙을 지난 부근부터 약 485m의 범위가 반경 850m의 좌곡선이 되고 있다.

(4) 경 간

항로폭은 중앙부의 가항수로를 한쪽 편 30m의 대면 항행으로 하고 있다. 경간장은 교각으로부터의 안전이격을 더해 17m를 확보하는 것으로 해서 100m로 하고 있다.

다경간 연속 PC 라멘의 경간은, 기점에서 3경간(95m+2@100m), 4경간(4@100m), 4경간(3

@100m+81m)로 구성되고 교장은 1,076m이다.

다경간 연속 PC 라멘교의 설계

(1) 기초의 형상

지반은 기반인 제 3기 선신세(鮮新世)의 상활누층(常滑累層)의 상위에 제4기 완신세(完新世)의 충적층이 분포하고 있다. 동(同)층은 압밀침하가 염려되기 때문에 본 설계에서는 상활누층(常滑累層)을 지지층으로 했다.

상활누층(常滑累層)은 육지측에서 바다로 향해 해면하 7~20m로 점차 깊어지고 있다. 지지층이 얕은 육지측의 교각은 직접기초로 하고, 지지층이 깊은 P4~P13 교각은 강관널말뚝우물통기초(鋼管矢板井筒)로 했다.

직접기초 이외의 기초를 강관널말뚝우물통기초로 한 것은 교각의 기초가 해중에 설치되기 때문에 시공시에 강관널말뚝을 해면상까지 올려 해수의 침수를 막는 가물막이로서 사용한 후, 완성시에는 콘크리트 정판(頂版) 상면에서 절단 해 말뚝기초로 사용하기 위함이다. 강관널말뚝과 정판과의 접합부는 상부로부터 전달된 하중을 정판으로부터 강관널말뚝에 전달하는 중요한 개소이므로, 강관 표면에 「장척스터드철근」을 현장에서 수평으로 용접하여 정판과 일체화시키는 「철근 스터드 방식」으로 설계했다.

강관널말뚝우물통기초의 시공

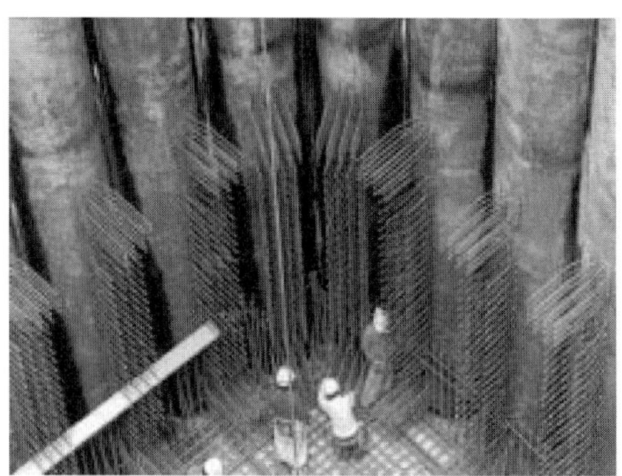
가시설내의 장척스터드철근

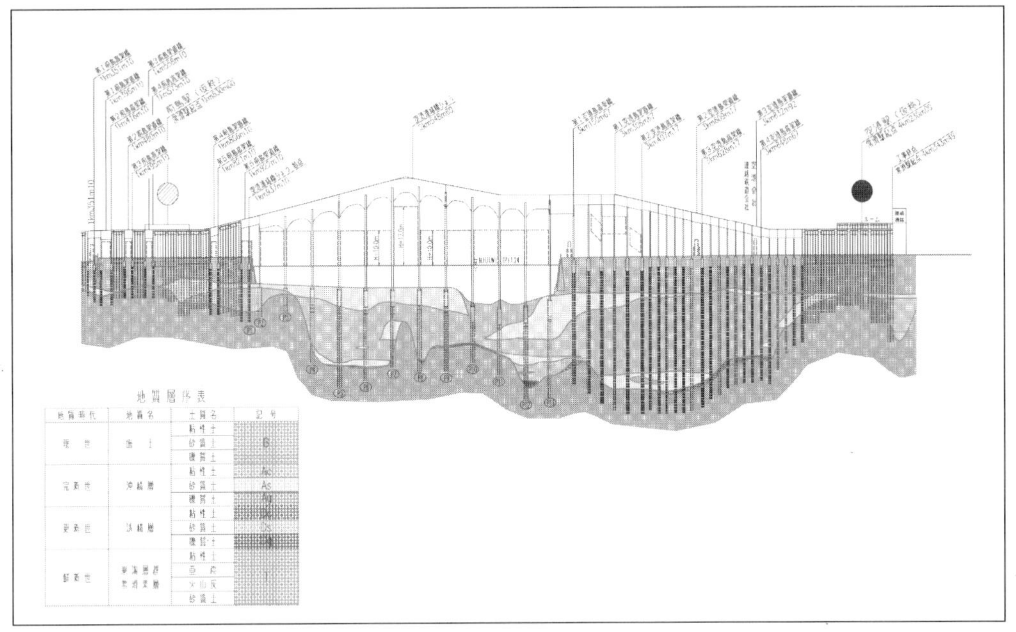

지질단면도

「장척스터드철근」은 정판 상·하단에 굽힘 모멘트에 저항하는 철근을 배치하고, 그 안쪽으로 전단철근을 배치하고 있다.

강관널말뚝우물통기초의 평면형상은 코너에 우각부를 설치한 구형(矩形)의 안쪽에 열십자 격벽을 배치한 형상으로, 코너에의 응력 집중에 고려한 형상이다.

(2) 교각 구체의 형상

교각 구체는 선로 방향의 폭이 4.5~5.5m 의 트랙형이지만, 충분한 전단 철근을 배치해 전단 파괴가 선행하지 않는 구조로 하기 위해 충실단면을 채용했다.

(3) 상부공의 형상

상부공은 주두부에서는 높이 7m, 경간중앙에서는 4.5 m의 PC 상자형으로, 주형 하면을 2차 포물선으로 해서 측면으로부터의 경관성을 고려했다.

주형의 제작은 공사기간을 단축하기 위해 프리캐스트세그먼트 공법을 적용했다. 세그먼트

(segment)는 공항섬의 북쪽 약 35km의 야토미(弥富) 부두에서 제작해 대선으로 현장까지 반입하고, 이렉션노즈에 의한 캔틸레버가설로 계획했기 때문에, 운반·가설시의 중량제한 등에 의해 1블록당 길이를 3.5m와 4.0m로 결정했다.

설계에서는 이러한 가설 계획에 따라, 콘크리트의 재령이나 가설시의 하중으로서 그러한 조건을 반영했다.

또, 세그먼트(segment)간의 줄눈은 사용시 인장을 받으면 내구성이 저하되므로 1.0N/mm^2 이상의 압축력이 작용하도록 설계했다.

PC 케이블의 배치는, 내·외케이블을 병용 사용, 교각에 발생하는 불균형모멘트와 프리스트레스에 의한 구속력을 외케이블로 제어했다.

(4) 수평반력조정공

PC 라멘교의 특성으로 중앙폐합 후에 프리스트레스에 의한 크리프·건조수축에 의해 고정 교각에 구속력이 발생한다. 이 구속력은 본 교량과 같이 상부공의 경간이 길고, 교각의 높이가 낮은 경우에는, 교각의 변형 성능이 작기 때문에 매우 커져, 기초의 평면 형상이 커지는 요인이 된다.

그러나, 교각 설치 장소는 평행하는 공항연결도로의 해상교 교각과 위치가 맞춰져 있기 때문에 기초를 크게 할 수가 없는 조건이다.

기둥 및 주두부 시공(현장타설)

프리캐스트세그먼트의 시공

그 때문에, 중앙폐합시에 세그먼트(segment)간에 잭을 설치해 미리 넓혀둔 상태로 폐합콘크리트를 타설하는 「수평반력조정공」을 실시했다. 이것에 의해 교각 하단에서의 응력이 작아져, 기초의 평면 형상을 작게 할 수가 있었다.

(5) 무긴장 PC 케이블에 의한 내진 보강

라멘구조이기 때문에 지진시에는 하중의 정부 교번작용에 의해 상시 모멘트와 역방향의 모멘트가 발생해 상시 모멘트용으로 배치한 PC 강재에서는 주두부 부근의 하연측에서 세그먼트(segment) 접합부가 소성 상태가 된다. 그 때문에, 지진시에도 탄성 상태가 되도록 무긴장 PC 강재를 배치해 상시 설계시의 PC 강재 긴장력 밸런스를 저해하지 않도록 내진보강을 실시했다.

(6) 염해 대책

해상이라는 「특히 엄혹한 부식성 환경」 아래, 내구연수 100년에 걸쳐 소정의 성능을 계속 유지하도록 이하의 대책을 실시했다.

PC 상자형의 외부는 콘크리트의 최외연에 배치되는 철근의 순덮개를 70mm로 하고, 시스관은 폴리에틸렌 시스관을 채용했다.

교각도 같이 철근의 순덮개를 100mm로 하고, 그것을 확보할 수 없는 경우는 「에폭시수지도장철근」을 사용했다.

또, 교각 구체의 비말대부는 고내구성 매설형 거푸집(PIC 폼)으로 피복하여 염화물이온의 침입을 방지하고 있다.

맺음말

공용 개시부터 반년 이상이 경과해 매일 많은 사람이 이세만(伊勢湾) 상에 아름다운 곡선을 그리는 해상교를 이용하고 있다.

엄혹한 환경 하에서 해상교를 건설한 관계자 여러분께 감사드리며, 프로젝트에 참가할 수 있었던 것을 기쁘게 생각한다.

자료 제공

– 중부국제공항연결철도(주)

공항연결선 해상교 전경

No. 5

신칸센 PC 랭거교의 시공

- 큐슈신칸센 하라다가도교(原田架道橋) -

머리말

큐슈신간선 카고시마 루트(하카타 · 서카고시마간 공사연장 249km)는 대략 헤세이 25년 공사의 완성을 목표로 공사를 진행하고 있다. 이 중 선 착수한 신야쓰시로-카고시마간 128km는 헤세이 16년 3월 13일 개업했다.

전선 개업시의 도달시간은 현행 3시간 40분에서 1시간 20분으로 단축할 수 있을 전망이며, 또, 신야쓰시로-카고시마간의 부분 개업시라도 신야쓰시로역 환승시간을 포함해 2시간 10분으로 시간단축효과가 매우 큰 선구이다.

하라다가도교가 위치하는 센다이시는 인구 7만 4천명으로 카고시마현에서 3번째의 시이며, 센다이강의 양안을 중심으로 시가지를 형성하고 있다. 시내를 통과하는 신간선 루트는, 센다이역이 카고시마본선과 병설되는 것, 및 센다이강 교량의 도하조건을 카고시마본선과 병행시키기 위해 신간선과 시도와의 교차각이 30°가 되어, 엄격한 조건하의 가도교 계획이 되었다(그림 1).

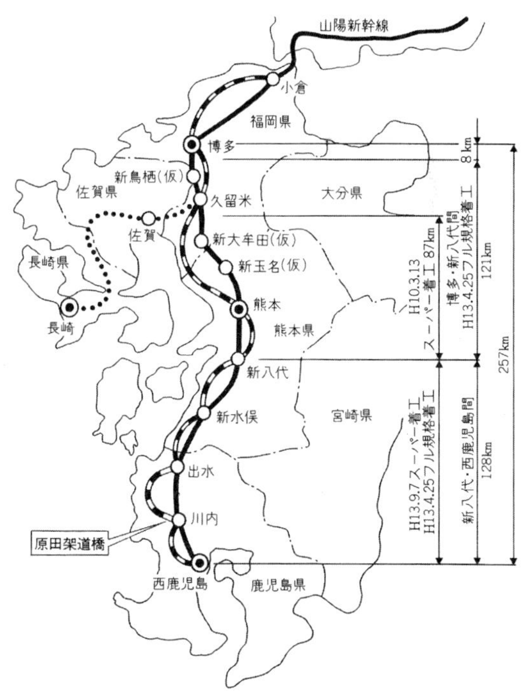

그림 1 하라다 가도교의 위치

환경과 시공 조건

하라다 가도교가 넘는 시도는 국도 3호의 우회도로적인 역할을 하고 있어 시내에서 매우 많은 교통량이 있다. 근방은 슈퍼, 주유소, 교외형 레스토랑 등이 늘어서 휴일은 차를 이용한 쇼핑객이 많이 방문하는 환경이 되고 있다.

교장은 도로폭과 교차각과의 관계로 63m가 되었고, 형고는 전후의 선형으로 인해 형하 공간에 제한을 받아 콘크리트 하로형이 되었다. 단순형으로 63m 하로형의 경우, 주형부 높이가 높아져 위압감을 주기 때문에 도시 내의 강교에 실적이 있는 랭거 형식으로 했다(그림 2, 그림 3).

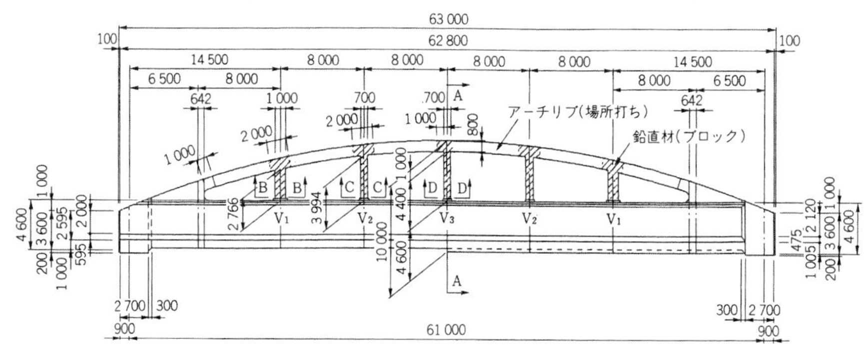

그림 2 큐슈신간선 하라다 가도교의 일반도

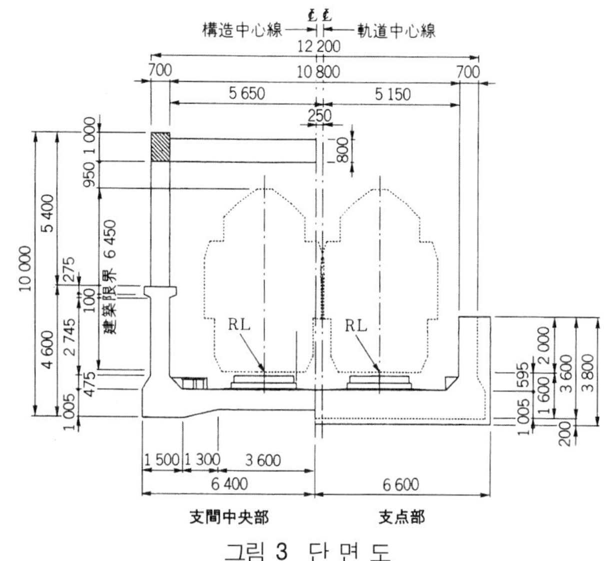

그림 3 단 면 도

시공 계획

본교의 착수에 앞서 시공계획을 검토하였는데 근린의 점포에 대해서는 지보공 설치기간 중은 영업지장이 예상되었다. 당초 설계에서는 지보공상에 주형, 연직재, 아치부를 시공, 교량 전체를 완성하고 나서 지보공을 철거할 계획이었다.

이것을 설계변경에 의해 주형 및 연직재의 시공-지보공 철거-아치부의 시공의 순서로 하고, 나아가 연직재는 프리캐스트화 하여 지보공 설치기간을 단축, 근린점포에의 영향 저감을 꾀했다.

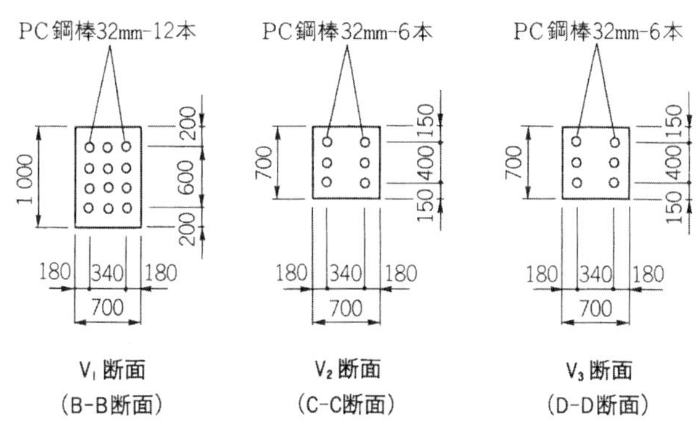

그림 4 연직재 단면

표 1 주 요 재 료

종 별	사 양	단 위	수 량	비 고
콘크리트	40N	m^3	1,064.2	주 형
			33.4	[그림 2] 사선부
			51.7	아치 현장타설
			8.6	상판 횡구속재
PC강재	12S15.2	kg	45,838	주케이블
	12V12.7	kg	11,543	횡구속재
	Φ32	kg	4,148	연직재
철 근	SD345	kg	97,920	전 체

분할시공 및 프리캐스트화

본교의 당초 설계·시공 방법에서는 전항 개요에 언급한 것처럼 교통규제기간, 주변 점포의 영업 지장 등의 기간이 길기 때문에 지보공 설치기간의 단축을 목표로 이하의 방침을 결정했다.

① 주형의 시공은 우선 하로형부의 시공 및 긴장을 실시하고, 그 후, 지보공 해체와 동시에 연직재·아치 부재를 시공한다.

② 연직재는 프리캐스트 구조로 한다.

(1) 분할시공에 있어서의 문제점과 대처방법

본교를 분할시공으로 실시하는 경우, 하로부의 하중이 아치부재가 없는 상태로 작용하기 때문에 하로형부에는 당초 설계치보다 큰 단면력이 발생하는 것을 고려할 필요가 있다.

하로형의 단면력이 증가 하면 주형 상하연의 압축 및 인장 응력도가 커진다. 인장 응력도에 대해서는 PC강재를 늘리는 것으로 대처할 수 있지만, 압축 응력도에 대해서는,

① 콘크리트의 설계기준강도를 높게 한다.

② 압축부의 단면적을 늘린다.

등의 대책이 필요하다.

①의 방법은 부재치수 등을 변경하지 않고 실시할 수 있는 장점은 있지만, 단위 시멘트량이 증가하므로, 크리프·건조수축 및 온도 균열이 발생하기 쉬워져, 구조물에 있어 바람직하지 않다.

이에 비해, ②의 방법은 주형 자중에 의해 반력이 증가하나 하부공이 허용치에 대해 다소 여유 있게 설계되어 있어 그 만큼은 단면적 증가가 가능하므로 본교는 ②방법으로 대처했다(그림 5).

(2) 연직재의 프리캐스트화

① 연직 부재를 프리캐스트화해 하로형부와 동시에 제작하기 때문에 현장 작업은 접합 작업만 되어, 시공기간을 단축할 수 있다.

② 작업 기간이 짧아지므로 도로 규제 기간을 단축할 수 있어, 근린에의 피해를 적게 할 수 있고 또, 낙하물 등의 위험도도 적게 된다.

③ 응력도상으로는 연직재를 프리캐스트화 하기 위해, 변동하중 작용 시에 부재 단면에 1N/mm^{2}의 압축응력도를 남길 필요가 있는 것, 및 시공성을 고려해 사용하는 PC강재를 1S21. 8(스트랜드)에서 PC강봉 ϕ32로 변경했다. 또, 당초 설계의 연직재는 중앙의 부재가 크고, 양사이드가 작은 구조가 되어 있었지만, 분할 시공의 채용에 의해 연직재 응력 상태도 바뀌기 때문에 부재두께를 변경했다.

(3) 분할시공에 수반하는 변경개소 및 공정비교

이상의 검토결과, 변경개소는 다음과 같다.

① 부재단면의 변경 (그림 2, 그림 3)

주형 상 플랜지 단면의 변경을 당초 설계와 비교 그림 5에 나타낸다. 또, 연직재 단면의 변경도 이와 같이 비교 그림 6에 나타낸다.

② PC강재의 변경

PC강재는, 이하와 같이 갯수의 증가, 강재 종별의 변경을 실시했다.

- 주형 (PC강재 갯수의 변경)

당초 설계　　분할 시공

50개　⇨　54개

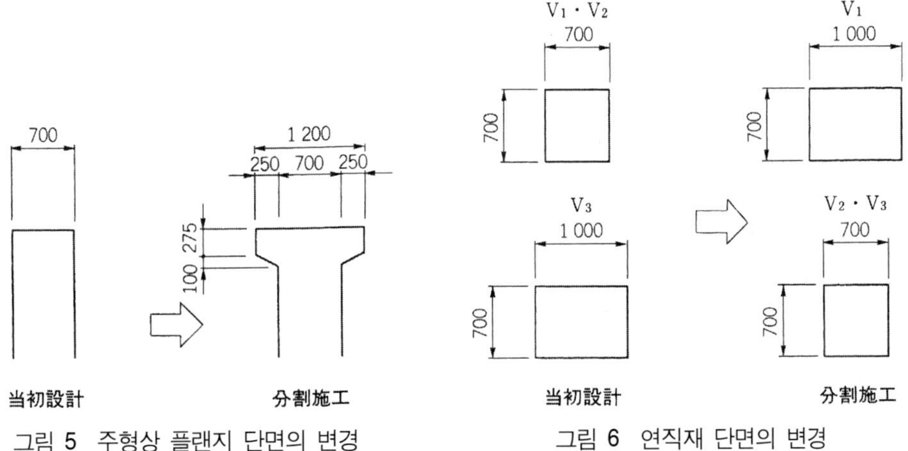

그림 5　주형상 플랜지 단면의 변경　　　그림 6　연직재 단면의 변경

- 연직재 (PC강재 종별의 변경)

  당초 설계 분할 시공

  1S21.8 (스트랜드) ⇨ ∅ 32 (PC강봉)

- 아치 밑둥부 (PC강재 종별의 변경)

  당초 설계 분할 시공

  1S21.8 (스트랜드) ⇨ ∅ 32 (PC강봉)

(4) 분할시공과 프리캐스트화 후의 응력도

응력도의 검토단면으로 그림 2에 있는 A－A단면(스판 중앙부), B－B단면(V1부), C－C단면(V2부), D－D단면(V3부)의 각 연직재 밑둥부에 대해 검토했다.

그 결과를 표 2의 응력도 집계에 나타냈다.

표 2 응력도의 집계 (단위 : N/mm^2)

	A－A		B－B		C－C		D－D	
	상연	하연	좌연	우연	좌연	우연	좌연	우연
프리스트레스 도입시	19.6	0.7	11.2	9.4	8.1	7.1	7.8	7.8
	20.0	−2.2	20.0	0.0	20.0	0.0	20.0	0.0
영구하중 작용시	14.7	1.5	12.7	2.6	8.5	2.3	5.6	5.6
	16.0	0.0	16.0	0.0	16.0	0.0	16.0	0.0
변동하중 작용시	18.1	−0.2	12.9	2.3	9.2	1.3	8.8	1.9
	−	−1.1	−	1.0	−	1.0	−	1.0

주) 하단은 허용치 (허용치는 당초 설계계산서로부터)

(5) 공정 비교

표 3에 당초 설계와 분할 시공에 의한 공정을 비교했다.

표 3 공정비교

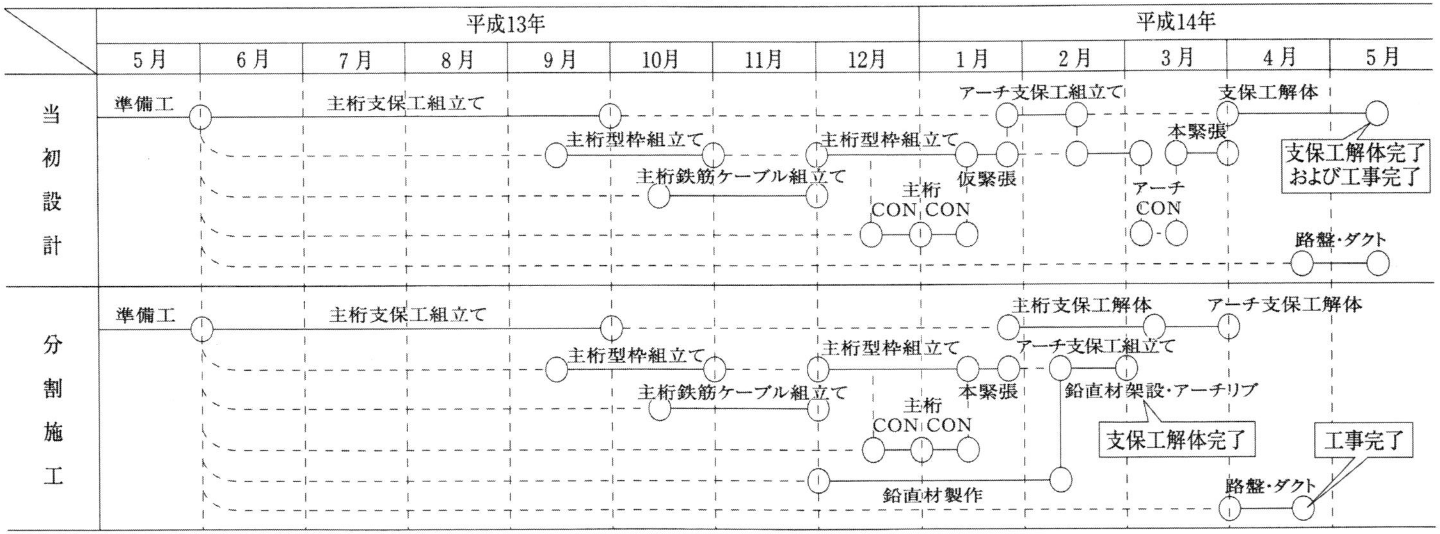

	平成13年								平成14年				
	5月	6月	7月	8月	9月	10月	11月	12月	1月	2月	3月	4月	5月

当初設計

準備工
主桁支保工組立て
主桁型枠組立て
主桁型枠組立て
主桁鉄筋ケーブル組立て
主桁 CON CON
仮緊張
アーチ支保工組立て
アーチ CON
本緊張
支保工解体
路盤・ダクト
支保工解体完了 および工事完了

分割施工

準備工
主桁支保工組立て
主桁型枠組立て
主桁型枠組立て
主桁鉄筋ケーブル組立て
主桁 CON CON
本緊張
鉛直材製作
主桁支保工解体
アーチ支保工組立て
鉛直材架設・アーチリブ
支保工解体完了
アーチ支保工解体
路盤・ダクト
工事完了

시 공

본 교량 공사의 전체 플로우는 표 3 비교공정 대로이다. 분할시공 및 프리캐스트화 하는 것으로 지보공 해체 완료시기, 즉 시도 규제 해제를 약 2개월 반 단축할 수 있어 전체 공정은 약 1개월을 단축할 수가 있었다. 작업 플로우 안의 지승공, 지보공, 주형 제작공, 연직재공에 대해서 이하에 기술한다.

(1) 지승공

본 교량의 지승공은 고무받침과 댐퍼식 강재 각형 스톱퍼로 구성된다(사진 1).

(2) 지보공

지보공은 지주식 지보공과 거푸집 지보공의 병용 구조로 했다. 시도 상의 주형(H900)의 가설은 시도의 교통량 등의 이유로 야간을 이용해 시행했다. 지보공 전체에 대해, 시트에 의한 전(全)면 방호를 시행해서 비행물, 양생수 등의 낙하 방지에 노력했다. 또, 측면 발판을 이용 천정 크레인(2.8 t)을 설치, 반입공간으로부터 기자재의 반입을 할 수 있도록 계획했다(그림 7, 그림 8, 사진 2, 사진 3).

(3) 주형제작공

주형의 제작은 일반적인 현장타설공법에 의해 시공했다. 주형부 콘크리트 수량이 1,066m^{3}면 1회의 타설로 시공이 곤란하기 때문에, 노선직각방향으로 3등분 타설을 시행했다(그림 9).

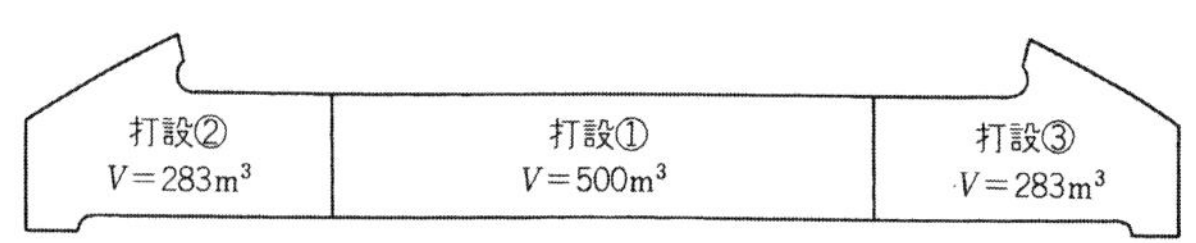

그림 9 타설 분할도

(4) 연직재공

연직재는 현지에서 가까운 제작 야드에서 주형 제작과 동시기에 시공했다(사진 4).

주형 지보공 해체와 병행 연직재 지보공의 조립을 시행, 120 t 트럭 크레인으로 가설을 실시했다(사진 5, 사진 6).

연직재와 주형과의 접합부에는 무수축 모르타르를 타설해 연결했다(그림 10). 연직강봉을 가긴장한 상태로 아치 리브 본체 철근의 조립을 시행하고 콘크리트 타설(양생) 후, 연직 강봉의 본긴장을 실시했다.

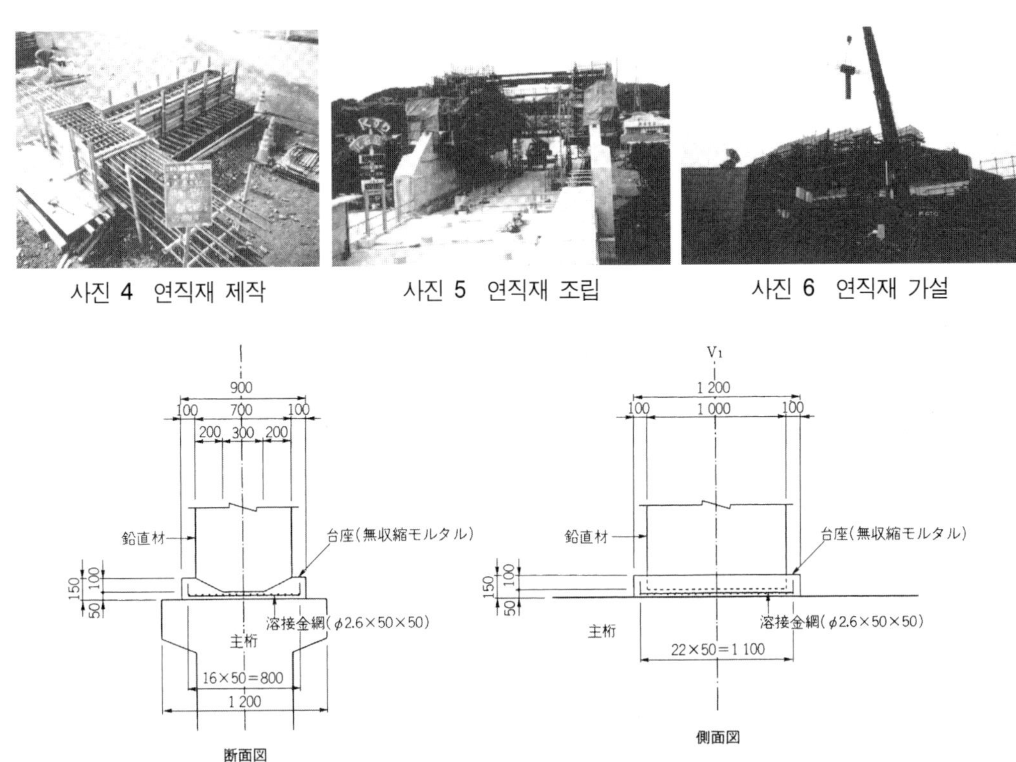

사진 4 연직재 제작

사진 5 연직재 조립

사진 6 연직재 가설

그림 10 접합부 상세

(5) 기 타

아치리브 시공 완료 상태는 연직재 및 아치리브 지보공의 중량이 재하된 상태이기 때문에, 그대로 지보공 해체를 실시하면, 아치리브에 부의 굽힘 모멘트가 재하 되어 악영향을 주기 때문에, 노반 콘크리트를 단계적으로 시공, 그때마다 그 하중분의 지보공을 해체하는 방법을 취해 이것에 대처했다.

맺음말

본 교량은 시도의 규제도 예정대로 종료해 근접하는 점포에 대한 영향도 최소한으로 억제했다고 확신하고 있다. 또, 신간선 첫 PC랭거교 분할 시공·프리캐스트화에 의해 시공하여 공기 단축을 꾀할 수가 있었다.

향후, 도시지역의 공사가 본격화 되는 하카타·신야쓰시로 구간 등에 환경 대책이나 시간 제약을 받는 개소가 예상되지만, 본 성과가 참고가 되면 다행이겠다.

끝으로 본 교량의 시공에 대해 지도, 협력해 주신 관계자 여러분께 깊은 감사의 뜻을 드린다.

〔プロジェクトデータ〕
橋　　名：原田架道橋（Bv）
所　　在：鹿児島県川内市
橋　　長：63.0m
支 間 長：61.0m
構造形式：スラブ軌道式複線　プレストレストコンクリートランガー橋
荷　　重：P-16, M-18
事 業 主：独立行政法人鉄道建設・運輸施設整備支援機構　九州新幹線建設局
詳細設計：構造　㈱日本構造橋梁研究所
施　　工：下部工（P_1）戸田・植村・野村　九幹鹿，国分寺BL外他特定建設工事共同企業体
（現場代理人：田中　学）
下部工（P_2）住友・森・勝村　九幹鹿，川内川B下部工外他特定建設工事共同企業体
（現場代理人：曽根　雄二）
上部工 ピー・エス・興和　九幹鹿，銀杏木川B外22Cp製架他特定建設工事共同企業体
（現場代理人：興梠　薫明）
施工協力：下部工（P_2）外薗建設工業㈱
上部工　㈱八紘
メーカー：支承　東京ファブリック工業㈱
排水　㈱萬代製作所
工　　期：詳細設計　1998年10月30日～1999年3月29日
施　　工　2000年3月23日～2002年6月22日

No. 6

사까이기와(界川)교의 시공 (엑스트라도즈교)

머리말

본 교량은 하천개수사업에 수반해 JR토카이도(東海道) 본선의 사까이가와(界川)교량의 교체공사로 아이치(愛知)현 刈谷市와 知多郡東浦町의 경계를 흐르는 2급하천 逢妻川과 境川에 가설되는 교량이다.

본 교량의 교체공사에 따라 약 1.4km에 해당하는 선로를 상류측에 붙여 교체한다. 본 교량의 가설위치를 그림 1에 보였다. 본 교량의 가설지점은 현(縣)내이지만 홍수지대로서 헤세이 12년의 동해호우 때도 부근 일대가 물에 잠겼던 지역이다. 2급하천 逢妻川과 境川의 하천 개수는 소화 57년에 종합치수대책 특정하천사업에 채택되어 유역대책과 합해서 50mm/h(연 초과확률 1/5) 강우에 대해 안전하도록 설계되어 동해도 본선의 교량구간을 제거 대략 완료되었다. 본 교량은 헤세이 13년(2001년) 9월에 하부공사를 착공해, 헤세이 14년도의 갈수기(헤세이 14년 11월~15년 5월)에 상부공이 가설되었다.

사까이가와(界川)교는 3경간연속 엑스트라도즈드교(하로형식)로 사재에는 VSL-SSI 2000 시스템을 채용하고 있다. 여기서는 본 교량의 계획과 시공에 대해 보고한다.

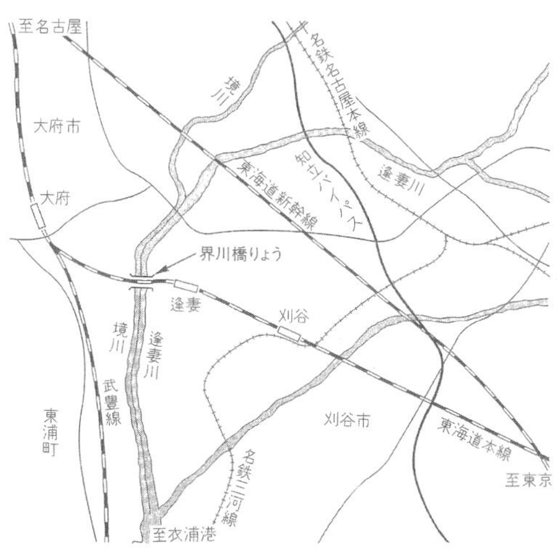

그림 1 사까이가와(界川)교의 위치

사진 1　사까이가와(界川)교

교 량 개 요

교량 일반도를 그림 2에, 완성사진은 사진 1에 나타냈다.

교량제원은 이하와 같다.

- 선　　명 : 동해도 본선(逢妻~大府간)
- 교량형식 : 3경간연속 PC 엑스트라도즈드교
- 교　　장 : 182.856m (형장 : 181.866m)
- 지　　간 : 55.328+70.000+55.328m
- 총 폭 원 : 12.5m
- 주형구조 : 하로형(桁) 단면　형고 3.15m (표준단면)
형고 3.50m (지점부 단면)
- 주탑높이 : 9.3m (주형 상면부터의 높이)
- 평면선형 : 직선
- 최급구배 : 0.0‰
- 사　　각 : A_1 교대　81° 30′
P_1 교각　85° 10′
P_2 교각　84° 20′

A_2 교대 86° 55′

- 지승구조 : 면진받침(HDR-S 고무받침)
- 스토퍼구조 : 콘크리트 블록
- 가설공법 : 전(全)지보공공법(강관말뚝기초, 트러스형(桁))

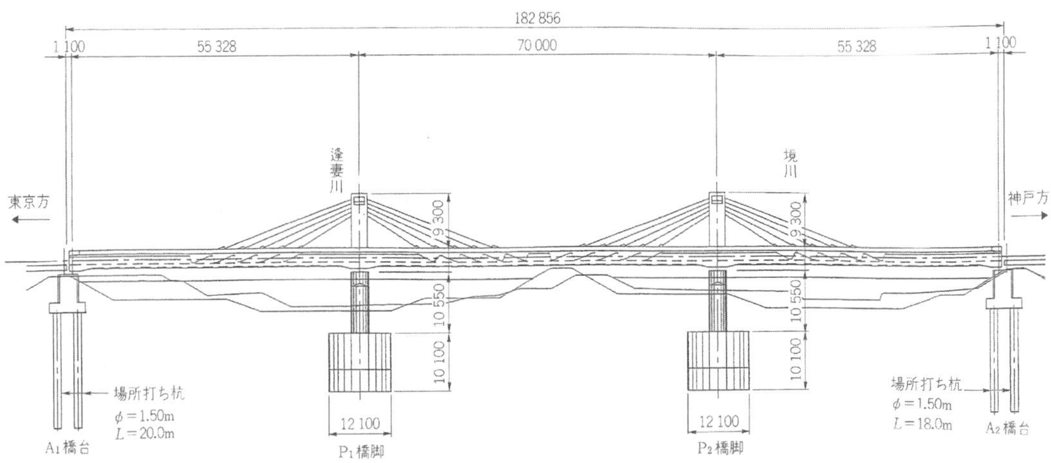

그림 2(1) 사까이가와(界川)교의 일반도

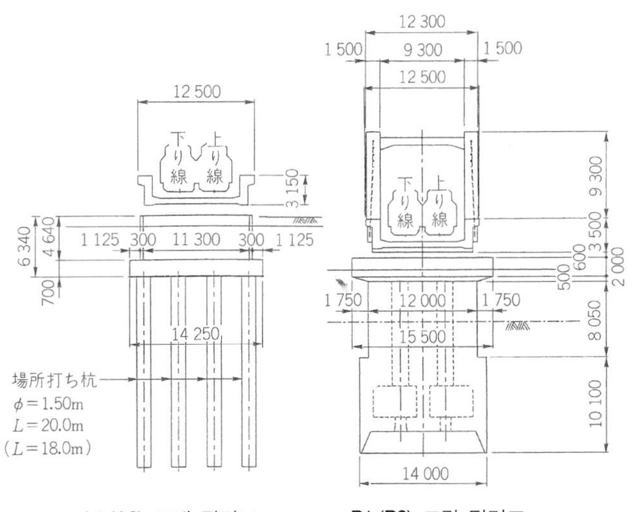

A1 (A2) 교대 단면도　　P1 (P2) 교각 단면도

그림 2(2) 단 면 도

계 획 개 요

(1) 계획상의 고려조건

본 교량의 교체계획은 다음의 선로 교체방식 및 교체스케줄로 계획 입안되었다.

① 궤도교체는 별선방식(특수선 부설)으로 시행하여 기설(旣設)영업선의 상류측에 신선(新線)을 신설해서 교체한 후에 구교를 철거한다.
② 신선 이설은 헤세이 16년(2004년)에 상선을, 헤세이 17년에 하선을 교체한다.

이상의 기본계획을 기초로 한 본 교량의 계획상 주요조건은 다음과 같다.

① 중앙 제방에 의해 분단된 2개의 하천을 교량을 설치하기 때문에 교각위치가 한정된다.
② 영업선 근접시공 (기설교각과 신설교각의 이격은 최단 4m)의 영향을 최소화 한다.
③ 교각 구체(軀体)에 의한 하적저해율을 5% 이하로 한다.
④ 근접한 逢妻역의 궤도올리기(레일레벨의 상승)를 피한다.
⑤ 하천 계획홍수위로부터 결정되는 형하고에 제한이 있다.
⑥ 하천구역내의 시공은 갈수기 (11/1~5/31)에 한정되어, 하부공을 제1 갈수기, 상부공을 제1 갈수기의 제2 갈수기에 완료하게 한다.

(2) 구조형식의 결정

지간분할에 대해서는 하천도하조건, 하적저해율 및 동해도본선 기설교각에의 영향이 최소화되는 교각위치를 결정, 3경간으로 교량형식을 결정했다.

계획홍수위로부터 받는 형하고의 제한 및 현재선에 접속하기 위한 궤도고의 제한으로부터 구조형식은 하로형식을 선정했다. 또, 시공방법은 전지보공 형식을 채용했다.

이것은 하천분할 제방으로 인해 편지지가 되므로 캔틸레버가설은(片持ち長出し架設) 곤란하고, 압출가설은 가설시 소요강재가 과다해 비경제적이 되는 등의 이유 때문이다.

하로형(桁)의 구조형식으로서 다음과 같은 이유 외에 주행성, 경제성, 경관, 유지관리성, 하부공에의 영향 등을 고려, 3경간연속 PC 엑스트라도즈드교로 선정하는 것으로 했다.

① 사장교와 비교해서 활하중에 의한 사재의 응력변동이 작다.

② 활하중 편재하에 의한 비틀림모멘트에 대해 유리하다.

③ 활하중에 의한 휨이 작다.

탑측의 사재 고정방법에 대해서는 관통고정형식(새들형식)과 분리고정형식이 있지만, 본 교량에서는 열차에 의한 휨의 영향이 작게 되는 분리고정형식으로 결정했다.

교각의 구조는 라멘구조와 받침구조를 검토한 결과 본 교량은 교각높이가 낮고 라멘구조에서는 교각에 발생하는 응력이 너무 크게 되기 때문에 받침구조를 채택했다. 받침에는 내진성능이 우수한 면진받침을 채용했다.

(3) 기초형식의 검토

제방 외측 교대의 기초는 일반적으로 경제적인 현장타설 철근콘크리트말뚝을, 하천부 교각의 기초는 다음의 이유로 뉴매틱공법(Pneumatic caisson method)에 의한 케이슨 교각기초를 선정했다.

① 기초 저(底)면적이 작아 기설교각에의 영향이 작다.

② 지지층을 직접 확인할 수 있으며 침설 후 평판재하시험에 의해 지지력을 확인할 수 있다.

③ 질 나쁜 돌이 섞여있는 지층에도 문제없이 시공할 수 있다.

④ 영업선 기설교각에 세굴방지공(根固め工)이 시공되어 있어 그의 철거에 지장을 주지 않는다.

⑤ 갈수기 시공이 가능하다.

설 계 개 요

(1) 기 본 방 침

① 설계법은 한계상태설계법에 의한다.

② 각 부재의 구조로서 주형(主桁) 주방향은 PC구조, 주탑은 RC구조, 주형 횡방향에 대해서

는 하로 상판을 PC구조로 한다.

③ 시공시 지진의 영향은 $K_h = 0.15$, $K_v = 0.075$를 고려했다.

④ 시공방법은 강관말뚝과 트러스형(桁) 지보공에 의한 전지보공으로 해서 1갈수기에 구축 완성하는 공정으로 했다.

⑤ 고감쇠고무반력분산받침에 의한 3경간연속구조로하고, 지진시 수평력을 각 교각에 분산시킴에 따라 근접시공이 가능하도록 교각의 크기를 제한하고 교각폭은 하적저해율의 허용값을 만족시켰다.

⑥ 주형은 逢妻천과 약 85° 5′, 境川과 약 84° 21′의 각도로 교차하므로 시공단면은 선로방향에 직각으로 하되 형단(桁端)을 사각(斜角)으로 했다. 또, 하부공은 유수방향으로 설치하고 있다.

⑦ 사재 케이블은 주탑내에 강각(鋼殼)을 설치 분리구조로 했다.

(2) 설 계 조 건

- 열차하중 : 표준활하중 EA－17
- 열차회수 : 여객 100회/일, 화물 100회/일
- 설계최고속도 : V=130 kn/h
- 충격계수 : 종국한계 0.143, 사용한계 0.107
- 선로선수 : 복선
- 궤도구조 : 자갈궤도
- 온도변화 : ± 20°C
- 건조수축 : 200'
- 내진성능 : 표 1
- 내구년수 : 100년
- 구조물의 환경조건 : 통상의 환경 (일반환경)
- 철근덮개 : 40mm (주형)

표 1 내진성능

		L1 지진동	L2 지진동
내 진 성 능		내구성능 I	내구성능 I
손상레벨의 제한		1	1
설 계 수 평 력	선 로 방 향	0.25	0.32
	직 각 방 향	0.25	0.32

(3) 상부공의 사용재료

① 콘크리트의 설계기준강도

- 주형 : $f'_{ck}=40\ N/mm^2$ (최대물시멘트비 48%)
- 주탑 : $f'_{ck}=40\ N/mm^2$ (최대물시멘트비 48%)

※ 조강시멘트, 고성능 AE 감수제 사용

② PC 강재

- 주방향 강재 : 19S15.2B (SWPR7B) 웨브 및 하상판(下床版) 강재
- 횡방향 강재 : 12S12.7B (SWPR7B) 하로형(桁) 상판(床版), 횡형(桁)횡이음(締め)
- 사재 : 22S15.2B (SWPR7B)

③ 철근 : SD345

④ 받침 : 면진받침 (고감쇠 고무 HDR-S 사용)

공사개요

(1) 공 사 개 요

공사개요를 이하에 나타냈다. 또, 공사수량을 표 2에, 공사공정을 표 3에 나타냈다.

- 공 사 명 : 동해도본선사까이가와(界川)교량 개량 기타 (1), (2) 공사

- 사업주체 : 아이치(愛知)현 하천공사사무소
- 발 주 자 : 東海旅客鐵道(주)
- 설 계 자 : JR東海컨설턴트(주)
- 시 공 자 : 大成建設(주), JRJR東海建設㈜공동사업체
- 공사장소 : 아이치(愛知)현 刈谷市, 知多郡 東浦町
- 공　　기 : 헤세이 13년 9월 5일~헤세이 15년 9월 1일
- 주요공종 : 사까이가와(界川)교 상부공 (주형, 주탑, 사재, 가설교)
  사까이가와(界川)교 하부공 (교각 2기, 교대 2기)
- 공　　법 : 교량　전지보공식
  교각　뉴매틱케이슨공법
  교대　현장타설말뚝　올케이싱공법

(2) 하부공의 시공

하부공의 시공현황을 사진 2, 사진 3에 나타냈다.

케이슨 침설공사는 갈수기 시공을 위해 몸체구축은 주간에 시행하고 야간에 침하굴착을 시행해 가는 주야간시공을 시행했다. 이러한 상황에 있어서 기설의 동해도 본선에 근접하여 케이슨을

표 2 공 사 수 량

공 종	사 양	단위	수 량	비 고
1. 콘크리트	40-8-25H 조강, 고성능 W/C ≤ 48 %	m^3	2,744.3	주형 , 주탑
2. PC 강재	19S15.2B (SWPR7B)	kg	125,998.0	주방향케이블 VSL EC6-19
	12S12.7B (SWPR7B)	kg	35,048.0	횡방향케이블외 VSL EC6-12
	22S15.2B (SWPR7B)	kg	28,118.0	사재케이블 VSL EC6-22
3. 철 근	SD345　D13 ~ D32	t	362.1	주형 , 주탑
4. 주탑강각		t	65.0	1주탑분, W = 16 t
5. 받 침	HDR-S 1,280 × 910 × 471　W = 2.6 t/기	기	8.0	A_1 교대, A_2 교대
	HDR-S 2,760 × 1,880 × 590　W = 21.0 t/기	기	4.0	P_1 교각, P_2 교각

표 3 공사공정

공 정	헤세이 13년				헤세이 14년												헤세이 15년							
	9	10	11	12	1	2	3	4	5	6	7	8	9	10	11	12	1	2	3	4	5	6	7	8
하 부 공																								
준 비 공	■	■								■														
가설잔교공			■	■					■															
축 도 공				■				■																
A_1 교대						■	■	■	■															
P_1 교각					■	■	■	■																
P_2 교각					■	■	■	■																
A_2 교대															■	■	■	■						
상 부 공																								
준 비 공														■								■		
가설잔교공														■	■						■			
지 보 공															■	■				■				
주형제작공																■	■	■	■	■				
주 탑 공																		■	■					
사 재 공																			■	■				
교 면 공																					■	■		

사진 2 하부공 시공 전경

사진 3 하부공 완성 전경

사진 4 토탈스테이션에 의한 기설교각변상계측

안전하게 침설하기 위해 기설교각의 변형 거동을 리얼타임으로 파악할 수 있는 계측시스템을 구축해 정보화시공을 시행했다. 기설교각의 변상(変状)계측은 토탈스테이션을 사용했다(사진 4).

계측항목과 사용한 계측기기를 다음에 나타냈다.

① 좌표변위(x, y, z변위) : 토탈스테이션

② 경사각(교축방향, 교축직각방향) : 고정식 경사계

계측관리는 궤도정비의 한계 값 이하의 계측관리 값으로 관리를 시행했다. 계측관리 기준 값을 표 4와 같다.

(3) 상부공의 시공

가) 시공순서

시공순서를 그림 3에 나타냈다.

주형의 시공은 이하의 순서로 시행한다.

① 가 잔교(仮桟橋)의 가설

② 지보공 기초 강관말뚝의 시공

③ 지주식 지보공의 조립

④ 지보공 트러스형(桁)의 가설

⑤ 교각 기둥 두부(1BL)의 시공

⑥ 주탑(1리프트)의 시공

⑦ 교각 양측부(2BL)의 시공

⑧ 주탑 강각의 설치

⑨ 측경간부(3BL)의 시공

표 4 계측관리 기준 값

	단 위	경계 값	공사 중 값	한계 값
x, y, z 좌표	mm	± 4.0	± 5.0	± 7.0
경 사	분(分)	± 1.7	± 2.7	± 3.4

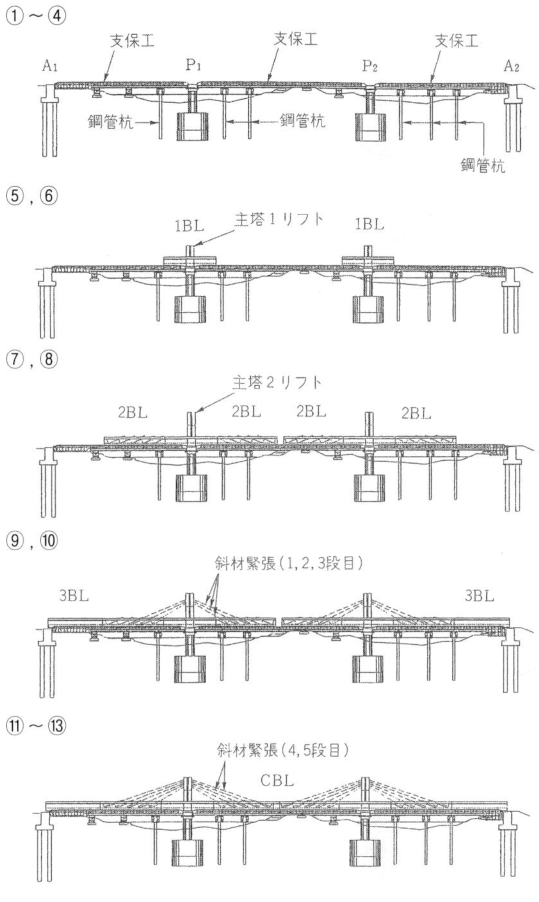

그림 3 상부공의 시공순서

사진 5 주형의 제작

⑩ 사재의 긴장 (1, 2, 3단째)

⑪ 중간 폐합부(CBL)의 시공

⑫ 지간 케이블의 긴장

⑬ 사재의 긴장 (4, 5단째)

P_1 교각, P_2 교각의 기둥 두부로부터 시공해 그 양측으로 확장해가는 수순으로 2BL을 제작하고, 그 후, 측경간의 3BL을 시공해 사재를 긴장했다.

본 공사는 그 부분이 하천 내 공사이므로 갈수기에 하천내의 공사를 모두 완료하는 것이 조건이었다.

당초, 주형의 시공은 하천내의 가설잔교를 사용해서 2회의 갈수기에 시공하는 계획이었지만, 이 계획에서는 출수기에 기설 영업선의 횡으로 편측지지 캔틸레버 상태로 5개월을 방치하게 되어 영업선에의 영향이 염려되었다. 또, 갈수기마다 가설잔교의 설치, 철거가 2회 필요하므로 공사비가 부담되었다.

그래서, 가설잔교의 시공을 1회로 하는데 따른 경제성을 감안해서 계획을 변경해 1갈수기에 사까이교 상부공의 구축을 모두 완료하게 되었다.

실제의 시공에서는 다음과 같은 대책을 실시하여 그 결과 헤세이 15년 4월에 주형을 완성시켜 갈수기내에 가설잔교를 철거할 수 있었다.

① 트러스형(桁) 지보공의 지지구조에 재킷(Jacket)공법을 적용, 트러스형의 일괄가설, 일괄철거를 계획

② 거푸집은 프레후아브화(プレファブ化)를 계획

사진 6 트러스형의 가설 1

사진 7 트러스형의 가설 2 (말뚝머리에Jacket)

사진 8 트러스형의 가설 3

나) 지보공의 시공

본교의 지보공계획은 강관말뚝에 지지되는 트러스형에 의한 지보공을 채용했다. 채용사유는 다음과 같다.

① 형하공간이 없고 철거시에 형하에서의 작업에는 크레인을 사용할 수 없다.

② 기설 영업선의 기설교각이 근접하고 있어 기초설치 · 철거시의 영향을 최소화 한다.

③ 하천저해율을 확보하기 위해 지보공의 지간을 11~12m로 넓힐 필요가 있다.

④ 위와 같은 이유로 하천 직각방향의 단면을 최소화 할 필요가 있다.

트러스형(桁) 지지구조는 강관말뚝(Á 900, L=18.0m)을 150 t 크롤라크레인과 바이브레타함마로 타설 후, 말뚝머리 받침보에 붙은 재킷강관(Á 1,200, 부착성능을 높이기 위해 전단키로서 철근을 강관의 내측에 플레어 용접)과 세트로 제작하고 그 틈(隙間)에 무수축몰탈을 충진해 결합했다.

트러스형(桁)의 철거는 하로형(桁)의 양측에 매달린 도구를 사용, 150 t 크롤라크레인으로 일괄인상하여 고수부지까지 횡이동 하고, 거기서 해체, 반출했다(그림 4).

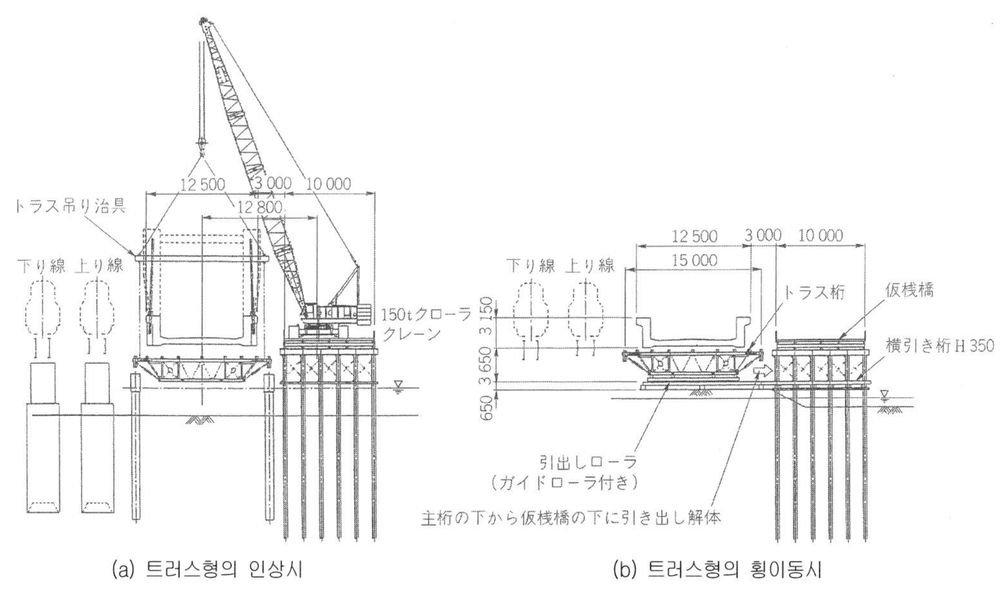

(a) 트러스형의 인상시

(b) 트러스형의 횡이동시

그림 4 트러스형의 철거 요령

다) 주형 콘크리트공

타설 부위 대부분이 철근 및 PC강재가 과밀하게 착종(錯綜 : 복잡하게 뒤얽힘)되어 설계배합 슬럼프 8cm의 콘크리트로는 충진 및 다짐이 곤란할 것으로 예상되었다.

주형 및 주탑에 사용된 설계기준강도 $40N/mm^2$의 콘크리트는 사용시멘트량이 많아 점성이 매우 높게 되어 시공성이 불량할 것으로 판단되어 시공성의 개선을 목적으로 고성능 AE감수제의 시험반죽을 시행, 사용 부위에 따라 슬럼프 15cm의 콘크리트를 사용하는 것으로 했다. 주형 및 주탑의 시공시기는 12월부터 4월까지의 한중(寒中)시기였기 때문에 「콘크리트 후아네스」라 불리우는 온풍식 난방기를 주두부 양생울타리 내에 4대 설치하고 급열양생을 시행했다.

라) 주케이블의 시공

본 교량의 주방향 PC케이블로서는 19S15.7B를 사용하고, 웨브배치의 주방향 케이블은 각 블록시공마다에서 긴장을 시행했다. 3BL은 VSL의 ER Type (ERK6−19)을 사용하고 2BL의 긴장단에 캐플러로 연결하여 긴장하고 있다.

또, 중앙 폐합 후의 웨브배치 주방향 케이블의 긴장은 웨브에 절취부를 설치해 정착하기 때문에 커브정착구(カーブチェア)를 사용해서 긴장을 시행하고 있다(사진 9). 이 커브정착구는 스테인레스 곡관을 사용한 저마찰정착구로 마찰계수는 8%이다(통상의 절선(折線)형상의 커브체어는 14%).

사진 9 웨브배치 주방향케이블의 긴장

마) 사재의 시공

사재 케이블에 대해서는 주탑부의 정착방식을 분리방식으로 하고, 주탑정부는 강각(鋼殼)구조로 하고 있다. 주탑 강각은 그 정밀도를 확보하기 위해 지압판을 일체로 해서 공장제작으로 했다(사진 10, 사진 11).

사재시스템으로서는 해외에서 실적이 있는 VSL－SSI 2000시스템을 채용했다. SSI는 Single Strand Installation의 약어로 스트랜드를 1본마다 삽입해 가는 쐐기정착하기 때문에 장래의 유지보수시에 철거교환을 용이하게 시행할 수 있는 시스템이다. 본 교량에 채용한 VSL－SSI 2000의 시공은 국내 처음이다.

본 교량의 사재는 22S15.7 (SBPR7B)로 케이블 당 Á15.7의 언본드(Unbond,アンボンド)스트랜드 22본으로 구성되어 있다.

VSL－SSI 2000의 구조 및 특징은 다음과 같고, 그 구조를 그림 5에 나타냈다.

① 사재는 폴리에틸렌그리스로 피복된 언본드 스트랜드를 사용, 그 때문에 SSI에는 그라우팅이 불필요하므로 사재의 경량화가 추구되고 있다(사진 13).

② 정착공법은 VSL에서 실적이 있는 쐐기방식을 채용, 피로시험을 통해 개발된 사재전용 쐐기를 사용하고 있다.

③ 사전에 교면에 배트용접(열용착)으로 소정의 길이로 접합·조립된 스테－파이프(폴리에틸

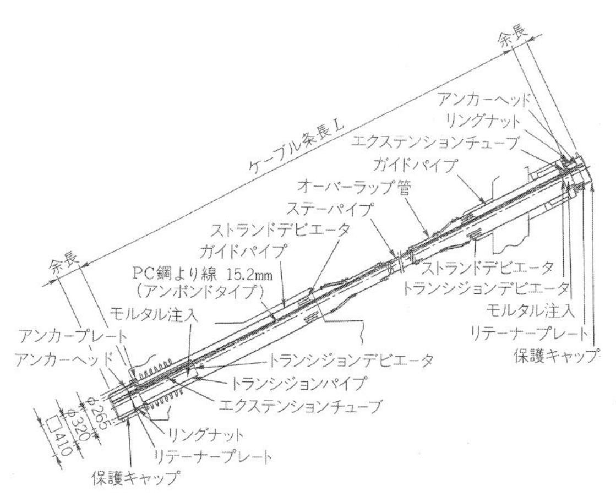

그림 5 VSL－SSI 2000의 구조

사진 10 주탑 강각의 공장제작

사진 11 강각내의 사재 지압판

사진 12 150t 롤러크레인에 의한 강각의 설치

사진 13 언본드 게이블

사진 14 스테-파이프의 배트 용착

사진 15 스트랜드 데비에타

사진 16 정착부(트랜지션 파이프)의 설치

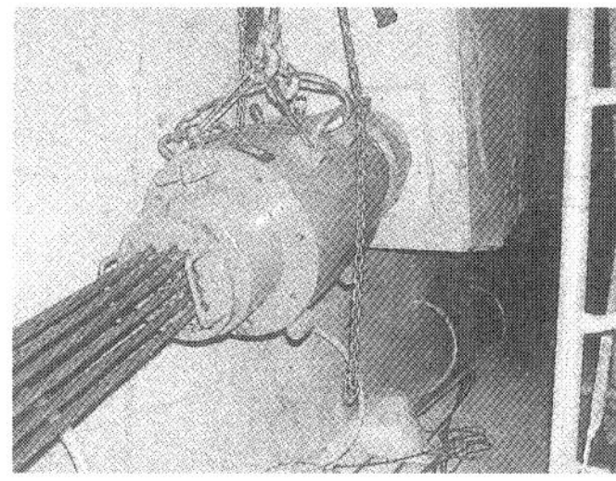
사진 17 멀티스트랜드잭에 의한 사재긴장

사진 18 로드셀에 의한 사재긴장력 계측

렌 외덮개관)를 크레인으로 가설한 후에 언본드 스트랜드를 1본씩 삽입해서 앙카헤드에 정착하고 있다. 이때는 VSL싱글스트랜드잭을 사용해서 스트랜드세그를 정착해 갔다(사진 14).

④ 편향부에는 크로로플렌고무제의 스트랜드 데비에타가 설치되어 있다. 이 스트랜드 데비에타는 가이드파이프에 고정하고 레인바이브레이션(발산형 진동의 일종)을 제거하는 방진성능이 있다. 긴장후 이 스트랜드 데이에타를 세팅한다(사진 15).

⑤ 스트랜드의 삽입이 완료되고 긴장완료 후, 오버랩관과 스테-파이프 컨넥션으로 스테파이

프를 고정해 사재의 가설이 완료된다.

⑥ 사재의 가설이 완료된 후 발포우레탄을 스테－파이프에 해 언본드 스트랜드와 스테－파이프를 일체와 한다.

⑦ 정착부(앙카헤드부 및 트렌지션파이프 내)에는 방청캡을 씌우고 그 안에 방청유를 충진하여 사재를 방청한다(사진 16).

사재의 긴장은 형측(桁側)으로부터 VSL 멀티스트랜드잭(500 tf)을 사용해서 시행했다(사진 17). 긴장관리는 주로 압력을 관리하고 신장량과 주형의 처짐도 정확한지를 측정 · 확인했다.

긴장순서는 주형응력도의 관계로 1, 2, 3단 째를 중앙폐합 전에 시행하고, 4, 5단 째는 중앙폐합 완료 및 지간케이블 긴장으로 구조완성 후 시행했다.

바) 시공계측관리

주형의 시공은 사재케이블로 지지하면서 지보공을 순차적으로 해체해 갔다. 이 때문에 시공단계마다에 구조계가 복잡하게 변화하고, 주탑의 좌우로 장력이 불균형하게 되지 않도록 관리할 필요가 있다. 그래서, 사재케이블의 긴장단부에 로드셀을 장착, 가설시부터 구조 완성시까지의 장력측정을 시행하는 것으로 했다. 구체적으로는 각 사재 1차 케이블의 PC강선 1본을 대표로서 로드셀을 긴장단에 설치하여 장력을 측정하고 멀티케이블 전체의 장력을 추정하는 것으로 했다(사진 18).

계측결과 각 시공단계마다의 장력변화는 거의 설계 값과 일치하고 있어, 최대 3% 정도의 차를 보이고 있다. 좌우의 장력이 불균등하게 되는 것도 인지할 수 없었고 다른 케이블에 대해서도 결과는 동일했다.

사) 캠버관리

철도교의 교면높이는 설치되는 궤도레벨에 직접 영향을 주기 때문에 가설시의 캠버관리는 매우 중요하다. 특히, 최소궤도두께에 영향을 받는 ＋방향의 정밀도는 철도교의 시공에서는 엄격하게 요구된다. 본 교량에서는 ＋5～－20mm로 관리하고 있다.

본 교량의 캠버계산에는 각 블록의 콘크리트 재령을 고려한 크리이프변형해석을 시행하고 각 시공단계에서의 처짐량을 미리 계산 · 집계한 캠버량을 사용했다. 계산값과 실측값에 큰 차이는 발생하지 않았지만 캠버량을 계산할 때의 하중조건이나 시공순서를 변경할 때에 차례차례 처짐량을 수정해 실제의 시공에 반영해 가는 것이 중요하다고 생각된다.

맺으며 ·····

본문에서는 교체를 위해 신설한 JR동해도본선 사까이가와(界川)교의 계획과 시공에 대해서 보고하였다. 국내에서는 철도교의 엑스트라도즈드교의 실적은 적지만, 게다가 본 교량에서는 사재시스템으로서 VSL－SSI2000 시스템을 채용하고 있다.

한편, 시공측면 에서는 영업선 근접시공에 보태 지형적 제약, 하천관리상의 제약 등이 엄격한 조건 가운데 1갈수기 시공으로 상부공의 가설을 완료해야 하는 엄격한 공사였지만, 이와 같은 과제를 하나씩 해결하여 헤세이 15년 5월 갈수기 말에 교량공사를 모두 완료할 수 있었다.

본문이 금후의 철도교의 기술발전에 기여할 수 있다면 다행이겠다. 마지막으로 본 교량 프로젝트에 대해 지도, 조언을 아끼지 않은 관계자 여러분께 깊은 감사를 드린다.

No. 7

4경간 연속 PC엑스트라도즈드교의 설계·시공계획

– 큐슈(九州)신간선 오오노가와(大野川)교 –

佐々木　満　範
SASAKI　Mitsunori

머 리 말

큐슈신간선 오오노가와(大野川)교는 하카다(博多)부터 신야쓰시로(新八代)간의 하카다 기점 115km, 017에 위치해 쿠마모토현(熊本縣)우키시(宇城市)내를 흐르는 2급하천 오오노가와(大野川)에 가설되는 교량이다. 오오노가와교의 입지특성은 다음과 같다(사진 1).

① 평면선형에 의해 사각 30°로 교차

② 하구로부터 약 2km 지점에 위치하는 염해지구

③ 우안측에 주택 밀집

본 보고는 4경간 연속 PC엑스트라도즈드교를 선정한 경위, 교량개요 및 특징과 하부공을 포

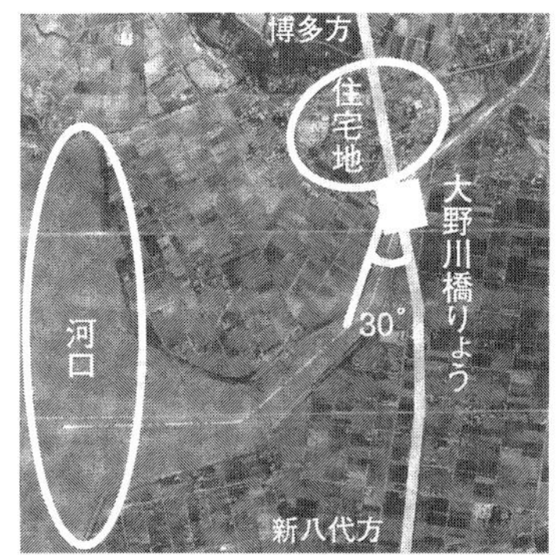

사진 1　오오노가와교 주변 항공사진

함한 이후의 시공계획에 대해 보고한다.

오오노가와교의 개요

신간선 교차점에 있는 오오노가와의 주요제원을 이하에 나타냈다.

① 하천폭 : 약 70m

② 기준경간장 : 약 23m

여기서, 신간선이 사각 30°로 오오노가와교와 교차하고 있기 때문에 사장환산에 의해 선로방향으로는 ①, ②가 다음과 같이 된다.

① 하 천 폭 : 약 70m → 약 150m

② 기준경간장 : 약 23m → 약 50m

구조형식 선정

(1) 검토조건

구조형식 선정에 대해 주요조건을 이하에 나타냈다.

① 기준경간장 : 약 50m (사장환산)

② 하적조해율 : 8% 이하

③ 관리용통로의 건축한계 : 4.5m

상기 3항목의 조건을 만족하는 구조형식 중에서 비교검토를 시행했다.

(2) 구조형식의 선정

가) 비교검토

구조형식의 선정을 위해 5Type에 대한 비교검토를 시행, 그 내용을 표 1에 나타냈다.

5Type에 대한 비교검토를 시행한 결과 경제성, 환경성, 경관성에서 2경간 연속 엑스트라도즈드교로 계획하게 되었다.

표 1 구조형식 비교표

타 입	A	B	C	D	E
구 조 형 식	3경간연속강결 격자형교 (마형)	2경간연속PC 파형강판웨브 엑스트라도즈드교	**2경간연속PC 엑스트라도즈드교**	2경간연속 트러스교	2경간연속 비합성형교
교 장	190m				
지간장	57.5+75+57.5	95+95			
경제성	△	△	○	○	×
경관성	×	○	○	△	○
환경성	○	△	○	×	△
총 평	×	△	○	△	×

나) 구조형식의 변경

▪ 경간장의 변경 ▪

현 계획에서는 제체내에 교각이 계획되어 있기 때문에 하천관리자에게서 다음 두 가지가 현안사항으로 제시되었다.

① 현 제체는 연약지반상에 있다.

② 근래의 제방결괴에 의해 만일 결괴한 경우, 주택지가 근접하고 있기 때문에 피해가 막대하다.

상기에 대한 대책으로 다음의 두 가지를 생각할 수 있다.

① 제체내 교각은 하천정규단면의 바깥에 설치

② 제방에 충분한 보강성토를 시공하고 제체내에 설치

여기서 보강성토를 할 경우 증용지가 필요하게 되고 용지매수곤란 등의 이유로 재협의 결과 지간을 95m에서 113m로 변경했다.

지간변동에 따라 중앙교각부의 주형 응력도 등에 대한 설계조사를 시행한 결과 응력도가 너무 크기 때문에 측경간(30m)을 붙인 4경간 연속 PC엑스트라도즈드교를(30+113+113+30) 채용하게

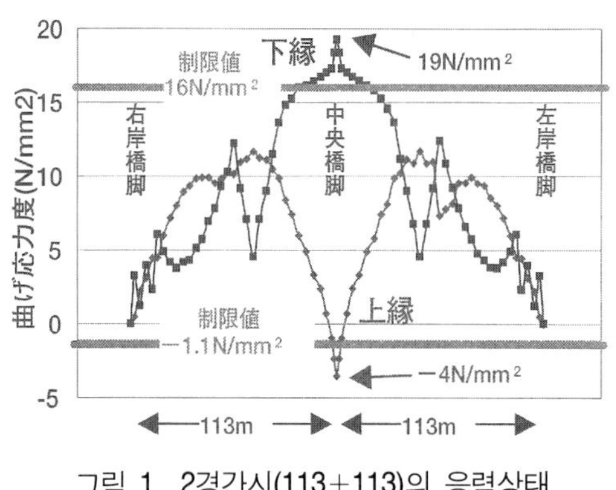

그림 1 2경간시(113+113)의 응력상태

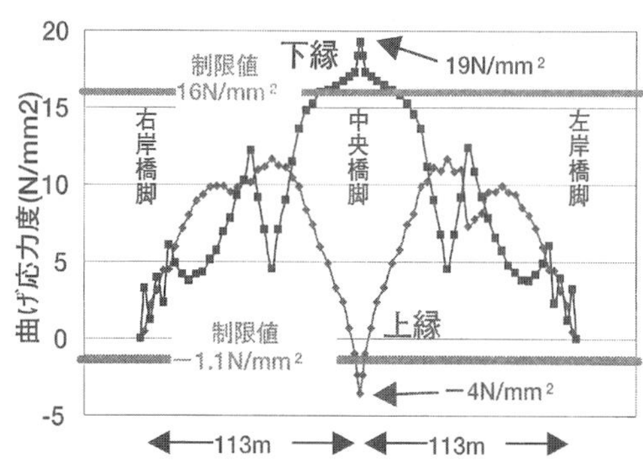

그림 2 4경간시(30+113+113+30)의 응력상태

되었다. 덧붙여, 지간변경 후의 2경간시 및 4경간시의 응력상태를 그림 1, 그림 2에 나타냈다.

오오노가와(大野川)교의 개요

(1) 오오노가와교의 개요

- 교 장 : 286m
- 지 간 : 30m+113m+113m+30m
- 형 고 : 변단면(3.5m~6.0m)
- 주형형상 : 평행형
- 주 탑 고 : 15m
- 사재배치 : 2면 fan형
- 사재사양 : 27T15.2 (에폭시피복+PE관)
- 주탑정착 : 관통고정방식
- 하 부 공 : 케이슨기초, 말뚝기초 (하적조해율 : 7.9%)

오오노가와교의 전체도를 그림 3에 나타냈다.

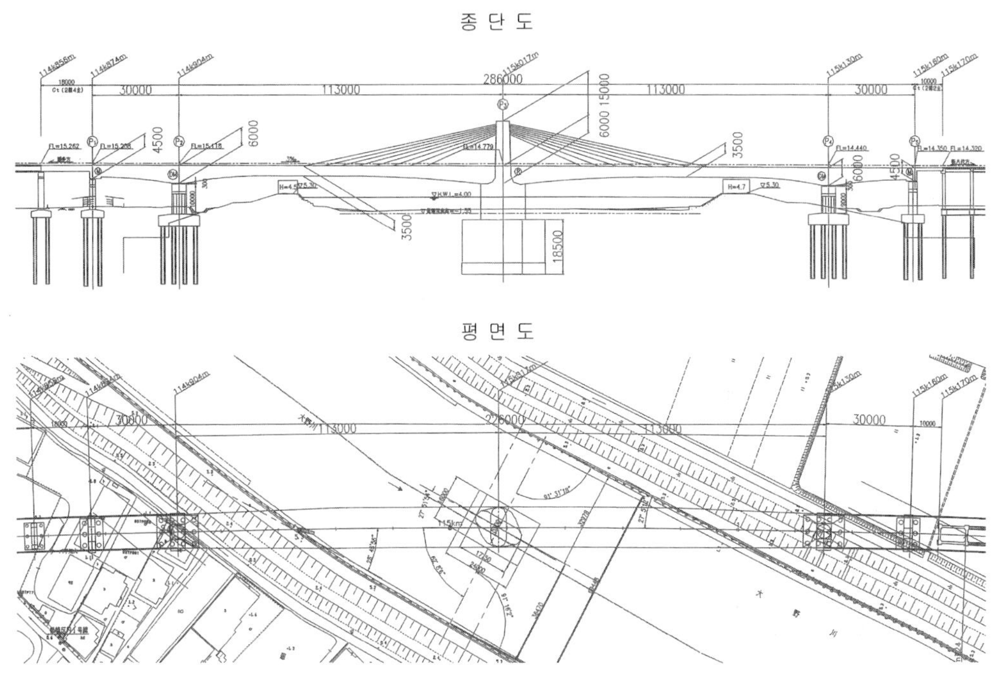

그림 3 4경간 연속 PC엑스트라도즈드교 전체도 (30m+113m+113m+30m)

(2) 오오노가와교의 구조특성

오오노가와교의 특징으로 다음의 세 가지를 들 수 있다.

가) 하적조해율과 사각

하천내 교각은 하적조해율 때문에 하천유하방향을 장변으로 하는 트랙형으로 계획하고, 주형과의 사각(30°)교차에 대한 대책으로 주형접합부에 코벨구조를 도입하였으며, 코벨부는 경관성을 배려해서 부드러운 곡선형상이 되었다(사진 2).

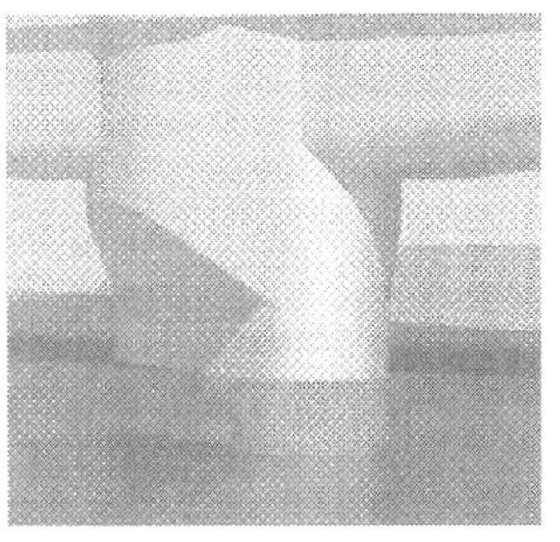

사진 2 코벨구조 교각

나) 부반력 대책

중앙경간에 비해 측경간이 매우 짧기 때문에, 변동하중 작용시 단지점에 부반력이 발생하지 않도록 부반력 대책을 시행하였으며, 그 내용은 다음과 같다(그림 5).

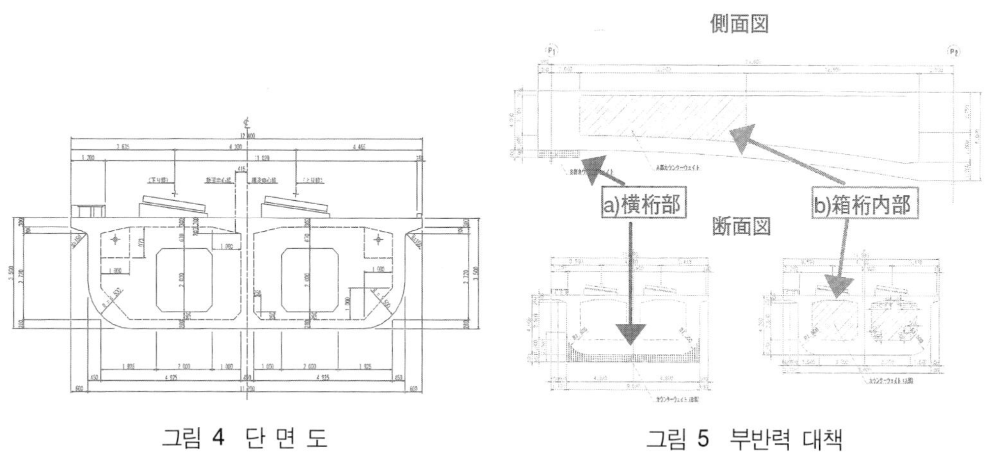

그림 4 단 면 도

그림 5 부반력 대책

① 단부 횡형 하부에 콘크리트 증타(440kN)

② 측경간 상자형 내부에 콘크리트 채움(3660kN)

상기 대책을 시행함으로써 L1 지진시에도 부반력은 발생하지 않는다.

다) 염해대책

염해지구에서의 대책으로 사재에 에폭시수지도장, 폴리에틸렌피복의 2중방청케이블을 사용하고, 정착은 주형내 정착으로 하고 있다. 또, 하부교각의 철근덮개는 100mm 이상을 사용하고 있다.

오오노가와교의 시공계획

(1) 시공방법

가) 하부공 시공

하부공은 2중마감공법으로 굴착·구축을 시행하는 계획이다. 내측의 시트파일로 케이슨중량·토압을 지지하고, 외측의 시트파일로 차수를 시행하는 구조이다. 덧붙여, 하부공 시공시(잔교를 포함)의 하적조해율은 35%이다.

나) 상부공 시공

상부공은 중앙경간은 캔틸레버시공(張出施工), 측경간은 고정지보공에 의한 시공으로 계획하고 있다.

(2) 시공시기

오오노가와 하구에서는 법면양식을 하고 있기 때문에, 관계기관과의 협의에 의해 작업이 규제된다. 규제기간은 하기와 같다.

① 10월~12월 : 하천내 공사 휴지

② 1월~3월 : 콘크리트공사 휴지

상기에 의해 주된 토목공사는 4월~9월의 출수기에 시행되지만, 하천관리자와의 협의에 의해 양해를 구하고 있다.

맺 음 말

완성되면 철도교로서는 국내 5번째의 엑스트라도즈드교가 된다. 금후, 공사에 착수하게 되면 설계 데이터는 물론이고 타 교량의 시공실적 데이터와도 비교검토 해가면서 양호한 가설정밀도 관리 및 공정관리를 통해 훌륭하게 완성시키고자 한다(사진 3).

사진 3 오오노가와교의 완성예상도

[집 필 자]

사사키 미츠노리(佐々木満範)

철도 · 운수기구 큐슈신간선건설국 우키(宇城)철도건설소 소원(所員)

[설계기간]

2003년 10월~2005년 3월

[출　　처]

일본철도시설협회지 2006년 1월호

No. 8
경량콘크리트를 사용한 PRC하로사판교의 설계·시공

– 아테라자와(佐澤)선 스카와(須川)교 –

Design and Construction of the Panel-stayed Bridge using Lightweight Concrete
- Sukawa Bridge -

머 리 말

스카와교는 아테라자와(佐澤)선 카나이(金井)~우젠야마베(羽前山辺羽)간에 위치하는 교량으로 국토교통성의 하천개수사업에 따라 전장 264.2m의 신교량으로 교체하는 공사가 진행되고 있다. 2련의 신교량 가운데 하천 유심부에 가설되는 2경간연속 PRC 하로사판교는 지형상의 제약조건 때문에 지간분할이 비대칭으로 되었고, 그로인한 불균형모멘트를 저감하기 위해 장경간측 주형에 경량골재콘크리트(이하, 경량콘크리트)를 도입, 비용저감과 공기단축을 실현했다.

본문에서는 경량콘크리트의 적용을 중심으로 본교량의 계획, 설계 및 시공에 대해 보고한다.

교량형식의 선정

(1) 제약조건

현교량은 전장 약 80m의 7경간 단순 하로판교로, 시공은 시공성·경제성을 고려해 현교량보다 약 15m 하류측에 별도의 신선으로서 시공하였다(그림 1). 구조형식 선정시의 제약조건은 다음과 같다.

① 하류 유심부에는 현 교각의 세굴방지를 위해 대량의 호상(護床) 블럭이 설치되어 있다. 신교량 구축하기위해 이 호상블럭을 철거할 경우, 현 교량을 주행하는 열차의 주행안전성에 영향을 미칠 가능성이 있고, 또, 많은 비용이 들기 때문에 하천 유심부에는 교각이 설치되지 않도록 지간분할 한다.

② 개축으로 인한 궤도상승량을 최대한 억제해 노선변경구간을 최소화한다는 관점에서 하로형식을 채용한다.

③ 하천내에서의 시공은 갈수기에 한정되기 때문에 하천내를 점유하지 않는 공법에 의한 시공을 전제로 한다.

④ 당해지역은 고요한 전원지대로 경관을 고려한 디자인이 요구된다.

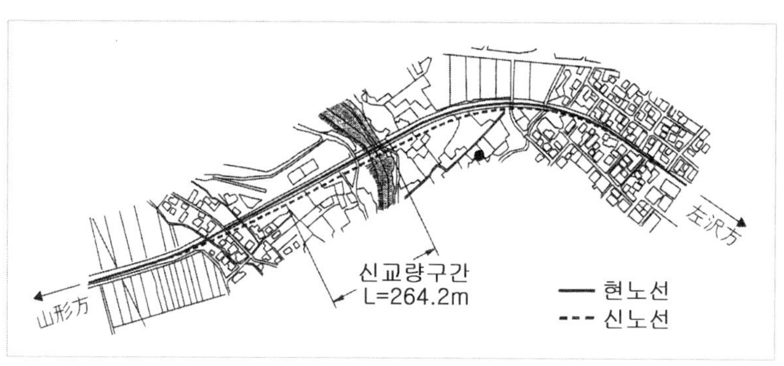

그림 1 위 치 평 면 도

(2) 구조형식의 선정

구조형식의 선정결과를 표 1에 나타냈다. PC사판교, PC외케이블교 등 세가지안에 대해 경제성·공기·시공성·보수성·경관성의 관점에서 비교검토 했다. 그 결과, 하천 유심부에 가설되는 교량은 장경간 지간 71.3m, 단경간 지간 54.0m의 비대칭 지간의 사판교로 하고, 좌우 주형자중 차에 의한 불균형모멘트를 억제할 목적으로 장경간측 주형에 경량콘크리트를 사용했다(②안). 경량콘크리트를 적용함으로써 보통골재콘크리트(이하 보통콘크리트)만을 사용한 ①안과 비교해 주탑 · 사판수의 감소, 하부공의 간소화, 캔틸레버블럭의 경량화에 의한 블록길이의 장대화 등이 추구되어 비용절감과 공기단축이 가능하게 되었다. 그림 2에 교량 일반도를 나타냈다.

사판교는 사재를 콘크리트로 피복한 구조로, 면내라멘구조로 되고 있기 때문에 교량전체의 강성이 높고, 열차 주행안전성이 우수하다. 게다가, 사재 피복에 의해 응력변동폭을 억제할 수 있어 설계, 유지관리면에서도 유리한 구조이다.

표 1 구조형식 선정

구 조 형 식	비 용	공 기	시공성	보수성	경 관	종 합
①안 3경간사판교	1.08	△	△	○	○	○
②안 2경간사판교	1.00	○	○	○	○	◎
③안 3경간외케이블교	1.13	○	○	△	○	△

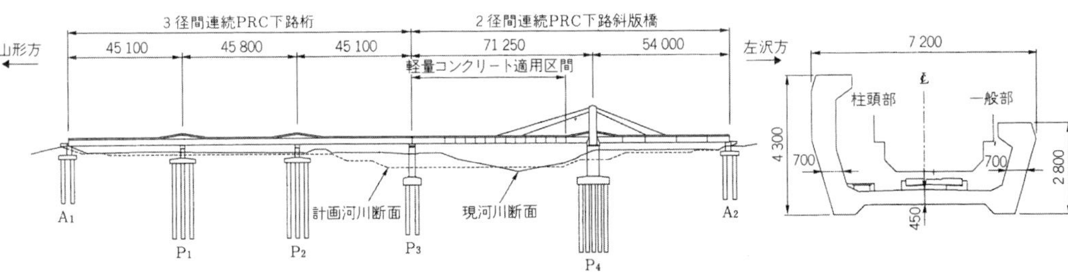

그림 2 일 반 도

설 계 개 요

(1) 비대칭 지간의 검토

본 교량에서는 주형의 업리프트(A2교대의 부반력)를 억제하기 위해 경량콘크리트를 채용한데다 주탑고와 사판설치위치의 영향해석을 시행, 보다 합리적인 구조계가 되도록 검토를 시행했다.

1) 주탑고

사판설치위치를 양경간 동일비율로 0.6L (L : 지간장)로 하고, 주탑고를 10~14m로 변화시킨 경우의 A2교대의 연직반력 비교를 그림 3에 나타냈다. 그 결과 주탑고를 낮춤에 따라 업리프트를 저감할 수 있는 경향을 볼 수 있지만, 그 영향은 후술할 사판설치위치의 영향만큼 크지 않으므로 주형의 응력도와 경관 등을 고려해서 주탑고는 12m로 결정했다.

2) 사판설치위치

주탑고를 12m로 하고, 사판설치위치를 양경간 동일비율로 0.5~0.7L로 변화시킨 경우의 A2교대의 연직반력 비교를 그림 4에 나타냈다. 설치위치를 주탑에 근접시키면 업리프트가 저감되는 경향을 뚜렷이 볼 수 있다. 이에 따라, 사판의 설치위치는 업리프트가 발생하지 않는 한계값인 0.54L로 결정했다.

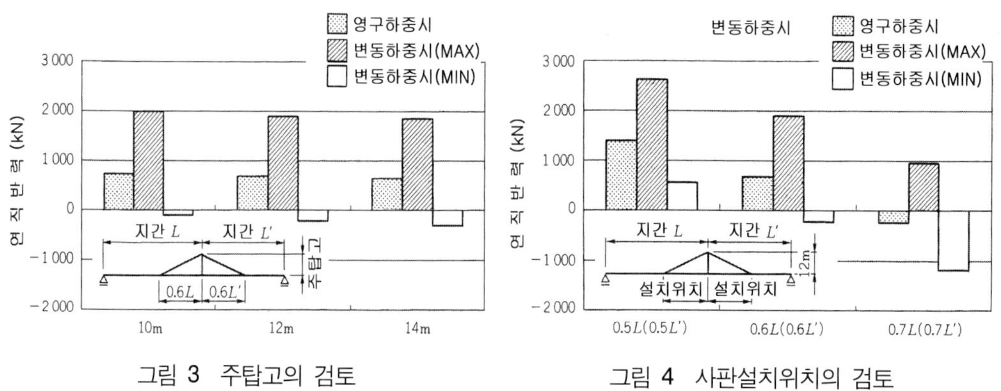

그림 3 주탑고의 검토

그림 4 사판설치위치의 검토

(2) 설계개요

표 2에 설계조건을 나타냈다. 설계개요는 이하와 같다.

① 설계는 한계상태설계법에 의한다.

② 주형은 하천과 60°의 사각을 갖는다.

③ 각 부재의 구조종별에 대해서는, 주형은 균열을 허용하는 PRC구조, 상판 및 사판은 PC구조, 주탑은 RC구조로 했다.

④ 경량콘크리트를 사용하는 장경간측 주형은 전 12블럭(1블럭 4m)의 캔틸레버가설로 하고, 단경간측의 주형은 블럭길이를 9.0~12.5m의 3분할로 해서 고정식 지보공으로 시공한다.

표 2 설 계 조 건

<table>
<tr><td>선로등급</td><td colspan="3">4급선 (단선)</td></tr>
<tr><td>설계하중</td><td colspan="3">EA－15</td></tr>
<tr><td>설계속도</td><td colspan="3">100 km / h</td></tr>
<tr><td>선로기울기</td><td colspan="3">Level</td></tr>
<tr><td>평면선형</td><td colspan="3">직선 : R＝∞</td></tr>
<tr><td>사 각</td><td colspan="3">우 : θ＝60°</td></tr>
<tr><td rowspan="2">상부구조
(지간장)</td><td colspan="3">3경간연속 PRC 하로형(桁) (45.1＋45.8＋45.1 m)</td></tr>
<tr><td colspan="3">2경간연속 PRC 사판교 (71.25＋54.0 m)</td></tr>
<tr><td>하부구조</td><td colspan="3">올케이싱말뚝 ϕ＝1,500mm</td></tr>
<tr><td rowspan="4">콘크리트
설계기준강도</td><td rowspan="2">상 부 공</td><td>보통골재콘크리트</td><td>40 N/mm^2</td></tr>
<tr><td>경량골재콘크리트</td><td>40 N/mm^2</td></tr>
<tr><td colspan="2">교각구체 · 푸팅</td><td>24 N/mm^2</td></tr>
<tr><td colspan="2">말 뚝</td><td>30 N/mm^2</td></tr>
<tr><td>지승종별</td><td colspan="3">고 무 슈</td></tr>
<tr><td>스 토 퍼</td><td colspan="3">댐퍼－스토퍼 (A1 ~ P3) / 강각스토퍼 (P_4 · A_2)</td></tr>
<tr><td>궤도구조</td><td colspan="3">직 결 궤 도 (탄성바라스트궤도)</td></tr>
</table>

⑤ 캔틸레버가설시에는 주케이블과 가설사재를 병용함으로써 주케이블량을 줄여 주형단면을 축소한다.

⑥ 캔틸레버시에 사용하는 가설사재는 주탑에 정착시키고, 주형병합후에 사용하는 본 사재는 주탑부를 새들구조로 해서 형하정착으로 한다.

⑦ 설계수평진도는 $K_h=0.41$(교축방향), $K_h=0.40$(교축직각방향)으로 한다.

(3) 구조해석

교축방향의 설계는 평면골조모델로 해석하고, 캔틸레버가설에 따른 시공단계마다의 구조계에 대해 구조계산을 수행, 안전성검토를 시행했다. 또, 경량콘크리트의 설계상 취급은 표 3에, 주형·사판에 대한 응력총괄은 표 4에 나타냈다.

(4) 경관설계

당해지역은 전원에 둘러 쌓인 고요한 지역으로 이러한 주변환경과의 조화를 추구했다.

하천 유심부에 가설되는 2경간연속 PRC하로사판교에 대해서는 전원(田園) 가운데에 솟은 랜드마크적 기능을 부여하고, 고수부에 위치하는 3경간연속 PRC하로형에 대해서는 연속성을 강조한 휜백(fin−back)형식을 적용했다.

또, 캔틸레버가설시에는 가설사재를 병용함으로써 주형단면을 축소하고, 단면형상에 대해

표 3 경량콘크리트의 설계상 취급

단위체적중량 (철근콘크리트)	20 kN/mm^2
압 축 강 도	40 N/mm^2
탄 성 계 수	19 kN/mm^2
포 아 송 비	0.2
건조수축계수	150 × 10^{-6}
크리프계수 (4~7일 옥외)	2.00
휨 · 인장 · 부착강도	보통콘크리트의 70%

표 4 응력도 총괄

종별	항목			단위	장경간측주거더		단경간측주거더		장경간측사판		단경간측사판	
					지간부	주두부	주두부	지간부	주거더 설치부	주탑 설치부	주거더 설치부	주탑 설치부
종국한계	설계휨모멘트			kN·m	15063	−38 409	−28 154	−4 427	5 988	−1 658	−1 208	−1 513
	설계휨내력			kN·m	19100	−56 779	−56 940	−8 083	14 808	−5 883	−5 291	−12 536
사용한계	콘크리트	프리스트레스 도입직후	상연	N/mm^2	5.49	−0.95	11.19	3.25	7.10	11.36	9.44	5.70
			하연	N/mm^2	−0.22	3.42	−0.73	0.31	3.71	3.80	7.96	5.62
			제한치	N/mm^2	$-1.5 \leqq \sigma_c \leqq 20$	$-2.2 \leqq \sigma_c \leqq 16$						
		영구하중 작용시	상연	N/mm^2	5.12	2.44	5.30	0.38	6.54	6.03	3.77	4.03
			하연	N/mm^2	−0.65	9.33	6.69	2.21	2.35	3.44	6.97	4.75
			제한치	N/mm^2	$-1.3 \leqq \sigma_c \leqq 16$	$0 \leqq \sigma_c \leqq 16$						
		변동하중 작용시	상연	N/mm^2	13.82	−0.74	3.09	−1.22	8.07	−0.40	0.72	0.62
			하연	N/mm^2	−3.90	12.71	8.79	5.35	−1.24	2.77	7.87	5.54
			제한치	N/mm^2	–	–	–	–				
	변동하중작용시의 PC강재의 인장응력		설계치	N/mm^2	1297	901	854	1 062	902	752	758	891
			제한치	N/mm^2	$\sigma_p \leqq 1330$							
	균열	내구성	균열폭	cm	0.0085	0.0052	–	0.0051	–	–	–	–
			제한치	cm	0.0265	0.0212	–	0.0212	–	–	–	–
피로한계	PC강재	설계변동응력도		N/mm^2	184.9	–	–	26.2	–	–	–	–
		설계피로강도		N/mm^2	186.9	–	–	130.1	–	–	–	–
	철근	설계변동응력도		N/mm^2	236.9	–	–	62.3	–	–	–	–
		설계피로강도		N/mm^2	315.2	–	–	253.2	–	–	–	–
구 조					PRC 구조				PC 구조			
콘 크 리 트					경 량	보 통						

서도 튜브형상의 경사웨브를 도입해 샤프하고 긴장된 인상을 부여했다. 나아가, 주형고에 대해서도 차창에서의 조망을 고려 표준부 2.8m로 제한했다.

한편, 하부공에 대해서는 원형, 소판(小判)형 교각을 채용하고, 주형전체의 규칙성, 통일감을 가지는 디테일 등도 반영했다.

하부공의 시공

교대·교각은 강널말뚝 토류공을 설치하여 시공했다. 우선, φ1,500의 말뚝을 올케이싱공법으로 시공하고(말뚝길이 20~33m), 강널말뚝 토류벽을 타설한 다음 점차 토류벽 내를 굴착해 교대·교각 구체를 구축했다.

P4교각을 제외한 교각은 버팀보지보공으로 강널말뚝을 지지하고, 현황하천의 법면부에 위치해 편토압 작용이 예상되는 P4교각에 대해서는 래디쉬앵커에 의한 지보공을 사용했다. 이 래디쉬앵커는 현위치 혼합교반에 의한 소일시멘트 기둥의 축중심 위치에 인장심재를 배치한 것이다. 본 공법에서는 보강체의 축조지름이 30~50cm로 종래의 철근 보강토공법과 비교해서 큰 것이 특징으로 지반과의 부착력도 크기 때문에 보강체의 축조길이를 짧게 하고 축조본수를 적게 할 수 있었다.

또, 입항굴착시는 근접하는 영업선에의 영향을 방지하기 위해 궤도와 가설교대의 이동량을 정기적으로 측정하면서 공사를 진행했다.

경량콘크리트 시험

(1) 기본방침

종래의 인공경량골재는 파쇄한 팽창혈암(頁巖)을 구워서 만든 비조립형이 일반적으로 24시간 흡수율이 10% 정도로 컸다. 그 때문에, 동결융해특성과 펌프압송시의 압력흡수가 문제가 되는 경우가 적지 않았다. 한편, 금회 사용하는 독립공극형 인공경량조골재는 류문암계 진주암을 조립(造粒), 구운 것으로 24시간 흡수율이 1% 정도로 종래형에 비해 현저히 작다. 따라서, 프리웻팅(prewetting)을 실시하지 않고 펌프압송이 가능하게 되어 동결융해저항성이 크게 향상되었다.

JR동일본에서는 이 독립기포형 경량조골재를 사용한 경량콘크리트를 장대교량에 적용한 두 번의 사례로 그 실용성에 대해 확인했다. 또 한편으로 후술하는 몇 개의 시험과제도 남겨져 있다. 그래서, 상부공의 시공에 앞서 그림 5의 시험흐름에 나타낸 일련의 경량골재콘크리트 시험을 실시해 적절한 배합과 시공방법에 대한 검토를 수행했다.

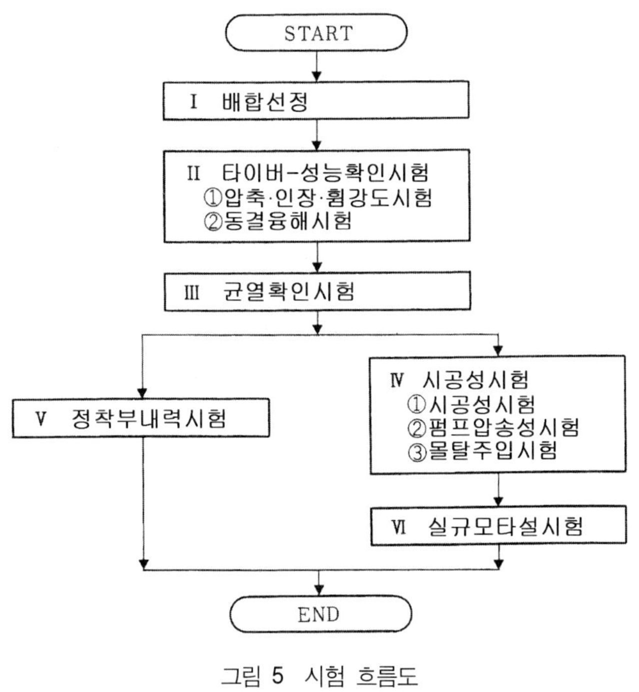

그림 5 시험 흐름도

(2) 배합선정

배합선정에 대한 주요 기본조건은 이하와 같다.

가) 슬럼프관리에 의한 콘크리트 배합

경량콘크리트를 사용한 과거의 시공사례에서는 수평환산거리로 최대 170m 정도의 장거리 펌프압송능력이 요구되었기 때문에 슬럼프 플로우 55cm 정도의 유동성이 높은 콘크리트 배합을 사용했다. 한편으로, 그러한 높은 유동성 때문에 Box교 하상판에의 콘크리트 유출을 방지하기 위해 상판상에 다짐거푸집의 사용을 피할 수 없게 되고, 다짐과 표면마무리작업에 많은 노력을 필요로 하고 있었다. 또, 콘크리트의 유동성을 높인다는 것은 경량골재의 분리를 방지하기 위한 배합상 및 시공상의 특별한 배려를 필요로 함을 의미했다.

한편, 본 교량의 콘크리트의 펌프압송거리는 수평환산거리로 최대 65m 정도로 작아 고도의 펌프압송능력은 요구되지 않는다. 또, 주형단면이 하로형이라는 점을 고려해서 상판상에 다짐거푸집을 사용하지 않고, 표면마무리시공을 확실하게 할 수 있도록 슬럼프관리에 의한

굳은 반죽의 배합을 지향했다.

슬럼프관리에 의한 배합으로 할 경우의 한계타설성능에 대해 확인하기 위해 수 종류의 거푸집을 사용해서 사전에 타설시험을 시행했다. 그 결과, 콘크리트는 충분한 자립성(自立性)을 가지고 있기 때문에 다짐거푸집을 설치하지 않아도 하로형단면에 대해 양호한 시공성을 얻을 수 있는 것이 확인되었다(사진 1). 덧붙여, 펌프압송성능에 대해서도 충분한 여유를 두면서 시공할 수 있었다.

나) 균열대책

그림 6에 경량콘크리트의 단열온도상승시험결과를 보통콘크리트와 비교해서 나타냈다. 보통콘크리트의 값은 토목학회의 단열온도상승 특성값으로부터 산정한 값이다. 이 그림을 통해 경량콘크리트는 동일한 시멘트량 기준으로 보통콘크리트 보다 온도상승속도, 최고온도가 큰 것을 알 수 있다. 경량콘크리트의 인장강도특성과 시공시 응력을 고려하면 본 교량에서는 캔틸레버시의 온도균열에 유의할 필요가 있음을 알 수 있었다. 그래서 이하와 같은 대책을 시행하기로 했다.

① 콘크리트의 수화열을 제거하기 위해 시멘트재료는 보통포틀랜드시멘트를 사용한다.

② 콘크리트에 발생하는 인장응력을 저감하기 위해 팽창재를 사용한다.

③ 균열진전을 억제하기 위해 보강용합성단섬유를 채용한다. 단섬유는 경량콘크리트에 혼

사진 1 시공성 시험

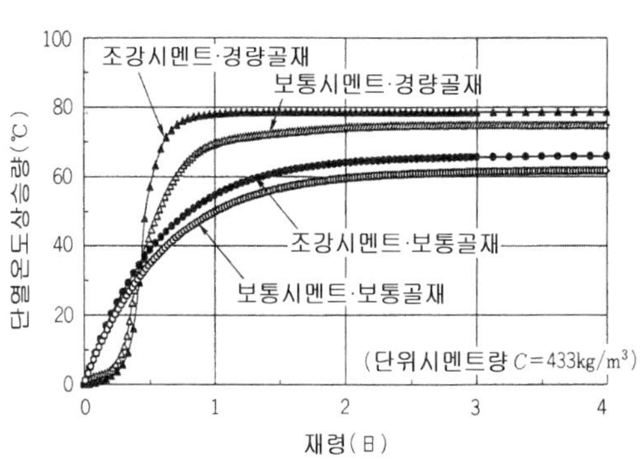

그림 6 단열온도상승시험

입하는 것이므로, 경량으로 파단시 늘어남이 작고, 부착성능, 비용면에서 뛰어난 PVA 섬유(비닐론화이바)를 채용한다.

상부공의 시공

(1) 시공개요

시공순서를 그림 7에 나타냈다. 단경간측의 주형은 고정식지보공에 의한 분할시공, 장경간측 주형은 워겐에 의한 캔틸레버시공으로 시행했다. 단경간측에 대해서는 3블럭(1~3R)으로

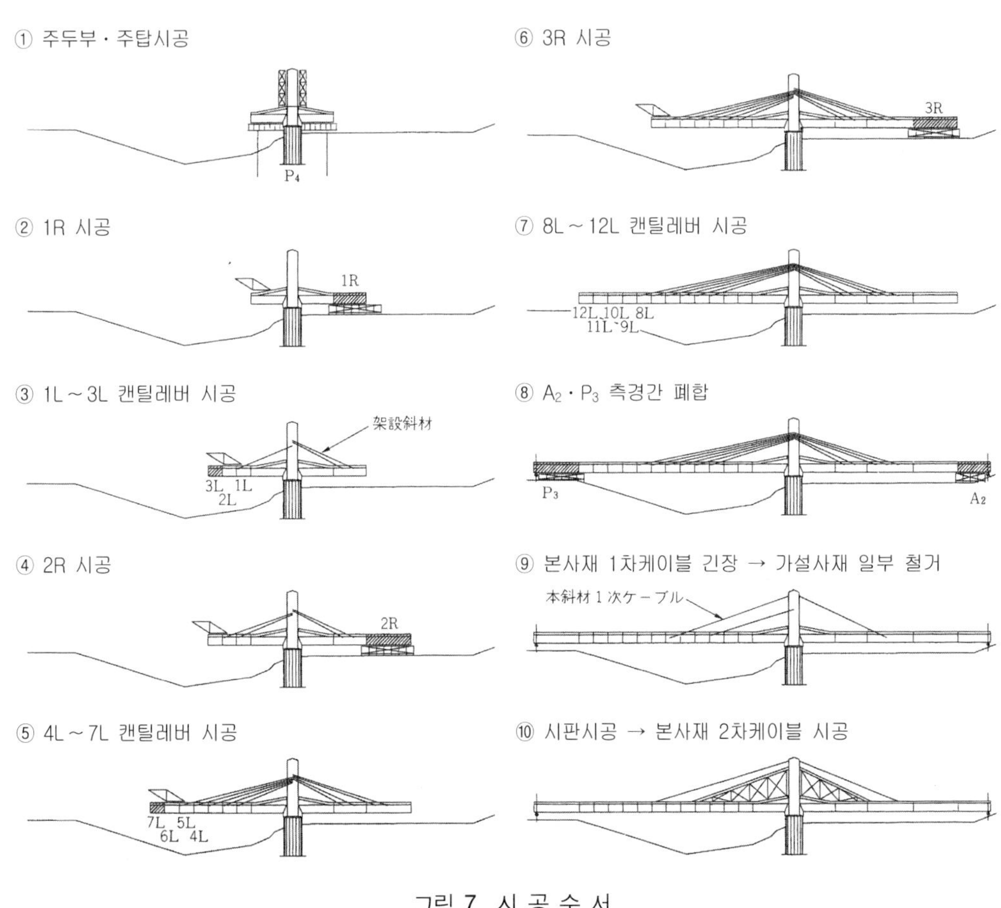

그림 7 시 공 순 서

분할하여 이것을 웨이트로 하면서 장경간측(1~12L)을 3~4블럭씩 순차 캔틸레버가설로 좌우 교차타설을 시행했다. 또, 주형폐합부에 대해서는 양경간 모두 고정식지보공에 의한 시공으로 하고 있다. 덧붙여, 캔틸레버가 최대로 되는 12L 시공시에 대해서는 단경간측에 카운터웨이트를 설치했다.

(2) 주두부의 시공

주두부의 시공은 교각에 설치한 브라켓과 지보공상에서 시행했다. 주두부는 교각·코벨·주형·주탑의 철근이 아주 조밀하게 복잡하게 얽혀있고, 또, 주형의 형고도 4.3m로 높다. 그러므로, 콘크리트 타설시에는 거푸집에 타설창을 설치해서 타설했다.

(3) 주탑의 시공

주탑은 전체를 3롯트로 분할, 비계를 설치해 시공했다. 주두부와 주철근의 연결은 열간눌러뽑기전단(熱間押抜きせん断)가스압접법으로 시행했다. 이 방법은 철근의 가스압접부의 팽창부를 적열(赤熱)의 상태에서 전단칼을 이용해 눌러 뽑는 것으로 불량 압접의 경우는 압접부에 선모양의 손상이 나타나기 때문에 눈으로 직접 불량판정을 용이하게 할 수 있는 특징이 있다.

또, 본사재의 주탑부는 새들구조로 하고, 새들부의 정밀도를 확보하기 위해 공장제작으로 지지가받침(支持架台)과 일체화 했다.

① 가스가열로 가스압접 완료

② 눌러뽑기 개시

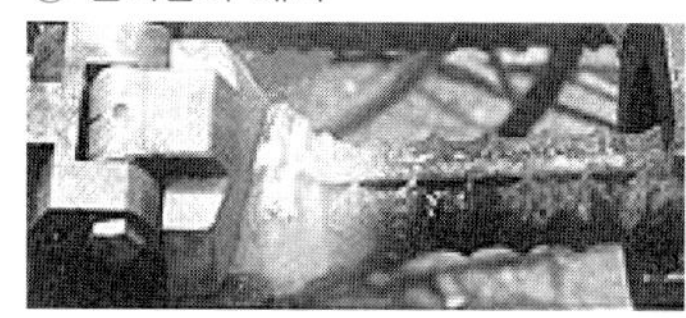

③ 눌러뽑기 도중

④ 눌러뽑기 완료

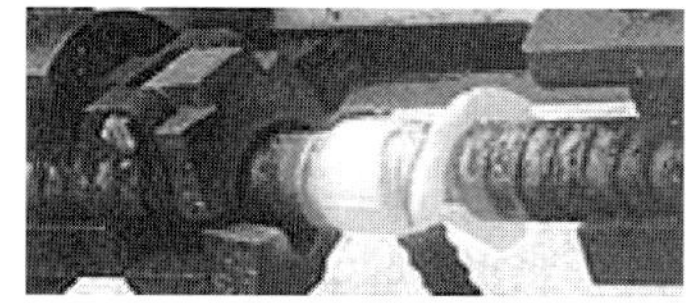

열간눌러뽑기전단(熱間押抜きせん断)가스압접법

(4) 장경간측 주형의 시공

캔틸레버가설 상황을 사진 2, 캔틸레버부의 표준 시공사이클을 표 5에 나타냈다.

가) 철근 · PC공

철근은 SD345를 사용했다. PC케이블은 주케이블로 후레시네 마루치 스트랜드 시스템(12S12.7)을, 가설사재에 후레시네 V시스템(12S12.7)을, 주두부 횡구속(横締め)케이블에는 후레시네 V시스템(12S12.7)을 사용했다. 또, 상판(床版)의 횡구속케이블에는 그라우팅의 불량방지와 시공성 개선의 관점에서 습기경화(硬化)형 프리그라우팅 강연선(1S21.8)을 사용했다.

사진 2 캔틸레버 가설

표 5 캔틸레버 가설표준사이클

<table>
<tr><th rowspan="2">작 업 내 용</th><th colspan="16">일 수</th></tr>
<tr><th colspan="2">1</th><th colspan="2">2</th><th colspan="2">3</th><th colspan="2">4</th><th colspan="2">5</th><th colspan="2">6</th><th colspan="2">7</th><th colspan="2">8</th></tr>
<tr><td>철근 · PC강재조립</td><td>■</td><td>■</td><td>■</td><td>■</td><td></td><td></td><td></td><td></td><td></td><td></td><td></td><td></td><td></td><td></td><td></td><td></td></tr>
<tr><td>거푸집 조립</td><td></td><td></td><td></td><td></td><td>■</td><td>■</td><td></td><td></td><td></td><td></td><td></td><td></td><td></td><td></td><td></td><td></td></tr>
<tr><td>콘크리트 타설</td><td></td><td></td><td></td><td></td><td></td><td></td><td>■</td><td></td><td></td><td></td><td></td><td></td><td></td><td></td><td></td><td></td></tr>
<tr><td>급 열 양 생</td><td></td><td></td><td></td><td></td><td></td><td></td><td></td><td>■</td><td>■</td><td>■</td><td>■</td><td>■</td><td>■</td><td>■</td><td></td><td></td></tr>
<tr><td>거푸집 해체</td><td></td><td></td><td></td><td></td><td></td><td></td><td></td><td></td><td></td><td></td><td></td><td></td><td></td><td>■</td><td></td><td></td></tr>
<tr><td>프리스트레싱</td><td></td><td></td><td></td><td></td><td></td><td></td><td></td><td></td><td></td><td></td><td></td><td></td><td></td><td></td><td>■</td><td></td></tr>
<tr><td>워 겐 이 동</td><td></td><td></td><td></td><td></td><td></td><td></td><td></td><td></td><td></td><td></td><td></td><td></td><td></td><td></td><td></td><td>■</td></tr>
</table>

나) 거푸집공

거푸집에는 합판거푸집을 이용한 유동성거푸집(浮き型枠)을 사용해 시공했다. 또, 헌치부의 거푸집은 공기와 물을 빼기위해 무크거푸집(합판거푸집 비도장면)을 사용하고, 나아가, 거푸집에 약 5cm 간격으로 ϕ5mm 정도의 공기구멍을 뚫었다.

다) 워겐공

본 교량에서 사용한 워겐은 2개의 메인프레임으로 구성된 포르바우 워겐이다. HWL로부터 소정의 클리어런스를 확보하기 위해 상판과 하단작업상(床)을 동일한 횡보로 일체화한 저상(低床)식 워겐을 사용했다.

본 교량은 단선교량으로 주형 자중 뿐 아니라 워겐하중도 작기 때문에(약 550kN) 워겐은 하로형(桁) 웨브 직상부에 설치해서 시공했다(그림 8). 이러한 워겐의 웨브 직상재하에 의한 하로형의 캔틸레버 가설은 국내에서 처음으로 시도되기 때문에 사전에 FEM해석을 시행했다. 그 결과, 상판 하면에 인장응력이 발생하지만 상판의 횡구속케이블에 의해 가해지는 압축응력과 상쇄되어 시공시 안전함을 확인할 수 있었다.

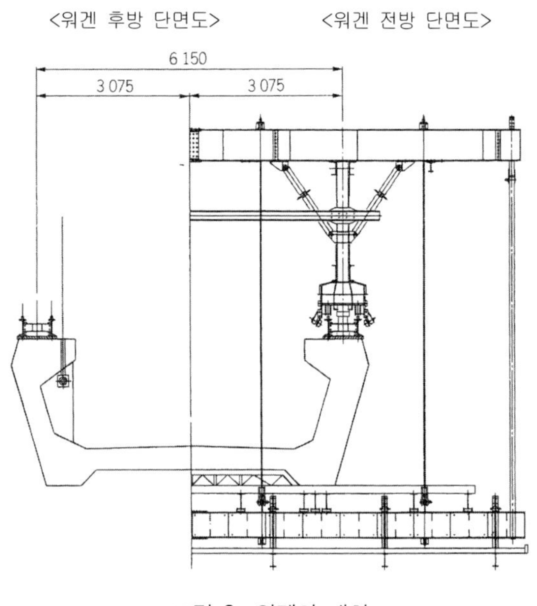

그림 8 워겐의 배치

또, 캔틸레버가설 시기가 혹한기였기 때문에 워겐 바깥 둘레와 내부에 시트에 의한 2중의 보호 · 보온을 시행, 강설에 대비하고 양생시 보온성도 확보했다.

라) 콘크리트 타설

경량콘크리트의 배합을 표 6에 나타냈다. 캔틸레버블럭의 길이는 일률적으로 4.0m, 1블럭당 콘크리트 타설수량은 25~27m이고, 콘크리트 타설은 교량에 병설한 가교를 이용해 붐대펌프카 1대로 시행했다. 펌프카 호스의 직경은 ϕ125 이다.

또, 사전의 타설시험에서 밝혀진 횡구속의 사각(死角)에 대한 대책으로 착탈식거푸집, 경사웨브에 근접삽입이 가능한 창(槍)형상의 마루치 바이브레이터, 전술한 무크거푸집 등을 병용해 충분한 횡구속을 가하면서 타설을 시행했다.

이번에 독립기포형 경량콘크리트로서 처음으로 슬럼프 15cm 정도의 배합을 사용했지만, 펌프압송에 지장을 받지 않고, 또, 다짐거푸집도 사용하지 않고 하로형단면을 무난히 타설할 수 있었다. 또, 바이브레이터를 10초 이상 사용해도 현저한 경량골재의 분리현상이 발생하지 않았기 때문에 통상의 보통콘크리트와 거의 동등한 취급으로 양호하게 타설할 수 있었다.

양생은 워겐 바깥둘레와 내부의 이중보호막 안에서 제트히터 최대 6대를 사용해서 급열양생을 시행, 초기 동해 및 온도균열의 억제에 힘썼다.

마) 프리스트레싱

워겐 이동후 소정의 콘크리트 강도에 도달한 것을 확인한 후, 상판 횡구속케이블, 주케이블, 가설사재의 긴장을 실시했다. 또, 주케이블과 가설사재는 마찰관리, 상판 횡구속케이블에 대해서는 신장과 긴장력에 의한 관리방법을 사용했다. 덧붙여, 일련의 그라우팅에는 난브리징 타입을 사용했다.

(5) 단경간측 주형의 시공

단경간측 주형은 고정식지보공으로 시공했다. 단경간측 주형의 보통콘크리트 배합을 표 6에 나타냈다. 철근 · 쉬즈의 착종(錯綜)의 정도나 웨브폭에 따라 슬럼프 15cm와 12cm의 2종류 콘크리트를 구분해 사용했다.

표 6 콘크리트의 배합

골재	W/C (%)	S/a (%)	슬럼프 (cm)	공기량 (%)	단 위 량 (kg/m^3)							혼 화 제	
					W	N_C	H_C	S	G	E_X*1	V_F*2	사 용 재 료	첨가량
경량	35.0	49.9	15	6.5±1.5	155	413	–	817	387	30	6.5	고성능AE감수제*3	N_C×1.6%
보통	42.5	43.9	15	4.5±1.5	154	–	362	769	1,021	–	–	고성능AE감수제*3	H_C×1.1%
	42.5	43.3	12	4.5±1.5	152	–	358	761	1,037	–	–	고성능AE감수제*3	H_C×1.0%

주) *1 : E_X : 팽창재, *2 : V_F : 비닐론 화이버, *3 : 레오빌드SP8SB

(6) 사판의 시공

본사재로는 후레시네 V시스템(12S15.2)을 채용해 1차케이블, 2차케이블의 2회로 나누어 프리스트레스를 도입했다. 주형 폐합 후 1차케이블을 긴장하고, 그 후 순차적으로 가설사재를 해체해 케이블의 교체를 시행했다.

사판콘크리트의 타설은 작업공간이나 시공성 등을 고려해 단경간측, 장경간측의 순으로 각 별도의 날을 택하여 타설했다. 그를 위해, 본사재 1차케이블은 사판콘크리트 타설에 앞서 새들부를 그라우팅에 의해 고정함으로써 선행해서 타설하는 단경간측 사판콘크리트 타설에 따른 주형 및 사판 변형의 영향이 장경간측 주형에 직접 미치지 않도록 했다.

콘크리트 타설시에는 사판 천단에 다짐형 거푸집을 사용하고, 콘크리트가 어느 정도 굳어

사진 3 사판의 타설

사진 4 사재의 긴장

진 후, 거푸집을 떼어내 마감 마무리를 실시했다(사진 3). 또, 주탑과의 결합부는 양단구속에 따른 균열발생 방지를 위해 500mm 정도 간격을 두고 후타설부에 무수축콘크리트를 사용했다.

사판콘크리트가 소정의 강도에 도달한 후 2차케이블을 긴장해 구조계를 완성시켰다. 덧붙여, 본사재의긴장은 주형아래 설치한 전용대차를 이용해 시행했다(사진 4).

(7) 캠버(上げ越し)관리

본 교량에서는 유지관리생력화 관점에서 당사(鐵建建設)에서 개발한 직결궤도(탄성 바라스트 궤도)를 채용했다. 그러므로, 철도의 교면고는 뒤이어 설치되는 궤도레벨에 직접 관련되기 때문에 캔틸레버가설시의 캠버관리는 특히 중요하다. 본 교량에서도 사전에 크리프를 고려한 구조해석을 시행, 궤도부설시에 주형이 레벨이 되도록 각 시공단계마다의 캠버량을 구했다.

탄성 바라스트 궤도에서는 높이조정콘크리트라 불리우는 대좌(台座)를 PC침목 아래 부설한다. 노반 콘크리트의 설계 캠버높이는 124mm로, 내구성 때문에 최저 100mm 이상의 덮개가 필요한 점을 고려해 캠버관리의 관리폭을 +20~−20mm로 설정했다.

또한, 캠버관리에 영향을 미치는 요인(외기온도나 콘크리트의 탄성계수 차 등)을 고려한 오차요인해석을 사전에 시행, 그러한 캠버에 미치는 영향을 사전에 파악했다. 또, 각 시공단계에서 측정한 주형형상을 계산값에 피드백해서 그 이후의 거푸집 셋팅 높이를 조정하면서 캔틸레버가설을 진행해갔다. 그 결과, 당초 설정한 관리 폭 내로 컨트롤하면서 시공을 마칠 수 있었다.

(8) 계측관리

캔틸레버가설시에는 실교량의 웨브 · 하상판내에 열전대(熱電對) · 유효응력계 · 무응력계 · 매립형 처짐계를 매설해서 각종 균열대책의 검증이라는 형태로 경량콘크리트의 온도응력측정을 실시했다. 그림 9에 측정위치를 나타냈다.

그림 10에 콘크리트온도−시간관계를, 그림 11에 콘크리트응력−시간관계를 나타냈다. 그림 10으로부터 웨브 · 하상판 모두 콘크리트의 온도 상승량은 약 60° 나 되는 것으로부터 그 발

력량의 크기를 알 수 있다. 한편, 그림 11로부터 응력은 외부구속에 의한 전형적인 시간경과에 따른 변화형태를 보이고, 최종적으로 경량콘크리트에 발생하는 인장응력은최대로 1.0N/mm^{2}으로, 인장강도의 50%정도 였다.

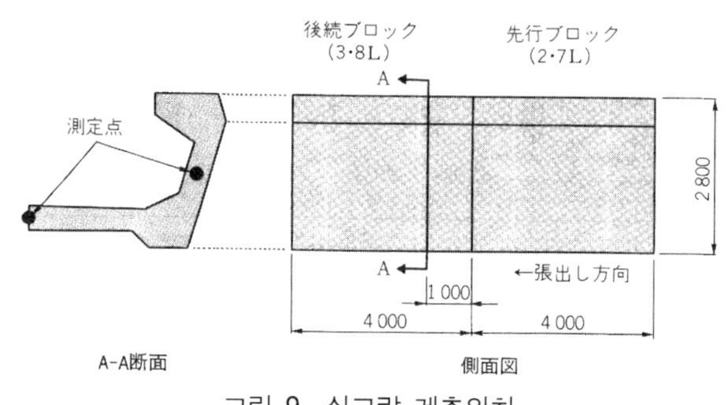

그림 9 실교량 계측위치

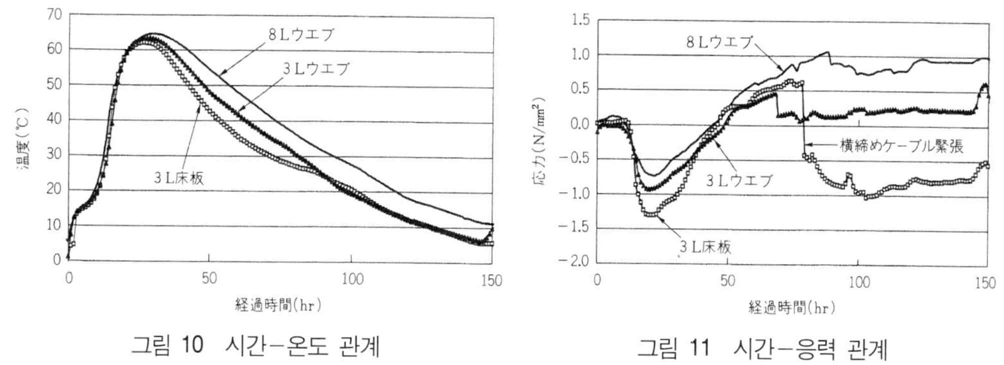

그림 10 시간-온도 관계

그림 11 시간-응력 관계

맺음말

전체공정을 그림 12에 교량 완성 후의 전경을 사진 5에 나타냈다. 아테라자와(佐澤)선 스카와(須川)교에서는 경량콘크리트를 이용한 비대칭지간 사판교를 채용해서 제약조건을 극복하고, 비용절감·공기단축도 실현했다. 경량콘크리트에 대해서는 그것의 열특성, 하로형 단면의 타설, 작은 펌프압송거리라는 재료특성과 시공조건을 가미해서 배합을 선정하고, 또, 여러가지 실험을 통해 경량콘크리트의 적용범위를 확대할 수 있었다. 덧붙여, 하로형에의 캔틸레버공법의 적용, 가설사재를 병용한 캔틸레버가설 등 많은 새로운 시공실적을 얻을 수 있었다.

마지막으로, 본문을 작성하는데 많은 지도를 주신 관계자 여러분께 깊은 감사를 드린다.

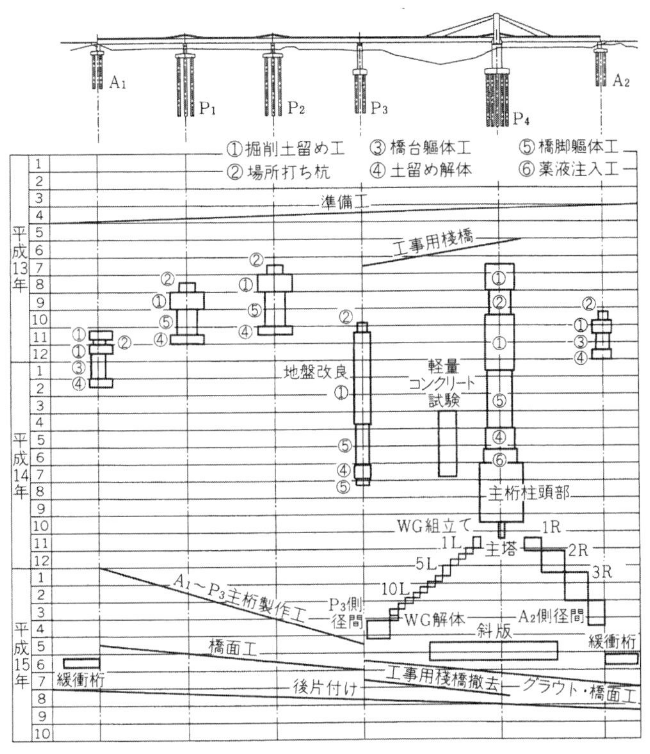

그림 12 전체공정

사진 5 교량전경

No. 9

3경간 연속 PRC사판철도교의 설계·시공계획

– 아가츠마선(吾妻線) 이와시마(岩島) ~ 나가노하라쿠사쿠치(長野原草津口)간 제2 아가츠마카와교(第二吾妻川橋) –

岡田 尚千 渡部 太一郎
OKADA Takayuki WATANABE Taichiro

머리말

국토교통성이 토네가와(利根川) 종합개발계획의 일환으로 하류지역의 홍수피해 경감 및 수자원개발을 목적으로 아가츠마카와(吾妻川)중류지역의 나가노하라쵸(長野原町)에 얀바(八ッ場)댐(중력식콘크리트댐)의 건설을 추진하고 있다. 댐사업에 의한 수몰지역 내에 위치하는 JR아가츠마선(吾妻線)을 일부 이전해야 하기 때문에 칸토우(關東)지방 정비국으로부터의 위탁에 따라 JR동일본이 이와시마(岩島)역~나가노하라쿠사쿠치(長野原草津口)역간(연장 약 10.4km)의 대체선을 건설하게 되었다. 이전처는 JR아가츠마선(吾妻線)을 따라 흐르는 아가츠마카와(吾妻川)의 우안측으로 수몰되는 카와라유온센(川原湯溫泉)역의 대체역 예정지와 양단의 역을 최단으로 연결하는 노선이 선정되었다. 본 보고에서는 아가츠마선 대체공사에 있어서 기점측에 위치하는 제2(다이니)아가츠마카와(第二吾妻川)교의 설계 및 시공계획에 대한 개요를 기술한다.

개 요

(1) 공사개요

본 교량은 대체시점에서 약 0.5km 상류측(댐위치로부터 하류측으로 약 3.5km)에 위치에 계획된 PRC사판교로 이와시마(岩島)역으로부터 상류 약 1.0km 지점에서부터 R=600m 의 좌곡선에 의해 아가츠마카와를 건너 우안측의 안바터널에 이르는 개소에 계획된 교량이다. 시공위치를 그림 1에 나타냈다. 또, 본 교량의 구조형식인 PRC사판교에 대해 중앙지간 167.0m는 철도·도로교를 통틀어 국내 최장임과 동시에 주탑에 채용하고 있는 독립 4본 기둥의 형상은 세계 첫 시도이다. 주탑·주형 단면도를 그림 2, 교량일반도를 그림 3에 나타냈다.

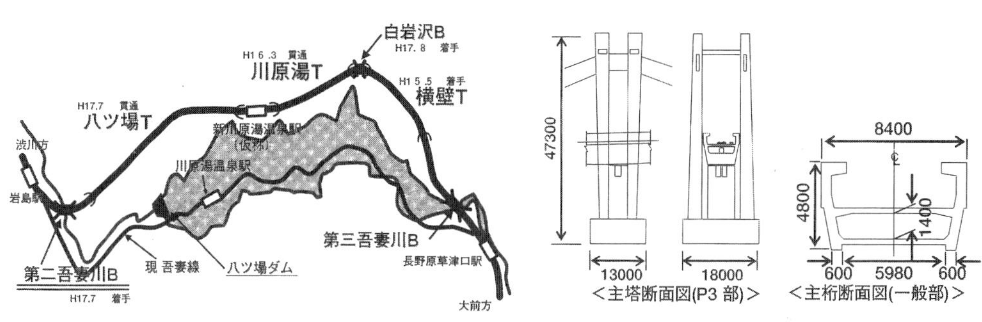

그림 1 시공위치도

그림 2 주탑·주형단면도

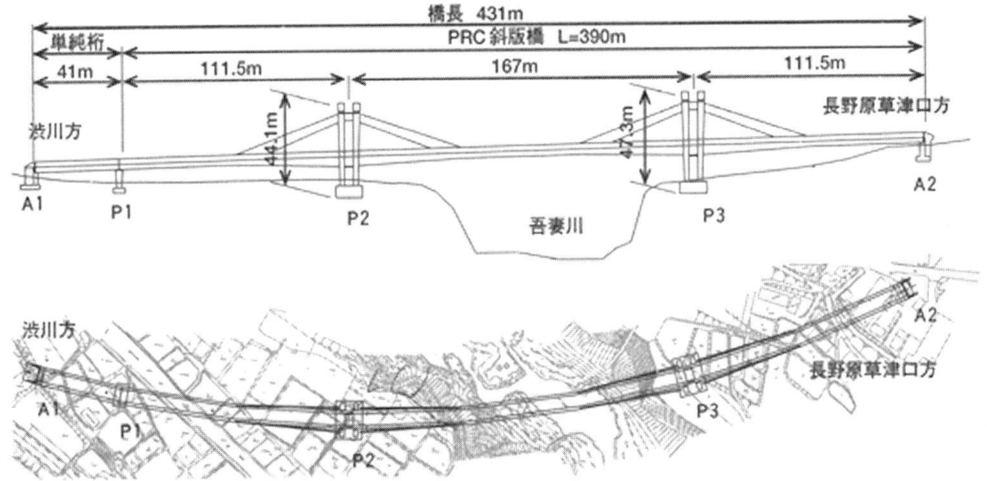

그림 3 교량 일반도

(2) 설계개요

① 설계방침

각 부재의 설계는 한계상태설계법에 의해 실시했다. 설계단면력의 산정은 평면골조해석 및 입체골조해석에 의해 내진설계는 동적비선형해석에 의해 시행했고, 사판−주형의 연결부는 사판이 곡선형상이고 주탑도 특수한 형상을 가졌으므로, FEM해석에 의해 시행했다.

② 설계조건

제2 아가츠마카와(吾妻川)교의 설계조건을 이하에 나타냈다.

- 선로규격 : 4급선 (단선)
- 교량형식 : 3경간 연속 PRC 사판교
- 궤도구조 : 50N레일 탄성자갈궤도
- 교　　장 : L=431.0m
- 지　　간 : (A1−P1간) 41.0m
  (P1−A2간) 111.5m+167.0+111.5m
- 궤도선형 : 평면선형　좌원곡선 (R=600m)
  종단선형　상 24‰
- 설계속도 : V=100km/h
- 열차하중 : EA−17
  〈피로의 검토에 사용하는 열차본(편성)수〉
  여객−35본/일, 화물−5본/일
- 환경조건 : 동결융해작용의 영향을 받는 환경
- 교차조건 : 대체국도 145호선, 신설 마을도로, 1급하천 아가츠마카와

주형조건 검토

주형 일반부에 채용하는 단면구조에 대해 H단면과 상자형 단면을 비교, 검토했다(그림 4). 그 결과, 주조면에서 H단면은 단지점부에서 사인장응력이 제한값을 크게 초과할 뿐 아니라 비틀림모멘트에 의한 전단응력이 상자형 보다 커, 상자형 단면이 유리한 것으로 검토되었다. 또, 시공성에서 H단면은 주형 및 사판케이블삽입 · 긴장 · 그라우트충진의 전 과정에 있어서 작업용 비계(吊足場)를 설치할 필요가 있어, 상자형 단면보다 가설비(仮設備)가 과대해진다. 게다가, 워겐시공에 대한 주형단면의 보강에 대해서는 H단면, 상자형 단면 모두가 보강 횡형을 필요로 하지만, H단면 쪽이 보강콘크리트량이 커져 경제성에서 불리하다. 주형 측경간의 PC강재 배치에 있어서도 H단면은 하상판(下床版)이 없어 강재배치공간이 없기 때문에 외케이블을 채용하는 것이 되어 유지관리성, 시공성, 경관성면에서 상자형 단면 쪽이 우수하다. 이상으로부터 본교량에는 구조, 시공성, 경제성 등의 점에서 H단면보다 우수한 상자형 단면을 채용했다.

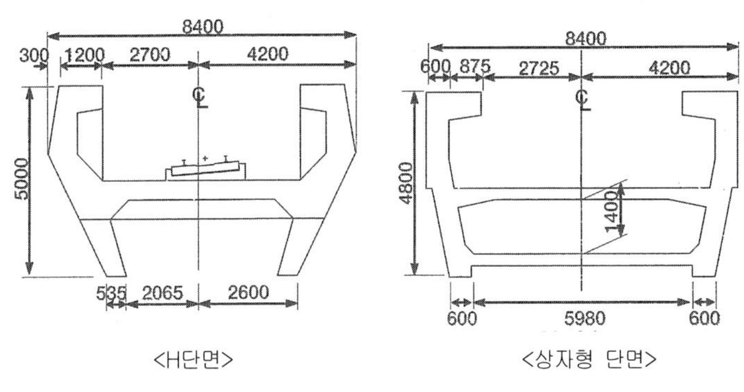

그림 4 주형단면도

시 공 계 획

(1) 주 형

주형시공은 중앙경간부는 그림 5에 보인 이동용작업차(워겐, 중량 약 83 t)를 이용한 캔틸레버공법에 의한 시공을 측경간부는 지보공상에서 블록시공을 시행한다. 주형은 주탑에 편심모멘트가 걸리지 않도록 주탑을 중심으로 양측으로 시공해간다. 주형시공시의 블록지간은 중앙경간부 3.0m, 측경간부 6.0m이며, 1블럭씩 시공해간다.

주형의 캔틸레버시공을 순차 시행해가며, 주두부와 교각을 PC강재로 가(仮)고정 시켰다. 그러나, 중앙부주형 시공시의 캔틸레버시공길이가 83.5m에 달하기 때문에 주형 상연측의 인장응력이 과대해진다. 그 대책으로 P2·P3 교각 옆에 가설기둥을 설치해 주형에 걸리는 인장응력을 경감시키고, 계곡측으로의 전도모멘트에도 저항할 수 있도록 계획했다.

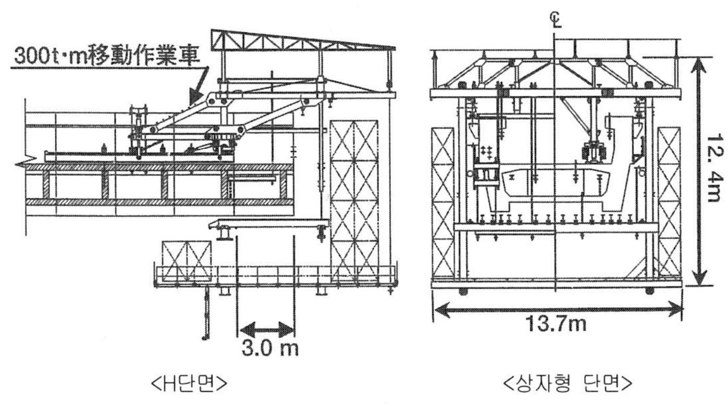

그림 5 이동용 작업차

(2) 주 탑

주탑의 시공에 대해서는 P2교각, P3교각 각각에 대해서 로트분할을 시행하고, 브라켓을 주탑에 붙여 작업대를 확보한다(그림 6). 작업대는 아래서부터의 순으로 설치하고 4차 작업대까지 조립해체를

[출 처]
일본철도시설협회지 2006년 1월호

No. 10
핀백형의 웨브를 가진 PC상자형교의 계획 · 설계

– 호쿠리쿠(北陸)신간선 히메카와(姫川)교 –

머리말

호쿠리쿠(北陸)신간선 타카자키(高崎)~오사카(大阪)간 연장 594km는 [전국신간선철도정비법]에 기초해 기본계획과 정비계획이 결정되었다.

이 가운데 먼저 개업한 타카자키(高崎) · 나가노(長野)간에 접속해 헤세이4년 8월 이수루기(石動) · 카나자와(金澤)간, 헤세이5년 9월 오우미(青海) · 우오츠(魚津)간이 슈퍼특급방식으로서 순차적으로 공사가 시작되어 헤세이 13년 4월 죠에쓰(上越) · 토야마(富山)간을 풀규격의 신간선방식으로 인가받아 예의(銳意) 공사를 진행 중에 있다.

히메카와(姫川)교는 니가타(新潟)현 이토이가와(糸魚川)시와 오우미마치(青海町)와의 행정경계에 위치해(그림 1), 일본해측의 폭설지대임과 동시에 가교위치는 해안선에서 700m 정도 거리이기 때문에 염해대책이 필요하다.

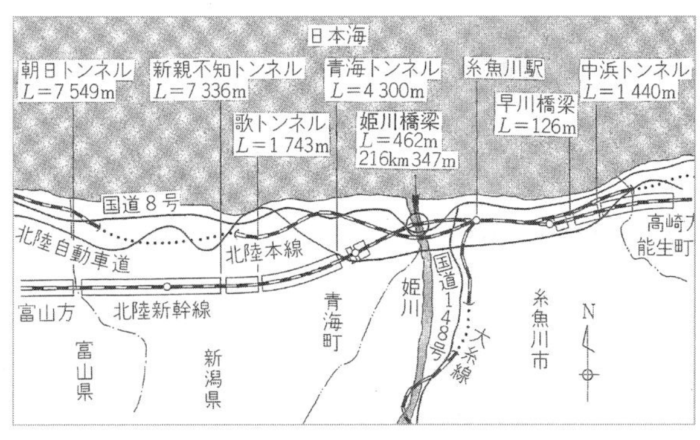

그림 1 히메카와교의 위치

본 교량은 신간선 교량형식으로는 처음 채용하는 7경간연속 PC핀백교(교장 462.0m)로 교량지점(支点)부에 물고기 등지느러미(fin) 모양의 웨브를 설치한 중로(中路)구조이며, 철도교로서는 센세키(仙石)선 나루세카와(鳴瀬川)교(단선6경간연속형, 489m)가 세계 최초의 핀백교로 건설되었다. 여기서는 히메카와교에 적용한 PC 핀백교의 계획과 설계에 대해 보고한다.

교 량 개 요

본 교량의 구조형식은 상부구조는 7경간연속 PC핀백 중로상자형(桁), 하부구조는 P_1 및 P_8교각을 직접기초로, P_2~P_7교각은 로트케이슨기초(뉴매틱케이슨기초)로 하고 있다. 핀백교의 특징은 다음과 같다.

① 주형도심에 대한 PC강재의 편심량을 크게 할 수 있기 때문에 장지간 시공이 가능하다.
② 형고를 낮게 해 하천횡단부의 종단선형을 낮출 수 있으므로 전후 구조물 전체로 볼 때 경제적이다.
③ 핀백의 형상이 뒷배경 산맥과 매치되어 뛰어난 경관을 얻을 수 있다.
④ 동절기의 엄혹한 환경(계절풍)에 대해 핀에 의한 방풍효과를 기대할 수 있다.

교량CG도를 그림 2에, 교량일반도를 그림 3에 나타냈다.

[설계제원]

선　　명 : 호쿠리쿠(北陸)신간선 (나가노 · 토야마간)
교량형식 : 7경간연속 PC핀백교

그림 2 히메카와(姫川)교의 CG도

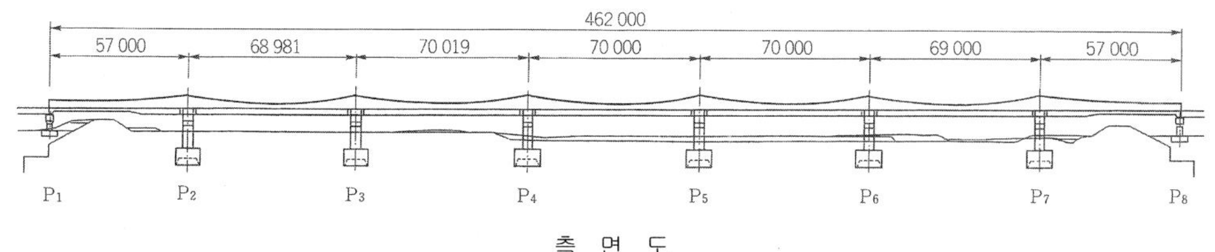

측 면 도

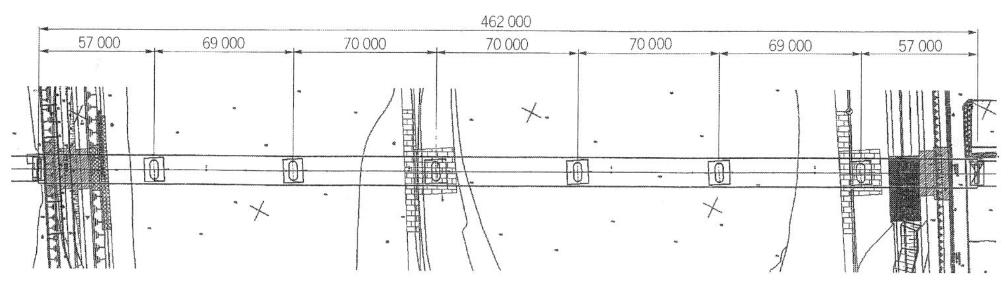

평 면 도

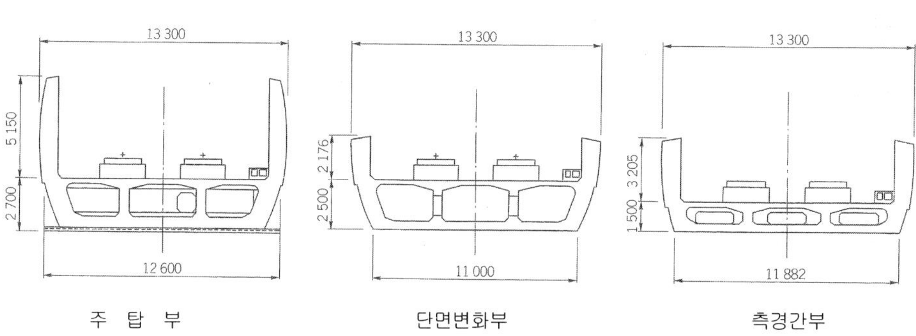

주 탑 부　　　단면변화부　　　측경간부

그림 3 히메카와교의 일반도

교　　장 : 462m

지　　간 : 57+69+70+70+70+69+57m

총 폭 원 : 13.3m

주형구조 :

경간부 ; 중로상자형단면(형고 2.5m)

측경간 ; 중로상자형단면(형고 1.5m)

핀높이 ; 2.176~5.150m

평면선형 : 직선

종단구배 : 6.0‰~level

사　　각 : 기점측 · 종점측 90°
중간교각부 87°

열차하중 : 표준활하중 P−16

설계최고속도 : V=260km/h

궤도구조 : 슬래브궤도

지승구조 : 고무지승

스토퍼구조 : 댐퍼−스토퍼 및
강각(綱角)스토퍼

교 량 계 획

(1) 하천협의

1급하천 히메카와는 매초 5,000 t 의 계획 고수유량을 가지고, 출수기에는 히다(飛騨)산맥의 눈이 녹아내린 물에 의해 상류에서 과거 수차례 제방이 붕괴되었다.

하천관리자와의 협의사항은 다음과 같다.

① 신간선 횡단부 상류(약 197m)에 위치하는 국도 8호선 히메카와대교를 근접교로 해서 지간분할을 시행

② 기술적으로 부득이할 경우를 제외하고는 피어아바트(그림 4 참조) 배제

③ 하천관리용 도로와 신간선 형하의 이격은 4.5m 이상 확보

④ 하천내의 시공은 10월부터 5월까지의 갈수기를 이용

또, 가설지점의 지형제약으로는,

ⓐ 우안 제방상에 산책로가 있으므로 경관을 배려

ⓑ 산책로 내에는 하천방재정보처리용 광케이블이 매설

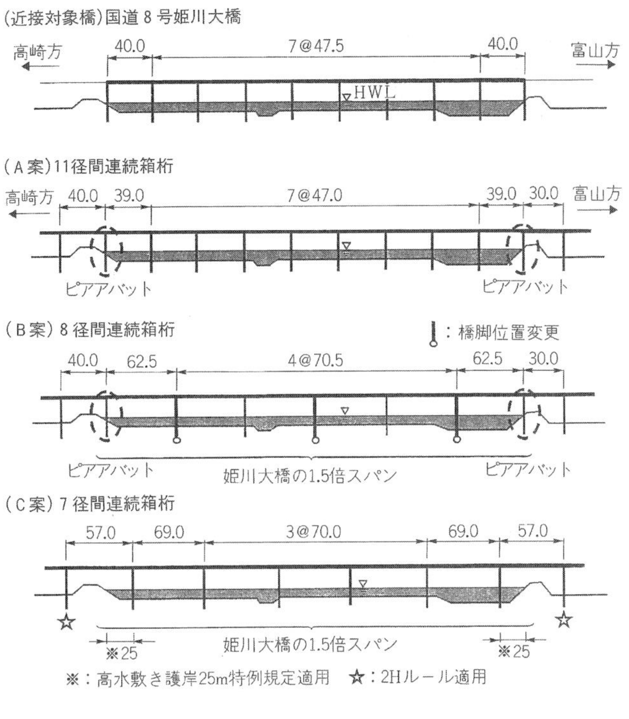

그림 4 지간분할 비교

ⓒ 좌안 상류 160m 위치에 히메카와 제7발전소의 방수로가 있으므로 하천유심부는 좌안측에 가까이 있다.

ⓓ 좌안 유심부에는 공장 냉각수용 집수파이프가 하상에서 7.5m 위치에 매설되어 있다.

이상의 조건을 기초로 지간분할 및 구조형식을 선정했다.

(2) 지간분할 검토

지간분할에 대해서는 PC연속형(桁)으로 그림 4에 나타낸 3개안에 대해 비교 검토했다. A 및 B안은 히메카와대교를 근접교로 해서 양측경간부의 제외지는 피어아바트, 제내지는 하천구조령에 따른 제방 사면하단(法尻)으로부터 2H 규정으로 지간분할을 결정했다. 또, C안은 양측경간에 피어아바트를 배제하는 것으로 근접교의 조건을 벗어남과 동시에 25m의 완화구간을 적용하여 지간분할을 결정하고 있다.

이러한 조건으로 표준적인 구조에 대해 검토한 결과 피어아바트를 배제하여 하천관리자의 요청에 부합하는 점, 우안제방 산책로에의 영향, 매설광케이블의 이설 등을 고려해서 C안을 채택, 하천관리자의 동의를 얻었다.

(3) 구조형식의 선정

가) 염해대책

이토이가와(糸魚川) 지역의 신간선은 연장 10.50km 구간이 해안선에서 250~700m 거리로 근접하여 통과하도록 노선이 선정되었기 때문에 염해에 대한 대책을 고려한 주형구조를 택할 필요가 있었다.

콘크리트구조물을 선정한 경우 철근의 부식에 대해 콘크리트 덮개로 대응하고 철근덮개를 확보할 수 없는 부분에는 에폭시수지도장철근을 사용한다. 또, 강구조물을 선정한 경우는 염해용 방수도장으로 대응하는 것을 고려할 수 있지만, 철도구조물에 있어서 방수도장은 7~10년마다 재도장이 필요하므로 유지관리 및 장래의 비용을 고려하면 콘크리트구조물이 유리하다는 판단에 도달했다. 본교에 사용할 콘크리트 염해대책을 표 1에 나타냈다.

표 1 콘크리트교의 염해대책

구 조 물	시멘트 종류	시멘트비의 제한	철 근 덮 개
주 형	조강시멘트	43 %	70 ㎜ 이상
교 각	고로시멘트B종	50 %	100 ㎜ 이상

나) 설해대책

적설량은 호쿠리쿠(北陸)지방의 특색인 18년 주기 폭설시에도열차운행을 할 수 있도록 20년 재현값을 적용하고, 적설두께 220cm, 일강설량 90cm를 설계조건으로 하고 있다.

레일 아래에 철근콘크리트 받침대를 설치해 130cm까지의 적설을 선간(線間)에 저장할 수 있는 구조(저설구조)로 하고, 그 이상의 적설이 있는 경우에는 로타리식 러셀차를 이용 하천에 투설할 예정이다.

덧붙여, 사판교, 사장교 형식으로는 사재가 투설에 지장을 주기 때문에 또, 트러스교 등에 대해서는 상현재로부터의 설비(雪庇), 낙설 및 투설시에 사재가 지장하는 등의 이유로 검토대상에서 제외했다.

다) 기초구조의 검토

히메카와교 도하지점의 지질은 히메카와(姬川)의 범람원으로서 퇴적한 충적층(최대 400mm의 옥석이 포함된 N치 50 이상의 옥석층)이고, 전술한 C안에 있어서 제내지(堤内地)에 위치하는 P_1 및 P_8 교각은 지지층이 얕게 위치하고 있기 때문에 직접기초로 하고, 하천내의 교각은 시공정밀도 및 시공성에서 유리한 뉴매틱케이슨공법을 채용하는 것으로 했다.

라) 상부구조의 검토

C안 지간분할을 기초로 제방상의 관리용도로와의 형하공간 4.5m의 확보를 전제로 합성형을 포함한 3개안의 상부구조 형식에 대해 비교 검토를 시행했다. 그림 5에 나타낸 것과 같이, C−1안 및 C−2안은 제방상에서 형고축소가 불가하므로 3m 이상의 종단상승이 불가피하고, 이에 비해 C−3안 핀백 중로교는 종단상승 없이 관리용 도로와의 이격높이 확보가 가능하므로 경제성비교에 있어서도 우위로 판단했다.

핀백교의 설계

(1) 설 계 해 석

가) 설계상의 유의점

설계상의 유의점은 다음과 같다.

- 일본해에 접하는 엄혹한 염해환경조건에 위치하기 때문에 PC구조로 했다.
- 하천내는 중로단면이지만, 제방상의 관리용 통로고를 확보하기 위해 측경간은 표준부보다 1m 낮은 중로단면을 채용하고 있다.
- 측경간 핀높이를 인접하는 주형식 고가교의 안전난간 천단에 일치시켜 연속성을 추구하고 있다.

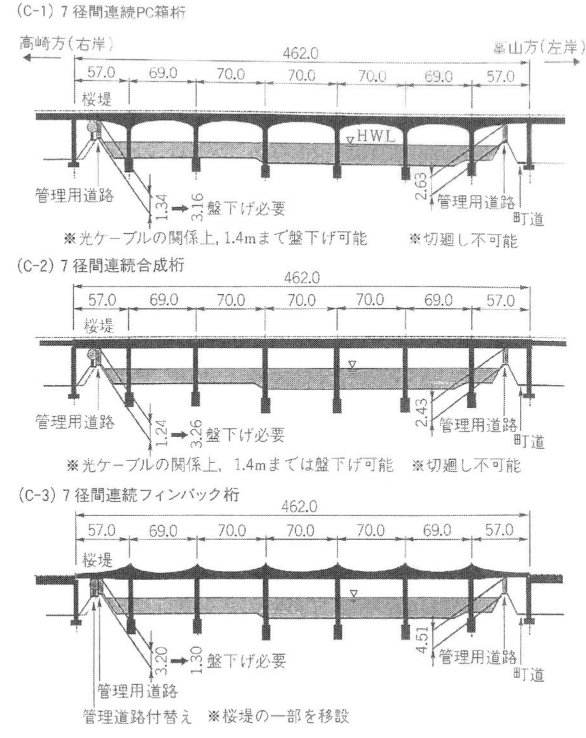

그림 5 상부구조의 비교

- 핀높이는 제설가능한 RL+4.5m를 한계높이로 하고 있다.
- 상부공은 시공규모, 하도(河道)교체를 고려해 3갈수기에 걸쳐 주형식 지보공으로 분할 시공한다.
- 시공이음 위치는 일반적으로는 완성시에 휨모멘트가 교번하는 0.2L (L=지간장) 부근에 설치하는 경우가 많지만, 경간장이 길게 시공시에 정모멘트가 탁월한 것 때문에 시공이음위치를 0.25L 부근으로 해서 발생단면력을 작게 했다.
- 상자형부의 외측 웨브를 경관상 이유로 경사웨브로 해서 저판폭을 좁게 했기 때문에 핀자중 및 지점상의 핀에 배치한 PC케이블의 복압력에 의한 휨 때문에 지점부 상(上)상판에는 축인장이 발생한다. 이 때문에 상(上)상판에 횡구속 PC케이블을 축인장력에 저항시키고 있다.
- 콘크리트 타설은 1회에 행하는 것이 내구성 측면에서 바람직하지만, 지점부에서는 상자

형부 16.4m^2, 핀백부 9.3m^{2}로 대단면이기 때문에 상자형부와 핀백부의 2회 타설로 했다. 이 때문에 시공이음부의 구속 및 온도구배의 영향을 파악하기 위해 입체 FEM에 의한 온도해석을 시행, 균열제어용 보강철근량을 산출하고 있다.

나) 주방향 해석

- 주방향해석은 봉이론에 의한 평면골조해석에 의해 시공스텝을 고려한 단면력을 산출하고 있다.
- 크리이프, 건조수축의 영향은 타설부재(구간)의 재령차에 따라 고려하고 있다.
- 주형전체를 격자구조로서 해석하고, 내형(内桁), 외형의 단면력 분담 및 각 지점반력을 산출하고 있다.

주방향의 휨응력도를 그림 6에 나타냈다.

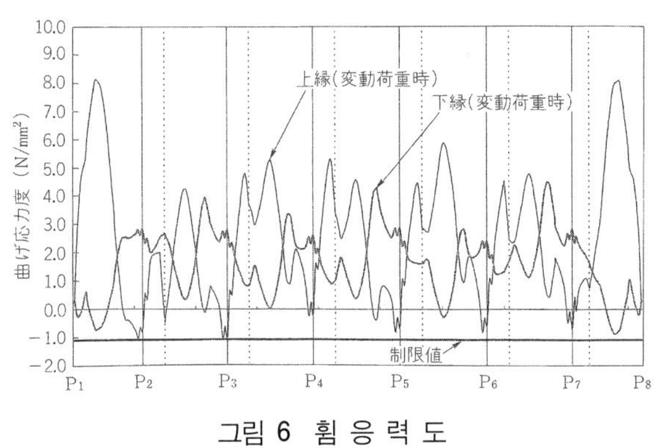

그림 6 휨 응 력 도

다) 횡방향 해석

본교의 구조특성은 그림 7에 나타낸 3차원 모델을 이용한 FEM해석을 실시해서 이하의 세 가지에 대해 확인했다.

① **PC강재 정착위치에 있어서 프리스트레스 유효영역의 평가** 광폭이므로 웨브정착 PC강재에 의한 프리스트레스분포를 확인한 결과, 각 부위의 응력도분포를 지표로서 계산한 결과와, RC표준식 [$(h+b_f)/2$]에 의해 산출한 결과가, 거의 같은 결과를 보였기 때문에, RC표준식을 이용해 설계를 시행하고 있다.

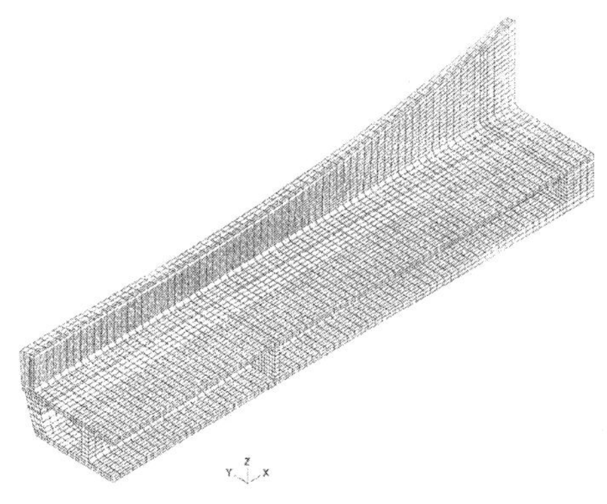

그림 7　3차원 FEM 모델

② **중간지점상의 PC강재에 의한 복압력의 영향(PC강재에 의해 작용하는 하방향 복압력에 의해 발생하는 횡방향 단면력의 파악과 그 영향범위)**　상(上)상판에는 핀의 자중 및 PC강재의 복압력에 의한 휨에 의해 축인장력이 발생하는 것이 확인되었으므로 중간지점부의 상(上)상판에는 횡구속 PC강재를 배치했다. 또, 해석결과로부터 이러한 하중의 영향범위를 구하여 그림 8의 범위로 했다.

③ **수평시공이음면의 온도응력**　본교에 있어서 주형의 타설은 상자형부 · 핀백부의 2회 타설로 계획하고 있다. 상(上)상판과 핀백부와의 수평시공이음면(신콘크리트측)에는 온도응력에 의한 균열이 발생하는 것이 예상되기 때문에 온도응력해석을 시행했다. 그 결과, 내구성상 문제로 되는 관통균열이 발생할 가능성이 높은 것으로 확인되었다. 이 때문에 핀백부에 온도응력에 대응하는 보강철근을 배치했다(그림 9). 균열폭의 제한값을 혹독한 염해환경을 고려해서 0.15mm 이하로 하고, 보강철근은 D19ctc125를 배치했다(표 2).

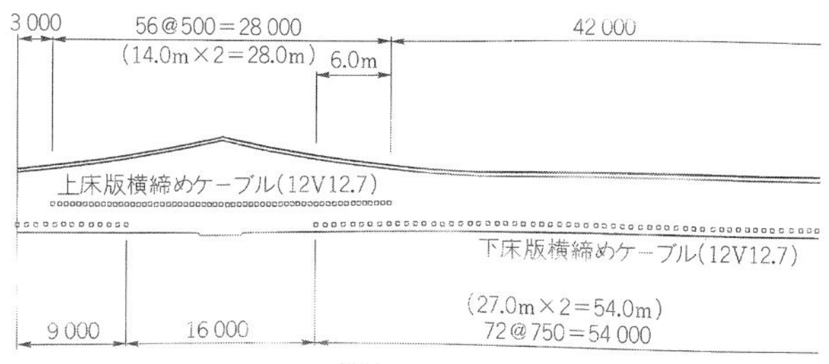

그림 8　횡구속 PC강재의 배치

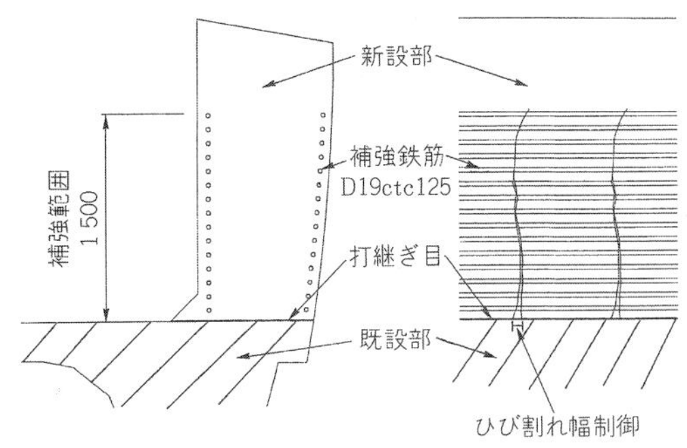

그림 9 균열보강철근

표 2 균 열 폭

보 강 철 근	D16 ctc 100	D16 ctc 125	D19 ctc 100	D19 ctc 125
덮 개 c (mm)	78.0	78.0	79.5	79.5
균열간 폭 s (m) ($s=\phi/2.5\rho$)	0.75	0.94	0.63	0.79
경화온도상승값 T_1 (℃)	38.0	38.0	38.0	38.0
온도구속변형률 ε ($\varepsilon=1.0 \cdot T_1 \cdot 10\times10^{-6}/2$)	1.9×10^{-4}	1.9×10^{-4}	1.9×10^{-4}	1.9×10^{-4}
균열폭 W (mm) ($W=s \cdot \varepsilon$)	0.14	0.18	0.12	0.15
선 정				○

(3) 지승구조

철도의 장대교에는 일반적으로 테플론판을 사용한 미끄럼 고무지승이 채용되고 있다. 본교에 대해서도 미끄럼 고무지승을 채용하고 있지만, 반력이 크기 때문에 주형과 고무슈간의 마찰저항력이 크게 되어 고무슈의 수평전단저항력을 상회하므로 고무슈가 활동하지 않고 고무슈 본체가 크게 전단변형을 일으킬 우려가 있다. 이 때문에 고무슈의 전단변형을 강재의 사이드 블록으로 구속시켜 고무슈 상면과 주형 하면간에 활동할 수 있는 구조로 했다. 또, 고무슈의 두께는 주형의 회전변형에 대한 두께로 했다.

시 공 계 획

본 교량은 물돌리기(瀨替え)를 시행, 하천단면을 저해하지 않도록 4갈수기에 하부공부터 상부공까지 완성시킬 예정이다. 본 주형은 통상의 PC상자형 중량에 비해 대략 1.3배의 중량이기 때문에 한정된 기간내에 경제적으로 시공하기 위해 주형식 지보공에 의한 시공을 계획하고 있다. 또, 가장 공정이 엄한 금년 10월~내년 5월까지의 갈수기내에 히메카와(姬川) 우안 P_1~P_4까지의 상부공 3경간의 시공을 고려하고 있다(표 3).

표 3 시 공 공 정

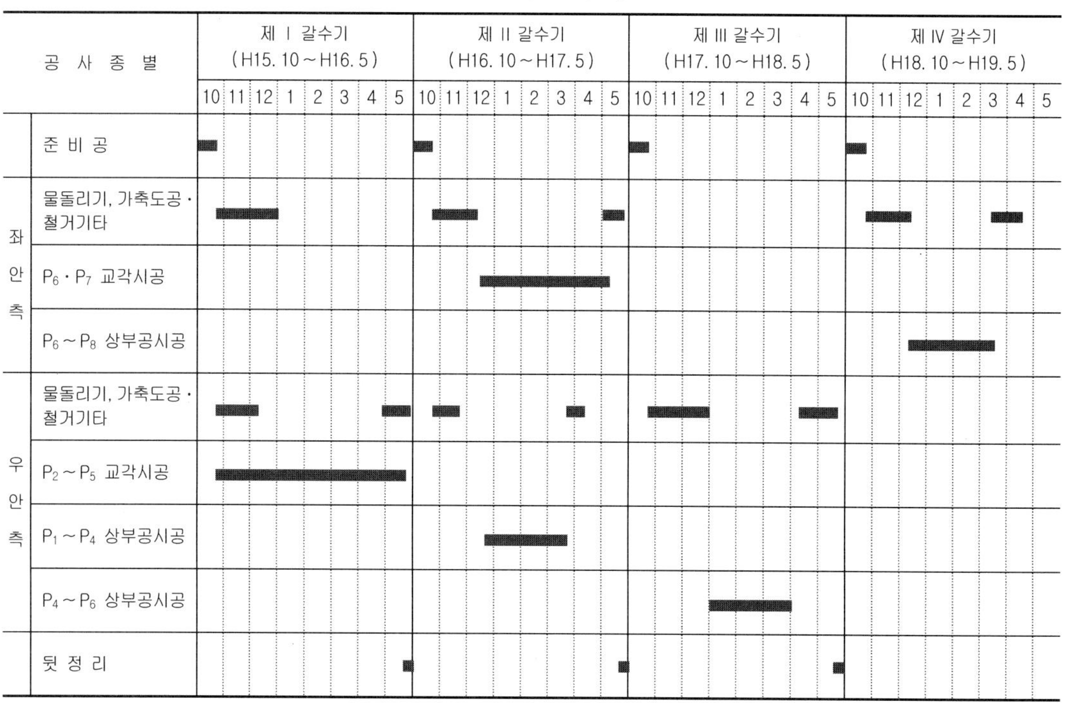

공 사 종 별		제 I 갈수기 (H15. 10~H16. 5)	제 II 갈수기 (H16. 10~H17. 5)	제 III 갈수기 (H17. 10~H18. 5)	제 IV 갈수기 (H18. 10~H19. 5)
		10 11 12 1 2 3 4 5	10 11 12 1 2 3 4 5	10 11 12 1 2 3 4 5	10 11 12 1 2 3 4 5
	준 비 공				
좌안측	물돌리기, 가축도공·철거기타				
좌안측	$P_6 \cdot P_7$ 교각시공				
좌안측	P_6~P_8 상부공시공				
우안측	물돌리기, 가축도공·철거기타				
우안측	P_2~P_5 교각시공				
우안측	P_1~P_4 상부공시공				
우안측	P_4~P_6 상부공시공				
	뒷 정 리				

염해도장 · 방풍대책

근처 고가교에 있어서 염분침투상황을 보면 해안선에서 600m, 경과년수 12년의 콘크리트 표면으로부터 염소이온침투깊이는 대략 5cm에 달한다. 주형상면 및 측면에 비해 주형하면의 부착염분량이 3~5배로 많아 우수에 씻겨지지 않은 결과로 생각된다.

이런 이유로 콘크리트 타설시의 발열에 의한 미세한 균열을 고려하면 철근덮개만의 대응으로는 불안하다는 판단에 따라, 무색투명한 염해방수도장을 전둘레에 시행하는 것으로 계획하고 있다.

또, 지간 중앙부에는 레일면에서 주형 웨브 천단까지 50cm로 낮고, 400m 상류측에 위치하는 호쿠리쿠(北陸)본선 히메카와(姫川)교에서의 풍속 데이타에 의하면 최대 300m/sec의 풍속을 매년 기록하고 있는 등 때문에 방풍대책으로서 나루세카와(鳴瀬川)교와 같은 두께 15mm의 나일론코드가 들어간 투명아크릴판의 사용을 계획하고 있다.

맺음말

CG도에 나타낸 것과 같이 핀백교는 리드미칼하고 다이나믹한 교량이다. 혹독한 환경조건에 놓여도 신간선이 고속으로 안전하게 주행할 수 있는 교량을 목표로 하고 있다. 마지막으로 본 설계에 있어서 많은 지도를 주신 관계자 각위께 깊은 감사를 드린다.

No. 11 아라카와교량(荒川橋梁)의 가설계획

－츠쿠바익스프레스 (つくばエクスプレス)－

日本鉄道建設公団東京支社工事第三部工事第七課課長　山岸 (야마자키) 明 (아키라)

서 언

츠쿠바익스프레스는 동경도 내의 아키하바라(秋葉原)를 기점으로 쵸다쿠(千代田區), 타이토우쿠(台東區), 아라카와쿠(荒川區), 아타치쿠(足立區)를 지나, 사이따마현, 치바현, 이바라끼현 츠쿠바시까지 연장 약 58km의 도시고속철도선이다(그림 1).

츠쿠바익스프레스 아라카와 교량은 아키하바라 기점 8km 489에 위치하는 1급 하천 아라카와(荒川)에 가설되는 교량이다(그림 2).

본 교량은 하천관리자와의 협의 결과 아라카와(荒川)를 횡단하는 지점이 만곡부에 있으므로 인접한 교량과 그 하류에 근접해서 가설되는 본 교량이 하천에 미치는 영향과 인접교량의 경간 분할 등을 고려해서 중앙경간 192.85 m, 측경간 127.60m인 3경간 연속 트러스교로 계획하였다(그림 3, 표 1).

본 교량이 완성되면, 철도 단독교량으로서는 일본 최대 지간을 가진 강트러스교가 된다.

본 교량에 대해 실 시공에 앞서 가설계획 등을 소개한다.

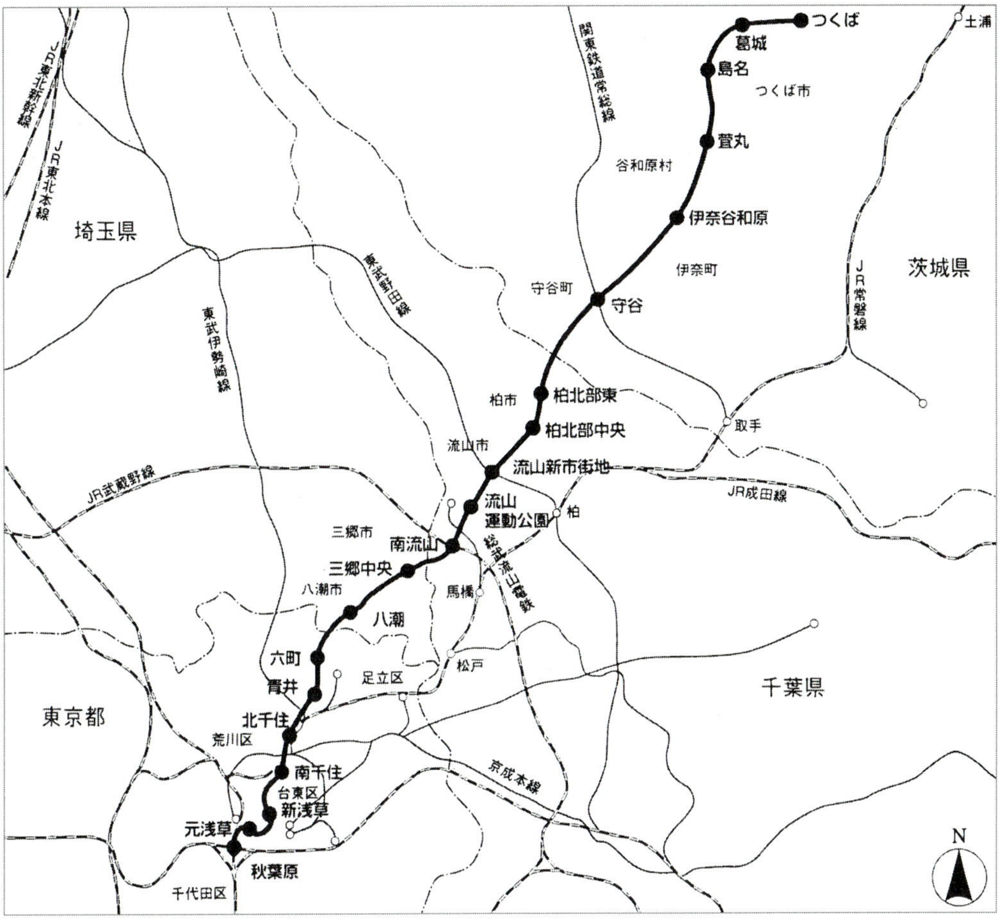

그림 1 노 선 도

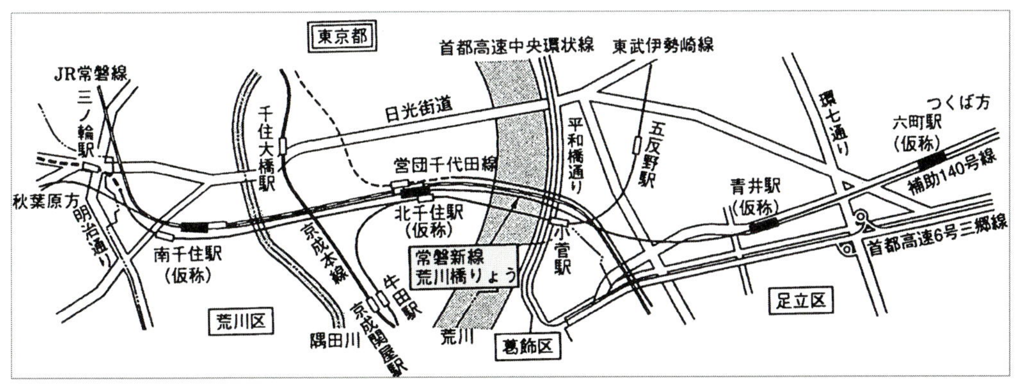

그림 2 아라카와교량의 위치

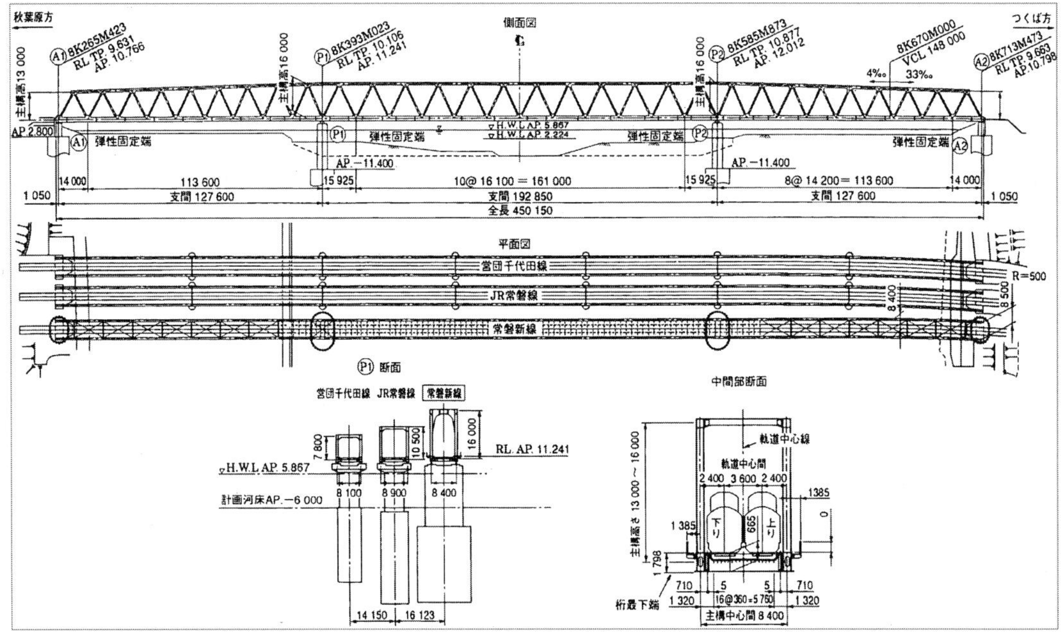

그림 3 일 반 도

표 1 교량 제원

교 량 형 식	3경간연속 강상판 저상식 하로 트러스교
선 수	복 선
설 계 하 중	M−15
궤 도 구 조	도상식
교 장	448.050 m
지 간	127.60m + 192.85m + 127.60m
주 구 간 격	8.40 m (A2교대부근 포함 8.5 m)
주 구 고	측경간13.00m ~ 16.00m , 중앙경간16.00m
곡 선 반 경	P2 ~ A2간의 일부에 완화곡선
강 재 중 량	약 4,760 t

구 조

본 교량은 구조적으로 다음과 같은 특징이 있다.

① 주 구조는 하로 트러스교 이고, 현장이음은 고장력 볼트 이음이다. 또, 츠쿠바쪽 경간 일부에는 완화곡선이 들어있기 때문에 평면상에서 구부러진 곡선 트러스가 되었다.

② 하현재와 강상판이 일체로 된 저상식 하로트러스교로 철도교 특유의 구조형식이다.

③ 구조해석은 좌·우 주부재와 상횡부재, 강상판 까지로 된 입체구조로서, 사재는 상현재와는 핀결합, 하현재와는 강결되어 있다.

④ 트러스의 격점은 일반적으로는 거셋 형식이 사용되고 있지만, 본교량에 있어서는 작은 플레이트를 설치한 라멘 형식에 의한 간편한 격점 구조로서 경관성을 배려하였다.

⑤ 슈는 지진시 수평력 분산 받침으로서 최대급의 고무 슈이고, 특히 교각상은 320%의 전단 비틀림에 대응이 가능하다.

⑥ 표면처리는 주위의 경관을 배려해 장기 착색형 녹안정화처리(景觀仕樣)를 시행하였다

시 공 개 요

(1) 시공조건

본교량의 시공조건에는 다음과 같은 것이 있다.

① 현 JR 조−반선 아라카와교량과 평행, 인접해서 가설되기 때문에 영업선 근접공사로서 보안(안전을 유지)관계에 만전을 기할 필요가 있다.

② 측경간부가 되는 좌·우안의 고수부지는 갈수기(11월~익년 5월 까지)의 7개월간만 가벤트 공법으로 가설이 가능하다.

③ 중앙경간부의 캔틸레버 가설은 출수기(出水期)의 가설이 가능하다.

④ 중앙경간부는 유수부에서 항행수로에 닿아있다.

(2) 가설계획

가설은 양측 측경간은 가벤트 공법으로 중앙경간은 트라벨라크레인에 의한 캔틸레버 가설공법으로 시행한다. 양측 측경간부를 먼저 시행하고, 중앙경간부는 측경간부를 지렛대 삼아 지간 중앙을 향해 캔틸레버 가설을 시행, 중앙부에서 폐합시킨 후, 중앙지점의 침하에 의해 소정의 3경간 연속 트러스계가 되도록 응력조정(응력도입과 응력해방)을 시행하는 계획이다.

가설의 순서와 공법은 다음과 같다(그림 4, 그림 5).

- STEP 1　아키하바라쪽 측경간 가설 : 크롤라 크레인 － 가벤트 공법
- STEP 2　츠쿠바쪽 측경간 가설 : 크롤라 크레인 － 가벤트 공법
- STEP 3　중앙경간 가설 : 트라벨라 크레인 － 캔틸레버 공법

가설은 하천점용 조건 때문에 제1갈수기(2000년 11월~2001년 5월)에 아키하바라쪽 측경간 A1~P1을 300T 크롤라 크레인에 의한 벤트공법으로 시행하고, 약 반년 후인 제2갈수기(2001년 11

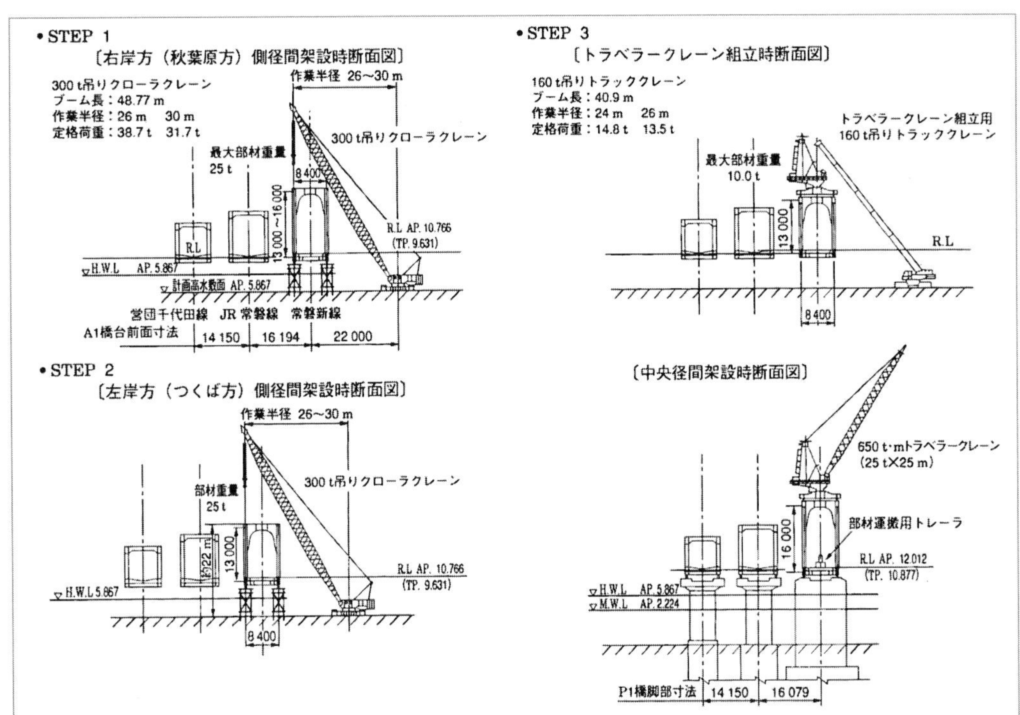

그림 4　가설개요도－1

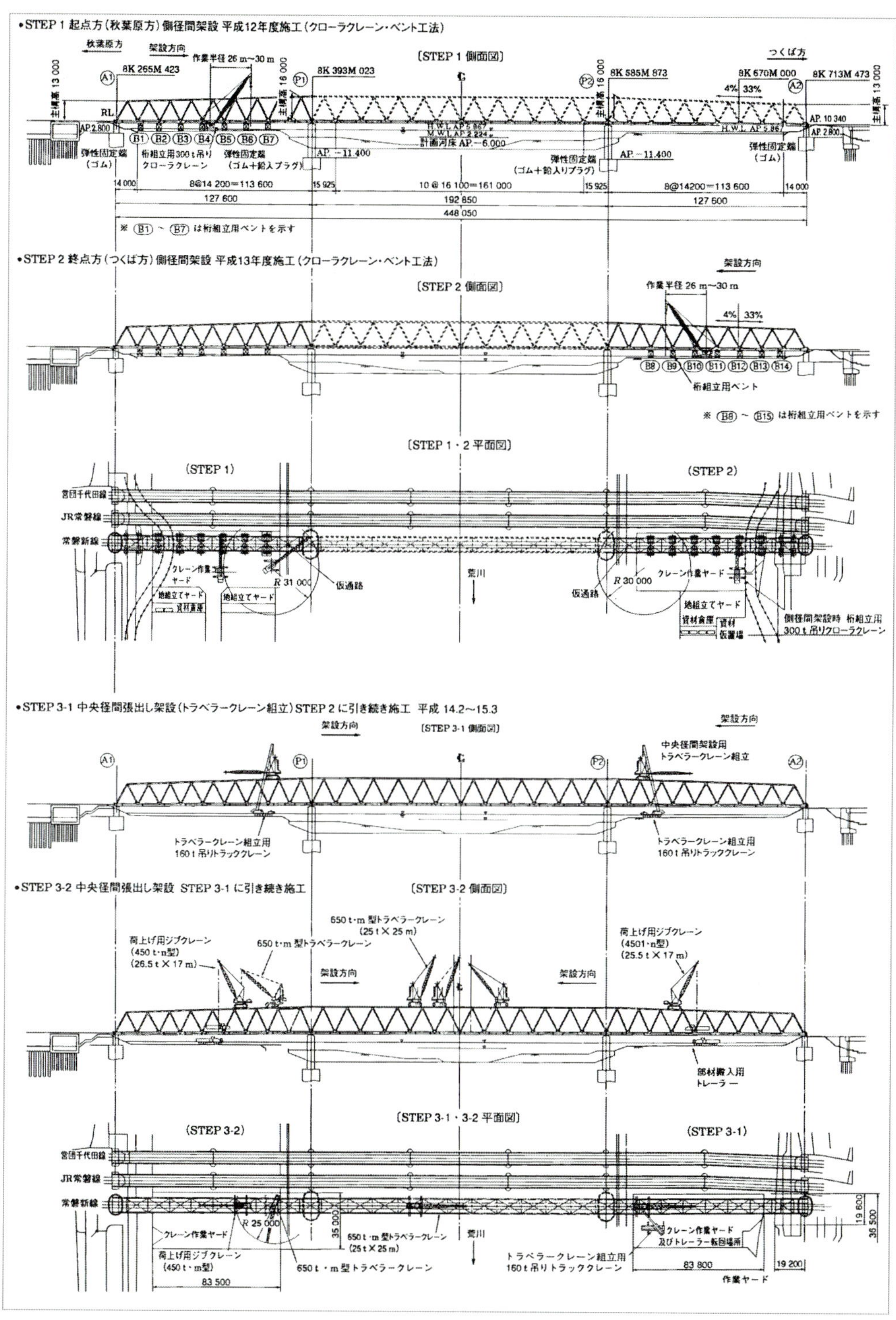

•STEP 1 起点方(秋葉原方)側径間架設 平成12年度施工(クローラクレーン・ベント工法)
秋葉原方
架設方向
作業半径 26 m～30 m
〔STEP 1 側面図〕
つくば方
8K 265M 423
8K 393M 023
8K 585M 873
8K 670M 000
8K 713M 473
主構高 13 000
主構高 16 000
4% 33%
RL
AP.2.800
AP. 10 340
AP. 2.800
H.W.L AP.5.867
M.W.L AP.2.224
計画河床 AP.－6.000
AP. －11.400
弾性固定端 (ゴム)
桁組立用300 t吊り クローラクレーン
弾性固定端 (ゴム＋鉛入プラグ)
弾性固定端 (ゴム＋鉛入りプラグ)
14 000
8@14 200＝113 600
15 925
10 @ 16 100＝161 000
8@14200＝113 600
127 600
192 850
448 050
※ B1 ～ B7 は桁組立用ベントを示す
•STEP 2 終点方(つくば方)側径間架設 平成13年度施工(クローラクレーン・ベント工法)
架設方向
〔STEP 2 側面図〕
作業半径 26 m～30 m
桁組立用ベント
※ B8 ～ B15 は桁組立用ベントを示す
〔STEP 1・2 平面図〕
(STEP 1)
(STEP 2)
営団千代田線
JR常磐線
常磐新線
クレーン作業ヤード
地組立てヤード
資材倉庫
R 31 000
仮通路
荒川
R 30 000
クレーン作業ヤード
資材
仮置場
側径間架設時 桁組立用 300 t 吊りクローラクレーン
•STEP 3-1 中央径間張出し架設(トラベラークレーン組立)STEP 2 に引き続き施工 平成 14.2～15.3
架設方向
〔STEP 3-1 側面図〕
中央径間架設用 トラベラークレーン組立
トラベラークレーン組立用 160 t 吊りトラッククレーン
•STEP 3-2 中央径間張出し架設 STEP 3-1 に引き続き施工
〔STEP 3-2 側面図〕
650 t・m 型トラベラークレーン (25 t × 25 m)
荷上げ用ジブクレーン (450 t・m型) (26.5 t × 17 m)
650 t・m 型トラベラークレーン
荷上げ用ジブクレーン (4501・n型) (25.5 t × 17 m)
架設方向
部材搬入用 トレーラー
〔STEP 3-1・3-2 平面図〕
(STEP 3-2)
(STEP 3-1)
営団千代田線
JR常磐線
常磐新線
R 25 000
35 000
クレーン作業ヤード
荷上げ用ジブクレーン (450 t・m型)
650 t・m 型トラベラークレーン (25 t × 25 m)
650 t・m 型トラベラークレーン
荒川
トラベラークレーン組立用 160 t 吊りトラッククレーン
クレーン作業ヤード 及びトレーラー転回場所
83 500
83 800
19 200
19 600
36 500
作業ヤード

그림 5 가설개요도－2

월~2002년 12월)에 츠쿠바 쪽 측 경간 P2~A2을 아키하바라쪽과 동일한 공법으로 시행한다. 이어지는 출수기(出水期)에 중앙경간을 양 측경간 에서부터 중앙을 향하여 650T-M형 전선회 트라벨라 크레인에 의한 캔틸레버 가설을 시행한다. 그 후, 중앙경간 중앙부에 주부재를 폐합한 후, P1, P2 중간지점에 소정의 위치까지 지점침하를 행하여 설계받침과 주부재를 결합한다.

이와 같은 폐합 때문에 지점침하의 일련의 작업은, 캔틸레버 가설에 따른 편부담량계의 주부재 응력을 지점침하에 의해 완성계인 3경간 연속형계에 잔류하지 않도록 하는 수법으로서 모멘트연결법을 채용한 것이다.

그러므로, 중간지점 상에서는 측경간 가설시점에, 이 침하량에 균형을 이루는 정도만 주부재를 상향 초과해서 가설하게 된다(표 2).

표 2 모멘트연결법의 개요

구 분	변 위 도	휨모멘트도	비 고
주형강하전 (폐합직후)			가설계의 휨모멘트가 작용
주형강하후			위 그림 상태에 주형강하에 따른 휨모멘트가 가산되어 결과적으로 3경간연속계의 휨모멘트가 작용

(3) 중앙 경간의 폐합

중앙경간 가설의 최종단계인 폐합작업의 수순을 그림 6, 그림 7에 나타냈다.

폐합은 하현재→사재→상현재의 순서로 시행하고, 이하의 작업을 시행한다.

① 폐합작업에 앞서 아키하바라쪽의 교량본체를 50mm setback 시켜둔다.

② 폐합까지 3판넬(3개의 부재)을 남긴 상태에서 아키하바라쪽과 츠쿠바쪽의 기가설부재간의 순간격을 실측하여 그 결과를 최종부재의 공장가공에 반영시킨다.

③ 폐합시의 교량본체 setback 해방은 유압잭에 의하고, 해방시의 교량본체 이동을 고려해서 슬라이드가 가능한 가설용 슈를 설치한다.

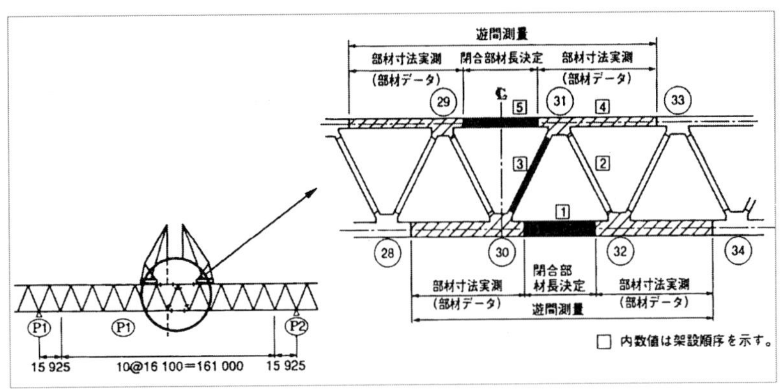

그림 6 폐합요령

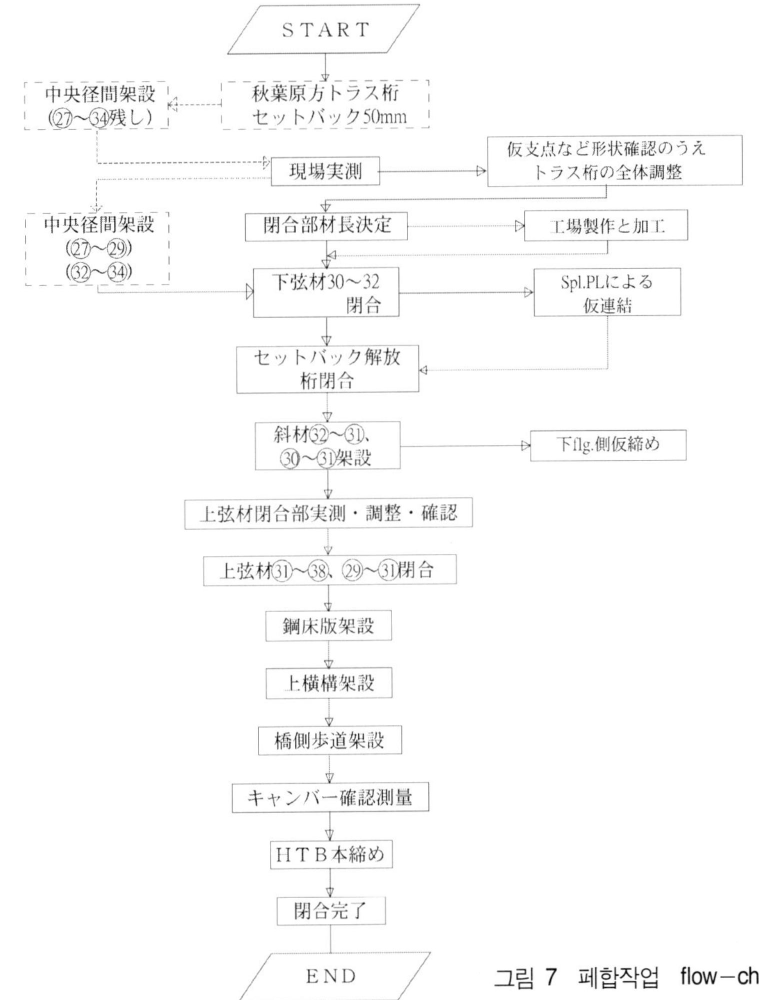

그림 7 폐합작업 flow-chart

시공시의 검토

(1) 가설시의 지점구조

각 교대, 교각의 교좌면에의 시공 공간이 제한되어, 가설 완료후의 본 슈로의 교체가 곤란하므로 가동지점에 본 슈 위에 가설슈를 설치하고 교량 본체를 지지하도록 한다.

가설슈의 구조 결정에 적합하도록 다음을 배려하였다(그림 8).

① 본 슈(고무슈) 위에 샌들 받침을 설치 연직하중을 똑같이 분산하고, 편재하가 발생하지 않는 구조로 한다.

② 가설시의 수평력에 대응해서는 본 슈의 주위 4면을 잭 브라켓이 받아 고정시켜서 유해한 전단변형이 일어나지 않는 구조로 한다.

③ 가설슈는 가설시의 교량 본체의 변형에 추수되도록 회전기능을 갖는 구조로 한다.

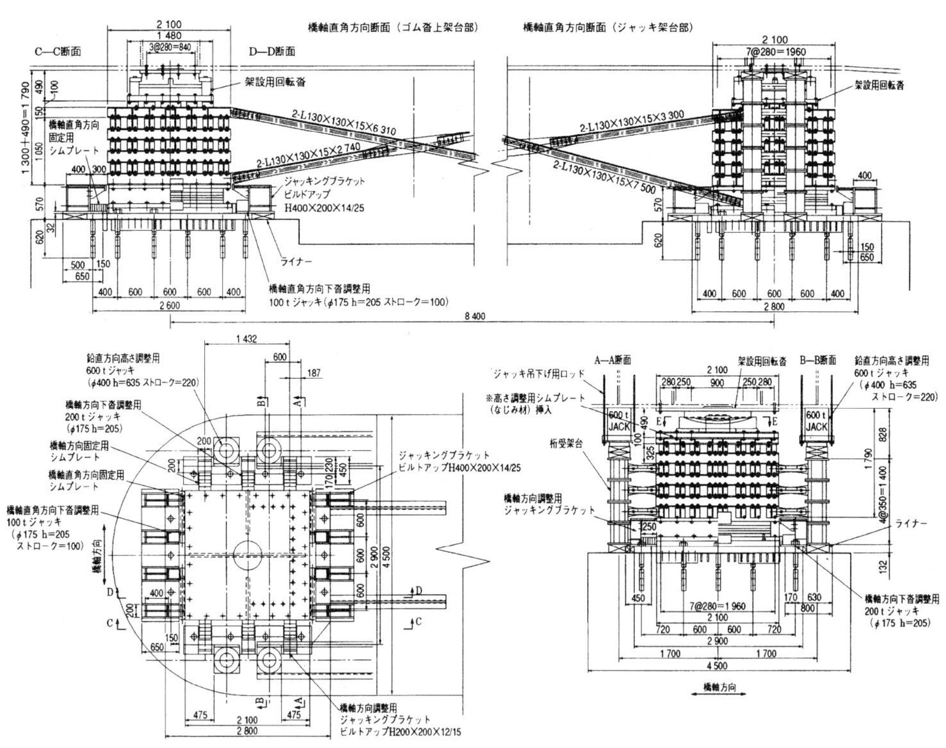

그림 8 교각부의 가설 지지점 구조

(2) 가설시의 안전성 확인

다음의 가설시 구조계에 따른 가설계산을 실시, 안전성을 확인하였다

가) 단순형계의 주구조 응력조사

완성계가 3경간 연속형에 대응하고 측경간부 완성계는 단순형도 되기 때문에 단순형이 될 때의 주구조부재의 응력에 대한 안전성을 확인하였다

나) 중앙경간부 캔틸레버 가설계의 교량 본체 안정과 주 구조 응력조사

지간 중앙부에의 폐합 직전은 캔틸레버 선단에 폐합부재를 매단 트라벨라크레인이 하중으로 작용하는 게르바 일주형이 되므로 중간 지점에는 큰 부모멘트가 발생하며 단지점부에는 상양력이 발생하기 때문에 각각에 대해 주구조부재의 응력조사, 교량본체의 전도에 대한 안전조사를 실시하여 안전함을 확인하였다.

덧붙여, 이것의 조사·검토에는, 강재자중, 지진, 풍하중에 추가되는 실제 교량 본체에 재하되는 가설설비하중(발판공, 트라벨라크레인과 매달린 물체의 선회하중, 크레인 궤도, 이동방호공 등)을 고려하고 있다.

(3) 안전대책

가) 영업선 근접 시공

근접한 JR에 공사용열차접근경보기기, 공사용열차방호기기의 설치와 시공개소 마다에 열차감시원, 중기유도원을 배치하여 열차운행의 안전성을 확보한다. 또, 현장 작업원에 대하여는 충분히 안전교육훈련을 실시한다(그림 9).

중앙경간의 캔틸레버 가설용 트라벨라크레인은 전선회사양이지만 영업선측으로 선회를 제한하기 위해 제한장치를 설치하고 동시에 전도방지 부품을 설치함으로써 안전확보를 도모하였다.

나) 항로의 안전 확보

하천의 항로상과 인접한 중앙경간부의 가설에는 각 가설단계에 대응한 작업구역에 이동 가능한 수동식의 방호공을 설치하여 낙하방지를 도모하였다(그림 10).

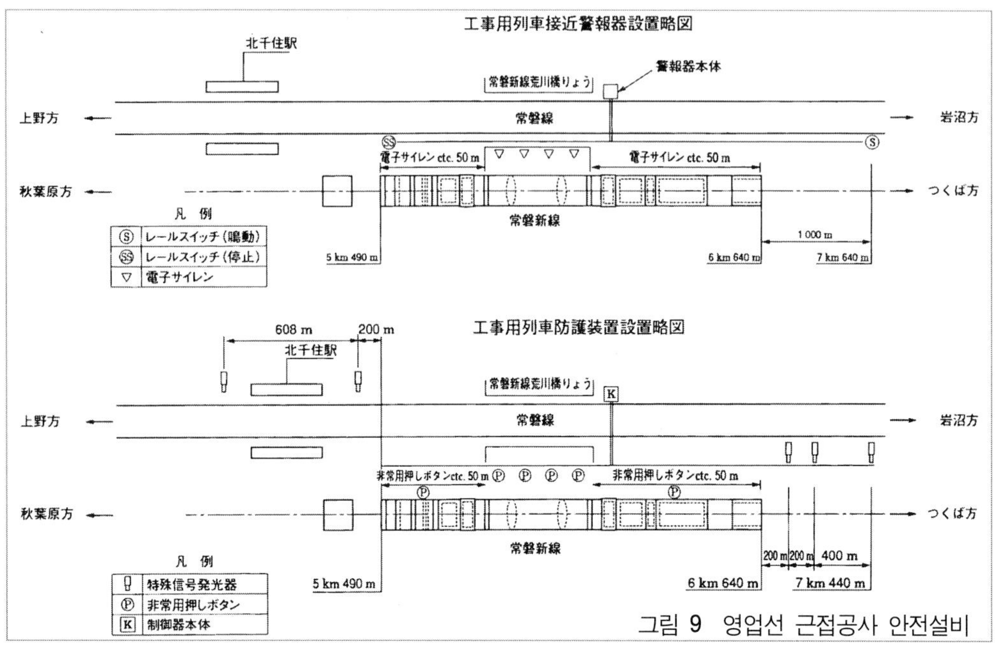

그림 9 영업선 근접공사 안전설비

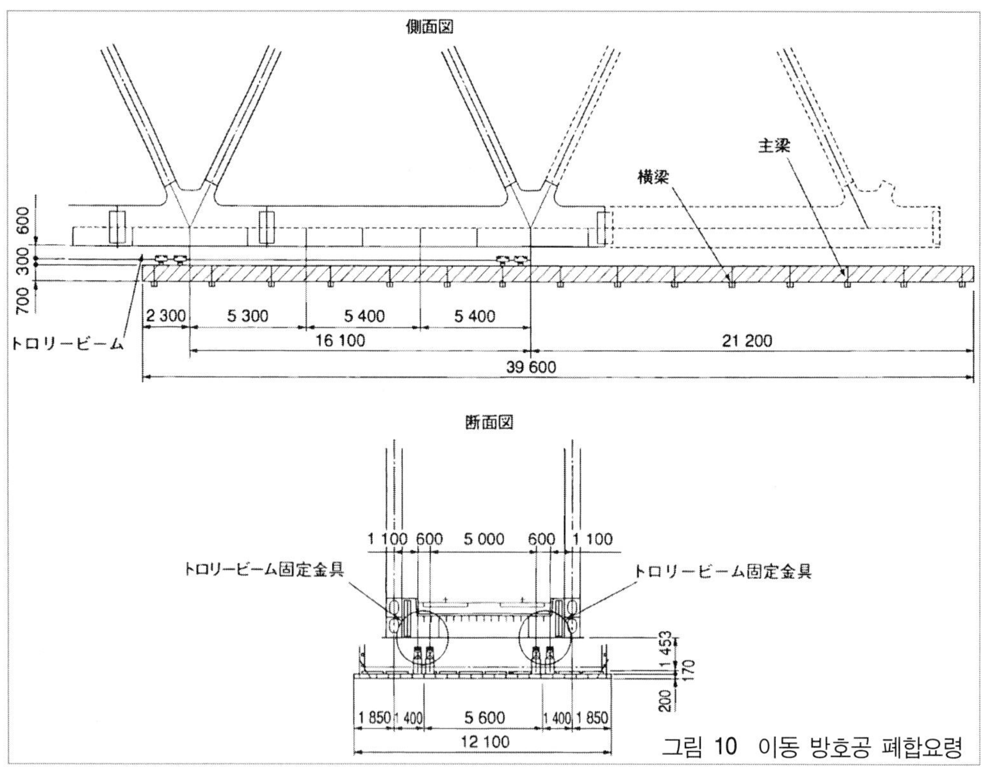

그림 10 이동 방호공 폐합요령

맺으며 · · · · · ·

본 공사는 금년 2월에 시작하여 아키하바라쪽 측경간의 가설을 개시할 예정이다. 가설은 영업선에 근접한 대규모의 캔틸레버 가설공사이므로 안전확보, 가설정밀도 관리 및 공정관리의 각각에 대해 엄격한 관리가 요구된다. 향후에 실제 시공에 대하여 소개할 기회를 얻을 수 있다면, 이런 관리현황을 모아 공사보고를 할 예정이다.

아라카와교 완공 전경

No. 12

신구조를 적용한 강트러스 철도교

- 츠쿠바익스프레스 고카이카와(小貝川)교의 구조와 시공 -

Application for New Style Construction of a Steel Truss Railway Bridge

머리말

고카이카와(小貝川)교량은 츠쿠바익스프레스 이바라키현(茨城縣) 모리야시(守谷市)로부터 야와라무라(谷和原村)에 이르는 연장 약 12km 구간중 고카이카와(小貝川)를 횡단하는 교량이다.

또, 본 교량은 이바라키현(茨城縣)에서 계획되고 있는 도시계획도로 모리야·이나·야와라선(守谷·伊奈·谷和原線)의 상하선이 츠쿠바익스프레스에 병행하고 있어 하천에의 영향을 작게 하기 위해 하천내의 교각은 도로, 철도 병용교각이 되었다. 교량 형식은 3경간 연속하로트러스 철도교(복선)로 교장 207m (67.9m+69.0m+67.8m), 주구조 중심간격 8.0m, 주구조 높이 10.0m 이다.

사진 1 고카이카와교 (병용교각 전경)

가 설 공 법

(1) 가설공법

가설 공법은 우선 측경간 P10~P11를 벤트 가설하고, 상판 · 헌치 · 캔틸레버부 · 구배콘크리트까지의 시공을 실시한 후, 그 경간을 정착지간(카운터 웨이트 대용)으로 해 중앙경간 P9~P10를 트레블러크레인에 의한 캔틸레버가설을 실시한다. 마지막으로 P9~P11경간을 정착지간으로 해 나머지의 측경간 P8~P9도 같은 방법으로 캔틸레버가설을 실시한다(그림 1 참조).

(2) 하브레이싱의 생략

통상의 트러스 구조에서는 횡하중에 대응해 하브레이싱을 설치하지만, 본 교량에서는 대해 하현재에 작용하는 완성시의 수평력에 대해, 상판의 평면 강성으로 저항하도록 하고 있다. 따라서, 받침부의 예비재로서 지점 부근에 배치하는 것 외에는 하브레이싱을 생략하는, 타에서는 예를 볼 수 없는 구조 형식이 되고 있다. 다만, 상판의 평면강성을 기대할 수 없는 가설시의 횡하중(태풍시 : 풍속 55m/s를 상정)에 대해 가설용 하브레이싱을 캔틸레버가설 경간에 설치하고, 완성시에는 철거하고 있다(그림 2 참조).

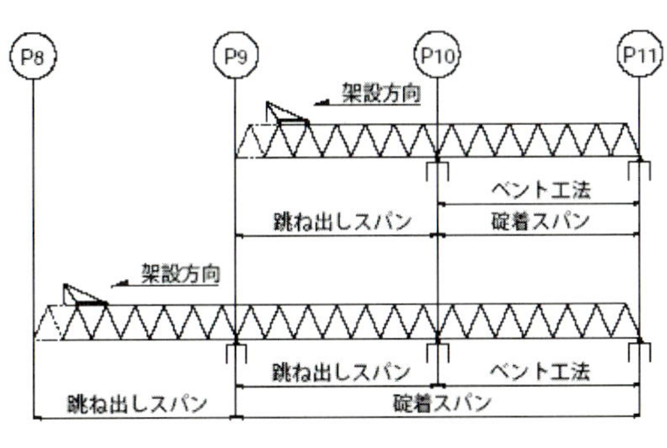

그림 1 가설공법의개요

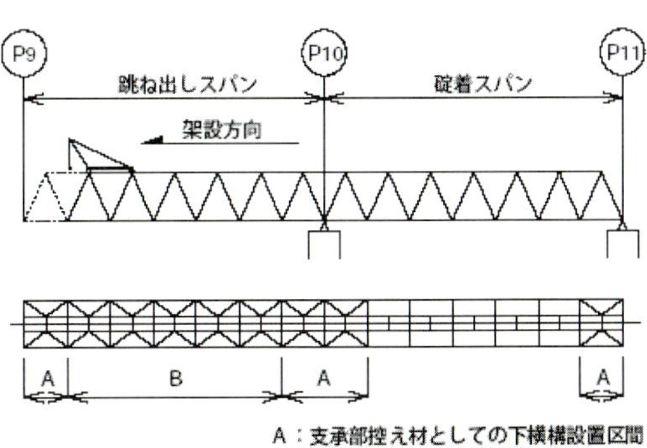

그림 2 하브레이싱의 설치 개략도

격점부의 합리화 구조

트러스 구조에서는 현재와 사재가 교차하는 격점부의 처리가 설계상 및 외관상 중요시되고 있다.

본 교량에서의 합리화 구조란 사진 2, 사진 3에 나타낸 것과 같이 격점부의 거셋부를 종래의 형식보다 소형화한 라멘격점을 사용한 것으로 작고 경관성이 뛰어난 형식이다.

합리화 격점을 트러스교에 적용하는 경우, 거셋부, 특히 피렛트부(フィレット部)의 응력은 피렛트부 R치수(고카이카와교는 R 150), 현재(弦材) 내부 다이아프램 치수에 따라 변화하므로 구조 결정시 이러한 영향을 고려할 필요가 있다.

본 교량에 대해 상현재 거셋부는 형틀 및 모형을 실치수 크기로 작성해 제작 순서를 반영한 용접 조건을 정해 확인을 실시했다.

사진 2 고카이카와교 단면 (가조립)

사진 3 P8~P9경간 가설시

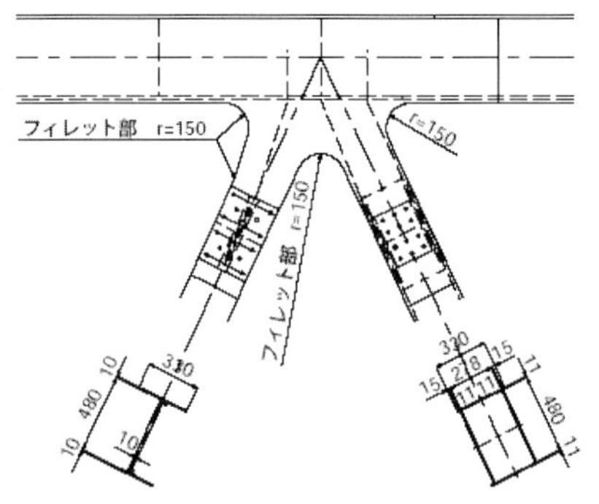

그림 3 상현재 격점부 상세

사진 4 상현재 격점부 (가조립)

녹안정화 처리 (RS코팅)

철도교 등의 강제(鋼製)교량에는 유지관리생력화를 목적으로 주기적 재도장을 생략할 수 있는 내후성 강재가 널리 사용된다. 본 교량도 내후성 강재를 사용하지만, 접합부의 표면처리는 마찰면은 후막형무기(厚膜型無機) 진크리치페인트 [High build type inorganic Zinc rich paint]를 사용하고, 첨접부의 외면은 녹안정화처리로서 RS코팅처리를 가하고 있다. 종래 내광성강재녹안정화처리(耐光性鋼さび安定化處理)를 가하는 경우, 고장력 볼트 고정시에 공회전을 방지하기 위해, 볼트가 접하는 개소에는 마스킹을 시행하고 있었지만, 본 교량에서는 시험에 의해 마스킹처리 없이도 미끄럼계수를 만족할 수 있는 결과($\mu=0.58$ > 설계기준 $\mu=0.4$)를 얻었다.

또, 고장력 볼트의 고정축력의 감쇠(릴렉세이션)시험에 있어서도 고정 후, 14일간을 경과하여도 RS코팅 처리의 도포함량 및 마스킹의 유무에 의한 영향은 없었고, 미끄럼 계수도 설계기준 이상을 만족하는 결과가 되고 있다(고정축력의 감쇠율=11% 정도, 미끄럼계수 $\mu=0.6$ > 설계기준 $\mu=0.4$).

맺음말

오늘날 트러스교는 외관에 난점이 있고, 트러스교가 아니면 안된다는 기술적 근거도 그다지 없기 때문에 사용되는 빈도가 적어지고 있는 경향에 있다.

그러나, 구조가 역학적으로 간명하고 강성이 커서 적용하는 지간대비 소요 강재량이 적고, 가설이 비교적 용이한 등의 특장점에 의해 외관이나 주행상에 지장의 작은 철도교로는 많이 사용되기 때문에 앞으로도 지속적인 합리화 구조 등의 추구가 필요하다.

[출 처]

[鋼トラス鐵道橋に新構造を採用]
-常磐新線小貝川橋梁の構造と架設-

카와다기보(川田技報) Vol.21 2002년

No. 13

궤간변환장치의 개발

- 철도종합연구소 궤도기술연구부 궤도관리 주임연구원 -

머 리 말

궤간변환장치(Gauge Change Equipment : 이하 GCE라 한다)는 궤간이 바뀌는 접속점에 설치, 궤간가변전차(Gauge Change Train : 이하 GCT라 한다)가 그 위를 통과하는 것에 의해 차륜간 폭이 변경됨으로써 궤간이 다른 선로로 직통 운행할 수 있게 해주는 장치이다.

본 장치의 개발은 1994년에 시작, GCT의 개발에 맞춰 2001년 3월에 5세대째 GCE가 신시모노세키신칸센(新下關新幹線) 보수기지에 설치되었으며, 2003년 3월에는 6세대째가 큐슈신칸센(九州新幹線) 신야쓰시로(新八代)역 부근에 설치되었다.

본 발표에서는 GCE의 개요, 변환의 구조, 개발경위 및 시험 등에 대해 소개한다.

GCE의 개요

신야쓰시로에 설치된 GCE는 현 시점에서는 GCT가 궤간변환기구(機構)가 서로 다른 A대차와 B대차를 혼용하고 있기 때문에, 양 대차의 변환기구 모두에 대응할 수 있는 장치를 내장하고 있다.

본 GCE의 주요 제원은 표 1에 나타낸 것과 같이 전장 44m, 속도 15km/h로 차량이 통과할 때의 하중에 견디도록 설계되었다.

표 1 GCE(신야쓰시로용) 주요 제원

조 건	명 칭	항 목	사 양	기 사
하 중	차 량	중 량	500 kN	1량당
		축 거	2200 , 2500 mm	
	축상(軸箱)지지레일	연직하중	125 kN	
		수평하중	37.5 kN	
	내·외 가이드레일	수평하중	37.5 kN	
	바퀴축 강제낙하안내보	연직내(耐)하중	50 kN 이상	
속 도	궤간가변전차	통과속도	15 km/h	설계하중속도
치 수 등	장치 전체	전 장	44 m	콘크리트부 제외
		폭	3.3 m	상 동
		중 량	46 ton	상 동
	차륜지지레일	종 별	50 N	

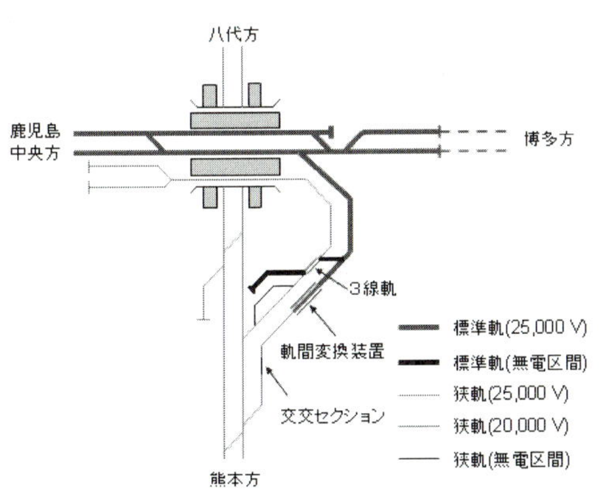

신야쓰시로역 부근 GCE 위치도

GCE 전경

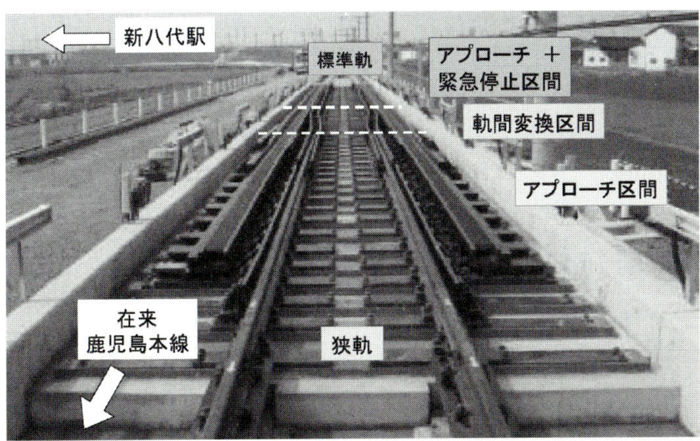

그림 1 협궤측에서 바라본 신야쓰시로용 GCE

그림 1에 협궤측에서 본 GCE를 나타냈다. GCE는 콘크리트기초 위에 설치되어 있다. 그림 2는 GCE의 평면약도를 나타낸 것이다. GCT차량은 쌍방향에서 GCE내에 진입해서 차륜간 폭을 바꿀 수 있다. GCT는 GCE의 [어프로치구간]에 들어와 [쇄정(鎖錠)·해정(解錠)구간], [궤간변환구간]의 순으로 통과해 다시, [쇄정(鎖錠)·해정(解錠)구간]을 지나며 궤간변환을 행한다. 또, 그림 2에 나타낸 [긴급정지구간]은 차량이 GCE에 진입해 처음의 [쇄정(鎖錠)·해정(解錠)구간]에서 해정(解錠)이 불안전할 경우에 궤간변환구간에 진입하기 전에 차량을 정지시키기 위한 것으로, 시험적으로 표준궤 측에만 설치했다.

그림 3은 GCE 주요부의 단면약도이다. 축상(軸箱)지지레일에는 연직하중인 GCT 차량하중을 받는 지지코로와 좌우방향의 횡압에 저항하는 측코로가 배열되어 있다. 또, 축상(軸箱)지지레일 내측에 차륜지지레일과 일체화시켜 차륜을 좌우에서 안내하기 위한 내·외 가이드레일이 있다. 축상(軸箱)지지레일 외측에 설치된 차륜강제낙하안내보는 차륜낙하방식인 A대차의 잠금장치의 해정을 보완하는 것으로, [쇄정(鎖錠)·해정(解錠)구간]에서 차륜의 낙하가 늦어져도 강제적으로 잡아 내리기 위한 것이다. 또, 해정코로운동면과 쇄정코로운동면은 B대차의 쇄정(鎖錠)·해정(解錠)기구(機構)에 대응하는 것이다.

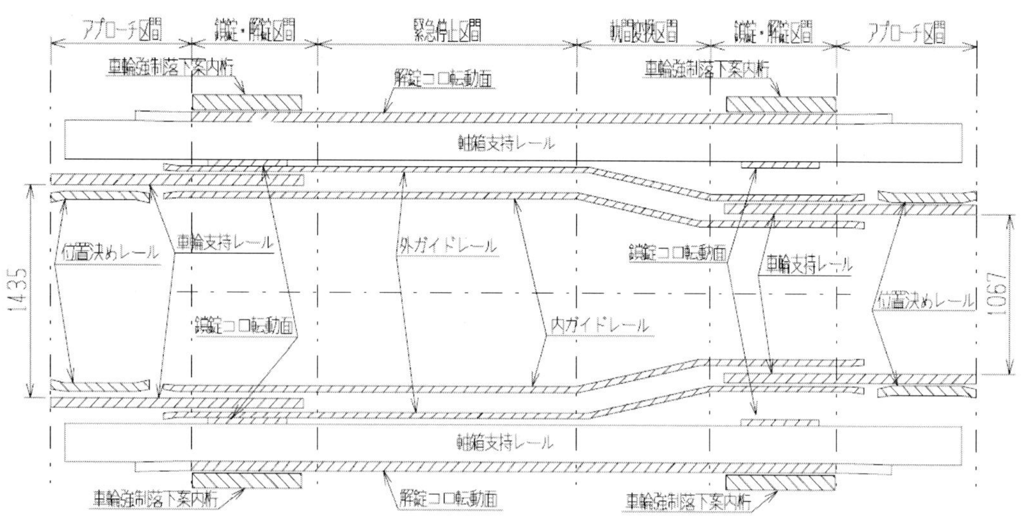

그림 2 GCE 평면약도

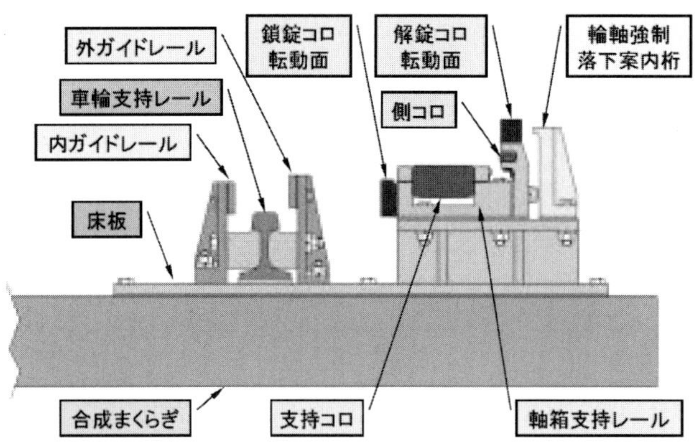

그림 3　GCE 주요부의 단면약도

궤간변환의 구조

GCT는 궤간변환을 위해 GCE를 통과하는데 주로 4개의 구간을 경유하며 궤간을 변환한다. 즉, [어프로치구간]→[해정구간]→[궤간변환구간]→[쇄정구간]의 4구간이다.

① 어프로치구간

GCT는 GCE에 진입해서 우선, 차륜지지레일에 평행하게 설치된 위치결정레일에 의해 대차를 GCE의 좌우 중심위치로 안내한다. 그와 동시에 차량의 하중은 차륜지지레일에서 축상(軸箱) 지지레일의 지지코로쪽으로 서서히 이동을 시작한다.

② 쇄정(鎖錠) · 해정(解錠)구간 (해정구간)

이 구간에서 차륜간격을 고정하고 있는 잠금장치를 해정(解錠)하면 동시에 차량하중은 완전히 축상(軸箱)지지레일의 지지코로로 이동한다. 이 시점에서, 차륜은 좌우방향으로 이동할 수 있는 상태가 된다.

③ 궤간변환구간

좌우방향으로 이동가능한 상태의 차륜은 내 · 외 가이드레일을 따라 좌우로 이동하며 궤간을 변환한다.

④ 쇄정(鎖錠)·해정(解錠)구간 (쇄정구간)

이 구간에서 변경된 차륜간격으로 고정시키기 위해 잠금장치를 쇄정(鎖錠)한다. 또, 쇄정과 함께 차량의 하중은 축상지지레일에서 차륜지지레일로 서서히 이동해 가며, 차륜지지레일이 차량하중을 전부 받게 되면 궤간변환은 종료된다.

한편, GCT는 A대차와 B대차의 두 종류를 장비(裝備)하고 있는데, 이 두 대차간 궤간변환기구의 큰 차이점은 잠금장치의 쇄정·해정기구에 있다. 그림 4에 A대차와 B대차의 해정·쇄정기구의 상하관계를 맞추어 나타내고 있다. A대차는 차륜의 하강, 상승에 의해 해정·쇄정을 하지만, B대차의 차륜은 강하하지 않고 [쇄정(鎖錠)·해정(解錠)구간]을 통과하는 사이에 대차축상(軸箱)에 설치된 해정암(arm)의 해정코로(그림 5)와 쇄정암(arm)의 쇄정코로가 GCE 상에 셋팅된 부재위를 운동하는 것으로 전동(轉動)하는 것으로 해정·쇄정이 이루어진다.

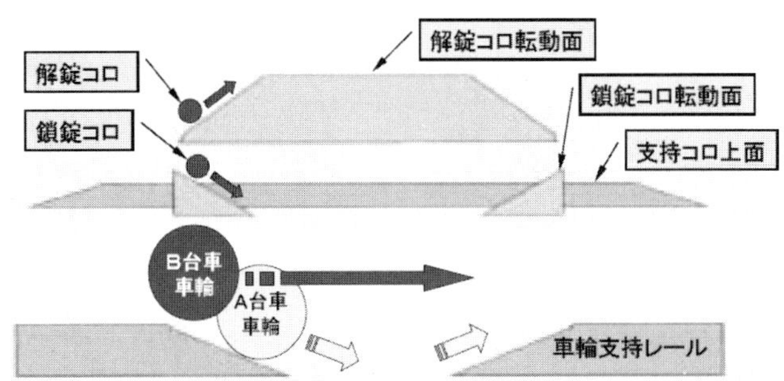

그림 4 해정·쇄정기구의 상하관계

그림 5 B대차의 해정기구

시 험

GCE의 개발에 대해서는 1995년도의 제1차 시험작으로부터 신야쓰시로(新八代)용 GCE가 6세대째가 된다. 도중, 제4세대째는 미국 콜로라도주 프에블로(Pueblo)에 있는 운송기술센타(TTC)의 시험선에 설치되어 통산 2084회의 변환시험을 실시했다. 이 때, GCE와 GCT대차와의 접동(摺動) 부분에 대한 마모측정을 실시해 마모부재의 교체주기를 산정했다. 계속해서 제5세대째인 신시모노세키(新下關)용 GCE에서는 통산 1558회의 변환시험을 실시했다. 그 결과, GCT의 변환불량은 발생하지 않았고, GCE에 대해서도 파손이나 이상마모도 없이 순조로운 변환시험이 실시되었다(그림 6). 이 변환시험시에 GCE의 주요부재(지지코로, 측코로, 궤간변환구간의내 · 외 가이드레일)에 가해지는 하중을 측정, 현행 사용부재의 타당성에 대한 확인과 금후의 설계사양의 참고데이터로 삼았다.

또, GCE에 사용되고 있는 주요부품인 지지코로와 측코로에 대해서는 별도 시험기를 제작하여 실기(實機) 상당의 하중설정으로 100만회의 내구시험을 시행, 문제없음을 확인했다(그림 7).

그림 6 GCE를 통과하는 GCT

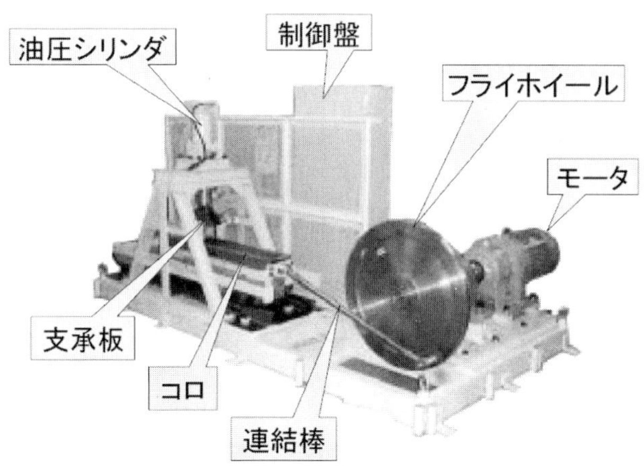

그림 7　코로전동시험장치

맺 음 말

실용화단계로서 2004년 3월에 개업예정인 큐슈신칸센(신야쓰시로~카고시마추오간)과 재래선인 카고시마본선과의 접속점인 신야쓰시로(新八代)역 부근에 새로운 GCE가 2003년 3월에 완성되었다.

앞으로 현재의 시험차 또는 신시험차 에서의 궤간변환시험이 실시될 예정이다.

신야쓰시로역 부근의 GCE

저자 약력

▪ 채 희 남
청석엔지니어링 철도사업본부장
철도기술사

▪ 신 영 주
청석엔지니어링 전무
철도기술사/토목구조기술사

▪ 임 철 수
청석엔지니어링 이사
토목구조기술사

▪ 김 강 석
서영엔지니어링 이사
철도기술사

▪ 정 인 철
삼성물산건설부문 상무

▪ 김 준 구
삼성물산건설부문 부장
토목구조기술사

▪ 이 오 규
삼성물산건설부문 차장

감 수

▪ 철도분야
청석엔지니어링 : 사장 백영현, 전무 신태균
삼성건설 : 고문 강기동

▪ 구조분야
청석엔지니어링 : 사장 이철수, 토목사업본부장 홍규선

▪ 기초분야
청석엔지니어링 이사 : 상무 최해준

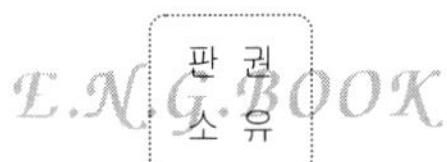

[鐵道構造物等設計標準·同解說]에 의한

일본 철도교의 현황과 설계·계산 예

인　　쇄 | 2006년 9월 25일
발　　행 | 2006년 9월 30일

공 저 자 | 채희남 · 신영주 · 임철수 · 김강석
정인철 · 김준구 · 이오규
발 행 인 | 이기복
발 행 처 | **이엔지 · 북**

주　　소 | 서울시 용산구 원효로 1가 51－18
전　　화 | (02) 711－1595
팩　　스 | (02) 711－1596
등록번호 | 제 302－2005－00006 호

정　　가 | **45,000** 원

ISBN 89-91723-30-6

✤ 잘못된 책은 교환하여 드립니다.